P. P.

Meinen umfangreichen Verlag auf dem Gebiete der **Mathematik, der Naturwissenschaften** und **Technik** nach allen Richtungen hin weiter auszubauen, ist mein stetes, durch das Vertrauen und Wohlwollen zahlreicher hervorragender Vertreter dieser Gebiete von Erfolg begleitetes Bemühen, wie mein Verlagskatalog zeigt, und ich hoffe, daß bei gleicher Unterstützung seitens der Gelehrten und Schulmänner des In- und Auslandes auch meine weiteren Unternehmungen Lehrenden und Lernenden in Wissenschaft und Schule jederzeit förderlich sein werden. **Verlagsanerbieten** gediegener Arbeiten auf einschlägigem Gebiete werden mir deshalb, wenn auch schon gleiche oder ähnliche Werke über denselben Gegenstand in meinem Verlage erschienen sind, stets sehr willkommen sein.

Unter meinen zahlreichen Unternehmungen mache ich ganz besonders auf die von den Akademien der Wissenschaften zu Göttingen, Leipzig, München und Wien herausgegebene **Encyklopädie der Mathematischen Wissenschaften** aufmerksam, die in 7 Bänden die Arithmetik und Algebra, die Analysis, die Geometrie, die Mechanik, die Physik, die Geodäsie und Geophysik und die Astronomie behandelt und in einem Schlußband Geschichte, Philosophie und Didaktik besprechen wird. Eine **französische Ausgabe,** von französischen Mathematikern besorgt, hat zu erscheinen begonnen.

Weitester Verbreitung erfreuen sich die mathematischen und naturwissenschaftlichen Zeitschriften meines Verlags, als da sind: Die **Mathematischen Annalen,** die **Bibliotheca Mathematica,** Zeitschrift für Geschichte der Mathematischen Wissenschaften, das **Archiv der Mathematik und Physik,** die **Jahresberichte der Deutschen Mathematiker-Vereinigung,** die **Zeitschrift für Mathematik und Physik,** Organ für angewandte Mathematik, die **Zeitschrift für mathematischen und naturwissenschaftlichen Unterricht,** die **Mathematisch-naturwissenschaftlichen Blätter,** die **Monatshefte für den naturwissenschaftlichen Unterricht aller Schulgattungen,** die **Geographische Zeitschrift,** das **Archiv für Rassen- und Gesellschafts-Biologie,** ferner **Himmel und Erde,** illustrierte naturwissenschaftliche Monatsschrift u. a.

Seit 1868 veröffentliche ich: „**Mitteilungen der Verlagsbuchhandlung B. G. Teubner**". Diese jährlich dreimal erscheinenden „Mitteilungen", die in 35 000 Exemplaren im In- und Auslande von mir verbreitet werden, sollen das Publikum, das meinem Verlage Aufmerksamkeit schenkt, von den erschienenen, unter der Presse befindlichen und von den vorbereiteten Unternehmungen des Teubnerschen Verlags durch ausführliche Selbstanzeigen der Verfasser in Kenntnis setzen. **Die Mitteilungen** werden jedem Interessenten auf Wunsch regelmäßig bei Erscheinen umsonst und postfrei von mir übersandt. Das ausführliche „**Verzeichnis des Verlags von B. G. Teubner auf dem Gebiete der Mathematik, Naturwissenschaften, Technik nebst Grenzwissenschaften**" 101. Ausgabe, mit eingehender systematischer und alphabetischer Bibliographie und einem Gedenktagebuch für Mathematiker, 10 Bildnissen sowie einem Anhange, Unterhaltungsliteratur enthaltend [CXXXI, 392 u. 92 S.] gr. 8. 1908, steht Interessenten umsonst und postfrei zur Verfügung.

LEIPZIG, Poststraße 3.

**SPRINGER FACHMEDIEN
WIESBADEN GMBH**

PROJEKTIVE GEOMETRIE DER EBENE

UNTER BENUTZUNG DER PUNKTRECHNUNG DARGESTELLT

VON

HERMANN GRASSMANN

ERSTER BAND: BINÄRES

MIT 126 FIGUREN IM TEXT

Springer Fachmedien Wiesbaden GmbH

ISBN 978-3-663-15275-0   ISBN 978-3-663-15841-7 (eBook)
DOI 10.1007/978-3-663-15841-7

Vorrede.

——

Das Werk, dessen ersten Band ich hiermit der Öffentlichkeit übergebe, weicht seinem Inhalte wie seiner Form nach ziemlich stark von den sonstigen analytischen Bearbeitungen der projektiven Geometrie ab; seinem Inhalte nach, insofern ich das Rechnen mit Abbildungen in den Vordergrund der Betrachtung gerückt habe, seiner Form nach, indem ich als analytisches Hülfsmittel die von A. F. Möbius und meinem Vater begründete Methode der Punktrechnung verwende, die, wie ich glaube, für die Darstellung der projektiven Geometrie manche Vorzüge hat. Da man nämlich bei ihr nicht nur die geometrischen Gebilde, den Punkt und die Gerade, die Strecke und das Feld, sondern auch die wichtigsten Abbildungen, die Projektivität und Involution, die Kollineation, die Reziprozität und das Polarsystem, durch ein einziges Symbol ausdrückt und direkt der Rechnung unterwirft, gelangt man nicht nur zu Formeln von bemerkenswerter Kürze, sondern hat auch den Vorteil, daß jedem Schritte der Rechnung eine entsprechende begriffliche Entwickelung parallel geht, wodurch zugleich eine engere Fühlung mit der synthetischen Behandlung der Geometrie gewonnen wird. Außerdem tritt das für die projektive Geometrie so wichtige Prinzip der Dualität noch schärfer hervor, als dies bei anderen rechnerischen Methoden der Fall ist, und man erhält ferner eine anschauliche und natürliche Deutung der Dreieckskoordinaten, die es dann auch ermöglicht, in jedem Stadium der Rechnung aufs leichteste zu den gewöhnlichen Koordinatengleichungen überzugehen.

Der erste Band des Werkes umfaßt neben einem einleitenden Teile, in welchem die Methode der Punktrechnung dargelegt wird, die Grundbegriffe der projektiven Geometrie, die Erzeugung der Kurven zweiter Ordnung und zweiter Klasse durch projektive Strahlbüschel und Punktreihen, sodann aber eine besonders ausführliche Behandlung der Projektivitäten in der Geraden und im Strahlbüschel, bei der ich versucht habe, an diesem einfachsten Beispiele das moderne Verfahren des Rechnens mit Abbildungen zu entwickeln und die wichtigsten auf diesem Gebiete in dem letzten Vierteljahrhundert von Stéphanos, H. Wiener, Segre, Peano, Aschieri, Study, Scheffers, Reye und Burali-Forti gewonnenen Ergebnisse im Zusammenhange darzustellen, wobei die Anwendung der neuen Methode auch sachlich manches Neue ergab. So bei der Behandlung der entartenden Projektivitäten und der zentrischen Schiebung, bei der Darstellung der Projektivitäten mit konjugiert komplexen und getrennten reellen Doppelpunkten durch ihre Doppelpunktsinvolution und bei den harmonischen Projektivitäten. Weiter führte die Wiedergabe der von Stéphanos herrührenden Abbildung der Projektivitäten einer Geraden auf die Punkte des Raumes zu einigen neuen Ergebnissen, und endlich bietet auch wohl die in Anlehnung an die Arbeiten von Study vollzogene Einreihung dieser Projektivitäten unter die Systeme von höheren komplexen Größen einiges Interesse. Als analytisches Hülfsmittel erwies sich bei diesen Untersuchungen neben den extensiven Brüchen und den Folgeprodukten von Abbildungen die Einführung eines kombinatorischen Produktes zweier Projektivitäten derselben Geraden als besonders nützlich.

Der zweite Band wird die projektiven Abbildungen in der Ebene, die Kollineation und die Reziprozität und im Anschluß daran eine eingehende Behandlung der Kegelschnitte und linearen Systeme von Kegelschnitten enthalten.

Ein paar Bruchstücke meines Buches habe ich bereits gelegentlich in der Form dreier Abhandlungen veröffentlicht, die in den Jahren 1894, 1896 und 1898 erschienen sind[1]), und von denen die erste und ein Teil der zweiten in erweiterter Form im vorliegenden Bande zum Abdruck gekommen ist, während der Rest der zweiten und die dritte Arbeit im zweiten Bande verwertet werden sollen.

Ganz besondere Sorgfalt ist von mir auf die Wahl der Bezeichnungen verwendet worden, und ich will die Gesichtspunkte, die ich dabei befolgt habe, hier kurz zusammenstellen, zumal gerade jetzt die Frage der Vektorenbezeichnung auf der Tagesordnung steht, und mir bei der bisherigen Diskussion über diesen Gegenstand ein für die Erledigung der Frage besonders wichtiger Gedanke übersehen oder doch nicht genügend beachtet zu sein scheint[2]). Dieser Gedanke hat schon meinen Vater bei der

---

1) Es sind die drei Arbeiten: Punktrechnung und projektive Geometrie. Erster Teil: Punktrechnung. Beitrag zur Festschrift der Lateinischen Hauptschule zur zweihundertjährigen Jubelfeier der Universität Halle-Wittenberg. Halle 1894. Zweiter Teil: Grundlagen der projektiven Geometrie. Wissenschaftliche Beilage zum Programm der Lateinischen Hauptschule. Halle 1896. Dritter Teil: Die linearen Verwandtschaften in der Ebene. Beitrag zur Festschrift der Lateinischen Hauptschule zur zweihundertjährigen Jubelfeier der Franckeschen Stiftungen. Halle 1898.

2) Dies gilt zum Beispiel auch von den Vorschlägen für die Vereinheitlichung der Vektorenbezeichnung, welche die Herren Burali-Forti und Marcolongo im

Wahl seiner Bezeichnungen geleitet und ist nur nicht gerade ausdrücklich von ihm ausgesprochen worden. Ich möchte ihn in der folgenden *Forderung* zusammenfassen:

Bei einem jeden analytischen Ausdrucke, zum Beispiel bei jedem Produkte, muß man aus der Schriftgattung der Buchstaben, die für die verknüpften Größen benutzt werden, auf Grund einer bloßen Abzählung sofort entnehmen können, ob der Ausdruck eine Zahlgröße, ein Gebilde erster, zweiter oder dritter Stufe oder endlich eine Abbildung darstellt, und in letzterem Falle, ob und gegebenenfalls in welcher Weise diese Abbildung die Stufe der abgebildeten Größen ändert.

Man kann indes diese Forderung nur erfüllen, wenn man für addierbare Größen, zum Beispiel für die Größen erster Stufe, den Punkt und die Strecke, und ebenso für die Größen zweiter Stufe, den Stab und das Feld, gleichartige Typen wählt, für nicht addierbare Größen aber, wie für Zahlen und Punkte, Punkte und Stäbe, verschiedenartige Schriftzeichen. Bezeichnet man daher die Strecken durch kleine lateinische Buchstaben, so darf man für die Punkte, da sie mit einer Strecke additiv verknüpft werden können, nicht etwa große lateinische Buchstaben verwenden, sondern muß sie ebenfalls durch kleine lateinische Buchstaben wiedergeben. Dies hat ja freilich den Nachteil, daß man von der in der Elementargeometrie und synthetischen Geometrie üblichen Bezeichnungsweise abweicht. Aber einmal sind in diesen Disziplinen die Punkte nicht Objekte der Rechnung, und sodann erscheint es auch wichtiger, den Zusammenhang mit der gewöhnlichen analytischen Geometrie nicht zu verlieren; hier aber werden die Dreieckskoordinaten eines Punktes stets durch kleine lateinische Buchstaben ausgedrückt. Die Gleichungen der Punktrechnung werden daher den Gleichungen in Dreieckskoordinaten am ähnlichsten, wenn man denjenigen Punkt, der in der gewöhnlichen analytischen Geometrie die Dreieckskoordinaten x_1, x_2, x_3 hat, einfach mit x bezeichnet.

Dadurch wird man zugleich einer *zweiten*, nicht so wichtigen, aber doch immerhin nützlichen *Forderung* gerecht, der Forderung nämlich,

daß die am häufigsten vorkommenden Größen die einfachsten Symbole erhalten.

In der Tat treten ja naturgemäß die Punkte und Strecken in den Rechnungen viel häufiger auf als die Stäbe und Felder, und andererseits lassen sich die kleinen lateinischen Buchstaben, namentlich wenn mehrere

---

Jahre 1908 dem internationalen Mathematikerkongreß in Rom unterbreitet haben. Vgl. C. Burali-Forti und R. Marcolongo, Per l'unificazione delle notazioni vettoriali, Rendiconti del Circolo Matematico di Palermo, Tomo XXIII (April 1907), Tomo XXIV (Juli und September 1907), Tomo XXV (Februar 1908) und Tomo XXVI (Juni 1908).

von ihnen als Faktoren eines Produktes aufeinander folgen, weit bequemer schreiben als die großen. Mit Rücksicht auf diese zweite Forderung habe ich es auch vermieden, bereits für die extensiven *Gebilde* (Punkt, Strecke, Stab, Feld usw.) fette Buchstaben einzuführen, und behalte mir letztere zur Bezeichnung der doch nicht *so* oft vorkommenden *Abbildungen* vor.

Endlich möchte ich *drittens* noch die *Forderung* hinzufügen,

daß man bei der Wahl der Bezeichnungen nach Möglichkeit die Kontinuität der geschichtlichen Entwickelung wahren solle,

also nicht ohne zwingenden Grund eine alte bewährte Bezeichnung, die schon begonnen hat, sich einzubürgern, aufgeben solle, und bei jeder Neuerung sorgfältig prüfen möge, ob sie auch wirklich eine Verbesserung darstellt. Nur wenn man dies berücksichtigt, wird auch die heranwachsende Generation ohne Schwierigkeit auf die grundlegenden Originalwerke und die anschließende, schon sehr umfangreiche Litteratur zurückgreifen können.

Diesen drei Forderungen entsprechend bezeichne ich die Punkte und Strecken durch kleine lateinische Buchstaben, die Stäbe und Felder durch große, die Zahlen je nach Belieben durch kleine oder große deutsche Buchstaben; dann bleiben für die Geometrie des Raumes zur Bezeichnung der Blätter (der äußeren Produkte von drei Punkten) noch die kleinen griechischen Buchstaben zur Verfügung. Ferner benutze ich, einem Vorschlage meines Freundes Fr. Engel[1]) folgend, für die Abbildungsbrüche (Projektivitäten, Kollineationen, Reziprozitäten) fette Typen und wähle die Schriftgattung dieser Typen wieder entsprechend der Dimension der Abbildung, in dem Sinne, daß ich eine Abbildung, die bei der Multiplikation der abzubildenden Größe deren Stufe unverändert läßt, die also in dieser Hinsicht einer Zahlgröße gleicht, durch einen fetten, kleinen oder großen deutschen Buchstaben wiedergebe, eine Abbildung dagegen, welche Punkte in Stäbe verwandelt, die somit dieselbe Stufenänderung hervorruft wie die planimetrische (äußere) Multiplikation mit einem Punkte, durch einen fetten, kleinen lateinischen Buchstaben und endlich eine Abbildung, welche Stäbe in Punkte überführt, durch einen fetten, großen lateinischen Buchstaben, indem ja eine solche Abbildung einen Stab in entsprechender Weise umwandelt wie die planimetrische (regressive) Multiplikation mit einem zweiten Stabe.

Vielen Dank schulde ich meinem Freunde H. Wiener für zahlreiche wertvolle Anregungen, die er mir während meiner Arbeit hat zuteil werden

---

1) Vgl. H. Graßmanns gesammelte mathematische und physikalische Werke, Bd. 1, Teil 2 (1896), Nr. 498 und 499 und 504 bis 510; ferner die Bemerkungen auf Seite 395 zu Seite 340 und 349 ff.

lassen, sowie meinem Bruder Max, dem ich vor der Drucklegung so ziemlich den ganzen Inhalt des Buches vortragen durfte, wodurch die Form der Darstellung wesentlich gewonnen hat. In der Tat ist das Buch sehr leicht verständlich geschrieben, so daß es ein Student in mittleren Semestern ohne Schwierigkeit zu lesen vermag.

Eine besondere Freude war es mir, den vorliegenden Band zum 15. April 1909, dem hundertsten Geburtstage meines Vaters, fertig zu stellen und so durch Veröffentlichung einer Anwendung seiner Methoden einen bescheidenen Beitrag zur Feier dieses Erinnerungstages liefern zu können.

Gießen, den 2. April 1909.

Hermann Graßmann.

Inhaltsverzeichnis.

Seite

Abschnitt 7: *Die Kurven zweiter Ordnung und zweiter Klasse als Erzeugnisse projektiver Strahlbüschel und Punktreihen.*

Abschnitt 8: *Das vollständige und das einfache Viereck und Vierseit.*

Abschnitt 9: *Das Büschel von Kurven zweiter Ordnung und die Schar von Kurven zweiter Klasse für den Fall reeller Grundpunkte und Grundgeraden.*

Abschnitt 10: *Die Sätze von* **Pascal** *und* **Brianchon.**

Dritter Hauptteil.

Die Projektivitäten in der Geraden und im Strahlbüschel.

Abschnitt 11: *Die Projektivitätsbrüche.*

Abschnitt 12: *Das Folgeprodukt von Projektivitäten derselben Geraden.*

Abschnitt 22: *Das Gebiet aller Projektivitäten in einer Geraden.*

Abschnitt 23: *Die Folgeprodukte von Involutionen und Projektivitäten. Vertauschbarkeit.*

Abschnitt 24: *Die projektive Abbildung von Projektivitäten.*

Erster Hauptteil.

Hülfsmittel aus der Punktrechnung.

Abschnitt 1.

Addition und Subtraktion von Punkten und Strecken.

Die Summe von Punkten. Um die Punkte des Raumes direkt, ohne Zuhülfenahme von Koordinaten, der Rechnung unterwerfen zu können, denke man sich einen jeden Punkt e dargestellt als das Produkt aus einem Zahlfaktor $\mathfrak{m}$, welcher die **Masse** des Punktes heißen mag, und einem zweiten Faktor f, der die Lage des Punktes im Raum angibt. Dieser Lagenfaktor f möge der zu dem Punkte e gehörende **einfache Punkt**, e selbst aber ein **vielfacher Punkt** genannt werden. Die Beifügung eines Massenfaktors $\mathfrak{m}$ nämlich verleiht dem Punkte den Charakter einer **Größe**, indem sie ihn der Vermehrung und Verminderung fähig macht. Zunächst freilich erstreckt sich diese Verknüpfungsfähigkeit nur auf Punkte, welche demselben einfachen Punkte zugehören. Zwei solche Punkte $e_1 = \mathfrak{m}_1 f$ und $e_2 = \mathfrak{m}_2 f$ erscheinen als gleichbenannte Zahlen und können daher wie diese addiert und subtrahiert werden. So wird man unter der Summe

$$e_1 + e_2 = \mathfrak{m}_1 f + \mathfrak{m}_2 f$$

nichts anderes zu verstehen haben als den Punkt

$$(\mathfrak{m}_1 + \mathfrak{m}_2)f,$$

das heißt, man erhält für die Summe zweier vielfachen Punkte gleichen Ortes einen Punkt desselben Ortes, dessen Masse gleich der Massensumme der Summandenpunkte ist.

Für die Addition zweier der Lage nach verschiedenen Punkte indes, welche als ungleich benannte Größen aufzufassen sind, bedarf es einer besonderen Erklärung, bei deren Wahl man nur dafür Sorge zu tragen hat, daß

erstens die Grundeigenschaften der Addition in möglichst weitem Umfange erhalten bleiben, und daß

zweitens beim Übergange zu Summanden von gleicher Lage die neue Art der Addition in die oben dargestellte Addition zusammenfallender Punkte übergeht.

Wir knüpfen diese Erklärung an den Begriff des Schwerpunktes.

Wir fassen nämlich die Massenfaktoren m_1 und m_2 der beiden zu addierenden Punkte $e_1 = m_1 f_1$ und $e_2 = m_2 f_2$ als Massen im Sinne der Mechanik auf und verstehen unter der Summe $m_1 f_1 + m_2 f_2$ beider Punkte ihren mit der Gesamtmasse

$$(1) \qquad m = m_1 + m_2$$

belasteten Schwerpunkt. Bezeichnen wir daher noch den mit dem Schwerpunkt zusammenfallenden einfachen Punkt mit s, so lautet die Definitionsgleichung der Summe zweier vielfachen Punkte

$$(2) \qquad m_1 f_1 + m_2 f_2 = m s,$$

wo m durch die Gleichung (1) bestimmt ist, und der Punkt s die Verbindungslinie der Punkte f_1 und f_2 im umgekehrten Verhältnisse ihrer Massen teilt, und zwar äußerlich oder innerlich, je nachdem die beiden Massen dasselbe oder entgegengesetztes Vorzeichen haben (vgl. Figur 1 und 2).

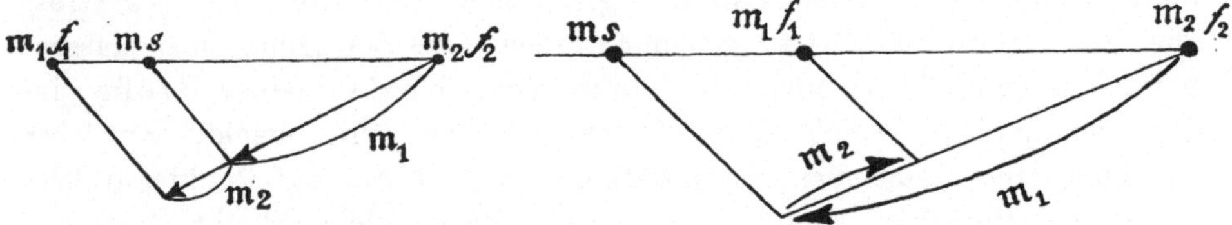

Fig. 1. m_1 und m_2 haben dasselbe Vorzeichen.   Fig. 2. m_1 und m_2 haben entgegengesetztes Vorzeichen.

Durch diese Erklärung wird man sicher der zweiten von den oben gestellten Forderungen gerecht, da wirklich bei der Anwendung auf zusammenfallende Punkte die neue Addition in die oben dargestellte Addition gleichnamiger Punkte übergeht. Man erfüllt aber auch die erste Forderung, nach welcher die neue Verknüpfung den Grundeigenschaften der Addition entsprechen soll, denn

erstens ist das Ergebnis der Verknüpfung mit den verknüpften Größen gleichartig, und

zweitens genügt die Verknüpfung den beiden Grundgesetzen der Addition, dem kommutativen Gesetze

$$(3) \qquad e_1 + e_2 = e_2 + e_1$$

und dem assoziativen Gesetze

$$(4) \qquad e_1 + (e_2 + e_3) = (e_1 + e_2) + e_3,$$

vorausgesetzt, daß zwei Punkte dann und nur dann als einander gleich angesehen werden, wenn sie sowohl ihrer Lage wie ihrer Masse nach miteinander übereinstimmen. In der Tat folgt die Gültigkeit der ersten Formel direkt aus dem Begriffe des Schwerpunktes, die zweite aber drückt den bekannten, auch leicht rein geometrisch beweisbaren Satz aus, daß man bei der Aufsuchung des Schwerpunktes dreier Massenpunkte zu demselben Ergebnis gelangt, wenn man zuerst zu den beiden ersten Punkten den Schwerpunkt konstruiert und zu diesem und dem dritten Punkte abermals den Schwerpunkt bestimmt, oder aber, wenn man zuerst zu dem zweiten und dritten Punkte den Schwerpunkt ermittelt und zu diesem und dem ersten Punkte nochmals den Schwerpunkt aufsucht.

Die Differenz zweier Punkte. Die Differenz zweier Punkte wird in gewöhnlicher Weise auf die Summe zurückgeführt. Aus den Gleichungen

$$\mathfrak{m}_1 f_1 + \mathfrak{m}_2 f_2 = \mathfrak{m} s \quad \text{und}$$
$$\mathfrak{m}_1 + \mathfrak{m}_2 = \mathfrak{m}$$

ergeben sich durch Auflösung nach den beiden ersten Summanden $\mathfrak{m}_1 f_1$ und $\mathfrak{m}_1$ die Gleichungen

(5) $$\mathfrak{m}_1 f_1 = \mathfrak{m} s - \mathfrak{m}_2 f_2 \quad \text{und}$$
(6) $$\mathfrak{m}_1 = \mathfrak{m} - \mathfrak{m}_2,$$

welche aussagen:

Die Differenz zweier Punkte $\mathfrak{m} s$ und $\mathfrak{m}_2 f_2$ ist wiederum ein Punkt, dessen Masse $\mathfrak{m}_1$ die Differenz der Massen des Minuendus und Subtrahendus ist, und dessen Ort f_1 durch Umkehrung der Summenkonstruktion in Figur 1 und Figur 2 gefunden wird. (Die Figur 3 erläutert diese Konstruktion für den Fall, daß die Massen $\mathfrak{m}_1$ und $\mathfrak{m}_2$ dasselbe Vorzeichen haben.)

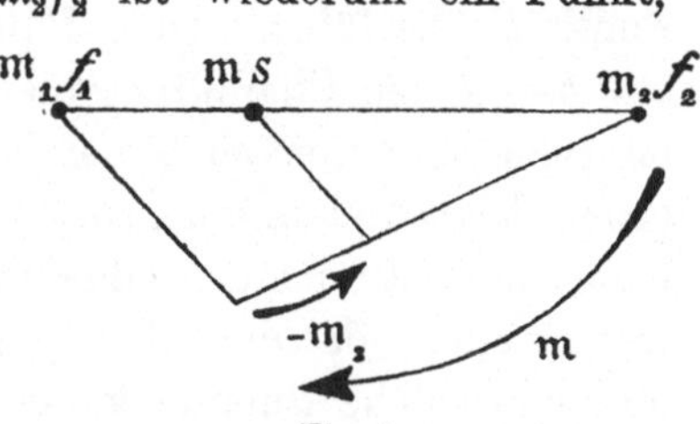

Fig. 3

Der unendlich ferne Punkt einer Geraden. Eine besondere Betrachtung erfordert noch der Fall, wo die Masse $\mathfrak{m}$ des Minuendus der Masse $\mathfrak{m}_2$ des Subtrahendus gleich ist. Alsdann ergibt die Konstruktion einen in unendlicher Entfernung auf der Verbindungslinie der Punkte f_2 und s liegenden Punkt (vgl. Figur 4), welcher der Gleichung (6) zufolge die Masse 0 hat. Durch dies Hinausrücken in unendliche Ferne und das gleichzeitige Verschwinden seiner Masse erhält nun aber dieser Punkt — wir wollen ihn das unendlich ferne Punktbild der Differenz nennen — eine Unbestimmtheit, welche der Differenz selbst nicht anhaftet, und welche ihn daher zu ihrer Größendarstellung untauglich macht. Um dies einzusehen, nehme man auf einer Geraden drei einfache Punkte a, b und b_1 an und bilde aus ihnen die Differenzen $b - a$ und $b_1 - a$. Einer jeden von ihnen entspricht dann der mit der Masse 0 behaftete unendlich ferne Punkt der

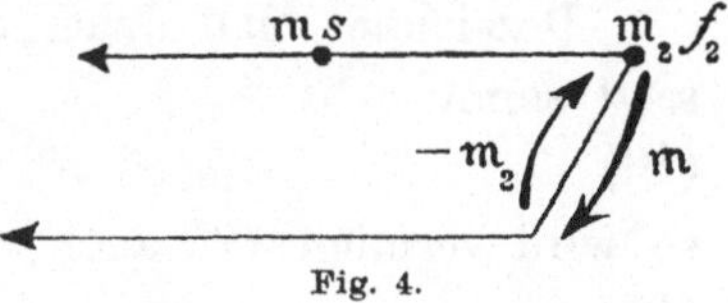

Fig. 4.

Geraden ab, und es erscheinen also die Punktbilder der beiden Differenzen als vollkommen gleich, während doch die beiden Differenzen selbst unzweifelhaft ungleiche Größen sind, da

die eine, $b - a$, bei der Vermehrung um a den Punkt b,

die andere, $b_1 - a$, „   „   „   „   „   „   „ b_1

ergibt. Es erweist sich somit wirklich das (unendlich ferne) Punktbild der Differenz gleichmassiger Punkte zur Größendarstellung dieser Differenz als ungeeignet, wenigstens, wenn man nicht eine Bestimmung über die Art des Nullwerdens seiner Masse hinzufügen will.

Die Strecke als Differenz zweier einfachen Punkte. Um zu einer brauchbaren Darstellung zu gelangen, setze man für den Augenblick die Differenz

$$(7) \qquad\qquad b - a = k,$$

dann wird nach dem Begriffe der Differenz

$$(8) \qquad\qquad b = a + k,$$

und diese Gleichung zeigt, daß die Addition der Differenz $k = b - a$ den einfachen Punkt a in den um die Strecke ab entfernt liegenden einfachen Punkt b überführt. Dem Punkte a gegenüber trägt also der Summand $k = b - a$ den Charakter einer Verschiebungsgröße, und es fragt sich nur, ob seine Addition auch bei jedem andern einfachen Punkte c eine gleich große Verschiebung hervorruft. Behufs Entscheidung dieser Frage hat man zunächst noch den allgemeinen Begriff der Summe $c + k = c + (b - a)$ festzustellen, da die oben gegebene Erklärung der Addition der Punkte auf eine solche Summe keine Anwendung finden kann. Es erscheint als das natürlichste, diese Erklärung an die Forderung zu knüpfen, daß auch hier wieder das assoziative Gesetz erhalten bleiben solle, die neue Art der Addition also geradezu durch die Gleichung zu definieren

$$(9) \qquad\qquad c + (b - a) = (c + b) - a.$$

Bezeichnet man daher die gesuchte Summengröße $c + (b - a)$ mit d, setzt somit

$$(10) \qquad\qquad d = c + (b - a),$$

so wird vermöge (9) auch

$$(11) \qquad\qquad d = (c + b) - a,$$

wofür man nach dem Begriffe der Differenz auch schreiben kann

$$(12) \qquad\qquad a + d = c + b.$$

Diese Gleichung aber besagt:

Die gesuchte Summengröße d ist derjenige Punkt, welchen man zu a addieren muß, um den Schwerpunkt von c und b, das heißt den mit der Masse 2 belasteten Mittelpunkt m der Linie cb, zu erhalten. Darin aber liegt:

Der Punkt d besitzt, ebenso wie die Punkte a, b und c, die Masse 1 und bildet die vierte Ecke des Parallelogramms mit den Seiten ab und ac (vgl. Figur 5).

Der Punkt d, der sich der Gleichung (10) zufolge analytisch als die Summe aus dem einfachen Punkte c und der Differenz $b - a$ der einfachen Punkte b und a darstellt,

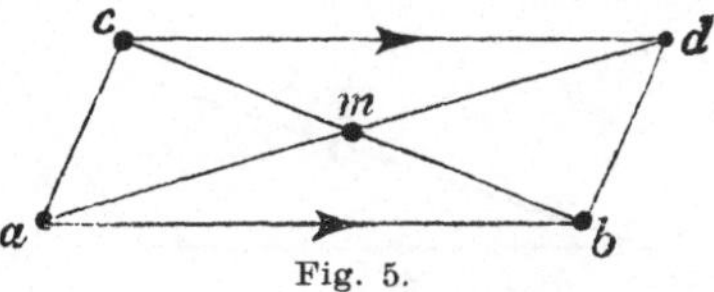

Fig. 5.

geht also geometrisch wirklich aus dem Punkte c durch eine Verschiebung hervor, die parallel, gleich lang und von gleichem Sinne mit der Strecke ab ist. Die oben aufgeworfene Frage, ob der Summand $b - a$ bei jedem einfachen Punkte c eine gleich große Verschiebung bewirkt, ist also zu bejahen, und man erhält den Satz:

Satz 1: Durch Addition der Differenz $b - a$ zweier einfachen Punkte b und a erfährt jeder beliebige einfache Punkt c eine Verschiebung parallel, gleich lang und von gleichem Sinne mit der Strecke ab.

Man kann daher die Strecke ab, *falls man an ihr nur die Länge, die Richtung und den Sinn, nicht aber auch die Linie festhält, in der sie liegt*, geradezu als das geometrische Bild der Differenz $b - a$ ansehen, und wir stellen daher die Erklärung auf:

Erklärung: Unter der Differenz $b - a$ zweier einfachen Punkte b und a soll die *Strecke ab* verstanden werden, diese Strecke gerechnet vom Subtrahendus a nach dem Minuendus b hin.

Addition und Subtraktion von Strecken. Die Brauchbarkeit dieser Erklärung erkennt man sogleich daran, daß sie als unmittelbaren Ausfluß die bekannte Streckenaddition und -subtraktion ergibt. Für zwei stetig aneinanderstoßende Strecken, welche durch Differenzen von der Form $b - a$ und $c - b$ dargestellt werden, erhält man nämlich sofort die Gleichung

$$(13) \qquad (b - a) + (c - b) = c - a$$

und damit den Satz:

„Die Summe zweier stetig aneinanderstoßenden Strecken ist gleich der Strecke vom Anfangspunkt der ersten bis zum Endpunkt der zweiten" (vgl. Figur 6).

Und aus ihm folgt wieder wegen der Verschiebbarkeit der Strecken der allgemeinere Satz:

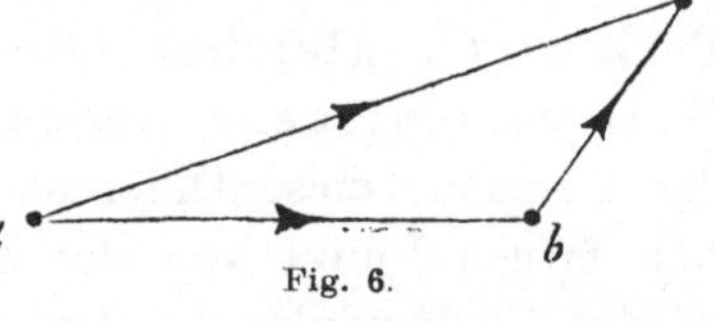

Fig. 6.

Satz 2: Man erhält die Summe zweier beliebigen Strecken g und h, indem man sie unter Beibehaltung von Länge, Richtung und Sinn *stetig aneinander legt;* dann ist die Strecke vom Anfangspunkt der ersten bis zum Endpunkt der zweiten die Summenstrecke k (vgl. Figur 7).

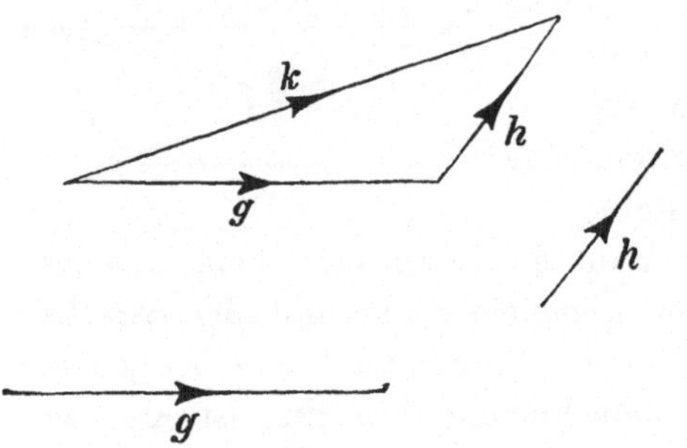

Fig. 7.

Aus der Summengleichung

$$g + h = k$$

ergibt sich endlich noch durch Auflösung nach dem zweiten Summanden h die Gleichung

$$h = k - g,$$

in welcher mit Rücksicht auf die Figur 7 der Satz liegt:

Satz 3: Man erhält die Differenz zweier Strecken, indem man sie unter Beibehaltung von Länge, Richtung und Sinn *mit ihren Anfangspunkten aneinanderlegt*, dann ist die Strecke vom Endpunkt des Subtrahendus bis zum Endpunkt des Minuendus die gesuchte Differenzstrecke.

Die Differenz zweier vielfachen Punkte von gleicher Masse. Man kann hieran noch die geometrische Deutung der Differenz zweier gleichmassigen vielfachen Punkte $\mathfrak{m}b - \mathfrak{m}a$ anschließen. Nach dem distributiven Gesetze, an dessen Gültigkeit wir ganz allgemein festhalten wollen, wird

$$(14) \qquad \mathfrak{m}b - \mathfrak{m}a = \mathfrak{m}(b - a);$$

man erhält daher den Satz:

Satz 4: Die Differenz zweier $\mathfrak{m}$-fachen Punkte ist das $\mathfrak{m}$-fache der Differenz der entsprechenden einfachen Punkte, das heißt also eine Strecke, welche ihrer Richtung nach mit der Verbindungsstrecke $b - a$ der beiden Punkte übereinstimmt, welche ferner mit der Strecke $b - a$ von gleichem oder entgegengesetztem Sinne ist, je nachdem $\mathfrak{m}$ positiv oder negativ ist, und deren Länge sich zur Länge dieser Strecke wie $|\mathfrak{m}| : 1$ verhält, unter $\mathfrak{m}$ den absoluten Wert von $\mathfrak{m}$ verstanden.

Hiernach ist die Differenz zweier getrennten, im Endlichen liegenden Punkte von gleicher (aber nicht verschwindender) Masse eine von Null verschiedene Größe, nämlich eine Strecke. Andererseits ergab der Versuch, diese Differenz als Punkt darzustellen, für sie einen unendlich fernen Punkt von der Masse Null; und ein solcher kann seinerseits wieder als Produkt aus dem verschwindenden Massenfaktor und dem mit jenem unendlich fernen Punkt zusammenfallenden einfachen Punkt aufgefaßt werden. Daraus geht hervor, daß ein einfacher im Unendlichen liegender Punkt auch insofern *ganz den Charakter des Unendlichen trägt,* als er mit der Zahlgröße (Masse) 0 multipliziert eine von Null verschiedene Größe, nämlich eine Strecke, liefert. Einfache unendlich ferne Punkte und überhaupt unendlich ferne Punkte von nicht verschwindender Masse mögen deshalb im folgenden ganz von der Untersuchung ausgeschlossen bleiben.

Man kann noch hinzufügen, daß man im Gegensatz zum obigen eine Differenz zweier zusammenfallenden, im Endlichen liegenden Punkte von gleicher Masse, wie überhaupt jede Differenz gleicher Größen, = 0 zu setzen haben wird. Man erhält daher, wenn man zugleich in doppelter Weise das Gesetz der Distributivität anwendet, die Gleichungen

$$0 = \mathfrak{m}a - \mathfrak{m}a = (\mathfrak{m} - \mathfrak{m})a = 0 \cdot a$$
$$= \mathfrak{m}(a - a),$$

woraus folgt, daß man, was gelegentlich von Nutzen sein wird, die Zahlgröße 0 als einen an beliebiger Stelle im Endlichen gelegenen Punkt von der Masse 0 auffassen kann, oder wenn man will, auch als eine Strecke von der Länge 0.

Abschnitt 2.

Die äußere Multiplikation.

Das äußere Produkt zweier Punkte: Der Stab. Man kann sich nun aber weiter auch die Aufgabe stellen, den analytischen Ausdruck für ein Linienstück zu ermitteln, an welchem nicht nur wie bei der Strecke die Größe, die Richtung und der Sinn, sondern wie bei einer Kraft, die an einem starren Körper angreift, auch noch die gerade Linie festgehalten wird, welcher das Linienstück angehört, so daß es also diese gerade Linie auch ihrer Lage im Raume nach charakterisiert. Für die rechnerische Darstellung eines solchen Linienstücks — es möge im Gegensatz zur Strecke ein „Stab"[1]) genannt werden — reichen die bisher entwickelten

---

1) Der von meinem Vater gebrauchte Ausdruck „Linienteil" hat sich nicht recht einbürgern wollen. E. Budde nennt in seiner Mechanik (Berlin, G. Reimer, 1890—91) den Stab einen „linienflüchtigen Vektor". H. Hankel benutzt den Ausdruck „Geradenstück" (vgl. H. Hankel, Theorie der complexen Zahlensysteme, Leipzig, 1867). Ihm schließt sich in seinen älteren Arbeiten E. Müller an (vgl. E. Müller, Die Liniengeometrie nach den Prinzipien der Graßmannschen Ausdehnungslehre, in den „Monatsheften für Math. und Phys." II. Jahrg. Wien, 1891, und derselbe, Neue Methode zur Ableitung der statischen Gesetze, in den „Mitteilungen des K. K. technologischen Gewerbemuseums in Wien", Neue Folge, III. Jahrg. Wien, 1893). Im Jahre 1894 schlug ich in meiner Arbeit: Punktrechnung und projektive Geometrie, erster Teil (Halle, Festschrift der Latina) statt dessen den Ausdruck „Stab" vor.

analytischen Hülfsmittel, nämlich die Addition und Subtraktion von Punkten und Strecken, noch nicht aus, und wir versuchen es daher mit einer Art der Multiplikation, die wir durch Einschließung des Produktes in „scharfe" Klammern von der gewöhnlichen Multiplikation der Algebra unterscheiden und als äußere Multiplikation bezeichnen wollen. Ist also C ein Stab, a sein Anfangs-, b sein Endpunkt, und sind beide Punkte als einfache Punkte aufgefaßt, so setzen wir das Produkt

$$(1) \qquad\qquad\qquad [ab] = C.$$

Um den multiplikativen Charakter dieser neuen Verknüpfung festzulegen, bestimmen wir, sie solle der Addition gegenüber distributiv sein, das heißt, es sollen die Gleichungen bestehen

$$(2) \qquad \begin{cases} [a(b+c)] = [ab] + [ac] \quad \text{und} \\ [(b+c)a] = [ba] + [ca]. \end{cases}$$

Aus diesen Formeln folgt dann ohne weiteres, daß die äußere Multiplikation auch der Subtraktion gegenüber distributiv ist, daß also auch die Formeln gelten

$$(3) \qquad \begin{cases} [a(b-c)] = [ab] - [ac] \\ [(b-c)a] = [ba] - [ca]; \end{cases}$$

denn ersetzt man etwa auf der rechten Seite der ersten Formel (3) die Größe b durch die Summe $(b-c)+c$, so erhält man

$$\begin{aligned} [ab] - [ac] &= [a((b-c)+c)] - [ac], \quad \text{das heißt nach (2)} \\ &= [a(b-c)] + [ac] - [ac] \\ &= [a(b-c)]. \end{aligned}$$

Derselbe ist inzwischen von E. Study, Anton Grünwald, K. Zindler, J. von Vieth, E. Davis, E. Jahnke, K. Eichler und neuerdings auch von E. Müller angenommen worden. (Vgl. E. Study, Eine neue Darstellung der Kräfte der Mechanik durch geometrische Figuren. Berichte der math.-phys. Klasse der Sächs. Ges. der Wiss. Leipzig, 1899. S. 29. Derselbe, Die Geometrie der Dynamen, Jahresbericht der Deutschen Mathematiker-Vereinigung. Bd. 8, Heft 1, 1900. S. 206 und das große Werk desselben Verfassers: Geometrie der Dynamen. Leipzig, 1903. S. 1. — Anton Grünwald, Sir Robert S. Balls lineare Schraubengebiete. Zeitschrift für Math. und Phys. Bd. 48, 1902. S. 50 und Darstellung aller Elementarbewegungen eines starren Körpers von beliebigem Freiheitsgrad, daselbst Bd. 52. 1905. S. 231. — K. Zindler, Liniengeometrie mit Anwendungen, I. Teil. Leipzig, 1902. — J. v. Vieth, Über Zentralbewegung. Zeitschrift für Math. und Phys. Bd. 48, 1902. S. 256. — E. Davis, Die geometrische Addition der Stäbe in der hyperbolischen Geometrie. Inauguraldiss. Greifswald, 1904. — E. Jahnke, Vorlesungen über Vektorenrechnung. Leipzig, 1905. — K. Eichler, Beitrag zur Graßmannschen Punktrechnung. Festschrift des Christianeums zu Altona. Altona, 1905. S. 73 ff. — E. Müller, Ein Übertragungsprinzip des Herrn E. Study. Archiv der Math. und Phys. 3. Reihe, Bd. 5, 1902.)

Die Formeln (2) und (3) liefern ferner bei der Anwendung auf zusammenfallende und gleichmassige Punkte b und c die Spezialformeln

$$\begin{cases} [a \cdot 2b] = 2[ab] \\ [2b \cdot a] = 2[ba] \quad \text{und} \end{cases}$$

$$(4) \qquad \begin{cases} [a \cdot 0] = 0 \\ [0 \cdot a] = 0. \end{cases}$$

Bei wiederholter Anwendung der Formeln (2) und (3) endlich ergeben sich zunächst für ganze Werte eines Zahlfaktors $\mathfrak{n}$, dann vermöge der gewöhnlichen Schlußweise auch für gebrochene Werte von $\mathfrak{n}$ die allgemeineren Formeln

$$(5) \qquad \begin{cases} [a \cdot \mathfrak{n}b] = \mathfrak{n}[ab] \\ [\mathfrak{n}b \cdot a] = \mathfrak{n}[ba]^{1}), \end{cases}$$

welche aussagen, daß in einem äußeren Produkte ein Zahlkoeffizient eines Faktors auch vor das ganze Produkt gestellt werden darf.

Die geometrische Bedeutung der Gleichungen (2) ist nicht schwer zu erkennen. Sie definieren nämlich, falls b und c einfache Punkte sind, die Addition von Stäben mit gemeinsamem Anfangspunkte, und zwar genau im Sinne der Zusammensetzung zweier in einem und demselben Punkte angreifenden Kräfte. Bezeichnet man nämlich wie oben den als einfachen Punkt aufgefaßten Mittelpunkt zwischen den Punkten b und c mit m, setzt also

$$b + c = 2m,$$

so läßt sich die erste Gleichung (2) mit Rücksicht auf (5) in der Form schreiben

$$2[am] = [ab] + [ac],$$

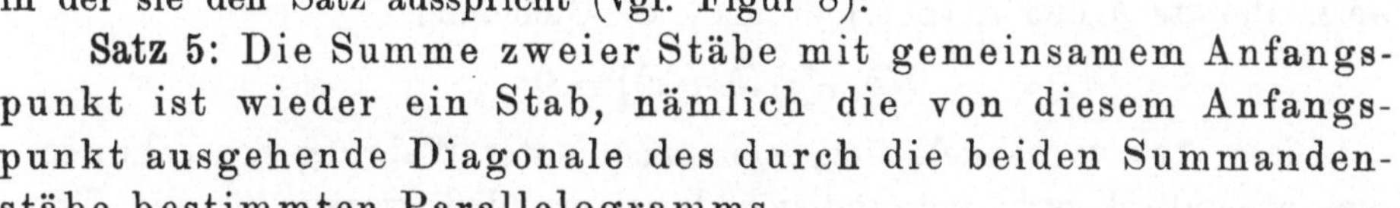

Fig. 8.

in der sie den Satz ausspricht (vgl. Figur 8):

Satz 5: Die Summe zweier Stäbe mit gemeinsamem Anfangspunkt ist wieder ein Stab, nämlich die von diesem Anfangspunkt ausgehende Diagonale des durch die beiden Summandenstäbe bestimmten Parallelogramms.

Indes genügt die neue Art der Produktbildung keineswegs sämtlichen Gesetzen der algebraischen Multiplikation. Dies erkennt man am deutlichsten, wenn man die beiden Grenzpunkte eines Stabes C in einen einzigen Punkt zusammenrücken läßt, so daß der Stab die Länge Null erhält und daher selbst $= 0$ gesetzt werden muß; dann verwandelt sich die Gleichung (1) in die neue Gleichung

$$(6) \qquad\qquad [a\,a] = 0,$$

---

1) Für den Fall, daß der Zahlfaktor $\mathfrak{n}$ irrational ist, mögen die Gleichungen (5) als Definitionsgleichungen gelten.

welche wir als die Grundformel der äußeren Multiplikation bezeichnen wollen, da sie die besondere Eigentümlichkeit des äußeren Produktes im Gegensatz zum algebraischen besonders scharf hervortreten läßt. Sie zeigt nämlich, daß das äußere Produkt nicht nur verschwindet, wenn ein Faktor null ist, sondern auch, wenn seine beiden Faktoren einander gleich werden. Ja es verschwindet sogar schon, wenn die Punkte seiner beiden Faktoren nur miteinander in einen Punkt zusammenfallen; denn nach der ersten Formel (5) wird auch

$$(7) \qquad\qquad [a \cdot \mathfrak{n}a] = 0,$$

falls $\mathfrak{n}$ eine Zahl bedeutet; und umgekehrt verschwindet das Produkt $[ab]$ zweier im Endlichen liegenden Punkte a und b mit Rücksicht auf seine Bedeutung auch nur dann, wenn diese beiden Punkte in einen Punkt zusammenfallen. Denn der Sonderfall, wo bereits einer von den Faktoren verschwindet, kann unter den Hauptfall subsumiert werden, da nach Seite 7 die Zahlgröße 0 mit jedem beliebigen im Endlichen liegenden Punkte von der Masse 0 identifiziert werden kann, so daß also ein Faktor 0 insbesondere auch als ein mit dem anderen Faktor zusammenfallender Punkt angesehen werden darf. Man hat somit den Satz:

Satz 6: Das äußere Produkt zweier im Endlichen liegenden Punkte verschwindet dann und nur dann, wenn beide Punkte in einen und denselben Punkt zusammenfallen.

Die Gleichung (6) verdient den Namen einer Grundformel der äußeren Multiplikation um so mehr, als sich aus ihr noch eine weitere wichtige Eigenschaft des äußeren Produktes ableiten läßt, durch welche dieses ebenfalls von dem algebraischen Produkte geschieden wird. Ersetzt man nämlich in der Grundformel (6) den Punkt a durch die Summe zweier Punkte b und c, so erhält man die Gleichung

$$[(b + c)\,(b + c)] = 0.$$

Diese aber verwandelt sich, wenn man unter Wahrung der Faktorenfolge ausmultipliziert und zugleich beachtet, daß wegen (6) die Produkte $[bb]$ und $[cc]$ verschwinden, in

$$[cb] + [bc] = 0 \quad \text{oder in}$$
$$(8) \qquad\qquad [cb] = -[bc],$$

worin der Satz liegt:

Satz 7: Ein äußeres Produkt ändert sein Zeichen, wenn man seine beiden Faktoren miteinander vertauscht,

oder geometrisch ausgedrückt:

Bei Umkehrung seines Sinnes nimmt ein Stab den entgegengesetzten Wert an.

Die Formeln (2) bis (8) zeigen bereits eine vollkommene Analogie zwischen den Gesetzen der äußeren Multiplikation und denen der Determinanten. Diese Analogie wird noch vervollständigt, wenn man beachtet, daß wegen der Distributivität der äußeren Multiplikation auch

$$(9) \qquad [a\,(b + \mathfrak{n}\,a)] = [ab]$$

ist, worin der Satz liegt:

Satz 8: Ein äußeres Produkt ändert seinen Wert nicht, wenn man einen Faktor um ein Vielfaches des anderen vermehrt.

Da die soeben betrachtete Veränderung eines Faktors des äußeren Produktes für dessen Umwandlung und geometrische Deutung von hervorragender Wichtigkeit ist, wollen wir sie mit einem besonderen Namen belegen und diese Benennung sogleich auch auf Produkte von mehr als zwei Faktoren ausdehnen. Sobald nämlich ein Faktor eines Produktes um beliebige Vielfache der anderen Faktoren vermehrt wird, wollen wir sagen, es sei jener Faktor einer „linealen Änderung" unterworfen. Der Grund für diese Bezeichnung springt in dem vorliegenden Beispiel sofort in die Augen, denn alle Punkte $b + \mathfrak{n}\,a$, welche sich aus dem Faktor b durch lineale Änderung ableiten lassen, liegen auf der nämlichen Geraden ab. Bei Einführung dieser neuen Benennung läßt sich dann der Satz 8 auch in der Form aussprechen:

Satz 8 (zweite Fassung): Das äußere Produkt zweier Punkte verhält sich invariant gegenüber linealen Änderungen seiner Faktoren.

Der Zusammenhang zwischen Stab und Strecke. Aus der Gleichung (9) entspringt noch eine besonders wichtige Spezialformel, wenn man dem Zahlfaktor $\mathfrak{n}$ den besonderen Wert -1 verleiht; dadurch nämlich geht sie über in die Formel

$$(10) \qquad [a\,(b - a)] = [ab],$$

welche den analytischen Zusammenhang zwischen der Strecke $b - a$ und dem Stabe $[ab]$ zur Anschauung bringt, indem sie zeigt, daß der Stab $[ab]$ aus „seiner Strecke" $b - a$ dadurch abgeleitet werden kann, daß man diese mit dem Anfangspunkt a des Stabes als erstem Faktor äußerlich multipliziert (mit a „vormultipliziert"). Diese Beziehung kann dazu dienen, den Begriff des Stabes näher auszugestalten, doch muß man vorher noch ein wenig auf das äußere Produkt zweier Strecken eingehen.

Zunächst bedingt es die Distributivität der äußeren Multiplikation, daß die Grundformel (6) und die von ihr abhängende Formel (7) auch für Strecken fortbestehen, daß also auch für eine Strecke h die Gleichungen gelten

(11) $[hh] = 0$ und

(12) $[h \cdot \mathfrak{n}h] = 0,$

welche aussagen, daß das äußere Produkt paralleler Strecken verschwindet. Stellt man nämlich die Strecke h als Differenz zweier einfachen Punkte dar, setzt somit etwa

$$h = b - a,$$

so wird
$$[hh] = [(b - a)(b - a)]$$
$$= - [ab]-[ba]$$
$$= [ba] - [ba]$$
$$= 0,$$

das heißt, die Grundformel der äußeren Multiplikation gilt auch für Strecken. Aus der Grundformel aber und dem distributiven Gesetze folgten alle übrigen Formeln der äußeren Multiplikation; also bleiben auch sie sämtlich bestehen, wenn man anstatt der Punktfaktoren Strecken setzt. Insbesondere wird für zwei Strecken h und k wieder

(13) $[kh] = - [hk],$

und ebenso gilt die Formel der linealen Änderung:

(14) $[h(k + \mathfrak{n}h] = [hk].$

Das Gesetz der linealen Änderung bleibt übrigens offenbar auch dann noch erhalten, wenn der eine Faktor des Produktes ein Punkt und der andere eine Strecke ist; so wird, falls a einen Punkt und h eine Strecke bezeichnet,

(15) $[ah] = [(a + \mathfrak{n}h)h].$

Diese Formel benutzen wir jetzt, um die linke Seite der Gleichung (10) umzugestalten. Es wird

$$[ab] = [a(b - a)] = [(a + \mathfrak{n}(b - a))(b - a)],$$

oder wenn man die Bezeichnung einführt

$${}^*) \; a_1 = a + \mathfrak{n}(b - a),$$

(16) $[ab] = [a_1(b - a)].$

Hier ist wegen der Willkürlichkeit des Zahlkoeffizienten $\mathfrak{n}$ der Faktor a_1 ein ganz beliebiger Punkt auf der durch den Stab $[ab]$ bestimmten Geraden, nämlich derjenige einfache Punkt, welcher aus a durch eine Verschiebung um das $\mathfrak{n}$-fache der Strecke $b - a$ entsteht. Die Gleichung (16) enthält daher den Satz:

Satz 9: Ein Stab $[ab]$ kann aus der zugehörigen Strecke $b - a$

auch dadurch abgeleitet werden, daß man sie mit einem beliebigen einfachen Punkt a_1 der durch den Stab $[ab]$ bestimmten Geraden „vormultipliziert".

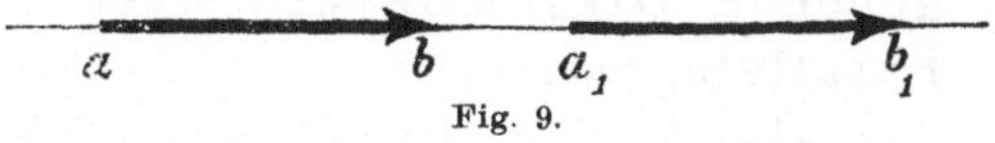

Bezeichnet man ferner noch denjenigen einfachen Punkt, welcher aus a_1 durch Verschiebung um die Strecke $b - a$ hervorgeht, mit b_1, setzt also

$$b_1 = a_1 + (b - a),$$

so wird   **) $b_1 - a_1 = b - a$

und zugleich $b_1 - b = a_1 - a$ (vgl. Fig. 9).

Fig. 9.

Führt man aber den Wert **) in die Gleichung (16) ein und berücksichtigt noch die Gleichung (10), so erhält man die Gleichung

$$(17) \qquad [ab] = [a_1(b_1 - a_1)] = [a_1 b_1]$$

und damit den Satz:

Satz 10: Das äußere Produkt zweier einfachen Punkte ändert seinen Wert nicht, wenn man beide Faktoren in der durch sie bestimmten Linie um gleiche Strecken verschiebt; oder auch:

Ein Stab kann unbeschadet seines Wertes in seiner eigenen Linie beliebig verschoben werden.

Die Addition von Stäben derselben Ebene. Es entspricht also auch in dieser Hinsicht der Stab vollkommen einer an einem starren Körper angreifenden Kraft, und es läßt sich daher auch die Addition von Stäben, die sich schneiden, nach dem Vorbilde der Mechanik auf die Addition von Stäben mit gemeinsamem Anfangspunkt (vgl. Satz 5) zurückführen. In der Tat, sind A_1 und A_2 zwei Stäbe, die sich in a schneiden, wo a ein einfacher Punkt ist, und sind k_1 und k_2 ihre Strecken (vgl. Figur 10), so werden die Stäbe A_1 und A_2

$$(18) \qquad \begin{cases} A_1 = [ak_1] \\ A_2 = [ak_2], \end{cases}$$

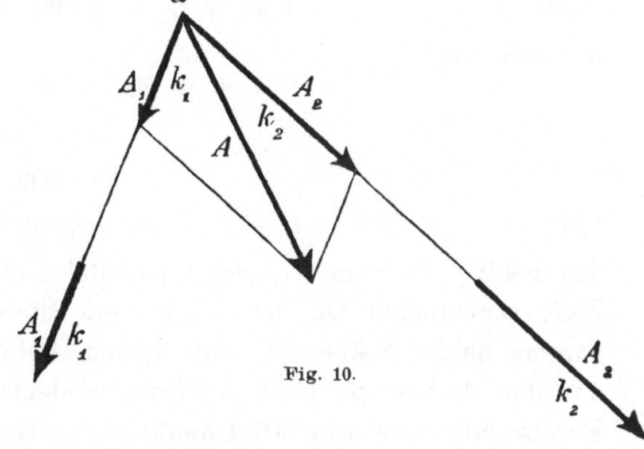

Fig. 10.

ihre Summe A also

$$(19) \qquad A = A_1 + A_2 = [ak_1] + [ak_2] = [a(k_1 + k_2)],$$

das heißt: „Die Summe zweier sich schneidenden Stäbe ist ein Stab, der durch ihren Schnittpunkt geht, und dessen Strecke die Summe der Strecken beider Stäbe ist"; oder anders ausgedrückt:

Satz 11: Die Summe zweier sich schneidenden Stäbe ist wieder ein Stab, nämlich die von ihrem Schnittpunkt ausgehende Diagonale des durch die beiden Stäbe bestimmten Parallelogramms.

Aber auch in dem Falle, wo die beiden zu summierenden Stäbe einander parallel laufen, führt die Addition der sie darstellenden Punktprodukte sofort zu der aus der Mechanik bekannten Addition paralleler Kräfte. Denn sind

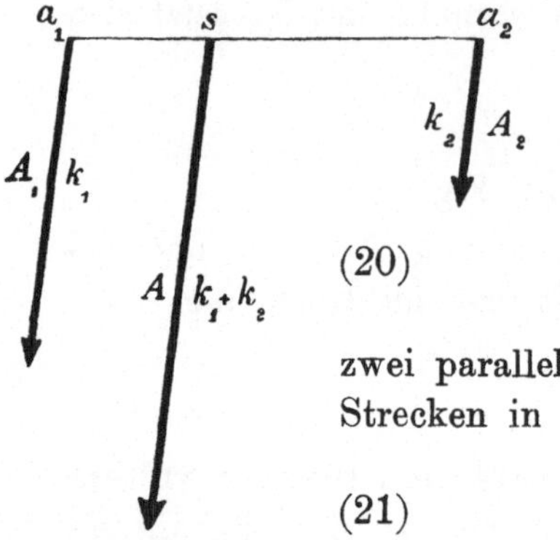

$$(20) \qquad \begin{cases} A_1 = [a_1 k_1] \\ A_2 = [a_2 k_2] \end{cases}$$

zwei parallele Stäbe (vgl. Figur 11), so werden sich ihre Strecken in der Form darstellen lassen

$$(21) \qquad \begin{cases} k_1 = \mathfrak{m}_1 k \\ k_2 = \mathfrak{m}_2 k, \end{cases}$$

Fig. 11.

die Stabsumme A wird daher

$$(22) \quad A = A_1 + A_2 = [a_1 k_1] + [a_2 k_2] = [a_1 \cdot \mathfrak{m}_1 k] + [a_2 \cdot \mathfrak{m}_2 k] = [(\mathfrak{m}_1 a_1 + \mathfrak{m}_2 a_2)k].$$

Sind hierin nicht gerade die Zahlfaktoren $\mathfrak{m}_1$ und $\mathfrak{m}_2$ entgegengesetzt gleich, die Strecken k_1 und k_2 beider Stäbe also nicht gerade gleich lang und von entgegengesetztem Sinne, so ist der erste Faktor der rechten Seite der mit der Summe $\mathfrak{m}_1 + \mathfrak{m}_2$ belastete Schwerpunkt s der vielfachen Punkte $\mathfrak{m}_1 a_1$ und $\mathfrak{m}_2 a_2$, das heißt, es ist

$$(23) \qquad \mathfrak{m}_1 a_1 + \mathfrak{m}_2 a_2 = (\mathfrak{m}_1 + \mathfrak{m}_2)s,$$

folglich wird

$$\begin{aligned} A = A_1 + A_2 &= [(\mathfrak{m}_1 + \mathfrak{m}_2)sk] \\ &= [s \cdot (\mathfrak{m}_1 + \mathfrak{m}_2)k] \\ &= [s(\mathfrak{m}_1 k + \mathfrak{m}_2 k)], \quad \text{oder also nach (21)} \end{aligned}$$

$$(24) \qquad A = A_1 + A_2 = [s(k_1 + k_2)],$$

das heißt „Die Summe zweier parallelen Stäbe, deren Streckensumme von Null verschieden ist, ist wieder ein Stab, dessen Strecke die Streckensumme beider Stäbe ist, und dessen Anfangspunkt sich als Schwerpunkt aus den Anfangspunkten der Summandenstäbe ergibt, falls man sich diese Punkte mit Massen behaftet denkt, deren Größe den Stablängen proportional, und deren Vorzeichen gleich oder entgegengesetzt ist, je nachdem der Sinn beider Stäbe übereinstimmt oder nicht."

Das Stabpaar und das äußere Produkt zweier Strecken: Das Feld. Man hat endlich noch den oben ausgeschlossenen Ausnahmefall zu behandeln, wo die beiden parallelen Stäbe gleiche Länge, aber entgegengesetzten Sinn haben. Zwei solche Stäbe lassen sich in der Form darstellen

$$(25) \qquad \begin{cases} A_1 = - [a_1 k] \\ A_2 = [a_2 k] \end{cases}$$

(vgl. Fig. 12). Für ihre Summe, — wir wollen sie ein Stabpaar nennen, — erhält man die Darstellung

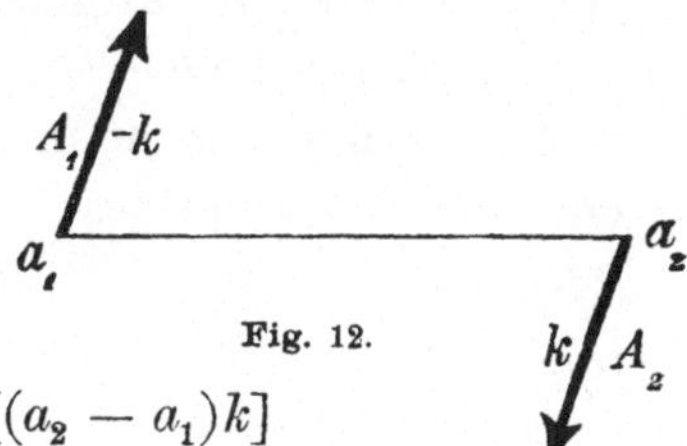

Fig. 12.

$$(26) \qquad A = A_1 + A_2 = - [a_1 k] + [a_2 k] = [(a_2 - a_1)k]$$

das heißt, man hat den Satz:

Satz 12: Ein Stabpaar ist gleich dem äußeren Produkte zweier Strecken, von denen die erste vom Anfangspunkt des ersten Stabes zum Anfangspunkt des zweiten führt, während die zweite Strecke die Strecke des zweiten Stabes ist.

Ein solches Streckenprodukt wurde nun zwar oben bereits nach der formalen Seite hin untersucht, — wobei sich ergab, daß seine Rechengesetze mit denen der Punktprodukte übereinstimmen —, aber es bleibt noch seine reale Bedeutung zu ermitteln. Hierbei kann man wieder denselben Weg einschlagen wie oben bei der Entwickelung des Begriffs einer Strecke. Man setze einstweilen das fragliche Produkt

$$(27) \qquad [(a_2 - a_1)k] = F,$$

dann ist das Produkt F darstellbar als Differenz der beiden gleich langen und nach derselben Seite laufenden Stäbe $[a_2 k]$ und $[a_1 k]$ (vgl. Figur 13), nämlich

$$[a_2 k] - [a_1 k] = F,$$

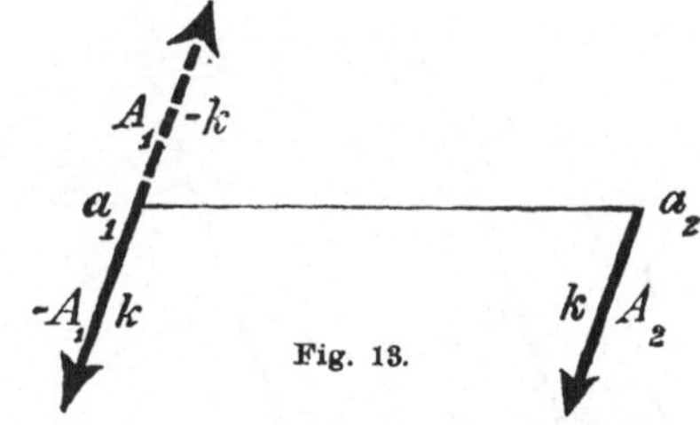

Fig. 13.

und also nach dem Begriffe der Differenz

$$(28) \qquad [a_2 k] = [a_1 k] + F.$$

Diese Gleichung zeigt, daß die Addition des Streckenproduktes F den Stab $[a_1 k]$, welcher mit dem ersten Stabe A_1 des Paares entgegengesetzt gleich ist, in dessen zweiten Stab $A_2 = [a_2 k]$ überführt, das heißt, daß sie ihn um ein Parallelogramm verschiebt, welches die Faktoren des Produktes F zu Seiten hat; dabei ist die Seite des Parallelogramms, längs deren verschoben wird, — wir wollen sie die Leitstrecke der Verschiebung nennen —, der erste Faktor des Produktes F und die Strecke des verschobenen Stabes selbst der zweite Faktor.

Es läßt sich aber weiter zeigen, daß überhaupt jeder beliebige Stab C, wenn er nur der durch die Faktoren des Produktes F bestimmten Ebene parallel läuft[1]), durch Addition des Produktes F eine Verschiebung um ein Parallelogramm erfährt, dessen Größe und Sinn durch die Faktoren des Produktes F festgelegt wird.

Zunächst behandeln wir als zweiten Sonderfall den Fall, wo der Stab C wenigstens noch seiner Richtung nach mit dem zweiten Faktor k des Streckenproduktes

$$(29) \qquad F = [hk] \quad \text{übereinstimmt, wo also}$$

$$(30) \qquad C = [a \cdot \mathfrak{n}k] \quad \text{ist; dann wird die gesuchte Summe}$$

$$C + F = [a \cdot \mathfrak{n}k] + [hk]$$

$$= [a \cdot \mathfrak{n}k] + \left[\frac{1}{\mathfrak{n}}h \cdot \mathfrak{n}k\right], \quad \text{oder also}$$

$$(31) \qquad C + F = \left[\left(a + \frac{1}{\mathfrak{n}}h\right) \cdot \mathfrak{n}k\right].$$

Die Strecke $\mathfrak{n}k$ des Stabes C hat somit bei seiner Vermehrung um das Produkt F keine Veränderung erfahren, aber der Stab ist um ein Parallelogramm verschoben, welches die Strecke $\frac{1}{\mathfrak{n}}h$ zur Leitstrecke hat (vgl. Figur 14). Während also die Strecke des verschobenen Stabes das $\mathfrak{n}$-fache vom zweiten Faktor des Produktes F ist, bildet die Leitstrecke der Verschiebung den $\mathfrak{n}$-ten Teil des ersten Faktors. Das Verschiebungsparallelogramm stimmt daher wieder mit dem Parallelogramm h, k nach Größe, Sinn und Stellung seiner Ebene überein.

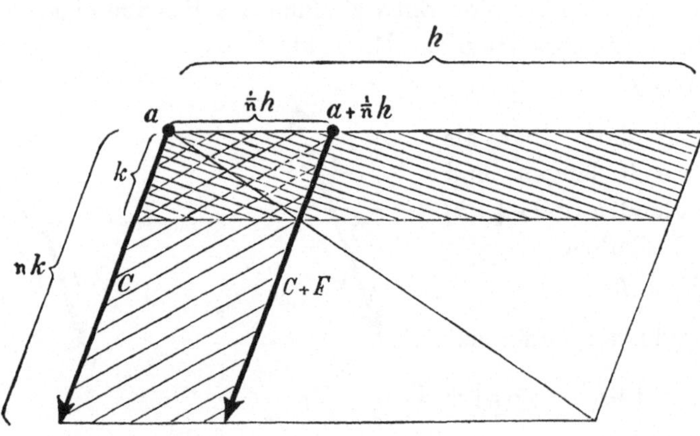

Fig. 14.

Ist endlich der Stab C, welcher um das Streckenprodukt $F = [hk]$ vermehrt werden soll, nur noch an die Bedingung geknüpft, daß er der Ebene des Parallelogramms h, k parallel läuft, so zerlege man ihn

---

1) Der Fall, wo auch diese Bedingung nicht erfüllt ist, kann hier ausgeschlossen bleiben, da die Untersuchung schließlich doch auf Figuren einer Ebene beschränkt werden wird, und die Betrachtung des Räumlichen nur so weit durchgeführt werden soll, wie es zur Klarlegung der auch für die Ebene wichtigen Grundbegriffe nötig erscheint.

in zwei Komponenten C_1 und C_2, welche mit den Faktoren h und k des Produktes F gleiche Richtung haben (vgl. Fig. 15). Dann wird

$$(32) \qquad C + F = C_1 + C_2 + F = C_1 + (C_2 + F).$$

Hier entspricht die Summe in der Klammer genau dem oben betrachteten zweiten Sonderfall; denn der Stab C_2 hat die Richtung des zweiten Faktors k. Er erfährt also durch Hinzufügung des Produktes F eine Verschiebung in der Richtung des ersten Faktors h, und zwar um ein Parallelogramm, welches nach Größe, Sinn und Stellung seiner Ebene

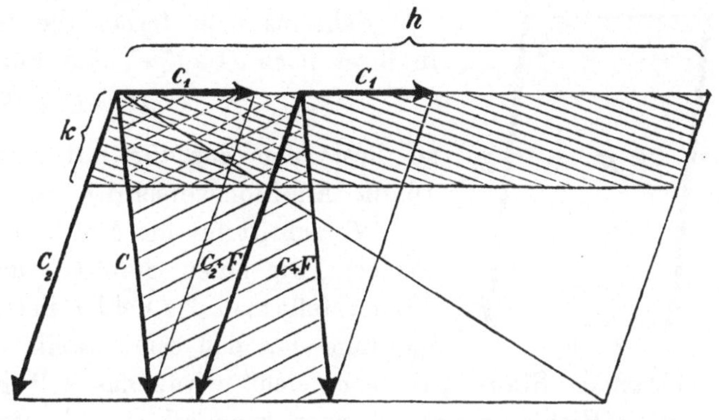

Fig. 15.

mit dem Parallelogramm h, k übereinstimmt. Es kann aber andererseits auch der Stab C_1 unbeschadet seines Wertes nach demselben Anfangspunkt verschoben werden; er verschmilzt daher mit dem Summenstabe $C_2 + F$ zu einem Gesamtstabe $D = C + F$, welcher selbst gegen C um ein Parallelogramm verschoben ist, das mit dem Parallelogramm h, k gleichen Flächeninhalt, gleichen Sinn und gleiche Stellung hat, während es freilich in seiner Gestalt von ihm durchaus verschieden ist.

Nennen wir daher einen Flächenraum, an welchem seine Größe, sein Sinn und die Stellung seiner Ebene, nicht aber die Form und Lage festgehalten wird, nach dem Vorgange von Mehmke ein „Feld", so können wir sagen: In sämtlichen oben betrachteten Fällen wird das Produkt $F = [hk]$ geometrisch charakterisiert durch das Feld, welches mit dem Parallelogramm h, k gleiche Größe, gleichen Sinn und gleiche Stellung hat; und wir verstehen daher unter dem Produkte zweier Strecken h und k geradezu das durch sie bestimmte Feld.

Durch diese Festsetzung gewinnt das Zeichen F eine neue Bedeutung: Es ist nunmehr nicht nur eine Abkürzung für das Produkt $[hk]$, sondern zugleich das Zeichen für die soeben neu definierte Größe, die wir als Feld bezeichnet haben; und das Ergebnis unserer obigen Untersuchung läßt sich daher, falls man noch die Gleichung $D = C + F$ nach F auflöst, sie also in der Form schreibt

$$(33) \qquad D - C = F,$$

in den Satz zusammenfassen:

Satz 13: Die Differenz $D - C$ zweier Stäbe von gleicher Länge, gleicher Richtung und gleichem Sinne ist ein Feld F, dessen erste Seite vom Anfangspunkt des Subtrahendus nach dem Anfangspunkt des Minuendus führt, und dessen zweite Seite die Strecke beider Stäbe ist (vgl. Figur 16).

Schreibt man ferner die Gleichung (33) wieder in ihrer nach D aufgelösten Form

$$D = C + F,$$

so liest man aus ihr mit Rücksicht auf die Figur 16 die Additionsvorschrift ab:

Vorschrift für die Addition eines Stabes und eines Feldes: „Um einen Stab C und ein Feld F zu addieren, stelle man das Feld F in solcher Weise als Parallelogramm dar, daß seine zweite Seite mit dem zu vermehrenden Stabe „streckengleich" wird, das soll heißen, gleiche Länge, gleiche Richtung und gleichen Sinn erhält. Verschiebt man sodann das Parallelogramm F sich selber parallel so weit, bis der Anfangspunkt seiner ersten Seite mit dem Anfangspunkt des Stabes C zusammenfällt, so wird der durch die zweite Seite von F dargestellte Stab der gesuchte Summenstab D."

Auch lassen jetzt die bereits oben für das Streckenprodukt entwickelten Formeln eine geometrische Erhärtung zu. Der durch die obigen Formeln

(11) $$[hh] = 0 \quad \text{und}$$

(12) $$[h \cdot \mathfrak{n}h] = 0$$

dargestellte Satz:

Satz 14: „Das äußere Produkt paralleler Strecken verschwindet" ist nur ein anderer Ausdruck des geometrisch selbstverständlichen Satzes:

„Ein Parallelogramm, von welchem zwei anstoßende Seiten in dieselbe gerade Linie fallen, hat den Flächeninhalt Null."

Die Vertauschungsformel

(13) $$[kh] = - [hk] \quad \text{enthält den Satz:}$$

„Beim Wechsel seines Sinnes ändert ein Feld sein Zeichen" (vgl. Figur 17), während die Formel der linealen Änderung

(14) $$[h(k + \mathfrak{n}h)] = [hk] \quad \text{den Satz darstellt:}$$

„Parallelogramme, welche zwischen Parallelen liegen und gleiche Grundlinie haben, sind einander gleich" (vgl. Figur 18).

Das allgemeine distributive Gesetz endlich

$$(34) \qquad [(g + h)k] = [gk] + [hk]$$

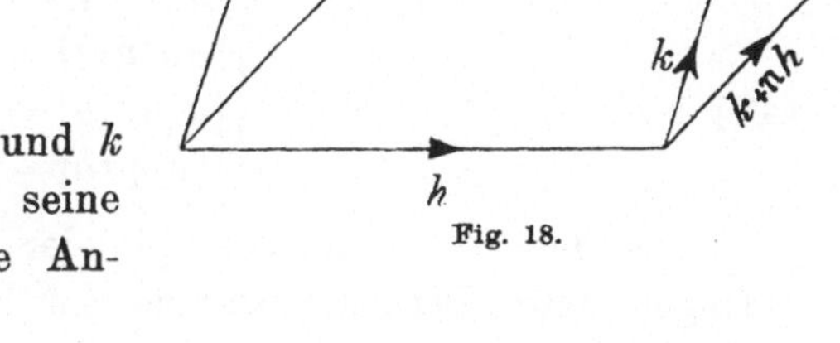
Fig. 18.

findet, falls die drei Strecken g, h und k derselben Ebene angehören sollten, seine Bestätigung durch eine zweimalige Anwendung des eben genannten Satzes (vgl. Figur 19); ist hingegen diese Bedingung nicht erfüllt, besitzen also die Felder $[gk]$ und $[hk]$ verschiedene Stellung, so kann die Formel (34) als Definitionsgleichung ihrer Summe dienen (vgl. Figur 20).

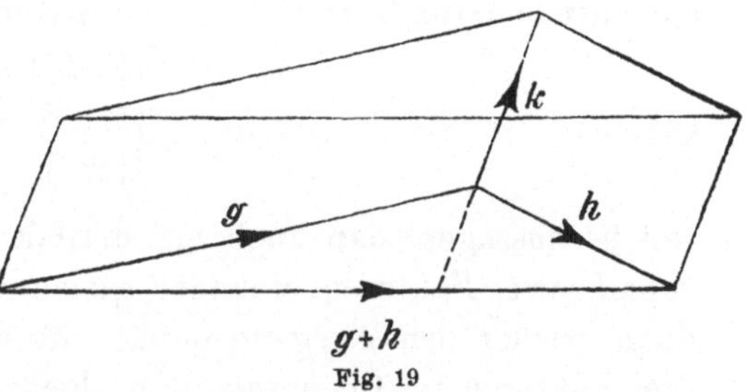
Fig. 19

Das äußere Produkt dreier Punkte: Das Blatt. Das äußere Produkt dreier Punktfaktoren läßt sich durch die Forderung definieren es solle außer dem distributiven Gesetze

$$(35) \quad [ab(c+d)] = [abc] + [abd]$$

auch noch das assoziative Gesetz

$$(36) \qquad [a(bc)] = [abc]$$

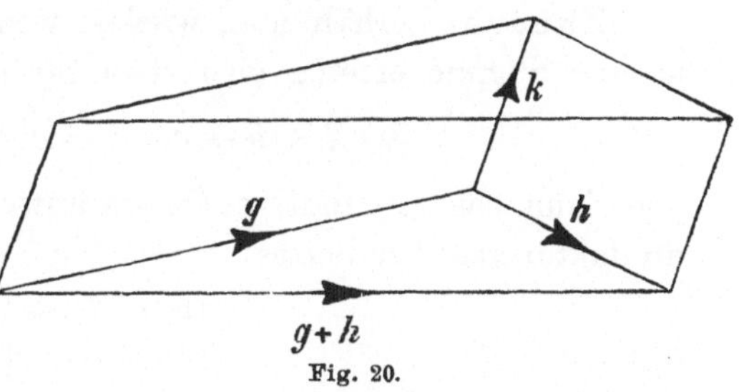
Fig. 20.

gelten. Mit Hülfe dieses Gesetzes und der Vertauschungsformel für zweifaktorige Produkte läßt sich dann leicht zeigen, daß die Gleichung (35) auch erhalten bleibt, wenn man den Summenfaktor an die zweite oder erste Stelle treten läßt, daß also auch die Formeln bestehen

$$(37) \qquad \begin{cases} [a(c + d)b] = [acb] + [adb] \\ [(c + d)ab] = [cab] + [dab]. \end{cases}$$

Ferner folgt durch dieselbe Schlußweise wie auf Seite 8 die Gültigkeit der entsprechenden Differenzformeln

$$(38) \qquad \begin{cases} [ab(c - d)] = [abc] - [abd] \\ [a(c - d)b] = [acb] - [adb] \\ [(c - d)ab] = [cab] - [dab]; \end{cases}$$

auch ergeben sich ebenso wie dort die Formeln

$$(39) \qquad \begin{cases} [ab0] = 0 \\ [a0b] = 0 \\ [0ab] = 0 \qquad \text{und} \end{cases}$$

$$(40) \qquad \begin{cases} [ab(\mathfrak{n}c)] = \mathfrak{n}[abc] \\ [a(\mathfrak{n}c)b] = \mathfrak{n}[acb] \\ [(\mathfrak{n}c)ab] = \mathfrak{n}[cab]. \end{cases}$$

Aus der Grundformel (6) der äußeren Multiplikation ferner entspringen unter Berücksichtigung der Formeln (4), (36) und (8) ganz entsprechende Grundformeln für dreifaktorige Produkte, nämlich die Formeln

$$(41) \qquad \begin{cases} [add] = 0 \\ [ebe] = 0 \\ [ffc] = 0, \end{cases}$$

welche aussagen, daß auch ein dreifaktoriges Punktprodukt verschwindet, sobald zwei Faktoren einander gleich werden. Und diese Formeln bilden dann wieder den Ausgangspunkt für die dem äußeren Produkte von drei Faktoren im Gegensatz zum algebraischen Produkte eigentümlichen Gesetze.

Zunächst erhält man wieder, wenn man die gleichen Faktoren durch je eine Summe ersetzt, also etwa für d, e, f die Werte einführt

$$d = b + c, \quad e = c + a, \quad f = a + b$$

und dann das distributive Gesetz anwendet, die Vertauschungsformeln des dreifaktorigen Produktes:

$$(42) \qquad \begin{cases} [acb] = -[abc] \\ [cba] = -[abc] \\ [bac] = -[abc], \quad \text{welche aussagen:} \end{cases}$$

Satz 15: Ein äußeres Produkt von drei Faktoren ändert sein Zeichen, wenn man irgend zwei Faktoren miteinander vertauscht.

Hieraus aber folgt weiter:

„Der Wert eines dreifaktorigen äußeren Produktes bleibt unverändert, wenn man den ersten oder den letzten Faktor über die beiden anderen Faktoren hinwegsetzt.“

Zwischen den sechs Produkten, welche durch verschiedene Anordnung der drei Faktoren eines äußeren Produktes hervorgehen, bestehen daher die Beziehungen

$$(43) \qquad \begin{cases} [abc] = [bca] = [cab] \\ = -[acb] = -[bac] = -[cba]. \end{cases}$$

Ferner aber findet auch die Formel der linealen Änderung (Nr. 9) ihr Analogon, denn es wird wegen (41)

$$(44) \qquad [abc] = [ab(c + \mathfrak{m}a + \mathfrak{n}b)],$$

und entsprechende Veränderungen gestatten auch die beiden ersten Faktoren des Produktes $[abc]$, das heißt, es gilt der Satz:

Satz 16: **Ein dreifaktoriges äußeres Produkt ändert seinen Wert nicht, wenn man einen Faktor um beliebige Vielfache der beiden anderen vermehrt, oder:**

Ein dreifaktoriges äußeres Produkt verhält sich invariant gegenüber jeder linealen Änderung seiner Faktoren.

Von besonderem Interesse ist diejenige spezielle lineale Änderung, welche man erhält, wenn man $\mathfrak{m} = -\mathfrak{n}$ annimmt, wodurch die Formel (44) übergeht in

$$(45) \qquad [abc] = [ab(c + \mathfrak{n}(b - a))].$$

Eine solche spezielle lineare Änderung ist dadurch ausgezeichnet, daß sie, falls die Faktoren des Produktes einfache Punkte sind, deren Masse unverändert läßt und nur eine Verschiebung dieser Punkte hervorruft.

Die Formel der speziellen linealen Änderung leitet schon hinüber zu dem **realen Begriff des dreifaktorigen äußeren Produktes.** Stellt man sich nämlich die Aufgabe, das Produkt dreier einfachen Punkte geometrisch zu deuten, das heißt, eine geometrische Größe anzugeben, welche invariant bleibt bei allen Faktorenänderungen, die das Produkt gestattet, so zeigt die Formel (45) bereits eine höchst charakteristische Eigenschaft dieser geometrischen Größe. Sind nämlich a, b, c drei einfache Punkte und

$$(46) \qquad \delta = [abc]$$

ihr äußeres Produkt, so kann man zufolge der Gleichung (45), ohne den Wert des Produktes δ zu ändern, seinen dritten Faktor c durch den Punkt

$$c_1 = c + \mathfrak{n}(b - a)$$

ersetzen, das heißt durch denjenigen einfachen Punkt c_1, welcher aus c durch eine Verschiebung um das $\mathfrak{n}$-fache der Strecke $b - a$ hervorgeht. Man hat also den Satz:

„Das äußere Produkt dreier einfachen Punkte ändert seinen Wert nicht, wenn man den dritten Punkt parallel zur Verbindungslinie der beiden ersten verschiebt."

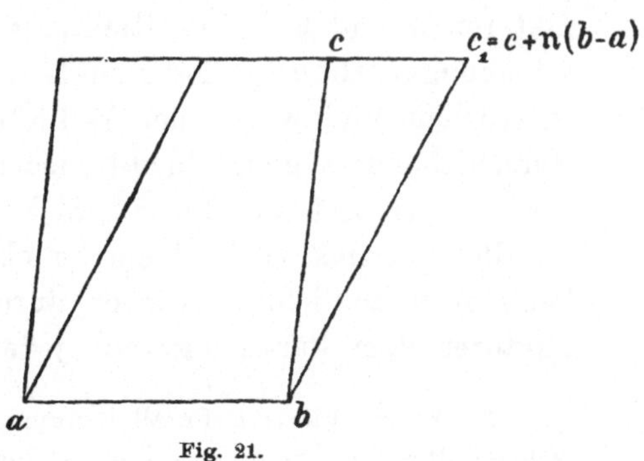

Fig. 21.

Diese Eigenschaft kommt zum Beispiel der Fläche des Parallelogramms zu, welches die Linien ab und bc zu Seiten hat (vgl. Figur 21).[1]

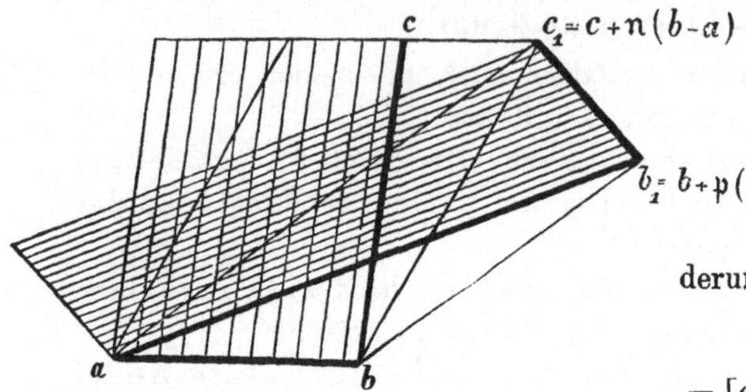

Fig. 22.

Unterwirft man jetzt auch den zweiten Faktor des so umgewandelten Produktes einer solchen „speziellen linealen Änderung", so erhält man

$$\delta = [abc] = [abc_1]$$
$$= [a(b + \mathfrak{p}(c_1 - a))c_1] = [ab_1c_1],$$

wo wieder die Abkürzung eingeführt ist

$$b_1 = b + \mathfrak{p}(c_1 - a).$$

Dann stimmt auch hier wiederum das mit dem neuen Produkte $[ab_1c_1]$ verknüpfte Parallelogramm ab_1, b_1c_1 mit dem Parallelogramm ab, bc nach Größe und Sinn überein (vgl. Figur 22).

Durch wiederholte Anwendung spezieller linealer Änderungen auf die beiden letzten Faktoren kann man aber aus dem Parallelogramm ab, bc überhaupt jedes Parallelogramm herstellen, welches die Ecke a enthält, in der Ebene abc liegt und mit dem Parallelogramm ab, bc die Größe und den Sinn gemein hat. Aber auch der bisher festgehaltene Eckpunkt a läßt sich noch ganz beliebig innerhalb der Ebene abc variieren; denn man kann in dem Produkte $[ab_1c_1]$ auch noch den ersten Faktor a in ganz entsprechender Weise verändern. Man erhält dann

$$\delta = [abc] = [ab_1c_1] = [(a + \mathfrak{q}(b_1 - c_1))b_1c_1] = [a_1b_1c_1],$$
wo wieder

$$a_1 = a + \mathfrak{q}(b_1 - c_1)$$

gesetzt ist. Hier ist dann in der Tat der neue Eckpunkt a_1 ein ganz beliebiger Punkt der Ebene abc; denn wegen der Willkürlichkeit der Zahlfaktoren $\mathfrak{n}$ und $\mathfrak{p}$ ist die Richtung der Strecke $b_1 - c_1$, das heißt die Verschiebungsrichtung des Punkts a innerhalb der Ebene abc vollkommen willkürlich und wegen der Willkürlichkeit von $\mathfrak{q}$ auch die Größe seiner Verschiebung; zugleich bleibt wiederum die Größe und der Sinn des Parallelogramms der drei Punkte unverändert. Hat man so den Anfangspunkt a des Parallelogramms nach einem beliebigen Punkt der Ebene abc verlegt, so kann man schließlich wieder durch lineale Änderung der beiden letzten Faktoren dem Parallelogramm jede beliebige Form verleihen.

---

1) Warum hier das Parallelogramm bevorzugt wird, und nicht das Dreieck abc, welches dieselbe Eigenschaft besitzt, findet seine Erklärung weiter unten.

Die gesuchte geometrische Größe, die durch das Produkt $\delta = [abc]$ dargestellt wird, ist also ein Parallelogramm, welches mit dem Parallelogramm ab, bc nach Größe, Sinn und Lage seiner Ebene übereinstimmt, welches aber innerhalb dieser Ebene seine Lage und Form beliebig verändern kann. Ein solches Parallelogramm müssen wir zum Unterschiede von dem Felde, an welchem nur die Stellung seiner Ebene, nicht aber diese Ebene selbst festgehalten wurde, mit einem besonderen Namen belegen, wir wollen es ein „Blatt"[1]) nennen und verstehen dann also unter dem Produkte $\delta = [abc]$ geradezu das durch die drei Punkte a, b, c bestimmte Blatt, das heißt ein Parallelogramm von beliebiger Form, welches mit dem Parallelogramm ab, bc nach Größe und Sinn übereinstimmt und in der Ebene der drei Punkte a, b, c, aber auch nur in dieser, verschiebbar ist.

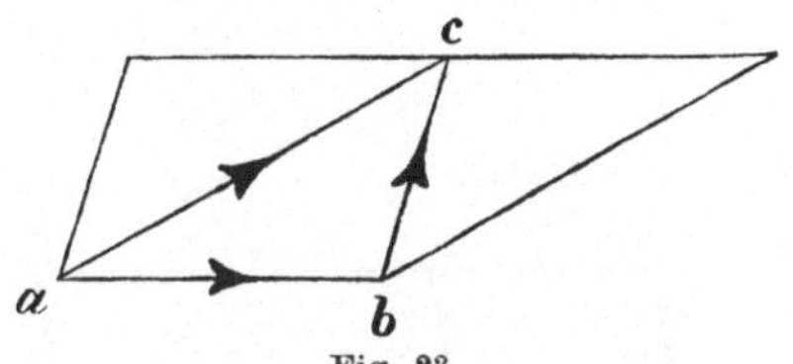

Fig. 23.

Zu dem durch die drei Punkte a, b, c bestimmten Felde $[(b-a)(c-b)]$, oder dem gleich großen Felde $[(b-a)(c-a)]$ (vgl. Figur 23) steht das Blatt $[abc]$ geometrisch in derselben Beziehung wie der Stab $[ab]$ zur Strecke $b-a$. Denn während die Strecke $b-a$ parallel zu sich beliebig verschoben werden kann, gestattet der Stab $[ab]$ nur noch eine Verlegung in seiner eigenen Linie, und, während das Feld $[(b-a)(c-a)]$ aus seiner Ebene parallel zu sich beliebig verlegt werden darf, bleibt das Blatt $[abc]$ an seine Ebene gefesselt. Aber auch analytisch findet sich zwischen Blatt und Feld derselbe Zusammenhang wie zwischen Stab und Strecke; denn es wird nach dem Satze von der linealen Änderung

$$[a(b-a)(c-a)] = [abc] \quad \text{und}$$

$$(47) \qquad [(a + \mathfrak{m}(b-a) + \mathfrak{n}(c-a))(b-a)(c-a)] = [abc],$$

das heißt, das Blatt $[abc]$ läßt sich aus dem zugehörigen Felde $[(b-a)(c-a)]$ dadurch ableiten, daß man dieses mit einem beliebigen Punkt der Ebene des Blattes $[abc]$ äußerlich vormultipliziert (oder auch nachmultipliziert, vgl. Seite 20), was der obigen Beziehung zwischen Stab und Strecke genau entspricht.

Dieser Zusammenhang zwischen Blatt und Feld enthält zugleich den Grund dafür, daß oben bei der Einführung des Produktes dreier einfachen Punkte a, b, c als sein geometrisches Abbild nicht das durch sie bestimmte

---

1) Mein Vater benutzt den Ausdruck „Flächenteil", H. Hankel die Bezeichnung „Ebenenstück". Der im Jahre 1894 von mir vorgeschlagene Ausdruck „Blatt" ist inzwischen von E. Müller, Anton Grünwald und E. Jahnke angenommen worden. (Vgl. außer den auf S. 7 und 8 zitierten Schriften: E. Müller, Die Geometrie orientierter Kugeln nach Graßmannschen Methoden, Monatshefte für Mathematik und Physik. IX. Jahrgang. Wien, 1898. S. 271.)

Dreieck abc, sondern das Parallelogramm ab, bc gewählt wurde. Hätte man nämlich damals das Dreieck abc bevorzugt, so würde die Multiplikation eines Feldes mit einem einfachen Punkt eine andere Bedeutung gewonnen haben; sie würde nicht nur eine Fesselung des Feldes an die durch seine Stellung und jenen Punkt bestimmte Ebene bewirkt, sondern zugleich noch seine Größe auf die Hälfte herabgedrückt haben, was unnötig verwickelt erscheint.

Durch die gewonnene geometrische Deutung des dreifaktorigen Produktes erhalten endlich auch die oben für das dreifaktorige Produkt entwickelten Formeln einen geometrischen Sinn. Die Formel der Distributivität:

$$(35) \qquad [ab(c + d)] = [abc] + [abd]$$

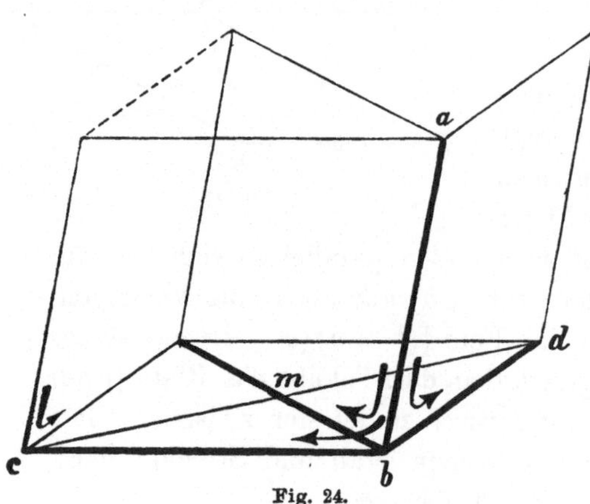

Fig. 24.

nimmt, wenn man wieder wie oben $c + d = 2m$ setzt, die Gestalt an

$$2[abm] = [abc] + [abd]$$

und läßt sich in dieser Form, falls die vier Punkte a, b, c, d einer Ebene angehören, sofort geometrisch erhärten (vgl. Figur 24 und oben Figur 19). Ist diese Bedingung nicht erfüllt, so gibt die Formel die Erklärung für die Summe zweier Blätter, deren Ebenen sich schneiden.

Die Formel der Assoziativität

$$(36) \qquad [a(bc)] = [abc]$$

liefert zusammen mit den Formeln (43) für die Verstellbarkeit der Faktoren eines dreifaktorigen Produktes die Vertauschungsformel für das Produkt aus Punkt und Stab. Denn ist a ein Punkt und $B = [bc]$ ein Stab, so wird

$$[aB] = [a(bc)] = [abc] = [bca] = [(bc)a] = [Ba],$$

das heißt, es ergibt sich die Formel

$$(48) \qquad [aB] = [Ba]$$

und damit der Satz:

Satz 17: Die Faktoren eines äußeren Produktes aus Punkt und Stab sind ohne Zeichenwechsel vertauschbar.

Durch Verknüpfung der Formeln für die Verstellbarkeit eines Zahlfaktors bei zwei- und dreifaktorigen Produkten beweist man ferner unter gleichzeitiger Benutzung von (36) die entsprechenden Formeln für Produkte aus Punkt und Stab, nämlich die Formeln

$$(49) \qquad \begin{cases} [a \cdot \mathfrak{n}B] = \mathfrak{n}[aB] \\ [\mathfrak{n}B \cdot a] = \mathfrak{n}[Ba]. \end{cases} \qquad \begin{cases} [\mathfrak{n}a \cdot B] = \mathfrak{n}[aB] \\ [B \cdot \mathfrak{n}a] = \mathfrak{n}[Ba]. \end{cases}$$

In der Tat wird, wenn man wieder $B = [bc]$ setzt,

$$[a \cdot \mathfrak{n}B] = [a \cdot \mathfrak{n}(bc)] = [a(\mathfrak{n}b \cdot c)] = [a(\mathfrak{n}b)c] = \mathfrak{n}[abc] = \mathfrak{n}[a(bc)] = \mathfrak{n}[aB].$$

Die zweite Formel läßt sich mit Hülfe von (48) aus der eben bewiesenen ableiten. Die beiden letzten Formeln ergeben sich ohne weiteres aus (40), und zwar die dritte wieder unter Benutzung von (36).

Die aus den Grundformeln (41) entspringende Formel

$$(50) \qquad [ab(\mathfrak{p}a + \mathfrak{q}b)] = 0,$$

Fig. 25.

nach welcher das äußere Produkt dreier in gerader Linie liegenden Punkte verschwindet (vgl. Figur 25), drückt wieder, wie oben die Streckenformel (12), die geometrisch selbstverständliche Tatsache aus, daß ein Parallelogramm, von welchem drei Ecken in dieselbe gerade Linie fallen, den Flächeninhalt Null besitzt.

Mit Rücksicht auf die geometrische Bedeutung des Produktes $[abc]$ kann man dieses Ergebnis übrigens sofort verallgemeinern; denn man folgert aus ihr, daß die Gleichung

$$(51) \qquad [abc] = 0$$

eine notwendige und hinreichende Bedingung dafür darstellt, daß die drei Punkte a, b, c der nämlichen Geraden angehören, und hat also den Satz:

Satz 18: Das äußere Produkt $[abc]$ dreier Punkte a, b, c verschwindet dann und nur dann, wenn die drei Punkte einer und derselben geraden Linie angehören.

Setzt man in der Gleichung (51) noch

$$(52) \qquad [ab] = C,$$

so verwandelt sie sich in die Gleichung

$$(53) \qquad [Cc] = 0,$$

Fig. 26.

welche aussagt (vgl. Figur 26):

Satz 19: Das äußere Produkt aus einem Stabe und einem Punkt verschwindet dann und nur dann, wenn die Gerade des Stabes durch den Punkt hindurchgeht.

Übrigens kann hier der Punkt c auch durch eine Strecke vertreten werden, welche die Richtung des Stabes hat. Denn wählt man in (50) $\mathfrak{p} = -\mathfrak{q}$, so erhält man die Spezialformel

$$(54) \qquad [ab \cdot \mathfrak{q}(b - a)] = 0,$$

für die man, wenn man noch

(55) $$q(b - a) = k \quad \text{setzt, auch schreiben kann}$$

(56) $$[Ck] = 0, \quad \text{das heißt:}$$

Satz 20: Das äußere Produkt aus einem Stabe und einer Strecke verschwindet dann und nur dann, wenn die Strecke die Richtung des Stabes hat.

Endlich kann man in der Formel (50) auch die beiden Punkte a und b durch Strecken ersetzen und erhält dann die Formel

(57) $$[gh(\mathfrak{p}g + q h)] = 0.$$

Sind in ihr g und h zwei ganz beliebige Strecken, so stellt die Summe $\mathfrak{p}g + qh$ eine dritte Strecke dar, welche der durch g und h bestimmten Ebene parallel läuft, im übrigen aber ganz willkürlich ist. Die Formel (57) enthält daher den Satz:

Satz 21: Das äußere Produkt dreier Strecken, welche derselben Ebene parallel laufen, ist null.

Abschnitt 3.

Progressive und regressive Multiplikation. Das planimetrische Produkt.

Beschränkung auf die Ebene. Die Blatteinheit und die Feldeinheit. Beschränkt man die Untersuchung, wie es im folgenden geschehen soll, auf Figuren einer Ebene, so verschwindet die geometrische Verschiedenheit zwischen Feld und Blatt, und beide Größen bleiben nur noch formal verschieden. Diese Beschränkung führt dann zugleich eine wesentliche Vereinfachung in der analytischen Auffassung des Blattes herbei, welche dieses zum Stabe und zur Strecke in einen gewissen Gegensatz bringt. Während nämlich beispielsweise zum Begriff des Stabes neben der Größe und dem Sinn auch noch ein die Lage in der Ebene bezeichnendes Attribut gehörte, fällt ein solches in der Geometrie der Ebene bei dem Blatte fort; denn es erscheinen alle Blätter der Ebene als gleichartige Größen und können daher wie gleichbenannte Zahlen behandelt werden. Legt man als Einheit der Blätter ein beliebiges Maß, etwa das qcm, zugrunde und weist zugleich dieser Einheit einen bestimmten Umlaufssinn zu (vgl. Figur 27), so läßt sich jedes beliebige Blatt δ durch eine unbenannte Zahl darstellen, welche angibt, wieviele solcher Einheiten das Blatt δ enthält, und welche positiv oder negativ zu nehmen ist, je nachdem das Blatt δ in demselben oder in entgegengesetztem Sinne umlaufen wird wie die Blatteinheit.

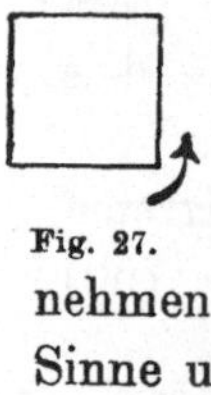

Fig. 27.

Man bezeichne ferner drei Ecken des Einheitsquadrates, aufgefaßt als einfache Punkte, mit c_1, c_2, c_3 und gebe ihnen dabei noch eine solche Anordnung, daß die Stäbe $[c_3 c_1]$ und $[c_3 c_2]$ zwei anstoßende Seiten des Quadrates werden, und außerdem das Produkt

(1) $$[c_1 c_2 c_3] = +1$$

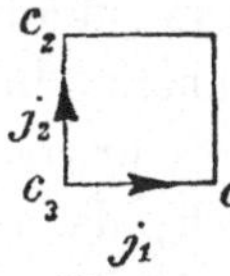

wird (vgl. Figur 28); endlich setze man noch die Strecken

(2) $$\begin{cases} c_1 - c_3 = j_1 \\ c_2 - c_3 = j_2 . \end{cases}$$

Fig. 28.

Dann wird

(3) $$1 = [c_1 c_2 c_3] = [(c_1 - c_3)(c_2 - c_3)c_3] = [j_1 j_2 c_3] = [c_3 j_1 j_2] = [c_3 \cdot j_1 j_2].$$

Man hat also durch die obige Wahl der Blatteinheit zugleich auch über das Produkt aus dem einfachen Punkte c_3 und dem Felde $[j_1 j_2]$ verfügt. Es ist aber klar, daß man, nachdem das Blatt $[c_3 \cdot j_1 j_2] = 1$ gesetzt ist, nicht etwa gleichzeitig auch das mit der Blatteinheit gleichgroße Feld $[j_1 j_2]$ der Zahleinheit gleich setzen darf. Zwar erscheinen bei der Beschränkung der Betrachtung auf die Ebene auch die Felder als gleichbenannte Größen; aber ihre Einheit darf man nicht als eine bloße Zahl auffassen wollen, da die Multiplikation mit ihr den Punkt c_3 und überhaupt jeden beliebigen Punkt in eine Größe ganz anderer Art, nämlich in eine Zahl, verwandelt. Man muß daher für die Einheit der Felder ein besonderes Zeichen einführen. Es sei etwa das Feld

(4) $$[j_1 j_2] = J$$

gesetzt und als die Feldeinheit bezeichnet. Dann wird für jeden einfachen Punkt a (vgl. Satz 16):

(5) $$[aJ] = [c_3 J] = 1,$$

das heißt, die Multiplikation mit der Feldeinheit J verwandelt jeden einfachen Punkt in die Zahleinheit.

Das regressive Produkt zweier Stäbe. Die obige Verfügung über die Blatteinheit führt hinüber zu einer neuen Art der Multiplikation. Bei allen bisher betrachteten Produktbildungen war die Stufensumme der beiden Faktoren, das heißt die Anzahl der in beiden Faktoren zusammen auftretenden Punkt- (oder Strecken-) Faktoren, höchstens = 3 angenommen. Es bleibt aber noch die Frage offen, ob sich vielleicht auch dem vier- oder fünfstufigen Produkte, zum Beispiel dem Produkte zweier Stäbe oder dem Produkte eines Blattes und eines Punktes oder endlich dem Produkte eines Blattes und eines Stabes ein Sinn unterlegen läßt. Versucht man zunächst das durch fortschreitende Aneinanderkettung von vier Punktfaktoren gebildete Produkt oder, was auf dasselbe hinauskommt, das Produkt aus einem Blatte und einem Punkte, auf Grund der Forderung zu definieren, daß für dieses Produkt die Gesetze der äußeren Multiplikation möglichst erhalten bleiben sollen, so stößt man sogleich auf eine Schwierigkeit. Nach Analogie der Produkte von weniger als vier Faktoren würde man nämlich das Produkt $[abc(\mathfrak{p}a + \mathfrak{q}b + \mathfrak{r}c)]$ gleich Null zu setzen haben. Indes erscheint dies

erstens für die weitere Entwickelung unserer Methoden wenig förderlich, da dann überhaupt jedes vierfaktorige Produkt verschwinden würde, insofern sich ja jeder beliebige Punkt d der Ebene als Vielfachensumme von drei nicht in gerader Linie liegenden Punkten a, b, c, das heißt in der Form

$$d = \mathfrak{p}a + \mathfrak{q}b + \mathfrak{r}c,$$

darstellen läßt.

Zweitens aber haben wir auch bei der Begriffsbestimmung gerade dieser Art von vierstufigen Produkten gar nicht mehr freie Hand, sondern sind bereits durch eine frühere Festsetzung gebunden. In dem Produkte

$$[abc(\mathfrak{p}a + \mathfrak{q}b + \mathfrak{r}c)] = [abcd] = [[abc]d]$$

ist nämlich der Entwickelung auf Seite 26 zufolge der Blattfaktor $[abc]$ als eine bloße Zahl aufzufassen. Ist daher $\mathfrak{n}$ der Zahlwert des Produktes $[abc]$, so erscheint es geboten, unter dem Produkte

$$(6) \qquad\qquad [abcd] = [[abc]d] = [\mathfrak{n}d]$$

nichts anderes zu verstehen als das $\mathfrak{n}$-fache des Punktes d, und man erhält daher, wenn man noch beachtet, daß die Stellung eines Zahlfaktors willkürlich ist, die Definitionsgleichung

$$(7) \qquad\qquad [abcd] = [abc]d = d[abc].$$

Das durch fortschreitendes Aneinanderketten von vier Punktfaktoren entstehende Produkt ist also selbst wieder ein Punkt, und es liegt nahe, diese Beziehung zu verallgemeinern und zum Beispiel auch unter dem Produkte zweier Stäbe einen Punkt, naturgemäß den Schnittpunkt ihrer Geraden zu verstehen. Hierbei kann man dann über die Masse des so als Produkt dargestellten Schnittpunktes noch nach Willkür verfügen und wird sich dabei am besten das Ziel stecken, die Wahl so zu treffen, daß die Rechengesetze für die neue Art der Multiplikation möglichst einfach werden. Dies wird um so notwendiger, als für die neue Produktbildung nicht einmal mehr das assoziative Gesetz volle Gültigkeit hat. In der Tat wird keineswegs $[ab \cdot cd] = [abc \cdot d]$ gesetzt werden dürfen; denn das rechte Produkt bedeutet nach obigem ein Vielfaches des Punktes d, während das linke nach der soeben gegebenen Erklärung den Schnittpunkt e der beiden Stäbe $[ab]$ und $[cd]$ darstellen soll (vgl. Figur 29).

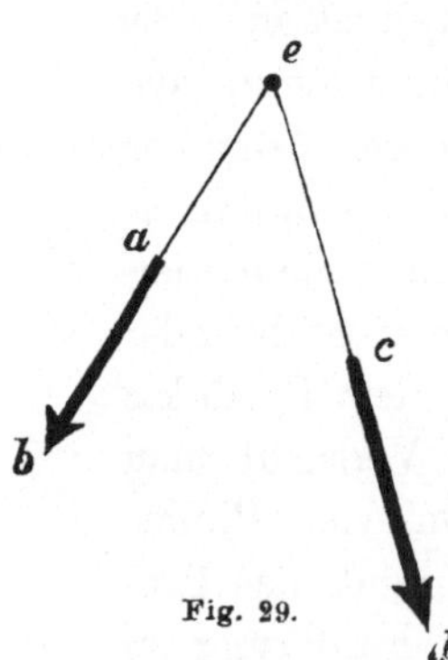

Fig. 29.

Auch sieht man sofort, daß es gar nicht möglich ist, das assoziative Gesetz festzuhalten; denn jedenfalls muß das Produkt $[ab \cdot cd]$ seinen Wert bewahren, wenn man mit den Punktfaktoren a und b, c und d Änderungen vornimmt, welche die Stabfaktoren $[ab]$ und $[cd]$ invariant lassen, wenn man also zum Beispiel die Faktoren c und d des zweiten Stabes durch die Punkte c_1 und d_1 ersetzt, welche aus c und d durch Verschiebung des Stabes $[cd]$ in seiner eigenen Linie hervorgehen, das heißt, es muß sicher die Gleichung gelten

$$[ab \cdot cd] = [ab \cdot c_1 d_1].$$

Wollte man nun ganz allgemein das assoziative Gesetz bestehen lassen, so würde auch

$$[ab \cdot cd] = [abc]d = [abc_1]d_1$$

gesetzt werden müssen, das heißt, das Produkt $[ab \cdot cd]$ würde, da der Punkt d_1 in der Geraden des Stabes $[cd]$ beliebig angenommen werden kann, jedem beliebigen Punkte der Geraden cd gleich werden und also unendlich vieldeutig sein. Wir müssen daher bei Produkten von ·der Form $[ab \cdot cd]$ auf das Fortbestehen des assoziativen Gesetzes verzichten und haben demgemäß die Aufgabe, wenigstens die übrigen Gesetze der neuen Produktbildung durch passende Wahl der Masse des Produktpunktes tunlichst einfach zu gestalten.

Da sich zwei Stäbe einer Ebene wegen ihrer Verschiebbarkeit in der eigenen Linie stets als Produkte darstellen lassen, deren erster Faktor ihr Schnittpunkt a ist, so wird es vor allem darauf ankommen, ein Produkt von der Form

$$[ab \cdot ac]$$

zu definieren. Man weiß bereits, daß das Produkt ein Vielfaches des Punktes a bedeuten soll, und es erscheint daher am natürlichsten, die Definitionsgleichung aufzustellen:

$$(8) \qquad [ab \cdot ac] = [abc]a,$$

also unter dem Produkte zweier Stäbe ihren Schnittpunkt zu verstehen, belastet mit der Flächenzahl desjenigen Blattes, welches die beiden Stäbe bestimmen, wenn man sie nach ihrem Schnittpunkte verschiebt.

Da die durch diese Gleichung definierte Art der Multiplikation von Größen höherer Stufe (Stäben) zu Größen niederer Stufe (Punkten) zurückführt, so möge sie den Namen „regressive Multiplikation" erhalten, im Gegensatz zur äußeren Multiplikation, welche aus Gebilden niederer Stufe (Punkten und Strecken) Gebilde höherer Stufe (Stäbe, Felder, Blätter) erzeugte und in diesem Sinne auch als „progressive Multiplikation" bezeichnet wird.

Es bleibt aber jetzt noch der Nachweis zu erbringen, daß die neue Verknüpfung überhaupt als Multiplikation aufgefaßt werden darf. Dazu hat man insbesondere zu zeigen, daß die Verknüpfung dem Gesetze der Distributivität unterliegt, daß sie also den Gleichungen genügt

(9) $$[(A_1 + A_2)B] = [A_1 B] + [A_2 B] \quad \text{und}$$

(10) $$[B(A_1 + A_2)] = [BA_1] + [BA_2].$$

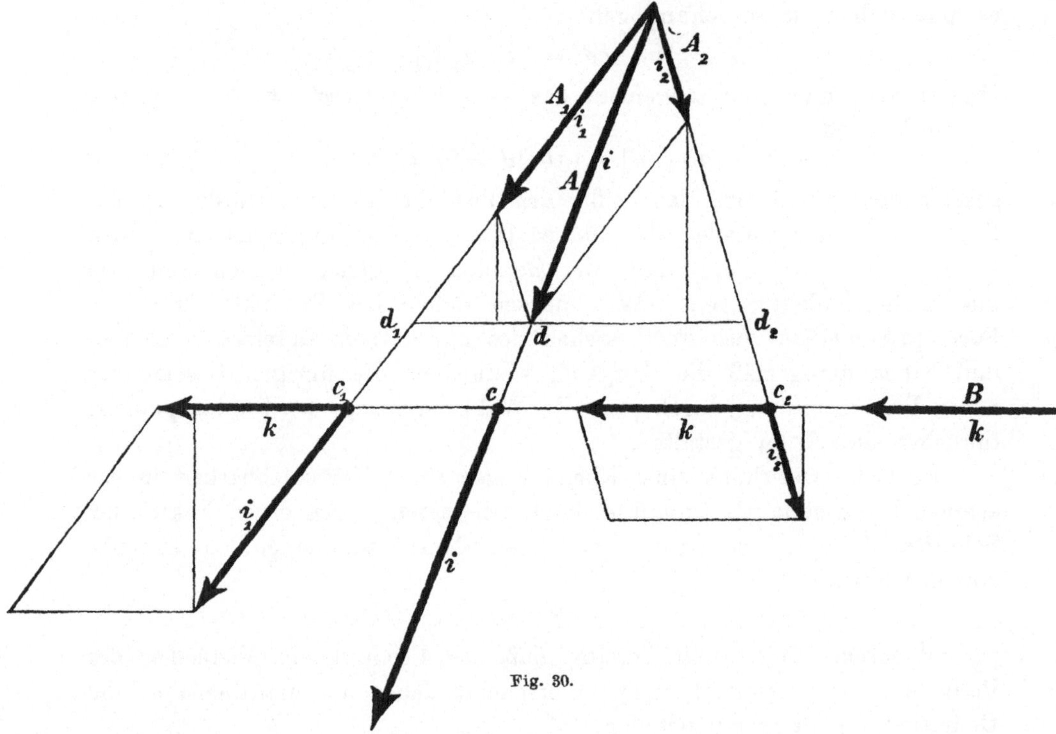

Fig. 30.

Um dies darzutun, setze man noch

(11) $$A_1 + A_2 = A$$

(vgl. Figur 30) und bezeichne die drei einfachen Punkte, in denen die drei Stäbe A, A_1, A_2 von dem Stabe B geschnitten werden, mit c, c_1, c_2; ferner die Strecken der vier Stäbe A, A_1, A_2 und B mit i, i_1, i_2 und k, wo dann wieder

(12) $$i_1 + i_2 = i$$

wird. Dann läßt sich die zunächst zu beweisende Gleichung (9) in der Form schreiben

(13) $$[AB] = [A_1 B] + [A_2 B]$$

oder, wenn man die vier Stäbe A, A_1, A_2 und B als Produkte aus den auf ihnen liegenden einfachen Punkten c, c_1, c_2 und den Stabstrecken i, i_1, i_2 und k darstellt, in der Form

$$(14) \qquad [ci \cdot ck] = [c_1 i_1 \cdot c_1 k] + [c_2 i_2 \cdot c_2 k].$$

Nach der Erklärungsformel (8) des regressiven Produktes läßt sich aber diese Gleichung ersetzen durch die neue Gleichung

$$(15) \qquad [cik]c = [c_1 i_1 k]c_1 + [c_2 i_2 k]c_2,$$

deren Richtigkeit somit jetzt zu prüfen ist.

Die Gleichung sagt aus, daß der mit der Masse $[cik]$ belastete Punkt c der Schwerpunkt der beiden mit den Massen $[c_1 i_1 k]$ und $[c_2 i_2 k]$ beschwerten Punkte c_1 und c_2 sei. Man hat also zu zeigen, daß

erstens der Massenfaktor des Punktes c gleich der Massensumme der Summanden ist, das heißt, daß die Gleichung besteht

$$(16) \qquad [cik] = [c_1 i_1 k] + [c_2 i_2 k], \quad \text{und}$$

zweitens, daß sich die Abstände des Punktes c von den Punkten c_1 und c_2 umgekehrt wie die Massenfaktoren $[c_1 i_1 k]$ und $[c_2 i_2 k]$ dieser Punkte verhalten.

Die Massengleichung (16) folgt nun aber sofort aus der Gleichung (12), wenn man diese zunächst mit der Strecke k multipliziert, wodurch die Feldgleichung hervorgeht

$$(17) \qquad [ik] = [i_1 k] + [i_2 k],$$

und dann die Felder $[ik]$, $[i_1 k]$, $[i_2 k]$ durch die gleich großen Blätter $[cik]$, $[c_1 i_1 k]$, $[c_2 i_2 k]$ ersetzt.

Daß aber auch zweitens der Punkt c die Linie $c_1 c_2$ im umgekehrten Verhältnis der Blätter $[c_1 i_1 k]$ und $[c_2 i_2 k]$, oder was bei der Gleichheit ihrer Grundseiten auf dasselbe hinauskommt, im umgekehrten Verhältnis der zugehörigen Blatthöhen teilt, ergibt sich sogleich, wenn man noch durch die vierte Ecke d des durch die Stäbe A_1 und A_2 bestimmten Parallelogramms die Parallele zur Linie $c_1 c_2$ zieht bis zu den Schnittpunkten d_1 und d_2 mit den Linien der Stäbe A_1 und A_2. Dann stimmen die Höhen der entstehenden Dreiecke mit den Höhen der jedesmal nicht anliegenden von den obengenannten Blättern überein. Da aber die beiden Dreiecke ähnlich sind, verhalten sich ihre Grundseiten wie ihre Höhen, oder also nach obigem umgekehrt wie die Höhen der anliegenden Blätter, das heißt, der Punkt d teilt die Linie $d_1 d_2$ im umgekehrten Verhältnis der beiden Blatthöhen. In demselben Verhältnis teilt aber auch der Punkt c die Linie $c_1 c_2$.

Damit ist aber die Gültigkeit der ersten Distributivitätsformel (9) bewiesen. Um auch die zweite Formel (10) zu entwickeln, leite man zunächst aus der Definitionsgleichung (8) die Vertauschungsformel für Stäbe ab. Es seien $B = [ab]$ und $C = [ac]$ zwei beliebige Stäbe; dann wird ihr Produkt

$$[CB] = [ac \cdot ab] = [acb]a = - [abc]a = - [ab \cdot ac] = - [BC],$$

das heißt, man erhält die Gleichung

$$(18) \qquad\qquad [CB] = - [BC], \quad \text{welche besagt:}$$

Satz 22: Zwei Stabfaktoren eines regressiven Produktes sind (geradeso wie zwei Punktfaktoren eines progressiven Produktes) nur mit Zeichenwechsel vertauschbar.

Diese Gleichung ergibt dann in der Tat die zweite Distributivitätsformel (10) als unmittelbare Folge der ersten.

Durch dieselben Schlüsse wie oben auf Seite 8 folgt ferner aus den Gleichungen (9) und (10) das Bestehen der entsprechenden Differenzgleichungen

$$(19) \qquad \begin{cases} [(A_1 - A_2)B] = [A_1 B] - [A_2 B] \\ [B(A_1 - A_2)] = [BA_1] - [BA_2], \end{cases}$$

sowie der Gleichungen für die Verstellbarkeit eines Zahlfaktors

$$(20) \qquad \begin{cases} [\mathfrak{n}A \cdot B] = \mathfrak{n}[AB] \\ [B \cdot \mathfrak{n}A] = \mathfrak{n}[BA]. \end{cases}$$

Die letzten beiden Gleichungen aber ermöglichen es wieder, der Erklärungsformel (8) des regressiven Produktes noch zwei andere Formen zu verleihen. Stellt man nämlich in den Produkten $[ab]$ und $[abc]$ der Gleichung (8) die Faktoren a und b um, so ändert sowohl die linke wie die rechte Seite ihr Zeichen, die Gleichung bleibt also bestehen, und man erhält

$$[ba \cdot ac] = [bac]a;$$

und vertauscht man jetzt wieder in den Produkten $[ac]$ und $[bac]$ die Faktoren a und c, so ergibt sich die neue Gleichung

$$[ba \cdot ca] = [bca]a.$$

Schließlich kann man dann noch in den beiden letzten Formeln die Bezeichnung so ändern, daß rechter Hand jedesmal wieder, wie in (8), das Produkt $[abc]$ auftritt, und bekommt so die beiden Formeln

$$(21) \qquad\qquad [ab \cdot bc] = [abc]b$$
$$(22) \qquad\qquad [ac \cdot bc] = [abc]c,$$

welche mit der Erklärungsformel (8) durchaus gleichwertig sind.

Die Vertauschungsformel (18) führt aber ferner noch bei der Anwendung auf zwei gleiche Faktoren zu einer Stabformel, welche der Grundformel der äußeren Multiplikation (vgl. Abschnitt 2, Formel (6)) genau entspricht und daher die Grundformel der regressiven Multiplikation heißen mag. Setzt man nämlich in der Formel (18) den Stab $C = B$, so nimmt sie die Gestalt an

$$[BB] = - [BB] \quad \text{oder}$$
$$2[BB] = 0 \quad \text{oder endlich}$$
$$(23) \qquad [BB] = 0.$$

Diese Grundformel der regressiven Multiplikation zeigt, daß auch das regressive Produkt zweier Stäbe nicht nur verschwindet, wenn ein Faktor null ist, sondern auch, wenn seine beiden Faktoren einander gleich werden.

Die Übereinstimmung in den beiden Grundformeln bedingt es, daß zwischen dem (regressiven) Produkte zweier Stäbe und dem (progressiven) Produkte zweier Punkte eine vollkommene Dualität herrscht, und daß insbesondere sämtliche oben für Produkte zweier Punkte abgeleitete Formeln erhalten bleiben, wenn man in ihnen die Punkte durch Stäbe ersetzt. So folgt wieder aus (23) mit Rücksicht auf (20) die allgemeinere Formel:

$$(24) \qquad [B \cdot \mathfrak{n} B] = 0,$$

welche zeigt, daß das regressive Produkt zweier Stäbe bereits verschwindet, wenn sie derselben Geraden angehören.

Es ist aber besonders wichtig, daß umgekehrt das regressive Produkt

$$[BC]$$

zweier Stäbe B und C *auch nur dann verschwindet*, wenn diese beiden Stäbe in derselben geraden Linie liegen.

Um dies zu zeigen, scheiden wir zunächst den Fall aus, wo der erste Faktor B des regressiven Produktes $[BC]$ selbst null ist. Man überzeugt sich nämlich sofort, daß dieser Fall unsere Behauptung nicht stört, da man sich einen verschwindenden Stab in jeder beliebigen Geraden liegend denken kann, insbesondere also auch in der Geraden des zweiten Stabes C.

Ist andererseits der erste Faktor B von Null verschieden, so läßt sich der zweite Faktor C als Vielfachensumme des Stabes B und zweier mit ihm ein eigentliches Dreieck[1]) bestimmenden Stäbe B_1 und B_2 darstellen. Es sei etwa

$$(*) \qquad C = \mathfrak{n} B + \mathfrak{n}_1 B_1 + \mathfrak{n}_2 B_2.$$

Da nun nach der Voraussetzung

$$[BC] = 0$$

sein soll, so folgt aus der Gleichung (*) durch regressive Multiplikation mit B die Gleichung:

$$0 = [B \cdot \mathfrak{n} B] + [B \cdot \mathfrak{n}_1 B_1] + [B \cdot \mathfrak{n}_2 B_2],$$

---

1) Das soll heißen ein Dreieck mit *getrennt liegenden Ecken.*

die sich wegen (24) und (20) reduziert auf

$$(**) \qquad 0 = \mathfrak{n}_1[BB_1] + \mathfrak{n}_2[BB_2].$$

Hierin sind die Produkte $[BB_1]$ und $[BB_2]$ die Ausdrücke für zwei Ecken des eigentlichen Dreiecks der Stäbe B, B_1, B_2, also die Ausdrücke für *zwei getrennt liegende Punkte*.

Die Gleichung (**) kann daher nicht anders bestehen, als wenn

$$(***) \qquad \mathfrak{n}_1 = \mathfrak{n}_2 = 0$$

ist. Denn wäre *auch nur eine* von den beiden Zahlgrößen $\mathfrak{n}_1$ und $\mathfrak{n}_2$, zum Beispiel $\mathfrak{n}_1$, von Null verschieden, so würde die Gleichung (**) nach dem Produkte $[BB_1]$ auflösbar sein, das heißt, sie würde sich in der Form schreiben lassen:

$$[BB_1] = -\frac{\mathfrak{n}_2}{\mathfrak{n}_1}[BB_2],$$

in der sie im Widerspruch zum Obigen gerade aussagen würde, daß die Punkte $[BB_1]$ und $[BB_2]$ *in einen Punkt zusammenfallen*. Auf Grund der Gleichungen (***) reduziert sich nun aber die Gleichung (*) auf die Form

$$C = \mathfrak{n}B,$$

und diese zeigt in der Tat, daß die beiden Stäbe C und B in derselben geraden Linie liegen. Man hat somit den Satz:

Satz 23: Das regressive Produkt zweier Stäbe verschwindet dann und nur dann, wenn die beiden Stäbe einer und derselben geraden Linie angehören.

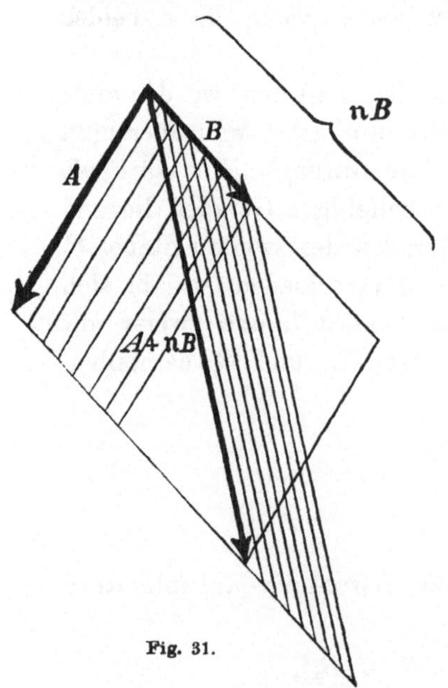

Fig. 31.

Nach dem distributiven Gesetze ergibt sich ferner aus (24) wieder die Formel der linealen Änderung

$$(25) \qquad [(A + \mathfrak{n}B)B] = [AB],$$

welche, wie das distributive Gesetz (9) überhaupt, eine Lagen- und eine Größenbeziehung ausdrückt;

erstens nämlich sagt sie aus, daß die beiden Stäbe A und $A + \mathfrak{n}B$ von dem Stabe B in dem nämlichen Punkt geschnitten werden;

zweitens aber enthält sie den Satz:

„Parallelogramme, welche zwischen Parallelen liegen und gleiche Grundlinien haben, sind einander gleich" (vgl. Figur 31).

Das regressive Produkt dreier Stäbe. Es ist aber von besonderem

Interesse, daß die Dualität zwischen Punkt- und Stabprodukten auch erhalten bleibt, wenn man zu dreifaktorigen Stabprodukten übergeht. Für solche Produkte bedarf es nicht mehr einer neuen Begriffsbestimmung. Denn, da das zweifaktorige Stabprodukt einen Punkt darstellt, so ist das dreifaktorige Stabprodukt das Produkt eines Punktes und eines Stabes, das heißt also ein Blatt, und wird daher geradeso wie das Produkt dreier Punkte durch eine bloße Zahl ausgedrückt, womit die Dualität bereits nach einer Richtung hin erwiesen ist. Um aber auch die Übereinstimmung in den Rechengesetzen der dreifaktorigen Stab- und Punktprodukte darzulegen, hat man zu zeigen, daß auch das Produkt dreier Stäbe distributiv und assoziativ ist, daß also die Gleichungen bestehen

$$(26) \qquad [AB(C + D)] = [ABC] + [ABD] \quad \text{und}$$

$$(27) \qquad [A(BC)] = [ABC].$$

Zum Beweise der Distributivitätsformel führe man alles auf Punkte zurück; man setze daher etwa das Produkt

$$(28) \qquad [AB] = p,$$

wo dann also p den (mit einer gewissen Masse belasteten) Schnittpunkt der Stäbe A und B bedeutet, und stelle die Stäbe C und D als Produkte dar, deren erster Faktor ihr Schnittpunkt q ist, setze somit

$$(29) \qquad C = [qc] \quad \text{und} \quad D = [qd]. \quad \text{Dann wird}$$

$$\begin{aligned}
[AB(C + D)] &= [p([qc] + [qd])] \quad \text{oder nach Abschnitt 2, (2)}\\
&= [p \cdot q(c + d)], \quad \text{das heißt nach Abschnitt 2, (36)}\\
&= [pq(c + d)], \quad \text{also nach Abschnitt 2, (35)}\\
&= [pqc] + [pqd], \quad \text{dies wieder nach Abschnitt 2, (36)}\\
&= [p \cdot qc] + [p \cdot qd], \quad \text{oder nach (29)}\\
&= [pC] + [pD], \quad \text{und dies endlich nach (28)}\\
&= [ABC] + [ABD].
\end{aligned}$$

Beim Beweise der Formel (27) verfahre man entsprechend; man bezeichne die Schnittpunkte der Stäbe

$$B \text{ und } C, \quad C \text{ und } A, \quad A \text{ und } B$$
$$\text{mit} \qquad a, \qquad\qquad b, \qquad\qquad c;$$

dann lassen sich die drei Stäbe in der Form darstellen (vgl. Figur 32):

$$(30) \quad A = \mathfrak{p}[bc], \quad B = \mathfrak{q}[ca], \quad C = \mathfrak{r}[ab],$$

wo $\mathfrak{p}$, $\mathfrak{q}$, $\mathfrak{r}$ drei Zahlgrößen sind, und es wird

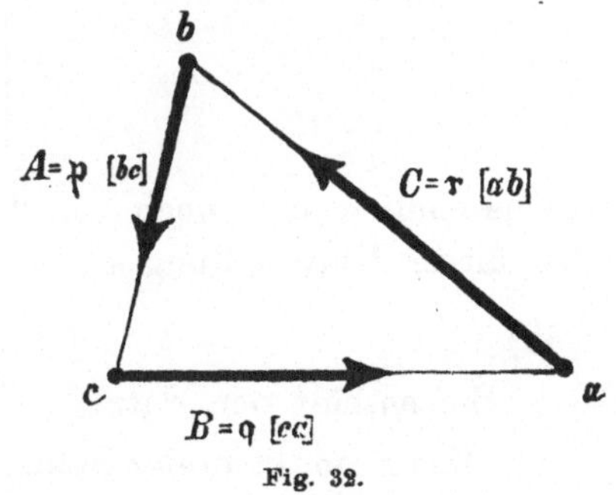

Fig. 32.

$$[A(BC)] = [\mathfrak{p}[bc](\mathfrak{q}[ca] \cdot \mathfrak{r}[ab])] \qquad \text{oder nach (20)}$$
$$= [\mathfrak{p}[bc](\mathfrak{qr}[ca \cdot ab])], \qquad \text{also nach (21)}$$
$$= [\mathfrak{p}[bc](\mathfrak{qr} \cdot [cab]a)] \qquad \text{oder nach Abschnitt 2, (5)}$$
$$= [(\mathfrak{p}b)c(\mathfrak{qr} \cdot [cab]a)] \qquad \text{oder nach Abschnitt 2, (40)},$$

da auch $[cab]$ eine Zahl ist,

$$= \mathfrak{pqr}[cab][bca], \qquad \text{also nach Abschnitt 2, (43)}$$
$$(31) \qquad [A(BC)] = \mathfrak{pqr}[abc]^2.$$

Andererseits wird

$$[ABC] = [(AB)C]$$
$$= [(\mathfrak{p}[bc] \cdot \mathfrak{q}[ca]) \cdot \mathfrak{r}[ab]] \qquad \text{oder nach (20)}$$
$$= [(\mathfrak{pq}[bc \cdot ca]) \cdot \mathfrak{r}[ab]], \qquad \text{also nach (21)}$$
$$= [(\mathfrak{pq} \cdot [bca]c) \cdot \mathfrak{r}[ab]] \qquad \text{oder nach Abschnitt 2, (5)}$$
$$= [(\mathfrak{pq} \cdot [bca]c) \cdot [\mathfrak{r}a \cdot b]] \qquad \text{oder nach Abschnitt 2, (36)}$$
$$= [(\mathfrak{pq} \cdot [bca]c) \cdot \mathfrak{r}a \cdot b], \qquad \text{das heißt nach Abschnitt 2,}$$

(40), da auch $[bca]$ eine Zahl ist,

$$= \mathfrak{pqr}[bca][cab], \qquad \text{also nach Abschnitt 2, (43)}$$
$$(32) \qquad [ABC] = \mathfrak{pqr}[abc]^2,$$

das heißt, man erhält denselben Ausdruck wie für die linke Seite von (27).

Damit hat man also wirklich auch die Formeln (35) und (36) des zweiten Abschnitts dual übertragen. Aus ihnen aber und den Formeln für zweifaktorige Punktprodukte, deren Dualformeln bereits oben entwickelt sind, wurden sämtliche weiteren Formeln für dreifaktorige Punktprodukte abgeleitet.

Alle diese Formeln bleiben daher bestehen, wenn man in ihnen die Punkte durch Stäbe, das heißt die kleinen lateinischen Buchstaben durch große, ersetzt. Dies gilt insbesondere von den Formeln (37) bis (44) des zweiten Abschnitts, so daß man zum Beispiel hat:

$$(33) \qquad \left\{ \begin{array}{l} [ABC] = [BCA] = [CAB] \\ = -[ACB] = -[BAC] = -[CBA] \end{array} \right.$$

und

$$(34) \qquad \left\{ \begin{array}{l} [ADD] = 0 \\ [EBE] = 0 \\ [FFC] = 0, \end{array} \right.$$

sowie endlich auch noch von der Formel (50) desselben Abschnitts, welche bei dieser Umwandlung in die Gleichung übergeht:

$$(35) \qquad\qquad [AB(\mathfrak{p}A + \mathfrak{q}B)] = 0.$$

Sie enthält den Satz:

„Das Produkt dreier Stäbe, deren Linien sich in dem nämlichen Punkt schneiden, verschwindet," und von ihm gilt auch die Umkehrung. Um nämlich über den geometrischen Sinn der Gleichung

$$(36) \qquad [ABC] = 0$$

Aufschluß zu erhalten, in der A, B, C drei Stäbe bedeuten, braucht man nur das Produkt

$$(37) \qquad [AB] = c$$

zu setzen, wo dann c der Schnittpunkt der Geraden der beiden ersten Stäbe A und B ist. Dadurch verwandelt sich die Gleichung (36) in

$$(38) \qquad [cC] = 0,$$

welche nach Satz 19 (vgl. auch die Formel (48) des zweiten Abschnitts) aussagt, daß die Gerade des dritten Stabes C durch den Schnittpunkt c der Geraden der beiden ersten Stäbe hindurchgeht, daß sich also die Geraden der drei Stäbe A, B, C in dem nämlichen Punkt schneiden. Man hat somit den Satz:

Satz 24: Das regressive Produkt $[ABC]$ dreier Stäbe A, B, C verschwindet dann und nur dann, wenn die Linien der drei Stäbe durch einen und denselben Punkt gehen.

Duales. Begriff der planimetrischen Multiplikation. Zur Vervollständigung der dualen Beziehung zwischen Punkt- und Stabgrößen ist endlich noch der Nachweis nötig, daß auch die Grundformeln (8), (21) und (22) eine Ersetzung der Punkte durch Stäbe gestatten; daß also auch die Formeln gelten

$$(39) \qquad [AB \cdot AC] = [ABC]A,$$

$$(40) \qquad [AB \cdot BC] = [ABC]B,$$

$$(41) \qquad [AC \cdot BC] = [ABC]C.$$

Um die erste von diesen drei Formeln zu beweisen, benutze man wieder für die drei Stäbe A, B, C die Darstellung (30). Dann erhält man für die linke Seite der Gleichung (39)

$$[AB \cdot AC] = [(\mathfrak{p}[bc] \cdot \mathfrak{q}[ca])(\mathfrak{p}[bc] \cdot \mathfrak{r}[ab])], \text{ also nach (20)}$$

$$= [(\mathfrak{pq}[bc \cdot ca])(\mathfrak{pr}[bc \cdot ab])] \qquad \text{oder, da}$$

$$[bc \cdot ca] = [bca]c \qquad \text{nach (21), und dies}$$

$$= [abc]c \qquad \text{nach Abschnitt 2, (43), und ferner}$$

$$[bc \cdot ab] = -[bc \cdot ba] \text{ nach Abschnitt 2, (8) und nach (20),}$$

$$= -[bca]b \qquad \text{nach (8),}$$

$$= -[abc]b \qquad \text{nach Abschnitt 2, (43), so wird}$$

$$[AB \cdot AC] = [(\mathfrak{p}\mathfrak{q} \cdot [abc]c)(\mathfrak{p}\mathfrak{r} \cdot (-[abc])b)], \text{ d. h. nach Abschnitt 2, (5)}$$
$$= -\mathfrak{p}^2\mathfrak{q}\mathfrak{r}[abc]^2[cb] \quad \text{oder nach Abschnitt 2, (8)}$$
$$= \mathfrak{p}^2\mathfrak{q}\mathfrak{r}[abc]^2[bc], \quad \text{also mit Rücksicht auf (32)}$$
$$= [ABC] \cdot \mathfrak{p}[bc], \quad \text{das heißt nach (30)}$$
$$[AB \cdot AC] = [ABC]A.$$

Die beiden anderen Formeln, (40) und (41), endlich ergeben sich aus der Hauptformel (39), genau wie oben auf Seite 32 die entsprechenden Punktformeln, und zwar unter Anwendung der Gleichungen (18) und (33) des vorliegenden und der zweiten Gleichung (5) des zweiten Abschnitts.

Damit ist die Dualität zwischen Stab- und Punktprodukten für sämtliche oben entwickelten Formeln bewiesen, die beiden betrachteten Multiplikationsarten, die progressive und die regressive Multiplikation, stimmen somit — bei aller ihrer begrifflichen Verschiedenheit — in ihren formalen Gesetzen durchaus miteinander überein. Um dieser Tatsache noch einen besonders scharfen Ausdruck zu verleihen, hat man auch wohl beide Multiplikationsarten unter einem gemeinsamen Namen, nämlich als „planimetrische Multiplikation" zusammengefaßt. Der enge Zusammenhang beider Multiplikationsarten wird sich späterhin dadurch besonders nützlich erweisen, daß er es ermöglicht, aus den geometrischen Beziehungen zwischen Punkten solche zwischen Stäben analytisch durch eine bloße Buchstabenvertauschung abzuleiten.

In der Punktrechnung erscheint die Ebene als ein „Gebiet dritter Stufe", insofern sich alle Punkte der Ebene als Vielfachensummen von drei Grundpunkten darstellen lassen, und die besonderen Gesetze der planimetrischen Multiplikation ergaben sich uns dadurch, daß wir das äußere Produkt von drei Punkten der Ebene, welche nicht derselben Geraden angehören, aber sonst ganz beliebig gewählt werden dürfen, der Zahleinheit gleich setzten. Auf diese Weise wurde es ermöglicht, alle dreifaktorigen Produkte von Punkten der Ebene wie Zahlgrößen zu behandeln und der äußeren (progressiven) Multiplikation der Punkte eine regressive Multiplikation der Stäbe gegenüberzustellen.

Ebenso erweist sich in der Punktrechnung der Raum als ein „Gebiet vierter Stufe", insofern alle Punkte des Raumes als Vielfachensummen von vier Grundpunkten ausgedrückt werden können, und in ihm erscheinen alle vierfaktorigen äußeren Punktprodukte als gleichartige Größen und können, falls man wieder ein solches Produkt der Zahleinheit gleich setzt, wie unbenannte Zahlen behandelt werden. Auf diese Weise gelangt man zu einer neuen Multiplikation, welche ganz analogen Gesetzen unterliegt wie die planimetrische Multiplikation und im Gegensatz zu ihr als stereometrische Multiplikation bezeichnet wird, und bei der sich, wie bei der planimetrischen Multiplikation die Punkt- und Stabprodukte, so hier die Punkt- und Blattprodukte als progressive und regressive Produkte unterscheiden lassen.

Überhaupt kann man für jedes „Gebiet n^{ter} Stufe" eine besondere Produktbildung einführen, die gerade auf dieses Gebiet zugeschnitten ist und sich dadurch ergibt, daß man das äußere Produkt von irgendwelchen n linear unabhängigen Größen erster Stufe (Punkten, Strecken) gleich der Zahleinheit setzt, wodurch dann alle n-faktorigen Punktprodukte den Charakter von bloßen Zahlgrößen erhalten. Jenes Gebiet n^{ter} Stufe heißt dann das Hauptgebiet und jene Multiplikation „die auf das Gebiet n^{ter} Stufe als Hauptgebiet bezügliche kombinatorische Multiplikation". Die kombinatorischen Produkte in einem Hauptgebiet n^{ter} Stufe besitzen dabei ebenso wie die planimetrischen Produkte die Eigenschaft, daß zwei Faktoren erster und $(n-1)^{\text{ter}}$ Stufe nur mit Zeichenwechsel vertauschbar sind.

Insbesondere kann man dann die planimetrische Multiplikation bezeichnen als die auf die Ebene (aufgefaßt als Punktgebiet dritter Stufe) bezügliche kombinatorische Multiplikation und die stereometrische Multiplikation als die auf den Raum (aufgefaßt als Punktgebiet vierter Stufe) bezügliche kombinatorische Multiplikation.

Abschnitt 4.

Anwendungen der planimetrischen Multiplikation.

Vorbereitendes: Das Vereinungsgesetz. Die im letzten Abschnitt entwickelten Grundformeln der planimetrischen Multiplikation lassen sich noch auf eine andere Form bringen, in der sie für die analytische Behandlung der Projektion eines Punktes und eines Stabes besonders geeignet sind. Führt man nämlich in den beiden sich dualistisch entsprechenden Formeln (21) und (40) dieses Abschnitts

$$[ab \cdot bc] = [abc]b \quad \text{und}$$
$$[AB \cdot BC] = [ABC]B,$$

in denen wie bisher die kleinen Buchstaben Punkte, die großen aber Stäbe bezeichnen, für die beiden Produkte $[ab]$ und $[AB]$ kurze Bezeichnungen ein, setzt also etwa

(1) $$[ab] = A \quad \text{und}$$

(2) $$[AB] = a,$$

so nehmen jene beiden Formeln die Gestalt an

(3) $$[A \cdot bc] = [Ac]b \quad \text{und}$$

(4) $$[a \cdot BC] = [aC]B.$$

Diese Formeln sind damit freilich nur unter gewissen Voraussetzungen über die in ihnen vorkommenden Größen A und a bewiesen, die Formel (3) nämlich unter der Voraussetzung, daß der Ausdruck für den Stab A sich auf die Form (1) bringen lasse, daß also die Gerade des Stabes A durch den Punkt b hindurchgehe, und die Formel (4) unter der Voraussetzung, daß der Punkt a sich in der Form $[AB]$ darstellen lasse, daß er somit auf der Geraden des Stabes B liege.

Aber es fragt sich noch, ob diese beiden Bedingungen für das Bestehen der Gleichungen (3) und (4) auch erforderlich sind.

Zunächst stellt *die rechte Seite* von (3), wie auch A beschaffen sein mag, den mit einem Zahlfaktor multiplizierten Punkt b dar. *Die linke Seite* dieser Gleichung kann aber, da das Produkt zweier Stäbe der Schnittpunkt ihrer Geraden ist, nur dann dieselbe Bedeutung besitzen, wenn die Gerade des Stabes A von der Geraden des Stabes $[bc]$ im Punkt b getroffen wird.

Andererseits stellt *die rechte Seite* von (4) ein Vielfaches des Stabes B dar. *Die linke Seite* dieser Gleichung aber kann als Produkt zweier Punktfaktoren, von denen der eine $[BC]$ ein Punkt der Geraden B ist, nur dann ein Vielfaches des Stabes B ausdrücken, wenn auch der andere Faktor a in der Geraden des Stabes B liegt.

In beiden Fällen sind also die für das Bestehen der Gleichungen (3) und (4) angegebenen Bedingungen nicht nur hinreichend, sondern auch erforderlich.

Man kann nun aber den beiden Formeln (3) und (4) noch zwei andere Formeln an die Seite stellen, die zu ihnen in bezug auf die erste und dritte Größe der linken Seite dual sind, nämlich die Formeln

$$(5) \qquad a[bC] = [aC]b \quad \text{und}$$

$$(6) \qquad A[Bc] = [Ac]B.$$

In diesen Formeln sind die Ausdrücke in den scharfen Klammern als Produkte eines Punktes und eines Stabes bloße Zahlgrößen. Für das Bestehen der beiden Formeln ist daher erforderlich, daß die Punkte a und b in der ersten Formel und die Stäbe A und B in der zweiten sich voneinander nur um einen Zahlfaktor unterscheiden, daß also etwa

$$(7) \qquad b = \mathfrak{g}a \quad \text{und}$$

$$(8) \qquad B = \mathfrak{h}A$$

sei, unter $\mathfrak{g}$ und $\mathfrak{h}$ zwei Zahlfaktoren verstanden.

Die Gleichungen (7) und (8) sind aber für das Bestehen der Gleichungen (5) und (6) zugleich auch hinreichend. Denn wenn die Größen a und b, A und B den Gleichungen (7) und (8) genügen, so ergeben sich die Formeln (5) und (6) unmittelbar aus den Formeln (49) des zweiten Abschnitts, welche die Verstellbarkeit eines Zahlfaktors aussprechen.

Schließlich kann man noch die vier Formeln (3) bis (6) und die Bedingungen, an die sie geknüpft sind, unter einem gemeinsamen Gesichtspunkt zusammenfassen. Dazu führe man noch den Begriff der Inzidenz oder des Vereintliegens ein.

Man nennt nämlich zwei Punkte inzident, wenn sie denselben Ort haben, sich also höchstens durch ihre Masse unterscheiden; zwei Stäbe, wenn sie derselben Geraden angehören; endlich einen Punkt und einen Stab, wenn der Punkt auf der Geraden des Stabes liegt; auch sagt man in diesen Fällen: Die beiden Größen liegen vereint.

Bezeichnet man ferner für den Augenblick die in den vier Formeln vorkommenden Faktoren in derjenigen Reihenfolge, in der sie auf der linken Seite auftreten, mit I, II, III, so kann man die vier Formeln unter dem Typus zusammenfassen:

$$(9) \qquad [I \cdot II\ III] = [I\ III]\,II\,.$$

Diese Formel ist gültig, sobald

erstens die Stufensumme der beiden Faktoren I und III gleich drei ist, so daß also ihr Produkt eine Zahl wird, und zugleich

zweitens die Größe II mit der Größe I inzident ist, oder was dasselbe ist, die Größe II mit der Größe I vereint liegt.

Die Formel (9) vertritt gleichsam das für die planimetrische Multiplikation nicht mehr allgemein gültige assoziative Gesetz[1]) und möge das Vereinungsgesetz der planimetrischen Multiplikation genannt werden.

Die Zurückleitung eines Punktes. Unter der *Zurückleitung eines Punktes x auf den Stab A unter Ausschluß des Punktes b* (vgl. Figur 33) soll derjenige Punkt y verstanden werden, der

erstens der Geraden des Stabes A angehört, und der

zweitens der Gleichung

$$(10) \qquad y + z = x$$

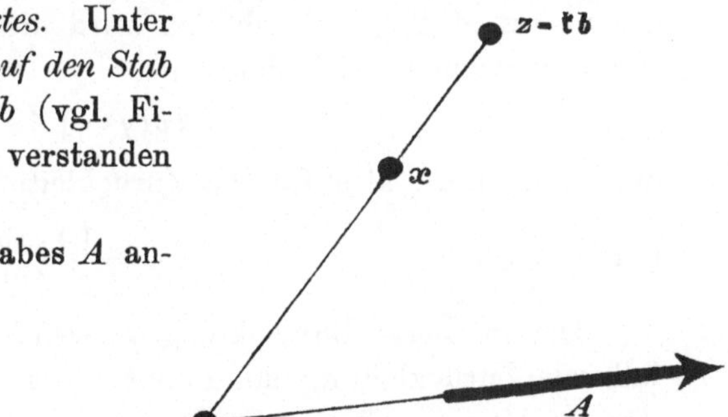

genügt, in welcher der zweite Summand z einen mit dem Punkt b inzidenten Punkt bedeutet, wo also

$$(11) \qquad z = \mathfrak{k}b$$

Fig. 33.

---

1) Vgl. jedoch die Formeln (36) des zweiten und (27) des dritten Abschnitts.

ist, unter $\mathfrak{k}$ ein Zahlfaktor verstanden. Man kann dann die Gleichung (10) auch in der Form schreiben

$$y + \mathfrak{k}b = x.$$

Aus dieser Erklärung geht schon hervor, daß die Zurückleitung y unabhängig sein wird von der Länge des Stabes A, auf den zurückgeleitet wird, und von der Masse des ausgeschlossenen Punktes b, daß sie also nur abhängt von der *Lage der Geraden des Stabes A* und der *Lage des Punktes b*. Man nennt daher jene Gerade „das Grundgebiet der Zurückleitung" und diesen Punkt, sofern an ihm nur seine *Lage* in Betracht gezogen wird, „das Leitgebiet der Zurückleitung". Doch wird es keinen Verwechselungen Raum geben, wenn wir auch kurz von dem Grundgebiet A und dem Leitgebiet b sprechen (statt von dem Stabe A, der das Grundgebiet bestimmt, usw.).

Will man die Zurückleitung y durch die zurückgeleitete Größe x, das Grundgebiet A und das Leitgebiet b *allein* ausdrücken, so multipliziere man die letzte Gleichung zuerst planimetrisch mit dem Leitgebiet b und erhält wegen Gleichung (7) des zweiten Abschnitts

$$[yb] = [xb].$$

Diese Gleichung multipliziere man dann planimetrisch mit dem Grundgebiet A und bekommt

$$[A \cdot yb] = [A \cdot xb].$$

Auf die linke Seite dieser Gleichung läßt sich aber das Vereinungsgesetz anwenden (vgl. die Gleichung (9) oder die besondere Gleichung (3)), dessen Bedingungen erfüllt sind, da nach der Voraussetzung y auf der Geraden des Stabes A liegt. Nach ihm wird die linke Seite $= [Ab]y$. Die Gleichung verwandelt sich daher in

$$[Ab]y = [A \cdot xb],$$

und man erhält also für die Zurückleitung y die Darstellung

$$(12) \qquad y = \frac{[A \cdot xb]}{[Ab]}.$$

Der in dieser Entwicklung verwendete Hülfspunkt z läßt sich ebenfalls als Zurückleitung des Punktes x auffassen, nämlich als *Zurückleitung des Punktes x auf den Punkt b unter Ausschluß des Stabes A*. Denn es erscheint nur naturgemäß, den auf Seite 41 aufgestellten Begriff der Zurückleitung eines Punktes dualistisch in bezug auf das Grundgebiet und Leitgebiet in der Weise zu erweitern, daß man unter der Zurückleitung des Punktes x auf den Punkt b unter Ausschluß des Stabes A denjenigen Punkt z versteht, der

erstens mit dem Grundgebiet b inzident ist, und der

zweitens der Gleichung

$$(10) \qquad y + z = x$$

genügt, wo der andere Summand y dem Leitgebiet A angehört. Diese Bedingungen erfüllt aber gerade der schon oben benutzte Punkt z.

Die Zurückleitung z unterscheidet sich von der Zurückleitung y nur dadurch, daß das Grundgebiet und das Leitgebiet miteinander vertauscht sind. Sie gibt ferner zu der Zurückleitung y addiert gerade die zurückgeleitete Größe x und möge daher die zu der Zurückleitung y ergänzende Zurückleitung genannt werden.

Auch die Zurückleitung z läßt sich wieder durch die zurückgeleitete Größe x, das Grundgebiet b und das Leitgebiet A ausdrücken. In der Tat, multipliziert man die Gleichung (10) planimetrisch mit dem Leitgebiet A und berücksichtigt dabei, daß der Punkt y der Geraden des Stabes A angehört, daß also $[yA] = 0$ wird, so erhält man

$$[zA] = [xA];$$

und multipliziert man diese Gleichung mit dem Grundgebiet b, so ergibt sich

$$b[zA] = b[xA].$$

Wegen der Inzidenz von z und b ist aber nach dem Vereinungsgesetze (Gleichung (9), (5)) die linke Seite $= [bA]z$. Die Gleichung verwandelt sich daher in

$$[bA]z = b[xA],$$

und man findet somit für z den Wert

$$(13) \qquad z = \frac{b[xA]}{[bA]}.$$

Setzt man schließlich noch die Werte (12) und (13) in die Gleichung (10) ein und stellt zugleich im Nenner von (13) die Faktoren um, was nach der Gleichung (48) des zweiten Abschnitts erlaubt ist, so erhält man für x die Zerlegungsformel

$$(14) \qquad x = \frac{[A \cdot xb] + b[xA]}{[Ab]}.$$

Durch sie wird der Punkt x als die Summe zweier Punkte (gleichsam zweier Komponenten) $\dfrac{[A \cdot xb]}{[Ab]}$ und $\dfrac{b[xA]}{[bA]}$ dargestellt, von denen der eine in der Geraden des Stabes A liegt, während der andere mit dem Punkt b zusammenfällt.

Die Zurückleitung eines Stabes. Unter der *Zurückleitung eines Stabes U auf einen Punkt a unter Ausschluß eines Stabes B* (vgl. Figur 34) soll derjenige Stab V verstanden werden, dessen Gerade erstens durch den Punkt a (das Grundgebiet) hindurchgeht, und der zweitens der Gleichung

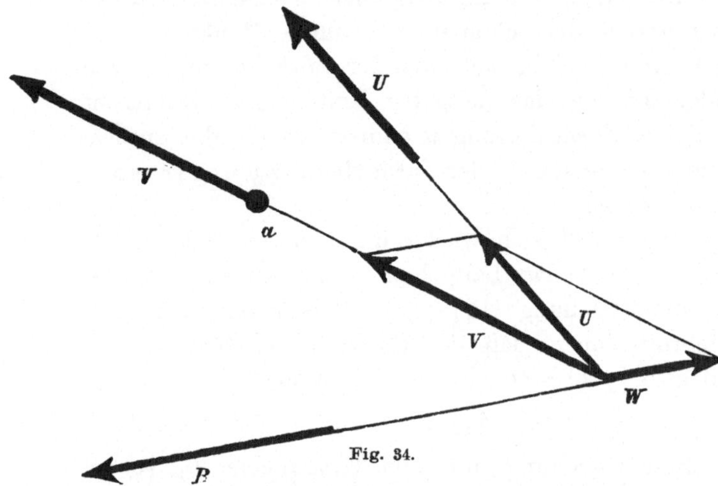

Fig. 84.

$$(15) \quad V + W = U$$

genügt, in welcher der andere Summand W einen Stab bedeutet, der in der Geraden des Stabes B (dem Leitgebiet) liegt und also in der Form

$$(16) \quad W = \mathfrak{k}B$$

darstellbar ist.

Will man wieder die Zurückleitung V durch .den zurückgeleiteten Stab U, das Grundgebiet a und das Leitgebiet B ausdrücken, so multipliziere man die Gleichung (15) wie oben zuerst planimetrisch mit dem Leitgebiet B und berücksichtige dabei, daß das Produkt $[WB]$ wegen (16) verschwindet. So erhält man

$$[VB] = [UB].$$

Sodann multipliziere man diese Gleichung mit dem Grundgebiet a und findet

$$[a \cdot VB] = [a \cdot UB].$$

Da nun aber nach der Voraussetzung V mit a inzident ist, so ist nach dem Vereinungsgesetze (Gleichung (9), (4)) die linke Seite $= [aB]V$; die Gleichung geht daher über in

$$[aB]V = [a \cdot UB],$$

und man erhält für die Zurückleitung V den Wert

$$(17) \quad V = \frac{[a \cdot UB]}{[aB]}.$$

Der in dieser Entwicklung benutzte Hülfsstab W ist wieder die zu V ergänzende Zurückleitung von U, nämlich die *Zurückleitung von U auf das Grundgebiet B unter Ausschluß des Leitgebiets a.* Denn er ist

erstens mit dem Grundgebiet B dieser Zurückleitung inzident und genügt

zweitens der Gleichung

$$(15) \quad V + W = U,$$

wo der andere Summand V mit dem Leitgebiet a inzident ist.

Um den Stab W durch U, a und B auszudrücken, multipliziere man die Gleichung (15) wie sonst zuerst planimetrisch mit dem Leitgebiet a und berücksichtige dabei, daß die Gerade des Stabes V durch den Punkt a hindurchgeht, daß also

$$[Va] = 0$$

ist (vgl. Satz 19); man erhält daher

$$[Wa] = [Ua].$$

Sodann multipliziere man mit dem Grundgebiet B und findet

$$B[Wa] = B[Ua].$$

Da nun aber nach der Voraussetzung die Stäbe B und W inzident sind, so wird nach dem Vereinungsgesetze (Gleichung (9), (6)) die linke Seite $= [Ba]W$, nnd die Gleichung verwandelt sich in

$$[Ba]W = B[Ua],$$

so daß sich für die Zurückleitung W der Wert ergibt

$$(18) \qquad W = \frac{B[Ua]}{[Ba]}.$$

Setzt man endlich die Werte (17) und (18) für die beiden Zurückleitungen in die Gleichung (15) ein und stellt zugleich im Nenner von (18) die Faktoren um, so bekommt man für U die Zerlegungsformel

$$(19) \qquad U = \frac{[a \cdot UB] + B[Ua]}{[aB]},$$

durch die der Stab U als die Summe zweier Stäbe (zweier Komponenten) $\frac{[a \cdot UB]}{[aB]}$ und $\frac{B[Ua]}{[Ba]}$ dargestellt wird, von denen der eine durch den Punkt a hindurchgeht, während der andere in der Geraden des Stabes B liegt.

Die Zerlegung eines Punktes und eines Stabes in drei Komponenten. Neben den Zerlegungsformeln (14) und (19), durch die ein Punkt oder Stab als Resultante *zweier* Komponenten dargestellt wurde, sind aber für das Folgende auch Zerlegungen in *drei* Komponenten von Interesse. Sind zuerst a, b, c drei nicht in gerader Linie liegende *Punkte*, so läßt sich jeder beliebige Punkt x ihrer Ebene als Vielfachensumme von a, b, c, das heißt in der Form

$$(20) \qquad x = \mathfrak{x}a + \mathfrak{y}b + \mathfrak{z}c,$$

darstellen. Um die hier auftretenden Ableitzahlen $\mathfrak{x}$, $\mathfrak{y}$, $\mathfrak{z}$ durch den Punkt x und die Grundpunkte a, b, c auszudrücken, multipliziere man die Gleichung(20) der Reihe nach äußerlich mit den Produkten $[bc]$, $[ca]$, $[ab]$ und erhält

$$(21) \qquad [xbc] = \mathfrak{x}[abc], \quad [xca] = \mathfrak{y}[abc], \quad [xab] = \mathfrak{z}[abc].\text{[1]}$$

---

[1] Aus den Formeln (21) leitet man leicht den Satz des Ceva ab, aus den dualistisch entsprechenden Formeln den Satz des Menelaus. Vgl. K. Eichler, Beitrag zur Graßmannschen Punktrechnung. Festschrift des Christianeums zu Altona. Altona, 1905. Seite 75 und 77.

Und setzt man die hieraus folgenden Werte für $\mathfrak{x}$, $\mathfrak{y}$, $\mathfrak{z}$ in die Gleichung (20) ein, so verwandelt sich diese in

$$(22) \qquad x = \frac{[xbc]a + [xca]b + [xab]c}{[abc]}.$$

Damit ist die gewünschte Zerlegung des Punktes x in drei Komponenten geleistet. Diese drei Komponenten lassen sich übrigens auch in der Form schreiben

$$\frac{a[x \cdot bc]}{[a \cdot bc]}, \qquad \frac{b[x \cdot ca]}{[b \cdot ca]}, \qquad \frac{c[x \cdot ab]}{[c \cdot ab]},$$

welche genau der rechten Seite von (13) entspricht. Die drei Größen sind daher nichts anderes als die Zurückleitungen des Punktes x auf das Gebiet der Punkte

$$a, \qquad\qquad b, \qquad\qquad c$$

unter Ausschluß der gegenüberliegenden Seiten

$$[bc], \qquad\qquad [ca], \qquad\qquad [ab]$$

des Dreiecks abc.

Genau in derselben Weise, wie sich jeder Punkt x einer Ebene aus drei nicht in gerader Linie liegenden Punkten a, b, c dieser Ebene numerisch ableiten läßt, kann man auch *jeden Stab U* der Ebene als Vielfachensumme von drei Stäben A, B, C darstellen, deren Linien nicht durch denselben Punkt hindurchgehen. In der Tat erhält man in ganz entsprechender Weise die Formel

$$(23) \qquad U = \frac{[UBC]A + [UCA]B + [UAB]C}{[ABC]},$$

also eine Zerlegung des Stabes U in drei Komponenten, die den Geraden der Stäbe A, B, C angehören. Diese Komponenten kann man dann wieder in der Form schreiben

$$\frac{A[U \cdot BC]}{[A \cdot BC]}, \qquad \frac{B[U \cdot CA]}{[B \cdot CA]}, \qquad \frac{C[U \cdot AB]}{[C \cdot AB]},$$

aus der mit Rücksicht auf (18) folgt, daß sie die Zurückleitungen des Stabes U auf die Geraden der Stäbe

$$A, \qquad\qquad B, \qquad\qquad C$$

unter Ausschluß der gegenüberliegenden Ecken

$$[BC], \qquad\qquad [CA], \qquad\qquad [AB]$$

des Dreiseits ABC sind.

Aus jeder der beiden Gleichungen (22) und (23) läßt sich noch eine wichtige *Zahlgleichung* herleiten[1]), der je fünf beliebige Punkte oder Stäbe

---

1) Wir nennen eine Gleichung, deren einzelne Glieder bloße Zahlgrößen sind, eine Zahlgleichung.

einer Ebene unterliegen. Multipliziert man nämlich die beiden Gleichungen planimetrisch mit den Produkten $[xd]$ und $[UD]$, in denen d einen ganz beliebigen Punkt der Ebene, D einen beliebigen Stab bezeichnet, so verschwindet in beiden Gleichungen die linke Seite, und man erhält die Identitäten

$$(24) \qquad 0 = [xbc]\,[xda] + [xca]\,[xdb] + [xab]\,[xdc] \quad \text{und}$$

$$(25) \qquad 0 = [UBC]\,[UDA] + [UCA]\,[UDB] + [UAB]\,[UDC],$$

deren geometrische Bedeutung sich weiter unten (vgl. den neunten Abschnitt) ergeben wird.

Die Schnittpunktsformel der regressiven Multiplikation. Ersetzt man in der auf Seite 43 entwickelten Zerlegungsformel

$$(14) \qquad x = \frac{[A \cdot xb] + b[xA]}{[Ab]}$$

den Buchstaben x durch den Buchstaben a und den Stab A durch das Punktprodukt $[cd]$ und berücksichtigt die Assoziativität der äußeren Produkte (vgl. die Formel (36) des zweiten Abschnitts), so nimmt die Gleichung (14) die Form an

$$a = \frac{[cd \cdot ab] + b[acd]}{[cdb]},$$

und löst man diese Gleichung nach dem regressiven Produkte $[cd \cdot ab]$ auf, so erhält man

$$[cd \cdot ab] = [cdb]\,a - [acd]\,b,$$

wofür man bei Benutzung der Formeln (18) des dritten und (43) des zweiten Abschnitts auch schreiben kann:

$$(26) \qquad [ab \cdot cd] = [acd]\,b - [bcd]\,a.$$

Diese Formel drückt den Schnittpunkt der Geraden zweier Stäbe $[ab]$ und $[cd]$ als Vielfachensumme der Punkte a und b des ersten Stabes aus und möge die **Schnittpunktsformel der regressiven Multiplikation** genannt werden.

Peano benutzt in seinem Calcolo geometrico[1]) die Formel (26) geradezu als Erklärungsformel der regressiven Multiplikation und entwickelt aus ihr erst die in der vorliegenden Darstellung (vgl. Formel (8) des dritten Abschnitts) als Definitionsgleichung des regressiven Produktes verwertete Formel

$$[ab \cdot ac] = [abc]\,a,$$

während hier der umgekehrte Weg eingeschlagen ist.

Die Multiplikationssätze für die zweifaktorigen planimetrischen Produkte.

---

1) Vgl. **Peano**, Calcolo geometrico secondo l'Ausdehnungslehre di H. Graßmann. Torino, 1888. Seite 80 und 81.

Setzt man noch in der Schnittpunktsformel (26) das Produkt $[cd] = U$, so verwandelt sie sich in die Gleichung

$$(27) \qquad [abU] = [aU]b - [bU]a,$$

die man bei Anwendung des Determinantensymbols etwas übersichtlicher in der Form schreiben kann:

$$(28) \qquad [abU] = \begin{vmatrix} [aU] & [bU] \\ a & b \end{vmatrix}.$$

Multipliziert man aber weiter die Gleichung (27) mit einem beliebigen Stabe V und schreibt linker Hand für das Produkt $[abUV]$ das Produkt $[ab \cdot UV]$, was nach der Gleichung (27) des dritten Abschnitts erlaubt ist, so erhält man die Gleichung

$$[ab \cdot UV] = [aU][bV] - [bU][aV] \quad \text{oder}$$

$$(29) \qquad [ab \cdot UV] = \begin{vmatrix} [aU] & [bU] \\ [aV] & [bV] \end{vmatrix}$$

und damit den Satz:

Satz 25: Das planimetrische Produkt aus dem Produkte zweier Punkte und dem Produkte zweier Stäbe ist gleich derjenigen zweigliedrigen Determinante, deren Zeilen man erhält, wenn man jeden von den beiden Punkten zuerst mit dem ersten und dann mit dem zweiten Stabe planimetrisch multipliziert.

Aus der Formel (29) folgt ferner durch Umstellung der Faktoren, die nach den Gleichungen (43) und (48) des zweiten Abschnitts gestattet ist, die dualistisch entsprechende Formel

$$(30) \qquad [UV \cdot ab] = \begin{vmatrix} [Ua] & [Va] \\ [Ub] & [Vb] \end{vmatrix},$$

welche den Satz enthält:

Satz 26: Das planimetrische Produkt aus dem Produkte zweier Stäbe und dem Produkte zweier Punkte ist gleich derjenigen zweigliedrigen Determinante, deren Zeilen man erhält, wenn man jeden von den beiden Stäben zuerst mit dem ersten und dann mit dem zweiten Punkte planimetrisch multipliziert.

Man sieht, daß diese Sätze (25) und (26) in einer engen Beziehung zum Multiplikationssatz der Determinanten stehen; sie mögen daher als die *Multiplikationssätze für die zweifaktorigen planimetrischen Produkte* bezeichnet werden.

Zweiter Hauptteil.

Grundlagen der projektiven Geometrie.

Abschnitt 5.

Das Doppelverhältnis.

Das Doppelverhältnis eines Punktwurfes. Eine Schar von vier einfachen oder vielfachen Punkten a, b, c, d derselben Geraden, bei der auch die *Reihenfolge (Rangordnung) der Punkte* in beliebiger, aber bestimmter Weise, und zwar unabhängig von ihrer Lage, festgesetzt ist, möge nach von Staudt ein „Punktwurf" genannt werden.[1]) Jene Gerade heißt der Träger des Punktwurfes, die einzelnen Punkte auch wohl seine Elemente. Die beiden ersten Punkte a und b und die beiden letzten Punkte c und d eines Punktwurfes nennt man zugeordnete Punkte (vgl. Figur 35).

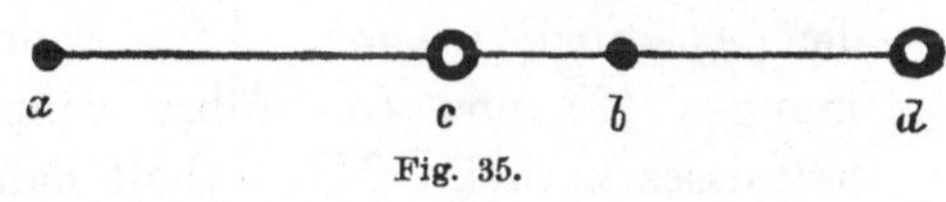

Fig. 35.

Die planimetrischen Produkte von je zwei Punkten eines Wurfes sind als Stäbe derselben Geraden nur um einen Zahlfaktor voneinander verschieden und tragen also den Charakter von gleichbenannten Zahlen. Der aus ihnen gebildete Doppelbruch

$$\frac{[ac]}{[cb]} : \frac{[ad]}{[db]}$$

ist somit eine unbenannte Zahl. Er wird das Doppelverhältnis des Punktwurfes a, b, c, d genannt und durch das Symbol $(abcd)$ bezeichnet, so daß also

$$(1) \qquad (abcd) = \frac{[ac]}{[cb]} : \frac{[ad]}{[db]}$$

wird.

Aus der Form des Doppelverhältnisses folgt, daß es seinen Wert nicht ändert,

erstens, wenn man in dem zugehörigen Punktwurfe gleichzeitig die Punkte eines jeden Paares zugeordneter Punkte unter sich vertauscht;

zweitens aber auch, wenn man die beiden Paare zugeordneter Punkte miteinander vertauscht.

---

1) Vgl. v. Staudt, Beiträge zur Geometrie der Lage. Erstes Heft. Nürnberg, 1856. Nr. 24.

In der Tat wird

$$(badc) = \frac{[bd]}{[da]} : \frac{[bc]}{[ca]} = \frac{-[db]}{-[ad]} : \frac{-[cb]}{-[ac]} \quad \text{(nach Gleichung (8) des zweiten Abschnitts)}$$

$$= \frac{[db]}{[ad]} : \frac{[cb]}{[ac]} = \frac{[ac]}{[cb]} : \frac{[ad]}{[db]} = (abcd),$$

das heißt, es wird wirklich

$$(2) \qquad\qquad\qquad (badc) = (abcd).$$

Andererseits wird

$$(cdab) = \frac{[ca]}{[ad]} : \frac{[cb]}{[bd]} = \frac{-[ac]}{[ad]} : \frac{[cb]}{-[db]} \quad \text{(nach Gleichung (8) des zweiten Abschnitts)}$$

$$= \frac{[ac]}{[ad]} : \frac{[cb]}{[db]} = \frac{[ac]}{[cb]} : \frac{[ad]}{[db]} = (abcd),$$

also wird in der Tat auch

$$(3) \qquad\qquad\qquad (cdab) = (abcd).$$

Wendet man endlich die Umgestaltung (3) auf die linke Seite von 2) an, so bekommt man als vierte Form des Doppelverhältnisses $(abcd)$ den Ausdruck $(dcba)$. Eine weitere Wiederholung der beiden Umformungen (2) und (3) führt dann auf die alten Formen des Doppelverhältnisses zurück. Man erhält daher für das Doppelverhältnis $(abcd)$ *vier gleichwertige Formen*

$$(4) \qquad\qquad (abcd) = (badc) = (cdab) = (dcba)$$

und damit den folgenden Satz, der die beiden vorher gewonnenen Ergebnisse zusammenfaßt:

Satz 27: Das Doppelverhältnis eines Punktwurfes ändert seinen Wert nicht, wenn man in dem Punktwurfe die Punkte irgend zweier aus ihm entnommenen Punktpaare gleichzeitig miteinander vertauscht.

Die vier gleichen Doppelverhältnisse aus (4) sind dadurch ausgezeichnet, daß in ihren vier Symbolen jeder von den vier Punkten a, b, c, d, zum Beispiel der Punkt a, die sämtlichen möglichen vier Plätze einnimmt. Nun lassen sich aber aus vier Punkten a, b, c, d einer Geraden durch bloße Änderung ihrer Reihenfolge (Rangordnung) 24 verschiedene Punktwürfe bilden. Die Doppelverhältnisse dieser 24 Punktwürfe werden dann immer zu vieren einander gleich sein. Man wird nämlich aus den vier gleichen Doppelverhältnissen (4) im ganzen 6 Gruppen von je 4 gleichen Doppelverhältnissen herleiten können, wenn man in den 4 Symbolen für die Doppelverhältnisse (4) einen Punkt, etwa den Punkt a, an seinem Platze festhält, die drei anderen Elemente aber allen möglichen Permutationen unterwirft. Dadurch ergeben sich 6 Gruppen von je 4 untereinander gleichen Doppelverhältnissen, während, wie wir sogleich sehen werden, die Doppelverhältnisse aus zwei verschiedenen Gruppen bei allgemeiner Lage der vier Punkte a, b, c, d voneinander verschieden sind.

Die ersten Doppelverhältnisse dieser 6 Gruppen, das heißt die Doppelverhältnisse, die aus dem Symbol $(abcd)$ durch Vertauschung der 3 Punkte b, c, d hervorgehen, lauten

$$(5) \qquad \begin{cases} (abcd), & (acdb), & (adbc) \\ (abdc), & (acbd), & (adcb). \end{cases}$$

Die Beziehungen zwischen diesen 6 Doppelverhältnissen ergeben sich aus zwei nunmehr zu entwickelnden Sätzen, von denen sich der erste in der Form aussprechen läßt:

Satz 28: Das Doppelverhältnis eines Punktwurfes geht in seinen reziproken Wert über, wenn man die beiden ersten oder die beiden letzten Elemente des Wurfes für sich vertauscht.

Beweis: Man beweise den Satz *zuerst* für den Fall, daß die *beiden letzten* Elemente des Wurfes miteinander vertauscht werden. Es wird

$$(abdc) = \frac{[ad]}{[db]} : \frac{[ac]}{[cb]} = \frac{1}{\dfrac{[ac]}{[cb]} : \dfrac{[ad]}{[db]}},$$

das heißt:

$$(6) \qquad\qquad (abdc) = \frac{1}{(abcd)}.$$

Jetzt aber folgt die Richtigkeit des Satzes auch für den Fall, daß die *beiden ersten* Elemente des Wurfes miteinander vertauscht werden; denn nach Satz 27 wird

$$(bacd) = (abdc),$$

also wegen (6) wirklich auch

$$(7) \qquad\qquad (bacd) = \frac{1}{(abcd)}.$$

Es besteht aber auch zwischen den Doppelverhältnissen zweier Punktwürfe, die auseinander durch Vertauschung des zweiten und dritten oder des ersten und vierten Punktes hervorgehen, eine einfache Beziehung. Zu ihr kann man auf folgende Weise gelangen: Man denke sich den ersten Punkt a des Punktwurfes $abcd$ als Vielfachensumme des zweiten und dritten Punktes, das heißt unter der Form:

$$(8) \qquad\qquad a = \mathfrak{y}b + \mathfrak{z}c,$$

dargestellt und multipliziere, um die Ableitzahlen $\mathfrak{y}$ und $\mathfrak{z}$ dieser Vielfachensumme zu ermitteln, die Gleichung (8) zuerst hinten mit c und dann vorn mit b. Dadurch erhält man die Gleichungen

$$(9) \qquad\qquad [ac] = \mathfrak{y}[bc] \quad \text{und} \quad [ba] = \mathfrak{z}[bc],$$

4*

aus denen für die gesuchten Ableitzahlen die Werte folgen:

$$(10) \qquad \mathfrak{y} = \frac{[ac]}{[bc]} \quad \text{und} \quad \mathfrak{z} = \frac{[ba]}{[bc]}.$$

Die Gleichung (8) verwandelt sich daher in:

$$(11) \qquad a = \frac{[ac]}{[bc]}\, b + \frac{[ba]}{[bc]}\, c.$$

Um aus dieser Gleichung die gewünschte Beziehung zwischen den beschriebenen Doppelverhältnissen herzuleiten, multipliziere man die Gleichung (11) äußerlich mit d und erhält so die Gleichung

$$[ad] = \frac{[ac]}{[bc]}\,[bd] + \frac{[ba]}{[bc]}\,[cd]$$

und dividiere dann mit $[ad]$, wodurch sich ergibt:

oder
$$1 = \frac{[ac]}{[bc]}\frac{[bd]}{[ad]} + \frac{[ba]}{[bc]}\frac{[cd]}{[ad]}$$

$$(12) \qquad 1 = \frac{[ac]}{[cb]} : \frac{[ad]}{[db]} + \frac{[ab]}{[bc]} : \frac{[ad]}{[dc]}$$

oder endlich

$$(13) \qquad 1 = (abcd) + (acbd);$$

und aus dieser Gleichung folgt ferner nach Satz 27 die Gleichung:

$$(14) \qquad 1 = (abcd) + (dbca).$$

Nennt man daher zwei Doppelverhältnisse, deren Zahlwerte sich zur Einheit ergänzen, zueinander komplementär, so kann man die Gleichungen (13) und (14) in dem Satze zusammenfassen:

Satz 29: Die Doppelverhältnisse zweier Punktwürfe, die auseinander durch Vertauschung des zweiten und dritten oder des ersten und vierten Elements hervorgehen, sind zueinander komplementär.

Die beiden Sätze 28 und 29 ermöglichen es, fünf von den sechs Doppelverhältnissen (5) durch das sechste auszudrücken. Setzt man etwa das Doppelverhältnis

$$(15) \qquad (abcd) = \mathfrak{d},$$

so wird nach Satz 28 das Doppelverhältnis, dessen Symbol aus der linken Seite von (15) durch Vertauschung der beiden letzten Elemente hervorgeht, das heißt das Doppelverhältnis $(abdc)$,

$$(16) \qquad (abdc) = \frac{1}{\mathfrak{d}}.$$

Andererseits werden nach Satz 29 die beiden Doppelverhältnisse, deren Symbole aus (15) und (16) durch Vertauschung der mittleren Elemente entstehen,

$$(17) \qquad (acbd) = 1 - \mathfrak{d} \quad \text{und}$$

$$(18) \qquad (adbc) = 1 - \frac{1}{\mathfrak{d}} = \frac{\mathfrak{d}-1}{\mathfrak{d}}.$$

Und endlich folgen für die beiden letzten Doppelverhältnisse in (5), deren Symbole sich aus (17) und (18) wieder durch Vertauschung der beiden letzten Elemente ableiten lassen, die Werte

$$(19) \qquad (acdb) = \frac{1}{1 - \mathfrak{b}} \quad \text{und}$$

$$(20) \qquad (adcb) = \frac{\mathfrak{b}}{\mathfrak{b} - 1}.$$

Damit sind nach Satz 27 zugleich die Doppelverhältnisse aller der 24 Punktwürfe gefunden, die sich aus vier der Lage nach gegebenen Punkten a, b, c, d durch Festsetzung verschiedener Rangordnungen bilden lassen.

Aus der Form des Doppelverhältnisses läßt sich ferner noch folgern, daß das Doppelverhältnis eines Punktwurfes von den Massen seiner Punkte unabhängig ist.

Denn sind $a', b', \ldots$ die mit den Punkten $a, b, \ldots$ kongruenten *einfachen* Punkte, und ist $a = \mathfrak{a}a'$, $b = \mathfrak{b}b', \ldots$, wo also $\mathfrak{a}, \mathfrak{b}, \ldots$ die Massen der Punkte $a, b, \ldots$ bezeichnen, so wird das obige Doppelverhältnis nach den Gleichungen (5) des zweiten Abschnitts

$$\frac{[ac]}{[cb]} : \frac{[ad]}{[db]} = \frac{\mathfrak{a}\mathfrak{c}}{\mathfrak{c}\mathfrak{b}} \frac{[a'c']}{[c'b']} : \frac{\mathfrak{a}\mathfrak{b}}{\mathfrak{b}\mathfrak{b}} \frac{[a'd']}{[d'b']}$$

oder, da sich alle Massenfaktoren fortheben,

$$(21) \qquad \frac{[ac]}{[cb]} : \frac{[ad]}{[db]} = \frac{[a'c']}{[c'b']} : \frac{[a'd']}{[d'b']}.$$

Damit ist aber wirklich der Satz bewiesen:

Satz 30: Das Doppelverhältnis eines Punktwurfes verhält sich invariant gegenüber einer Massenänderung seiner Punkte.

Die Gleichung (21) hat nun aber noch ein besonderes Interesse, weil ihre rechte Seite eine einfache *geometrische Deutung* zuläßt. Denn da die Punkte $a', b', \ldots$ *einfache* Punkte sind, so sind die Verhältnisse der Stäbe $[a'c']$ und $[c'b']$ und andererseits der Stäbe $[a'd']$ und $[d'b']$ zugleich die Verhältnisse der Abstände von a' nach c' und c' nach b' und von a' nach d' und d' nach b', vorausgesetzt, daß man eine Verschiedenheit im *Sinne* dieser Abstände durch entgegengesetzte *Vorzeichen* zum Ausdruck bringt (vgl. Figur 36). Man hat also den Satz:

Satz 31: Das Doppelverhältnis des Punktwurfes a, b, c, d ist gleich dem Quotienten aus den beiden Abstandsver-

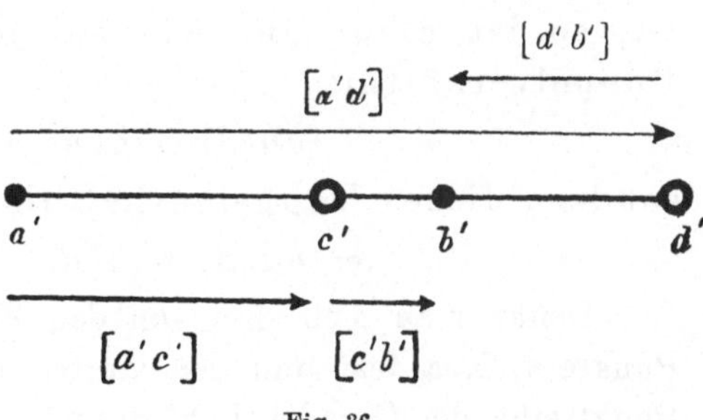

Fig. 36.

hältnissen der Punkte c und d von den Punkten a und b, vorausgesetzt, daß eine Verschiedenheit im Sinne dieser Abstände durch entgegengesetzte Vorzeichen zum Ausdruck gebracht wird.

Wenn daher von einem Punktwurf a, b, c, d die drei ersten Punkte a, b, c ihrer Lage nach gegeben sind, außerdem aber das Doppelverhältnis $(abcd)$ des Wurfes bekannt ist, so ist damit die Lage des vierten Punktes d eindeutig bestimmt.

Für die weitere analytische Behandlung des Doppelverhältnisses eines Punktwurfes a, b, c, d kann man seine beiden letzten Punkte c und d als Vielfachensummen der beiden ersten Punkte a und b ausdrücken; und da nach Satz 30 der Wert eines Doppelverhältnisses von den Massen der vier Punkte seines Punktwurfes unabhängig ist, so wird es dabei insbesondere auf die Massen der Punkte c und d nicht ankommen, und man wird daher die beiden Punkte sogar durch Gleichungen von der *besonderen* Form

$$(22) \qquad\qquad c = a + \mathfrak{g}b \quad \text{und} \quad d = a + \mathfrak{h}b$$

darstellen können, in denen $\mathfrak{g}$ und $\mathfrak{h}$ Zahlgrößen sind. Das Doppelverhältnis des Punktwurfes a, b, c, d läßt sich dann durch diese beiden Zahlgrößen ausdrücken. Es wird

$$(23) \qquad\qquad \frac{[ac]}{[cb]} : \frac{[ad]}{[db]} = \frac{\mathfrak{g}[ab]}{[ab]} : \frac{\mathfrak{h}[ab]}{[ab]} = \frac{\mathfrak{g}}{\mathfrak{h}}.$$

Ist insbesondere $\mathfrak{h} = -\mathfrak{g}$, besitzen also die Ausdrücke für die vier Punkte des Wurfes die Form $a, b, a + \mathfrak{g}b, a - \mathfrak{g}b$, so wird ihr Doppelverhältnis $= -1$, und der Punktwurf heißt **harmonisch**.

Da der reziproke Wert von -1 wieder gleich -1 ist, so besitzt das Doppelverhältnis eines harmonischen Punktwurfes die besondere Eigenschaft, daß es seinen Wert nicht ändert, wenn man zwei zugeordnete Punkte miteinander vertauscht. Man kann daher den Satz aussprechen:

Satz 32: Ein harmonischer Punktwurf bleibt harmonisch, wenn man zwei zugeordnete Punkte miteinander vertauscht; wenn also

$$(abcd) = -1$$

ist, so ist nicht nur wie bei jedem Punktwurfe a, b, c, d das Doppelverhältnis

$$(abcd) = (badc) = (cdab) = (dcba),$$

sondern dieses Doppelverhältnis ist außerdem noch

$$= (bacd) = (abdc) = (dcab) = (cdba).$$

Denkt man sich drei von den Punkten eines Punktwurfes, etwa die Punkte a, b, c, fest und den vierten d beweglich, so daß dieser die ganze Punktreihe der Geraden $[ab]$ durchlaufen kann, so verfügt man am besten über die Massen der beiden ersten Punkte in der Weise, daß der dritte Punkt c der „Einheitspunkt" der Punktreihe, das heißt gerade die Summe von a und b wird, daß also

$$(24) \qquad c = a + b$$

wird. Durch diese Forderung sind die Massen der beiden „Grundpunkte" a und b bis auf einen willkürlich bleibenden Proportionalitätsfaktor vollkommen bestimmt. Der veränderliche Punkt d der Punktreihe läßt sich dann, da es nur auf seine Lage, nicht auf seine Masse ankommt, wieder in der Form

$$(25) \qquad d = a + \mathfrak{k}b$$

darstellen, unter $\mathfrak{k}$ eine Zahlgröße verstanden. Dieser Zahlfaktor $\mathfrak{k}$ möge der **Parameter** des Punktes d in bezug auf die drei Punkte a, b, c genannt werden. Er ist nämlich

erstens durch die Lage des Punktes d eindeutig bestimmt, sobald man über das Massenverhältnis der Grundpunkte a und b mit Rücksicht auf die Lage des Einheitspunktes c verfügt hat,

zweitens aber ist auch umgekehrt der Ort des Punktes d durch Angabe seines Parameters $\mathfrak{k}$ vollkommen festgelegt, sobald die Punkte a, b, c ihrer Lage nach gegeben sind.

Das Doppelverhältnis des Punktwurfes a, b, c, d drückt sich in sehr einfacher Weise durch den Parameter des Punktes d aus; denn aus der Gleichung (23) folgt, daß das Doppelverhältnis

$$(26) \qquad (abcd) = \frac{1}{\mathfrak{k}},$$

das heißt gleich dem reziproken Werte des Parameters von d ist.

Das Doppelverhältnis eines Stabwurfes. Eine Schar von vier Stäben A, B, C, D, deren Geraden durch einen und denselben Punkt gehen, und deren *Reihenfolge (Rangordnung)* in bestimmter Weise, und zwar unabhängig von ihrer Lage, festgesetzt ist, möge ein „**Stabwurf**" genannt werden. Jener Punkt heißt der **Träger** des Stabwurfes, die einzelnen Stäbe seine **Elemente** (vgl. Figur 37). Die beiden ersten Stäbe A und B und die beiden letzten Stäbe C und D eines Stabwurfes nennt man **zugeordnete Stäbe**.

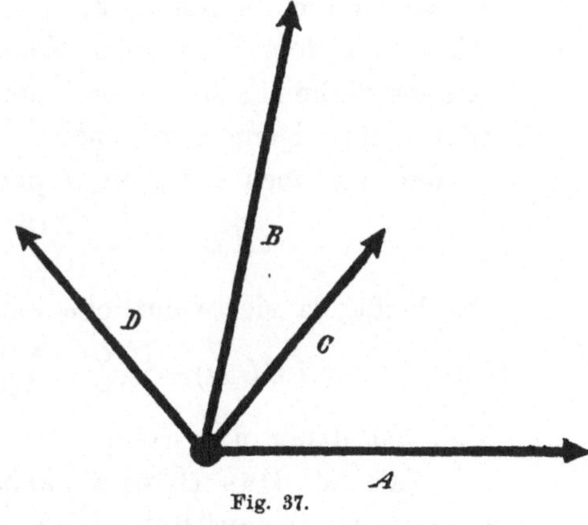

Fig. 37.

Die planimetrischen Produkte von je zwei Stäben eines Wurfes unterscheiden sich voneinander nur um einen Zahlfaktor; denn sie stellen (nach Gleichung (8) des dritten Abschnitts) sämtlich den mit einer gewissen Masse belasteten Schnittpunkt der vier Stäbe dar. Sie tragen also den Charakter von gleich benannten Zahlen. Der aus ihnen nach dem Schema von (1) gebildete Doppelbruch

$$(27) \qquad (ABCD) = \frac{[AC]}{[CB]} : \frac{[AD]}{[DB]}$$

ist daher wieder eine unbenannte Zahl und wird das **Doppelverhältnis des Stabwurfes** genannt.

Die Eigenschaften dieses Doppelverhältnisses entsprechen genau denen des Doppelverhältnisses eines Punktwurfes. In der Tat ändert sich der Wert des Doppelverhältnisses nicht

erstens, wenn man gleichzeitig die Stäbe eines jeden Paares zugeordneter Stäbe unter sich vertauscht,

zweitens, wenn man die beiden Paare zugeordneter Stäbe miteinander vertauscht, was mit Rücksicht auf Gleichung (18) des dritten Abschnitts ebenso wie bei einem Punktwurfe bewiesen werden kann. Man erhält also wieder die Gleichung

$$(28) \qquad (ABCD) = (BADC) = (CDAB) = (DCBA).$$

Außerdem aber läßt sich auch zeigen, daß das **Doppelverhältnis eines Stabwurfes von der Länge und dem Sinne seiner Stäbe unabhängig ist.** Denn bezeichnet man wieder mit A', B', ... Stäbe von der Länge 1, die den Geraden der Stäbe A, B, ... angehören, und deren Sinn noch beliebig gewählt werden darf, und setzt

$$A = \mathfrak{a} A', \quad B = \mathfrak{b} B', \ldots,$$

so stellen die Zahlen $\mathfrak{a}$, $\mathfrak{b}$, ... die Längen der Stäbe A, B, ... dar, versehen mit dem Plus- oder Minuszeichen, je nachdem der Sinn der „einfachen" Stäbe A', B', ... mit dem Sinne der Stäbe A, B, ... übereinstimmt oder nicht. Dann wird nach den Gleichungen (20) des dritten Abschnitts wieder wie oben bei dem Doppelverhältnis eines Punktwurfes

$$(ABCD) = \frac{[AC]}{[CB]} : \frac{[AD]}{[DB]} = \frac{\mathfrak{a}\,\mathfrak{c}\,[A'C']}{\mathfrak{c}\,\mathfrak{b}\,[C'B']} : \frac{\mathfrak{a}\,\mathfrak{b}\,[A'D']}{\mathfrak{b}\,\mathfrak{b}\,[D'B']},$$

das heißt, da sich sämtliche Zahlfaktoren wegheben,

$$(29) \qquad (ABCD) = \frac{[AC]}{[CB]} : \frac{[AD]}{[DB]} = \frac{[A'C']}{[C'B']} : \frac{[A'D']}{[D'B']} = (A'B'C'D').$$

Man hat daher den Satz:

Satz 33: Das Doppelverhältnis eines Stabwurfes verhält sich invariant gegenüber einer Änderung der Länge oder des Sinnes seiner Stäbe.

Es ist mithin auch erlaubt, statt von dem Doppelverhältnis der vier

Stäbe A, B, C, D *von dem Doppelverhältnis der vier Strahlen* A, B, C, D oder *von dem Doppelverhältnis des Strahlwurfs* A, B, C, D zu sprechen. Dabei soll unter „*Strahl*" eine *beiderseits unbegrenzte gerade Linie* verstanden werden.

Die Gleichung (29) ermöglicht nun aber auch eine *geometrische Deutung* des Doppelverhältnisses von vier Strahlen. Stellt man nämlich die einfachen Stäbe A', B', ... der Gleichung (29) als Produkte von je zwei *ein-*

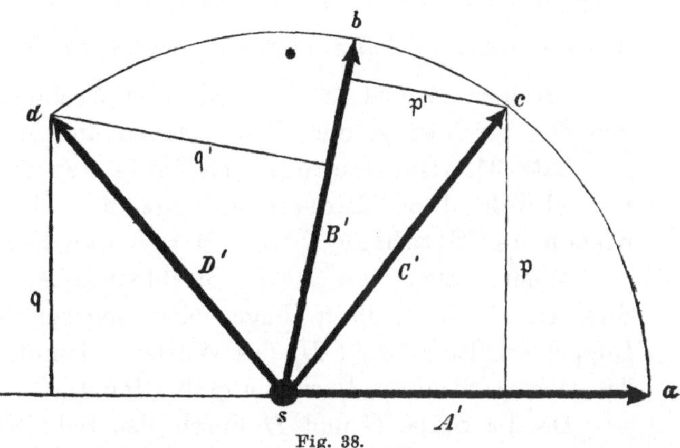

Fig. 38.

fachen Punkten dar, von denen der eine jedes Mal der Schnittpunkt s der vier Strahlen ist, setzt also $A' = [sa]$, $B' = [sb]$, ... (vgl. Figur 38), so liegen die Punkte a, b, ... auf einem mit dem Radius 1 um s geschlagenen Kreise, und die Gleichung (29) für das Doppelverhältnis des Strahlwurfes verwandelt sich in

$$(ABCD) = \frac{[sa \cdot sc]}{[sc \cdot sb]} : \frac{[sa \cdot sd]}{[sd \cdot sb]},$$

wofür man nach Gleichung (8) des dritten Abschnitts auch setzen kann

$$(ABCD) = \frac{[sac]s}{[scb]s} : \frac{[sad]s}{[sdb]s},$$

oder endlich

$$(ABCD) = \frac{[sac]}{[scb]} : \frac{[sad]}{[sdb]}.$$

Hier sind dann die Produkte $[sac]$, $[scb]$, $[sad]$, $[sdb]$ *die Flächenzahlen* der durch die drei Faktoren eines jeden Produktes bestimmten *Rhomben*; und da die Seiten dieser Rhomben die Länge 1 haben, so stimmen jene Flächenzahlen überein mit den *Längenzahlen der Rhombenhöhen*, vorausgesetzt daß man diesen Längenzahlen das Plus- oder Minuszeichen gibt, je nachdem der Sinn des zugehörigen Rhombus mit dem Sinne der Blatteinheit übereinstimmt oder nicht (vgl. Gleichung (1) des dritten Abschnitts).

Setzt man daher noch die in diesem Sinne bezeichneten Längenzahlen der Rhombenhöhen, das heißt der Abstände der Punkte c und d von den Stäben A, B gleich $\mathfrak{p}$, $\mathfrak{p}'$ und $\mathfrak{q}$, $\mathfrak{q}'$, so erhält man für das Doppelverhältnis des Strahlwurfes die Darstellung

(30) $$(ABCD) = \frac{\mathfrak{p}}{\mathfrak{p}'} : \frac{\mathfrak{q}}{\mathfrak{q}'}.$$

Und beachtet man endlich noch, daß für alle Punkte eines Strahles C, der durch den Schnittpunkt zweier anderen Strahlen A und B hindurchgeht, das Verhältnis der Abstände von den Strahlen A und B *denselben Wert* besitzt, so kann man das Abstandsverhältnis $\frac{\mathfrak{p}}{\mathfrak{p}'}$ des *Punktes c* von den Strahlen A und B auch als das Abstandsverhältnis des *Strahles C* von den Strahlen A und B bezeichnen und erhält somit den Satz:

Satz 34: Das Doppelverhältnis des Strahlwurfes A, B, C, D ist gleich dem Quotienten aus den beiden Abstandsverhältnissen der Strahlen C und D von den Strahlen A und B.

Wenn daher von einem Strahlwurfe A, B, C, D die drei ersten Strahlen A, B, C ihrer Lage nach gegeben sind, außerdem aber das Doppelverhältnis $(ABCD)$ des Wurfes bekannt ist, so ist damit die Lage des vierten Strahles D eindeutig bestimmt.

Da die Stäbe C und D durch den Schnittpunkt von A und B hindurchgehen, so lassen sie sich als Vielfachensummen von A und B darstellen, und da es nicht sowohl auf die Länge und den Sinn der Stäbe C und D, als auf ihre Lage ankommt, sogar durch Gleichungen von der besonderen Form

$$(31) \qquad\qquad C = A + \mathfrak{g}B, \quad D = A + \mathfrak{h}B,$$

in denen $\mathfrak{g}$ und $\mathfrak{h}$ Zahlgrößen sind. Das Doppelverhältnis des Strahlwurfes A, B, C, D läßt sich dann genau wie oben das Doppelverhältnis des Punktwurfes durch diese beiden Zahlgrößen ausdrücken; denn es wird

$$(32) \qquad \frac{[AC]}{[CB]} : \frac{[AD]}{[DB]} = \frac{\mathfrak{g}[AB]}{[AB]} : \frac{\mathfrak{h}[AB]}{[AB]} = \frac{\mathfrak{g}}{\mathfrak{h}}.$$

Der Strahlwurf heißt wieder harmonisch, wenn sein Doppelverhältnis den Wert -1 hat, wenn somit $\mathfrak{h} = -\mathfrak{g}$ ist. Die Ausdrücke für die vier Stäbe eines harmonischen Strahlwurfes besitzen also die Form

$$A, \ B, \ A + \mathfrak{g}B, \ A - \mathfrak{g}B,$$

und es gilt für einen harmonischen Strahlwurf dann wieder der Satz (vgl. Satz 32):

Satz 35: Ein harmonischer Strahlwurf bleibt harmonisch, wenn man zwei zugeordnete Strahlen miteinander vertauscht; wenn also

$$(ABCD) = -1$$

ist, so ist nicht nur wie bei jedem Strahlwurfe A, B, C, D das Doppelverhältnis

$$(ABCD) = (BADC) = (CDAB) = (DCBA),$$

sondern dieses Doppelverhältnis ist außerdem noch

$$= (BACD) = (ABDC) = (DCAB) = (CDBA).$$

Man denke sich jetzt wieder drei von den Strahlen eines Strahlwurfes, etwa die Strahlen A, B, C, fest, während man den vierten Strahl D beweglich läßt, so daß er das ganze Strahlbüschel mit dem Scheitel $[AB]$ durchlaufen kann. Dann kann man über die Längen der beiden ersten Stäbe in der Weise verfügen, daß der dritte Stab C der „Einheitsstab" des Strahlbüschels, das heißt gerade die Summe der „Grundstäbe" A und B wird, daß also

$$(33) \qquad C = A + B$$

wird (vgl. Figur 39). Der veränderliche Stab D ferner läßt sich, da es auf seine Länge und seinen Sinn nicht ankommt, wieder in der Form

$$(34) \qquad D = A + \mathfrak{k}B$$

darstellen. Hier ist die Zahlgröße $\mathfrak{k}$ dem Strahle D eindeutig zugeordnet, sobald die Strahlen A, B, C ihrer Lage nach gegeben sind, und möge daher der Parameter des Strahles D in bezug auf die drei Strahlen A, B, C heißen.

Das Doppelverhältnis des Strahlwurfes A, B, C, D wird wieder (nach (32))

$$(35) \qquad (ABCD) = \frac{1}{\mathfrak{k}},$$

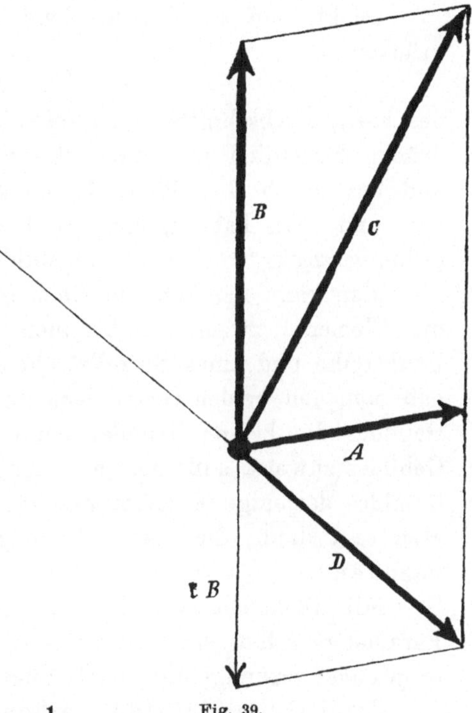

Fig. 39.

das heißt gleich dem reziproken Werte des Parameters von D.[1]

Abschnitt 6.

Projektive Punktreihen und Strahlbüschel.

Die Grundgebilde der projektiven Geometrie und ihre Zuordnung. Der Fundamentalsatz. Man nennt die Gesamtheit *aller* Punkte einer Geraden eine Punktreihe, jene Gerade den Träger der Punktreihe, die einzelnen

---

1) Es ist wohl zu beachten, daß in der obigen Darstellung der Doppelverhältnisse eines Punkt- und Strahlwurfes die Dualität zwischen den Punkten und Geraden der Ebene durchaus gewahrt ist. In der Tat läßt sich der Ausdruck (27) für das Doppelverhältnis eines Strahlwurfes aus dem Ausdrucke (1) für das Doppelverhältnis

Punkte der Punktreihe ihre **Elemente**. Ebenso heißt die Gesamtheit *aller* Strahlen, die durch einen Punkt gehen, ein **Strahlbüschel**, dieser Punkt der **Träger** des Strahlbüschels, die einzelnen Strahlen des Strahlbüschels seine **Elemente**. Die Punktreihe und das Strahlbüschel werden auch wohl mit gemeinschaftlichem Namen als die **Grundgebilde** der projektiven Geometrie der Ebene bezeichnet.

Denkt man sich in den beiden sich dualistisch entsprechenden Ausdrücken

$$a + \mathfrak{k}b \quad \text{und} \quad A + \mathfrak{k}B$$

des vorigen Abschnitts den Parameter $\mathfrak{k}$ veränderlich, so stellen diese Ausdrücke beziehlich die durch die Punkte a und b bestimmte Punktreihe und das durch die Stäbe A und B bestimmte Strahlbüschel analytisch dar, und man hat zugleich in dem Parameter $\mathfrak{k}$ ein Mittel für die Zuordnung *zweier* solcher Grundgebilde gewonnen.

Man kann nämlich die Elemente zweier Grundgebilde, das heißt also die Elemente zweier Punktreihen oder zweier Strahlbüschel oder einer Punktreihe und eines Strahlbüschels, in solcher Weise einander zuordnen, daß man den beiden Grundelementen und dem Einheitselemente des einen Gebildes die beiden Grundelemente und das Einheitselement des anderen Gebildes zuweist, außerdem aber einem jeden beliebigen Elemente des einen Gebildes dasjenige Element des anderen, das denselben Parameter besitzt. Man sagt dann, die beiden Grundgebilde seien **projektiv aufeinander bezogen**.

Mit Rücksicht auf die oben gefundene geometrische Bedeutung des Parameters $\mathfrak{k}$ läßt sich dann die zunächst rein *formell* gegebene Erklärung projektiver Grundgebilde auch folgendermaßen *geometrisch* formulieren:

Zwei Grundgebilde heißen projektiv aufeinander bezogen, wenn in jedem von ihnen die beiden Grundelemente mit dem Einheitselemente und einem beliebigen Elemente einen Wurf *von demselben Doppelverhältnis* bilden wie die entsprechenden Elemente in dem anderen Grundgebilde.

Es ist aber von besonderer Wichtigkeit, daß die Invarianz des Doppelverhältnisses bei der „projektiven Abbildung" eines Grundgebildes auch ganz allgemein für zwei beliebige entsprechende Würfe der beiden Grundgebilde gilt.

---

eines Punktwurfes einfach dadurch ableiten, daß man in dem letzteren Ausdruck die vier Punkte des Punktwurfes durch die vier Stäbe eines Strahlwurfes ersetzt, oder was bei unserer Wahl der Bezeichnung auf dasselbe hinauskommt, die kleinen lateinischen Buchstaben mit großen vertauscht. Bei der sonst üblichen Behandlung des Gegenstandes dagegen ist die vollkommene Dualität durch das Auftreten der Sinusfunktionen in dem Ausdruck für das Doppelverhältnis eines Strahlwurfes doch etwas gestört.

Um dies zu zeigen, bestimme man zunächst das Doppelverhältnis von vier beliebigen Punkten d_i, $i = 1,\ 2,\ 3,\ 4$ einer Punktreihe und drücke dazu diese vier Punkte mittelst je eines Parameters $\mathfrak{k}_i$ durch die beiden Grundpunkte a und b der Punktreihe aus, setze also

$$(1) \qquad d_i = a + \mathfrak{k}_i b, \quad i = 1,\ 2,\ 3,\ 4.$$

Dann wird das Doppelverhältnis des Punktwurfes d_1, d_2, d_3, d_4

$$(d_1 d_2 d_3 d_4) = \frac{[d_1 d_3]}{[d_3 d_2]} : \frac{[d_1 d_4]}{[d_4 d_2]} = \frac{[(a + \mathfrak{k}_1 b)(a + \mathfrak{k}_3 b)]}{[(a + \mathfrak{k}_3 b)(a + \mathfrak{k}_2 b)]} : \frac{[(a + \mathfrak{k}_1 b)(a + \mathfrak{k}_4 b)]}{[(a + \mathfrak{k}_4 b)(a + \mathfrak{k}_2 b)]},$$

oder da wegen (6) und (8) des zweiten Abschnitts das Produkt

ist, $\qquad\qquad [(a + \mathfrak{k}_i b)(a + \mathfrak{k}_j b)] = (\mathfrak{k}_j - \mathfrak{k}_i)[ab]$

$$(2) \qquad (d_1 d_2 d_3 d_4) = \frac{\mathfrak{k}_3 - \mathfrak{k}_1}{\mathfrak{k}_2 - \mathfrak{k}_3} : \frac{\mathfrak{k}_4 - \mathfrak{k}_1}{\mathfrak{k}_2 - \mathfrak{k}_4};$$

und entsprechend findet man für das Doppelverhältnis von vier Strahlen

$$(3) \qquad D_i = A + \mathfrak{k}_i B, \quad i = 1,\ 2,\ 3,\ 4,$$

eines Strahlbüschels, das heißt für das Doppelverhältnis des Strahlwurfes D_1, D_2, D_3, D_4, genau denselben Wert:

$$(4) \qquad (D_1 D_2 D_3 D_4) = \frac{\mathfrak{k}_3 - \mathfrak{k}_1}{\mathfrak{k}_2 - \mathfrak{k}_3} : \frac{\mathfrak{k}_4 - \mathfrak{k}_1}{\mathfrak{k}_2 - \mathfrak{k}_4}.$$

Es ist also sowohl für einen Punktwurf wie für einen Strahlwurf und somit ganz allgemein für einen jeden Wurf eines Grundgebildes das Doppelverhältnis des Wurfes eine bloße Funktion der vier Parameter seiner Elemente; dagegen ist es unabhängig von der Lage und dem „Maßwerte" (der Masse oder der Länge) der Grundelemente des Grundgebildes.

Sind daher zwei Grundgebilde durch Zuordnung der Elemente von gleichem Parameter projektiv aufeinander bezogen, so ist das Doppelverhältnis irgend zweier entsprechenden Würfe der beiden Grundgebilde gleich groß, und man hat den Satz:

Satz 36: In zwei projektiven Grundgebilden ist das Doppelverhältnis für je zwei entsprechende Würfe beider Grundgebilde gleich groß.

Um die projektive Zuordnung zweier Grundgebilde festzulegen, *kann man drei der Lage nach beliebig gewählten, aber getrennt liegenden Elementen des einen Gebildes drei ebenfalls der Lage nach beliebig gewählte, getrennt liegende Elemente des andern zuweisen.* Dadurch ist dann aber zu jedem vierten Elemente des ersten Gebildes das entsprechende Element des anderen eindeutig bestimmt. Denn man braucht nur in den beiden Grundgebilden die Massen oder die Längen und den Sinn der beiden ersten Elemente so zu wählen, daß das dritte Element das Einheitselement des

Gebildes wird, so ist die gewünschte Zuordnung geleistet, und diese Zuordnung ist auch eindeutig.

Insbesondere folgt hieraus der Satz:

Satz 37: Fundamentalsatz der projektiven Geometrie: Haben zwei projektive Grundgebilde „auf dem nämlichen Träger", das heißt zwei projektive Punktreihen derselben Geraden oder zwei projektive Strahlbüschel mit demselben Scheitel, *drei Elemente entsprechend gemein*, so decken sie sich vollständig, das heißt, sie haben *je zwei* entsprechende Elemente miteinander gemein.

Perspektive Grundgebilde. Der Ausdruck „projektive Zuordnung" erklärt sich durch die folgenden neun Sätze (vgl. Satz 38 bis 46):

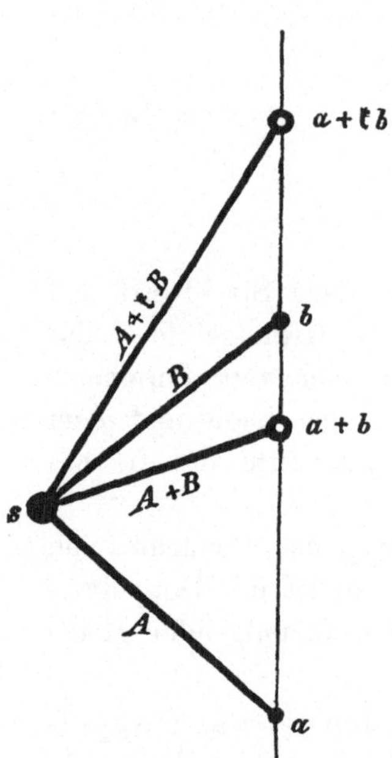

Fig. 40.

Satz 38: Projiziert man eine Punktreihe von einem außerhalb ihrer Geraden gelegenen Punkt s aus, so erhält man ein zu der Punktreihe projektives Strahlbüschel.

In der Tat, bezeichnet man die Grundpunkte der Punktreihe mit a und b und ihre „Scheine" $[sa]$ und $[sb]$ mit A und B, setzt also $[sa]=A$ und $[sb]=B$ (vgl. Fig. 40), so wird der Schein des Einheitspunktes $a+b$ der Punktreihe gleich

$$[s(a+b)] = [sa] + [sb] = A + B,$$

das heißt, auch der Schein des Einheitspunktes $a+b$ der Punktreihe a, b stellt sich gerade als Summe der aus den Grundpunkten a und b durch die Projektion hervorgehenden Grundstäbe A und B dar. Ebenso wird der Schein des veränderlichen Punktes $a + \mathfrak{k}b$ gleich

$$[s(a + \mathfrak{k}b)] = [sa] + \mathfrak{k}[sb] = A + \mathfrak{k}B,$$

sein Parameter wird also gleich dem Parameter des projizierten Punktes $a + \mathfrak{k}b$, und es ist daher wirklich das Strahlbüschel A, B der mit ihm „perspektiven" Punktreihe a, b in dem oben angegebenen Sinne projektiv zugeordnet.

Ebenso gilt auch der dualistisch entsprechende Satz:

Satz 39: Schneidet man ein Strahlbüschel mit einer nicht durch seinen Scheitel gehenden Geraden G, so erhält man auf der Geraden eine zu dem Strahlbüschel projektive Punktreihe.

Denn bezeichnet man die Grundstäbe des Büschels mit A und B und setzt die Schnittpunkte der Geraden G mit diesen Stäben gleich a und b, oder bestimmter ausgedrückt, bezeichnet man die Produkte $[GA]$ und $[GB]$ mit a und b, setzt also $[GA] = a$ und $[GB] = b$ (vgl. Figur 41), so wird der Schnittpunkt der Geraden G mit dem Einheitsstabe $A + B$ gleich

$$[G(A + B)] = [GA] + [GB] = a + b$$

und der Schnittpunkt mit dem veränderlichen Stabe $A + \mathfrak{k}B$ gleich

$$[G(A + \mathfrak{k}B)] = [GA] + \mathfrak{k}[GB] = a + \mathfrak{k}b.$$

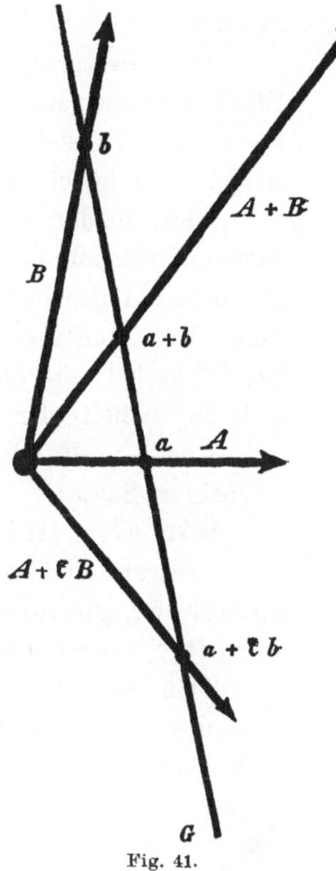

Fig. 41.

Diese beiden Gleichungen aber besagen, daß die Punktreihe a, b zu dem mit ihr „perspektiven" Strahlbüschel A, B projektiv ist.

Unmittelbar aus dem Begriff projektiver Grundgebilde folgt ferner der Satz:

Satz 40: Sind zwei Grundgebilde einem dritten projektiv, so sind sie auch untereinander projektiv.

Und hieraus wieder mit Rücksicht auf die Sätze 38 und 39:

Satz 41: Zwei „perspektive" Punktreihen, das heißt zwei Punktreihen, welche Schnitte eines und desselben Strahlbüschels sind, sind projektiv. Und

Satz 42: Zwei „perspektive" Strahlbüschel, das heißt zwei Strahlbüschel, welche Scheine einer und derselben Punktreihe sind, sind projektiv.

Bei mehrmaliger Anwendung des Satzes 40 folgen ferner aus den Sätzen 38 und 39 die weiteren Sätze:

Satz 43: Zwei Punktreihen, welche die Schnitte zweier projektiven Strahlbüschel sind, sind selbst projektiv. Und

Satz 44: Zwei Strahlbüschel, welche die Scheine zweier projektiven Punktreihen sind, sind selbst projektiv.

Ferner der allgemeine Satz:

Satz 45: Zwei Grundgebilde, die auseinander durch wiederholte Anwendung der „Perspektive" entstehen, sind projektiv.

Zu den beiden Sätzen 38 und 39 bildet der folgende Satz eine Umkehrung:

Satz 46: Ist ein Strahlbüschel projektiv auf eine Punktreihe bezogen, und gehen drei Strahlen des Strahlbüschels durch die entsprechenden Punkte der Punktreihe hindurch, so ist das Strahlbüschel ein Schein der Punktreihe, oder anders ausgedrückt, so liegen die beiden Grundgebilde zueinander perspektiv.

Zum Beweise projiziere man die Punktreihe von dem Scheitel des Strahlbüschels aus durch ein Hülfsstrahlbüschel, so ist dieses neu entstehende Hülfsstrahlbüschel nach Satz 38 zu der gegebenen Punktreihe projektiv, folglich nach Satz 40 auch zu dem gegebenen Strahlbüschel.

Diese beiden Strahlbüschel haben nun aber drei Strahlen entsprechend gemein, nämlich die drei Strahlen, welche nach der Voraussetzung durch die drei entsprechenden Punkte der Punktreihe gehen; folglich fällt nach dem Fundamentalsatze der projektiven Geometrie (Satz 37) das gegebene Strahlbüschel mit dem Hülfsstrahlbüschel zusammen und ist daher wirklich der Schein der Punktreihe.

Aus dem Fundamentalsatze (Satz 37) folgert man weiter die beiden wichtigen Sätze:

Satz 47: Haben zwei projektive Punktreihen auf verschiedenen Trägern den Schnittpunkt ihrer Geraden entsprechend gemein, so liegen sie perspektiv, das heißt, sie sind Schnitte eines und desselben Strahlbüschels.

Satz 48: Haben zwei projektive Strahlbüschel mit verschiedenen Trägern (Scheiteln) die Verbindungslinie ihrer Scheitel entsprechend gemein, so liegen sie perspektiv, das heißt, sie sind Scheine einer und derselben Punktreihe.

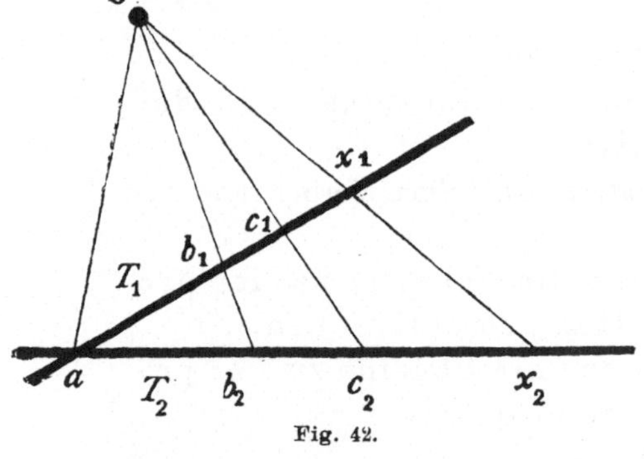

Fig. 42.

Zum Beweise von Satz 47 bezeichne man den sich selbst entsprechenden Schnittpunkt der Träger T_1 und T_2 der beiden Punktreihen mit a (vgl. Figur 42), verbinde ferner irgend zwei weitere Paare zugeordneter Punkte b_1 und b_2, c_1 und c_2 miteinander und bezeichne den Schnittpunkt der Verbindungslinien mit s. Projiziert man dann von dem Punkt s aus die beiden projektiven Punktreihen durch zwei Strahlbüschel, so sind diese beiden Strahlbüschel als Scheine zweier projektiven Punktreihen zueinander projektiv (vgl. Satz 44). Sie haben aber überdies die drei Paare entsprechender Strahlen $[sa]$ und $[sa]$, $[sb_1]$ und $[sb_2]$, $[sc_1]$ und $[sc_2]$ miteinander gemein und fallen daher nach dem Fundamentalsatze (Satz 37) in ein einziges Strahlbüschel zusammen. Die beiden Punktreihen sind somit wirklich Schnitte eines und desselben Strahlbüschels. Man erhält also zu einem beliebigen vierten Punkt x_1 der ersten Punktreihe den entsprechenden Punkt x_2 der zweiten Punktreihe, indem man den Punkt x_1 mit dem „Perspektivitätszentrum" s verbindet und die Verbindungslinie mit der Geraden T_2 zum Schnitt bringt. Dann ist der Schnittpunkt der gesuchte Punkt x_2.

Zum Beweise des Satzes 48 andererseits bezeichne man die sich selbst entsprechende Verbindungslinie der Träger (Scheitel) t_1 und t_2 der beiden Strahlbüschel mit A (vgl. Figur 43), konstruiere ferner die Schnittpunkte zweier weiteren Paare zugeordneter Strahlen B_1 und B_2, C_1 und C_2 und verbinde sie miteinander durch eine Gerade G. Schneidet man dann die beiden projektiven Strahlbüschel durch die Gerade G, so erhält man auf ihr zwei Punktreihen, die als Schnitte zweier

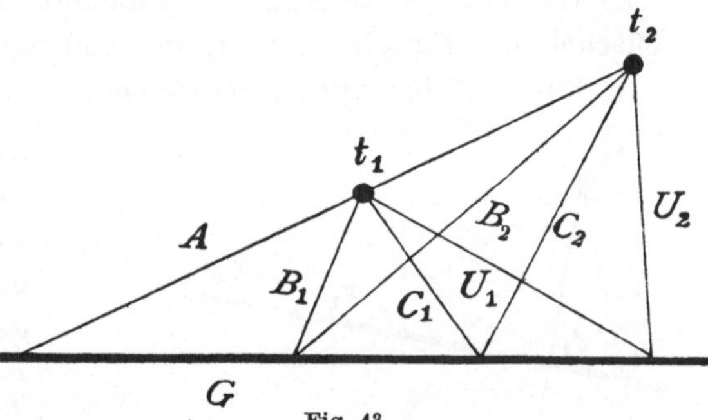

Fig. 43.

projektiven Strahlbüschel zueinander projektiv sind (vgl. Satz 43). Diese Punktreihen haben aber überdies die drei Paare entsprechender Punkte $[GA]$ und $[GA]$, $[GB_1]$ und (GB_2), $[GC_1]$ und $[GC_2]$ miteinander gemein und fallen daher nach dem Fundamentalsatze (Satz 37) in eine einzige Punktreihe zusammen. Die beiden Strahlbüschel sind somit wirklich Scheine einer und derselben Punktreihe. Insbesondere erhält man zu einem beliebigen vierten Strahle U_1 des ersten Strahlbüschels den entsprechenden Strahl U_2 des zweiten Strahlbüschels, indem man den Strahl U_1 mit der „Perspektivitätsachse" G zum Schnitt bringt und den Schnittpunkt mit t_2 verbindet. Dann ist die Verbindungslinie der gesuchte Strahl U_2.

Herstellung der projektiven Beziehung zweier Grundgebilde durch mehrfache Anwendung der Perspektive. Endlich aber gilt auch die Umkehrung des Satzes 45, nämlich der Satz:

Satz 49: Je zwei beliebig gelegene projektive Grundgebilde lassen sich durch wiederholte Anwendung der Perspektive aufeinander beziehen.

Beweis: Wie oben (vgl. Seite 61 f.) gezeigt ist, läßt sich die projektive Beziehung zweier Grundgebilde stets eindeutig dadurch festlegen, daß man drei beliebig gewählten, getrennten Elementen des einen Gebildes drei beliebig gewählte, getrennte Elemente des anderen zuweist. Andererseits wird nach Satz 45 durch jede Folge von perspektiven Abbildungen eine projektive Abbildung vermittelt. Gelingt daher die Lösung der Aufgabe, durch mehrfache Anwendung der Perspektive eine Beziehung zwischen den beiden Grundgebilden herzustellen, vermöge deren die drei gegebenen Elemente des ersten Grundgebildes auf die drei gegebenen Elemente des zweiten abgebildet werden, so ist die gewünschte projektive Zuordnung der beiden Grundgebilde durch eine Folge perspektiver Abbildungen geleistet.

Wir lösen diese Aufgabe gesondert für zwei Punktreihen, zwei Strahlbüschel und für eine Punktreihe und ein Strahlbüschel.

Zunächst für zwei Punktreihen:

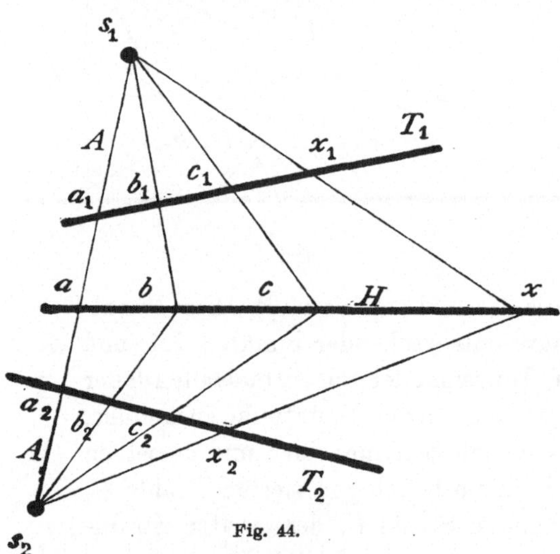

Fig. 44.

Sind a_1, b_1, c_1 die drei getrennt liegenden Punkte der ersten Punktreihe (mit dem Träger T_1), welche durch die projektive Abbildung in die drei getrennt liegenden Punkte a_2, b_2, c_2 einer zweiten Punktreihe (mit dem Träger T_2) übergeführt werden sollen, so nehme man auf der Verbindungsgeraden $A = [a_1 a_2]$ eines Paares a_1, a_2 zweier zugeordneten Punkte der beiden einander entsprechenden Punkttripel[1]) zwei beziehlich von a_1 und a_2 verschiedene und überdies nicht zusammenfallende, im übrigen aber beliebige Punkte s_1 und s_2 an (vgl. Figur 44) und konstruiere die beiden Punkte

$$b = [s_1 b_1 \cdot s_2 b_2] \quad \text{und} \quad c = [s_1 c_1 \cdot s_2 c_2],$$

verbinde ferner die Punkte b und c durch die Hülfsgerade $H = [bc]$. Wegen der räumlichen Verschiedenheit der Punkte a_1, b_1 und c_1, a_2, b_2 und c_2 kann dabei diese Gerade H weder durch den Punkt s_1 noch durch den Punkt s_2 hindurchgehen. Bringt man dann noch die Hülfsgerade H zum Schnitt mit der Geraden $A = [a_1 a_2]$ im Punkt a, so sind sowohl die Punkte a_1, b_1, c_1 wie die Punkte a_2, b_2, c_2 perspektiv auf die Punkte a, b, c abgebildet.

---

1) Von den Punkten dieses Paares möge nur vorausgesetzt werden, daß nicht gerade einer von ihnen mit dem Schnittpunkt $[T_1 T_2]$ der Träger beider Punktreihen zusammenfällt, wodurch wir den Fall ausschließen, daß der Strahl A mit einer dieser beiden Geraden T_1 und T_2 identisch sei.

Bezieht man daher die ganze Punktreihe $a_1 b_1 c_1 \ldots$ vermittelst der Punktreihe $abc \ldots$ perspektiv auf die Punktreihe $a_2 b_2 c_2 \ldots$, so ist damit wirklich, wie oben gefordert wurde, die projektive Beziehung der beiden Punktreihen $a_1 b_1 c_1 \ldots$ und $a_2 b_2 c_2 \ldots$ durch eine Folge perspektiver Abbildungen dargestellt. Insbesondere kann man zu jedem beliebigen Punkt x_1 der Punktreihe $a_1 b_1 c_1 \ldots$ den entsprechenden Punkt x_2 der Punktreihe $a_2 b_2 c_2 \ldots$ konstruieren, indem man zuerst zu dem Punkt x_1 der ersten Punktreihe durch perspektive Abbildung von s_1 aus den entsprechenden Punkt x der Hülfspunktreihe $abc \ldots$ bestimmt und dann zu diesem durch perspektive Abbildung von s_2 aus den zugeordneten Punkt x_2 der zweiten Punktreihe.

Zweitens für zwei Strahlbüschel:

Sind A_1, B_1, C_1 die drei räumlich verschiedenen Strahlen des ersten Strahlbüschels (mit dem Scheitel s_1), welche durch die projektive Ab-
bildung in die drei räumlich verschiedenen Strahlen A_2, B_2, C_2 des zweiten Strahlbüschels (mit dem Scheitel s_2) übergeführt werden sollen, so lege man durch den Schnittpunkt $a = [A_1 A_2]$ eines Paares A_1 und A_2 zweier zugeordneten Strahlen der beiden einander entsprechenden Strahltripel[1]) zwei beziehlich von A_1 und A_2 verschiedene und überdies nicht zusammenfallende, im übrigen aber beliebige gerade Linien G_1 und G_2 hindurch (vgl. Figur 45) und konstruiere die beiden Geraden

$$B = [G_1 B_1 \cdot G_2 B_2] \quad \text{und}$$
$$C = [G_1 C_1 \cdot G_2 C_2];$$

beide mögen sich in dem Hülfspunkt $h = [BC]$ schneiden. Wegen der

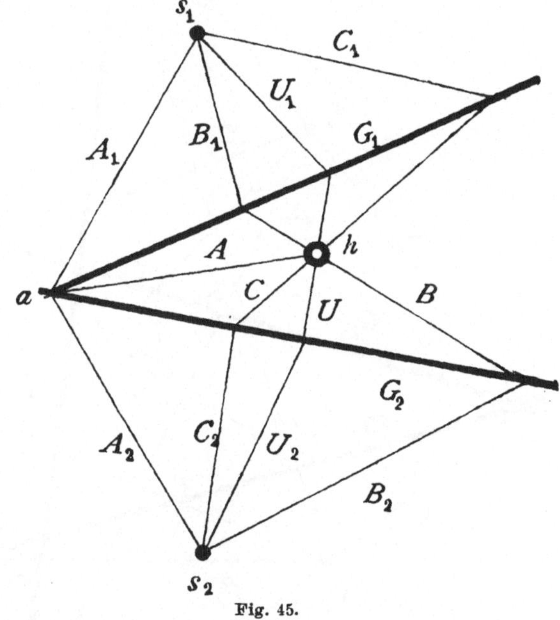

Fig. 45.

räumlichen Verschiedenheit der Strahlen A_1, B_1 und C_1, A_2, B_2 und C_2 kann dabei dieser Punkt h weder der Geraden G_1 noch der Geraden G_2 angehören.

---

1) Von den Strahlen dieses Paares möge nur vorausgesetzt werden, daß nicht gerade einer von ihnen mit der Verbindungslinie $[s_1 s_2]$ der Scheitel beider Strahlbüschel zusammenfällt, wodurch wir den Fall ausschließen, daß der Punkt a mit einem dieser beiden Scheitel s_1 und s_2 identisch sei.

5*

Verbindet man dann noch den Punkt a mit dem Hülfspunkt h durch die Gerade A, so sind sowohl die Strahlen A_1, B_1, C_1 wie die Strahlen A_2, B_2, C_2 perspektiv auf die Strahlen A, B, C abgebildet.

Bezieht man daher das ganze Strahlbüschel $A_1 B_1 C_1 \ldots$ vermittelst des Strahlbüschels $ABC \ldots$ perspektiv auf das Strahlbüschel $A_2 B_2 C_2 \ldots$, so ist damit wirklich, wie oben gefordert wurde, die projektive Beziehung der Strahlbüschel $A_1 B_1 C_1 \ldots$ und $A_2 B_2 C_2 \ldots$ durch eine Folge perspektiver Abbildungen dargestellt. Insbesondere kann man zu jedem beliebigen Strahle U_1 des Strahlbüschels $A_1 B_1 C_1 \ldots$ den entsprechenden Strahl U_2 des Strahlbüschels $A_2 B_2 C_2 \ldots$ konstruieren, indem man zuerst zu dem Strahle U_1 des ersten Strahlbüschels vermittelst der Perspektivitätsachse G_1 den entsprechenden Strahl U in dem Hülfsstrahlbüschel $ABC \ldots$ bestimmt und zu diesem vermittelst der Perspektivitätsachse G_2 den zugeordneten Strahl U_2 des zweiten Strahlbüschels.

Der *dritte* Fall, nämlich der Fall der projektiven Beziehung einer Punktreihe und eines Strahlbüschels, läßt sich leicht auf einen der beiden eben behandelten Fälle zurückführen.

Die in den Figuren 44 und 45 gegebenen Konstruktionen versagen nur dann, wenn die beiden projektiven Punktreihen derselben Geraden angehören, oder die beiden projektiven Strahlbüschel konzentrisch sind. Doch kann man sich in diesen Fällen leicht dadurch helfen, daß man zunächst die beiden Punktreihen perspektiv auf zwei nicht konzentrische Strahlbüschel bezieht oder im anderen Falle die beiden konzentrischen Strahlbüschel perspektiv auf zwei

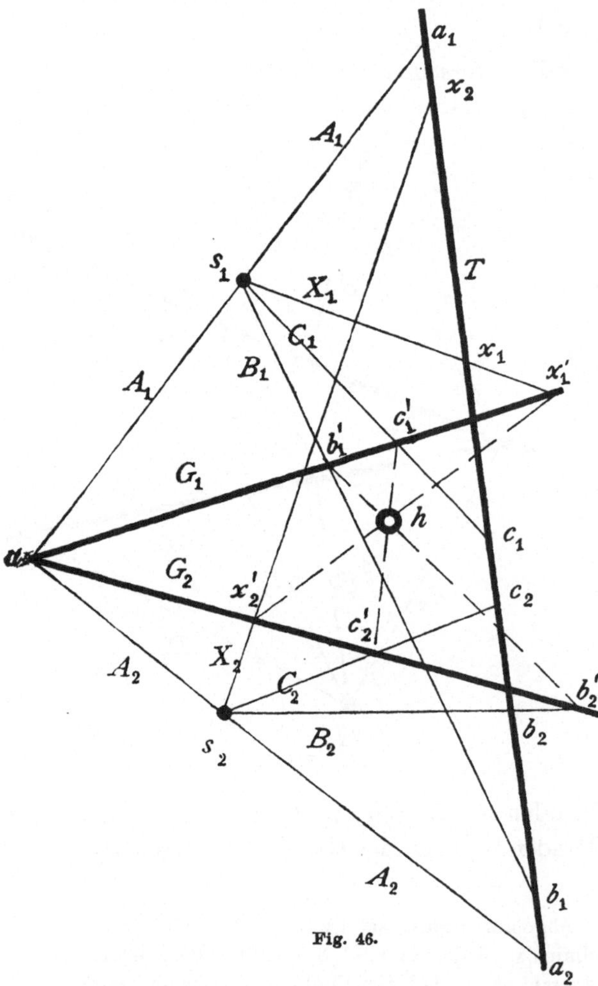

Fig. 46.

Punktreihen abbildet, die nicht derselben Geraden angehören, und sodann die projektive Beziehung zwischen jenen beiden nicht konzentrischen Strahlbüscheln und diesen beiden Punktreihen nach dem in Figur 44 und 45 benutzten Verfahren herstellt.

Liegen zum Beispiel die beiden Punktreihen, deren Projektivität durch die Tripel $a_1 b_1 c_1$ und $a_2 b_2 c_2$ entsprechender Punkte festgelegt werden soll, auf der nämlichen Geraden (dem gemeinschaftlichen Träger) T (vgl. Figur 46), so projiziere man die drei Punkte a_1, b_1, c_1 von einem nicht der Geraden T angehörenden, aber sonst beliebigen Punkt s_1 aus durch die Strahlen A_1, B_1, C_1, und die Punkte a_2, b_2, c_2 von einem ebenfalls nicht auf T liegenden und überdies von s_1 verschiedenen Punkt s_2 aus durch die Strahlen A_2, B_2, C_2, bringe die beiden Strahlen A_1 und A_2 zum Schnitt im Punkt a und ziehe durch a die Geraden G_1 und G_2, welche die Strahlen B_1, C_1 und B_2, C_2 in den Punkten b_1', c_1' und b_2', c_2' treffen mögen; verbinde b_1' mit b_2' und c_1' mit c_2', der Schnittpunkt ihrer Verbindungslinien heiße h.

Ist jetzt x_1 ein beliebiger Punkt der ersten Punktreihe, und soll zu ihm der entsprechende Punkt x_2 konstruiert werden, so verbinde man x_1 mit s_1 durch den Strahl X_1, schneide ihn durch die Gerade G_1 in x_1', verbinde x_1' mit h und schneide die Verbindungslinie mit der Geraden G_2 in x_2', verbinde endlich s_2 mit x_2' durch den Strahl X_2, so schneidet dieser den Träger T der beiden Punktreihen in dem gesuchten Punkt x_2.

Abschnitt 7.

Die Kurven zweiter Ordnung und zweiter Klasse als Erzeugnisse projektiver Strahlbüschel und Punktreihen.

Die projektive Beziehung zweier Grundgebilde gewinnt ein besonderes Interesse, wenn man die „Erzeugnisse zweier gleichartigen projektiven Grundgebilde" ins Auge faßt, wenn man also *erstens* „das Erzeugnis zweier projektiven Strahlbüschel" betrachtet, das soll heißen den geometrischen Ort der gemeinsamen Punkte je zweier entsprechenden Strahlen dieser projektiven Strahlbüschel, und *zweitens* „das Erzeugnis zweier projektiven Punktreihen", das heißt das Umhüllungsgebilde der Verbindungslinien je zweier entsprechenden Punkte dieser projektiven Punktreihen.

Das Erzeugnis zweier projektiven Strahlbüschel. Legt man die projektive Beziehung zweier projektiven Strahlbüschel dadurch fest, daß man drei beliebigen Strahlen des ersten Büschels, welche die Stäbe A, B, C enthalten, drei beliebige Strahlen des anderen Büschels mit den Stäben

D, E, F zuweist, und bestimmt die Länge und den Sinn der Stäbe A und B, D und E in der Weise, daß

$$(1) \qquad C = A + B \quad \text{und} \quad F = D + E$$

wird, so sind die beiden Strahlbüschel projektiv aufeinander bezogen, wenn man allgemein für jeden Wert der reellen Zahlgröße $\mathfrak{k}$ dem Strahle $A + \mathfrak{k}B$ des ersten Strahlbüschels den Strahl $D + \mathfrak{k}E$ des zweiten Strahlbüschels zuweist.

Dabei setzen wir nur voraus, daß nicht gerade alle drei Strahlen des Strahltripels A, B, C mit den entsprechenden Strahlen des Strahltripels D, E, F zusammenfallen, weil sonst nach dem Fundamentalsatze (Satz 37) überhaupt je zwei entsprechende Strahlen der beiden projektiven Strahlbüschel in *eine* Gerade zusammenfallen würden, das Erzeugnis der beiden projektiven Strahlbüschel also durch sämtliche Punkte der Ebene gebildet werden würde, was wir ausschließen wollen.[1]

Die Gleichungen zweier entsprechenden Strahlen der beiden projektiven Strahlbüschel lauten:

$$[x(A + \mathfrak{k}B)] = 0 \quad \text{und} \quad [x(D + \mathfrak{k}E)] = 0 \quad \text{oder}$$
$$(2) \qquad [xA] + \mathfrak{k}[xB] = 0 \quad \text{und} \quad [xD] + \mathfrak{k}[xE] = 0;$$

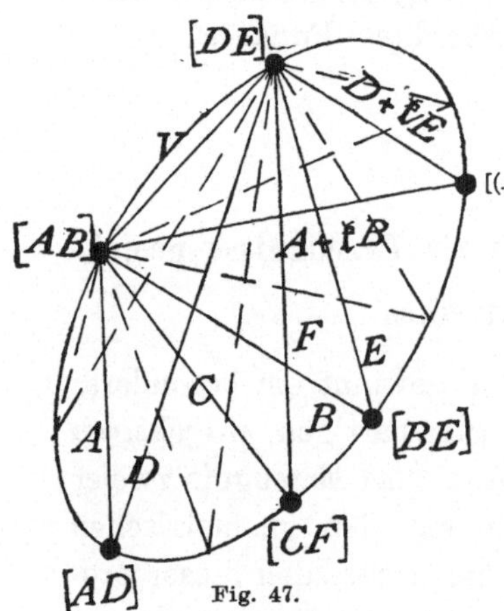

Fig. 47.

und diese beiden Gleichungen stellen bei *gegebenem* $\mathfrak{k}$ zusammen den gemeinsamen Punkt (oder auch die gemeinsamen Punkte) zweier einander zugeordneten, dem Parameterwerte $\mathfrak{k}$ entsprechenden Strahlen beider Büschel dar. Bei *veränderlichem* $\mathfrak{k}$ sind sie also die simultanen Gleichungen für die Kurve der gemeinsamen Punkte entsprechender Strahlen beider Strahlbüschel, das heißt für das „Erzeugnis der beiden projektiven Strahlbüschel" (vgl. Figur 47).

Man erhält für diese Kurve eine einzige Gleichung, wenn man aus den beiden Gleichungen (2) den Parameter $\mathfrak{k}$ eliminiert, wodurch sich die Gleichung ergibt:

$$(3) \qquad \begin{vmatrix} [xA], & [xB] \\ [xD], & [xE] \end{vmatrix} = 0 \quad \text{oder}$$

---

1) Dagegen lassen wir es dahingestellt, ob die Scheitel der beiden projektiven Strahlbüschel getrennt liegen (Figur 47 und 48), oder ob sie in *einen* Punkt zusammenfallen.

(4) $$[xA][xE] - [xB][xD] = 0,$$

das heißt eine Zahlgleichung, die in bezug auf x vom zweiten Grade ist.

Um die geometrische Bedeutung einer Gleichung dieser Art zu finden, frage man nach der Anzahl der Schnittpunkte, die eine durch eine solche Gleichung dargestellte Kurve mit einer beliebigen Geraden $[yz]$ der Ebene gemein hat. Dazu substituiere man in die Gleichung (4) anstatt x den Ausdruck $y + \mathfrak{h}z$ des laufenden Punktes der Geraden $[yz]$ und erhält so für den Parameter $\mathfrak{h}$ ihres Schnittpunktes eine Zahlgleichung zweiten Grades. Wird diese Gleichung nicht durch jeden Wert von $\mathfrak{h}$ erfüllt, so daß also die ganze Gerade $[yz]$ der Kurve (4) angehört (vgl. Figur 48), so liefert sie für den Parameter $\mathfrak{h}$ zwei Werte $\mathfrak{h}_1$ und $\mathfrak{h}_2$, und es sind dann die Punkte

(5) $$x_1 = y + \mathfrak{h}_1 z \quad \text{und} \quad x_2 = y + \mathfrak{h}_2 z$$

die Schnittpunkte der Geraden $[yz]$ mit der Kurve (4). Die durch die Gleichung (4) dargestellte Kurve hat also mit jeder Geraden, die nicht ganz der Kurve angehört, *zwei Punkte* gemein, die allerdings auch zusammenfallen oder konjugiert komplex sein können. Und Entsprechendes gilt offenbar überhaupt für jedes ebene geometrische Gebilde, das durch eine Zahlgleichung zweiten Grades in bezug auf einen veränderlichen Punkt x dargestellt wird, vorausgesetzt wenigstens, daß diese Gleichung nicht identisch erfüllt ist, das heißt nicht durch jeden Punkt x der Ebene befriedigt wird.

Mit Rücksicht auf diese Beziehung zu den Geraden der Ebene nennt man allgemein ein ebenes geometrisches Gebilde, dessen Gleichung hinsichtlich des laufenden Punktes x eine nicht identisch erfüllte Zahlgleichung zweiten Grades ist, eine **Kurve zweiter Ordnung.**

Man kann dann das gewonnene Ergebnis folgendermaßen aussprechen:

In der Ebene ist das Erzeugnis zweier projektiven Strahlbüschel, die nicht gerade strahlweise zusammenfallen, eine Kurve zweiter Ordnung.

Auf dieser Kurve liegen außer den Schnittpunkten entsprechender Strahlen, denen die Parameterwerte 0, ∞, 1 und $\mathfrak{k}$ zugehören, nämlich den Punkten

$$[AD], \; [BE], \; [CF] \quad \text{und} \quad [(A + \mathfrak{k}B)(D + \mathfrak{k}E)],$$

(vgl. Figur 47) auch noch die beiden Punkte $[AB]$ und $[DE]$, das heißt die Scheitel der beiden die Kurve erzeugenden projektiven Strahlbüschel. Denn setzt man in der Gleichung (3) x gleich einem dieser beiden letzten Produkte, so verschwinden in der Determinante von (3) die Glieder einer Zeile. Es gehören also der von den beiden projektiven Strahlbüscheln erzeugten Kurve zweiter Ordnung außer den vier erstgenannten Schnittpunkten entsprechender Strahlen *auch die Scheitel $[AB]$ und $[DE]$ der beiden Strahl-*

büschel an. Dies versteht sich übrigens geometrisch von selbst. Denn faßt man den Verbindungsstrahl V der Scheitel $[AB]$ und $[DE]$ der beiden Strahlbüschel als Strahl des Büschels $A + \mathfrak{t}B$ auf, so schneidet er den entsprechenden Strahl des Büschels $D + \mathfrak{t}E$ sicher in dessen Scheitel $[DE]$; und faßt man ihn als Strahl des Büschels $D + \mathfrak{t}E$ auf, so schneidet er den zugeordneten Strahl des Büschels $A + \mathfrak{t}B$ in dessen Scheitel $[AB]$.

Beliebig viele Punkte der Kurve zweiter Ordnung kann man finden, wenn man nach dem durch Figur 45 dargestellten Verfahren zu beliebig gewählten Strahlen des einen Strahlbüschels die entsprechenden Strahlen des anderen konstruiert. Dann ist der Schnittpunkt je zweier solcher entsprechenden Strahlen ein weiterer Punkt der Kurve zweiter Ordnung.

Die gewonnenen Ergebnisse fassen wir schließlich in dem Satze zusammen:

Satz 50: Zwei projektive Strahlbüschel einer Ebene, die nicht gerade strahlweise zusammenfallen, bestimmen durch die gemeinsamen Punkte entsprechender Strahlen eine Kurve zweiter Ordnung, der auch die Scheitel der beiden Strahlbüschel angehören.

Der Fall perspektiver Strahlbüschel. Eine besondere Betrachtung verdient noch der Fall, wo die beiden eine Kurve zweiter Ordnung erzeugenden projektiven Strahlbüschel *perspektiv* liegen.

Sind a, b, c drei Punkte der Perspektivitätsachse, so wähle man die Massen der beiden ersten Punkte, das heißt der Punkte a und b, in der Weise, daß

$$(6) \qquad\qquad a + b = c$$

wird. Sind dann s und t die Scheitel der beiden projektiven Strahlbüschel, so wird zugleich

$$(7) \qquad [sa] + [sb] = [sc] \quad \text{und} \quad [ta] + [tb] = [tc].$$

Die sechs Produkte

$$[sa], [sb], [sc] \quad \text{und} \quad [ta], [tb], [tc]$$

entsprechen also genau den Bedingungen, die oben in den Gleichungen (1) an die 6 Stäbe

$$A, \quad B, \quad C \quad \text{und} \quad D, \quad E, \quad F$$

gestellt sind. Man erhält daher die der obigen *allgemeinen* Entwicklung entsprechende Darstellung des Erzeugnisses zweier perspektiven Strahlbüschel, wenn man in den Gleichungen (3) und (4)

$$(8) \qquad A = [sa],\ B = [sb] \quad \text{und} \quad D = [ta],\ E = [tb]$$

setzt. Dadurch verwandelt sich insbesondere die Gleichung (3) in

$$(9) \qquad \begin{vmatrix} [xsa], & [xsb] \\ [xta], & [xtb] \end{vmatrix} = 0;$$

und diese Gleichung wird nicht nur erfüllt durch die sämtlichen Punkte der Perspektivitätsachse und die Scheitel s und t der beiden perspektiven Strahlbüschel, sondern zugleich auch durch alle Punkte auf der Verbindungslinie von s und t (vgl. Figur 48); denn für $x = a$, $x = b$, $x = s$ und $x = t$ verschwinden die Elemente einer Spalte oder Zeile der Determinante in (9), und für $x = a + \mathfrak{k}b$ und $x = s + \mathfrak{g}t$ sind die Elemente der einen Spalte oder Zeile denen der anderen proportional.

Man hat also den Satz:

Satz 51: Liegen zwei projektive Strahlbüschel perspektiv, so zerfällt die von ihnen erzeugte Kurve zweiter Ordnung in ein Linienpaar, das aus der Perspektivitätsachse der beiden perspektiven Strahlbüschel und der Verbindungslinie ihrer beiden Scheitel gebildet wird.

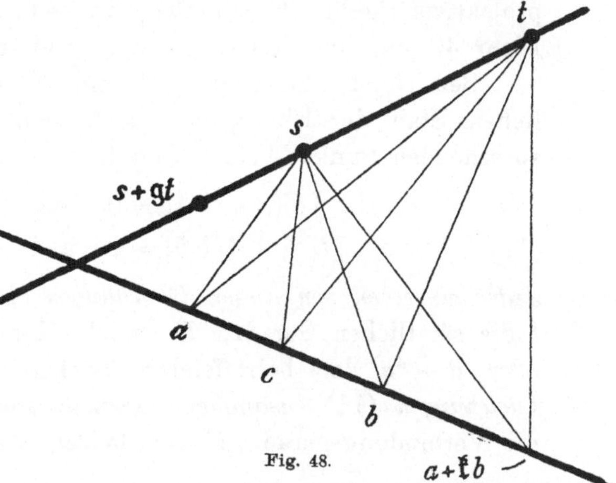

Fig. 48.

Die Gleichung (9) stellt übrigens auch dann noch eine Kurve zweiter Ordnung, nämlich die „doppeltzählende Gerade $[ab]$" dar, wenn die beiden Punkte s und t der Geraden $[ab]$ angehören.

Das Erzeugnis zweier projektiven Punktreihen. Legt man die projektive Beziehung zweier projektiven Punktreihen dadurch fest, daß man drei beliebigen Punkten a, b, c der ersten Punktreihe drei beliebige Punkte d, e, f der zweiten Punktreihe zuweist, und bestimmt die Massen der Punkte a und b, d und e in der Weise, daß

$$(10) \qquad c = a + b \quad \text{und} \quad f = d + e$$

wird, so sind die beiden Punktreihen projektiv aufeinander bezogen, wenn man allgemein dem Punkt $a + \mathfrak{k}b$ der ersten Punktreihe den Punkt $d + \mathfrak{k}e$ der zweiten Punktreihe zuordnet.

Dabei setzen wir wieder voraus, daß nicht gerade alle drei Punkte des Punkttripels a, b, c mit den entsprechenden Punkten des Punkttripels

d, e, f zusammenfallen, weil sonst nach dem Fundamentalsatze (Satz 37) überhaupt je zwei entsprechende Punkte der beiden projektiven Punktreihen in *einen* Punkt zusammenfallen würden, was wiederum zur Folge hätte, daß überhaupt jede Gerade der Ebene dem Erzeugnis der beiden projektiven Punktreihen angehört. Diesen Fall aber wollen wir von der Betrachtung ausschließen. Dagegen lassen wir es dahingestellt, ob die Träger der beiden projektiven Punktreihen durch zwei verschiedene Geraden gebildet werden (vgl. Figur 49 und 50) oder in eine und dieselbe Gerade zusammenfallen.

Bezeichnet man dann noch mit U einen seiner Lage nach veränderlichen Stab der Ebene, so lassen sich die Gleichungen zweier entsprechenden Punkte beider Punktreihen in der Form schreiben:

$$[U(a + \mathfrak{k}b)] = 0 \quad \text{und} \quad [U(d + \mathfrak{k}e)] = 0 \quad \text{oder}$$

$$(11) \qquad [Ua] + \mathfrak{k}[Ub] = 0 \quad \text{und} \quad [Ud] + \mathfrak{k}[Ue] = 0.$$

Jeder einzelnen von diesen Gleichungen (11) genügen dann bei gegebenem $\mathfrak{k}$ die sämtlichen Geraden U, welche durch den zugehörigen Punkt $a + \mathfrak{k}b$ oder $d + \mathfrak{k}e$ der betreffenden Punktreihe hindurchgehen. *Die beiden Gleichungen* (11) *zusammengenommen* stellen daher bei *fest gegebenem* $\mathfrak{k}$ die Verbindungsgerade U der beiden einander zugeordneten, dem Parameter $\mathfrak{k}$ entsprechenden Punkte beider Punktreihen dar und nur dann ein ganzes Strahlbüschel, wenn die beiden Punkte $a + \mathfrak{k}b$ und $d + \mathfrak{k}e$ in *einen* Punkt zusammenfallen, nämlich das Strahlbüschel, das diesen Punkt zum Scheitel hat. Bei veränderlichem $\mathfrak{k}$ sind also die Gleichungen (11) die simultanen Gleichungen für die Umhüllungskurve der Verbindungslinien entsprechender Punkte beider Punktreihen, das heißt für das „Erzeugnis der beiden

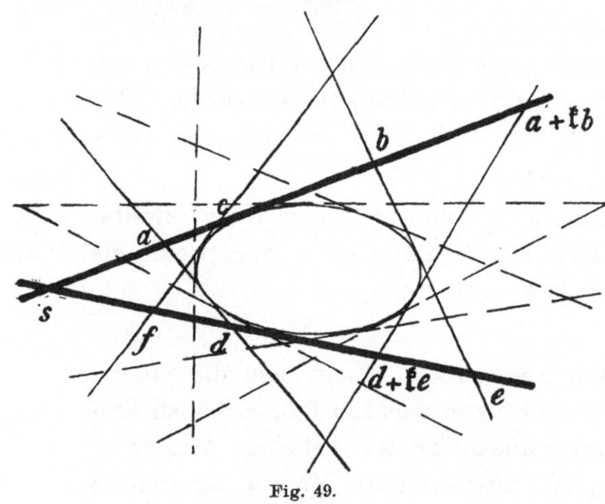

Fig. 49.

projektiven Punktreihen" (vgl. Figur 49).

Man erhält für diese Umhüllungskurve eine einzige Gleichung, wenn man aus den beiden Gleichungen (11) den Parameter $\mathfrak{k}$ eliminiert, wodurch sich die Gleichung ergibt:

$$(12) \qquad \begin{vmatrix} [Ua], & [Ub] \\ [Ud], & [Ue] \end{vmatrix} = 0 \quad \text{oder}$$

$$(13) \qquad [Ua][Ue] - [Ub][Ud] = 0,$$

das heißt eine Zahlgleichung, die in bezug auf den Stab U vom zweiten Grade ist. Um über die Beschaffenheit der durch die Gleichungen (12) und (13) ausgedrückten Kurve Aufschluß zu erhalten, frage man allgemein nach der Anzahl der Tangenten, die sich von einem beliebigen Punkt der Ebene an diese Kurve legen lassen. Dazu denke man sich den Ausgangspunkt dieser Tangenten als Produkt $[VW]$ der Stäbe V und W zweier durch ihn gehenden Geraden ausgedrückt und erhält so für eine beliebige vom Punkt $[VW]$ ausgehende Gerade die Parameterdarstellung $V + \mathfrak{h}\, W$. Soll nun diese Gerade eine Tangente der Kurve (13) sein, so muß der Ausdruck $V + \mathfrak{h}\, W$ der Gleichung (13) Genüge leisten. Durch Substitution dieses Ausdrucks aber in die Gleichung (13) findet man für den Parameter $\mathfrak{h}$ einer solchen Tangente eine Zahlgleichung zweiten Grades. Und wird diese Gleichung nicht für jeden Wert von $\mathfrak{h}$ erfüllt, so daß also das ganze Strahlbüschel mit dem Scheitel $[VW]$ der Kurve (13) angehört (vgl. Figur 50), so liefert sie für den Parameter $\mathfrak{h}$ zwei Werte $\mathfrak{h}_1$ und $\mathfrak{h}_2$. Die Geraden

$$(14) \qquad U_1 = V + \mathfrak{h}_1\, W \quad \text{und} \quad U_2 = V + \mathfrak{h}_2\, W$$

sind dann die gesuchten Tangenten, die sich vom Punkt $[VW]$ aus an die Kurve (13) legen lassen. Von jedem Punkt der Ebene aus, der nicht gerade der Scheitel eines Strahlbüschels ist, das ganz der Kurve (13) angehört, gehen also an die Kurve (13) zwei Tangenten, die allerdings auch zusammenfallen oder konjugiert komplex sein können. Und Entsprechendes gilt offenbar überhaupt für jedes ebene geometrische Gebilde, das durch eine Zahlgleichung zweiten Grades in bezug auf einen veränderlichen Stab U dargestellt wird, vorausgesetzt wenigstens, daß diese Gleichung nicht identisch erfüllt ist, das heißt nicht durch jeden Stab U der Ebene befriedigt wird.

Mit Rücksicht auf diese Beziehung zu den Punkten der Ebene nennt man allgemein ein ebenes geometrisches Gebilde, dessen Gleichung hinsichtlich eines veränderlichen Stabes U eine nicht identisch erfüllte Zahlgleichung zweiten Grades ist, eine Kurve zweiter Klasse.

Man kann dann das gewonnene Ergebnis folgendermaßen aussprechen:

In der Ebene ist das Erzeugnis zweier projektiven Punktreihen, die nicht gerade punktweise zusammenfallen, eine Kurve zweiter Klasse.

Zu den Tangenten dieser Kurve zweiter Klasse gehören außer den Verbindungslinien entsprechender Punkte, denen die Parameterwerte 0, ∞, 1 und $\mathfrak{k}$ zugehören, nämlich den Linien

$$[ad], \ [be], \ [cf] \quad \text{und} \quad [(a + \mathfrak{k}b)(d + \mathfrak{k}e)]$$

(vgl. Figur 49) auch noch die Geraden $[ab]$ und $[de]$, das heißt die Träger der beiden die Kurve erzeugenden projektiven Punktreihen. Denn setzt man in der Gleichung (12) U gleich einem dieser beiden letzten Produkte, so verschwinden in der Determinante von (12) die Elemente einer Zeile. Es sind daher außer den vier erstgenannten Verbindungslinien entsprechender Punkte *auch die Träger* [ab] *und* [de] *der beiden Punktreihen* Tangenten der von ihnen erzeugten Kurve zweiter Klasse. Dies versteht sich übrigens wieder geometrisch von selbst. Denn faßt man den Schnittpunkt s der Träger [ab] und [de] der beiden Punktreihen als Punkt der Punktreihe $a + \mathfrak{k}b$ auf und denkt sich diesen Punkt mit dem entsprechenden Punkt der Punktreihe $d + \mathfrak{k}e$ verbunden, so fällt diese Verbindungslinie sicher mit der Geraden [de], das heißt mit dem Träger der zweiten Punktreihe zusammen; und faßt man den Punkt s als Punkt der Punktreihe $d + \mathfrak{k}e$ auf und denkt sich ihn mit dem entsprechenden Punkt der Punktreihe $a + \mathfrak{k}b$ verbunden, so fällt die Verbindungslinie mit der Geraden [ab], das heißt mit dem Träger der ersten Punktreihe, zusammen.

Beliebig viele Tangenten der Kurve zweiter Klasse kann man finden, wenn man nach dem durch Figur 44 dargestellten Verfahren zu beliebig gewählten Punkten der einen Punktreihe die entsprechenden Punkte der anderen konstruiert. Dann ist die Verbindungslinie je zweier solcher entsprechenden Punkte eine weitere Tangente der Kurve zweiter Klasse.

Die gewonnenen Ergebnisse fassen wir schließlich in dem Satze zusammen:

Satz 52: Zwei projektive Punktreihen einer Ebene, die nicht gerade punktweise zusammenfallen, bestimmen durch die Verbindungslinien entsprechender Punkte eine Kurve zweiter Klasse, der auch die Träger der beiden Punktreihen als Tangenten angehören.

Der Fall perspektiver Punktreihen. Auch hier möge wieder der Fall der *Perspektivität* beider Punktreihen noch besonders für sich betrachtet werden.

Sind die beiden Punktreihen in perspektiver Lage, so bezeichne man mit A, B, C drei Strahlen des Perspektivitätsbüschels und wähle überdies die Länge und den Sinn der beiden Stäbe A und B in der Weise, daß

$$(15) \qquad A + B = C$$

wird. Gehören dann die Stäbe S und T den Trägern der beiden projektiven Punktreihen an, so wird zugleich

$$(16) \qquad [SA] + [SB] = [SC] \quad \text{und} \quad [TA] + [TB] = [TC].$$

Die sechs Produkte

$$[SA], [SB], [SC] \quad \text{und} \quad [TA], [TB], [TC]$$

entsprechen also genau den Bedingungen, die oben in den Gleichungen (10) an die sechs Punkte

$$a, \quad b, \quad c \quad \text{und} \quad d, \quad e, \quad f$$

gestellt sind, und man erhält daher die der obigen *allgemeinen* Entwicklung entsprechende Darstellung des Erzeugnisses zweier perspektiven Punktreihen, wenn man in den Gleichungen (12) und (13)

$$(17) \qquad a = [SA], \; b = [SB] \quad \text{und} \quad d = [TA], \; e = [TB]$$

setzt. Dadurch verwandelt sich insbesondere die Gleichung (12) in

$$(18) \qquad \begin{vmatrix} [USA], & [USB] \\ [UTA], & [UTB] \end{vmatrix} = 0,$$

und diese Gleichung wird nicht nur erfüllt durch die sämtlichen Strahlen des Perspektivitätsbüschels und die Träger S und T der beiden perspektiven Punktreihen, sondern zugleich auch durch alle Strahlen, die durch den Schnittpunkt der Träger S und T hindurchgehen (vgl. Figur 50); denn für $U = A$, $U = B$, $U = S$ und $U = T$ verschwinden die Elemente einer Spalte oder Zeile der Determinante in (18) und für

$$U = A + \mathfrak{k}B \quad \text{und}$$
$$U = S + \mathfrak{g}T$$

sind die Elemente der einen Spalte oder Zeile denen der anderen proportional.

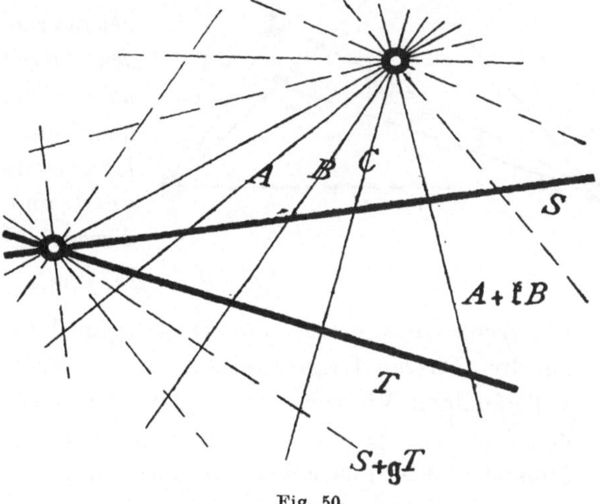

Fig. 50.

Man hat also den Satz:

Satz 53: Liegen zwei projektive Punktreihen perspektiv, so zerfällt die von den Verbindungslinien entsprechender Punkte umhüllte Kurve zweiter Klasse in ein Punktpaar, das gebildet wird aus dem Perspektivitätszentrum der beiden perspektiven Punktreihen und dem Schnittpunkt ihrer Träger.

Die Gleichung (18) stellt übrigens auch dann noch eine Kurve zweiter Klasse, nämlich den „doppeltzählenden Punkt [AB]", dar, wenn die beiden Geraden der Stäbe S und T durch den Punkt [AB] hindurchgehen.

Abschnitt 8.

Das vollständige und das einfache Viereck und Vierseit.

Das vollständige Viereck. Es gibt eine ganze Reihe von Sätzen über das ebene Viereck, bei denen die Diagonalen des Vierecks eine ganz entsprechende Rolle spielen wie ein Paar Gegenseiten. Für die Formulierung solcher Sätze ist der Begriff des vollständigen Vierecks von Wichtigkeit, durch dessen Einführung der Unterschied zwischen Seiten und Diagonalen eines Vierecks ganz beseitigt wird.

Sind nämlich a, b, c, d vier Punkte einer Ebene (vgl. Figur 51), so bezeichnet man als „vollständiges Viereck $abcd$" *den Inbegriff der vier Punkte a, b, c, d nebst ihren sechs Verbindungslinien* und nennt die vier Punkte a, b, c, d die vier Ecken des vollständigen Vierecks $abcd$ und die sechs Verbindungslinien dieser vier Ecken, das heißt die sechs Linien

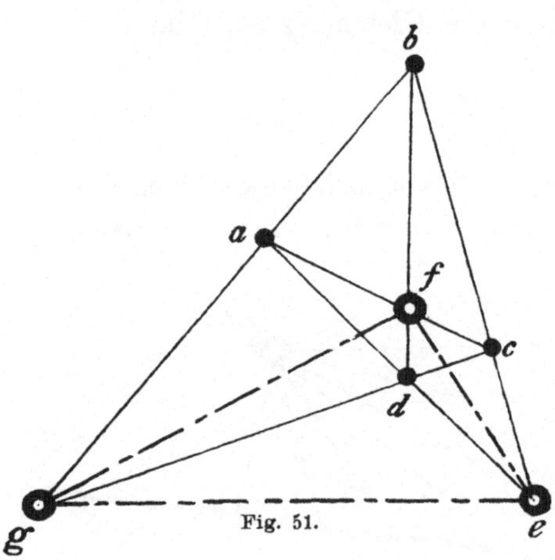

Fig. 51.

$$da, \quad db, \quad dc, \quad bc, \quad ca, \quad ab,$$

die sechs Seiten des vollständigen Vierecks. Diese gruppieren sich zu drei Paaren Gegenseiten, indem man immer zwei *solche* Seiten des vollständigen Vierecks als Gegenseiten auffassen kann, welche keine Ecke des Vierecks miteinander gemein haben. Demgemäß ergeben sich die folgenden drei Paare von Gegenseiten:

$$da \text{ und } bc, \quad db \text{ und } ca, \quad dc \text{ und } ab.$$

Die Schnittpunkte

$$e, \qquad f, \qquad g$$

dieser drei Paare Gegenseiten heißen die drei Nebenecken des vollständigen Vierecks und ihre drei Verbindungslinien, das heißt die drei Linien

$$fg, \qquad ge, \qquad ef,$$

die drei Nebenseiten des vollständigen Vierecks.

Das einfache Viereck. Man gelangt von dem Begriff des vollständigen Vierecks $abcd$ zu dem gewöhnlichen Begriff des Vierecks, oder wie wir sagen wollen, zum Begriff des „einfachen Vierecks" zurück, wenn man eine bestimmte Art der Aneinanderreihung der vier Ecken *a, b, c, d* des Vierecks vorschreibt, etwa in der Reihenfolge *abcd* oder in der Reihenfolge *abdc* oder endlich in der Reihenfolge *acbd*, mit der Bestimmung, daß als „Seiten" des zugehörigen einfachen Vierecks nur diejenigen vier Verbindungslinien der vier Ecken des Vierecks aufgefaßt werden sollen, die man erhält, wenn man diese Ecken *in der angegebenen Reihenfolge* miteinander verbindet und schließlich von der letzten Ecke zur ersten zurückkehrt, oder anders ausgedrückt, wenn man die durch die genannte Anordnung als „Nachbarecken" charakterisierten Punkte miteinander verbindet, wobei auch der vierte Punkt als dem ersten benachbart zu gelten hat.

Die beiden anderen noch möglichen Verbindungslinien, die man erhält, wenn man jede Ecke des einfachen Vierecks mit der nicht benachbarten Ecke, oder wie wir sagen wollen, mit ihrer „Gegenecke" verbindet, werden dann die „Diagonalen" des einfachen Vierecks genannt.

Von den vier Seiten des einfachen Vierecks wird man ferner genau so wie beim vollständigen Viereck zwei Seiten dann als „Gegenseiten" bezeichnen, wenn sie keine Ecke des Vierecks miteinander gemein haben. Es ergeben sich demgemäß beim einfachen Viereck entsprechend den beiden Paaren Gegenecken auch zwei Paare Gegenseiten, und es werden daher zwei von den drei Nebenecken des vollständigen Vierecks zu „Schnittpunkten der beiden Paare Gegenseiten" des einfachen Vierecks und die dritte zum „Diagonalenschnittpunkt" desselben. Von den drei Nebenseiten des vollständigen Vierecks wird infolgedessen durch den Übergang zum einfachen Viereck eine Nebenseite ausgezeichnet als „Verbindungslinie der beiden Schnittpunkte der Gegenseiten" des einfachen Vierecks.

So würden bei dem einfachen Viereck, für dessen Ecken die Reihenfolge *abcd* vorgeschrieben ist, wir nennen es kurz das einfache Viereck *abcd*, die vier Linien *ab, bc, cd, da* die Seiten darstellen, und zwar die Seitenpaare *ab* und *cd*, *bc* und *da* die beiden Paare Gegenseiten; ferner die Punktpaare *a* und *c*, *b* und *d* die beiden Paare Gegenecken und ihre Verbindungslinien *ac* und *bd* die Diagonalen des einfachen Vierecks (vgl. Figur 52[1])).

Bei dem einfachen Viereck *abdc* dagegen würden die vier Linien *ab, bd, dc, ca* die Seiten, und zwar die Seitenpaare *ab* und *dc*, *bd* und *ca*

---

1) In dieser und den beiden folgenden Figuren sind die Ecken durch kleine volle Kreise, die Seiten durch voll ausgezogene Linien, die Diagonalen durch gestrichelte Linien, die beiden Schnittpunkte der Gegenseiten durch Kreisringe, die Verbindungslinie dieser Punkte durch eine strichpunktierte Linie, endlich der Diagonalenschnittpunkt durch einen großen vollen Kreis kenntlich gemacht.

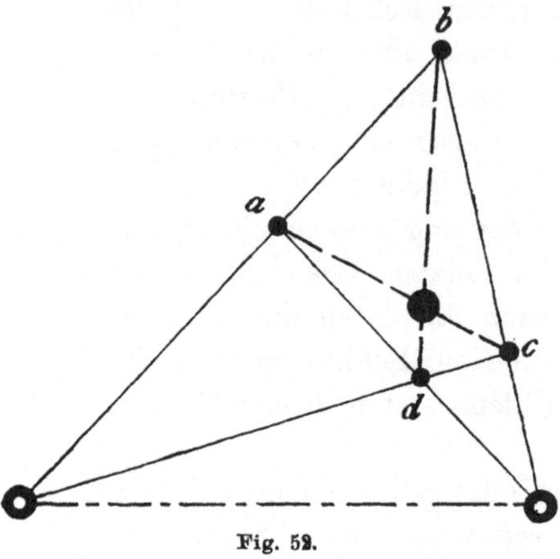

Fig. 52.

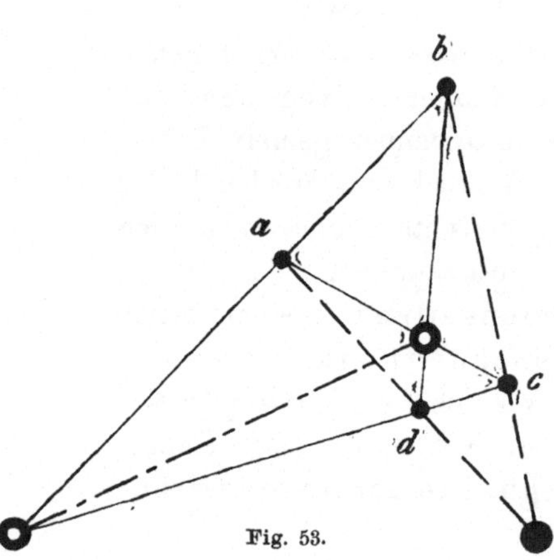

Fig. 53.

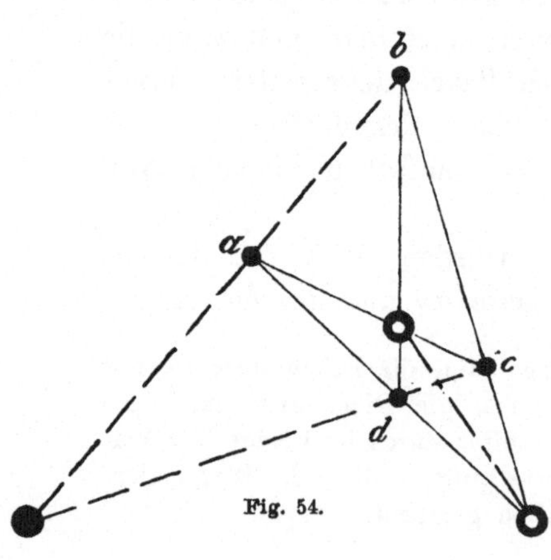

Fig. 54.

die beiden Paare Gegenseiten bilden; ferner die Punktpaare a und d, b und c die beiden Paare Gegenecken und ihre Verbindungslinien ad und bc die Diagonalen des einfachen Vierecks (vgl. Figur 53).

Endlich bei dem einfachen Viereck $acbd$ sind die vier Linien ac, cb, bd, da die Seiten, und zwar die Seitenpaare ac und bd, cb und da die beiden Paare Gegenseiten, die Punktpaare a und b, c und d die beiden Paare Gegenecken und die Linien ab und cd die Diagonalen des einfachen Vierecks (vgl. Figur 54).

Wir bemerken noch, daß die Begriffe „Diagonalen“, „Nachbarecken“ und „Gegenecken“ *dem einfachen Viereck eigentümlich* sind und für das vollständige Viereck keine Bedeutung haben, da ja bei diesem alle vier Ecken und seine drei Paare Gegenseiten als gleichwertig angesehen werden sollten.

Ferner ist klar, daß mit den drei betrachteten einfachen Vierecken $abcd$, $abdc$, $acbd$ auch die einfachen Vierecke erschöpft sind, die man aus dem vollständigen Viereck $abcd$ entnehmen kann. Zunächst ist es nämlich offenbar gleichgültig, welche Ecke man als Anfangsecke des einfachen Vierecks verwendet, und man darf daher an der Ecke a als erster Ecke festhalten. Man könnte also höchstens so viel einfache Vierecke mit den Ecken a, b, c, d erwarten, als verschiedene Anordnungen der drei letzten Ecken b, c, d möglich sind. Das sind aber sechs Anordnungen. Doch liefern von diesen sechs Anordnungen immer zwei solche Anordnungen, von denen die eine die bloße Umkehrung der anderen ist, einen und denselben geschlossenen Linienzug nur mit verschiedenem Umlaufssinne und somit, da es hier auf den Umlaufssinn nicht ankommt, dasselbe einfache Viereck. Es lassen sich also tatsächlich aus einem vollständigen Viereck *abcd* nur die drei einfachen Vierecke *abcd*, *abdc*, *acbd* ableiten.

Das vollständige Vierseit. Dem Begriff des vollständigen Vierecks steht der Begriff des vollständigen Vierseits dualistisch gegenüber:

Sind *A, B, C, D* vier Stäbe einer Ebene (vgl. Figur 55), so bezeichnet man *den Inbegriff der vier Geraden A, B, C, D nebst ihren sechs Schnittpunkten* als das „vollständige Vierseit *ABCD*" und nennt die vier Geraden *A, B, C, D* die vier Seiten des vollständigen Vierseits *ABCD* und die sechs Schnitt-

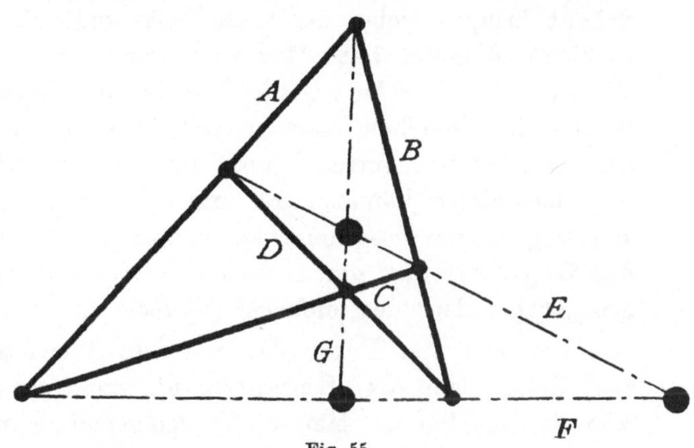

Fig. 55.

punkte dieser vier Seiten, das heißt die sechs Punkte

$$[DA], [DB], [DC], [BC], [CA], [AB],$$

die sechs Ecken des vollständigen Vierseits. Diese gruppieren sich zu drei Paaren Gegenecken, indem man immer zwei *solche* Ecken des vollständigen Vierseits als Gegenecken auffassen kann, welche nicht derselben Seite des Vierseits angehören. Demgemäß ergeben sich die folgenden drei Paare von Gegenecken:

$$[DA] \text{ und } [BC], [DB] \text{ und } [CA], [DC] \text{ und } [AB].$$

Die Verbindungslinien

$$E, \qquad F, \qquad G$$

dieser drei Paare Gegenecken heißen die drei Nebenseiten des vollständigen Vierseits und ihre drei Schnittpunkte, das heißt die drei Punkte

$$[FG], \qquad [GE], \qquad [EF],$$

die drei Nebenecken des vollständigen Vierseits.

Das einfache Vierseit. Man gelangt von dem Begriff des vollständigen Vierseits *ABCD* zu dem Begriff des „einfachen Vierseits" wieder dadurch, daß man eine bestimmte Art der Aneinanderreihung der vier

Seiten A, B, C, D des Vierseits vorschreibt, nämlich entweder in der Reihenfolge $ABCD$ oder in der Reihenfolge $ABDC$ oder endlich in der Reihenfolge $ACBD$ mit der Bestimmung, daß als Ecken des einfachen Vierseits nur diejenigen vier Schnittpunkte der vier Seiten des Vierseits aufgefaßt werden sollen, die man erhält, wenn man immer zwei durch die angegebene Anordnung als „Nachbarseiten" charakterisierte Seiten zum Schnitt bringt, wobei die letzte Seite zugleich als zur ersten Seite benachbart zu gelten hat. Man wird dann ferner zwei Seiten des einfachen Vierseits, die einander *nicht benachbart* sind, deren Buchstaben also in dem Symbol des einfachen Vierseits ($ABCD$ oder $ABDC$ oder $ACBD$) durch einen Buchstaben getrennt sind, als „Gegenseiten" des einfachen Vierseits bezeichnen können. Es ergeben sich auf diese Weise zwei Paare von Gegenseiten des einfachen Vierseits. Die beiden „Schnittpunkte der Gegenseiten" des einfachen Vierseits entsprechen dabei dualistisch den „Diagonalen" des einfachen Vierecks.

Von den vier Ecken das einfachen Vierseits bezeichnet man wieder zwei Ecken dann als „Gegenecken", wenn sie nicht derselben Seite des Vierseits angehören. Man erhält demgemäß beim einfachen Vierseit entsprechend den beiden Paaren Gegenseiten auch zwei Paare Gegenecken. Die Verbindungslinien dieser beiden Paare Gegenecken nennt man die beiden „Diagonalen" des einfachen Vierseits; und es werden daher beim einfachen Vierseit zwei von den drei Nebenseiten des vollständigen Vierseits zu „Diagonalen", während die dritte als „Verbindungslinie der Schnittpunkte der Gegenseiten" bezeichnet werden kann. Von den drei Nebenecken des vollständigen Vierseits wird infolgedessen durch den Übergang zum einfachen Vierseit eine Nebenecke als „Diagonalenschnittpunkt" ausgezeichnet.

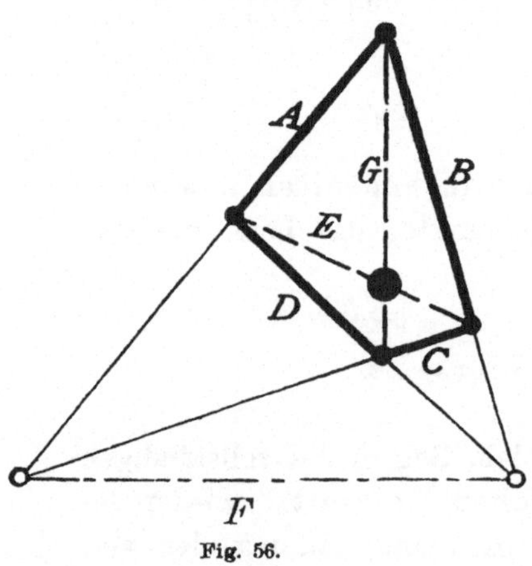

Fig. 56.

So sind bei dem einfachen Vierseit $ABCD$ die vier Punkte AB, BC, CD, DA die Ecken, und zwar die Punktpaare AB und CD, BC und DA die beiden Paare Gegenecken, ihre Verbindungslinien

$$AB \cdot CD = G \quad \text{und} \quad BC \cdot DA = E$$

die Diagonalen und deren Schnittpunkt GE der Diagonalenschnittpunkt. Ferner bilden die Seitenpaare A und C, B und D die beiden Paare Gegenseiten, und ihre Schnittpunkte AC und BD können daher als Schnittpunkte der Gegenseiten des einfachen Vierseits bezeichnet werden (vgl. Figur 56).[1])

Bei dem einfachen Vierseit $ABDC$ dagegen sind die Punkte AB, BD, DC, CA die Ecken, und zwar die Punktpaare AB und DC, BD und CA die beiden Paare Gegenecken, ihre Verbindungslinien

$$AB \cdot DC = G \quad \text{und}$$
$$BD \cdot CA = F$$

die Diagonalen und deren Schnittpunkt FG der Diagonalenschnittpunkt. Ferner stellen die Seitenpaare A und D, B und C die beiden Paare Gegenseiten dar, so daß ihre Schnittpunkte AD und BC als Schnittpunkte der Gegenseiten des einfachen Vierseits zu gelten haben (vgl. Figur 57).

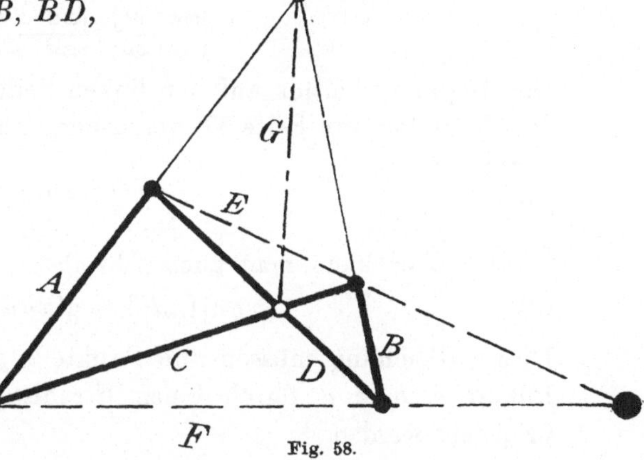

Fig. 57.

Bei dem einfachen Vierseit $ACBD$ endlich sind die Punkte AC, CB, BD, DA die Ecken, und zwar die Punktpaare AC und BD, CB und DA die beiden Paare Gegenecken, ihre Verbindungslinien

$$AC \cdot BD = F \quad \text{und}$$
$$CB \cdot DA = E$$

die Diagonalen und deren Schnittpunkt EF der Diagonalenschnittpunkt. Ferner sind die Seitenpaare A und B, C und D als die beiden Paare Gegenseiten und ihre Schnittpunkte AB und CD daher als Schnittpunkte der Gegenseiten des einfachen Vierseits zu bezeichnen (vgl. Figur 58).

Auch hier kann man bemerken, daß die Begriffe „Diagonalen", „Nachbarseiten" und „Gegenseiten" *dem einfachen Vierseit eigentümlich* sind und für das vollständige Vierseit gar keine Bedeutung haben.

---

1) In dieser und den beiden folgenden Figuren sind die Seiten durch voll ausgezogene Linien, die Ecken durch kleine volle Kreise, die Diagonalen durch gestrichelte Linien, der Diagonalenschnittpunkt durch einen großen vollen Kreis, die Schnittpunkte der Gegenseiten durch kleine leere Kreise, ihre Verbindungslinie durch

Weiter sind wieder mit den drei betrachteten einfachen Vierseiten $ABCD$, $ABDC$, $ACBD$ auch die einfachen Vierseite erschöpft, die man aus dem vollständigen Vierseit $ABCD$ entnehmen kann.

Abschnitt 9.

Das Büschel von Kurven zweiter Ordnung und die Schar von Kurven zweiter Klasse für den Fall reeller Grundpunkte und Grundgeraden.[1])

Neue Art der Erzeugung einer Kurve zweiter Ordnung. Man kann zu den Kurven zweiter Ordnung und zweiter Klasse auch auf einem anderen Wege gelangen, als es im siebenten Abschnitt geschehen ist.

Es seien in der Ebene vier feste Punkte a, b, c, d gegeben, die aber nicht alle in derselben geraden Linie liegen.

Dann frage man nach denjenigen Punkten x der Ebene, für die der Strahlwurf $[xa]$, $[xb]$, $[xc]$, $[xd]$ ein gegebenes Doppelverhältnis $\mathfrak{g}$ besitzt, welche also der Gleichung genügen[2]):

$$(1) \qquad \frac{[xa \cdot xc]}{[xc \cdot xb]} : \frac{[xa \cdot xd]}{[xd \cdot xb]} = \mathfrak{g} \,.$$

Das Doppelverhältnis auf der linken Seite dieser Gleichung läßt sich nach dem Vorbilde von Seite 57 umformen, wodurch die Gleichung die Gestalt annimmt:

$$(2) \qquad \frac{[xac]}{[xcb]} : \frac{[xad]}{[xdb]} = \mathfrak{g} \,.$$

Hierfür aber kann man auch schreiben:

$$(3) \qquad [xac][xdb] - \mathfrak{g}[xad][xcb] = 0 \,.$$

Dieser Gleichung müssen alle Punkte x genügen, von denen aus die vier Punkte a, b, c, d durch einen Strahlwurf mit dem Doppelverhältnis $\mathfrak{g}$ projiziert werden.

---

eine strichpunktierte Linie kenntlich gemacht. Ferner ist jedesmal derjenige geschlossene Linienzug stark gezeichnet, der sich ergibt, wenn man einer jeden Seite des einfachen Vierseits dasjenige Linienstück entnimmt, das zwischen den beiden ihr angehörenden Ecken des einfachen Vierseits gelegen ist.

1) Im zweiten Bande dieses Buches wird die Untersuchung des Büschels von Kurven zweiter Ordnung und der Schar von Kurven zweiter Klasse unter Beseitigung der Beschränkung auf reelle Grundpunkte und Grundgeraden im Zusammenhang mit einer ausführlichen Behandlung der Kegelschnitte von neuem aufgenommen werden.

2) In dem soeben ausgeschlossenen Falle, wo die vier Punkte a, b, c, d in einer Geraden liegen, würde die Gleichung (1) entweder durch jeden Punkt x der Ebene erfüllt werden, (nämlich dann, wenn das Doppelverhältnis des Punktwurfs a, b, c, d selbst den Wert $\mathfrak{g}$ besitzt), oder aber nur durch die Punkte jener Geraden.

Sicher wird die Gleichung (3) nicht durch alle Punkte x der Ebene erfüllt, und da sie überdies eine Zahlgleichung ist, die in bezug auf x vom zweiten Grade ist, so stellt sie nach Seite 71 eine **Kurve zweiter Ordnung** dar. Ferner folgt aus ihrer Form sogleich, daß diese Kurve durch die vier Punkte a, b, c, d hindurchgeht. Denn setzt man x gleich irgendeinem dieser vier Punkte, oder auch gleich dem Produkte eines Zahlfaktors mit einem dieser vier Punkte, so verschwinden die beiden Glieder der linken Seite von (3) einzeln, weil in jedem Gliede sicher *eins* von seinen beiden dreifaktorigen Punktprodukten zwei gleiche Faktoren enthält.

Man kann noch hinzufügen: Liegen von den vier Punkten a, b, c, d drei Punkte, etwa die drei Punkte a, b, c, in *einer* Geraden, so zerfällt die Kurve zweiter Ordnung in ein *Linienpaar*. Die eine von den beiden Geraden dieses Linienpaares ist die Gerade der drei Punkte a, b, c; denn für die Punkte x dieser Geraden wird das Doppelverhältnis auf der linken Seite von (1) oder (2) unbestimmt. Die andere Gerade ist die Verbindungslinie des vierten Punktes d mit demjenigen Punkt s der Geraden abc, der mit den drei Punkten a, b, c einen Punktwurf a, b, c, s vom Doppelverhältnis $\mathfrak{g}$ bildet (vgl. Figur 59).

Diese Ergebnisse lassen sich in dem Satze darstellen:

Satz 54: Der geometrische Ort aller derjenigen Punkte einer Ebene, von denen aus vier nicht in gerader Linie liegende Punkte dieser Ebene durch einen Strahlwurf von gegebenem Doppelverhältnis projiziert werden, ist eine Kurve zweiter Ordnung, die durch jene vier Punkte hindurchgeht. Diese Kurve zerfällt in ein Linienpaar, sobald drei von den vier Punkten in einer Geraden liegen.

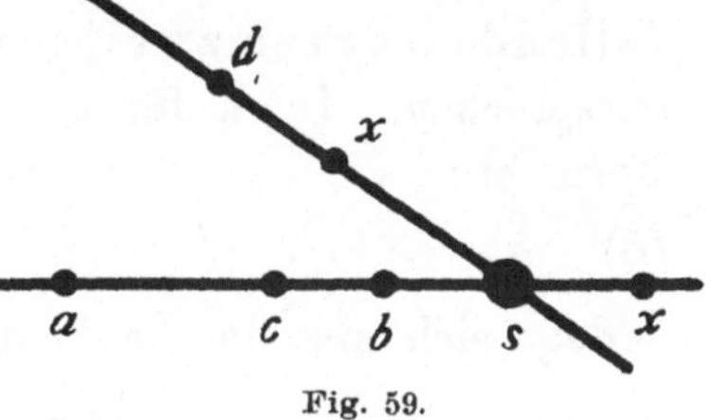

Fig. 59.

Das Büschel von Kurven zweiter Ordnung mit vier reellen Grundpunkten. Denkt man sich das bisher als fest gegeben angenommene Doppelverhältnis $\mathfrak{g}$ *veränderlich*, so stellt die Gleichung (3) das ganze „Büschel von Kurven zweiter Ordnung" dar, welche durch die vier Punkte a, b, c, d, *die Grundpunkte des Büschels*, hindurchgehen (vgl. Figur 60). Jeder von diesen Kurven kommt ein besonderer Wert des Doppelverhältnisses $\mathfrak{g}$ zu. Dieses Doppelverhältnis kann daher *das Doppelverhältnis der Kurve zweiter Ordnung in bezug auf die vier Grundpunkte des Büschels* genannt werden. Um dies Doppelverhältnis und damit die Kurve zweiter Ordnung festzulegen, kann man die Forderung stellen, daß die Kurve noch durch einen

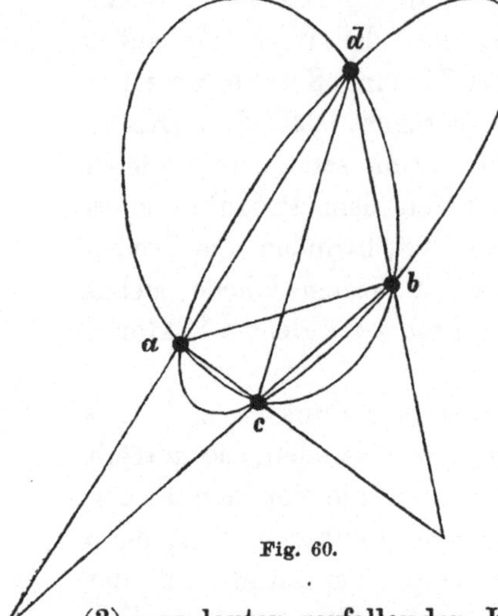

Fig. 60.

fünften Punkt e hindurchgehen solle. Der Parameter $\mathfrak{g}$ dieser Kurve zweiter Ordnung muß dann der Gleichung genügen:

$$(4) \qquad [eac][edb] - \mathfrak{g}[ead][ecb] = 0;$$

aus ihr aber und der Gleichung (3) folgt durch Elimination von $\mathfrak{g}$ die Gleichung

$$(5) \qquad \begin{vmatrix} [xac][xdb] & [xad][xcb] \\ [eac][edb] & [ead][ecb] \end{vmatrix} = 0$$

als Gleichung einer *Kurve zweiter Ordnung, die durch die fünf Punkte a, b, c, d, e hindurchgeht.*

In dem oben erwähnten Sonderfalle, wo drei von den vier Punkten a, b, c, d in einer Geraden liegen, besteht das Kurvenbüschel (3) aus lauter zerfallenden Kurven zweiter Ordnung.

In jedem Falle aber gehören dem Kurvenbüschel (3) drei zerfallende Kurven zweiter Ordnung an, die den Parameterwerten 0, ∞, 1 entsprechen. Denn für $\mathfrak{g} = 0$ nimmt die quadratische Gleichung (3) die Form an:

$$(6) \qquad [xac][xdb] = 0,$$

zerlegt sich also in die beiden linearen Gleichungen

$$[xac] = 0 \quad \text{und} \quad [xdb] = 0$$

und stellt somit das durch die beiden Stäbe $[ac]$ und $[db]$ bestimmte Linienpaar dar.

Andererseits geht die Gleichung (3) für $\mathfrak{g} = \infty$ über in die Gleichung

$$(7) \qquad [xad][xcb] = 0;$$

die Kurve zweiter Ordnung zerfällt also in das Linienpaar der Stäbe $[ad]$ und $[cb]$.

Für $\mathfrak{g} = 1$ endlich nimmt die quadratische Gleichung (3) die Form an:

$$(*) \qquad [xac][xdb] - [xad][xcb] = 0.$$

Daß auch diese Gleichung ein Linienpaar darstellt, erkennt man am besten mit Hülfe der Identität (24) des vierten Abschnitts; denn nach dieser ist die linke Seite der Gleichung (*) gleich $[xab][xdc]$, die Gleichung (*) verwandelt sich daher in

$$(8) \qquad [xab][xdc] = 0$$

und ist also die Gleichung des Linienpaares der Stäbe $[ab]$ und $[dc]$.

Man erkennt, daß die so gewonnenen drei Linienpaare, die in dem Büschel von Kurven zweiter Ordnung als zerfallende Kurven enthalten sind, gerade die drei Paare Gegenseiten des vollständigen Vierecks sind, das die vier Grundpunkte a, b, c, d des Büschels zu Ecken hat. Man kann daher dem gewonnenen Ergebnis die folgende Fassung geben:

Satz 55: Liegen von den vier Grundpunkten a, b, c, d eines Büschels von Kurven zweiter Ordnung keine drei in einer Geraden, so enthält das Büschel drei in ein Linienpaar zerfallende Kurven zweiter Ordnung. Dieselben sind nichts anderes als die drei Paare Gegenseiten des vollständigen Vierecks $abcd$.

Neue Art der Erzeugung einer Kurve zweiter Klasse. Es seien in der Ebene vier Stäbe A, B, C, D gegeben, deren Geraden nicht alle durch einen und denselben Punkt gehen. Dann frage man nach denjenigen Geraden U der Ebene, für welche der Punktwurf $[UA]$, $[UB]$, $[UC]$, $[UD]$ ein gegebenes Doppelverhältnis $\mathfrak{g}$ besitzt, welche also der Gleichung genügen[1]):

$$(9) \qquad \frac{[UA \cdot UC]}{[UC \cdot UB]} : \frac{[UA \cdot UD]}{[UD \cdot UB]} = \mathfrak{g}.$$

Das Doppelverhältnis auf der linken Seite dieser Gleichung läßt sich nach Formel (39) des dritten Abschnitts umformen, wodurch die Gleichung die Gestalt annimmt:

$$(10) \qquad \frac{[UAC]}{[UCB]} : \frac{[UAD]}{[UDB]} = \mathfrak{g}.$$

Hierfür aber kann man auch schreiben:

$$(11) \qquad [UAC]\,[UDB] - \mathfrak{g}\,[UAD]\,[UCB] = 0.$$

Dieser Gleichung müssen alle Geraden U genügen, welche die vier Geraden A, B, C, D in einem Punktwurfe mit dem Doppelverhältnis $\mathfrak{g}$ schneiden.

Und da dies sicher nicht für jede Gerade U der Ebene zutrifft, und die Gleichung (11) in bezug auf U eine Zahlgleichung zweiten Grades ist, so stellt sie (nach Seite 75) eine **Kurve zweiter Klasse** dar. Und dieser Kurve müssen die Geraden der vier Stäbe A, B, C, D als Tangenten angehören. Denn setzt man U gleich irgendeinem dieser vier Stäbe oder auch gleich dem Produkte eines Zahlfaktors mit einem dieser vier Stäbe, so verschwinden die beiden Glieder der linken Seite von (11) einzeln, weil in jedem Gliede sicher *eins* von seinen beiden dreifaktorigen Stabprodukten zwei gleiche Faktoren enthält.

---

1) In dem soeben ausgeschlossenen Falle, wo die vier Geraden der Stäbe A, B, C, D alle durch einen und denselben Punkt gehen, würde die Gleichung (9) entweder durch jeden Stab U der Ebene erfüllt werden, (nämlich dann, wenn das Doppelverhältnis des Strahlwurfs A, B, C, D selbst den Wert $\mathfrak{g}$ besitzt), oder aber nur durch die Strahlen desjenigen Strahlbüschels, dessen Scheitel der gemeinsame Punkt jener vier Geraden ist.

Man kann noch hinzufügen: Gehen von den Geraden der vier Stäbe A, B, C, D drei Geraden, etwa die Geraden der drei Stäbe A, B, C, durch einen und denselben Punkt hindurch, so zerfällt die Kurve zweiter Klasse in ein *Punktpaar*. Der eine Punkt dieses Punktpaares ist der Punkt, durch den die Geraden der Stäbe A, B, C hindurchgehen; denn für die Strahlen U des Strahlbüschels, das diesen Punkt zum Scheitel hat, wird das Doppelverhältnis auf der linken Seite von (10) unbestimmt.

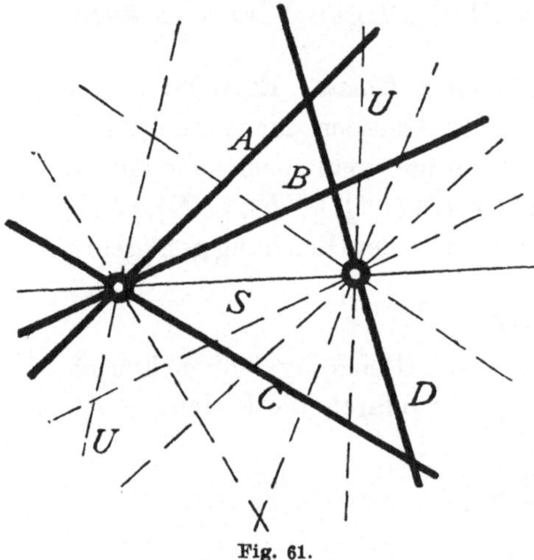

Fig. 61.

Der andere Punkt ist der Schnittpunkt der Geraden des vierten Stabes D mit demjenigen Strahle S des Strahlbüschels $A + \mathfrak{k}B$, der mit den drei Strahlen A, B, C einen Strahlwurf A, B, C, S vom Doppelverhältnis $\mathfrak{g}$ bildet (vgl. Figur 61).

Die gewonnenen Ergebnisse lassen sich in dem Satze zusammenfassen:

Satz 56: Die Hüllkurve aller derjenigen Geraden einer Ebene, welche vier nicht durch *einen* Punkt gehende feste gerade Linien dieser Ebene in einem Punktwurfe von gegebenem Doppelverhältnis schneiden, ist eine Kurve zweiter Klasse, welche jene vier festen Geraden zu Tangenten hat. Diese Kurve zerfällt in ein Punktpaar, sobald drei von den vier festen Geraden durch einen und denselben Punkt gehen.

Die Schar von Kurven zweiter Klasse mit vier reellen Grundgeraden. Denkt man sich jetzt wieder das Doppelverhältnis $\mathfrak{g}$ *veränderlich*, so stellt die Gleichung (11) die ganze „Schar von Kurven zweiter Klasse" dar, welche die vier Geraden A, B, C, D, *die Grundgeraden der Schar*, zu Tangenten haben (vgl. Figur 62). Jeder von diesen Kurven kommt ein besonderer Wert des Doppelverhältnisses $\mathfrak{g}$ zu. Dieses Doppelverhältnis kann daher *das Doppelverhältnis der Kurve zweiter Klasse in bezug auf die vier Grundgeraden der Schar* genannt werden. Um dieses Doppelverhältnis und damit die Kurve zweiter Klasse festzulegen, kann man die Forderung stellen, die Kurve solle noch eine fünfte Gerade E berühren. Der Parameter $\mathfrak{g}$ dieser Kurve zweiter Klasse muß dann der Gleichung genügen:

$$(12) \qquad [EAC]\,[EDB] - \mathfrak{g}\,[EAD]\,[ECB] = 0;$$

aus ihr aber und der Gleichung (11) folgt durch Elimination von $\mathfrak{g}$ die Gleichung

$$(13) \qquad \begin{vmatrix} [UAC]\,[UDB], & [UAD]\,[UCB] \\ [EAC]\,[EDB], & [EAD]\,[ECB] \end{vmatrix} = 0$$

als Gleichung einer *Kurve zweiter Klasse, welche die fünf Geraden A, B, C, D, E zu Tangenten hat.*

In dem oben erwähnten Sonderfalle, wo drei von den vier Geraden der Stäbe A, B, C, D durch einen und denselben Punkt gehen, besteht die Kurvenschar (11) aus lauter zerfallenden Kurven zweiter Klasse.

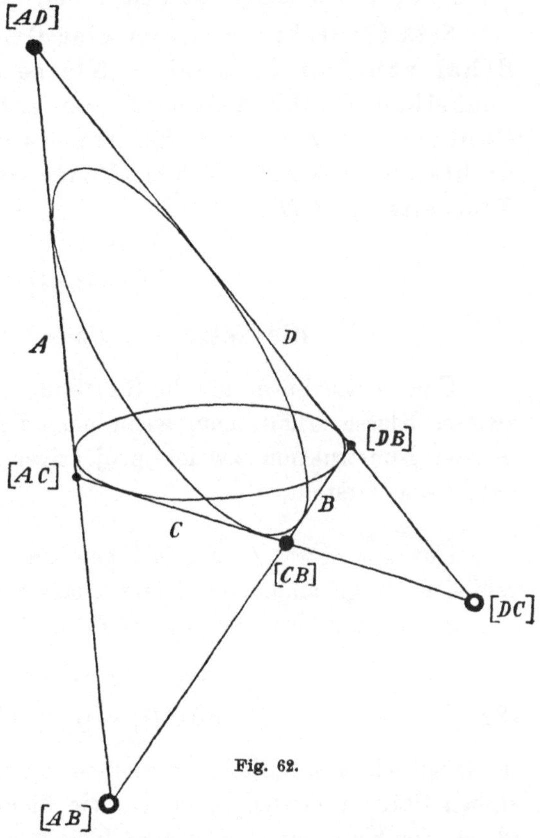

In jedem Falle aber gehören der Kurvenschar (11) drei zerfallende Kurven zweiter Klasse an, die den Parameterwerten 0, ∞, 1 entsprechen. Denn für $\mathfrak{g} = 0$ nimmt die quadratische Gleichung (11) die Form an:

(14) $[UAC]\,[UDB] = 0$,

zerlegt sich also in die beiden linearen Gleichungen

$[UAC] = 0$ und $[UDB] = 0$

und stellt somit das aus den beiden Punkten $[AC]$ und $[DB]$ bestehende Punktpaar dar.

Andererseits geht die Gleichung (11) für $\mathfrak{g} = \infty$ über in die Gleichung

(15) $\qquad\qquad [UAD]\,[UCB] = 0;$

Fig. 62.

die Kurve zweiter Klasse zerfällt also in das Punktpaar der Punkte $[AD]$ und $[CB]$.

Für $\mathfrak{g} = 1$ endlich nimmt die quadratische Gleichung (11) die Form an:

(*) $\qquad\qquad [UAC]\,[UDB] - [UAD]\,[UCB] = 0.$

Daß auch diese Gleichung ein Punktpaar darstellt, erkennt man mittelst der Identität (25) des vierten Abschnitts; denn nach dieser ist die linke Seite der Gleichung (*) gleich $[UAB]\,[UDC]$, die Gleichung (*) verwandelt sich daher in

(16) $\qquad\qquad [UAB]\,[UDC] = 0$

und ist also die Gleichung des Punktpaares der Punkte $[AB]$ und $[DC]$.

Nun bilden aber die so gewonnenen drei Punktpaare, welche der Schar von Kurven zweiter Klasse als zerfallende Kurven angehören, gerade die drei Paare Gegenecken des vollständigen Vierseits, das die Grundgeraden A, B, C, D der Schar zu Seiten hat. Man hat also den Satz:

Satz 57: Gehen von den vier Grundgeraden A, B, C, D einer Schar von Kurven zweiter Klasse keine drei durch einen und denselben Punkt hindurch, so enthält die Schar drei in ein Punktpaar zerfallende Kurven zweiter Klasse. Dieselben sind nichts anderes als die drei Paare Gegenecken des vollständigen Vierseits $ABCD$.

Abschnitt 10.

Die Sätze von Pascal und Brianchon.

Eine dritte Form für die Gleichung einer Kurve zweiter Ordnung und zweiter Klasse erhält man, wenn man die in den Figuren 45 und 44 gegebene Konstruktion zweier projektiven Strahlbüschel und Punktreihen analytisch darstellt.

Das assoziative Gesetz bei gewissen planimetrischen Produkten. Wir schicken einige allgemeine Eigenschaften planimetrischer Produkte voraus.

Zunächst mögen die beiden Formeln bewiesen werden:

$$(1) \qquad [ABcd] = [A(B \cdot cd)] \quad \text{und}$$

$$(2) \qquad [abCD] = [a(b \cdot CD)],$$

in denen wie gewöhnlich die kleinen Buchstaben Punkte, die großen Buchstaben Stäbe bedeuten, und wo wie bisher dem Multiplikationspunkt zugleich die Kraft einer Klammer beigelegt ist, so daß zum Beispiel in der Formel (1) rechter Hand innerhalb der runden Klammer der Stab B mit dem Punktprodukte $[cd]$ zu multiplizieren ist, während auf der linken Seite das Stabprodukt $[AB]$ zuerst mit dem Punkt c zu multiplizieren ist und das erhaltene Produkt mit dem Punkt d.

Der Beweis der Formel (1) läßt sich folgendermaßen führen: Man setze zur Abkürzung

$$[AB] = s,$$

so wird nach der Formel (36) des zweiten Abschnitts die linke Seite von (1)

$$[ABcd] = [scd] = [s(cd)],$$

oder wenn man wieder für s seinen Wert substituiert,

$$[ABcd] = [AB(cd)]$$

oder nach der Formel (27) des dritten Abschnitts

$$(1) \qquad\qquad [ABcd] = [A(B \cdot cd)].$$

Ebenso beweist man die Formel (2).

Die Reduktionsregel für planimetrische Produkte. Eine *weitere* wichtige Eigenschaft planimetrischer Produkte bezieht sich auf Produkte von der Form $[abC]$ und $[ABc]$.[1]) Wir erörtern zuerst die Frage, unter welchen Bedingungen ein Produkt von der Form $[abC]$ verschwinden kann.

Faßt man in dem Produkte $[abC]$ der Deutlichkeit halber das Produkt seiner beiden ersten Faktoren noch durch eine besondere Klammer zusammen, schreibt es also in der Form $[(ab)C]$, so sieht man, daß dieses Produkt dann und nur dann gleich Null ist, wenn entweder $[ab] = 0$ oder $C = 0$ ist (oder auch beides zugleich zutrifft), oder endlich (vgl. Satz 23), wenn die Gerade des Stabes $[ab]$ mit derjenigen des Stabes C zusammenfällt, das heißt, wenn sich der Stab $[ab]$ von dem Stabe C höchstens um einen Zahlfaktor unterscheidet, so daß also

$$[ab] = \mathfrak{g}C$$

ist, unter $\mathfrak{g}$ ein Zahlfaktor verstanden, wofür wir auch schreiben wollen:

$$[ab] \equiv C,$$

(gelesen a mal b kongruent C).

Es ist aber $[ab]$ dann und nur dann gleich Null, wenn $a = 0$ oder $b = 0$ (oder auch beides zugleich der Fall ist), oder endlich wenn die Punkte a und b zusammenfallen, das heißt, wenn die Punkte a und b bis auf einen Zahlfaktor einander gleich sind, wofür wir auch schreiben:

$$a \equiv b.$$

Hieraus folgt: *Es ist das Produkt $[abC]$ dann und nur dann null, wenn entweder $a = 0$ oder $b = 0$ oder $C = 0$ oder $a \equiv b$ oder $[ab] \equiv C$, oder wenn zwei oder mehr von diesen Bedingungen gleichzeitig erfüllt sind.*

Hieran kann man die Frage knüpfen, in welchem Falle sich ein nicht verschwindendes Produkt $[abC]$ (vielleicht von einem Zahlfaktor abgesehen) auf seinen ersten oder seinen zweiten Faktor reduzieren läßt.

Da nach der Voraussetzung $[abC] \neq 0$ ist, so sind nach dem Vorhergehenden die Faktoren a und b wirkliche Punkte und nicht etwa gleich Null; ebenso ist C ein nicht verschwindender Stab. Außerdem fällt a nicht mit b, und die Gerade des Stabes $[ab]$ fällt nicht mit der Geraden des Stabes C zusammen.

---

1) Vgl. hierzu die Anmerkungen von G. Scheffers in H. Graßmanns gesammelten mathematischen und physikalischen Werken, Bd. 2, Teil 1 (1904), Seite 376 f.

Das Produkt $[abC]$ stellt dann den Schnittpunkt der Geraden des Stabes $[ab]$ mit der von ihr verschiedenen Geraden des Stabes C dar.

Eine Reduktion des Produktes $[abC]$ auf einen seiner beiden Punktfaktoren, oder doch auf einen Punkt, der mit einem von diesen beiden Faktoren zusammenfällt, tritt dann und nur dann ein, wenn der Schnittpunkt jener beiden Geraden mit einem dieser beiden Punktfaktoren identisch ist, das heißt, wenn C durch a oder b hindurchgeht, und das Produkt ist dann beziehlich $\equiv a$ oder $\equiv b$. Dabei kann in diesem Falle nicht auch der andere Faktor mit dem Stabe C vereint liegen; denn sonst würde ja die Voraussetzung nicht erfüllt sein, daß die Gerade des Stabes $[ab]$ mit der Geraden des Stabes C nicht zusammenfallen soll. Umgekehrt sind die beiden oben für ein nicht verschwindendes Produkt $[abC]$ gefundenen Bedingungen, daß a nicht mit b zusammenfallen, und daß die Gerade des Stabes $[ab]$ nicht mit der Geraden des Stabes C identisch sein darf, von selbst erfüllt, wenn man fordert, der Stab C solle, wenn er durch a geht, nicht auch zugleich durch b gehen, und wenn er durch b geht, nicht auch zugleich durch a gehen.

Ganz entsprechende Ergebnisse findet man für ein Produkt von der Form $[ABc]$. Man hat also den Satz:

Satz 58: Reduktionsregel für planimetrische Produkte. Ein planimetrisches Produkt $[abC]$ aus zwei nicht verschwindenden Punktfaktoren a und b und einem nicht verschwindenden Stabfaktor C und ebenso ein planimetrisches Produkt $[ABc]$ aus zwei nicht verschwindenden Stabfaktoren A und B und einem nicht verschwindenden Punktfaktor c ist dann und nur dann mit dem ersten oder zweiten Faktor kongruent, wenn dieser, nicht aber der andere Faktor, mit dem dritten Faktor vereint liegt.

Nach diesen Vorbereitungen wenden wir uns unserer eigentlichen Aufgabe zu, aus den in den Figuren 45 und 44 gegebenen Konstruktionen zweier projektiven Strahlbüschel und Punktreihen eine Gleichung für die von ihnen erzeugte Kurve zweiter Ordnung und Klasse abzuleiten.

Darstellung zweier projektiven Strahlbüschel durch planimetrische Produkte. Man ersetze zunächst in der Figur 45

die Buchstaben $\qquad s_1,\ G_1,\ a,\ G_2,\ s_2$

durch die Buchstaben $\qquad a,\ B,\ c,\ D,\ e.$

Dabei ist $c = [BD]$, und es geht (vgl. Seite 67) die Gerade B nicht durch a und D nicht durch e. Außerdem bezeichne man noch einen einstweilen beliebig angenommenen Punkt der Ebene mit x (vgl. Figur 63). Dann läßt

sich ein beliebiger Strahl U_1 des Strahlbüschels mit dem Scheitel a durch das
Produkt

(3) $$U_1 = [xa]$$

ausdrücken; der entsprechende Punkt der
zu diesem Strahlbüschel perspektiven
Punktreihe mit dem Träger B durch
das Produkt

$$[xaB],$$

und der zugeordnete Strahl U des zu
dieser Punktreihe wieder perspektiven
Hülfsstrahlbüschels mit dem Scheitel h
durch das Produkt

$$U = [xaBh];$$

ferner der entsprechende Punkt der zu
diesem Strahlbüschel abermals perspek-
tiven Punktreihe mit dem Träger D durch das Produkt

$$[xaBhD];$$

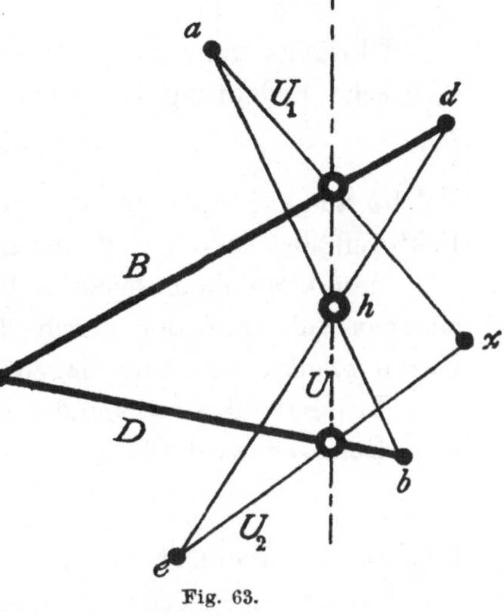
Fig. 63.

endlich der entsprechende Strahl U_2 des zu dieser Punktreihe perspektiven
Strahlbüschels mit dem Scheitel e durch das Produkt

(4) $$U_2 = [xaBhDe].$$

Dieses Strahlbüschel mit dem Scheitel e ist dann vermöge der Punktreihe B,
des Hülfsstrahlbüschels h und der Punktreihe D projektiv auf das Strahlbüschel
mit dem Scheitel a bezogen, wobei übrigens nach Seite 67 der Scheitel h des
Hülfsstrahlbüschels weder der Geraden B noch der Geraden D angehört.

Übergang zu dem Erzeugnis zweier projektiven Strahlbüschel. Soll
jetzt der ursprünglich beliebig angenommene Punkt x des Strahles
$U_1 = [xa]$ des Strahlbüschels mit dem Scheitel a zugleich dem zugeordneten
Strahle U_2 des projektiven Strahlbüschels mit dem Scheitel e angehören, so
muß er der Gleichung

$$[U_2 x] = 0$$

Genüge leisten, die man wegen (4) auch in der Form schreiben kann:

(5) $$[xaBhDex] = 0.$$

Diese Gleichung aber ist in bezug auf x eine Zahlgleichung zweiten Grades,
und da sie überdies, wie man sich leicht überzeugt, auch nicht durch
jeden Punkt x der Ebene erfüllt wird[1]), so zeigt sie von neuem, daß das

---

1) Dies ist ausführlich bewiesen in der Ausdehnungslehre meines Vaters vom
Jahre 1862, Nr. 323 (H. Graßmanns gesammelte mathematische und physikalische
Werke, Bd. 1, Teil 2 (1896), S. 196).

Erzeugnis zweier projektiven Strahlbüschel eine Kurve zweiter Ordnung ist (vgl. Seite 71).

Übrigens kann man der Gleichung (5) mit Rücksicht auf ihre geometrische Bedeutung natürlich auch die Gestalt verleihen:

$$(6) \qquad\qquad [xeDhBax] = 0 \,,$$

welche aus (5) dadurch hervorgeht, daß man in ihr die Reihenfolge aller Faktoren der linken Seite umkehrt.

Man kann dann leicht außer dem Punkt x noch fünf weitere Punkte angeben, die auf der durch die Gleichungen (5) oder (6) dargestellten Kurve zweiter Ordnung liegen müssen.

Erstens nämlich gehört ihr der Scheitel a des ersten Strahlbüschels an. Denn es wird für $x = a$ bereits das Produkt

$$[xa] = 0 \,;$$

folglich verschwindet für $x = a$ auch die linke Seite von (5).

Zweitens enthält sie aber auch den Scheitel e des zweiten Strahlbüschels. Denn für $x = e$ wird das Produkt

$$[xe] = 0 \,,$$

es verschwindet also für $x = e$ die linke Seite von (6).

Drittens liegt auf ihr der Punkt

$$x = c = [BD] \,.$$

Zunächst überzeugt man sich leicht, daß der Punkt

$$[caBhD]$$

mit dem Punkt c zusammenfällt. Dies ist schon geometrisch klar, folgt aber auch analytisch ohne Schwierigkeit durch zweimalige Anwendung der Reduktionsregel (Satz 58). Da nämlich der Punkt c, nicht aber der Punkt a, der Geraden B angehört, so wird nach der Reduktionsregel das Produkt

also das Produkt
$$[caB] \equiv c \,,$$
$$[caBhD] \equiv [chD] \,.$$

Da aber auch andererseits der Punkt c, nicht aber der Punkt h, der Geraden D angehört, so wird wieder nach der Reduktionsregel

also auch
$$(chD] \equiv c \,,$$
$$[caBhD] \equiv c \,.$$

Die linke Seite von (5) nimmt also für $x = c$ (abgesehen von einem von Null verschiedenen Zahlfaktor) die Form $[cec]$ an und verschwindet somit nach den Grundformeln (41) des zweiten Abschnitts. Folglich gehört wirklich auch der Punkt c der Kurve zweiter Ordnung an.

Viertens gilt dasselbe von dem Punkt

denn der Punkt $\qquad [ahD] = b;$

$$[baBhD]$$

fällt, wie geometrisch sofort einleuchtet, mit dem Punkt b zusammen,[1]) so daß für $x = b$ die linke Seite von (5) (von einem von Null verschiedenen Zahlfaktor abgesehen) die Form $[beb]$ erhält und also ebenfalls verschwindet. Endlich liegt aber

fünftens auch der Punkt

$$[ehB] = d$$

auf der Kurve zweiter Ordnung, was man ebenso wie bei dem Punkt b auf Grund der Gleichung (6) beweist.

Man hat also den Satz:

Satz 59: Bezieht man ein Strahlbüschel mit dem Scheitel a vermittelst der Punktreihe vom Träger B, des Hülfsstrahlbüschels vom Scheitel h und der Punktreihe vom Träger D projektiv auf ein Strahlbüschel mit dem Scheitel e, so läßt sich die von den projektiven Strahlbüscheln a und e erzeugte Kurve zweiter Ordnung durch die Gleichung darstellen

$$[xaBhDex] = 0,$$

in der x den laufenden Punkt der Kurve bedeutet. Diese Kurve zweiter Ordnung geht außer durch die Punkte e, a und $c = [BD]$ auch noch durch die Punkte

$$b = [ahD] \quad \text{und} \quad d = [ehB]$$

hindurch, in welche der Scheitel h des Hülfsstrahlbüschels von den Scheiteln a und e der beiden die Kurve erzeugenden Strahlbüschel beziehlich auf die Träger D und B der beiden Hülfspunktreihen projiziert wird.

Das Pascalsche Sechseck. Aus diesem Satze kann man einen wichtigen allgemeinen Satz über Kurven zweiter Ordnung herleiten, wenn man noch berücksichtigt, daß, wie später gelegentlich gezeigt werden wird, auch umgekehrt jede Kurve zweiter Ordnung als geometrischer Ort der gemeinsamen Punkte entsprechender Strahlen zweier projektiven Strahlbüschel dargestellt werden kann.

Denkt man sich nämlich an Stelle der fünf Elemente a, B, h, D, e, welche unsere Kurve zweiter Ordnung bestimmen, die fünf Punkte

$$a, \ b, \ c, \ d, \ e$$

____

1) Übrigens läßt sich dies auch wieder leicht analytisch durch zweimalige Anwendung der Reduktionsregel beweisen·

gegeben, durch die sie nach Satz 59 hindurchgeht, so kann man ihre Gleichung ebenso leicht finden. Man hat nämlich nur die oben benutzten Hülfsgrößen B, D, h durch die fünf Punkte a, b, c, d, e auszudrücken, wodurch sich ergibt

$$B = [cd]$$
$$D = [bc]$$
$$h = [ab \cdot de],$$

und diese Werte in die Gleichung (5) einzusetzen. Dadurch erhält man an Stelle derselben die Gleichung

$$(7) \qquad [xa(cd)(ab \cdot de)(bc)ex] = 0,$$

und dieser kann man, wenn man berücksichtigt, daß die Produkte

$$[xa(cd)(ab \cdot de)] \quad \text{und} \quad [bc]$$

zwei Stäbe darstellen, wegen (1) auch die Gestalt geben:

$$(8) \qquad [(xa \cdot cd)(ab \cdot de)(bc \cdot ex)] = 0,$$

in welcher sie eine wichtige Eigenschaft ausdrückt, die einem jeden einer Kurve zweiter Ordnung eingeschriebenen Sechseck zukommt. Betrachtet man nämlich das „einfache" Sechseck $abcdex$, das man erhält, wenn man die sechs Punkte a, b, c, d, e, x in dieser Reihenfolge miteinander verbindet und den erhaltenen Linienzug schließt, so kann man in ihm die Seitenpaare

$$xa \quad \text{und} \quad cd$$
$$ab \quad \text{und} \quad de$$
$$bc \quad \text{und} \quad ex$$

als die drei Paare Gegenseiten bezeichnen. Die drei Faktoren auf der linken Seite von (8) stellen also die drei Schnittpunkte der drei Paare Gegenseiten des einfachen Sechsecks dar, und die Gleichung (8) sagt aus, daß diese drei Schnittpunkte in einer Geraden liegen.

Aber auch umgekehrt besteht für ein einfaches Sechseck $abcdex$, dessen drei Paare Gegenseiten sich in drei Punkten einer Geraden schneiden, die Gleichung (8), woraus wiederum folgt, daß die Ecken eines solchen Sechsecks auf einer Kurve zweiter Ordnung liegen. Man hat also den Satz:

Satz 60: Der Satz von Pascal: In jedem einer Kurve zweiter Ordnung eingeschriebenen einfachen Sechseck liegen die drei Schnittpunkte der drei Paare Gegenseiten in einer Geraden, und umgekehrt: Sobald bei einem einfachen Sechseck sich die drei Paare Gegenseiten in drei Punkten einer Geraden schneiden, läßt sich dem Sechseck eine Kurve zweiter Ordnung umschreiben (vgl. die Figuren 64 und 65).

Mit Rücksicht auf diesen Satz nennt man ein Sechseck, welches einer Kurve zweiter Ordnung eingeschrieben ist, oder was nach dem Pascal-

schen Satze auf dasselbe hinauskommt, ein einfaches Sechseck,
dessen drei Paare Gegenseiten sich
in drei Punkten einer Geraden schneiden, ein „Pascalsches Sechseck"
und jene Gerade die „Pascalsche
Gerade" dieses Sechsecks.

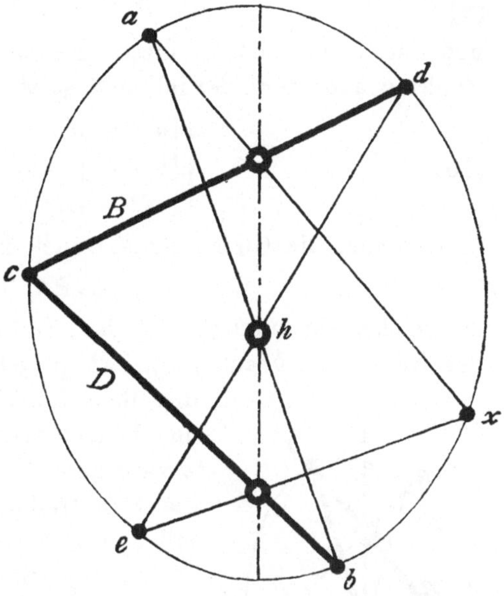

In der Figur 64 ist ebenso
wie in der obigen Figur 63 das
Pascalsche Sechseck in solcher
Weise „überschlagen" gezeichnet,
daß sich seine drei Paare Gegenseiten auf diesen Seiten selbst und
nicht erst in ihrer Verlängerung
schneiden. Natürlich kann aber
das Pascalsche Sechseck auch so
liegen, daß zur Konstruktion der
drei ausgezeichneten Punkte seiner Pascalschen Geraden eine Verlängerung der
Gegenseiten des Sechsecks nötig wird.
Diese Anordnung des Sechsecks wird durch
die Figur 65 veranschaulicht[1]).

Schließlich bemerken wir noch folgendes: Bei der dem Pascalschen Satze
gegebenen Fassung ist vorausgesetzt, daß
die Scheitel a und e der die Kurve zweiter
Ordnung erzeugenden projektiven Strahlbüschel nicht etwa eine ausgezeichnete
Lage auf der Kurve einnehmen, sondern
zwei ganz beliebige Punkte derselben sind.

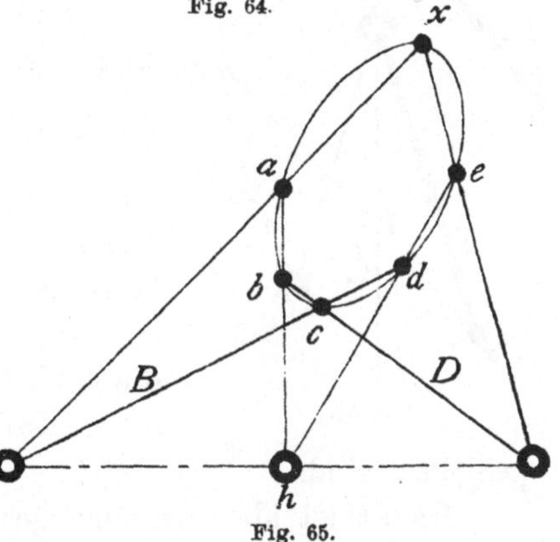

Fig. 64.

Fig. 65.

Um noch nachträglich den Beweis hierfür zu erbringen, zeige man,
daß die Kurve zweiter Ordnung (8) auch von zwei beliebigen ihrer Punkte
x und y aus durch zwei projektive Strahlbüschel projiziert wird, sich also
auch als Schnitt entsprechender Strahlen dieser beiden Strahlbüschel erzeugen läßt.

In der Tat nimmt die Gleichung (8) durch bloße Umstellung der
Faktoren die Form an

1) Vgl. hierzu J. Collins, An elementary exposition of Graßmanns Ausdehnungslehre, or theory of extension. The American Mathematical Monthly. Vols. VI
and VII (1901). Nr. 116.

(9) $$[(ab \cdot de)(bc \cdot ex)(cd \cdot xa)] = 0;$$

und denkt man sich in dieser Gleichung die Punkte x, b, c, d, e fest, den
Punkt a aber veränderlich und setzt etwa noch

(10)
$$\begin{cases} [de] = E \\ [bc \cdot ex] = h_1 \text{ und wie bisher} \\ [cd] = B, \end{cases}$$

so läßt sich die Gleichung (9) auch in der Form schreiben

(11) $$[abEh_1Bxa] = 0,$$

in welcher sie aussagt, daß das Strahlbüschel, das die laufenden Punkte a
der Kurve von b aus projiziert, projektiv ist mit dem Strahlbüschel, das

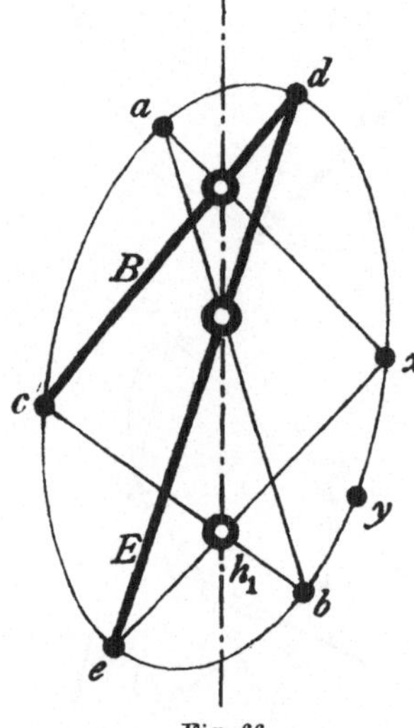

dieselben Punkte von x aus projiziert. Zwischen
den beiden Strahlbüscheln mit den Scheiteln b und
x wird nämlich, wie die Gleichung (11) zeigt, durch
die Punktreihe vom Träger E, das Strahlbüschel
mit dem Scheitel h_1 und die Punktreihe vom Träger
B eine projektive Beziehung vermittelt (vgl. Figur 66).

Nun folgt aber aus der Willkürlichkeit der
Lage des Punktes x auf der Kurve zweiter Ordnung (11), daß das soeben benutzte Strahlbüschel,
das die laufenden Punkte a der Kurve vom Punkt
b aus projiziert, auch projektiv ist mit dem Strahlbüschel, das dieselben Punkte von einem weiteren
beliebig gelegenen Punkt y der Kurve projiziert.

Und hieraus wiederum folgert man, daß auch
die beiden Strahlbüschel, welche die laufenden Punkte
a der Kurve von x und y aus projizieren, zueinander

Fig. 66.

projektiv sind.

Damit ist aber wirklich gezeigt, daß die Ecken a und e des Pascalschen Sechsecks nicht etwa eine Ausnahmestellung auf der ihm umschriebenen Kurve zweiter Ordnung einnehmen, und man hat zugleich den Satz:

Satz 61: Die Punkte einer jeden Kurve zweiter Ordnung
werden von je zwei beliebigen Punkten der Kurve aus durch
zwei projektive Strahlbüschel projiziert.

Spezialisierungen des Pascalschen Satzes. Man kann aus dem Pascalschen Satze, der durch die Gleichung (8) ausgedrückt wird, einige besondere Sätze dadurch ableiten, daß man das Pascalsche Sechseck in ein
Viereck oder *Dreieck* übergehen läßt.

So erhält man einen Satz über ein einer Kurve zweiter Ordnung eingeschriebenes *Viereck*, indem man zwei gegenüberliegende Seiten des

Pascalschen Sechsecks unendlich klein werden läßt, so daß die Linien dieser Seiten des Sechsecks zu Tangenten der ihm umschriebenen Kurve zweiter Ordnung werden.

Läßt man zum Beispiel in dem Pascalschen Sechseck $abcdex$ (vgl. Figur 65) den Punkt b unendlich nahe an a, und d unendlich nahe an e rücken und bezeichnet die Tangenten in a und e mit A und E, setzt also

$$[ab] = A, \quad [de] = E$$

(vgl. Figur 67), so verwandelt sich das der Kurve zweiter Ordnung eingeschriebene einfache Sechseck $abcdex$ mit seinen drei in einer Geraden liegenden Schnittpunkten der Gegenseiten (vgl. Figur 65) in das der Kurve zweiter Ordnung eingeschriebene einfache Viereck $acex$ mit seinen zwei Schnittpunkten der Gegenseiten und dem Schnittpunkt der beiden Tangenten A und E, die sich in den beiden Gegenecken a und e an die Kurve legen lassen (vgl. Figur 67), und die Gleichung (8) nimmt die Form an:

$$(12) \qquad [(xa \cdot ce)(AE)(ac \cdot ex)] = 0,$$

in der sie den Satz ausdrückt:

Satz 62: Der Satz von Pascal fürs einfache Viereck: In jedem einer Kurve zweiter Ordnung eingeschriebenen einfachen Viereck liegen die beiden Schnittpunkte der Gegenseiten mit dem Schnittpunkt der Tangenten von irgend zwei Gegenecken in einer Geraden.

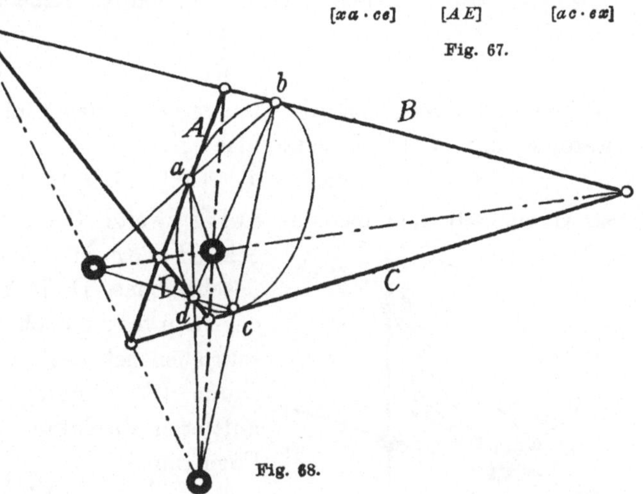

Fig. 67.

Fig. 68.

Will man aus diesem Satze den entsprechenden Satz fürs *vollständige* Viereck herleiten, so braucht man nur den Satz 62 sechsmal zu benutzen, nämlich auf *alle drei* in dem vollständigen Viereck enthaltenen einfachen Vierecke anzuwenden, und zwar jedesmal auf die Tangenten in den *beiden* Paaren Gegenecken dieser 3 einfachen Vierecke. Man erhält auf diese Weise den Satz (vgl. Figur 68):

Satz 63: Der Satz von Pascal fürs vollständige Viereck: Wird einer Kurve zweiter Ordnung ein vollständiges Viereck eingeschrieben und zugleich in dessen Ecken ein vollständiges Viereck umschrieben, so liegen auf jeder der drei Nebenseiten des vollständigen Vierecks zwei Gegenecken des vollständigen Vierseits. Oder anders ausgedrückt: Die Nebenseiten eines einer Kurve zweiter Ordnung umschriebenen vollständigen Vierseits gehen durch die Nebenecken des in den Berührungspunkten eingeschriebenen vollständigen Vierecks. Oder noch etwas kürzer: Die Nebenseiten eines einer Kurve zweiter Ordnung umschriebenen vollständigen Vierseits sind zugleich die Nebenseiten des ihr in den Berührungspunkten eingeschriebenen vollständigen Vierecks.

In entsprechender Weise leitet man aus dem Pascalschen Satze einen Satz über ein einer Kurve zweiter Ordnung eingeschriebenes *Dreieck* ab, wenn man von den sechs Seiten eines Pascalschen Sechsecks eine um die andere unendlich klein werden läßt, so daß wieder die Linien dieser drei Seiten des Sechsecks zu Tangenten der ihm umschriebenen Kurve zweiter Ordnung werden.

Läßt man zum Beispiel in dem Pascalschen Sechseck $abcdex$ (vgl. Figur 65)

den Punkt x unendlich nahe an a,
„   „ b „   „   „ c,
„   „ d „   „   „ e

rücken und bezeichnet die Tangenten in den Punkten a, c, e an die Kurve gezogen mit A, C, E, setzt also

$$[xa] = A, \quad [bc] = C, \quad [de] = E,$$

so verwandelt sich das der Kurve zweiter Ordnung eingeschriebene Sechseck $abcdex$ in das ebenfalls der Kurve eingeschriebene Dreieck ace, in dessen Ecken der Kurve zugleich das Dreiseit ACE umschrieben ist (vgl. Figur 69), und die Gleichung (8) nimmt, wenn man noch in dem mittleren Produkte die Faktoren umstellt, die Form an

$$(13) \quad [(A \cdot ce)(E \cdot ac)(C \cdot ea)] = 0,$$

in der sie den Satz enthält:

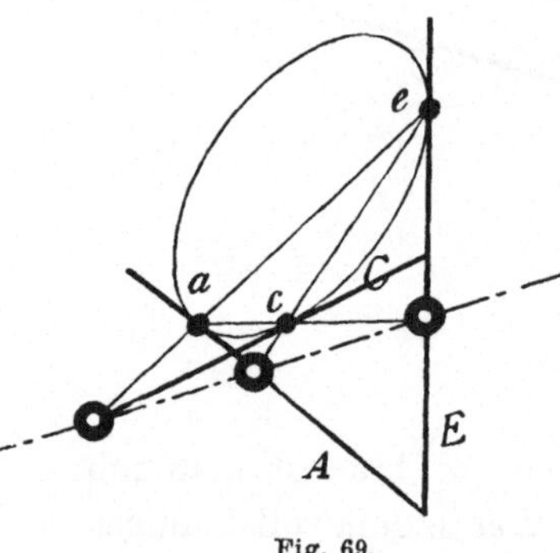

Fig. 69.

Satz 64: Der Satz von Pascal fürs Dreieck: Bei jedem einer Kurve zweiter Ordnung eingeschriebenen Dreieck schneiden sich die drei Seiten mit den drei Tangenten, die man in den gegenüber-

liegenden Ecken an die Kurve legen kann, in drei Punkten einer
Geraden.

Darstellung zweier projektiven Punktreihen durch planimetrische Produkte.
Um ferner die den Sätzen 59 bis 64 dualistisch entsprechenden Sätze
zu entwickeln, gehe man aus von der in der Figur 44 gegebenen Konstruktion zweier projektiven Punktreihen und ersetze in dieser Figur
die Buchstaben

$$T_1, \; s_1, \; A, \; s_2, \; T_2$$

durch die Buchstaben

$$A, \; b, \; C, \; d, \; E,$$

(vgl. Figur 70). Dabei ist

$$C = [bd],$$

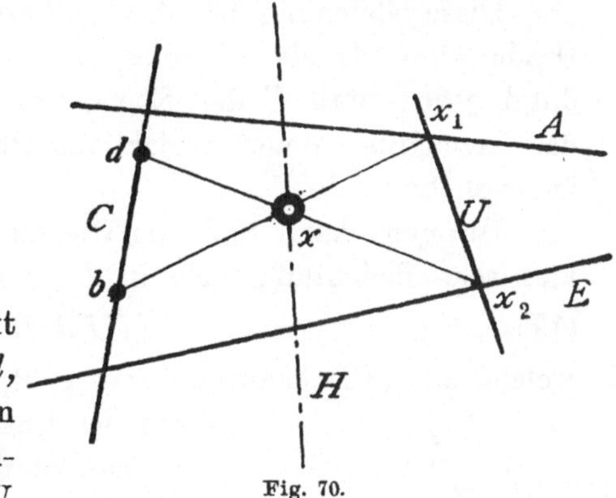

Fig. 70.

und es liegt (vgl. Seite 66) der Punkt
b nicht auf der Geraden A und d,
nicht auf E. Außerdem bezeichne man
noch einen einstweilen beliebig angenommenen Stab der Ebene mit U.
Dann läßt sich ein beliebiger Punkt x_1 der Punktreihe mit dem Träger A
durch das Produkt

$$(14) \qquad\qquad x_1 = [UA]$$

ausdrücken; der entsprechende Strahl des zu dieser Punktreihe perspektiven Strahlbüschels mit dem Scheitel b durch das Produkt

$$[UAb],$$

und der zugeordnete Punkt x der zu diesem Strahlbüschel wieder perspektiven Hülfspunktreihe mit dem Träger H durch das Produkt

$$[UAbH];$$

ferner der entsprechende Strahl des zu dieser Hülfspunktreihe abermals
perspektiven Strahlbüschels mit dem Scheitel d durch das Produkt

$$[UAbHd];$$

endlich der entsprechende Punkt x_2 der zu diesem Strahlbüschel perspektiven Punktreihe mit dem Träger E durch das Produkt

$$(15) \qquad\qquad x_2 = [UAbHdE].$$

Diese Punktreihe mit dem Träger E ist dann vermöge des Strahlbüschels b,
der Hülfspunktreihe H und des Strahlbüschels d projektiv auf die Punktreihe
mit dem Träger A bezogen, wobei übrigens nach Seite 66 der Träger H der
Hülfspunktreihe weder durch den Punkt b noch durch den Punkt d hindurchgeht.

Übergang zu dem Erzeugnis zweier projektiven Punktreihen. Soll jetzt der ursprünglich beliebig angenommene Stab U, welcher den Punkt x_1 aus der Geraden A ausschneidet, zugleich durch den zugeordneten Punkt x_2 der Punktreihe mit dem Träger E hindurchgehen, so muß er der Gleichung

$$[x_2 U] = 0$$

Genüge leisten, die man wegen (15) auch in der Form schreiben kann:

(16) $$[UAbHdEU] = 0.$$

Diese Gleichung ist aber in bezug auf U eine Zahlgleichung zweiten Grades, und da sie überdies, wie man sich leicht überzeugt, auch nicht durch jeden Stab U der Ebene erfüllt wird, so zeigt sie von neuem, daß das Erzeugnis zweier projektiven Punktreihen eine Kurve zweiter Klasse ist (vgl. Seite 75).

Übrigens kann man die Gleichung (16) mit Rücksicht auf ihre geometrische Bedeutung auch in der Form schreiben:

(17) $$[UEdHbAU] = 0,$$

welche aus (16) dadurch hervorgeht, daß man die Reihenfolge aller Faktoren der linken Seite umkehrt.

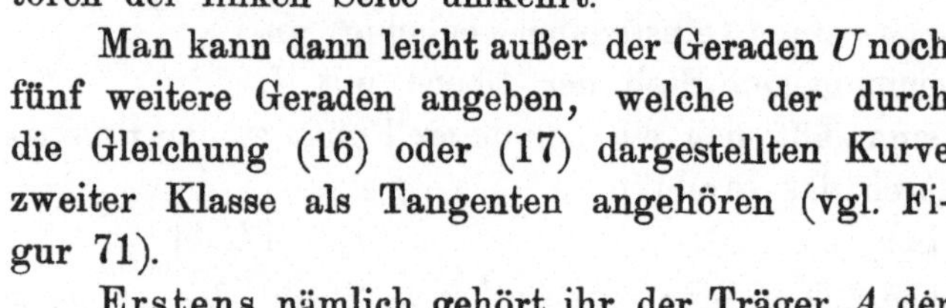

Man kann dann leicht außer der Geraden U noch fünf weitere Geraden angeben, welche der durch die Gleichung (16) oder (17) dargestellten Kurve zweiter Klasse als Tangenten angehören (vgl. Figur 71).

Erstens nämlich gehört ihr der Träger A der ersten Punktreihe an. Denn es wird für $U = A$ bereits das Produkt $[UA] = 0$;

folglich verschwindet für $U = A$ auch die linke Seite von (16).

Zweitens aber enthält sie auch den Träger E der zweiten Punktreihe. Denn für $U = E$ wird das Produkt

$$[UE] = 0,$$

Fig. 71.

es verschwindet also für $U = E$ die linke Seite von (17).

Drittens gehört ihr aber auch die Gerade

$$U = C = [bd]$$

an. Zunächst überzeugt man sich leicht, daß die Gerade

$$[CAbHd]$$

mit der Geraden C zusammenfällt. Da nämlich die Gerade C, nicht aber die Gerade A durch den Punkt b hindurchgeht, so wird nach der Reduktionsregel (Satz 58) das Produkt

$$[CAb] \equiv C,$$

also das Produkt
$$[CAbHd] \equiv [CHd].$$

Da aber auch andererseits die Gerade C, nicht aber die Gerade H, durch den Punkt d hindurchgeht, so wird wieder nach der Reduktionsregel
$$[CHd] \equiv C,$$
also auch
$$[CAbHd] \equiv C.$$

Die linke Seite von (16) nimmt also für $U = C$ (abgesehen von einem von Null verschiedenen Zahlfaktor) die Form $[CEC]$ an und verschwindet somit nach den Formeln (34) des dritten Abschnitts. Folglich gehört wirklich auch die Gerade C zu den Tangenten der Kurve zweiter Klasse (16).

Viertens gilt dasselbe von der Geraden
$$[AHd] = B;$$
denn die Gerade
$$[BAbHd]$$

fällt, wie geometrisch sofort einleuchtet, mit der Geraden B zusammen, so daß für $U = B$ die linke Seite von (16) (von einem von Null verschiedenen Zahlfaktor abgesehen) die Form $[BEB]$ erhält und also ebenfalls verschwindet. Endlich berührt aber

fünftens auch die Gerade
$$[EHb] = D$$

die Kurve zweiter Klasse, was man ebenso wie bei der Geraden B auf Grund der Gleichung (17) beweist.

Man hat also den Satz:

Satz 65: Bezieht man eine Punktreihe mit dem Träger A vermittelst des Strahlbüschels vom Scheitel b, der Hülfspunktreihe vom Träger H und des Strahlbüschels vom Scheitel d projektiv auf eine Punktreihe mit dem Träger E, so läßt sich die von den projektiven Punktreihen A und E erzeugte Kurve zweiter Klasse durch die Gleichung darstellen
$$[UAbHdEU] = 0,$$
in der U die laufende Tangente der Kurve bedeutet. Diese Kurve zweiter Klasse enthält als Tangenten außer den Geraden E, A und $C = [bd]$ auch noch die Geraden
$$B = [AHd] \quad \text{und} \quad D = [EHb],$$
welche die Schnittpunkte $[HA]$ und $[HE]$ des Trägers H der Hülfspunktreihe mit den Trägern A und E der die Kurve erzeugenden projektiven Punktreihen beziehlich von den Scheiteln d und b der beiden Hülfsstrahlbüschel aus projizieren.

Das Brianchonsche Sechsseit. Aus diesem Satze kann man den dem Pascalschen Satze entsprechenden Satz über Kurven zweiter Klasse herleiten, wenn man noch berücksichtigt, daß, wie später gelegentlich gezeigt werden wird, auch umgekehrt jede Kurve zweiter Klasse als Hüllkurve der Verbindungslinien entsprechender Punkte zweier projektiven Punktreihen dargestellt werden kann.

Denkt man sich nämlich an Stelle der fünf Elemente A, b, H, d, E, welche unsere Kurve zweiter Klasse bestimmen, die fünf Geraden

$$A,\ B,\ C,\ D,\ E$$

gegeben, die sie nach Satz 65 zu Tangenten hat, so kann man ihre Gleichung ebenso leicht finden. Man hat nämlich nur die oben benutzten Hülfsgrößen b, d, H durch die fünf Geraden A, B, C, D, E auszudrücken, wodurch sich ergibt (vgl. Figur 71)

$$b = [CD]$$
$$d = [BC]$$
$$H = [AB \cdot DE],$$

und diese Werte in die Gleichung (16) einzusetzen. Dadurch erhält man an Stelle derselben die Gleichung

(18) $$[UA(CD)(AB \cdot DE)(BC)EU] = 0,$$

und dieser kann man, wenn man berücksichtigt, daß die Produkte

$$[UA(CD)(AB \cdot DE)] \quad \text{und} \quad [BC]$$

zwei Punkte darstellen, wegen (2) auch die Gestalt geben:

(19) $$[(UA \cdot CD)(AB \cdot DE)(BC \cdot EU)] = 0,$$

in welcher sie eine wichtige Eigenschaft ausdrückt, die einem jeden einer Kurve zweiter Klasse umschriebenen Sechsseit zukommt. Betrachtet man nämlich das „einfache" Sechsseit $ABCDEU$, das man erhält, wenn man von den sechs Geraden A, B, C, D, E, U jede mit der folgenden und die letzte mit der ersten zum Schnitt bringt (vgl. Figur 72), so kann man in ihm die Punktpaare

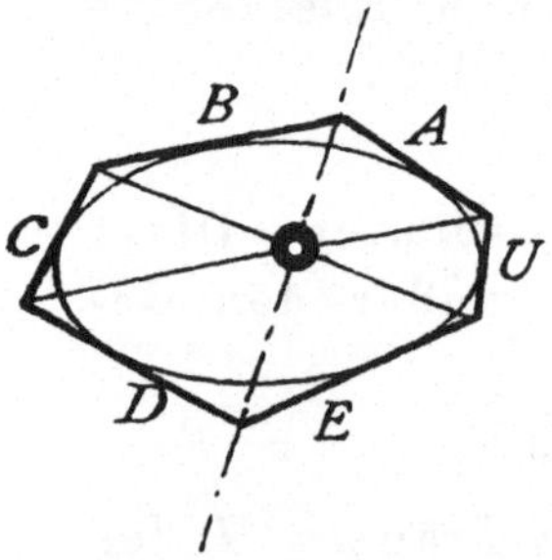

$$UA \quad \text{und} \quad CD$$
$$AB \quad \text{und} \quad DE$$
$$BC \quad \text{und} \quad EU$$

als die drei Paare Gegenecken bezeichnen. Die drei Faktoren auf der linken Seite von (19) stellen also die drei Verbindungslinien der drei Paare Gegenecken dieses einfachen Sechsecks dar, und die Gleichung

Fig. 72.

(19) sagt aus, daß diese drei Verbindungslinien durch einen und denselben Punkt gehen.

Aber auch umgekehrt besteht für ein einfaches Sechsseit $ABCDEU$, dessen drei Paare Gegenecken drei gerade Linien bestimmen, die durch einen und denselben Punkt gehen, die Gleichung (19), woraus wiederum folgt, daß die Seiten eines solchen Sechsecks Tangenten einer Kurve zweiter Klasse bilden. Man hat also den Satz:

Satz 66: Der Satz von Brianchon: In jedem einer Kurve zweiter Klasse umschriebenen einfachen Sechsseit gehen die Verbindungslinien der drei Paare Gegenecken durch einen und denselben Punkt, und umgekehrt: Sobald bei einem einfachen Sechsseit die Verbindungslinien der drei Paare Gegenecken durch denselben Punkt hindurchgehen, läßt sich dem Sechsseit eine Kurve zweiter Klasse einschreiben.

Mit Rücksicht auf diesen Satz nennt man ein Sechsseit, welches einer Kurve zweiter Klasse umschrieben ist, oder was nach dem Brianchonschen Satze auf dasselbe hinauskommt, ein einfaches Sechsseit, dessen drei Paare Gegenecken drei Linien bestimmen, die sich in demselben Punkt schneiden, ein „Brianchonsches Sechsseit" und jenen Punkt den „Brianchonschen Punkt" dieses Sechsseits.

Daß wirklich, wie in der Fassung des Brianchonschen Satzes vorausgesetzt ist, die Träger A und E der beiden projektiven Punktreihen keine ausgezeichneten Tangenten der Kurve zweiter Klasse sind, sondern zwei ganz beliebige Tangenten derselben bilden, kann man in ganz entsprechender Weise wie bei der dualistischen Entwicklung zeigen. Es gilt daher auch der Satz:

Satz 67: Die Tangenten einer Kurve zweiter Klasse schneiden auf je zwei beliebigen Tangenten der Kurve zwei projektive Punktreihen aus.

Spezialisierungen des Brianchonschen Satzes. Man kann aus dem Brianchonschen Satze, der durch die Gleichung (19) ausgedrückt wird, noch einige besondere Sätze dadurch herleiten, daß man das Brianchonsche Sechsseit in ein *Vierseit* oder *Dreiseit* übergehen läßt.

So findet man einen besonderen Satz über ein einer Kurve zweiter Klasse umschriebenes *Vierseit*, indem man zwei gegenüberliegende Winkel des Sechsseits sich unbegrenzt der Größe eines gestreckten Winkels nähern läßt, ohne dem Sechsseit den Charakter eines Brianchonschen Sechsseits zu nehmen. Dabei werden die beiden Tangenten der Kurve zweiter Klasse, welche die Schenkel eines solchen Winkels bilden, in eine einzige Tangente zusammenfallen; der Scheitel des Winkels aber wird in den Berührungspunkt dieser Tangente übergehen.

Läßt man zum Beispiel in dem Brianchonschen Sechsseit $ABCDEU$

(vgl. Figur 72) die Seite B mit der Seite A und die Seite D mit der Seite E zusammenfallen, so verwandeln sich die Schnittpunkte

$$[AB] = a \text{ und } [DE] = e$$

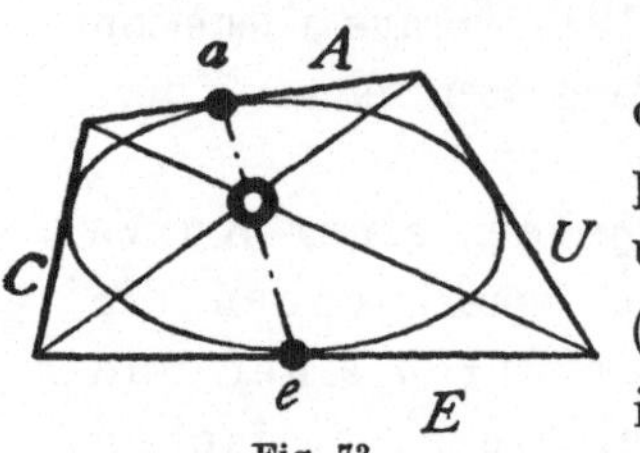

Fig. 73.

der zusammengerückten Tangenten in die Berührungspunkte der Tangenten A und E (vgl. Figur 73), und die Gleichung (19) nimmt die Form an:

$$(20) \qquad [(UA \cdot CE)(ae)(AC \cdot EU)] = 0,$$

in der sie den Satz enthält:

Satz 68: Der Satz von Brianchon fürs einfache Vierseit: In jedem einer Kurve zweiter Klasse umschriebenen einfachen Vierseit geht die Verbindungslinie der Berührungspunkte zweier Gegenseiten durch den Diagonalenschnittpunkt des Vierseits hindurch.

Will man aus diesem Satze den entsprechenden Satz fürs *vollständige* Vierseit herleiten, so braucht man nur den Satz 68 sechsmal zu benutzen, nämlich auf *alle drei* in dem vollständigen Vierseit enthaltenen einfachen Vierseite anzuwenden, und zwar jedesmal auf die Berührungspunkte in den *beiden* Paaren Gegenseiten dieser drei einfachen Vierseite. Man erhält auf diese Weise den Satz (vgl. Figur 74):

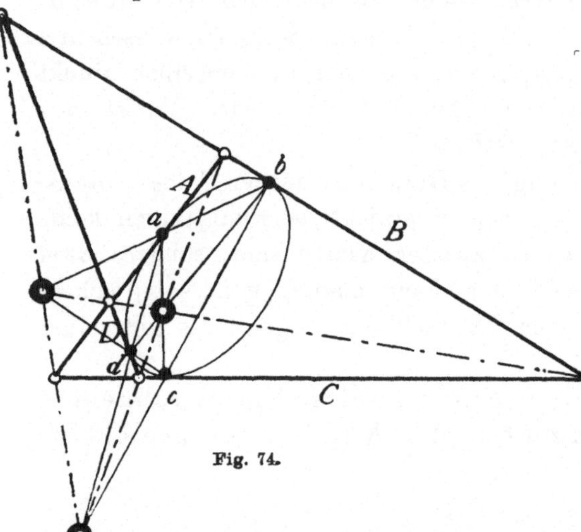

Fig. 74.

Satz 69: Der Satz von Brianchon fürs vollständige Vierseit: Wird einer Kurve zweiter Klasse ein vollständiges Vierseit umschrieben und zugleich in den Berührungspunkten seiner vier Seiten ein vollständiges Viereck eingeschrieben, so gehen durch jede Nebenecke des vollständigen Vierseits zwei Gegenseiten des vollständigen Vierecks. Oder anders ausgedrückt: Die Nebenecken eines einer Kurve zweiter Klasse umschriebenen vollständigen Vierseits sind zugleich die Nebenecken des ihr in den Berührungspunkten eingeschriebenen vollständigen Vierecks.

In entsprechender Weise leitet man aus dem Brianchonschen Satze einen Satz über ein einer Kurve zweiter Klasse umschriebenes *Dreiseit* ab, wenn man von den sechs Winkeln des Brianchonschen Sechsseits

einen um den anderen sich unbegrenzt der Größe eines gestreckten Winkels
nähern läßt. Dabei werden wieder die beiden Tangenten der Kurve zweiter
Klasse, welche die Schenkel eines solchen Winkels bilden, in eine einzige
Tangente zusammenfallen, der Scheitel des Winkels aber wird in den Berührungspunkt dieser Tangente übergehen.

Läßt man zum Beispiel in dem Brianchonschen Sechsseit $ABCDEU$
(vgl. Figur 72)   die Seite U mit der Seite A,

$$,, \quad ,, \quad B \quad ,, \quad ,, \quad ,, \quad C,$$
$$,, \quad ,, \quad D \quad ,, \quad ,, \quad ,, \quad E$$

zusammenfallen, so verwandeln sich die Schnittpunkte

$$[UA] = a, \quad [BC] = c, \quad [DE] = e$$

der zusammengerückten Tangenten in die Berührungspunkte der Tangenten

$$A, \qquad C, \qquad E$$

und das der Kurve zweiter Klasse umschriebene einfache Sechsseit $ABCDEU$
in das ebenfalls der Kurve umschriebene Dreiseit ACE mit den Berührungspunkten a, c, e
seiner drei Seiten (vgl. Figur 75). Zugleich
aber nimmt die Gleichung (19) die Form an:

(21) $[(a \cdot CE)(e \cdot AC)(c \cdot EA) = 0,$

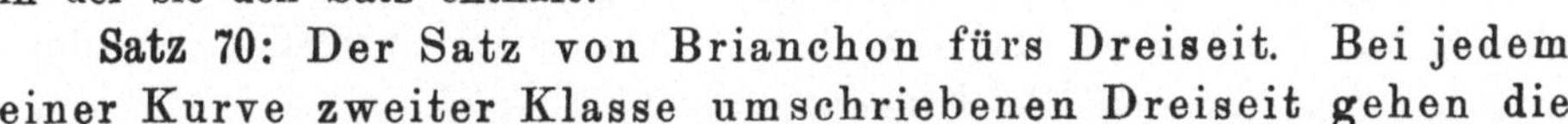

Fig. 75.

in der sie den Satz enthält:

**Satz 70: Der Satz von Brianchon fürs Dreiseit. Bei jedem
einer Kurve zweiter Klasse umschriebenen Dreiseit gehen die
drei Linien, welche
seine drei Ecken mit
den Berührungspunkten ihrer Gegenseiten
verbinden, durch einen
und denselben Punkt
hindurch.**

*Zusammenhang zwischen den Kurven zweiter
Ordnung und zweiter Klasse.*
Man kann noch bemerken,
daß die in den Sätzen 63
und 69 für eine Kurve
zweiter Ordnung und eine
Kurve zweiter Klasse aus-

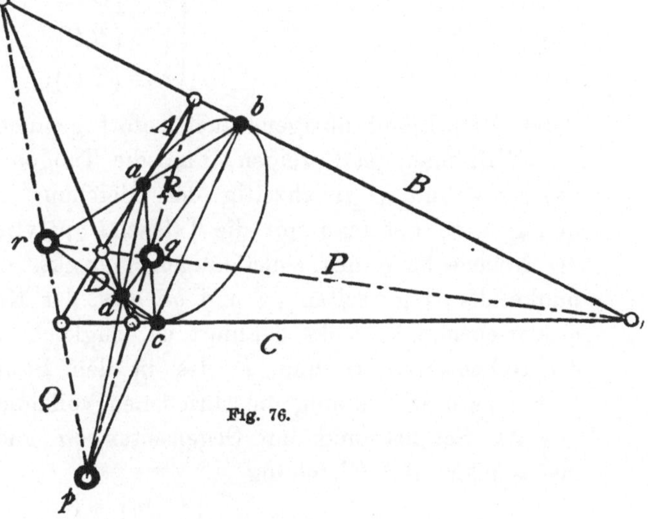

Fig. 76.

gesprochenen Eigenschaften vollkommen identisch sind, und es drängt sich daher die Frage auf, ob zwischen den beiden Begriffen „Kurve zweiter Ordnung" und „Kurve zweiter Klasse" überhaupt ein Unterschied besteht.

Um hierüber Aufschluß zu erhalten, denke man sich einer Kurve zweiter Ordnung ein vollständiges Viereck $abcd$ eingeschrieben und zugleich in seinen vier Ecken ein vollständiges Vierseit $ABCD$ umschrieben (vgl. Figur 76). Bezeichnet man dann die Nebenecken des vollständigen Vierecks mit p, q, r und die Nebenseiten des vollständigen Vierseits mit P, Q, R, so wird

$$(22) \quad \begin{cases} p = [bc \cdot ad] \\ q = [ca \cdot bd] \\ r = [ab \cdot cd] \end{cases} \quad \text{und} \quad (23) \quad \begin{cases} P = [BC \cdot AD] \\ Q = [CA \cdot BD] \\ R = [AB \cdot CD]. \end{cases}$$

Nun sind nach Satz 63 die Nebenseiten des der Kurve zweiter Ordnung umschriebenen Vierseits zugleich die Nebenseiten des in seinen Berührungspunkten eingeschriebenen Vierecks, das heißt, es gelten die drei Gleichungen

$$(24) \quad \begin{cases} P \equiv [qr] \\ Q \equiv [rp] \\ R \equiv [pq]. \end{cases}$$

Und aus ihnen folgen noch, wenn man sie paarweise miteinander multipliziert und die Formel (21) des dritten Abschnitts anwendet, die dualistisch entsprechenden Gleichungen:

$$(25) \quad \begin{cases} p \equiv [QR] \\ q \equiv [RP] \\ r \equiv [PQ], \end{cases}$$

deren Richtigkeit übrigens auch sofort geometrisch einleuchtet.

Will man jetzt zeigen, daß die Tangenten der betrachteten Kurve zweiter Ordnung gleichzeitig der Gleichung einer Kurve zweiter Klasse genügen, so hat man nur die Tatsache analytisch auszudrücken, daß etwa die Nebenecke q des vollständigen Vierecks, die nach (22) als Schnittpunkt der Gegenseiten ca und bd des der Kurve zweiter Ordnung eingeschriebenen Vierecks definiert ist, zugleich nach (25) der Schnittpunkt der Nebenseiten R und P des in den Punkten a, b, c, d derselben Kurve zweiter Ordnung umschriebenen vollständigen Vierseits $ABCD$ ist.

Als Schnittpunkt der Gegenseiten ca und bd genügt der Punkt q insbesondere der Gleichung

$$[q \cdot ca] = 0.$$

Ersetzt man aber in ihr den Punkt q durch das nach (25) kongruente Produkt $[RP]$, so nimmt dieselbe die Gestalt an

$$[RP \cdot ca] = 0$$

oder wegen (23) die Form

$$[(AB \cdot CD)(BC \cdot AD)(ca)] = 0,$$

für die man unter Umstellung der Faktoren auch schreiben kann:

$$(26) \qquad [(DC \cdot AB)(ca)(BC \cdot AD)] = 0.$$

Diese Gleichung (26) aber enthält bereits das gewünschte Ergebnis. Denkt man sich nämlich von den in ihr vorkommenden sechs Größen A, B, C, D, c, a die drei Tangenten A, B, C der Kurve zweiter Ordnung und die Berührungspunkte a und c der Tangenten A und C fest gegeben, (wodurch dann übrigens nach Satz 64 auch noch der Berührungspunkt b der Tangente B mit bestimmt ist), so bleibt in der Gleichung (26) als einzige Veränderliche der Stab D übrig. Und da diese Gleichung in bezug auf D vom zweiten Grade ist, so zeigt dieselbe, daß die veränderliche Tangente D eine Kurve zweiter Klasse umhüllt.

Dabei ist vorausgesetzt, daß die Gleichung (26) nicht überhaupt durch *jeden* Stab D der Ebene erfüllt wird. Das letztere tritt ein, wenn

$$[AB] = 0, \quad \text{also}$$
$$(27) \qquad A \equiv B, \quad \text{oder wenn}$$
$$[BC] = 0, \quad \text{also}$$
$$(28) \qquad B \equiv C, \quad \text{oder endlich auch, wenn}$$
$$(29) \qquad A \equiv C$$

ist. In diesem Falle nämlich muß auch

$$[AB] \equiv [BC]$$

und ferner *für beliebiges D*

$$[DC] \equiv [AD], \quad \text{also auch}$$
$$[DC \cdot AB] \equiv [BC \cdot AD]$$

sein. Das heißt, es sind dann für beliebige Werte von D zwei Faktoren der linken Seite von (26) bis auf einen Zahlfaktor einander gleich; die Gleichung (26) wird also in der Tat für die drei Fälle (27), (28) und (29) identisch erfüllt.

Wenn aber die Tangenten zweier verschiedenen Punkte einer Kurve zweiter Ordnung in eine Gerade zusammenfallen, so gehören dieser Geraden vier Punkte der Kurve zweiter Ordnung an, insofern ja eine jede Tangente an ihrer Berührungsstelle zwei unendlich benachbarte Punkte mit der Kurve gemein hat. Nach Seite 71 aber muß eine gerade Linie, die mehr als zwei Punkte einer Kurve zweiter Ordnung enthält, ganz auf der Kurve liegen, und nach Seite 72 f. zerfällt alsdann die Kurve zweiter Ordnung in ein Linienpaar.

Schließen wir aber 'den Fall einer in ein Linienpaar zerfallenden Kurve zweiter Ordnung von der Betrachtung aus, so stellt die Gleichung (26), welcher die Tangenten der Kurve zweiter Ordnung zu genügen haben, sicher eine Kurve zweiter Klasse dar, und man hat den Satz:

Satz 71: Die Tangenten einer jeden nicht zerfallenden Kurve zweiter Ordnung umhüllen eine Kurve zweiter Klasse.

Übrigens kann man auch leicht zwei projektive Punktreihen angeben, durch die sich die durch die Gleichung (26) dargestellte Kurve zweiter Klasse erzeugen läßt; denn schreibt man diese Gleichung in der Form

$$(30) \qquad [DC(AB)(ca)(BC)AD] = 0,$$

so zeigt dieselbe, daß jene Kurve zweiter Klasse das Erzeugnis derjenigen beiden projektiven Punktreihen mit den Trägern C und A ist, die vermittelst des Hülfsstrahlbüschels mit dem Scheitel $[AB]$, der Hülfspunktreihe mit dem Träger $[ca]$ und des Hülfsstrahlbüschels mit dem Scheitel $[BC]$ projektiv aufeinander bezogen sind.

Genau ebenso wie den Satz 71 beweist man den dualistisch entsprechenden Satz:

Satz 72: Die Berührungspunkte der Tangenten einer nicht zerfallenden Kurve zweiter Klasse bilden eine Kurve zweiter Ordnung.

Dritter Hauptteil.

Die Projektivitäten in der Geraden und im Strahlbüschel.

Abschnitt 11.

Die Projektivitätsbrüche.

Einleitung: Rein Geometrisches über die Doppelpunkte einer Projektivität in einer Geraden. Es seien zwei projektive Punktreihen auf derselben Geraden G gegeben durch die beiden Tripel zugeordneter Punkte e_1, e_2, e und a_1, a_2, a. Es soll untersucht werden, ob die durch die Zuordnung dieser beiden Punkttripel bestimmte „Projektivität" Doppelpunkte besitzt, das soll heißen, ob die erste von den beiden Punktreihen Punkte enthält, die mit den zugeordneten Punkten der zweiten Punktreihe zusammenfallen.

Um diese Frage zu entscheiden, projiziere man die beiden Punkttripel e_1, e_2, e und a_1, a_2, a von zwei nicht in der Geraden G liegenden, sonst aber beliebigen Punkten s und t aus durch die beiden Strahltripel

$$[se_1],\ [se_2],\ [se] \quad \text{und} \quad [ta_1],\ [ta_2],\ [ta].$$

Dann erzeugen die beiden durch die Zuordnung dieser Strahltripel bestimmten projektiven Strahlbüschel nach Satz 50 eine Kurve zweiter Ordnung, der die fünf Punkte

$$s,\ t,\ c_1 = [se_1 \cdot ta_1],\ c_2 = [se_2 \cdot ta_2],\ c = [se \cdot ta]$$

angehören (vgl. Fig. 77).

Nun wird aber, wie oben gezeigt ist, (vgl. Seite 71), eine Kurve zweiter Ordnung von einer jeden Geraden, die nicht alle ihre Punkte mit der Kurve gemein hat, in zwei getrennten reellen, zwei zusammenfallenden reellen oder in zwei konjugiert komplexen Punkten geschnitten.

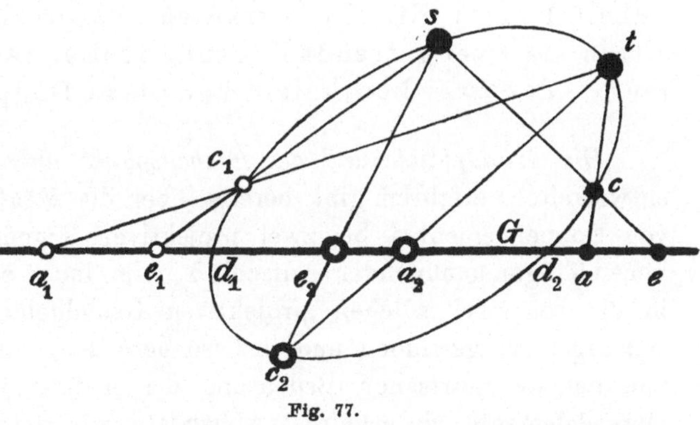

Fig. 77.

Sieht man daher zunächst von dem genannten Ausnahmefalle ab, wo sämtliche Punkte der Geraden G der Kurve zweiter Ordnung angehören, und bezeichnet die beiden Punkte, welche die Kurve aus der Geraden G ausschneidet, mit d_1 und d_2, so ist jeder von diesen beiden Punkten der Schnittpunkt zweier entsprechenden Strahlen der beiden die Kurve erzeugenden Strahlbüschel. Die beiden Punkte d_1 und d_2 sind daher in den beiden zu diesen Büscheln perspektiven Punktreihen der Geraden G sich selbst zugeordnet, das heißt, sie sind die gesuchten Doppelpunkte der gegebenen Projektivität auf der Geraden G, und außer diesen beiden Doppelpunkten entspricht kein Punkt der beiden Punktreihen sich selbst.

In dem erwähnten Ausnahmefalle aber, wo die Gerade G alle ihre Punkte mit der Kurve zweiter Ordnung gemein hat, wo also sämtliche Punkte der Geraden G Schnittpunkte entsprechender Strahlen der beiden betrachteten projektiven Strahlbüschel sind, liegen diese beiden Strahlbüschel perspektiv und die Gerade G ist ihre Perspektivitätsachse. Die von ihnen erzeugte Kurve zweiter Ordnung zerfällt daher nach Satz 51 in das Linienpaar, das durch die Geraden G und $[st]$ gebildet wird. In den beiden projektiven Punktreihen der Geraden G entspricht alsdann jeder Punkt sich selbst, das heißt, wir haben den Fall der Deckung, wo die beiden projektiven Punktreihen dieser Geraden punktweise zusammenfallen. Insbesondere müssen dann also auch die drei Punkte e_1, e_2, e beziehlich auf die drei Punkte a_1, a_2, a fallen. Man hat somit das Ergebnis:

Satz 73: Haben zwei projektive Punktreihen derselben Geraden nicht alle ihre Punkte entsprechend gemein, so besitzen sie zwei getrennt liegende reelle, zwei zusammenfallende reelle oder zwei konjugiert komplexe Doppelpunkte.

Ebenso findet man den dualistisch entsprechenden Satz:

Satz 74: Haben zwei projektive Strahlbüschel mit demselben Scheitel nicht alle ihre Strahlen entsprechend gemein, so besitzen sie zwei getrennt liegende reelle, zwei zusammenfallende reelle oder zwei konjugiert komplexe Doppelstrahlen.

Die Grundpunkte und der Einheitspunkt einer Punktreihe. Das soeben entwickelte Verfahren gibt bereits über die Möglichkeit und die Anzahl von Doppelelementen bei zwei projektiven Grundgebilden auf dem nämlichen Träger genügenden Aufschluß. Um indes einen genaueren Einblick in die bei zwei solchen projektiven Grundgebilden vorkommenden Beziehungen zu gewinnen und insbesondere auch eine deutliche Vorstellung von der geometrischen Bedeutung des Auftretens konjugiert komplexer Doppelelemente zu erhalten, behandeln wir denselben Gegenstand auch noch analytisch. Dabei erscheint eine Bevorzugung projektiver *Punktreihen* derselben Geraden um so mehr erlaubt, als sich die entsprechenden Eigenschaften zweier projektiven Strahlbüschel mit demselben Scheitel ohne weiteres durch Projektion aus den Beziehungen projektiver Punktreihen derselben Geraden ableiten lassen.

Zur analytischen Darstellung der Punkte in der Geraden benutze man als „Grundpunkte" zwei nicht zusammenfallende vielfache Punkte

$$e_1 = \mathfrak{m}_1 f_1, \quad e_2 = \mathfrak{m}_2 f_2,$$

deren Massen $\mathfrak{m}_1$ und $\mathfrak{m}_2$ in der Weise bestimmt sein mögen, daß ein der Lage nach beliebig gewählter dritter Punkt e der betrachteten Geraden, der nur nicht gerade mit einem der beiden Grundpunkte e_1 und e_2 zusammenfallen darf, sich als Summe der beiden Grundpunkte darstellt, so daß also

(1) $$e = e_1 + e_2$$

wird. Durch diese Forderung sind die Massen $\mathfrak{m}_1$ und $\mathfrak{m}_2$ der beiden Grundpunkte bis auf einen willkürlich bleibenden Proportionalitätsfaktor bestimmt. Und hat man über diesen verfügt, so ist damit auch die Masse des Hülfspunktes e festgelegt.

Fassen wir die Grundpunkte e_1 und e_2 und den Hülfspunkt e speziell als Punkte der *ersten* von den beiden Punktreihen auf, die projektiv aufeinander bezogen werden sollen, so läßt sich jeder weitere Punkt x dieser Punktreihe als Vielfachensumme der beiden Grundpunkte, das heißt durch eine Summe von der Form

(2) $$x = \mathfrak{x}_1 e_1 + \mathfrak{x}_2 e_2$$

ausdrücken, in der $\mathfrak{x}_1$ und $\mathfrak{x}_2$ zwei Zahlgrößen sind.

Diese Zahlgrößen besitzen der Formel (1) zufolge für den oben benutzten Hülfspunkt e die Werte $\mathfrak{x}_1 = \mathfrak{x}_2 = 1$. Aus diesem Grunde möge der Punkt e der „Einheitspunkt der ersten Punktreihe" genannt werden.

Jetzt läßt man den Punkten e_1 und e_2 der ersten Punktreihe in der zweiten Punktreihe der betrachteten Geraden zwei beliebige reelle Punkte a_1 und a_2 entsprechen. Liegen dabei diese Punkte a_1 und a_2 voneinander getrennt, so wird es wiederum möglich, über ihre Masse in der Weise zu verfügen, daß ein beliebiger dritter Punkt a ihrer Geraden, der nur nicht mit einem von den Punkten a_1 und a_2 zusammenfallen darf, der „Einheitspunkt der zweiten Punktreihe" wird, das heißt in bezug auf die Punkte a_1 und a_2 wieder die Ableitzahlen $\mathfrak{x}_1 = \mathfrak{x}_2 = 1$ besitzt, so daß also die Gleichung besteht

(3) $$a = a_1 + a_2.$$

Die so definierten Punkte a_1 und a_2 der zweiten Punktreihe lassen sich mittelst vier reeller Zahlen $\mathfrak{a}_{ik}$ $(i, k = 1, 2)$ als Vielfachensummen der

Grundpunkte e_1 und e_2 der ersten Punktreihe darstellen; es möge etwa sein:

$$(4) \qquad \begin{cases} a_1 = a_{11} e_1 + a_{12} e_2 \\ a_2 = a_{21} e_1 + a_{22} e_2. \end{cases}$$

Ordnet man schließlich nicht nur den beiden Grundpunkten e_1 und e_2 der ersten Punktreihe die beiden Grundpunkte a_1 und a_2 der zweiten Punktreihe zu, sondern außerdem noch dem Einheitspunkt e der ersten Punktreihe den Einheitspunkt a der zweiten, so ist dadurch, wie wir wissen, eine gewisse projektive Beziehung zwischen den beiden Punktreihen festgelegt.

Der Abbildungsfaktor einer Projektivität. Will man jetzt einen „Abbildungsfaktor" $\mathfrak{p}$ bestimmen, der einen beliebigen Punkt der ersten Punktreihe bei der Multiplikation in den projektiv zugeordneten Punkt der zweiten Punktreihe überführt, wobei die projektive Beziehung der beiden Punktreihen in der soeben beschriebenen Weise gegeben ist, so müssen für diesen Faktor $\mathfrak{p}$

erstens die 3 Gleichungen bestehen:

$$(5) \qquad e_1 \mathfrak{p} = a_1, \quad e_2 \mathfrak{p} = a_2 \quad \text{und}$$

$$(6) \qquad e \mathfrak{p} = a,$$

von denen sich die letzte Gleichung mit Rücksicht auf (1) und (3) in der Form schreiben läßt:

$$(7) \qquad (e_1 + e_2) \mathfrak{p} = a_1 + a_2$$

oder wegen (5) auch in der Form:

$$(8) \qquad (e_1 + e_2) \mathfrak{p} = e_1 \mathfrak{p} + e_2 \mathfrak{p}.$$

Ein Faktor $\mathfrak{p}$, der diesen Gleichungen genügt, bewirkt bereits eine Abbildung der Punkte e_1, e_2, e der ersten Punktreihe auf die Punkte a_1, a_2, a der zweiten Punktreihe. Da aber zugleich die ganze erste Punktreihe *projektiv* auf die zweite Punktreihe abgebildet werden soll, so hat man

zweitens dafür Sorge zu tragen, daß jedem Punkt $e_1 + \mathfrak{k} e_2$ der ersten Punktreihe der mit demselben Parameter $\mathfrak{k}$ behaftete Punkt $a_1 + \mathfrak{k} a_2$ der zweiten Punktreihe zugewiesen wird (vgl. Seite 60). Dies erzielt man sehr einfach dadurch, daß man die Gleichung (7) verallgemeinert, indem man fordert, es solle allgemein

$$(9) \qquad x \mathfrak{p} = (\mathfrak{x}_1 e_1 + \mathfrak{x}_2 e_2) \mathfrak{p} = \mathfrak{x}_1 a_1 + \mathfrak{x}_2 a_2$$

sein, das heißt, es solle jeder Punkt x, der durch die Zahlgrößen $\mathfrak{x}_1$ und $\mathfrak{x}_2$ aus den Grundpunkten e_1 und e_2 der ersten Punktreihe abgeleitet ist, durch die Multiplikation mit dem Abbildungsfaktor $\mathfrak{p}$ in denjenigen Punkt

$x\mathfrak{p}$ verwandelt werden, der aus den Grundpunkten a_1 und a_2 der zweiten Punktreihe durch *dieselben* Ableitzahlen entwickelt wird.

Übrigens enthält die Gleichung (9) nicht nur die Gleichung (7), durch deren Verallgemeinerung sie entstanden ist, sondern auch die Gleichungen (5) als Spezialfall in sich und faßt also die bisher dem Faktor $\mathfrak{p}$ beigelegten analytischen Eigenschaften vollständig zusammen.

An dieser Begriffsbestimmung des Abbildungsfaktors $\mathfrak{p}$, die durch die Gleichung (9) ausgedrückt wird und zunächst an den Fall angelehnt war, wo die drei Punkte a_1, a_2 und a räumlich voneinander verschieden sind, wollen wir auch in dem Falle festhalten, wo die beiden Punkte a_1 und a_2 in *einen* Punkt zusammenfallen. Dann stellt der Abbildungsfaktor $\mathfrak{p}$ eine „entartende Projektivität" dar. Denn es fallen in jenen Punkt nicht nur die beiden Punkte a_1 und a_2, sondern ebenso auch der Einheitspunkt

$$a = a_1 + a_2$$

der zweiten Punktreihe und überhaupt jeder Punkt

$$x\mathfrak{p} = \mathfrak{x}_1 a_1 + \mathfrak{x}_2 a_2,$$

welcher einem beliebigen Punkt

$$x = \mathfrak{x}_1 e_1 + \mathfrak{x}_2 e_2$$

der ersten Punktreihe zugeordnet wird.

Aus der Gleichung (9) folgt insbesondere noch, daß zwei zusammenfallenden Punkten der ersten Punktreihe auch stets zwei zusammenfallende Punkte der zweiten Punktreihe entsprechen.

Denn sind x und y zwei zusammenfallende Punkte der ersten Punktreihe, und ist wie oben

$$(2) \qquad x = \mathfrak{x}_1 e_1 + \mathfrak{x}_2 e_2,$$

so wird der Punkt y, da er mit x zusammenfallen soll, sich von x nur um einen Zahlfaktor $\mathfrak{g}$ unterscheiden können, das heißt, es wird

$$(*) \qquad y = \mathfrak{g}x = \mathfrak{g}\mathfrak{x}_1 e_1 + \mathfrak{g}\mathfrak{x}_2 e_2.$$

Mit Rücksicht auf die Grundeigenschaft (9) des Abbildungsfaktors $\mathfrak{p}$ wird ferner

$$x\mathfrak{p} = \mathfrak{x}_1 a_1 + \mathfrak{x}_2 a_2 \quad \text{und wegen } (*)$$

$$y\mathfrak{p} = (\mathfrak{g}x)\mathfrak{p} = \mathfrak{g}\mathfrak{x}_1 a_1 + \mathfrak{g}\mathfrak{x}_2 a_2 = \mathfrak{g}(\mathfrak{x}_1 a_1 + \mathfrak{x}_2 a_2) = \mathfrak{g}(x\mathfrak{p}),$$

das heißt, man erhält allgemein die Gleichung

$$(10) \qquad (\mathfrak{g}x)\mathfrak{p} = \mathfrak{g}(x\mathfrak{p}),$$

die man unter Vermeidung der Klammern auch in der Form schreiben kann:

$$(11) \qquad \mathfrak{g}x \cdot \mathfrak{p} = \mathfrak{g} \cdot x\mathfrak{p}.$$

Diese Gleichung sagt in der Tat aus:

Die „Bilder"

$$g x \cdot \mathfrak{p} \quad \text{und} \quad x \mathfrak{p}$$

der zusammenfallenden Punkte

$$g x \quad \text{und} \quad x$$

in der Abbildung $\mathfrak{p}$ sind nichts anderes als die Punkte

$$g \cdot x \mathfrak{p} \quad \text{und} \quad x \mathfrak{p},$$

das heißt, sie sind wieder zwei zusammenfallende Punkte und überdies um denselben Zahlfaktor g voneinander| unterschieden wie die Originalpunkte

$$g x \quad \text{und} \quad x.$$

Darstellung des Abbildungsfaktors einer Projektivität durch einen extensiven Bruch, den Projektivitätsbruch. Der durch die beiden oben (Seite 114f.) gestellten Forderungen sachlich definierte Abbildungsfaktor $\mathfrak{p}$ läßt sich nun aber formell durch einen Bruch mit den *beiden* Nennern e_1 und e_2 und den beiden entsprechenden Zählern a_1 und a_2 darstellen, das heißt, in der Form

$$(12) \qquad \mathfrak{p} = \frac{a_1 , a_2}{e_1 , e_2}$$

ausdrücken. Durch eine solche Bruchdarstellung kann man nämlich andeuten, daß aus jeder von den beiden in den Nenner gestellten Größen e_t bei der Multiplikation mit $\mathfrak{p}$ der entsprechende Zähler a_t hervorgeht, daß also die beiden Gleichungen bestehen:

$$(13) \qquad e_t \mathfrak{p} = a_t, \quad t = 1, 2.$$

Diese beiden Gleichungen bildeten die erste von den beiden Forderungen, die wir oben an den Abbildungsfaktor $\mathfrak{p}$ gestellt haben. Um aber auch der allgemeinen Forderung gerecht zu werden, welche durch die Gleichung (9) ausgedrückt wird, fügen wir die definitorische Bestimmung hinzu, der „extensive Bruch" oder „Abbildungsbruch" $\mathfrak{p}$ solle sich

erstens einer Vielfachensumme seiner Nenner e_1 und e_2 gegenüber distributiv verhalten, so daß also

$$(14) \qquad x \mathfrak{p} = (\mathfrak{x}_1 e_1 + \mathfrak{x}_2 e_2) \mathfrak{p} = \mathfrak{x}_1 e_1 \cdot \mathfrak{p} + \mathfrak{x}_2 e_2 \cdot \mathfrak{p}$$

wird, und

zweitens solle er assoziativ sein gegenüber einem Produkte aus einer Zahlgröße g und einem der beiden Nenner e_t, das heißt, es solle

$$(15) \qquad g e_t \cdot \mathfrak{p} = g \cdot e_t \mathfrak{p}$$

sein. Damit ist die oben entwickelte Formel (11) wenigstens für den Fall postuliert, wo der in ihr auftretende Faktor x einer der beiden Grundpunkte e_i ist, und man kann jetzt ihre Allgemeingültigkeit leicht beweisen. In der Tat wird

$$\mathfrak{g}x \cdot \mathfrak{p} = \mathfrak{g}(\mathfrak{x}_1 e_1 + \mathfrak{x}_2 e_2) \cdot \mathfrak{p}$$
$$= (\mathfrak{g}\mathfrak{x}_1\, e_1 + \mathfrak{g}\mathfrak{x}_2\, e_2)\mathfrak{p}$$

und das wird nach (14)

$$= \mathfrak{g}\mathfrak{x}_1\, e_1 \cdot \mathfrak{p} + \mathfrak{g}\mathfrak{x}_2\, e_2 \cdot \mathfrak{p}$$

und dies nach (15)

$$= \mathfrak{g}\mathfrak{x}_1 \cdot e_1\mathfrak{p} + \mathfrak{g}\mathfrak{x}_2 \cdot e_2\mathfrak{p}$$
$$= \mathfrak{g}(\mathfrak{x}_1 \cdot e_1\mathfrak{p} + \mathfrak{x}_2 \cdot e_2\mathfrak{p})$$

und dies wieder nach (15)

$$= \mathfrak{g}(\mathfrak{x}_1 e_1 \cdot \mathfrak{p} + \mathfrak{x}_2 e_2 \cdot \mathfrak{p})$$

oder nach (14)

$$= \mathfrak{g} \cdot (\mathfrak{x}_1 e_1 + \mathfrak{x}_2 e_2)\mathfrak{p}$$
$$= \mathfrak{g} \cdot x\mathfrak{p}.$$

Es wird also wirklich wie oben in (11)

$$(11) \qquad\qquad \mathfrak{g}x \cdot \mathfrak{p} = \mathfrak{g} \cdot x\mathfrak{p}.$$

Bei Anwendung der Formel (15) der Assoziativität kann man jetzt übrigens die Formel (14) der Distributivität vereinfachen, denn dieselbe verwandelt sich in

$$(16) \qquad x\mathfrak{p} = (\mathfrak{x}_1 e_1 + \mathfrak{x}_2 e_2)\mathfrak{p} = \mathfrak{x}_1 \cdot e_1\mathfrak{p} + \mathfrak{x}_2 \cdot e_2\mathfrak{p}$$

oder wegen (13) in

$$(17) \qquad x\mathfrak{p} = (\mathfrak{x}_1 e_1 + \mathfrak{x}_2 e_2)\mathfrak{p} = \mathfrak{x}_1 a_1 + \mathfrak{x}_2 a_2;$$

sie geht also gerade in die Formel (9) über, welche nach Seite 114 erfüllt sein muß, wenn die durch den Bruch $\mathfrak{p}$ vermittelte Abbildung eine Projektivität sein soll.

Aus der Formel (16) folgert man noch leicht die Distributivität des Abbildungsbruches $\mathfrak{p}$ gegenüber einer Summe von beliebig vielen Punkten $x, y, \ldots$ der durch seine Nenner e_1, e_2 bestimmten Geraden, das heißt die Formel

$$(18) \qquad (x + y + \cdots)\mathfrak{p} = x\mathfrak{p} + y\mathfrak{p} + \cdots.$$

Erhebung des Projektivitätsbruches zum Range einer Größe. Bisher sind die extensiven Brüche, welche die projektive Abbildung in einer Geraden vermitteln, nur als Multiplikatoren in Produkten aufgetreten, deren Multiplikand ein Punkt jener Geraden war. Um indes die Abbildungsbrüche *zum Range selbständiger Größen zu erheben,* haben wir noch eine Bestimmung darüber zu treffen, unter welcher Bedingung zwei solche Brüche untereinander und mit anderen Größen gleich gesetzt werden sollen. Wir bestimmen, es sollen zwei Abbildungsbrüche, welche Punkte einer Geraden in Punkte derselben Geraden verwandeln, dann und nur dann einander gleich gesetzt werden, wenn sie bei der Multiplikation beide einen *jeden* Punkt dieser Geraden in denselben Punkt überführen, und zwar nicht nur seiner Lage, sondern auch seiner Masse nach. Dadurch ist dann der Abbildungsbruch $\mathfrak{p}$ auch *als Größe* vollständig definiert.

Es ergibt sich ferner sofort, daß es für die Gleichheit zweier Abbildungsbrüche derselben Geraden *hinreicht*, wenn die Brüche *zwei nicht zusammenfallende Punkte* dieser Geraden in dieselben Punkte überführen.

Sind nämlich $\mathfrak{p}$ und $\mathfrak{p}'$ zwei derartige Abbildungsbrüche, welche zwei Punkte b_1 und b_2 ihrer Geraden in dieselben Punkte verwandeln, für die also die Gleichungen bestehen:

$$(19) \qquad b_1\mathfrak{p} = b_1\mathfrak{p}' \quad \text{und} \quad b_2\mathfrak{p} = b_2\mathfrak{p}',$$

so wird sicher auch für jeden beliebigen Punkt x dieser Geraden

$$(20) \qquad x\mathfrak{p} = x\mathfrak{p}',$$

so daß man nach der obigen Begriffsbestimmung der Gleichheit extensiver Brüche auch setzen kann

$$(21) \qquad \mathfrak{p} = \mathfrak{p}'.$$

In der Tat läßt sich ja jeder beliebige Punkt jener Geraden aus den beiden nicht zusammenfallenden Punkten b_1 und b_2 numerisch ableiten; es sei etwa

$$x = a_1 b_1 + a_2 b_2. \quad \text{Dann wird}$$
$$x\mathfrak{p} = a_1 \cdot b_1\mathfrak{p} + a_2 \cdot b_2\mathfrak{p} \quad \text{oder wegen (19)}$$
$$= a_1 \cdot b_1\mathfrak{p}' + a_2 \cdot b_2\mathfrak{p}'$$
$$= (a_1 b_1 + a_2 b_2)\mathfrak{p}'$$
$$= x\mathfrak{p}',$$

womit wirklich der Satz bewiesen ist:

Satz 75: Zwei Projektivitätsbrüche („Projektivitäten") derselben Geraden sind einander gleich, sobald sie beide bei der Multiplikation zwei nicht zusammenfallende Punkte dieser Geraden in dieselben Punkte überführen, und zwar nicht nur ihrer Lage, sondern auch ihrer Masse nach.

Einführung neuer Nenner. Erweiterungsformel. Planimetrische Erweiterung. Aus dem Satze 75 folgt ohne weiteres der andere:

Satz 76: Jeder extensive Bruch

$$\mathfrak{p} = \frac{a_1, \; a_2}{e_1, \; e_2},$$

der eine Projektivität in der Geraden darstellt, läßt sich in der

Weise umformen, daß seine Nenner zwei beliebige nicht zusammenfallende Punkte

$$\mathfrak{g}_{11}\,e_1 + \mathfrak{g}_{12}\,e_2 \quad \text{und} \quad \mathfrak{g}_{21}\,e_1 + \mathfrak{g}_{22}\,e_2$$

dieser Geraden werden, und zwar ist

$$(22) \qquad \frac{a_1,\ a_2}{e_1,\ e_2} = \frac{\mathfrak{g}_{11}\,a_1 + \mathfrak{g}_{12}\,a_2,\ \mathfrak{g}_{21}\,a_1 + \mathfrak{g}_{22}\,a_2}{\mathfrak{g}_{11}\,e_1 + \mathfrak{g}_{12}\,e_2,\ \mathfrak{g}_{21}\,e_1 + \mathfrak{g}_{22}\,e_2},$$

das heißt, die neuen Zähler sind aus den alten Zählern durch dieselben Zahlgrößen abgeleitet wie die neuen Nenner aus den alten Nennern.

In der Tat wird

$$(\mathfrak{g}_{i1}\,e_1 + \mathfrak{g}_{i2}\,e_2)\,\frac{a_1,\ a_2}{e_1,\ e_2} = \mathfrak{g}_{i1}\,a_1 + \mathfrak{g}_{i2}\,a_2, \quad i = 1,\ 2,$$

und ebenso

$$(\mathfrak{g}_{i1}\,e_1 + \mathfrak{g}_{i2}\,e_2)\,\frac{\mathfrak{g}_{11}\,a_1 + \mathfrak{g}_{12}\,a_2,\ \mathfrak{g}_{21}\,a_1 + \mathfrak{g}_{22}\,a_2}{\mathfrak{g}_{11}\,e_1 + \mathfrak{g}_{12}\,e_2,\ \mathfrak{g}_{21}\,e_1 + \mathfrak{g}_{22}\,e_2} = \mathfrak{g}_{i1}\,a_1 + \mathfrak{g}_{i2}\,a_2, \quad i = 1,\ 2,$$

woraus nach Satz 75 die Gleichheit der beiden Brüche folgt.

Die Formel (22) ermöglicht es, zwei Projektivitätsbrüche derselben Geraden, deren entsprechende Nenner voneinander verschieden sind, gleichnamig zu machen.

Als speziellen Fall enthält die Formel (22) noch die „Erweiterungsformel“:

$$(23) \qquad \frac{a_1,\ a_2}{e_1,\ e_2} = \frac{\mathfrak{g}_1\,a_1,\ \mathfrak{g}_2\,a_2}{\mathfrak{g}_1\,e_1,\ \mathfrak{g}_2\,e_2},$$

in welcher der Satz liegt:

Satz 77: Man kann in jedem Projektivitätsbruche unbeschadet seines Wertes die entsprechenden Zähler und Nenner gleichzeitig mit je einer beliebigen Zahlgröße multiplizieren.

Insbesondere läßt also die Erweiterung des ganzen Bruches $\mathfrak{p} = \dfrac{a_1,\ a_2}{e_1,\ e_2}$ mit einer und derselben Zahlgröße $\mathfrak{g}$ den Bruch invariant, das heißt, es besteht die Formel

$$\frac{a_1,\ a_2}{e_1,\ e_2} = \frac{\mathfrak{g}\,a_1,\ \mathfrak{g}\,a_2}{\mathfrak{g}\,e_1,\ \mathfrak{g}\,e_2}.$$

Dagegen führt die *planimetrische* Erweiterung eines Projektivitätsbruches $\mathfrak{p}$ mit einem außerhalb der transformierten Punktreihe liegenden Punkt s den Bruch $\mathfrak{p}$ in einen Bruch

$$\mathfrak{P} = \frac{[s\,a_1],\ [s\,a_2]}{[s\,e_1],\ [s\,e_2]}$$

von anderer Bedeutung über.

Unterwirft man nämlich einen Bruch $\mathfrak{P}$, dessen Zähler und Nenner je zwei Stäbe eines und desselben Strahlbüschels sind, den entsprechenden Rechengesetzen wie oben den Bruch $\mathfrak{p}$, so ruft derselbe offenbar in dem

Strahlbüschel mit dem Scheitel s die zu der Projektivität $\mathfrak{p}$ perspektiv liegende Projektivität hervor. Denn, wie die Gleichungen

$$\mathfrak{x}_1[se_1] + \mathfrak{x}_2[se_2] = [s(\mathfrak{x}_1 e_1 + \mathfrak{x}_2 e_2)]$$
$$\mathfrak{x}_1[sa_1] + \mathfrak{x}_2[sa_2] = [s(\mathfrak{x}_1 a_1 + \mathfrak{x}_2 a_2)]$$

zeigen, sind die beiden Strahlbüschel

$$\mathfrak{x}_1[se_1] + \mathfrak{x}_2[se_2] \quad \text{und} \quad \mathfrak{x}_1[sa_1] + \mathfrak{x}_2[sa_2],$$

welche durch den Bruch $\mathfrak{P}$ aufeinander bezogen werden, die Scheine der beiden projektiven Punktreihen

$$\mathfrak{x}_1 e_1 + \mathfrak{x}_2 e_2 \quad \text{und} \quad \mathfrak{x}_1 a_1 + \mathfrak{x}_2 a_2,$$

die durch den Bruch $\mathfrak{p}$ einander zugeordnet sind. Die durch den Bruch $\mathfrak{P}$ dargestellte projektive Abbildung des Strahlbüschels mit dem Scheitel s kann also als der Schein der Projektivität $\mathfrak{p}$ der Geraden $e_1 e_2$ vom Punkt s aus aufgefaßt werden, und man hat somit den Satz:

Satz 78: Aus jeder Projektivität in der Geraden geht durch planimetrische Erweiterung ihres Abbildungsbruches

$$\mathfrak{p} = \frac{a_1, \; a_2}{e_1, \; e_2}$$

mit einem außerhalb jener Geraden liegenden Punkt s die zu $\mathfrak{p}$ perspektive Projektivität im Strahlbüschel mit dem Scheitel s hervor.

Ist andererseits

$$\mathfrak{P} = \frac{A_1, \; A_2}{E_1, \; E_2}$$

der extensive Bruch für die projektive Beziehung zweier konzentrischen Strahlbüschel, sind also E_1 und E_2, A_1 und A_2 vier Stäbe, deren Geraden von einem und demselben Punkt s ausgehen, und ist G ein Stab einer beliebigen Geraden, welche nicht durch den gemeinsamen Scheitel s der beiden projektiven Strahlbüschel hindurchgeht, so führt die *planimetrische* Erweiterung mit dem Stabe G den Bruch $\mathfrak{P}$ in den Bruch

$$\mathfrak{p} = \frac{[GA_1], \; [GA_2]}{[GE_1], \; [GE_2]}$$

über, welcher die zu der Projektivität $\mathfrak{P}$ des Strahlbüschels s perspektiv liegende Projektivität $\mathfrak{p}$ in der Geraden G darstellt, und man hat also den Satz:

Satz 79: Aus einer jeden Projektivität im Strahlbüschel geht durch planimetrische Erweiterung ihres Abbildungsbruches

$$\mathfrak{P} = \frac{A_1, \; A_2}{E_1, \; E_2}$$

mit einem nicht dem Büschel angehörenden Stabe G die zu $\mathfrak{P}$ perspektive Projektivität in der Geraden des Stabes G hervor.

Begriff einer Vielfachensumme von Projektivitäten. Nachdem wir oben einen extensiven Bruch, der die projektive Abbildung in einer Geraden vermittelt, als *Größe* charakterisiert haben, können wir die *Summe zweier Projektivitäten $\mathfrak{p}$ und $\mathfrak{q}$ derselben Geraden* wieder rein formell durch die Forderung definieren, daß für die Multiplikation eines jeden Punktes dieser Geraden mit einer solchen Summe das distributive Gesetz gültig sein solle, daß also für jeden beliebigen Punkt x dieser Geraden die Gleichung bestehe:

$$(24) \qquad x(\mathfrak{p} + \mathfrak{q}) = x\mathfrak{p} + x\mathfrak{q}.$$

Hieraus folgt dann ohne weiteres, daß für die Summe zweier Projektivitäten $\mathfrak{p}$ und $\mathfrak{q}$ derselben Geraden das Vertauschungsgesetz:

$$(25) \qquad \mathfrak{p} + \mathfrak{q} = \mathfrak{q} + \mathfrak{p}$$

und für die Summe dreier solcher Projektivitäten $\mathfrak{p}$, $\mathfrak{q}$, $\mathfrak{r}$ das assoziative Gesetz:

$$(26) \qquad \mathfrak{p} + (\mathfrak{q} + \mathfrak{r}) = \mathfrak{p} + \mathfrak{q} + \mathfrak{r}$$

gelten muß.

Ferner ergibt sich aus der Gleichung (24), indem man $\mathfrak{q} = \mathfrak{p}$ setzt,

$$x \cdot 2\mathfrak{p} = 2 \cdot x\mathfrak{p}$$

und bei wiederholter Anwendung der Formel (24) zunächst für jedes positive ganze $\mathfrak{g}$ und dann vermöge der bekannten Schlußweise auch für negatives und gebrochenes $\mathfrak{g}$ die Formel

$$(27) \qquad x \cdot \mathfrak{g}\mathfrak{p} = \mathfrak{g} \cdot x\mathfrak{p},$$

während für irrationale Werte von $\mathfrak{g}$ die Formel (27) als Definitionsformel des Produktes $\mathfrak{g}\mathfrak{p}$ dienen kann.

Schließlich kann man die Formeln (24) und (27) in der allgemeineren Formel zusammenfassen:

$$(28) \qquad x(\mathfrak{a}\mathfrak{p} + \mathfrak{b}\mathfrak{q} + \cdots) = \mathfrak{a} \cdot x\mathfrak{p} + \mathfrak{b} \cdot x\mathfrak{q} + \cdots,$$

in der $\mathfrak{a}$, $\mathfrak{b}$, $\cdots$ beliebige Zahlgrößen sind.

Aus den Formeln (24) und (27) ergeben sich ferner für die Addition gleichnamiger Projektivitätsbrüche und für die Multiplikation eines solchen Bruches mit einer Zahl die Formeln

$$(29) \qquad \frac{a_1,\ a_2}{e_1,\ e_2} + \frac{b_1,\ b_2}{e_1,\ e_2} = \frac{a_1 + b_1,\ a_2 + b_2}{e_1,\qquad e_2} \quad \text{und}$$

$$(30) \qquad \mathfrak{g}\,\frac{a_1,\ a_2}{e_1,\ e_2} = \frac{\mathfrak{g}a_1,\ \mathfrak{g}a_2}{e_1,\ e_2}.$$

Denn es wird nach (24)

$$e_t\left(\frac{a_1,\ a_2}{e_1,\ e_2} + \frac{b_1,\ b_2}{e_1,\ e_2}\right) = e_t\frac{a_1,\ a_2}{e_1,\ e_2} + e_t\frac{b_1,\ b_2}{e_1,\ e_2} = a_t + b_t, \quad t = 1,\ 2;$$

andererseits wird nach (27)

$$e_t \cdot \mathfrak{g} \frac{a_1,\ a_2}{e_1,\ e_2} = \mathfrak{g} \cdot e_t \frac{a_1,\ a_2}{e_1,\ e_2} = \mathfrak{g}\, a_t, \quad t = 1,\ 2.$$

Die Formeln (29) und (30) kann man dann wieder in einer Formel zusammenfassen und zugleich auf mehr als zwei Summanden ausdehnen, wodurch man die Formel erhält:

$$(31) \qquad \mathfrak{a} \frac{a_1,\ a_2}{e_1,\ e_2} + \mathfrak{b} \frac{b_1,\ b_2}{e_1,\ e_2} + \cdots = \frac{\mathfrak{a}\, a_1 + \mathfrak{b}\, b_1 + \cdots,\ \mathfrak{a}\, a_2 + \mathfrak{b}\, b_2 + \cdots}{e_1, \qquad\qquad e_2};$$

und da man nach Satz 76 Projektivitätsbrüche derselben Geraden stets gleichnamig machen kann, so zeigt diese Formel, daß jede Vielfachensumme von Projektivitätsbrüchen derselben Geraden wieder eine Projektivität dieser Geraden darstellt.

Die Zahlgröße als Projektivitätsbruch: Die Deckung und die Identität. Es möge schließlich noch bemerkt werden, daß auch die Zahlgrößen als spezielle Fälle der von uns betrachteten Abbildungsbrüche erscheinen. So hat zum Beispiel der Bruch $\dfrac{e_1,\ e_2}{e_1,\ e_2}$ mit der Zahlgröße 1 die Eigenschaft gemein, jeden Punkt x der Geraden $e_1 e_2$ bei der Multiplikation unverändert zu lassen, und man kann jenen Bruch

$$(32) \qquad\qquad \frac{e_1,\ e_2}{e_1,\ e_2} = 1$$

setzen. Dadurch eröffnet sich zugleich die Möglichkeit, einen Abbildungsbruch von der Form (12) mit einer beliebigen Zahlgröße durch Addition oder Subtraktion zu verknüpfen.

Geometrisch entspricht der Bruch (32) und der etwas allgemeinere Bruch

$$(33) \qquad\qquad \frac{\mathfrak{f} e_1,\ \mathfrak{f} e_2}{e_1,\ e_2} = \mathfrak{f},$$

unter $\mathfrak{f}$ eine Zahlgröße verstanden, dem Falle der „Deckung zweier Punktreihen", denn durch Multiplikation mit dem Bruche (33) wird jeder Punkt der Punktreihe höchstens seiner Masse nach, nicht aber seiner Lage nach geändert.

Der Bruch (32) dagegen ändert die Punkte der Punktreihe auch nicht einmal ihrer Masse nach und kann daher als „Identitätsbruch" bezeichnet werden.

Abschnitt 12.

Das Folgeprodukt von Projektivitäten derselben Geraden.[1])

Die Resultante zweier Projektivitäten als Folgeprodukt derselben. Zu einer eigentümlichen Multiplikation extensiver Brüche gelangt man, wenn man die *„Folgen von Projektivitäten"* in Betracht zieht.

Wird eine Punktreihe x durch die Projektivität $\mathfrak{p}$ in eine zweite Punktreihe y ihres eigenen Trägers übergeführt und diese durch die Projektivität $\mathfrak{q}$ in eine dritte Punktreihe z desselben Trägers, so sind die beiden Punktreihen x und z zu der Punktreihe y projektiv und also nach Satz 40 auch untereinander projektiv. Die Abbildung $\mathfrak{r}$, welche direkt die Punktreihe x in die Punktreihe z überführt, ist also ebenfalls eine Projektivität und möge die „Folge" oder „Resultante" der Projektivitäten $\mathfrak{p}$ und $\mathfrak{q}$ genannt werden. Die Abbildungen $\mathfrak{p}$ und $\mathfrak{q}$ dagegen, aus denen sie resultiert, mögen die „Komponenten" der Abbildung $\mathfrak{r}$ heißen.

Man überzeugt sich dann leicht, daß diese Resultante $\mathfrak{r}$ zweier projektiven Abbildungen $\mathfrak{p}$ und $\mathfrak{q}$ als *eine Art Produkt* dieser Abbildungen aufgefaßt werden kann. Nach dem Obigen sollte nämlich

$$(1) \qquad x\,\mathfrak{p} = y \quad \text{und}$$

$$(2) \qquad y\,\mathfrak{q} = z$$

und andererseits

$$(3) \qquad x\,\mathfrak{r} = z$$

sein. Setzt man aber den Wert von y aus der Gleichung (1) in die Gleichung (2) ein, so nimmt diese die Form an:

$$(4) \qquad x\,\mathfrak{p}\,\mathfrak{q} = z,$$

durch deren Vergleichung mit der Gleichung (3) die für jeden beliebigen Punkt der Punktreihe x geltende Gleichung resultiert:

$$(5) \qquad x\,\mathfrak{p}\,\mathfrak{q} = x\,\mathfrak{r}.$$

Diese Gleichung aber führt direkt zu der gewünschten Produktdarstellung der Resultante $\mathfrak{r}$.

Definiert man nämlich ein „Folgeprodukt" $\mathfrak{p}\mathfrak{q}$ zweier Projektivitäten $\mathfrak{p}$ und $\mathfrak{q}$ derselben Geraden durch die beiden Forderungen, es solle

erstens ein solches Produkt wieder eine Projektivität dieser Geraden darstellen und sich

---

1) Vgl. zu diesem Abschnitt sowie zu den drei letzten Abschnitten des vorliegenden Bandes: Th. Reye, Die Geometrie der Lage, zweite Abteilung, dritte Auflage, 1892, wo der Verfasser im zehnten und zwölften Vortrage eine zusammenhängende Darstellung der Verwandtschaftsrechnung gibt.

zweitens bei der Multiplikation eines Punktes dieser Geraden assoziativ verhalten, also der Gleichung genügen

$$(6) \qquad x(\mathfrak{p}\mathfrak{q}) = x\mathfrak{p}\mathfrak{q},$$

so läßt sich die Gleichung (5) auch in der Form schreiben:

$$(7) \qquad x(\mathfrak{p}\mathfrak{q}) = x\mathfrak{r}$$

und zieht, da sie für jeden Punkt x der zugehörigen Punktreihe gilt, nach Seite 117 f. die Gleichung nach sich

$$(8) \qquad \mathfrak{p}\mathfrak{q} = \mathfrak{r}.$$

Die Bruchdarstellung des Folgeproduktes zweier Projektivitäten. Gruppe von Abbildungen. Um zu der Bruchdarstellung des so definierten Folgeproduktes zu gelangen, stelle man das in der Gleichung (5) auftretende Produkt $x\mathfrak{p}\mathfrak{q}$ als Produkt des Punktes x und eines extensiven Bruches dar. Dann ist dieser extensive Bruch der Wert des Folgeproduktes $\mathfrak{p}\mathfrak{q}$. Setzt man wie gewöhnlich

$$(9) \qquad \mathfrak{p} = \frac{a_1,\ a_2}{e_1,\ e_2} \quad \text{und}$$

$$(10) \qquad x = \mathfrak{x}_1 e_1 + \mathfrak{x}_2 e_2, \quad \text{so wird}$$

$$x\mathfrak{p}\mathfrak{q} = (\mathfrak{x}_1 e_1 + \mathfrak{x}_2 e_2)\mathfrak{p}\mathfrak{q} = (\mathfrak{x}_1 a_1 + \mathfrak{x}_2 a_2)\mathfrak{q}$$

oder bei Anwendung der Formeln (18) und (11) des vorigen Abschnitts

$$x\mathfrak{p}\mathfrak{q} = \mathfrak{x}_1\ a_1\mathfrak{q} + \mathfrak{x}_2\ a_2\mathfrak{q}$$

$$= (\mathfrak{x}_1 e_1 + \mathfrak{x}_2 e_2)\frac{a_1\mathfrak{q},\ a_2\mathfrak{q}}{e_1,\ e_2}$$

$$= x\frac{a_1\mathfrak{q},\ a_2\mathfrak{q}}{e_1,\ e_2}.$$

Bezeichnet man also noch das Folgeprodukt von $\mathfrak{p}$ und $\mathfrak{q}$ wie oben mit $\mathfrak{r}$, so erhält man die Gleichung

$$(11) \qquad \mathfrak{r} = \mathfrak{p}\mathfrak{q} = \frac{a_1,\ a_2}{e_1,\ e_2} \cdot \mathfrak{q} = \frac{a_1\mathfrak{q},\ a_2\mathfrak{q}}{e_1,\ e_2},$$

und man hat somit den Satz:

Satz 80: Die Bruchdarstellung des Folgeproduktes zweier Projektivitäten $\mathfrak{p}$ und $\mathfrak{q}$ derselben Geraden wird gebildet, indem man in dem Bruche der ersten Projektivität $\mathfrak{p}$ die Zähler mit der zweiten Projektivität $\mathfrak{q}$ multipliziert.

Aus diesem Satze läßt sich noch eine wichtige Folgerung ziehen, wenn man dem zweiten Bruche eine solche Form verleiht, daß *seine Nenner mit den entsprechenden Zählern des ersten Bruches übereinstimmen*, so daß also

$$(12) \qquad \mathfrak{p} = \frac{a_1,\ a_2}{e_1,\ e_2} \quad \text{und}$$

(13)
$$\mathfrak{q} = \frac{b_1, \; b_2}{a_1, \; a_2}$$

ist; dann wird

$$a_1\mathfrak{q} = b_1 \quad \text{und} \quad a_2\mathfrak{q} = b_2,$$

und die Formel (11) nimmt daher die Gestalt an:

(14)
$$\frac{a_1, \; a_2}{e_1, \; e_2} \cdot \frac{b_1, \; b_2}{a_1, \; a_2} = \frac{b_1, \; b_2}{e_1, \; e_2},$$

in der sie den Satz enthält:

Satz 81: Stimmen die Zähler eines Projektivitätsbruches mit den entsprechenden Nennern eines zweiten Projektivitätsbruches überein, so ist das Folgeprodukt beider Brüche derjenige Projektivitätsbruch, dessen Nenner die Nenner des ersten Faktors und dessen Zähler die Zähler des zweiten Faktors sind.

Besitzt andererseits der zweite Bruch $\mathfrak{q}$ *dieselben Nenner* wie der erste Bruch $\mathfrak{p}$, ist also

(15)
$$\mathfrak{p} = \frac{a_1, \; a_2}{e_1, \; e_2} \quad \text{und}$$

(16)
$$\mathfrak{q} = \frac{b_1, \; b_2}{e_1, \; e_2},$$

und drücken sich die Zähler von $\mathfrak{p}$ und $\mathfrak{q}$ durch die gemeinsamen Nenner vermöge der Formeln aus:

(17)
$$\begin{cases} a_1 = \mathfrak{a}_{11} e_1 + \mathfrak{a}_{12} e_2 \\ a_2 = \mathfrak{a}_{21} e_1 + \mathfrak{a}_{22} e_2 \end{cases}$$

(18)
$$\begin{cases} b_1 = \mathfrak{b}_{11} e_1 + \mathfrak{b}_{12} e_2 \\ b_2 = \mathfrak{b}_{21} e_1 + \mathfrak{b}_{22} e_2, \end{cases}$$

so kann man auch die Zähler des „Folgebruches" $\mathfrak{r}$ leicht als Vielfachensumme der Nennerpunkte e_i darstellen. In der Tat folgt aus den Formeln (17) und (16), daß die Zähler $a_1\mathfrak{q}$ und $a_2\mathfrak{q}$ des Folgeproduktes $\mathfrak{r}$ (vgl. die Formel (11)) die Werte besitzen:

$$a_1\mathfrak{q} = \mathfrak{a}_{11} b_1 + \mathfrak{a}_{12} b_2$$
$$a_2\mathfrak{q} = \mathfrak{a}_{21} b_1 + \mathfrak{a}_{22} b_2;$$

und führt man in diese Ausdrücke anstatt b_1 und b_2 ihre Werte aus (18) ein, so erhält man

$$a_1\mathfrak{q} = (\mathfrak{a}_{11}\mathfrak{b}_{11} + \mathfrak{a}_{12}\mathfrak{b}_{21})e_1 + (\mathfrak{a}_{11}\mathfrak{b}_{12} + \mathfrak{a}_{12}\mathfrak{b}_{22})e_2$$
$$a_2\mathfrak{q} = (\mathfrak{a}_{21}\mathfrak{b}_{11} + \mathfrak{a}_{22}\mathfrak{b}_{21})e_1 + (\mathfrak{a}_{21}\mathfrak{b}_{12} + \mathfrak{a}_{22}\mathfrak{b}_{22})e_2.$$

Die Gleichung (11) verwandelt sich also in:

(19)
$$\mathfrak{r} = \mathfrak{p}\mathfrak{q} = \frac{(\mathfrak{a}_{11}\mathfrak{b}_{11} + \mathfrak{a}_{12}\mathfrak{b}_{21})e_1 + (\mathfrak{a}_{11}\mathfrak{b}_{12} + \mathfrak{a}_{12}\mathfrak{b}_{22})e_2, \; (\mathfrak{a}_{21}\mathfrak{b}_{11} + \mathfrak{a}_{22}\mathfrak{b}_{21})e_1 + (\mathfrak{a}_{21}\mathfrak{b}_{12} + \mathfrak{a}_{22}\mathfrak{b}_{22})e_2}{e_1, \qquad\qquad\qquad\qquad e_2}.$$

Setzt man schließlich noch

(20)
$$\mathfrak{r} = \frac{c_1, \; c_2}{e_1, \; e_2} \quad \text{und}$$

$$(21) \qquad \begin{cases} c_1 = c_{11}e_1 + c_{12}e_2 \\ c_2 = c_{21}e_1 + c_{22}e_2, \end{cases}$$

so daß also

$$(22) \qquad \mathfrak{r} = \frac{c_{11}e_1 + c_{12}e_2,\ c_{21}e_1 + c_{22}e_2}{e_1, \qquad\qquad e_2}$$

wird, so zeigt die Vergleichung von (19) und (22), daß

$$(23) \qquad c_{ik} = a_{i1}b_{1k} + a_{i2}b_{2k},\quad i,\ k = 1,\ 2,$$

und man hat also den Satz:

Satz 82: Die Ableitzahlen c_{ik} einer Projektivität,

$$\mathfrak{r} = \frac{c_{11}e_1 + c_{12}e_2,\ c_{21}e_1 + c_{22}e_2}{e_1, \qquad\qquad e_2},$$

welche die Folge zweier Projektivitäten,

$$\mathfrak{p} = \frac{a_{11}e_1 + a_{12}e_2,\ a_{21}e_1 + a_{22}e_2}{e_1, \qquad\qquad e_2} \quad \text{und} \quad \mathfrak{q} = \frac{b_{11}e_1 + b_{12}e_2,\ b_{21}e_1 + b_{22}e_2}{e_1, \qquad\qquad e_2},$$

ist, drücken sich durch die acht Ableitzahlen dieser beiden Projektivitäten vermöge der Formeln aus:

$$c_{ik} = a_{i1}b_{1k} + a_{i2}b_{2k},\quad i,\ k = 1,\ 2.$$

Die Ableitzahlen der Zähler des Folgebruches stehen nach diesem Satze zu den Ableitzahlen der Zähler seiner Faktoren *in derselben Beziehung* wie nach dem Multiplikationssatze der Determinanten *die Elemente der Produktdeterminante zu den Elementen der Faktoren.*

Die Tatsache, daß das Folgeprodukt zweier Projektivitäten in *einer* Geraden wieder eine Projektivität in dieser Geraden darstellt, gibt noch Anlaß zur Einführung eines wichtigen Begriffs, nämlich des Begriffs einer „Gruppe von Abbildungen":

Man sagt von einer Mannigfaltigkeit von Abbildungen, welche die Eigenschaft hat, daß die Folge je zweier Abbildungen dieser Mannigfaltigkeit eine Abbildung darstellt, die ebenfalls der betrachteten Mannigfaltigkeit von Abbildungen angehört, sie bilde eine Gruppe von Abbildungen.

Diese Bedingung aber, durch welche eine Mannigfaltigkeit von Abbildungen zum Range einer Gruppe erhoben wird, ist, wie wir soeben gezeigt haben, gerade für die Projektivitäten in der Geraden erfüllt, und man hat somit den Satz:

Satz 83: Alle Projektivitäten in der Geraden bilden zusammen eine Gruppe.

Distributivität und Assoziativität der Folgeprodukte. Nach dieser Einschaltung über den Gruppenbegriff kehren wir zu den Eigenschaften des Folgeproduktes zurück. Man beweist sehr leicht die *Distributivität* eines

Folgeproduktes von Projektivitäten. Dazu multipliziere man die obige Gleichung (28) des vorigen Abschnitts, nämlich die Gleichung

$$(24) \qquad x\,(\mathfrak{a}\mathfrak{p} + \mathfrak{b}\mathfrak{q} + \cdots) = \mathfrak{a} \cdot x\mathfrak{p} + \mathfrak{b} \cdot x\mathfrak{q} + \cdots,$$

hinten mit einer beliebigen Projektivität $\mathfrak{r}$ und erhält so die Gleichung:

$$x\,(\mathfrak{a}\mathfrak{p} + \mathfrak{b}\mathfrak{q} + \cdots)\,\mathfrak{r} = (\mathfrak{a} \cdot x\mathfrak{p} + \mathfrak{b} \cdot x\mathfrak{q} + \cdots)\,\mathfrak{r}$$

oder indem man rechter Hand die Formeln (18) und (11) des vorigen Abschnitts anwendet,

$$= \mathfrak{a} \cdot x\mathfrak{p}\mathfrak{r} + \mathfrak{b} \cdot x\mathfrak{q}\mathfrak{r} + \cdots \quad \text{oder wegen (6)}$$

$$x\,\{(\mathfrak{a}\mathfrak{p} + \mathfrak{b}\mathfrak{q} + \cdots)\,\mathfrak{r}\} = \mathfrak{a} \cdot x\,(\mathfrak{p}\mathfrak{r}) + \mathfrak{b} \cdot x\,(\mathfrak{q}\mathfrak{r}) + \cdots,$$

oder wenn man die rechte Seite mit Hülfe der jetzt von rechts nach links zu lesenden Formel (24) umgestaltet,

$$x\,\{(\mathfrak{a}\mathfrak{p} + \mathfrak{b}\mathfrak{q} + \cdots)\,\mathfrak{r}\} = x\,(\mathfrak{a}\,\mathfrak{p}\mathfrak{r} + \mathfrak{b}\,\mathfrak{q}\mathfrak{r} + \cdots).$$

Da aber diese Gleichung für jeden Punkt x der zu transformierenden Punktreihe gilt, so kann man auch setzen:

$$(25) \qquad (\mathfrak{a}\mathfrak{p} + \mathfrak{b}\mathfrak{q} + \cdots)\,\mathfrak{r} = \mathfrak{a}\,\mathfrak{p}\mathfrak{r} + \mathfrak{b}\,\mathfrak{q}\mathfrak{r} + \cdots.$$

Es bedarf aber auch noch das Gegenstück dieser Formel, nämlich die Formel

$$(26) \qquad \mathfrak{r}\,(\mathfrak{a}\mathfrak{p} + \mathfrak{b}\mathfrak{q} + \cdots) = \mathfrak{a}\,\mathfrak{r}\mathfrak{p} + \mathfrak{b}\,\mathfrak{r}\mathfrak{q} + \cdots.$$

eines Beweises, da die Faktoren eines Folgeproduktes im allgemeinen nicht vertauschbar sind.

Um diesen Beweis zu erbringen, gehe man aus von dem Ausdruck

$$x\mathfrak{r}\,(\mathfrak{a}\mathfrak{p} + \mathfrak{b}\mathfrak{q} + \cdots),$$

in welchem das Produkt $x\mathfrak{r}$ das Bild des Punktes x in der Projektivität $\mathfrak{r}$, also ebenfalls ein Punkt ihres Trägers ist. Es läßt sich daher auf den angegebenen Ausdruck die Formel (24) anwenden. Nach ihr wird

$$x\mathfrak{r}\,(\mathfrak{a}\mathfrak{p} + \mathfrak{b}\mathfrak{q} + \cdots) = \mathfrak{a}\,x\mathfrak{r}\mathfrak{p} + \mathfrak{b}\,x\mathfrak{r}\mathfrak{q} + \cdots$$

oder wegen (6)

$$x\,\{\mathfrak{r}\,(\mathfrak{a}\mathfrak{p} + \mathfrak{b}\mathfrak{q} + \cdots)\} = \mathfrak{a}\,x(\mathfrak{r}\mathfrak{p}) + \mathfrak{b}\,x(\mathfrak{r}\mathfrak{q}) + \cdots,$$

oder wenn man die rechte Seite mit Hülfe der rückwärts gelesenen Formel (24) umformt:

$$x\,\{\mathfrak{r}\,(\mathfrak{a}\mathfrak{p} + \mathfrak{b}\mathfrak{q} + \cdots)\} = x\,(\mathfrak{a}\,\mathfrak{r}\mathfrak{p} + \mathfrak{b}\,\mathfrak{r}\mathfrak{q} + \cdots).$$

Es ist daher wirklich auch

$$(26) \qquad \mathfrak{r}\,(\mathfrak{a}\mathfrak{p} + \mathfrak{b}\mathfrak{q} + \cdots) = \mathfrak{a}\,\mathfrak{r}\mathfrak{p} + \mathfrak{b}\,\mathfrak{r}\mathfrak{q} + \cdots.$$

Damit ist die Distributivität der Folgeprodukte von Projektivitäten für die beiden in Betracht kommenden Fälle bewiesen, und man erhält den Satz:

Satz 84: Das Folgeprodukt von Projektivitäten einer Geraden ist distributiv.

Schließlich bleibt noch der Übergang zu den Folgeprodukten von drei und mehr Abbildungen zu machen. Zunächst läßt sich aus der für *zwei* Abbildungen $\mathfrak{p}$ und $\mathfrak{q}$ postulierten Formel

$$(6) \qquad\qquad x\,(\mathfrak{p}\mathfrak{q}) = x\mathfrak{p}\mathfrak{q}$$

leicht die entsprechende Formel für drei oder mehr projektive Abbildungen $\mathfrak{p},\ \mathfrak{q},\ \mathfrak{r}, \cdots$ herleiten, nämlich die Formel

$$(27) \qquad\qquad x\,(\mathfrak{p}\mathfrak{q}\mathfrak{r}\cdots) = x\mathfrak{p}\mathfrak{q}\mathfrak{r}\cdots,$$

welche aussagt, daß das Produkt $\mathfrak{p}\mathfrak{q}\mathfrak{r}\cdots$ *sich assoziativ verhält bei der Multiplikation eines Punktes x der zu transformierenden Punktreihe.* In der Tat erhält man durch zweimalige Anwendung der Formel (6)

$$x\,(\mathfrak{p}\mathfrak{q}\mathfrak{r}) = x\,((\mathfrak{p}\mathfrak{q})\,\mathfrak{r}) = x\,(\mathfrak{p}\mathfrak{q})\,\mathfrak{r} = (x\mathfrak{p}\mathfrak{q})\,\mathfrak{r} = x\mathfrak{p}\mathfrak{q}\mathfrak{r};$$

und ebenso beweist man die entsprechende Formel für vier und mehr Abbildungen.

Jetzt aber überzeugt man sich leicht, daß das Folgeprodukt $\mathfrak{p}\mathfrak{q}\mathfrak{r}\cdots$ *auch in sich assoziativ ist.* Es genügt, die Assoziativität für drei Faktoren zu beweisen, also zu zeigen, daß

$$(28) \qquad\qquad \mathfrak{p}\,(\mathfrak{q}\mathfrak{r}) = \mathfrak{p}\mathfrak{q}\mathfrak{r}$$

ist. Nach dem Begriff des Folgeproduktes $\mathfrak{q}\mathfrak{r}$ zweier Projektivitäten $\mathfrak{q}$ und $\mathfrak{r}$ ist $\mathfrak{q}\mathfrak{r}$ diejenige Abbildung, durch welche jeder beliebige Punkt der zu transformierenden Punktreihe in denselben Punkt übergeführt wird, wie wenn man ihn nacheinander den Abbildungen $\mathfrak{q}$ und $\mathfrak{r}$ unterworfen hätte. Wendet man diese Begriffsbestimmung speziell auf den Punkt $x\mathfrak{p}$ an, unter x ein beliebiger Punkt der zu transformierenden Punktreihe verstanden, so erhält man die Formel

$$x\mathfrak{p}\,(\mathfrak{q}\mathfrak{r}) = x\mathfrak{p}\mathfrak{q}\mathfrak{r},$$

oder wenn man beide Seiten mittelst der Formel (27) umwandelt,

$$x\,(\mathfrak{p}\,(\mathfrak{q}\mathfrak{r})) = x\,(\mathfrak{p}\mathfrak{q}\mathfrak{r}).$$

Diese Gleichung aber liefert, da x nach der Voraussetzung ein ganz beliebiger Punkt der zu transformierenden Punktreihe war, wirklich die obige Gleichung

$$(28) \qquad\qquad \mathfrak{p}\,(\mathfrak{q}\mathfrak{r}) = \mathfrak{p}\mathfrak{q}\mathfrak{r},$$

und aus ihr folgt endlich durch wiederholte Anwendung, daß man in einem Folgeprodukte von beliebig vielen Faktoren diese Faktoren in ganz willkürlicher Weise zusammenfassen kann. Man hat also den Satz:

Satz 85: In einem Folgeprodukte von Projektivitäten derselben Geraden kann man die Faktoren in ganz willkürlicher

Weise zusammenfassen, oder anders ausgedrückt: Das Folgeprodukt von Projektivitäten in einer Geraden ist assoziativ.

Die inverse Abbildung einer Projektivität und einer Folge von Projektivitäten. Zyklische Vertauschung der Faktoren eines Folgeproduktes. Die oben getroffenen Festsetzungen über die Lage und die Massen der beiden Nennerpunkte e_t und der beiden Zählerpunkte a_t des Bruches $\mathfrak{p}$ weichen nur insofern voneinander ab, als für die Zähler a_1, a_2 des Bruches $\mathfrak{p}$ auch zwei zusammenfallende Punkte zugelassen sind, während die beiden Nennerpunkte e_1, e_2 stets zwei räumlich verschiedene Punkte sein sollten; und diese letztere Festsetzung war notwendig, weil sonst der Bruch $\mathfrak{p}$ überhaupt gar nicht für jeden Punkt der zu transformierenden Punktreihe eine Zuordnung festlegen würde.

Durch diesen Unterschied zwischen den Nenner- und Zählerpunkten aber wird es bedingt, daß der aus dem Bruche

$$(12) \qquad \mathfrak{p} = \frac{a_1, \ a_2}{e_1, \ e_2}$$

durch Vertauschung seiner Zähler mit seinen Nennern entstehende Bruch

$$\frac{e_1, \ e_2}{a_1, \ a_2}$$

nur dann ebenfalls eine Projektivität darstellt, wenn seine Nenner a_1, a_2, das heißt die Zähler des Bruches $\mathfrak{p}$, voneinander räumlich verschieden sind, oder was dasselbe ist, wenn das äußere Produkt dieser Zähler, das heißt das Produkt $[a_1 a_2]$,

$$(29) \qquad [a_1 a_2] \neq 0$$

ist. Sobald diese Bedingung erfüllt ist, sagen wir, der Bruch $\mathfrak{p}$ sei „umkehrbar", und bezeichnen den durch jene Vertauschung entstehenden Bruch $\frac{e_1, \ e_2}{a_1, \ a_2}$ durch das Symbol $\frac{1}{\mathfrak{p}}$ oder $\mathfrak{p}^{-1}$, setzen also

$$(30) \qquad \frac{1}{\mathfrak{p}} = \frac{e_1, \ e_2}{a_1, \ a_2}$$

und nennen die durch ihn dargestellte Projektivität $\frac{1}{\mathfrak{p}}$ die zur Projektivität $\mathfrak{p}$ „inverse Projektivität" oder auch wohl die „Umkehrung" der Projektivität $\mathfrak{p}$.

Die geometrische Bedeutung der inversen Projektivität $\frac{1}{\mathfrak{p}}$ besteht darin, daß sie bei der Multiplikation die Punkte $x\mathfrak{p}$ der zweiten Punktreihe der Projektivität $\mathfrak{p}$ in die Punkte x der ersten Punktreihe zurückverwandelt. Denn nach dem Begriff des extensiven Bruches wird

$$(31) \qquad a_t \frac{1}{\mathfrak{p}} = e_t, \quad t = 1, 2.$$

Ist also wieder

$$x = \mathfrak{x}_1 e_1 + \mathfrak{x}_2 e_2$$

und somit

$$x\,\mathfrak{p} = \mathfrak{x}_1 a_1 + \mathfrak{x}_2 a_2,$$

so wird

$$x\,\mathfrak{p}\,\frac{1}{\mathfrak{p}} = \mathfrak{x}_1 e_1 + \mathfrak{x}_2 e_2 = x,$$

das heißt, es wird wirklich

$$(32) \qquad\qquad x\,\mathfrak{p}\,\frac{1}{\mathfrak{p}} = x.$$

Ebenso beweist man, daß

$$(33) \qquad\qquad x\,\frac{1}{\mathfrak{p}}\,\mathfrak{p} = x,$$

und da diese beiden Formeln für jeden Punkt x der betrachteten Punktreihe gelten, so lassen sie sich auch in der Form schreiben:

$$(34) \qquad\qquad \mathfrak{p}\,\frac{1}{\mathfrak{p}} = 1 \quad \text{und}$$

$$(35) \qquad\qquad \frac{1}{\mathfrak{p}}\,\mathfrak{p} = 1.$$

Man hat also den Satz:

Satz 86: Die Folge einer umkehrbaren Projektivität $\mathfrak{p}$ und ihrer inversen Projektivität $\frac{1}{\mathfrak{p}}$, oder die umgekehrte Folge ist gleich 1.

Dieses Ergebnis ermöglicht es, eine Gleichung von der Form

$$(36) \qquad\qquad x\,\mathfrak{p} = x',$$

in der $\mathfrak{p}$ eine umkehrbare Projektivität darstellt, nach x aufzulösen. Multipliziert man nämlich beiderseits *hinten* mit der zu $\mathfrak{p}$ inversen Projektivität $\frac{1}{\mathfrak{p}}$, so erhält man

$$x\,\mathfrak{p}\,\frac{1}{\mathfrak{p}} = x'\,\frac{1}{\mathfrak{p}}$$

oder wegen (32)

$$(37) \qquad\qquad x = x'\,\frac{1}{\mathfrak{p}},$$

womit der Satz bewiesen ist:

Satz 87: Ist $\mathfrak{p}$ eine umkehrbare Projektivität, so ist die Gleichung

$$x\,\mathfrak{p} = x'$$

nach x auflösbar und ergibt für x den Wert

$$x = x'\,\frac{1}{\mathfrak{p}}\,.$$

Wir gehen dazu über, die inverse Abbildung zu einer Folge von Projektivitäten derselben Geraden zu bestimmen. Es seien also n umkehrbare Projektivitäten derselben Geraden $\mathfrak{p}_1$, $\mathfrak{p}_2$, ... $\mathfrak{p}_n$ gegeben, deren Folgeprodukt $= \mathfrak{r}$ sein möge, für die somit die Gleichung besteht:

$$(38) \qquad \mathfrak{p}_1 \mathfrak{p}_2 \ldots \mathfrak{p}_n = \mathfrak{r};$$

es soll die Umkehrung $\frac{1}{\mathfrak{r}}$ der resultierenden Projektivität $\mathfrak{r}$ durch die komponierenden Projektivitäten $\mathfrak{p}_1$, $\mathfrak{p}_2$, ... $\mathfrak{p}_n$ ausgedrückt werden.

Um die gesuchte Umkehrung $\frac{1}{\mathfrak{r}}$ in die gegebene Gleichung (38) einzuführen, multipliziere man diese Gleichung *vorn* mit $\frac{1}{\mathfrak{r}}$ und erhält, indem man rechter Hand die Gleichung (35) verwertet,

$$(39) \qquad \frac{1}{\mathfrak{r}} \, \mathfrak{p}_1 \mathfrak{p}_2 \ldots \mathfrak{p}_n = 1.$$

Sodann schaffe man die Abbildungen $\mathfrak{p}_n$, $\mathfrak{p}_{n-1}$, ... $\mathfrak{p}_1$ in dieser Reihenfolge nacheinander auf die rechte Seite. Dazu multipliziere man die Gleichung (39) zuerst *hinten* mit $\frac{1}{\mathfrak{p}_n}$ und erhält, wenn man linker Hand den Satz 85 und die Gleichung (34) benutzt:

$$\frac{1}{\mathfrak{r}} \, \mathfrak{p}_1 \mathfrak{p}_2 \ldots \mathfrak{p}_{n-1} = \frac{1}{\mathfrak{p}_n}.$$

Die gewonnene Gleichung multipliziere man wiederum *hinten* mit $\frac{1}{\mathfrak{p}_{n-1}}$, wodurch sich ergibt:

$$\frac{1}{\mathfrak{r}} \, \mathfrak{p}_1 \mathfrak{p}_2 \ldots \mathfrak{p}_{n-2} = \frac{1}{\mathfrak{p}_n} \, \frac{1}{\mathfrak{p}_{n-1}},$$

und indem man so fortfährt, bekommt man schließlich die Gleichung

$$(40) \qquad \frac{1}{\mathfrak{r}} = \frac{1}{\mathfrak{p}_n} \, \frac{1}{\mathfrak{p}_{n-1}} \ldots \frac{1}{\mathfrak{p}_1},$$

die, wenn man noch für $\mathfrak{r}$ seinen Wert aus (38) substituiert, die Form annimmt:

$$(41) \qquad \frac{1}{\mathfrak{p}_1 \mathfrak{p}_2 \ldots \mathfrak{p}_n} = \frac{1}{\mathfrak{p}_n} \, \frac{1}{\mathfrak{p}_{n-1}} \ldots \frac{1}{\mathfrak{p}_1}.$$

Diese Gleichung aber enthält den Satz:

Satz 88: Erster Satz von Stéphanos[1]): Man erhält zu einer Folge beliebig vieler umkehrbarer Projektivitäten die Umkehrung, indem man die umgekehrte Folge aus den Umkehrungen jener Projektivitäten bildet.

Es sei weiter ein Folgeprodukt von beliebig vielen umkehrbaren Pro-

---

1) Vgl. C. Stéphanos, Mémoire sur la représentation des homographies binaires par des points de l'espace, Math. Ann. Bd. 22 (1883), S. 316.

jektivitäten $\mathfrak{p}_1$, $\mathfrak{p}_2$, ... $\mathfrak{p}_n$ gegeben, das einer Zahlgröße $\mathfrak{k}$ gleich ist, so daß eine Gleichung von der Form

$$(42) \qquad \mathfrak{p}_1\mathfrak{p}_2\mathfrak{p}_3 \ldots \mathfrak{p}_n = \mathfrak{k}$$

besteht. Es läßt sich dann leicht zeigen, daß sich der Wert dieses Folgeproduktes nicht ändert, wenn man seine Faktoren zyklisch miteinander vertauscht. In der Tat, multipliziert man die Gleichung (42) vorn mit $\frac{1}{\mathfrak{p}_1}$ und hinten mit $\mathfrak{p}_1$, so erhält man

$$\frac{1}{\mathfrak{p}_1}\, \mathfrak{p}_1\mathfrak{p}_2\mathfrak{p}_3 \ldots \mathfrak{p}_n\mathfrak{p}_1 = \frac{1}{\mathfrak{p}_1}\,\mathfrak{k}\mathfrak{p}_1;$$

und berücksichtigt man, daß rechter Hand der Zahlfaktor $\mathfrak{k}$ an die erste Stelle gesetzt werden kann, und wendet beiderseits Satz 86 an, so ergibt sich die Gleichung:

$$(43) \qquad \mathfrak{p}_2\mathfrak{p}_3 \ldots \mathfrak{p}_n\mathfrak{p}_1 = \mathfrak{k};$$

und ebenso beweist man die Gleichungen:

$$(44) \qquad \begin{cases} \mathfrak{p}_3\mathfrak{p}_4 \ldots \mathfrak{p}_n\mathfrak{p}_1\mathfrak{p}_2 = \mathfrak{k} \\ \cdots\cdots\cdots\cdots\cdots \\ \mathfrak{p}_n\mathfrak{p}_1\mathfrak{p}_2 \ldots \mathfrak{p}_{n-1} = \mathfrak{k}. \end{cases}$$

Man hat also den Satz:

Satz 89: Erster Satz von H. Wiener[1]): Ist das Folgeprodukt einer Anzahl umkehrbarer Projektivitäten gleich einer Zahlgröße, so kommt derselbe Zahlwert auch allen denjenigen Folgeprodukten zu, die sich aus jenem Folgeprodukte durch zyklische Vertauschung seiner Faktoren ergeben.

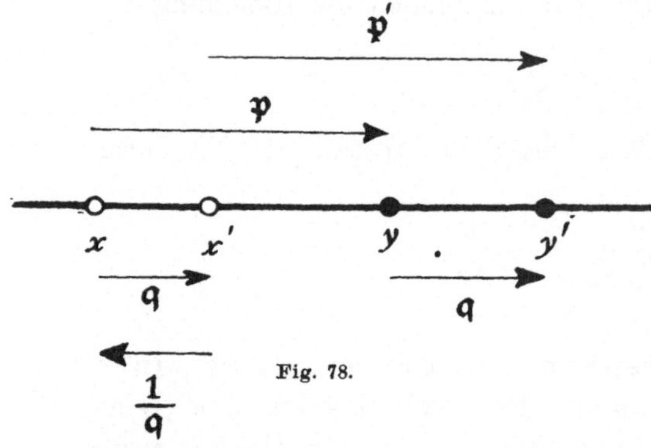

Fig. 78.

Überführung von Projektivitäten. Es seien zwei Projektivitäten $\mathfrak{p}$ und $\mathfrak{q}$ gegeben, von denen die erste, $\mathfrak{p}$, einen beliebigen Punkt x der zu transformierenden Punktreihe in den Punkt y verwandelt, während die zweite Abbildung, $\mathfrak{q}$, von der wir noch voraussetzen wollen, daß sie umkehrbar sei, die Punkte x und y in die Punkte x' und y' überführen möge, so daß also die Gleichungen bestehen (vgl. Figur 78):

$$(45) \qquad y = x\mathfrak{p} \quad \text{und}$$

---

1) Vgl. H. Wiener, Über geometrische Analysen, Berichte der math.-phys. Klasse der Sächs. Ges. der Wissenschaften. Juli 1890. Nr. 35. S. 253.

$$\begin{cases} (46) & x' = x\,\mathfrak{q} \\ (47) & y' = y\,\mathfrak{q}. \end{cases}$$

Es soll die Abbildung $\mathfrak{p}'$ bestimmt werden, welche allgemein die Punkte x' in die Punkte y' verwandelt, die also der Gleichung genügt:

$$(48) \qquad y' = x'\,\mathfrak{p}'.$$

Man kann dann die Abbildung $\mathfrak{p}'$ als diejenige Abbildung bezeichnen, in welche die Projektivität $\mathfrak{p}$ durch die Projektivität $\mathfrak{q}$ übergeführt wird.

Um die gesuchte Abbildung $\mathfrak{p}'$ durch die Projektivitäten $\mathfrak{p}$ und $\mathfrak{q}$ auszudrücken, setze man zunächst den Wert von y aus (45) in die Gleichung (47) ein und erhält so die Gleichung

$$(49) \qquad y' = x\,\mathfrak{p}\,\mathfrak{q}.$$

Diese Gleichung gibt die Beziehung an, die zwischen y' und x herrscht. Es handelt sich aber um die Beziehung zwischen y' und x'. Man hat also noch x durch x' auszudrücken. Aus der Gleichung (46) folgt, da $\mathfrak{q}$ nach der Voraussetzung umkehrbar ist, durch Auflösung nach x (vgl. Satz 87):

$$(50) \qquad x = x'\,\frac{1}{\mathfrak{q}}\,;$$

und setzt man diesen Wert in die Gleichung (49) ein, so findet man die Gleichung

$$y' = x'\,\frac{1}{\mathfrak{q}}\,\mathfrak{p}\,\mathfrak{q} \quad \text{oder nach (27)}$$

$$(51) \qquad y' = x'\left(\frac{1}{\mathfrak{q}}\,\mathfrak{p}\,\mathfrak{q}\right).$$

Durch Vergleichung dieser Formel mit der Formel (48) aber ergibt sich für $\mathfrak{p}'$ der Wert

$$(52) \qquad \mathfrak{p}' = \frac{1}{\mathfrak{q}}\,\mathfrak{p}\,\mathfrak{q},$$

das heißt, die gesuchte Abbildung $\mathfrak{p}'$ ist die Folge der drei Projektivitäten $\frac{1}{\mathfrak{q}}$, $\mathfrak{p}$ und $\mathfrak{q}$ und somit nach Seite 123 selbst eine Projektivität.

Übrigens kann man der Gleichung (52) noch zwei andere Formen verleihen. Multipliziert man nämlich die Gleichung (52) vorn mit $\mathfrak{q}$ und vertauscht dann die beiden Seiten der entstehenden Gleichung miteinander, so erhält man die Gleichung

$$(53) \qquad \mathfrak{p}\,\mathfrak{q} = \mathfrak{q}\,\mathfrak{p}';$$

und multipliziert man diese Gleichung wiederum hinten mit $\frac{1}{\mathfrak{q}}$, so ergibt sich die dritte Gleichungsform

$$(54) \qquad \mathfrak{p} = \mathfrak{q}\,\mathfrak{p}'\,\frac{1}{\mathfrak{q}}.$$

Diese drei Gleichungen (52) bis (54) müssen also bestehen, wenn die Projektivität $\mathfrak{p}$ durch die Projektivität $\mathfrak{q}$ in die Abbildung $\mathfrak{p}'$ übergeführt werden soll. Durch Umkehrung der angewandten Schlußfolge überzeugt man sich ferner, daß andererseits eine Abbildung $\mathfrak{p}'$, welche einer von diesen drei Gleichungen (und damit auch den anderen) Genüge leistet, aus der Projektivität $\mathfrak{p}$ durch die Projektivität $\mathfrak{q}$ erzeugt wird.

Man erhält daher den Satz:

Satz 90: Jede von den 3 Gleichungen

$$(52) \quad \mathfrak{p}' = \frac{1}{\mathfrak{q}}\,\mathfrak{p}\mathfrak{q}, \qquad (53) \quad \mathfrak{p}\mathfrak{q} = \mathfrak{q}\mathfrak{p}', \qquad (54) \quad \mathfrak{p} = \mathfrak{q}\mathfrak{p}'\frac{1}{\mathfrak{q}}$$

ist eine notwendige und hinreichende Bedingung dafür, daß die Projektivität $\mathfrak{p}$ durch die umkehrbare Projektivität $\mathfrak{q}$ in die Abbildung $\mathfrak{p}'$ übergeführt wird; diese Abbildung $\mathfrak{p}'$ ist selbst eine Projektivität.

Es möge dabei noch bemerkt werden, daß sich die Gleichung

$$(53) \qquad \mathfrak{p}\mathfrak{q} = \mathfrak{q}\mathfrak{p}'$$

bequem in die Worte kleiden läßt: „$\mathfrak{p}$ wird durch $\mathfrak{q}$ in $\mathfrak{p}'$ übergeführt".

Aus dem Satze 90 folgert man leicht, daß jede lineare homogene Gleichung oder Ungleichung zwischen der Identität 1 und einer willkürlichen Anzahl von Folgeprodukten beliebiger Projektivitäten invariant bleibt, wenn man sämtliche in der Gleichung vorkommende Projektivitäten einer Transformation durch eine und dieselbe umkehrbare Projektivität $\mathfrak{r}$ unterwirft.

In der Tat, ist

$$(55) \qquad \mathfrak{a}\,\mathfrak{p}_1\mathfrak{p}_2\cdots\mathfrak{p}_m + \mathfrak{b}\,\mathfrak{q}_1\mathfrak{q}_2\cdots\mathfrak{q}_n + \cdots \lessgtr \mathfrak{k}.$$

eine Vergleichung der genannten Art, und unterwirft man die Abbildungen

$$\mathfrak{p}_1, \mathfrak{p}_2, \cdots \mathfrak{p}_m, \mathfrak{q}_1, \mathfrak{q}_2, \cdots \mathfrak{q}_n, \cdots$$

sämtlich der umkehrbaren Projektivität $\mathfrak{r}$, wodurch sie übergehen mögen in die Projektivitäten:

$$\mathfrak{p}_1', \mathfrak{p}_2', \cdots \mathfrak{p}_m', \mathfrak{q}_1', \mathfrak{q}_2', \cdots \mathfrak{q}_n', \cdots,$$

so bestehen nach Satz 90 die Gleichungen:

$$(56) \qquad \begin{cases} \mathfrak{p}_i = \mathfrak{r}\,\mathfrak{p}_i'\,\dfrac{1}{\mathfrak{r}}, \; i = 1, 2, \ldots m, \\[2ex] \mathfrak{q}_j = \mathfrak{r}\,\mathfrak{q}_j'\,\dfrac{1}{\mathfrak{r}}, \; j = 1, 2, \ldots n, \\[2ex] \cdots\cdots\cdots\cdots\cdots\cdots\cdots\cdots \end{cases}$$

Setzt man aber diese Werte in die in der Vergleichung (55) enthaltene Gleichung

$$(57) \qquad \mathfrak{a}\,\mathfrak{p}_1\mathfrak{p}_2\cdots\mathfrak{p}_m + \mathfrak{b}\,\mathfrak{q}_1\mathfrak{q}_2\cdots\mathfrak{q}_n + \cdots = \mathfrak{k}$$

ein, so nimmt sie die Form an:

$$\mathfrak{a}\left(\mathfrak{r}\,\mathfrak{p}_1'\tfrac{1}{\mathfrak{r}}\right)\left(\mathfrak{r}\,\mathfrak{p}_2'\tfrac{1}{\mathfrak{r}}\right)..\left(\mathfrak{r}\,\mathfrak{p}_m'\tfrac{1}{\mathfrak{r}}\right) + \mathfrak{b}\left(\mathfrak{r}\,\mathfrak{q}_1'\tfrac{1}{\mathfrak{r}}\right)\left(\mathfrak{r}\,\mathfrak{q}_2'\tfrac{1}{\mathfrak{r}}\right)..\left(\mathfrak{r}\,\mathfrak{q}_n'\tfrac{1}{\mathfrak{r}}\right) + \cdots = \mathfrak{k}.$$

Und faßt man hierin auf Grund des Satzes 85 die Faktoren der einzelnen Glieder immer in der Weise zusammen, daß überall die nebeneinander stehenden Faktoren $\tfrac{1}{\mathfrak{r}}$ und $\mathfrak{r}$ zu dem Produkte $\tfrac{1}{\mathfrak{r}}\,\mathfrak{r} = 1$ vereinigt werden, und multipliziert die so entstehende Gleichung

$$\mathfrak{a}\,\mathfrak{r}\,\mathfrak{p}_1'\mathfrak{p}_2'.. \mathfrak{p}_m'\,\tfrac{1}{\mathfrak{r}} + \mathfrak{b}\,\mathfrak{r}\,\mathfrak{q}_1'\mathfrak{q}_2'..\mathfrak{q}_n'\tfrac{1}{\mathfrak{r}} + \cdots = \mathfrak{k}$$

vorn mit $\tfrac{1}{\mathfrak{r}}$ und hinten mit $\mathfrak{r}$ und berücksichtigt, daß die Zahlgrößen $\mathfrak{a}, \mathfrak{b}, .. \mathfrak{k}$ in den entstehenden Produkten wieder an die erste Stelle gesetzt werden dürfen, so erhält man die Gleichung

(58) $$\mathfrak{a}\,\mathfrak{p}_1'\mathfrak{p}_2'.. \mathfrak{p}_m' + \mathfrak{b}\,\mathfrak{q}_1'\mathfrak{q}_2'..\mathfrak{q}_n' + \cdots = \mathfrak{k}.$$

Damit ist die Invarianz der in der Vergleichung (55) enthaltenen Gleichung bewiesen. Daß auch die entsprechende Ungleichung sich gegenüber der Abbildung $\mathfrak{r}$ invariant verhält, erkennt man am leichtesten durch ein indirektes Beweisverfahren: Wäre trotz des Bestehens der Ungleichung

(59) $$\mathfrak{a}\,\mathfrak{p}_1\mathfrak{p}_2.. \mathfrak{p}_m + \mathfrak{b}\,\mathfrak{q}_1\mathfrak{q}_2..\mathfrak{q}_n + \cdots \lessgtr \mathfrak{k}$$

die Gleichung

(60) $$\mathfrak{a}\,\mathfrak{p}_1'\mathfrak{p}_2'.. \mathfrak{p}_m' + \mathfrak{b}\,\mathfrak{q}_1'\mathfrak{q}_2'..\mathfrak{q}_n' + \cdots = \mathfrak{k}$$

erfüllt, so würde sich aus dieser Gleichung ganz entsprechend wie oben, aber vermöge der umgekehrten Substitutionen

(61) $$\begin{cases} \mathfrak{p}_i' = \tfrac{1}{\mathfrak{r}}\,\mathfrak{p}_i\mathfrak{r}, \; i = 1, 2, .. m, \\[2mm] \mathfrak{q}_j' = \tfrac{1}{\mathfrak{r}}\,\mathfrak{q}_j\mathfrak{r}, \; j = 1, 2, .. n, \\[2mm] \dots\dots\dots\dots\dots\dots \end{cases}$$

die Gleichung ableiten lassen:

(62) $$\mathfrak{a}\,\mathfrak{p}_1\mathfrak{p}_2.. \mathfrak{p}_m + \mathfrak{b}\,\mathfrak{q}_1\mathfrak{q}_2..\mathfrak{q}_n + \cdots = \mathfrak{k},$$

welche mit der Ungleichung (59) in Widerspruch steht. Man hat somit wirklich den Satz bewiesen:

Satz 91: Jede lineare homogene Gleichung oder Ungleichung zwischen der Identität und einer willkürlichen Anzahl von Folgeprodukten beliebiger Projektivitäten, das heißt jede Vergleichung von der Form

(55) $$\mathfrak{a}\,\mathfrak{p}_1\mathfrak{p}_2.. \mathfrak{p}_m + \mathfrak{b}\,\mathfrak{q}_1\mathfrak{q}_2..\mathfrak{q}_n + \cdots \lesseqgtr \mathfrak{k},$$

verhält sich invariant, wenn man sämtliche in ihr vorkommende Projektivitäten einer und derselben umkehrbaren Projektivität $\mathfrak{r}$ unterwirft.

Abschnitt 13.

Das kombinatorische Produkt zweier Projektivitäten derselben Geraden.

Gleichläufige und gegenläufige Projektivitäten. Wir gehen von der Frage aus: Wann werden zwei projektive Punktreihen auf dem nämlichen Träger, deren projektive Beziehung durch den Bruch

$$(1) \qquad \mathfrak{p} = \frac{a_1, a_2}{e_1, e_2}$$

vermittelt wird, in demselben Sinne, wann in entgegengesetztem Sinne durchlaufen? Wir werden beweisen, daß das erstere oder das letztere der Fall ist, je nachdem der Bruch

$$\frac{[a_1\,a_2]}{[e_1\,e_2]}$$

positiv oder negativ ist, je nachdem also der Stab, der durch das äußere Produkt $[a_1 a_2]$ der Zähler des Bruches $\mathfrak{p}$ dargestellt wird, denselben oder den entgegengesetzten Sinn hat wie derjenige Stab, der durch das äußere Produkt $[e_1 e_2]$ seiner Nenner ausgedrückt wird.

Wir setzen dazu *zunächst* voraus, daß die Massen der vier Punkte e_1, e_2, a_1, a_2 sämtlich positiv seien. Dann werden bei gleichem Sinne der beiden Stäbe $[e_1 e_2]$ und $[a_1 a_2]$, das heißt in dem Falle, wo der Wert des Bruches

$$\frac{[a_1\,a_2]}{[e_1\,e_2]} > 0$$

ist, auch die beiden Punktreihen $\mathfrak{x}_1 e_1 + \mathfrak{x}_2 e_2$ und $\mathfrak{x}_1 a_1 + \mathfrak{x}_2 a_2$ in demselben Sinne durchlaufen; bei entgegengesetztem Sinne jener beiden Stäbe aber, das heißt in dem Falle, wo der Wert des Bruches

$$\frac{[a_1\,a_2]}{[e_1\,e_2]} < 0$$

ist, haben auch jene beiden Punktreihen entgegengesetzten Sinn.

In der **Tat**, bezeichnet man wie oben die mit den Nennerpunkten e_1 und e_2 zusammenfallenden einfachen Punkte mit f_1 und f_2 und die Massen der Punkte e_1 und e_2, die nach unserer soeben gemachten Voraussetzung vorderhand als positiv angenommen werden sollten, mit $\mathfrak{m}_1$ und $\mathfrak{m}_2$, ferner die mit den Zählerpunkten a_1 und a_2 zusammenfallenden einfachen Punkte mit b_1 und b_2 und die ebenfalls als positiv vorausgesetzten Massen von a_1 und a_2 mit $\mathfrak{n}_1$ und $\mathfrak{n}_2$, so läßt sich der Ausdruck $x = \mathfrak{x}_1 e_1 + \mathfrak{x}_2 e_2$ für einen beliebigen Punkt x der ersten Punktreihe auch in der Form schreiben:

$$(2) \qquad x = \mathfrak{x}_1 \mathfrak{m}_1 f_1 + \mathfrak{x}_2 \mathfrak{m}_2 f_2;$$

andererseits nimmt der Ausdruck $x\mathfrak{p} = \mathfrak{x}_1 a_1 + \mathfrak{x}_2 a_2$ für den entsprechenden Punkt $x\mathfrak{p}$ der zweiten Punktreihe die Gestalt an:

$$(3) \qquad x\mathfrak{p} = \mathfrak{x}_1 \mathfrak{n}_1 b_1 + \mathfrak{x}_2 \mathfrak{n}_2 b_2;$$

und es sind die beiden Verhältnisse

$$\frac{\mathfrak{x}_2 \mathfrak{m}_2}{\mathfrak{x}_1 \mathfrak{m}_1} \quad \text{und} \quad \frac{\mathfrak{x}_2 \mathfrak{n}_2}{\mathfrak{x}_1 \mathfrak{n}_1}$$

der Ableitzahlen, mittelst deren die Punkte

$$x \quad \text{und} \quad x\mathfrak{p}$$

als Vielfachensummen der einfachen Punkte f_1, f_2 und b_1, b_2 dargestellt sind, für alle Punkte *innerhalb* der Linienstücke $e_1 e_2$ und $a_1 a_2$ *positiv* und für alle Punkte *außerhalb* dieser Linienstücke *negativ*.

Und dasselbe gilt dann, da die vier Massen $\mathfrak{m}_1, \mathfrak{m}_2, \mathfrak{n}_1, \mathfrak{n}_2$, als positiv vorausgesetzt sind, auch von dem Verhältnis $\frac{\mathfrak{x}_2}{\mathfrak{x}_1}$.

Für den unendlich fernen Punkt des Trägers der beiden Punktreihen ferner besitzen jene beiden Verhältnisse den Wert -1, das heißt, es ist für diesen Punkt

$$\frac{\mathfrak{x}_2 \mathfrak{m}_2}{\mathfrak{x}_1 \mathfrak{m}_1} = -1 \quad \text{und ebenso} \quad \frac{\mathfrak{x}_2 \mathfrak{n}_2}{\mathfrak{x}_1 \mathfrak{n}_1} = -1;$$

also nimmt das Verhältnis $\frac{\mathfrak{x}_2}{\mathfrak{x}_1}$ für den unendlich fernen Punkt der ersten Punktreihe den Wert an:

$$\frac{\mathfrak{x}_2}{\mathfrak{x}_1} = -\frac{\mathfrak{m}_1}{\mathfrak{m}_2}$$

und für den unendlich fernen Punkt der zweiten Punktreihe den Wert:

$$\frac{\mathfrak{x}_2}{\mathfrak{x}_1} = -\frac{\mathfrak{n}_1}{\mathfrak{n}_2}.$$

Endlich hat das Verhältnis $\frac{\mathfrak{x}_2}{\mathfrak{x}_1}$ für die Punkte e_1 und a_1 den Wert 0 und für die Punkte e_2 und a_2 den Wert $\pm\infty$. Während also das Verhältnis $\frac{\mathfrak{x}_2}{\mathfrak{x}_1}$ von $-\infty$ über $-\frac{\mathfrak{m}_1}{\mathfrak{m}_2} \left(\text{und} -\frac{\mathfrak{n}_1}{\mathfrak{n}_2}\right)$ und 0 bis $+\infty$ wächst, läuft der Punkt x von e_2 unter Vermeidung von e_1 ins Unendliche und kehrt dann aus dem Unendlichen über e_1 nach e_2 zurück, und gleichzeitig geht der zugeordnete Punkt $x\mathfrak{p}$ von a_2 unter Vermeidung von a_1 ins Unendliche, (das aber von ihm im allgemeinen nicht für denselben Wert des Verhältnisses $\frac{\mathfrak{x}_2}{\mathfrak{x}_1}$ erreicht wird wie vom Punkt x); aus dem Unendlichen kommt dann schließlich der Punkt $x\mathfrak{p}$ über a_1 nach a_2 zurück.

Sind daher die beiden Stäbe $[f_1 f_2]$ und $[b_1 b_2]$ überdies noch von gleichem Sinne, woraus mit Rücksicht auf das Vorzeichen der vier Massen dasselbe für die beiden Stäbe $[e_1 e_2]$ und $[a_1 a_2]$ folgt, so daß also der Bruch

$$(4) \qquad \frac{[a_1 a_2]}{[e_1 e_2]} > 0$$

ist, so *werden die beiden Punktreihen x und $x\mathfrak{p}$ in demselben Sinne durchlaufen* (vgl. die Figur 79, a und b, in welcher der Übersichtlichkeit halber die beiden einander entsprechenden Punktreihen auf zwei *verschiedenen* einander parallelen Geraden gezeichnet sind).

Sind dagegen die beiden Stäbe $[f_1 f_2]$ und $[b_1 b_2]$ von entgegengesetztem Sinne, woraus dasselbe für die beiden Stäbe $[e_1 e_2]$ und $[a_1 a_2]$ folgt, so daß also der Bruch

$$(5) \qquad \frac{[a_1 a_2]}{[e_1 e_2]} < 0$$

wird, so *werden die beiden Punktreihen in entgegengesetztem Sinne durchlaufen.*

Nachdem so unsere Behauptung für den Fall bewiesen ist, wo die Massen der vier Punkte e_1, e_2, a_1, a_2 sämtlich positiv sind, ist es auch nicht mehr schwer, sie nunmehr allgemein zu beweisen. Ändert man nämlich das Vorzeichen der Masse irgendeines jener vier Punkte, so ändert sich damit sowohl das Vorzeichen des Bruches $\dfrac{[a_1 a_2]}{[e_1 e_2]}$ wie auch der Durchlaufungssinn derjenigen Punktreihe, der jener Punkt angehört, vorausgesetzt, daß man wie bisher das Verhältnis $\dfrac{\mathfrak{x}_2}{\mathfrak{x}_1}$ von $-\infty$ bis $+\infty$ wachsen läßt. Denn da auch jetzt noch die beiden Verhältnisse

$$\frac{\mathfrak{x}_2\, \mathfrak{m}_2}{\mathfrak{x}_1\, \mathfrak{m}_1} \quad \text{und} \quad \frac{\mathfrak{x}_2\, \mathfrak{n}_2}{\mathfrak{x}_1\, \mathfrak{n}_1}$$

für alle Punkte innerhalb der Linienstücke $e_1 e_2$ und $a_1 a_2$ positiv, für alle Punkte außerhalb derselben negativ sind, so wird für diejenige Punktreihe, bei der die Masse eines Grundpunktes negativ

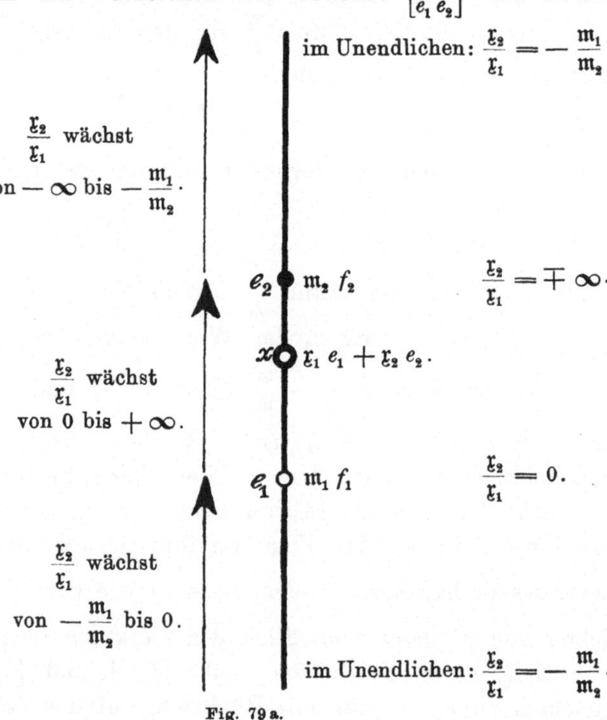

Fig. 79 a.

ist, *gerade umgekehrt* das Verhältnis $\frac{\mathfrak{x}_2}{\mathfrak{x}_1}$ für die Punkte *zwischen* den beiden Grundpunkten der betreffenden Punktreihe *negativ* und für die Punkte *außerhalb* des zwischen diesen Grundpunkten gelegenen Linienstücks *positiv*.

Während also das Verhältnis

$$\frac{\mathfrak{x}_2}{\mathfrak{x}_1} \text{ von } - \infty \text{ über } 0 \text{ bis } + \infty \text{ wächst,}$$

läuft in dieser Punktreihe der bewegliche Punkt vom zweiten Grundpunkt *unter Vermeidung des Unendlichen zum ersten Grundpunkt* und von diesem durchs Unendliche zum zweiten Grundpunkt zurück (vgl. die Figur 80, a und b, in der vorausgesetzt ist, daß eine von den beiden Massen $\mathfrak{m}_1$ und $\mathfrak{m}_2$ negativ ist, während die Massen $\mathfrak{n}_1$ und $\mathfrak{n}_2$ wie bisher als positiv angenommen sind; ferner ist in ihr den Stäben $[f_1 f_2]$ und $[b_1 b_2]$, welche durch die zu den Grundpunkten gehörenden einfachen' Punkte bestimmt werden, ebenso wie in der Figur 79 derselbe Sinn beigelegt.)

Damit ist aber wirklich gezeigt, daß die Vorzeichenänderung einer beliebigen von den vier Massen der Grundpunkte sowohl einen Zeichenwechsel des Bruches $\frac{[a_1\,a_2]}{[e_1\,e_2]}$ wie auch eine Änderung des Durchlaufungssinnes einer der beiden Punktreihen zur Folge hat; und daraus wiederum folgt, daß durch eine solche Vorzeichenänderung das oben für positive Massen bewiesene Kriterium nicht berührt wird.

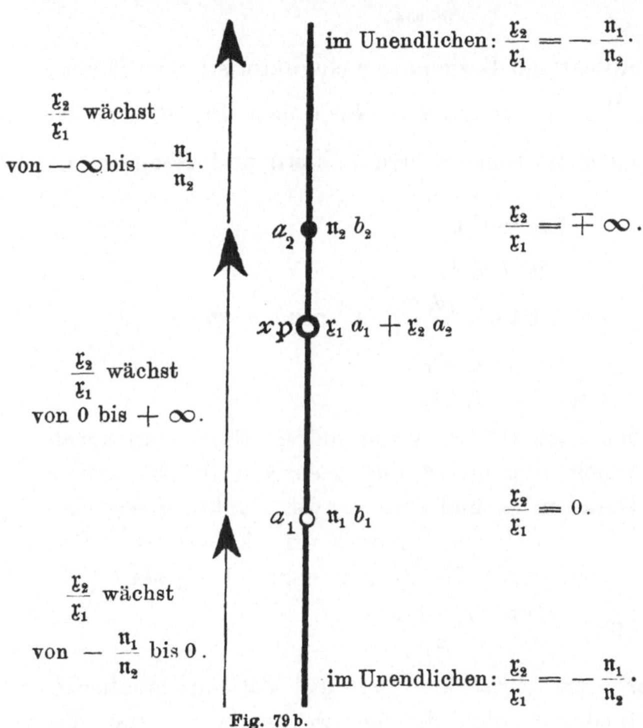

Nennt man schließlich noch eine Projektivität „*gleichläufig*" oder „*gegenläufig*", je nachdem die beiden durch dieselbe aufeinander bezogenen Punktreihen in demselben oder in entgegengesetztem Sinne durchlaufen werden, so kann man das gewonnene Ergebnis in dem Satze darstellen:

Satz 92: Eine Projektivität in der Geraden

$$\mathfrak{p} = \frac{a_1,\, a_2}{e_1,\, e_2}$$

ist gleichläufig oder gegenläufig, je nachdem das Verhältnis

$$\frac{[a_1\, a_2]}{[e_1\, e_2]}$$

der äußeren Produkte aus den Zählern und Nennern ihres Abbildungsbruches positiv oder negativ ist.

Das kombinatorische Produkt $[y z \cdot \mathfrak{p}\mathfrak{q}]$. Man kann nun aber dem

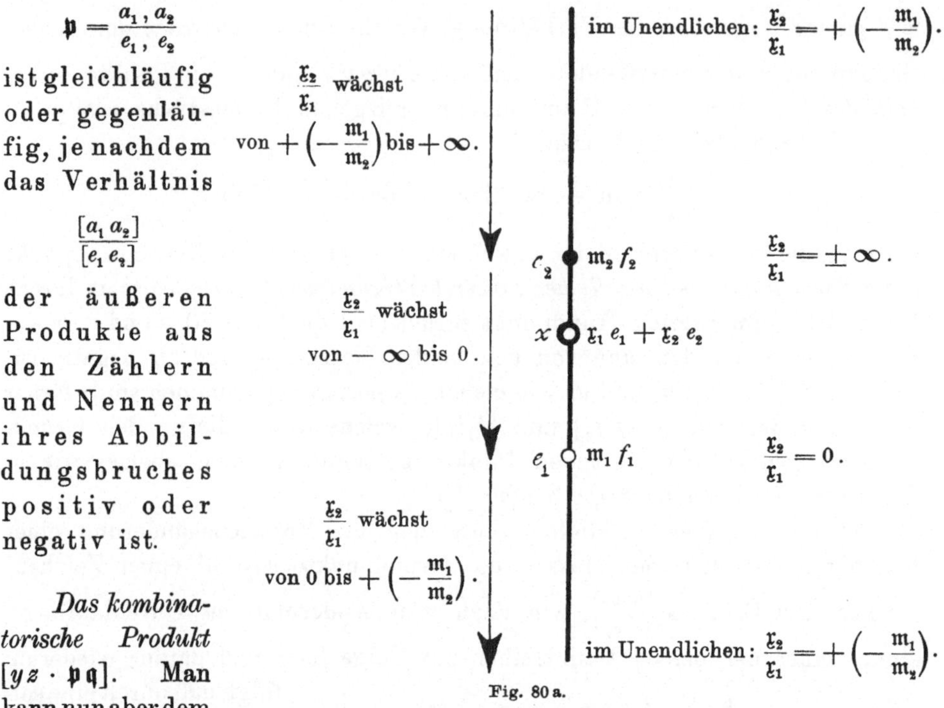

Fig. 80 a.

für die Beschaffenheit der projektiven Beziehung $\mathfrak{p}$ charakteristischen Bruche $\frac{[a_1\, a_2]}{[e_1\, e_2]}$ noch einige andere Formen verleihen. Nach dem Begriff des extensiven Bruches (1) bestehen zwischen seinen Zählern und Nennern die Formeln

$$(6) \qquad \begin{cases} a_1 = e_1\, \mathfrak{p} \\ a_2 = e_2\, \mathfrak{p}, \end{cases}$$

man erhält daher für den obigen Bruch $\frac{[a_1\, a_2]}{[e_1\, e_2]}$ die neue Form:

$$(7) \qquad \frac{[a_1\, a_2]}{[e_1\, e_2]} = \frac{[e_1\, \mathfrak{p} \cdot e_2\, \mathfrak{p}]}{[e_1\, e_2]}.$$

Um den Zähler derselben noch weiter umzugestalten, führe man durch das Symbol $[y z \cdot \mathfrak{p}\mathfrak{q}]$, in welchem $\mathfrak{p}$ und $\mathfrak{q}$ die extensiven Brüche zweier Projektivitäten derselben Geraden, y und z aber zwei Punkte dieser Geraden bedeuten, eine neue Art kombinatorischer Multiplikation ein. Das Produkt $[y z \cdot \mathfrak{p}\mathfrak{q}]$ möge nämlich durch die Formel definiert werden:

$$(8) \qquad [y z \cdot \mathfrak{p}\mathfrak{q}] = \frac{[y \mathfrak{p} \cdot z \mathfrak{q}] - [z \mathfrak{p} \cdot y \mathfrak{q}]}{2}.$$

Es möge also unter dem Produkte $[y z \cdot \mathfrak{p}\mathfrak{q}]$ das arithmetische Mittel der Ausdrücke verstanden werden, die hervorgehen, wenn man die

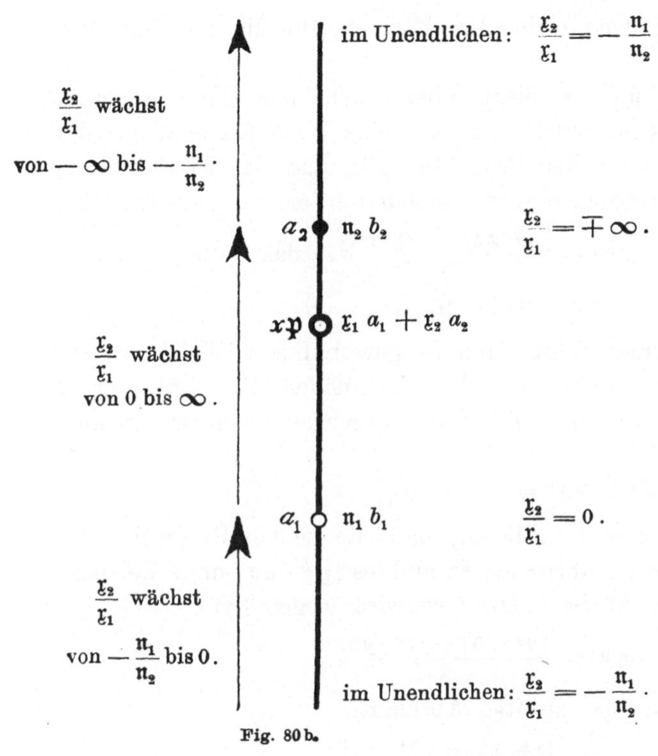

Fig. 80 b.

Punkte y und z in den beiden möglichen Folgen y, z und z, y mit den beiden Bruchfaktoren $\mathfrak{p}$ und $\mathfrak{q}$ multipliziert, die erhaltenen Produkte jedesmal zu einem planimetrischen Produkte vereinigt und dem so entstehenden Produkte das Zeichen $+$ oder $-$ vorsetzt, je nachdem man die erste oder zweite Folge gewählt hat.

Daß in der Tat die durch das Symbol $[y\,z \cdot \mathfrak{p}\,\mathfrak{q}]$ nach (8) dargestellte Funktion von $y, z, \mathfrak{p}, \mathfrak{q}$ als ein aus diesen vier Größen gebildetes *Produkt* aufgefaßt werden kann, erkennt man daran, daß

erstens jeder Zahlfaktor, der zu einer der vier Größen $y, z, \mathfrak{p}, \mathfrak{q}$ hinzutritt, auch vor den Ausdruck $[y\,z \cdot \mathfrak{p}\,\mathfrak{q}]$ gestellt werden kann, und daß sich

zweitens dieser Ausdruck distributiv verhält gegenüber jeder Summe, die an Stelle einer der vier Größen $y, z, \mathfrak{p}, \mathfrak{q}$ in den Ausdruck eingesetzt wird.

Denn nach (8) wird erstens, wenn $\mathfrak{g}$ ein Zahlfaktor ist,

$$[(\mathfrak{g}y)z \cdot \mathfrak{p}\,\mathfrak{q}] = \frac{[(\mathfrak{g}y)\mathfrak{p} \cdot z\mathfrak{q}] - [z\mathfrak{p} \cdot (\mathfrak{g}y)\mathfrak{q}]}{2} = \mathfrak{g}\,\frac{[y\mathfrak{p} \cdot z\mathfrak{q}] - [z\mathfrak{p} \cdot y\mathfrak{q}]}{2},$$

das heißt

$$(9) \qquad\qquad [(\mathfrak{g}y)z \cdot \mathfrak{p}\,\mathfrak{q}] = \mathfrak{g}[y\,z \cdot \mathfrak{p}\,\mathfrak{q}].$$

Und es wird zweitens

$$[(u + v)z \cdot \mathfrak{p}\,\mathfrak{q}] = \frac{[(u + v)\mathfrak{p} \cdot z\mathfrak{q}] - [z\mathfrak{p} \cdot (u + v)\mathfrak{q}]}{2},$$

oder wenn man rechter Hand ausmultipliziert und die Glieder mit u und die mit v zusammenzieht,

$$= \frac{[u\mathfrak{p} \cdot z\mathfrak{q}] - [z\mathfrak{p} \cdot u\mathfrak{q}]}{2} + \frac{[v\mathfrak{p} \cdot z\mathfrak{q}] - [z\mathfrak{p} \cdot v\mathfrak{q}]}{2} \quad \text{oder}$$

$$(10) \qquad\qquad [(u + v)z \cdot \mathfrak{p}\,\mathfrak{q}] = [u\,z \cdot \mathfrak{p}\,\mathfrak{q}] + [v\,z \cdot \mathfrak{p}\,\mathfrak{q}].$$

Ebenso beweist man die entsprechenden Formeln für die anderen drei Faktoren.

Das Produkt $[yz \cdot \mathfrak{p}\mathfrak{q}]$ verdient aber auch den Namen eines *kombinatorischen Produktes*, da wenigstens für seine Punktfaktoren y und z die Grundeigenschaft eines solchen Produktes gilt, daß das Produkt verschwindet, sobald diese Faktoren einander gleich werden. In der Tat wird

$$[xx \cdot \mathfrak{p}\mathfrak{q}] = \frac{[x\mathfrak{p} \cdot x\mathfrak{q}] - [x\mathfrak{p} \cdot x\mathfrak{q}]}{2}, \quad \text{das heißt}$$

(11) $$[xx \cdot \mathfrak{p}\mathfrak{q}] = 0.$$

Und aus dieser Grundformel folgt dann in gewöhnlicher Weise, indem man $x = y + z$ setzt (vgl. Seite 10), daß die beiden Punktfaktoren y und z des Produktes $[yz \cdot \mathfrak{p}\mathfrak{q}]$ nur mit Zeichenwechsel vertauschbar sind, daß also

(12) $$[zy \cdot \mathfrak{p}\mathfrak{q}] = - [yz \cdot \mathfrak{p}\mathfrak{q}]$$

ist. Dagegen überzeugt man sich leicht, daß die beiden Projektivitätsfaktoren $\mathfrak{p}$ und $\mathfrak{q}$ des kombinatorischen Produktes $[yz \cdot \mathfrak{p}\mathfrak{q}]$ ohne Zeichenwechsel vertauscht werden dürfen. Denn es wird wegen (8)

$$[yz \cdot \mathfrak{q}\mathfrak{p}] = \frac{[y\mathfrak{q} \cdot z\mathfrak{p}] - [z\mathfrak{q} \cdot y\mathfrak{p}]}{2}$$

oder wegen der Formel (8) des zweiten Abschnitts

$$= \frac{[y\mathfrak{p} \cdot z\mathfrak{q}] - [z\mathfrak{p} \cdot y\mathfrak{q}]}{2}.$$

Das ist aber nach der Formel (8) des jetzigen Abschnitts gerade der Ausdruck für das Produkt $[yz \cdot \mathfrak{p}\mathfrak{q}]$, so daß wirklich

(13) $$[yz \cdot \mathfrak{q}\mathfrak{p}] = [yz \cdot \mathfrak{p}\mathfrak{q}]$$

wird. Man hat somit den Satz:

Satz 93: In dem kombinatorischen Produkte $[yz \cdot \mathfrak{p}\mathfrak{q}]$ sind die Punktfaktoren y und z *mit*, die Projektivitätsfaktoren $\mathfrak{p}$ und $\mathfrak{q}$ *ohne* Zeichenwechsel vertauschbar.

Das kombinatorische Produkt $[\mathfrak{p}\mathfrak{q}]$. Man überzeugt sich nun aber leicht, daß das Produkt $[yz \cdot \mathfrak{p}\mathfrak{q}]$ *auch als ein Produkt aufgefaßt werden kann, dessen einer Faktor der Stab* $[yz]$ *ist.* Dazu setze man noch

(14) $$\begin{cases} y = \mathfrak{y}_1 e_1 + \mathfrak{y}_2 e_2 \\ z = \mathfrak{z}_1 e_1 + \mathfrak{z}_2 e_2 \end{cases}$$

und

(15) $$\begin{cases} \mathfrak{p} = \dfrac{a_1 , a_2}{e_1 , e_2} \\ \mathfrak{q} = \dfrac{b_1 , b_2}{e_1 , e_2} \end{cases}$$

und endlich

$$(16) \qquad \begin{cases} a_i = a_{i1}e_1 + a_{i2}e_2 \\ b_i = b_{i1}e_1 + b_{i2}e_2, \end{cases} \qquad i = 1,2.$$

Dann zeigt die Erklärungsformel (8) des Produktes $[yz \cdot \mathfrak{p}\mathfrak{q}]$, daß dasselbe der Ausdruck eines Stabes der Geraden $e_1 e_2$ ist. Denn nach den Gleichungen (14) bis (16) gehören die in dem Zähler des Bruches von (8) auftretenden Punkte $y\mathfrak{p}, y\mathfrak{q}, z\mathfrak{p}, z\mathfrak{q}$ sämtlich den Geraden $e_1 e_2$ an. Daraus aber folgt weiter, daß der Bruch

$$\frac{[yz \cdot \mathfrak{p}\mathfrak{q}]}{[yz]}$$

ein Quotient zweier Stäbe derselben Geraden ist und daher eine *bloße Zahl* darstellt.

Endlich aber läßt sich noch beweisen, daß diese Zahlgröße *von der Lage und Masse der beiden Punkte y und z ganz unabhängig* und somit nur noch eine Funktion von $\mathfrak{p}$ und $\mathfrak{q}$ ist.

Wir zeigen dazu, daß dieser Bruch seinen Wert nicht ändert, wenn man die beiden beliebig gewählten Punkte y und z der Geraden $e_1 e_2$ durch die beiden Grundpunkte e_1 und e_2 ersetzt, beweisen also die Richtigkeit der Formel

$$(17) \qquad \frac{[yz \cdot \mathfrak{p}\mathfrak{q}]}{[yz]} = \frac{[e_1 e_2 \cdot \mathfrak{p}\mathfrak{q}]}{[e_1 e_2]}.$$

In der Tat wird mit Rücksicht auf (14)

$$\frac{[yz \cdot \mathfrak{p}\mathfrak{q}]}{[yz]} = \frac{[(\mathfrak{y}_1 e_1 + \mathfrak{y}_2 e_2)(\mathfrak{z}_1 e_1 + \mathfrak{z}_2 e_2) \cdot \mathfrak{p}\mathfrak{q}]}{[(\mathfrak{y}_1 e_1 + \mathfrak{y}_2 e_2)(\mathfrak{z}_1 e_1 + \mathfrak{z}_2 e_2)]}$$

oder wegen (9) bis (12)

$$= \frac{(\mathfrak{y}_1 \mathfrak{z}_2 - \mathfrak{y}_2 \mathfrak{z}_1)[e_1 e_2 \cdot \mathfrak{p}\mathfrak{q}]}{(\mathfrak{y}_1 \mathfrak{z}_2 - \mathfrak{y}_2 \mathfrak{z}_1)[e_1 e_2]}$$

$$= \frac{[e_1 e_2 \cdot \mathfrak{p}\mathfrak{q}]}{[e_1 e_2]}.$$

Damit ist aber wirklich gezeigt, daß die Zahlgröße $\dfrac{[yz \cdot \mathfrak{p}\mathfrak{q}]}{[yz]}$ von y und z unabhängig ist, und es erscheint daher zweckmäßig, für sie eine neue Bezeichnung einzuführen, durch die sie als Funktion von $\mathfrak{p}$ und $\mathfrak{q}$ allein gekennzeichnet wird. Wir setzen

$$(18) \qquad \frac{[yz \cdot \mathfrak{p}\mathfrak{q}]}{[yz]} = [\mathfrak{p}\mathfrak{q}]$$

und bezeichnen den Ausdruck $[\mathfrak{p}\mathfrak{q}]$ als *das kombinatorische Produkt der extensiven Brüche $\mathfrak{p}$ und $\mathfrak{q}$.*

Aus der Gleichung (18) folgt nun aber durch Auflösung nach dem Zähler ihrer linken Seite die Formel:

$$(19) \qquad [yz \cdot \mathfrak{p}\mathfrak{q}] = [yz][\mathfrak{p}\mathfrak{q}],$$

mit der jetzt auch unsere obige Behauptung bewiesen ist, daß der ursprünglich durch den Bruch (8) definierte Ausdruck $[yz \cdot \mathfrak{p}\mathfrak{q}]$ als ein Produkt aufgefaßt werden kann, dessen *einer Faktor* der Stab $[yz]$ ist. Dadurch hat dann zugleich dessen Schreibweise eine Rechtfertigung gefunden. Wegen (18), (17), (8) und (15) wird ferner *der andere Faktor*

$$(20) \qquad [\mathfrak{p}\mathfrak{q}] = \frac{[e_1 e_2 \cdot \mathfrak{p}\mathfrak{q}]}{[e_1 e_2]} = \frac{[e_1 \mathfrak{p} \cdot e_2 \mathfrak{q}] - [e_2 \mathfrak{p} \cdot e_1 \mathfrak{q}]}{2[e_1 e_2]} = \frac{[a_1 b_2] - [a_2 b_1]}{2[e_1 e_2]}.$$

Es ist übrigens wohl zu beachten, daß die Faktoren des kombinatorischen Produktes $[\mathfrak{p}\mathfrak{q}]$ *ohne Zeichenwechsel vertauschbar* sind, daß also die Gleichung besteht:

$$(21) \qquad\qquad [\mathfrak{q}\mathfrak{p}] = [\mathfrak{p}\mathfrak{q}];$$

denn es wird wegen (18) und (13)

$$[\mathfrak{q}\mathfrak{p}] = \frac{[yz \cdot \mathfrak{q}\mathfrak{p}]}{[yz]} = \frac{[yz \cdot \mathfrak{p}\mathfrak{q}]}{[yz]} = [\mathfrak{p}\mathfrak{q}].$$

Man hat somit den Satz:

Satz 94: **In dem kombinatorischen Produkte $[\mathfrak{p}\mathfrak{q}]$ zweier Projektivitäten $\mathfrak{p}$ und $\mathfrak{q}$ sind die Faktoren ohne Zeichenwechsel vertauschbar.**

Schließlich möge hier noch bemerkt werden, daß das kombinatorische Produkt $[\mathfrak{p}\mathfrak{q}]$ die Hälfte der aus den acht Elementen a_{ik}, b_{ik}, i, $k = 1$, 2 gebildeten kubischen Determinante darstellt, das heißt die Hälfte der Summe von denjenigen 2^2 Gliedern, die entstehen, wenn man in dem Produkte $a_{11} b_{22}$ dem Gebinde 1, 2 der vorderen Indices seiner beiden Faktoren und ebenso dem Gebinde 1, 2 der hinteren Indices die beiden möglichen Anordnungen 1, 2 und 2, 1 erteilt und dem dadurch hervorgehenden Produkte das Zeichen $+$ oder $-$ vorsetzt, je nachdem in ihm die Anordnung 2, 1 der vorderen und hinteren Indices eine gerade oder eine ungerade Anzahl Male auftritt[1]).

Das kombinatorische Quadrat eines Projektivitätsbruches, sein Vorzeichen und sein Verschwinden. Entartende Projektivitäten. Für unsere nächste Untersuchung genügt es bereits, einen speziellen Fall des kombinatorischen Projektivitätenproduktes einzuführen, nämlich denjenigen Ausdruck, der aus dem Produkte $[\mathfrak{p}\mathfrak{q}]$ hervorgeht, wenn man $\mathfrak{q} = \mathfrak{p}$ setzt. Wir nennen ein solches Produkt das kombinatorische Quadrat oder auch wohl den Potenzwert[2]) des Bruches $\mathfrak{p}$ und bezeichnen es durch das Symbol $[\mathfrak{p}^2]$,

---

1) Vgl. zum Begriff der kubischen Determinante: E. Pascal, Die Determinanten, deutsch von H. Leitzmann. Leipzig 1900. S. 184 ff.

2) Man versteht nämlich allgemein unter dem Potenzwert eines extensiven Bruches mit n Nennern erster Stufe, die einem Gebiet n^{ter} Stufe angehören, und mit n Zählern, die aus diesen n Nennern numerisch ableitbar sind, die kombinatorische n^{te} Potenz dieses Bruches, die entsprechend definiert wird wie das kombinatorische Quadrat eines Bruches mit *zwei* Nennern.

setzen also

$$(22) \qquad [\mathfrak{p}^2] = [\mathfrak{p}\mathfrak{p}].$$

Der Potenzwert des Bruches $\mathfrak{p}$ läßt sich übrigens leicht durch dessen Zähler und Nenner ausdrücken. Es wird nämlich

$$[\mathfrak{p}^2] = \frac{[e_1 e_2 \cdot \mathfrak{p}\mathfrak{p}]}{[e_1 e_2]} = \frac{[e_1 \mathfrak{p} \cdot e_2 \mathfrak{p}] - [e_2 \mathfrak{p} \cdot e_1 \mathfrak{p}]}{2[e_1 e_2]}$$

oder nach Formel (8) des zweiten Abschnitts

$$(23) \qquad [\mathfrak{p}^2] = \frac{[e_1 \mathfrak{p} \cdot e_2 \mathfrak{p}]}{[e_1 e_2]} \quad \text{oder wegen (6)}$$

$$(24) \qquad [\mathfrak{p}^2] = \frac{[a_1 a_2]}{[e_1 e_2]}.$$

Man hat also den Satz:

Satz 95: Der Potenzwert $[\mathfrak{p}^2]$ eines Projektivitätsbruches

$$\mathfrak{p} = \frac{a_1 , \; a_2}{e_1 , \; e_2}$$

ist gleich dem äußeren Produkte seiner Zähler dividiert durch das seiner Nenner, das heißt, es gilt die Formel:

$$[\mathfrak{p}^2] = \frac{[a_1 a_2]}{[e_1 e_2]}.$$

Nun entscheidet aber, wie wir oben gesehen haben, das Vorzeichen des Bruches $\frac{[a_1 a_2]}{[e_1 e_2]}$, der sich uns soeben als Ausdruck für den Potenzwert des Projektivitätsbruches $\mathfrak{p}$ ergeben hat, darüber, ob die beiden durch den Bruch $\mathfrak{p}$ aufeinander bezogenen projektiven Punktreihen in demselben oder in entgegengesetztem Sinne durchlaufen werden, und man kann daher dem oben gewonnenen Kriterium (vgl. Satz 92) auch die Form verleihen:

Satz 96: Eine Projektivität $\mathfrak{p}$ in einer Geraden ist gleichläufig oder gegenläufig, je nachdem ihr Potenzwert $[\mathfrak{p}^2]$ positiv oder negativ ist[1]).

Nebenbei möge noch erwähnt werden, daß das kombinatorische Quadrat der Identität

$$1 = \frac{e_1 , e_2}{e_1 , e_2}$$

den Wert

$$[1^2] = \frac{[e_1 e_2]}{[e_1 e_2]} = 1$$

hat, daß also der Satz besteht:

Satz 97: Das kombinatorische Quadrat der Identität 1 ist gleich der Zahleinheit 1, das heißt, es gilt die Formel:

$$(25) \qquad [1^2] = 1.$$

---

1) Vgl. Stéphanos, Math. Ann. Bd. 22. 1883. S. 309 f.

Schließlich bleibt noch die geometrische Bedeutung einer Projektivität

$$(26) \qquad \mathfrak{p} = \frac{a_1 , a_2}{e_1 , e_2}$$

mit verschwindendem Potenzwert zu untersuchen[1]), das heißt einer Projektivität, die der Gleichung

$$(27) \qquad [\mathfrak{p}^2] = 0$$

Genüge leistet, oder was wegen (24) dasselbe ist, einer Projektivität, deren Zähler a_1 und a_2 der Gleichung unterworfen sind:

$$(28) \qquad [a_1 a_2] = 0.$$

Nach Seite 129 war nun aber die Ungleichung

$$(29) \qquad [a_1 a_2] \neq 0$$

die Bedingung für die Umkehrbarkeit der Projektivität $\mathfrak{p}$. Dieselbe läßt sich wegen (24) auch in der Form schreiben:

$$(30) \qquad [\mathfrak{p}^2] \neq 0,$$

und man hat den Satz:

Satz 98: Eine Projektivität in der Geraden ist dann und nur dann umkehrbar, wenn ihr Potenzwert von Null verschieden ist.

Es sagt somit die Gleichung (28) oder die gleichwertige Gleichung (27) aus, daß die Projektivität $\mathfrak{p}$ *nicht umkehrbar* ist.

Man hat aber dabei noch *zwei Fälle* zu unterscheiden:
Erstens den Fall, wo die beiden Faktoren des Produktes $[a_1 a_2]$, das heißt die beiden Zähler des Bruches $\mathfrak{p}$, gleichzeitig verschwinden, und
zweitens den Fall, wo dies nicht zutrifft.

In dem *ersten Falle* besitzt der Bruch $\mathfrak{p}$ die Form:

$$(31) \qquad \mathfrak{p} = \frac{0, \ 0}{e_1 , e_2} \, ;$$

er ordnet daher jedem Punkt der zu transformierenden Punktreihe die Zahlgröße 0 zu und kann deshalb selbst gleich Null gesetzt werden, so daß man hat

$$(32) \qquad \mathfrak{p} = 0.$$

Die Projektivität $\mathfrak{p}$ möge in diesem Falle eine „zweifach entartende“ oder „uneigentliche“ Projektivität genannt werden.

Wichtiger ist der *zweite Fall*, wo das Produkt $[a_1 a_2]$ verschwindet, ohne daß seine beiden Faktoren a_1 und a_2 gleichzeitig null sind. Dies wird immer dann und nur dann eintreten, wenn zwischen diesen Faktoren eine Zahlbeziehung herrscht, das heißt, eine Gleichung von der Form besteht:

---

1) Vgl. zum Folgenden die Arbeit von Aschieri, Delle omografie sopra una conica e dei loro sistemi lineari, Rendiconti del R. Istituto Lombardo, Serie II, Vol. XXII, fasc. XV—XVI. 1889.

$$(33) \qquad \mathfrak{a}_1 a_1 + \mathfrak{a}_2 a_2 = 0,$$

in der nicht die beiden Zahlgrößen $\mathfrak{a}_i$ gleichzeitig null sind[1]).

Ist etwa der zweite Koeffizient

$$(34) \qquad \mathfrak{a}_2 \neq 0,$$

so läßt sich die Gleichung (33) nach a_2 auflösen und ergibt für a_2 den Wert

$$a_2 = -\frac{\mathfrak{a}_1}{\mathfrak{a}_2} a_1,$$

oder wenn man

$$(35) \qquad -\frac{\mathfrak{a}_1}{\mathfrak{a}_2} = \mathfrak{a} \qquad \text{setzt,}$$

$$(36) \qquad a_2 = \mathfrak{a}\, a_1.$$

Bei Einführung dieses Wertes aber nimmt der Bruch $\mathfrak{p}$ die Form an:

$$(37) \qquad \mathfrak{p} = \frac{a_1,\ \mathfrak{a}\, a_1}{e_1,\ e_2},$$

aus der hervorgeht, daß für einen beliebigen Punkt x der Geraden $e_1 e_2$ das Produkt

$$x\,\mathfrak{p} = (\mathfrak{x}_1 e_1 + \mathfrak{x}_2 e_2)\mathfrak{p} = \mathfrak{x}_1 a_1 + \mathfrak{x}_2 \mathfrak{a}\, a_1 = (\mathfrak{x}_1 + \mathfrak{x}_2 \mathfrak{a})a_1$$

wird, daß somit der Bruch $\mathfrak{p}$ jedem Punkte x der ersten Punktreihe einen und denselben Punkt a_1 zuweist. Dieser Punkt a_1, in den sämtliche Punkte der ersten Punktreihe übergeführt werden, auf den sich also die ganze zweite Punktreihe konzentriert, möge der „Hauptpunkt“ der Projektivität p heißen, die Projektivität selbst möge zum Unterschiede von der uneigentlichen oder zweifach entartenden Projektivität als „einfach entartende“ Projektivität oder auch kürzer schlechtweg als „entartende“ Projektivität bezeichnet werden, eine Bezeichnung, die schon oben auf Seite 115 gelegentlich gebraucht wurde.

Der Hauptpunkt einer entartenden Projektivität *bildet zugleich einen Doppelpunkt derselben*; denn er wird insbesondere auch sich selbst zugeordnet. Neben ihm gibt es aber noch einen zweiten ausgezeichneten Punkt der entartenden Projektivität. Man kann nämlich den Bruch $\mathfrak{p}$ für eine entartende Projektivität stets in der Weise umformen, daß einer seiner Zähler den Wert Null annimmt. Dazu braucht man nur an Stelle desjenigen Nenners, der dem nicht verschwindenden Koeffizienten der Gleichung (33) entspricht, das heißt nach (34) anstatt des Nenners e_2, den neuen Nenner $\mathfrak{a}_1 e_1 + \mathfrak{a}_2 e_2$ einzuführen, dessen Ableitzahlen mit den Koeffizienten der Gleichung (33) übereinstimmen, und der wegen (34) von e_1 räumlich ver-

---

1) Vgl. H. Graßmann, Die Ausdehnungslehre. Berlin, 1862. Nr. 61 und 66. (Gesammelte mathematische und physikalische Werke, Bd. 1, Teil 2. Leipzig, 1896.)

schieden ist. Bei dieser Umformung nimmt der Bruch nach Satz 76 die Gestalt an:

$$(38) \qquad \mathfrak{p} = \frac{a_1, \quad 0}{e_1, \; a_1 e_1 + a_2 e_2}.$$

Setzt man hierin den zweiten Nenner

$$(39) \qquad a_1 e_1 + a_2 e_2 = a,$$

so erhält man für den Bruch $\mathfrak{p}$ die Darstellung

$$(40) \qquad \mathfrak{p} = \frac{a_1, \; 0}{e_1, \; a}.$$

Dieselbe zeigt, daß das Produkt

$$(41) \qquad a\mathfrak{p} = 0$$

ist, daß also die entartende Projektivität $\mathfrak{p}$ dem Punkt a die Zahlgröße 0 zuweist. Und zwar ist offenbar der Punkt a der einzige Punkt, der diese Eigenschaft hat; er möge daher als der „Nullpunkt" der entartenden Projektivität $\mathfrak{p}$ bezeichnet werden.

Schreibt man die Gleichung (41) in der Form

$$(42) \qquad a\mathfrak{p} = 0 \cdot z,$$

wo z einen ganz beliebigen Punkt der betrachteten Punktreihe bedeutet, so sieht man, daß der Bildpunkt des Nullpunktes a seiner Lage nach ganz unbestimmt ist, daß ihm aber die Masse 0 zukommt. Man ist daher nicht gerade genötigt, als zugeordneten Punkt des Nullpunktes a den Hauptpunkt a_1 der Projektivität $\mathfrak{p}$ anzusehen, wie bei den übrigen Punkten der Geraden, sondern man kann auch jeden anderen Punkt der Geraden, insbesondere den Punkt a selbst, dem dann freilich die Masse 0 beizulegen ist, als zugeordneten Punkt des Nullpunktes a auffassen. In diesem Sinne erscheint also der Nullpunkt a zugleich als ein zweiter Doppelpunkt der Projektivität $\mathfrak{p}$. Der Hauptpunkt und der Nullpunkt zusammengenommen bilden daher „die beiden Doppelpunkte der entartenden Projektivität $\mathfrak{p}$".

Die Bruchdarstellung (40) bestätigt übrigens noch das obige Ergebnis, daß in einer entartenden Projektivität $\mathfrak{p}$ jedem Punkt der Geraden $e_1 e_2$ ein und derselbe Punkt dieser Geraden, nämlich der Hauptpunkt a_1 der Projektivität $\mathfrak{p}$ entspricht.

Man kann schließlich die gewonnenen Ergebnisse in dem folgenden Satze zusammenstellen:

Satz 99: Der Potenzwert einer projektiven Abbildung in der Geraden verschwindet dann und nur dann, wenn die Projektivität uneigentlich oder einfach entartend ist, das heißt, wenn entweder sämtlichen Punkten der zu transformierenden Punktreihe die Zahlgröße 0 zugewiesen wird (uneigentliche Projektivität), oder wenn jedem Punkt dieser Punktreihe ein und derselbe

Punkt ihrer Geraden entspricht. In dem letzteren Falle heißt die Projektivität (einfach) entartend, jener Punkt ihr Hauptpunkt. Derselbe ist zugleich ein Doppelpunkt der Projektivität, da er insbesondere auch sich selbst zugewiesen wird. Eine entartende Projektivität besitzt dann stets noch einen zweiten ausgezeichneten Punkt, nämlich einen Punkt, dem durch die Projektivität die Zahlgröße 0 zugeordnet wird, und der daher der Nullpunkt der entartenden Projektivität heißt. Man kann auch sagen, daß als Bild des Nullpunktes einer entartenden Projektivität jeder beliebige Punkt der transformierten Geraden aufgefaßt werden kann, vorausgesetzt, daß man diesem Punkt die Masse 0 beilegt. Insbesondere ist also der Nullpunkt auch sein eigenes Bild und stellt somit einen zweiten Doppelpunkt der Projektivität dar. Aus diesen Gründen werden die beiden ausgezeichneten Punkte der entartenden Projektivität auch mit gemeinsamem Namen als die Doppelpunkte der entartenden Projektivität bezeichnet[1]).

Abschnitt 14.

Die Doppelpunkte und die Hauptzahlen einer Projektivität in der Geraden.

Die Doppelpunktsgleichung und die Hauptgleichung. Die bisher entwickelten Eigenschaften des Projektivitätsbruches $\mathfrak{p}$ genügen nun auch, um die oben auf geometrischem Wege behandelte Frage nach den Doppelpunkten zweier projektiven Punktreihen auf dem nämlichen Träger durch Rechnung zu erledigen.

Es möge also untersucht werden, ob es in der durch den Bruch

$$(1) \qquad \mathfrak{p} = \frac{a_1,\; a_2}{e_1,\; e_2}$$

vermittelten projektiven Abbildung Punkte d_i gibt, die mit ihren Bildern

---

[1]) Aschieri nennt in der auf Seite 146 zitierten Arbeit zwei entartende Projektivitäten

$$\mathfrak{p} = \frac{a_1,\; 0}{e_1,\; a} \quad \text{und} \quad \mathfrak{p}' = \frac{a,\; 0}{e_1,\; a_1},$$

die auseinander durch Vertauschung des Hauptpunktes mit dem Nullpunkt hervorgehen, *zueinander invers* und setzt $\mathfrak{p}' = \dfrac{1}{\mathfrak{p}}$. Dies erscheint indes nicht zweckmäßig, da zwei solche Projektivitäten $\mathfrak{p}$ und $\mathfrak{p}'$ der im Satze 86 ausgesprochenen Grundeigenschaft zweier *umkehrbaren* inversen Projektivitäten nicht entsprechen.

$d_t \mathfrak{p}$ zusammenfallen, die sich also bei der Multiplikation mit dem Projektivitätsbruche $\mathfrak{p}$ höchstens ihrer Masse nach ändern, nicht aber ihren Ort wechseln. Zunächst ergibt sich für diese Punkte, die wir oben als Doppelpunkte der Projektivität bezeichneten, die Gleichung:

$$(2) \qquad\qquad d_t \mathfrak{p} = \mathfrak{r}_t d_t,$$

in der $\mathfrak{r}_t$ einen Zahlfaktor bedeutet, der die Massenänderung des Punktes d_t bewirken soll, und in welcher selbstverständlich d_t nicht null sein darf. Diese Gleichung läßt sich auch in der Form schreiben:

$$(3) \qquad\qquad 0 = d_t(\mathfrak{r}_t - \mathfrak{p})$$

und verwandelt sich, wenn man noch die Ableitzahlen von d_t mit $\mathfrak{d}_{t,1}$ und $\mathfrak{d}_{t,2}$ bezeichnet, also

$$(4) \qquad\qquad d_t = \mathfrak{d}_{t,1} e_1 + \mathfrak{d}_{t,2} e_2$$

setzt, in

$$\mathfrak{d}_{t,1} e_1 (\mathfrak{r}_t - \mathfrak{p}) + \mathfrak{d}_{t,2} e_2 (\mathfrak{r}_t - \mathfrak{p}) = 0$$

oder wegen (1) in

$$(5) \qquad\qquad \mathfrak{d}_{t,1}(e_1 \mathfrak{r}_t - a_1) + \mathfrak{d}_{t,2}(e_2 \mathfrak{r}_t - a_2) = 0.$$

Die Gleichung (5) kann zur Bestimmung des Verhältnisses der Ableitzahlen $\mathfrak{d}_{t,1}$ und $\mathfrak{d}_{t,2}$ des Punktes d_t und damit zur Bestimmung dieses Doppelpunktes dienen, sobald die diesem Punkt nach (2) zugehörige Zahlgröße $\mathfrak{r}_t$ bekannt ist. Die Gleichung (5) möge daher die „Doppelpunktsgleichung" der Projektivität $\mathfrak{p}$ genannt werden. Aus der Doppelpunktsgleichung (5) folgert man leicht, daß die beiden in ihren Klammern auftretenden Punkte

$$e_1 \mathfrak{r}_t - a_1 \quad \text{und} \quad e_2 \mathfrak{r}_t - a_2$$

in *einen* Punkt zusammenfallen. In der Tat dürfen ja, wenn es überhaupt einen Doppelpunkt d_t gibt, nicht die beiden Ableitzahlen von d_t, das heißt die beiden Zahlgrößen $\mathfrak{d}_{t,1}$ und $\mathfrak{d}_{t,2}$, gleichzeitig verschwinden. Wenn aber von diesen beiden Zahlgrößen auch nur eine, etwa $\mathfrak{d}_{t,1}$, von Null verschieden ist, so folgt aus der Doppelpunktsgleichung (5) durch äußere Multiplikation mit $(e_2 \mathfrak{r}_t - a_2)$ und Division mit $\mathfrak{d}_{t,1}$ die Gleichung

$$(6) \qquad\qquad [(e_1 \mathfrak{r}_t - a_1)(e_2 \mathfrak{r}_t - a_2)] = 0.$$

Diese Gleichung aber besagt wirklich, daß die beiden Punkte

$$e_1 \mathfrak{r}_t - a_1 \quad \text{und} \quad e_2 \mathfrak{r}_t - a_2$$

in *einen* Punkt zusammenfallen.

Führt man auf der linken Seite der Gleichung (6) die Multiplikation aus, so nimmt die Gleichung die Form an:

$$(7) \qquad\qquad [e_1 e_2] \mathfrak{r}_t^2 - \{[a_1 e_2] + [e_1 a_2]\} \mathfrak{r}_t + [a_1 a_2] = 0.$$

In dieser Gleichung zweiten Grades für $\mathfrak{r}_t$ sind die auftretenden äußeren Produkte sämtlich Stäbe derselben Geraden und können daher wie gleichbenannte Zahlen behandelt werden; daraus folgt, daß sich die Gleichung (7) wie eine gewöhnliche Zahlgleichung auflösen läßt. Ihre Wurzeln mögen mit $\mathfrak{r}_1$ und $\mathfrak{r}_2$ bezeichnet und die „Hauptzahlen des Bruches $\mathfrak{p}$ oder der Projektivität $\mathfrak{p}$" genannt werden, während die Gleichung (7) selbst oder die gleichwertige Gleichung (6) die „Hauptgleichung" der Projektivität $\mathfrak{p}$ heißen mag.

Bestimmung der Doppelpunkte für den Fall ungleicher reeller und konjugiert komplexer oder auch entgegengesetzt rein imaginärer Hauptzahlen. Sind die beiden Hauptzahlen $\mathfrak{r}_t$ reell und voneinander verschieden, so ermittle man zu jeder von ihnen aus der ihr entsprechenden Doppelpunktsgleichung

$$(5) \qquad \mathfrak{d}_{t,1}(e_1\mathfrak{r}_t - a_1) + \mathfrak{d}_{t,2}(e_2\mathfrak{r}_t - a_2) = 0, \quad t = 1, 2,$$

das Verhältnis $\mathfrak{d}_{t,1} : \mathfrak{d}_{t,2}$ der Ableitzahlen des zu dieser Hauptzahl gehörenden Doppelpunktes d_t und erhält so die beiden Proportionen

$$(8) \qquad \mathfrak{d}_{t,1} : \mathfrak{d}_{t,2} = -(e_2\mathfrak{r}_t - a_2) : (e_1\mathfrak{r}_t - a_1), \quad t = 1, 2.$$

Das Verhältnis jener beiden Ableitzahlen ist also durch den Quotienten zweier zusammenfallenden Punkte mit reellen Massen ausgedrückt (vgl. Seite 150); und es sind somit auch die beiden Doppelpunkte d_t reell und bis auf einen willkürlich bleibenden Proportionalitätsfaktor eindeutig bestimmt[1]).

Man überzeugt sich ferner noch leicht, daß unter der Voraussetzung zweier *ungleichen* reellen Hauptzahlen die beiden Doppelpunkte vonein-

---

1) Das Verhältnis $\mathfrak{d}_{t,1} : \mathfrak{d}_{t,2}$ könnte nur unbestimmt werden, wenn die beiden Glieder des rechten Verhältnisses der Proportion (8) gleichzeitig verschwinden. Dieser Fall ist aber *durch die Voraussetzung ausgeschlossen, daß die beiden Hauptzahlen der Projektivität voneinander verschieden sein sollen.* Denn aus dem gleichzeitigen Verschwinden der beiden Größen $e_1\mathfrak{r}_t - a_1$ und $e_2\mathfrak{r}_t - a_2$ würden die Gleichungen folgen

$$a_1 = e_1\mathfrak{r}_t \quad \text{und} \quad a_2 = e_2\mathfrak{r}_t,$$

die man wegen (1) auch in der Form schreiben kann:

$$e_1\mathfrak{p} = \mathfrak{r}_t e_1 \quad \text{und} \quad e_2\mathfrak{p} = \mathfrak{r}_t e_2.$$

Es würde somit auch für jeden beliebigen Punkt

$$x = \mathfrak{x}_1 e_1 + \mathfrak{x}_2 e_2$$

der zu transformierenden Punktreihe

$$x\mathfrak{p} = (\mathfrak{x}_1 e_1 + \mathfrak{x}_2 e_2)\mathfrak{p} = \mathfrak{r}_t(\mathfrak{x}_1 e_1 + \mathfrak{x}_2 e_2) = \mathfrak{r}_t x$$

sein. Die Projektivität $\mathfrak{p}$ würde daher überhaupt einem jeden Punkt x dieser Punktreihe sein $\mathfrak{r}_t$-faches zuordnen, also die schon oben auf Seite 122 behandelte „Deckung zweier Punktreihen" darstellen. Diese hat sämtliche Punkte der betrachteten Geraden zu Doppelpunkten; und diese Doppelpunkte besitzen, wie die letzte Gleichung zeigt, *alle dieselbe Hauptzahl* $\mathfrak{r}_t$. Das widerspricht aber unserer Voraussetzung.

ander getrennt liegen. Denn angenommen, sie wären bis auf einen Zahlfaktor einander gleich, also etwa

$$(*) \qquad\qquad d_2 = \mathfrak{g}\, d_1 ,$$

wo $\mathfrak{g}$ eine von Null verschiedene Zahlgröße bedeutet, so müßte auch

also wegen (2)
$$d_2\,\mathfrak{p} = \mathfrak{g}\, d_1\,\mathfrak{p} ,$$

oder wegen (*)
$$\mathfrak{r}_2 d_2 = \mathfrak{g}\, \mathfrak{r}_1 d_1$$
$$\mathfrak{r}_2 \mathfrak{g}\, d_1 = \mathfrak{g}\, \mathfrak{r}_1 d_1$$

sein. Da aber nach der Voraussetzung $\mathfrak{g}$ und d_1 von Null verschieden sind, so kann diese Gleichung nicht anders bestehen, als wenn

$$\mathfrak{r}_2 = \mathfrak{r}_1$$

ist, was oben ausgeschlossen wurde. Folglich liegen die beiden Doppelpunkte d_i voneinander getrennt. Man hat daher den Satz:

Satz 100: Hat eine Projektivität $\mathfrak{p}$ in der Geraden zwei ungleiche reelle Hauptzahlen $\mathfrak{r}_1$ und $\mathfrak{r}_2$, so besitzt sie zwei getrennt liegende reelle Doppelpunkte d_1 und d_2, das heißt zwei Punkte, die bei der Multiplikation mit dem Projektivitätsbruche $\mathfrak{p}$ nur um einen Zahlfaktor geändert werden, und zwar multiplizieren sie sich beziehlich mit den zugehörigen Hauptzahlen $\mathfrak{r}_1$ und $\mathfrak{r}_2$, genügen also den beiden Gleichungen

$$(9) \qquad\qquad d_1\,\mathfrak{p} = \mathfrak{r}_1 d_1 \quad \text{und} \quad d_2\,\mathfrak{p} = \mathfrak{r}_2 d_2 .$$

Diese Eigenschaft einer Projektivität mit zwei ungleichen reellen Hauptzahlen ermöglicht eine besonders einfache Darstellung ihres Bruches $\mathfrak{p}$. Da nämlich nach Satz 75 zwei Projektivitätsbrüche einer Geraden einander gleich sind, sobald sie zwei nicht zusammenfallende Punkte dieser Geraden in dieselben Punkte überführen, und der Bruch $\mathfrak{p}$ den Gleichungen (9) zufolge die beiden nicht zusammenfallenden Punkte d_1 und d_2 in derselben Weise umwandelt wie der Bruch $\dfrac{\mathfrak{r}_1 d_1 ,\; \mathfrak{r}_2 d_2}{d_1 ,\quad d_2}$, so kann man setzen:

$$(10) \qquad\qquad \mathfrak{p} = \frac{\mathfrak{r}_1 d_1 ,\; \mathfrak{r}_2 d_2}{d_1 ,\quad d_2} .$$

Die so gewonnene Darstellung (10) des Projektivitätsbruches $\mathfrak{p}$ möge die „Normalform einer Projektivität mit zwei getrennten reellen Doppelpunkten" genannt werden.

Sind die beiden Hauptzahlen $\mathfrak{r}_i$ konjugiert komplex oder auch entgegengesetzt rein imaginär, ist also etwa

$$(11) \qquad \begin{cases} \mathfrak{r}_1 = \mathfrak{r} + i\mathfrak{s} \\ \mathfrak{r}_2 = \mathfrak{r} - i\mathfrak{s}, \end{cases} \quad \text{wo } (12)\; i = \sqrt{-1} \;\text{ und }\; (13)\; \mathfrak{s} \neq 0$$

ist, so verwandelt sich die erste der beiden Doppelpunktsgleichungen (5) in

$$(14) \qquad \mathfrak{d}_{11}\{e_1(\mathfrak{r}+i\mathfrak{s})-a_1\}+\mathfrak{d}_{12}\{e_2(\mathfrak{r}+i\mathfrak{s})-a_2\}=0.$$

Setzt man also wie gewöhnlich

$$(15) \qquad \begin{cases} a_1 = \mathfrak{a}_{11}e_1 + \mathfrak{a}_{12}e_2 \\ a_2 = \mathfrak{a}_{21}e_1 + \mathfrak{a}_{22}e_2, \end{cases}$$

so erhält man die Gleichung

$$\mathfrak{d}_{11}\{e_1(\mathfrak{r}+i\mathfrak{s})-(\mathfrak{a}_{11}e_1+\mathfrak{a}_{12}e_2)\}+\mathfrak{d}_{12}\{e_2(\mathfrak{r}+i\mathfrak{s})-(\mathfrak{a}_{21}e_1+\mathfrak{a}_{22}e_2)\}=0,$$

für die man auch schreiben kann

$$(16)\ \mathfrak{d}_{11}\{(\mathfrak{r}-\mathfrak{a}_{11})e_1+i\mathfrak{s}e_1-\mathfrak{a}_{12}e_2\}+\mathfrak{d}_{12}\{-\mathfrak{a}_{21}e_1+(\mathfrak{r}-\mathfrak{a}_{22})e_2+i\mathfrak{s}e_2\}=0.$$

Um aus dieser extensiven Gleichung das Verhältnis der Größen $\mathfrak{d}_{11}$ und $\mathfrak{d}_{22}$ zu bestimmen, die in diesem Falle im allgemeinen ebenfalls komplex sein werden, setze man

$$(17) \qquad \mathfrak{d}_{11}=\mathfrak{k}_1-i\mathfrak{l}_1,\quad \mathfrak{d}_{12}=\mathfrak{k}_2-i\mathfrak{l}_2{}^1);$$

dann nimmt die Gleichung (16) die Form an:

$$(18) \qquad \begin{cases} (\mathfrak{k}_1-i\mathfrak{l}_1)\{(\mathfrak{r}-\mathfrak{a}_{11})e_1+i\mathfrak{s}e_1-\mathfrak{a}_{12}e_2\} \\ +(\mathfrak{k}_2-i\mathfrak{l}_2)\{-\mathfrak{a}_{21}e_1+(\mathfrak{r}-\mathfrak{a}_{22})e_2+i\mathfrak{s}e_2\}=0 \end{cases}$$

und zerfällt, wenn man ausmultipliziert und die Koeffizienten von e_1, ie_1, e_2, ie_2 einzeln gleich Null setzt, in die vier Gleichungen

$$(19) \qquad \begin{cases} (\mathfrak{r}-\mathfrak{a}_{11})\mathfrak{k}_1 + \mathfrak{s}\mathfrak{l}_1 - \mathfrak{a}_{21}\mathfrak{k}_2 = 0 \\ \mathfrak{s}\mathfrak{k}_1 - (\mathfrak{r}-\mathfrak{a}_{11})\mathfrak{l}_1 + \mathfrak{a}_{21}\mathfrak{l}_2 = 0 \\ -\mathfrak{a}_{12}\mathfrak{k}_1 + (\mathfrak{r}-\mathfrak{a}_{22})\mathfrak{k}_2 + \mathfrak{s}\mathfrak{l}_2 = 0 \\ \mathfrak{a}_{12}\mathfrak{l}_1 + \mathfrak{s}\mathfrak{k}_2 - (\mathfrak{r}-\mathfrak{a}_{22})\mathfrak{l}_2 = 0. \end{cases}$$

Diese vier Gleichungen sind in den vier Größen $\mathfrak{k}_1$, $\mathfrak{l}_1$, $\mathfrak{k}_2$, $\mathfrak{l}_2$ linear und homogen; aber nur je zwei von ihnen sind linear unabhängig voneinander, die beiden andern sind mit Rücksicht auf die aus (7) folgenden Worte von $\mathfrak{r}$ und $\mathfrak{s}$ eine Folge jener beiden ersteren Gleichungen. Ist $\mathfrak{k}_1$, $\mathfrak{l}_1$, $\mathfrak{k}_2$, $\mathfrak{l}_2$ ein Lösungssystem der Gleichungen (19), und beachtet man, daß nach (4)

$$d_1 = \mathfrak{d}_{11}e_1 + \mathfrak{d}_{12}e_2,$$

war, so wird mit Rücksicht auf (17)

$$d_1 = (\mathfrak{k}_1-i\mathfrak{l}_1)e_1 + (\mathfrak{k}_2-i\mathfrak{l}_2)e_2 \quad \text{oder}$$

$$(20) \qquad d_1 = (\mathfrak{k}_1e_1 + \mathfrak{k}_2e_2) - i(\mathfrak{l}_1e_1 + \mathfrak{l}_2e_2).$$

Hieraus erhält man den Ausdruck für den zweiten Doppelpunkt d_2, welcher der anderen Hauptzahl $\mathfrak{r}-i\mathfrak{s}$ entspricht, wenn man i mit $-i$ vertauscht, wodurch sich ergibt

$$(21) \qquad d_2 = (\mathfrak{k}_1e_1 + \mathfrak{k}_2e_2) + i(\mathfrak{l}_1e_1 + \mathfrak{l}_2e_2).$$

---

1) Dadurch, daß man hier $\mathfrak{k}_t-i\mathfrak{l}_t$ schreibt und nicht $\mathfrak{k}_t+i\mathfrak{l}_t$, wie man erwartet, wird die Vergleichung mit einer späteren Entwickelung erleichtert (vgl. die Gleichung (47) des 17. Abschnitts).

Setzt man also noch

$$(22) \qquad \mathfrak{k}_1 e_1 + \mathfrak{k}_2 e_2 = a, \quad \mathfrak{l}_1 e_1 + \mathfrak{l}_2 e_2 = b,$$

so ergeben sich für die beiden Doppelpunkte d_1 und d_2 die Ausdrücke

$$(23) \qquad d_1 = a - ib, \quad d_2 = a + ib,$$

und man findet für den Bruch $\mathfrak{p}$ die „Normalform"

$$(24) \qquad \mathfrak{p} = \frac{(\mathfrak{r} + i\mathfrak{s})(a - ib),\ (\mathfrak{r} - i\mathfrak{s})(a + ib)}{a - ib, \qquad a + ib}.$$

Die geometrische Bedeutung der Projektivität mit konjugiert komplexen Doppelpunkten wird weiter unten entwickelt werden. Vor ¡der Hand interessiert uns das folgende Ergebnis:

Für den Fall konjugiert komplexer oder entgegengesetzt rein imaginärer Hauptzahlen einer Projektivität sind ihre beiden Doppelpunkte konjugiert komplex; und zwar können sich diese konjugiert komplexen Doppelpunkte nicht etwa auf zwei entgegengesetzt rein imaginäre oder zwei identische reelle Doppelpunkte reduzieren. Denn wären die Doppelpunkte entgegengesetzt rein imaginär, also

$$\mathfrak{k}_1 = 0 \quad \text{und} \quad \mathfrak{k}_2 = 0,$$

so würden sich die erste und dritte Gleichung (19) in die Gleichungen verwandeln:

$$\mathfrak{s}\mathfrak{l}_1 = 0 \quad \text{und} \quad \mathfrak{s}\mathfrak{l}_2 = 0,$$

aus denen wegen (13) folgen würde

$$\mathfrak{l}_1 = 0 \quad \text{und} \quad \mathfrak{l}_2 = 0;$$

die Doppelpunkte d_1 und d_2 würden also selbst verschwinden, was oben ausgeschlossen wurde. Ebenso folgt aus der zweiten und vierten Gleichung (19), daß die beiden Doppelpunkte auch nicht reell sein können.

Man kann schließlich noch bemerken, daß durch die beiden in (19) enthaltenen linear unabhängigen Gleichungen die „Komponenten" a und b der beiden konjugiert komplexen Doppelpunkte nicht vollständig fest gelegt werden, sondern daß man auf dem Träger der Projektivität einen von den beiden Punkten a und b noch willkürlich annehmen kann, nur daß er nicht gerade gleich Null gesetzt werden darf; alsdann ist vermöge der Gleichungen (19) der andere Punkt eindeutig bestimmt.

Faßt man alles zusammen, so erhält man den Satz:

Satz 101: Zwei konjugiert komplexen und ebenso zwei entgegengesetzt rein imaginären Hauptzahlen einer Projektivität in der Geraden entsprechen stets zwei konjugiert komplexe, aber niemals zwei rein imaginäre oder reelle Doppelpunkte.

Neue Form der Hauptgleichung. Satz über die Doppelpunkte einer gegenläufigen Projektivität. Man kann übrigens leicht der Hauptgleichung einer Projektivität noch eine etwas andere Form verleihen, in der sie sich bei manchen Untersuchungen bequemer handhaben läßt.

Man gehe dazu auf die Gleichung (6) zurück und ersetze in ihr die Punkte a_1 und a_2 durch die gleichwertigen Produkte $e_1\mathfrak{p}$ und $e_2\mathfrak{p}$, schreibe die Gleichung also in der Form:

$$(25) \qquad [e_1(\mathfrak{r}_t - \mathfrak{p}) \cdot e_2(\mathfrak{r}_t - \mathfrak{p})] = 0.$$

In dieser Gleichung kann die Differenz $\mathfrak{r}_t - \mathfrak{p}$ als Symbol einer gewissen Projektivität aufgefaßt und auch durch einen extensiven Bruch dargestellt werden. Nun besteht aber für jeden Projektivitätsbruch $\mathfrak{q}$ die Gleichung

$$(26) \qquad [e_1\mathfrak{q} \cdot e_2\mathfrak{q}] = [e_1 e_2 \cdot \mathfrak{q}^2] = [e_1 e_2][\mathfrak{q}^2].$$

Die Gleichung (25) läßt sich daher auch in der Form schreiben:

oder auch $\qquad\qquad [e_1 e_2][(\mathfrak{r}_t - \mathfrak{p})^2] = 0$

$$(27) \qquad [(\mathfrak{r}_t - \mathfrak{p})^2] = 0,$$

oder endlich, wenn man ausquadriert und berücksichtigt, daß nach Satz 97 $[1^2] = 1$ ist, in der Form

$$(28) \qquad \mathfrak{r}_t^2 - 2\mathfrak{r}_t[1\mathfrak{p}] + [\mathfrak{p}^2] = 0,$$

woraus für die Hauptzahlen $\mathfrak{r}_t$ der Projektivität $\mathfrak{p}$ die Werte folgen

$$(29) \qquad \mathfrak{r}_t = [1\mathfrak{p}] \pm \sqrt{[1\mathfrak{p}]^2 - [\mathfrak{p}^2]}.$$

Man sieht somit, daß die Hauptzahlen der Projektivität $\mathfrak{p}$ reell und voneinander verschieden sind, wenn die Differenz

$$(30) \qquad [1\mathfrak{p}]^2 - [\mathfrak{p}^2] > 0$$

ist. Diese Bedingung ist sicher erfüllt, wenn der Potenzwert $[\mathfrak{p}^2]$ der Projektivität $\mathfrak{p}$ negativ ist, das heißt nach Satz 96, wenn die beiden durch die Projektivität $\mathfrak{p}$ aufeinander bezogenen Punktreihen in entgegengesetztem Sinne durchlaufen werden. Und da nach Satz 100 zwei ungleichen reellen Hauptzahlen stets zwei getrennt liegende reelle Doppelpunkte zugehören, so hat man den Satz:

Satz 102: Eine jede gegenläufige Projektivität in der Geraden besitzt zwei getrennt liegende reelle Doppelpunkte.

Abschnitt 15.

Die Involution und die Deckung.

Wann werden die Hauptzahlen einer Projektivität in der Geraden einander entgegengesetzt gleich? Ein besonderes Interesse bieten diejenigen Projektivitäten einer Geraden, für welche die beiden Hauptzahlen einander entgegengesetzt gleich sind, für welche also

$$(1) \qquad \mathfrak{r}_2 = -\mathfrak{r}_1$$

ist. Dies wird der Fall sein, sobald in der Hauptgleichung (7) des vorigen Abschnitts der Koeffizient von $\mathfrak{r}_t$ verschwindet, das heißt, sobald die Gleichung besteht:

$$(2) \qquad 0 = [a_1 e_2] + [e_1 a_2] \quad \text{oder}$$
$$- [a_1 e_2] = [e_1 a_2],$$

wofür man wegen der Formel (8) des zweiten Abschnitts auch schreiben kann:

$$(3) \qquad [e_2 a_1] = [e_1 a_2]$$

oder endlich mit Rücksicht auf die Formeln (6) des 13. Abschnitts

$$(4) \qquad [e_2 \cdot e_1 \,\mathfrak{p}] = [e_1 \cdot e_2 \,\mathfrak{p}].$$

Um Projektivitäten von diesem besonderen Charakter auch äußerlich kenntlich zu machen, bezeichnen wir den Abbildungsbruch einer Projektivität von entgegengesetzt gleichen Hauptzahlen, das heißt einen Projektivitätsbruch, der die Gleichung (4) erfüllt, mit dem besonderen Buchstaben $\mathfrak{S}$ (Spiegelung). Wir setzen also einen Projektivitätsbruch

$$(5) \qquad \frac{a_1,\ a_2}{e_1,\ e_2} = \mathfrak{S},$$

sobald derselbe die Gleichung befriedigt:

$$(6) \qquad [e_2 \cdot e_1 \,\mathfrak{S}] = [e_1 \cdot e_2 \,\mathfrak{S}].$$

Aus der Gleichung (5) folgen dann noch nach dem Begriff des extensiven Bruches die Gleichungen

$$(7) \qquad \begin{cases} e_1 \,\mathfrak{S} = a_1 \\ e_2 \,\mathfrak{S} = a_2. \end{cases}$$

Man kann nun zunächst zeigen, daß die durch die Gleichung (6) dargestellte Beziehung des Bruches $\mathfrak{S}$ zu den beiden Grundpunkten e_1 und e_2 die entsprechende Beziehung des Bruches zu zwei ganz beliebigen Punkten y und z der Geraden $e_1 e_2$ nach sich zieht, daß also die Gleichung (6) die allgemeinere Gleichung

$$(8) \qquad [z \cdot y \,\mathfrak{S}] = [y \cdot z \,\mathfrak{S}]$$

zur Folge hat. In der Tat, sind

$$(9) \qquad \begin{cases} y = \mathfrak{y}_1 e_1 + \mathfrak{y}_2 e_2 \\ z = \mathfrak{z}_1 e_1 + \mathfrak{z}_2 e_2 \end{cases}$$

zwei ganz beliebige Punkte der Geraden $e_1 e_2$, so wird

$$[z \cdot y \,\mathfrak{S}] = [(\mathfrak{z}_1 e_1 + \mathfrak{z}_2 e_2) \cdot (\mathfrak{y}_1 e_1 + \mathfrak{y}_2 e_2) \,\mathfrak{S}]$$
$$= \mathfrak{z}_1 \mathfrak{y}_1 [e_1 \cdot e_1 \,\mathfrak{S}] + \mathfrak{z}_2 \mathfrak{y}_1 [e_2 \cdot e_1 \,\mathfrak{S}] + \mathfrak{z}_1 \mathfrak{y}_2 [e_1 \cdot e_2 \,\mathfrak{S}] + \mathfrak{z}_2 \mathfrak{y}_2 [e_2 \cdot e_2 \,\mathfrak{S}]$$

oder wegen (6)

$$[z \cdot y\mathfrak{s}] = \mathfrak{z}_1 \mathfrak{y}_1 [e_1 \cdot e_1\mathfrak{s}] + \{\mathfrak{z}_2 \mathfrak{y}_1 + \mathfrak{z}_1 \mathfrak{y}_2\}[e_1 \cdot e_2\mathfrak{s}] + \mathfrak{z}_2 \mathfrak{y}_2 [e_2 \cdot e_2\mathfrak{s}]$$
$$= \mathfrak{y}_1 \mathfrak{z}_1 [e_1 \cdot e_1\mathfrak{s}] + \{\mathfrak{y}_2 \mathfrak{z}_1 + \mathfrak{y}_1 \mathfrak{z}_2\}[e_1 \cdot e_2\mathfrak{s}] + \mathfrak{y}_2 \mathfrak{z}_2 [e_2 \cdot e_2\mathfrak{s}]$$
$$= [y \cdot z\mathfrak{s}],$$

womit die Gleichung (8) bewiesen ist[1]).

Setzt man insbesondere voraus, y sei ein Punkt der ersten Punktreihe und z der zugeordnete Punkt der zweiten Punktreihe, das heißt, es sei

$$(10) \qquad\qquad\qquad z = y\mathfrak{s}, \quad \text{so wird das Produkt}$$

$$(11) \qquad\qquad\qquad [z \cdot y\mathfrak{s}] = 0.$$

Zufolge der Gleichung (8) wird dann auch

$$(12) \qquad\qquad\qquad [y \cdot z\mathfrak{s}] = 0;$$

und diese Gleichung sagt aus: Derjenige Punkt z, welcher nach der Gleichung (10) als Punkt der zweiten Punktreihe dem Punkte y der ersten Punktreihe zugewiesen wurde, wird, wenn man ihn als Punkt der ersten Punktreihe auffaßt, durch die Projektivität $\mathfrak{s}$ in einen Punkt $z\mathfrak{s}$ übergeführt, der wieder gerade mit dem Punkt y zusammenfällt.

Damit ist die geometrische Bedeutung der Gleichung (8) gefunden, und man hat den Satz:

Satz 103: Sind bei einer Projektivität in der Geraden die beiden Hauptzahlen entgegengesetzt gleich, so entsprechen sich je zwei zugeordnete Punkte beider Punktreihen abgesehen von ihren Massen wechselseitig.

Nun sagt man von zwei projektiven Grundgebilden auf dem nämlichen Träger, deren zugeordnete Elemente sich abgesehen von einem Zahlfaktor wechselseitig entsprechen, „sie seien involutorisch" oder „sie bilden zusammen eine Involution". Ferner nennt man zwei zugeordnete Elemente zweier involutorischen Grundgebilde „ein Paar der Involution" und sagt von den Elementen eines Paares der Involution, „sie seien in der Involution einander konjugiert" oder sie seien „involutorisch gepaart". Endlich bezeichnet man die Verwandtschaft zwischen zwei involutorischen Grundgebilden als „involutorische Verwandtschaft" oder geradezu als „Involution"; und mit Rücksicht hierauf sagt man von zwei involutorischen Grundgebilden auch: „sie stehen in Involution", das soll heißen: Sie stehen in dem Verwandtschaftsverhältnis der Involution.

Insbesondere heißt noch die Involution zweier Punktreihen eine „Punktinvolution" und die Involution zweier Strahlbüschel eine „Strahlinvolution".

Unter Benutzung dieser Kunstausdrücke kann man den Satz 103 auch folgendermaßen formulieren:

---

1) Vgl. C. Burali-Forti, Lezioni di geometria metrico-projettiva. Torino, 1904. S. 146.

Satz 103 (Zweite Fassung): Besitzt eine Projektivität in der Geraden zwei entgegengesetzt gleiche Hauptzahlen, so bilden ihre beiden Punktreihen zusammen eine Involution. Oder auch: Eine Projektivität in der Geraden mit entgegengesetzt gleichen Hauptzahlen ist eine Involution.

Um zur Umkehrung des Satzes 103 zu gelangen, bemerke man, daß die für die Involution charakteristische Gleichung

$$(4) \qquad [e_2 \cdot e_1 \mathfrak{p}] = [e_1 \cdot e_2 \mathfrak{p}],$$

aus der alles Übrige gefolgert wurde, sich bereits ableiten läßt, sobald man weiß, daß in der Projektivität $\mathfrak{p}$ sich *irgend zwei* nicht zusammenfallende Punkte u und v wechselseitig entsprechen, so daß die beiden Gleichungen zusammen bestehen:

$$(13) \qquad \begin{cases} [u \cdot v\mathfrak{p}] = 0 \quad \text{und} \\ [v \cdot u\mathfrak{p}] = 0. \end{cases}$$

Um dies zu zeigen, braucht man nur die beiden Grundpunkte e_1 und e_2 als Vielfachensummen der beiden Punkte u und v darzustellen, wodurch sich ergeben mag

$$(14) \qquad \begin{cases} e_1 = \mathfrak{u}_1 u + \mathfrak{v}_1 v \\ e_2 = \mathfrak{u}_2 u + \mathfrak{v}_2 v, \end{cases}$$

und diese Werte in das Produkt $[e_2 \cdot e_1 \mathfrak{p}]$ einzuführen. Dadurch erhält man

$$[e_2 \cdot e_1 \mathfrak{p}] = [(\mathfrak{u}_2 u + \mathfrak{v}_2 v) \cdot (\mathfrak{u}_1 u + \mathfrak{v}_1 v)\mathfrak{p}],$$

das heißt mit Rücksicht auf (13)

$$= \mathfrak{u}_2 \mathfrak{u}_1 [u \cdot u\mathfrak{p}] + \mathfrak{v}_2 \mathfrak{v}_1 [v \cdot v\mathfrak{p}]$$
$$= \mathfrak{u}_1 \mathfrak{u}_2 [u \cdot u\mathfrak{p}] + \mathfrak{v}_1 \mathfrak{v}_2 [v \cdot v\mathfrak{p}]$$
$$= [e_1 \cdot e_2 \mathfrak{p}].$$

Damit ist die Gleichung (4) bewiesen. Aus ihr aber folgert man

erstens: Wenn sich in zwei projektiven Punktreihen *irgend zwei* getrennt liegende Punkte wechselseitig entsprechen, so entsprechen sich überhaupt *je zwei* zugeordnete Punkte wechselseitig, die beiden Punktreihen stehen also in Involution. Man hat somit den Satz:

Satz 104: Entsprechen sich in zwei projektiven Punktreihen auf dem nämlichen Träger irgend zwei getrennt liegende Punkte wechselseitig, so gilt dasselbe überhaupt von jedem Paar zugeordneter Punkte, die Punktreihen stehen also in Involution.

Zweitens aber folgt, wenn man von der Gleichung (4) auf die Gleichung (1) zurückschließt, der Satz:

Satz 105: Die Hauptzahlen einer jeden Punktinvolution sind entgegengesetzt gleich.

Man kann schließlich der Bedingungsgleichung (6) für eine involutorische Projektivität noch eine andere Form verleihen. Schreibt man die Gleichung nämlich in der Form

$$(15) \qquad [e_1 \cdot e_2\,\mathfrak{H}] - [e_2 \cdot e_1\,\mathfrak{H}] = 0$$

und berücksichtigt, daß nach Formel (20) des 13. Abschnitts

$$(16) \qquad [1\,\mathfrak{H}] = \frac{[e_1 \cdot e_2\,\mathfrak{H}] - [e_2 \cdot e_1\,\mathfrak{H}]}{2\,[e_1 e_2]}$$

ist, so nimmt dieselbe die Gestalt an:

$$(17) \qquad [1\,\mathfrak{H}] = 0;$$

und da auch umgekehrt die Gleichung (17) die Gleichung (6) nach sich zieht, so hat man den Satz:

Satz 106: Eine Projektivität $\mathfrak{H}$ ist dann und nur dann involutorisch, wenn die Identität 1 mit ihr kombinatorisch multipliziert den Wert Null ergibt, wenn sie also der Gleichung genügt:

$$(17) \qquad [1\,\mathfrak{H}] = 0.$$

Diese Form der Bedingung folgt übrigens direkt aus der Gleichung (29) des vorigen Abschnitts, wenn man fragt, unter welcher Bedingung die durch diese Gleichung dargestellten beiden Hauptzahlen einer Projektivität $\mathfrak{p}$ einander entgegengesetzt gleich werden.

Die hyperbolische und die elliptische Involution. Auf eine wichtige Unterscheidung involutorischer Punktreihen wird man geführt, wenn man die Hauptzahlen einer Involution wirklich bestimmt. Mit Rücksicht auf die Bedingungsgleichung (2) einer Involution nimmt die Hauptgleichung (7) des vorigen Abschnitts für den Fall einer Involution $\mathfrak{H}$ die Form an:

$$(18) \qquad [e_1 e_2]\mathfrak{r}_t^2 + [a_1 a_2] = 0$$

und liefert für $\mathfrak{r}_t$ die Werte

$$(19) \qquad \mathfrak{r}_t = \pm\sqrt{-\frac{[a_1 a_2]}{[e_1 e_2]}},$$

für die man nach Satz 95 auch schreiben kann:

$$(20) \qquad \mathfrak{r}_t = \pm\sqrt{-[\mathfrak{H}^2]}.$$

Übrigens kann man diese Gleichung (20) auch etwas direkter aus der Gleichung (29) des vorigen Abschnitts ableiten, wenn man in ihr den Buchstaben $\mathfrak{p}$ durch das Symbol $\mathfrak{H}$ einer Involution ersetzt und die obige Gleichung (17) benutzt.

Die Gleichung (20) enthält den Satz:

Satz 107: Die Hauptzahlen einer Involution sind die beiden Quadratwurzeln aus ihrem negativ genommenen Potenzwert.

Ist daher der Potenzwert $[\mathfrak{F}^2]$ negativ, so sind die Hauptzahlen entgegengesetzt reell und von Null verschieden, ist er positiv, so sind sie entgegengesetzt rein imaginär.

Nach den Sätzen 100 und 101 entsprechen nun aber zwei ungleichen reellen Hauptzahlen stets zwei getrennt liegende reelle Doppelpunkte, zwei entgegengesetzt rein imaginären Hauptzahlen aber zwei konjugiert komplexe Doppelpunkte. Man kann daher den Satz aussprechen:

Satz 108: Eine Punktinvolution besitzt zwei getrennt liegende reelle oder zwei konjugiert komplexe Doppelpunkte, je nachdem ihr Potenzwert negativ oder positiv ist.

Nennt man ferner noch eine Involution mit zwei getrennt liegenden reellen Doppelelementen „hyperbolisch", eine solche mit konjugiert komplexen Doppelelementen „elliptisch"[1]), so kann man diesem Satze auch die Fassung geben:

Satz 109: Eine Punktinvolution $\mathfrak{F}$ ist hyperbolisch oder elliptisch, je nachdem ihr Potenzwert $[\mathfrak{F}^2]$ negativ oder positiv ist.

Nach dem Satze 96 ist nun aber überdies eine Projektivität in der Geraden gleichläufig oder gegenläufig, je nachdem ihr Potenzwert positiv oder negativ ist. Für den Durchlaufungssinn der Punktreihen einer Involution ergibt sich daher der folgende wichtige Satz:

Satz 110: Eine elliptische Involution ist stets gleichläufig, eine hyperbolische Involution stets gegenläufig.

Die Gültigkeit dieses Satzes ist offenbar *nicht auf die Punktinvolution beschränkt*, was bei seiner Fassung sogleich berücksichtigt ist.

Einführung der Punkte eines Paares der Involution als Nenner des Involutionsbruches. Das Folgequadrat einer Involution. Die speziellen Eigenschaften, durch welche eine Involution vor einer beliebigen Projektivität ausgezeichnet wird, legen es nahe, auch nach einer besonderen analytischen Darstellung eines Involutionsbruches zu suchen. Man wird auf eine solche geführt, wenn man zu Nennern des Involutionsbruches zwei Punkte wählt, die in der Involution ein Paar bilden, ohne dabei in einen Doppelpunkt der Involution zusammenzufallen.

----

1) Wie weiter unten gezeigt werden wird, bildet bei einer Hyperbel die Gesamtheit aller Paare konjugierter Durchmesser eine Strahlinvolution, deren Doppelstrahlen reell sind, nämlich durch die beiden Asymptoten der Hyperbel dargestellt werden; bei einer Ellipse dagegen bilden zwar auch die Paare konjugierter Durchmesser eine Strahlinvolution, aber diese besitzt keine reellen Doppelstrahlen. Andererseits ruft eine Hyperbel auf der unendlich fernen Geraden eine Punktinvolution hervor mit zwei reellen Doppelpunkten, den Schnittpunkten der unendlich fernen Geraden mit den beiden Asymptoten, eine Ellipse aber eine Punktinvolution mit zwei konjugiert komplexen Doppelpunkten.

Es seien also a und b die Punkte eines Paares einer Involution, und es sei

$$(21) \qquad a\mathfrak{F} = b$$

und dabei b räumlich verschieden von a; dann muß

$$(22) \qquad b\mathfrak{F} = \mathfrak{k}a$$

sein, wo $\mathfrak{k}$ eine reelle Zahlgröße bedeutet. Denn, da die Punkte a und b, von ihren Massen abgesehen, sich wechselseitig entsprechen sollen, so kann der Punkt $b\mathfrak{F}$, der dem Punkt b durch die Involution $\mathfrak{F}$ zugewiesen wird, sich von dem Punkt a höchstens um einen reellen Zahlfaktor unterscheiden. Aus den beiden Gleichungen (21) und (22) folgt aber, da die Punkte a und b räumlich voneinander verschieden sind, für den Involutionsbruch $\mathfrak{F}$ die Darstellung

$$(23) \qquad \mathfrak{F} = \frac{b,\ \mathfrak{k}a}{a,\ b}.$$

Umgekehrt stellt jeder Projektivitätsbruch von der Form (23) eine Involution dar; denn in der von ihm vermittelten Projektivität entsprechen sich die Punkte a und b abgesehen von ihren Massen wechselseitig. Dieselbe ist also nach dem Satze 104 eine Involution.

Um vermöge der Gleichungen (21) bis (23) weitere analytische Kennzeichen eines Involutionsbruches zu finden, setze man den Wert von b aus (21) in die Gleichung (22) ein und erhält so die Gleichung

$$(24) \qquad a\mathfrak{F}\mathfrak{F} = \mathfrak{k}a,$$

welche zunächst für den Punkt a die Eigenschaft der Involution ausspricht, daß ihre zweimalige Anwendung auf diesen Punkt ihn wieder in seine alte Lage zurückführt.

Genügt umgekehrt eine Projektivität $\mathfrak{F}$ in einer Geraden für irgendeinen Punkt a dieser Geraden der Gleichung (24), und ist überdies das Bild $a\mathfrak{F}$ des Punktes a von dem Punkt a räumlich verschieden, besteht also neben der Gleichung (24) noch die Ungleichung

$$(25) \qquad [a \cdot a\mathfrak{F}] \neq 0,$$

so ist dadurch die Projektivität $\mathfrak{F}$ nach Satz 104 als Involution charakterisiert, weil ja zufolge der Gleichung (24) die (nach (25) räumlich verschiedenen) Punkte a und $a\mathfrak{F}$ sich wechselseitig entsprechen.

Selbstverständlich folgt ferner, wenn man wieder

$$(21) \qquad a\mathfrak{F} = b$$

setzt, aus der Gleichung (24) auch rückwärts die Gleichung

$$(22) \qquad b\mathfrak{F} = \mathfrak{k}a$$

und sodann aus den Gleichungen (21) und (22) mit Rücksicht auf die Ungleichung (25) für $\mathfrak{F}$ die Darstellung

$$(23) \qquad \mathfrak{F} = \frac{b,\ \mathfrak{k}a}{a,\ b}.$$

Dann aber läßt sich zeigen, daß die Gleichung

$$(24) \qquad a\,\mathfrak{s}\,\mathfrak{s} = \mathfrak{k}\,a$$

auch gültig bleibt, wenn man den Punkt a durch einen beliebigen Punkt x der Geraden ab ersetzt. In der Tat, ist

$$(26) \qquad x = \mathfrak{x}\,a + \mathfrak{y}\,b, \quad \text{so wird}$$

$$x\,\mathfrak{s} = \mathfrak{x}\,a\,\mathfrak{s} + \mathfrak{y}\,b\,\mathfrak{s},$$

das heißt wegen (21) und (22)

$$x\,\mathfrak{s} = \mathfrak{x}\,b + \mathfrak{y}\,\mathfrak{k}\,a \quad \text{und somit}$$

$$x\,\mathfrak{s}\,\mathfrak{s} = \mathfrak{x}\,b\,\mathfrak{s} + \mathfrak{y}\,\mathfrak{k}\,a\,\mathfrak{s},$$

das heißt wieder wegen (21) und (22)

$$x\,\mathfrak{s}\,\mathfrak{s} = \mathfrak{x}\,\mathfrak{k}\,a + \mathfrak{y}\,\mathfrak{k}\,b = \mathfrak{k}(\mathfrak{x}\,a + \mathfrak{y}\,b) \quad \text{oder}$$

$$(27) \qquad x\,\mathfrak{s}\,\mathfrak{s} = \mathfrak{k}\,x,$$

womit die obige Behauptung bewiesen ist. Da aber in unserer Entwickelung von dem Bruche $\mathfrak{s}$ nichts weiter vorausgesetzt war, als daß er eine Projektivität darstellt, in der sich die beiden Punkte a und b abgesehen von ihren Massen wechselseitig entsprechen, so enthält sie einen neuen Beweis des Satzes 104, und zugleich kann man den Satz aussprechen:

Satz 111: Eine Punktinvolution führt jeden Punkt der zu transformierenden Punktreihe bei zweimaliger Anwendung in einen kongruenten Punkt über.

Doch gibt dieser Satz noch nicht den ganzen Inhalt der Gleichung (27) wieder; denn diese Gleichung zeigt ja zugleich, daß alle Punkte der Geraden ab bei zweimaliger Multiplikation mit dem Faktor $\mathfrak{s}$ sich um *denselben* reellen Zahlfaktor ändern, und ergibt daher für das Folgequadrat $\mathfrak{s}\,\mathfrak{s} = \mathfrak{s}^2$ des Involutionsbruches $\mathfrak{s}$ die Gleichung

$$(28) \qquad \mathfrak{s}^2 = \mathfrak{k}$$

und damit den Satz:

Satz 112: Das Folgequadrat einer Involution in der Geraden ist eine reelle Zahl.

Und von diesem Satze gilt auch die Umkehrung:

Satz 113: Ist das Folgequadrat einer von der Deckung verschiedenen Projektivität $\mathfrak{s}$ eine reelle Zahl, genügt sie also der Gleichung

$$(28) \qquad \mathfrak{s}^2 = \mathfrak{k},$$

unter $\mathfrak{k}$ eine reelle Zahlgröße verstanden, so ist diese Projektivität eine Involution.

Da nämlich nach der Voraussetzung die Projektivität $\mathfrak{s}$ von der

Deckung verschieden ist, so gibt es in der zu transformierenden Punktreihe sicher Punkte, die nicht mit ihren Bildern zusammenfallen. Es sei a ein solcher Punkt; alsdann entsprechen sich in der Projektivität $\mathfrak{s}$ die beiden getrennt liegenden Punkte a und $a\mathfrak{s}$ wechselseitig. Denn dem Punkte $a\mathfrak{s}$ wird ja durch die Projektivität $\mathfrak{s}$ wegen (28) der Punkt

$$a\mathfrak{s}\mathfrak{s} = \mathfrak{k}a$$

zugewiesen. Nach Satz 104 ist daher die Projektivität $\mathfrak{s}$ eine Involution.

Man kann dem Satze 113 noch eine etwas andere Fassung verleihen, wenn man die uneigentliche Involution ausschließt. Nach der Gleichung (31) des 13. Abschnitts wird die uneigentliche *Projektivität* durch einen Bruch von der Form

$$\mathfrak{p} = \frac{0, \; 0}{e_1, \; e_2}$$

dargestellt. In diesem Bruche kann man die Nenner e_1 und e_2 als Doppelpunkte auffassen, und zwar als Doppelpunkte, deren zugehörige Hauptzahlen r_1 und r_2 gleich Null sind. Daraus aber folgt, daß die uneigentliche Projektivität der Bedingungsgleichung für die Hauptzahlen einer Involution Genüge leistet, nämlich der obigen Gleichung

$$(1) \qquad\qquad r_2 = - r_1,$$

und daß somit die uneigentliche Projektivität als eine Involution angesehen werden kann. *Die Begriffe „uneigentliche Projektivität" und „uneigentliche Involution" sind daher gleichbedeutend.*

Die uneigentliche Involution hat nun mit der Deckung die Eigenschaft gemein, daß nicht nur wie bei der Involution überhaupt ihr Folgequadrat eine bloße Zahl ist, sondern daß auch *sie selbst einer Zahlgröße gleich ist.* Und zwar sind die Deckung und die uneigentliche Involution die einzigen Projektivitäten dieser Art.

Es besteht aber für eine Zahlgröße $\mathfrak{s}$, welche der Gleichung (28) Genüge leistet, insbesondere also auch für eine Deckung und für die uneigentliche Involution $\mathfrak{s}$, zugleich die Gleichung

$$(29) \qquad\qquad \mathfrak{s} = \pm \sqrt{\mathfrak{k}},$$

während für eine eigentliche Involution, welche die Gleichung (28) befriedigt, stets

$$(30) \qquad\qquad \mathfrak{s} \neq \pm \sqrt{\mathfrak{k}}$$

ist. Man kann daher dem Satze 113 auch die Fassung geben:

Satz 114: Genügt eine Projektivität $\mathfrak{s}$ den beiden Vergleichungen

$$\mathfrak{s}^2 = \mathfrak{k} \quad \text{und} \quad \mathfrak{s} \neq \pm \sqrt{\mathfrak{k}},$$

unter $\mathfrak{k}$ eine reelle Zahlgröße verstanden, so ist diese Projektivität eine eigentliche Involution.

Der Zahlwert des Folgequadrates $\mathfrak{H}^2$ einer Involution $\mathfrak{H}$ steht nun aber in einer engen Beziehung zu dem kombinatorischen Quadrate $[\mathfrak{H}^2]$, das heißt zu dem Potenzwerte des Bruches $\mathfrak{H}$. In der Tat ergibt sich nach Satz 95 mit Rücksicht auf (23) für den Potenzwert der Involution $\mathfrak{H}$ der Ausdruck

$$[\mathfrak{H}^2] = \frac{[b \cdot \mathfrak{k}a]}{[ab]} = \mathfrak{k}\,\frac{[ba]}{[ab]}, \quad \text{das heißt}$$

$$(31) \qquad\qquad [\mathfrak{H}^2] = -\,\mathfrak{k}.$$

Zwischen dem kombinatorischen Quadrate $[\mathfrak{H}^2]$ und dem Folgequadrate $\mathfrak{H}^2$ einer Involution $\mathfrak{H}$ besteht daher die Beziehung

$$(32) \qquad\qquad [\mathfrak{H}^2] = -\,\mathfrak{H}^2,$$

und man hat den Satz:

Satz 115: Das kombinatorische Quadrat eines Involutionsbruches hat mit dessen Folgequadrat entgegengesetzten Wert.

Die durch die Gleichung (31) angegebene Beziehung zwischen dem Potenzwerte $[\mathfrak{H}^2]$ einer Involution $\mathfrak{H}$ und der zu ihrer Darstellung benutzten Zahlgröße $\mathfrak{k}$ liefert ferner mit Rücksicht auf Satz 109 den Satz:

Satz 116: Die Involution

$$(23) \qquad\qquad \mathfrak{H} = \frac{b,\ \mathfrak{k}a}{a,\ b}$$

ist hyperbolisch oder elliptisch, je nachdem die Zahlgröße $\mathfrak{k}$, das heißt das Folgequadrat $\mathfrak{H}^2$ der Involution, positiv oder negativ ist.

Übrigens läßt sich der Ausdruck (23) für die Involution $\mathfrak{H}$ noch etwas weiter vereinfachen, ohne daß dadurch eine wesentliche Beeinträchtigung der geometrischen Allgemeinheit des Bruches herbeigeführt würde[1]). Man multipliziere dazu den ersten Zähler und Nenner des Bruches mit $\sqrt{\pm\mathfrak{k}}$, wo unter der Wurzel das Vorzeichen $+$ oder $-$ zu nehmen ist, je nachdem die Zahlgröße $\mathfrak{k}$ positiv oder negativ ist, (vgl. Satz 77). Dadurch verwandelt sich der Bruch (23) in

$$\mathfrak{H} = \frac{\sqrt{\pm\mathfrak{k}}\ b,\ \mathfrak{k}a}{\sqrt{\pm\mathfrak{k}}\ a,\ b}\,.$$

Für diesen Bruch kann man auch schreiben, wenn man

$$(33) \qquad\qquad \sqrt{\pm\mathfrak{k}}\ a = a'$$

setzt und berücksichtigt, daß

$$\mathfrak{k} = \pm\left(\sqrt{\pm\mathfrak{k}}\right)^2 \quad \text{ist,}$$

$$\mathfrak{H} = \frac{\sqrt{\pm\mathfrak{k}}\ b,\ \pm\sqrt{\pm\mathfrak{k}}\ a'}{a',\qquad\qquad b}$$

____

oder nach Formel (30) des 11. Abschnitts

$$(34) \qquad \mathfrak{s} = \sqrt{\pm\,\mathfrak{k}}\ \frac{b,\ \pm\,a'}{a',\ b},$$

wo beide Male das Vorzeichen $+$ oder $-$ zu wählen ist, je nachdem $\mathfrak{k}$ positiv oder negativ ist.

In dem Falle eines *positiven* $\mathfrak{k}$, das heißt für eine *hyperbolische Involution* (vgl. Satz 116), wird also

$$(35) \qquad \mathfrak{s} = \sqrt{\mathfrak{k}}\ \frac{b,\ a'}{a',\ b},$$

und in dem Falle eines *negativen* $\mathfrak{k}$, das heißt für eine *elliptische* Involution, wird

$$(36) \qquad \mathfrak{s} = \sqrt{-\,\mathfrak{k}}\ \frac{b,\ -a'}{a',\ b}.$$

Läßt man schließlich die geometrisch bedeutungslosen reellen Zahlfaktoren $\sqrt{\mathfrak{k}}$ und $\sqrt{-\mathfrak{k}}$ fort und ändert die Bezeichnung, indem man wieder a anstatt a' schreibt, so erhält man für die allgemeinste hyperbolische und elliptische Punktinvolution $\mathfrak{h}$ und $\mathfrak{e}$ die Bruchdarstellungen

$$(37) \qquad \mathfrak{h} = \frac{b,\ a}{a,\ b} \qquad\text{und}\qquad (38) \qquad \mathfrak{e} = \frac{b,\ -a}{a,\ b},$$

in denen a und b zwei beliebige Punkte bedeuten, die dann in der Involution ein Paar bilden.

Analog ergeben sich für die allgemeinste hyperbolische und elliptische Strahlinvolution $\mathfrak{H}$ und $\mathfrak{E}$ die Bruchdarstellungen

$$(39) \qquad \mathfrak{H} = \frac{B,\ A}{A,\ B} \qquad\text{und}\qquad (40) \qquad \mathfrak{E} = \frac{B,\ -A}{A,\ B},$$

in denen A und B zwei beliebige Stäbe bedeuten, die dann wieder in der Involution ein Paar bilden.

Die Gleichungen (37) bis (40) gestatten noch einige wichtige Folgerungen. Doch beschränken wir uns darauf, die betreffenden Schlüsse aus den Gleichungen (37) und (38) für die Punktinvolution zu ziehen, bemerken aber sogleich, daß sich ganz entsprechende Folgerungen auch aus den Gleichungen (39) und (40) für die Strahlinvolution ergeben, was wir bei der Formulierung der Sätze berücksichtigen werden.

Nach der Voraussetzung sind die Nennerpunkte a und b der Involutionsbrüche $\mathfrak{h}$ und $\mathfrak{e}$ in jeder der beiden zugehörigen Involutionen die Punkte eines beliebig gewählten Paares. Nun folgen aber aus der Gleichung (37) die Gleichungen

$$(41) \qquad \begin{cases} (a+b)\,\mathfrak{h} = a+b \\ (a-b)\,\mathfrak{h} = -(a-b), \end{cases}$$

welche aussagen, daß die Punkte $a+b$ und $a-b$ die Doppelpunkte der

Involution $\mathfrak{h}$ bilden, und da diese Punkte überdies zu den Punkten a und b harmonisch liegen, so hat man den Satz:

Satz 117: **Ein jedes Paar einer hyperbolischen Involution wird durch deren Doppelelemente harmonisch getrennt.**

Andererseits folgt aus der Gleichung (38) die Gleichung

$$(42) \qquad (a + b)\,\mathfrak{e} = -(a - b),$$

welche zeigt, daß die Punkte $a + b$ und $a - b$ in der Involution $\mathfrak{e}$ ein Paar bilden. In einer elliptischen Involution gibt es also zu jedem Paare a, b ein zweites Paar, das von ihm harmonisch getrennt ist. Es existiert aber auch *nur ein* solches Paar. Denn bildet man zu einem beliebigen Punkt $\mathfrak{x}a + \mathfrak{y}b$ der einen Punktreihe den zugeordneten Punkt der anderen, so erhält man

$$(\mathfrak{x}a + \mathfrak{y}b)\,\mathfrak{e} = \mathfrak{x}b - \mathfrak{y}a = -(\mathfrak{y}a - \mathfrak{x}b).$$

Die Punkte des Paares

$$\mathfrak{x}a + \mathfrak{y}b \quad \text{und} \quad \mathfrak{y}a - \mathfrak{x}b$$

sind aber nur dann harmonisch, wenn die Proportion besteht

$$\mathfrak{x} : \mathfrak{y} = \mathfrak{y} : \mathfrak{x}$$

oder die Gleichung

$$\mathfrak{x}^2 = \mathfrak{y}^2, \quad \text{das heißt, wenn}$$

$$\mathfrak{x} = \pm\, \mathfrak{y}$$

ist. Und diese Gleichung liefert, abgesehen von einem geometrisch bedeutungslosen Zahlfaktor, eben nur die beiden Punkte $a + b$ und $a - b$, man hat daher den Satz:

Satz 118: **In jeder elliptischen Involution gibt es zu jedem Paare ein und nur ein zweites Paar, das zu ihm harmonisch liegt.**

Eine Streckengleichung der Ellipse in zwei verschiedenen Formen. Um eine genauere Anschauung von einer elliptischen und hyperbolischen Involution zu gewinnen und zugleich die Bezeichnung dieser beiden Arten der Involution als „elliptisch" und „hyperbolisch" zu rechtfertigen, schalten wir einiges über eine Streckendarstellung der Ellipse und Hyperbel ein.

Bei der Ellipse gelangen wir zu einer solchen Streckendarstellung, indem wir von den bekannten simultanen Gleichungen der Ellipse ausgehen:

$$(43) \qquad \begin{cases} \mathfrak{x} = \mathfrak{a} \cos \mathfrak{w} \\ \mathfrak{y} = \mathfrak{b} \sin \mathfrak{w}, \end{cases}$$

in denen $\mathfrak{x}$ und $\mathfrak{y}$ die rechtwinkligen Koordinaten des laufenden Punktes der Ellipse, bezogen auf ihre Hauptachsen, und $\mathfrak{a}$ und $\mathfrak{b}$ die *Längen* der Halbachsen sind, während $\mathfrak{w}$ eine Hülfsvariable (ein Parameter) ist, der, wenn $\mathfrak{a} > \mathfrak{b}$ ist, die exzentrische Anomalie des laufenden Punktes der Ellipse darstellt (vgl. Figur 81).

Sind dann ferner noch a und b die *Strecken* derjenigen beiden Halbachsen der Ellipse, welche den Sinn der positiven Seiten der Koordinatenachsen haben, und endlich e_a und e_b *zwei Strecken von der Länge 1*, die mit den Strecken a und b nach Richtung und Sinn übereinstimmen, so bestehen zwischen den vier Strecken a, b, e_a, e_b und den beiden Längen $\mathfrak{a}$ und $\mathfrak{b}$ die Gleichungen

$$(44) \qquad \begin{cases} a = \mathfrak{a}\,e_a \\ b = \mathfrak{b}\,e_b. \end{cases}$$

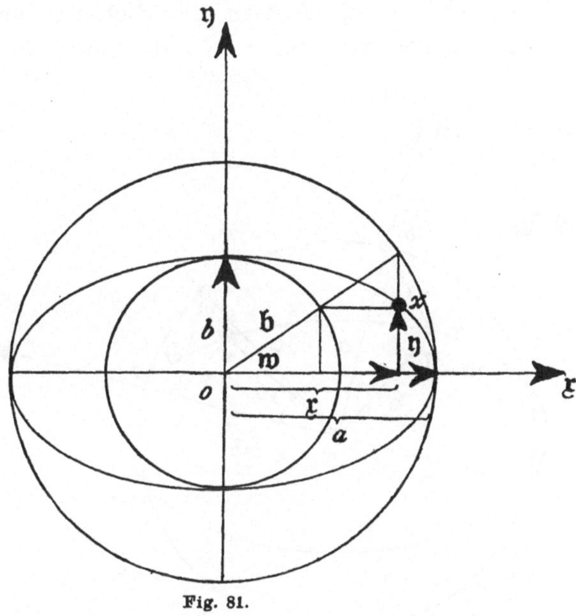

Fig. 81.

Und bezeichnet man endlich noch die Strecke vom Anfangspunkt o des Koordinatensystems nach dem laufenden Punkt $\mathfrak{x}$, $\mathfrak{y}$ der Ellipse gezogen, oder, wie wir sagen wollen, den „Träger" des laufenden Punktes der Ellipse mit x, so wird

$$(45) \qquad x = \mathfrak{x}\,e_a + \mathfrak{y}\,e_b.$$

Multipliziert man daher die Gleichungen (43) mit e_a und e_b und addiert, so erhält man wegen (44) und (45) die Gleichung

$$(46) \qquad x = a\cos\mathfrak{w} + b\sin\mathfrak{w},$$

und diese ist bereits die gewünschte Streckendarstellung der Ellipse. Man hat also den Satz:

Satz 119: Sind a und b zwei zueinander senkrechte Strecken, von denen a länger ist als b, so ist die Gleichung

$$x = a\cos\mathfrak{w} + b\sin\mathfrak{w}$$

eine Streckendarstellung einer Ellipse, deren Halbachsen die Strecken a und b sind, während x den Träger und der Parameter $\mathfrak{w}$ die exzentrische Anomalie des laufenden Punktes der Ellipse bedeutet.

Übrigens stellt die Gleichung (46) auch dann noch eine Ellipse dar, wenn a und b zwei Strecken von beliebiger, aber doch wenigstens verschiedener Richtung sind. Sind nämlich in diesem Falle wieder $\mathfrak{a}$ und $\mathfrak{b}$ die Längen der Strecken a und b, und $\mathfrak{x}$ und $\mathfrak{y}$ die Koordinaten eines Punktes in bezug auf ein Koordinatensystem, dessen Anfangspunkt in o

liegt, und dessen Achsen die Richtung und den Sinn der Strecken a und b haben (vgl. Figur 82), so sind zunächst die obigen Gleichungen

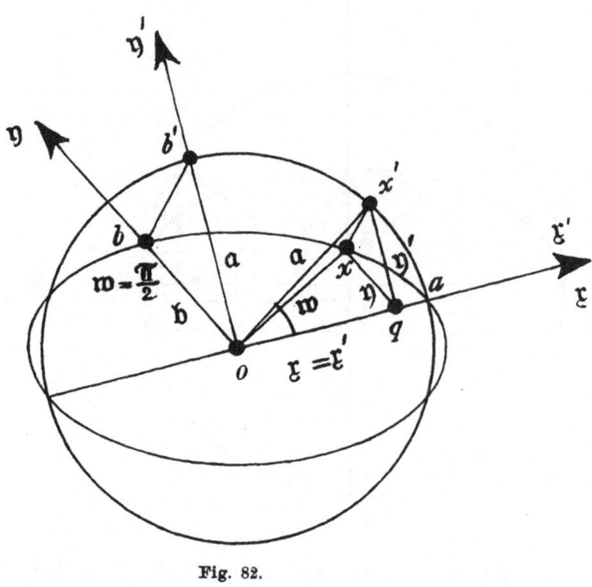

Fig. 82.

$$(43) \qquad \begin{cases} \mathfrak{x} = a\cos\mathfrak{w} \\ \mathfrak{y} = b\sin\mathfrak{w} \end{cases}$$

die simultanen Gleichungen einer Ellipse, welche die Koordinatenachsen zu konjugierten Durchmessern hat und von ihnen die Stücke a und b abschneidet.

Und bezeichnet man ferner wieder mit e_a und e_b zwei Strecken von der Länge 1, die mit den Strecken a und b nach Richtung und Sinn übereinstimmen, und mit x den Träger des Punktes $\mathfrak{x}$, $\mathfrak{y}$, so wird wieder

$$(44) \qquad \begin{cases} a = \mathfrak{a}e_a \\ b = \mathfrak{b}e_b \end{cases} \quad \text{und}$$

$$(45) \qquad x = \mathfrak{x}e_a + \mathfrak{y}e_b,$$

und es folgt daher wieder durch Multiplikation der Gleichungen (43) mit e_a und e_b und Addition für die Ellipse mit den konjugierten Halbmessern a und b die Streckengleichung

$$(46) \qquad x = a\cos\mathfrak{w} + b\sin\mathfrak{w};$$

nur hat hier der Parameter $\mathfrak{w}$ eine andere Bedeutung wie in dem Satze 119. Man gelangt zu dieser durch eine *affine Verallgemeinerung des Begriffs der exzentrischen Anomalie.*

Man kann sich nämlich die Ellipse mit den Halbmessern $[oa]$ und $[ob]$ durch perspektiv-affine Abbildung aus dem Kreise erzeugt denken, der um den Mittelpunkt o der Ellipse mit dem Radius $\mathfrak{a}$ geschlagen ist, indem man dabei die Gerade des Stabes $[oa]$ als *Affinitätsachse* verwendet. Man bezeichne dazu noch denjenigen Träger dieses Kreises, der auf der Strecke a senkrecht steht und von ihr nach derselben Seite abweicht wie b von a, mit b'; dann gibt die Strecke $b - b'$ die *Affinitätsrichtung* derjenigen perspektiven Affinität an, in der $[oa]$ die Affinitätsachse ist, und in der dem Punkte b' der Punkt b zugeordnet wird. Sodann konstruiere man einen Punkt x auf folgende Weise:

Man ziehe *zuerst* durch einen beliebigen Punkt x' des Kreises die Parallele zu der Affinitätsrichtung $b - b'$, so weiß man: Auf dieser Parallelen muß der dem Punkte x' zugeordnete Punkt x gelegen sein.

Fällt man dann *zweitens* von x' das Lot $x'q$ auf die Affinitätsachse $[oa]$, so ist $x'q \parallel b'o$; und da zwei parallellen Geraden durch die Affinität wieder zwei parallele Geraden zugeordnet werden, so muß die zu $x'q$ zugeordnete Gerade xq mit der zu $b'o$ zugeordneten Geraden bo parallel sein.

Man ziehe also *drittens* durch den Fußpunkt q des Lotes $x'q$ die Parallele zu ob bis zum Schnitt mit der zuerst gezogenen Parallelen und bezeichne den Schnittpunkt mit x.

Man kann dann zunächst leicht zeigen, daß der Punkt x ein Punkt der Ellipse ist, welche die Stäbe $[oa]$ und $[ob]$ zu konjugierten Halbmessern hat. In der Tat, bezeichnet man noch die rechtwinkligen Koordinaten des Punktes x' in bezug auf die Achsen $[oa]$ und $[ob']$ mit $\mathfrak{x}'$ und $\mathfrak{y}'$, so lautet die Gleichung des konstruierten Hülfskreises

$$(47) \qquad\qquad \mathfrak{x}'^2 + \mathfrak{y}'^2 = \mathfrak{a}^2.$$

Nun ist aber

$$(I) \qquad\qquad \mathfrak{x}' = \mathfrak{x},$$

und es verhält sich ferner wegen der Ähnlichkeit der Dreiecke obb' und qxx'

$$\mathfrak{y} : \mathfrak{y}' = \mathfrak{b} : \mathfrak{a},$$

woraus für $\mathfrak{y}'$ der Wert folgt:

$$(II) \qquad\qquad \mathfrak{y}' = \frac{\mathfrak{y}\mathfrak{a}}{\mathfrak{b}} \cdot$$

Die Einführung dieser Werte (I) und (II) aber in die Gleichung (47) ergibt

$$\mathfrak{x}^2 + \frac{\mathfrak{y}^2\mathfrak{a}^2}{\mathfrak{b}^2} = \mathfrak{a}^2 \quad \text{oder}$$

$$(48) \qquad\qquad \frac{\mathfrak{x}^2}{\mathfrak{a}^2} + \frac{\mathfrak{y}^2}{\mathfrak{b}^2} = 1;$$

und das ist gerade die Gleichung der Ellipse, welche die Stäbe $[oa]$ und $[ob]$ zu konjugierten Halbmessern hat.

Jetzt zeigt aber weiter die erste Gleichung (43), daß der Parameter $\mathfrak{w}$ der Winkel zwischen den Strecken a und x' ist. Der Parameter $\mathfrak{w}$ des Ellipsenpunktes x ist also der Polarwinkel des zugehörigen Punktes x' auf dem Kreise, der durch perspektiv-affine Abbildung in bezug auf die Gerade $[oa]$ als Affinitätsachse in die Ellipse übergeht, wobei vorausgesetzt ist, daß die Gerade $[oa]$ zugleich als Polarachse für den Polarwinkel dient.

Faßt man diese Ergebnisse mit dem Inhalt von Satz 119 zusammen, so erhält man den

Satz 120: Läßt man die Strecken a, b und x von einem festen

Zentrum o ausgehen, so ist die Gleichung

$$x = a \cos \mathfrak{w} + b \sin \mathfrak{w},$$

in der a und b zwei beliebige Strecken von verschiedener Richtung sind, eine Streckendarstellung einer Ellipse mit dem Mittelpunkt o.

Stehen insbesondere die Strecken a und b aufeinander senkrecht, und ist a länger als b, so hat die Ellipse die Stäbe $[oa]$ und $[ob]$ zu Halbachsen, und der Parameter $\mathfrak{w}$ ist die exzentrische Anomalie des Punktes x.

Sind dagegen die Strecken a und b zwei Strecken von beliebiger, aber doch wenigstens verschiedener Richtung, so besitzt die Ellipse die Stäbe $[oa]$ und $[ob]$ zu konjugierten Halbmessern, und der Parameter $\mathfrak{w}$ ist der Polarwinkel des dem Punkte x entsprechenden Punktes auf demjenigen zur Ellipse perspektiv-affinen Kreise, der durch perspektiv-affine Abbildung in bezug auf die Achse $[oa]$ als Affinitätsachse in die Ellipse übergeht. Dabei ist vorausgesetzt, daß die Affinitätsachse $[oa]$ zugleich als Polarachse dient.

Man kann der Streckengleichung (46) der Ellipse noch eine etwas *andere Form* verleihen, wenn man die „elliptische Streckeninvolution"

$$(49) \qquad\qquad \mathfrak{e} = \frac{b,\ -a}{a,\ \ b}$$

einführt, welche nach dem Begriff des extensiven Bruches den Gleichungen genügt:

$$(50) \qquad\qquad \begin{cases} a\mathfrak{e} = b \\ b\mathfrak{e} = -a, \end{cases}$$

die also den Halbmesser a der Ellipse in den konjugierten Halbmesser b überführt und andererseits den Halbmesser b in den vom Halbmesser a nur dem Sinne nach verschiedenen Halbmesser $-a$ verwandelt. Diese Streckeninvolution besitzt übrigens ganz die Eigenschaften der oben (vgl. Seite 160 ff., namentlich Seite 165 f.) ausführlich betrachteten elliptischen Punktinvolution. Insbesondere besitzt ihr Folgequadrat $\mathfrak{e}^2$ den Wert -1, das heißt, es wird

$$(51) \qquad\qquad \mathfrak{e}^2 = -1.$$

Hieraus läßt sich dann folgern, daß man mit der Größe $\mathfrak{e}$ in ganz entsprechender Weise rechnen kann wie mit der imaginären Größe $i = \sqrt{-1}$. So nimmt die Gleichung (46) wegen (50) die Gestalt an:

$$(52) \quad x = a \cos \mathfrak{w} + b \sin \mathfrak{w} = a \cos \mathfrak{w} + a\mathfrak{e} \sin \mathfrak{w} = a(\cos \mathfrak{w} + \mathfrak{e} \sin \mathfrak{w}).$$

Die hier in der Klammer auftretende Summe $\cos \mathfrak{w} + \mathfrak{e} \sin \mathfrak{w}$ kann man aber in genau derselben Weise umformen wie die komplexe Einheit $\cos \mathfrak{w} + i \sin \mathfrak{w}$. Wegen (51) wird nämlich

$$(53) \quad \begin{cases} \cos \mathfrak{w} = 1 - \dfrac{\mathfrak{w}^2}{2!} + \dfrac{\mathfrak{w}^4}{4!} - + \cdots = 1 + \dfrac{\mathfrak{e}^2 \mathfrak{w}^2}{2!} + \dfrac{\mathfrak{e}^4 \mathfrak{w}^4}{4!} + \cdots \\[2ex] \mathfrak{e} \sin \mathfrak{w} = \mathfrak{e} \left(\dfrac{\mathfrak{w}}{1!} - \dfrac{\mathfrak{w}^3}{3!} + \dfrac{\mathfrak{w}^5}{5!} - + \cdots \right) = \dfrac{\mathfrak{e}\mathfrak{w}}{1!} + \dfrac{\mathfrak{e}^3 \mathfrak{w}^3}{3!} + \dfrac{\mathfrak{e}^5 \mathfrak{w}^5}{5!} + \cdots. \end{cases}$$

Setzt man daher noch die Reihe

$$(54) \qquad 1 + \frac{\mathfrak{e}\mathfrak{w}}{1!} + \frac{\mathfrak{e}^2 \mathfrak{w}^2}{2!} + \frac{\mathfrak{e}^3 \mathfrak{w}^3}{3!} + \cdots = e^{\mathfrak{e}\mathfrak{w}}, \qquad \mathfrak{e} = \frac{b, -a}{a, \ b},$$

so wird

$$(55) \qquad \cos \mathfrak{w} + \mathfrak{e} \sin \mathfrak{w} = e^{\mathfrak{e}\mathfrak{w}}, \qquad \mathfrak{e} = \frac{b, -a}{a, \ b}.$$

Daß die durch die Potenzreihe (54) definierte Exponentialgröße $e^{\mathfrak{e}\mathfrak{w}}$ auch den Grundgesetzen der Potenzierung, insbesondere der · Gleichung

$$(56) \qquad e^{\mathfrak{e}\mathfrak{w}_1} e^{\mathfrak{e}\mathfrak{w}_2} = e^{\mathfrak{e}(\mathfrak{w}_1 + \mathfrak{w}_2)}, \qquad \mathfrak{e} = \frac{b, -a}{a, \ b},$$

Genüge leistet, erkennt man leicht, indem man die beiden Potenzreihen für $e^{\mathfrak{e}\mathfrak{w}_1}$ und $e^{\mathfrak{e}\mathfrak{w}_2}$ miteinander multipliziert. Man kann den Beweis aber auch auf Grund der Formel (55) in folgender Weise führen: Es ist

$$\begin{aligned} e^{\mathfrak{e}\mathfrak{w}_1} e^{\mathfrak{e}\mathfrak{w}_2} &= (\cos \mathfrak{w}_1 + \mathfrak{e} \sin \mathfrak{w}_1)(\cos \mathfrak{w}_2 + \mathfrak{e} \sin \mathfrak{w}_2) \\ &= (\cos \mathfrak{w}_1 \cos \mathfrak{w}_2 - \sin \mathfrak{w}_1 \sin \mathfrak{w}_2) + \mathfrak{e}(\sin \mathfrak{w}_1 \cos \mathfrak{w}_2 + \cos \mathfrak{w}_1 \sin \mathfrak{w}_2) \\ &= \cos(\mathfrak{w}_1 + \mathfrak{w}_2) + \mathfrak{e} \sin(\mathfrak{w}_1 + \mathfrak{w}_2) \\ &= e^{\mathfrak{e}(\mathfrak{w}_1 + \mathfrak{w}_2)}. \end{aligned}$$

Aus der Formel (55) entnimmt man ferner, daß die Exponentialgröße $e^{\mathfrak{e}\mathfrak{w}}$ für die besonderen Argumente $\mathfrak{w} = \dfrac{\pi}{2}$, $\mathfrak{w} = \pi$ und $\mathfrak{w} = 2\pi$ die Werte besitzt

$$(57) \quad e^{\mathfrak{e}\frac{\pi}{2}} = \mathfrak{e}, \qquad\qquad (58) \quad e^{\mathfrak{e}\pi} = -1, \qquad\qquad (59) \quad e^{2\mathfrak{e}\pi} = 1.$$

Ferner erhält man, wenn man den Wert (55) in die Gleichung (52) substituiert, für die Streckengleichung der Ellipse die neue Form

$$(60) \qquad x = a e^{\mathfrak{e}\mathfrak{w}}, \qquad \mathfrak{e} = \frac{b, -a}{a, \ b},$$

wobei a und b zwei konjugierte Halbmesser der Ellipse sind.

Auch kann man leicht die Bedeutung der beiden Abbildungsfunktionen $e^{\mathfrak{e}\mathfrak{t}}$ und $\mathfrak{e} = e^{\mathfrak{e}\frac{\pi}{2}}$ für die Ellipse (60) angeben. Wegen (56) folgt nämlich aus der Gleichung (60) durch Multiplikation mit $e^{\mathfrak{e}\mathfrak{t}}$:

$$(61) \qquad x e^{\mathfrak{e}\mathfrak{t}} = a e^{\mathfrak{e}(\mathfrak{w} + \mathfrak{t})},$$

das heißt, durch Multiplikation mit $e^{\mathfrak{e}\mathfrak{t}}$ wird ein beliebiger Träger x der Ellipse (60) wieder in einen Träger dieser Ellipse übergeführt, und zwar in denjenigen Träger, dessen Parameter den Parameter $\mathfrak{w}$ des ursprünglichen Trägers x um den Betrag $\mathfrak{k}$ übertrifft. Hieraus ergibt sich wieder die Bedeutung der Abbildungsfunktion $\mathfrak{e}$; denn es wird

$$(62) \qquad x\mathfrak{e} = a e^{\mathfrak{e}\mathfrak{w}} e^{\mathfrak{e}\frac{\pi}{2}} = a e^{\mathfrak{e}\left(\mathfrak{w} + \frac{\pi}{2}\right)}.$$

Die Multiplikation mit $\mathfrak{e}$ verwandelt also ebenfalls jeden Träger der Ellipse (60) wieder in einen Träger dieser Ellipse, und zwar in denjenigen Träger, dessen Parameter um $\frac{\pi}{2}$ größer ist. Da aber, wie oben gezeigt ist, der Parameter $\mathfrak{w}$ des Ellipsenpunktes $x = a e^{\mathfrak{e}\mathfrak{w}}$ nichts anderes ist als der Polarwinkel des dem Punkte x entsprechenden Punktes in einem gewissen zu der Ellipse perspektiv-affinen Kreise, so kann man auch sagen, daß die Polarwinkel der den Ellipsenpunkten x und $x\mathfrak{e}$ entsprechenden Punkte dieses Kreises um den Winkel $\frac{\pi}{2}$ differieren, woraus dann wieder folgt, daß die Träger x und $x\mathfrak{e}$ der zugehörigen Ellipsenpunkte konjugierte Halbmesser der Ellipse sind.

Dies kann man indes auch leicht auf anderem Wege zeigen. Bildet man nämlich den Differentialquotienten $\dfrac{dx}{d\mathfrak{w}}$ des Ellipsenträgers x nach dem Parameter $\mathfrak{w}$, so erhält man

$$\frac{dx}{d\mathfrak{w}} = a e^{\mathfrak{e}\mathfrak{w}} \mathfrak{e} \qquad \text{oder}$$

$$(63) \qquad \frac{dx}{d\mathfrak{w}} = x\mathfrak{e}.$$

Diese Gleichung aber enthält bereits das gewünschte Ergebnis. Denn da das Differential dx eine Strecke darstellt, die längs der Ellipse von dem Punkt x mit dem Parameter $\mathfrak{w}$ zu dem Nachbarpunkt $x + dx$ mit dem Parameter $\mathfrak{w} + d\mathfrak{w}$ hinführt, so ist der Differentialquotient $\dfrac{dx}{d\mathfrak{w}}$ der Ausdruck einer Strecke, welche die Richtung der Ellipsentangente im Punkte x besitzt, und deren Sinn dem Fortschreiten auf der Ellipse nach der Seite des wachsenden Parameters $\mathfrak{w}$ entspricht.

Die Strecke $\dfrac{dx}{d\mathfrak{w}}$ möge daher als die „Tangentenstrecke" der Ellipse (60) im Punkte x bezeichnet werden (vgl. Figur 83).

Und diese Bezeichnung „Tangentenstrecke" für den

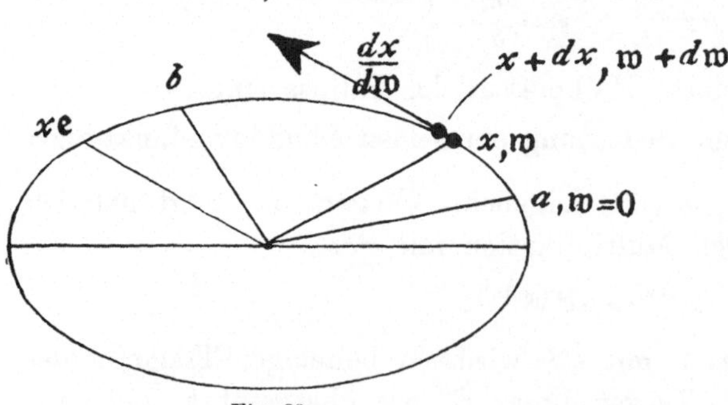

Fig. 83

Differentialquotienten $\dfrac{dx}{d\mathfrak{w}}$ wollen wir überhaupt bei einer jeden Parameterdarstellung einer beliebigen Kurve anwenden, durch welche die Strecke, von
einem beliebigen festen Anfangspunkt nach dem laufenden Punkt der Kurve
gezogen, als Funktion eines Parameters $\mathfrak{w}$ ausgedrückt wird. Denn in diesem
Falle hat die Strecke $\dfrac{dx}{d\mathfrak{w}}$ stets die Richtung der Tangente der Kurve im
Punkte x, während der Sinn und die Länge dieser Strecke von der jedes-
maligen Form der Parameterdarstellung der Kurve, das heißt von der
Wahl des Parameters $\mathfrak{w}$ abhängt.

Mit Rücksicht auf diese geometrische Bedeutung des Differential-
quotienten $\dfrac{dx}{d\mathfrak{w}}$ sagt nun aber die Gleichung (63) aus, daß die Strecke $x\,\mathfrak{e}$,
(die nach der Gleichung (62) zugleich der Träger eines gewissen Ellipsen-
punktes ist), der Tangente des Punktes x parallel läuft, das heißt, zu dem
Ellipsenträger x konjugiert ist. Damit ist aber in der Tat von neuem
bewiesen, und zwar unabhängig von der Beziehung der Ellipse zu dem
perspektiv-affinen Kreise, daß die Multiplikation mit $\mathfrak{e}$ einen jeden Halbmesser der Ellipse in den auf der Seite des wachsenden Parameters
liegenden konjugierten Halbmesser überführt, oder was auf dasselbe hinauskommt, in denjenigen konjugierten Halbmesser, der von x aus nach
derselben Seite liegt wie b von a. Man hat also den Satz:

Satz 121: Bei der durch die Streckengleichung

$$x = a \cos \mathfrak{w} + b \sin \mathfrak{w}$$

oder die gleichwertige Streckengleichung

$$x = a e^{\mathfrak{e}\,\mathfrak{w}}, \qquad \mathfrak{e} = \frac{b,\ -a}{a,\ \ b}$$

**gegebenen Parameterdarstellung einer Ellipse führt die Multi-
plikation des laufenden Trägers x mit dem elliptischen Invo-
lutionsbruche $\mathfrak{e}$ den Halbmesser x in denjenigen zu ihm konjugierten Halbmesser der Ellipse über, der von dem Träger x
nach derselben Seite hin abweicht wie b von a.**

Die in diesem Satze ausgesprochene Eigenschaft der Streckeninvolution
$\mathfrak{e}$ bildet den Grund dafür, daß man diese Involution und ebenso die entsprechende Punkt- und Strahlinvolution (vgl. Seite 165 f.) als *elliptische
Involution* bezeichnet.

Die entsprechende Streckengleichung der Hyperbel. In ganz ähnlicher
Weise wie bei der Ellipse kann man auch für die Hyperbel eine Streckengleichung entwickeln.

Sind wieder a und b zwei *Strecken* verschiedener Richtung, die von einem gemeinsamen Anfangspunkte o ausgehen, sind ferner $\mathfrak{a}$ und $\mathfrak{b}$ die *Längen* dieser Strecken und $\mathfrak{x}$ und $\mathfrak{y}$ die Koordinaten eines veränderlichen Punktes in bezug auf ein Koordinatensystem, dessen Achsen die Richtungen der Strecken a und b haben, und deren positive Seiten auch ihrem Sinne nach mit dem Sinne der Strecken a und b übereinstimmen, so ist zunächst die Gleichung

$$(64) \qquad \frac{\mathfrak{x}^2}{\mathfrak{a}^2} - \frac{\mathfrak{y}^2}{\mathfrak{b}^2} = 1$$

die Gleichung derjenigen Hyperbel, welche die Koordinatenachsen zu konjugierten Durchmessern hat und von der $\mathfrak{x}$-Achse das Stück $\mathfrak{a}$ abschneidet, während der zur $\mathfrak{x}$-Achse konjugierte Halbmesser die Länge $\mathfrak{b}$ hat.

Der Gleichung (64) kann man nun aber genügen, wenn man setzt

$$(65) \qquad \begin{cases} \mathfrak{x} = \mathfrak{a}\,\cosh\mathfrak{w} \\ \mathfrak{y} = \mathfrak{b}\,\sinh\mathfrak{w}, \end{cases} \quad \text{wo}$$

$$(66) \qquad \begin{cases} \cosh\mathfrak{w} = \dfrac{e^{\mathfrak{w}} + e^{-\mathfrak{w}}}{2} \\[2ex] \sinh\mathfrak{w} = \dfrac{e^{\mathfrak{w}} - e^{-\mathfrak{w}}}{2} \end{cases}$$

ist; denn aus den Gleichungen (65) resultiert mit Rücksicht auf die Gleichung

$$(67) \qquad \cosh^2\mathfrak{w} - \sinh^2\mathfrak{w} = 1$$

bei Elimination von $\mathfrak{w}$ die Gleichung (64). Dabei stellen allerdings die Gleichungen (65) nur denjenigen Zweig der Hyperbel (64) dar, für welchen $\mathfrak{x}$ positiv ist, während die Gleichungen des anderen Zweiges lauten:

$$(68) \qquad \begin{cases} \mathfrak{x} = -\,\mathfrak{a}\,\cosh\mathfrak{w} \\ \mathfrak{y} = -\,\mathfrak{b}\,\sinh\mathfrak{w}. \end{cases}$$

Sind dann ferner e_a und e_b wieder *zwei Strecken von der Länge 1*, die nach Richtung und Sinn mit den Strecken a und b übereinstimmen, und ist x wie oben der Träger des Punktes $\mathfrak{x}, \mathfrak{y}$, so wird wieder

$$(69) \qquad \begin{cases} a = \mathfrak{a}\,e_a \\ b = \mathfrak{b}\,e_b \end{cases} \quad \text{und}$$

$$(70) \qquad x = \mathfrak{x}\,e_a + \mathfrak{y}\,e_b.$$

Multipliziert man daher die beiden Gleichungen (65) beziehlich mit e_a und e_b und addiert und berücksichtigt die Gleichungen (69) und (70), so erhält man für den Hyperbelträger x die Parameterdarstellung

$$(71) \qquad x = a\,\cosh\mathfrak{w} + b\,\sinh\mathfrak{w}$$

und damit eine Streckengleichung des „positiven Zweiges" der Hyperbel (64), nämlich desjenigen Zweiges, welcher den Punkt $x = +\,a$ enthält; dieser Punkt entspricht dem Parameterwerte $\mathfrak{w} = 0$.

Andererseits ist die Gleichung

$$(72) \qquad \frac{\mathfrak{x}_1^2}{\mathfrak{a}^2} - \frac{\mathfrak{y}_1^2}{\mathfrak{b}^2} = -1 \qquad \text{oder}$$

$$(73) \qquad \frac{\mathfrak{y}_1^2}{\mathfrak{b}^2} - \frac{\mathfrak{x}_1^2}{\mathfrak{a}^2} = 1$$

die Gleichung der zu (64) konjugierten Hyperbel, und man kann dann wieder denjenigen Zweig der Hyperbel, für den $\mathfrak{y}_1$ positiv ist, durch die simultanen Gleichungen darstellen:

$$(74) \qquad \begin{cases} \mathfrak{y}_1 = \mathfrak{b} \cosh \mathfrak{w} \\ \mathfrak{x}_1 = \mathfrak{a} \sinh \mathfrak{w}. \end{cases}$$

Bezeichnet man daher noch den Träger des Punktes $\mathfrak{x}_1, \mathfrak{y}_1$ mit y, setzt also

$$(75) \qquad y = \mathfrak{x}_1 e_a + \mathfrak{y}_1 e_b,$$

und multipliziert die beiden Gleichungen (74) beziehlich mit e_b und e_a und addiert unter Berücksichtigung von (69) und (75), so erhält man für den „positiven Zweig" der zu (64) konjugierten Hyperbel die Streckengleichung

$$(76) \qquad y = \mathfrak{b} \cosh \mathfrak{w} + \mathfrak{a} \sinh \mathfrak{w},$$

wobei als positiver Zweig derjenige Zweig der Hyperbel bezeichnet ist, der den Punkt $y = +\mathfrak{b}$ enthält; dieser Punkt entspricht wieder dem Parameterwerte $\mathfrak{w} = 0$. Man hat also den Satz:

Satz 122: Sind $\mathfrak{a}$ und $\mathfrak{b}$ zwei Strecken von verschiedener Richtung, so stellt jede von den beiden Streckengleichungen

$$(71) \qquad x = \mathfrak{a} \cosh \mathfrak{w} + \mathfrak{b} \sinh \mathfrak{w} \quad \text{und}$$

$$(76) \qquad y = \mathfrak{b} \cosh \mathfrak{w} + \mathfrak{a} \sinh \mathfrak{w}$$

einen Zweig einer der beiden konjugierten Hyperbeln dar, welche die Strecken $\mathfrak{a}$ und $\mathfrak{b}$ zu konjugierten Halbmessern haben, und zwar die Streckengleichung (71) denjenigen Zweig, der den Punkt $x = \mathfrak{a}$ enthält, und die Streckengleichung (76) den Zweig, dem der Punkt $y = \mathfrak{b}$ angehört; diese beiden Punkte $x = \mathfrak{a}$ und $y = \mathfrak{b}$ entsprechen dem Parameterwerte $\mathfrak{w} = 0$.

Die unendlich fernen Punkte der beiden Hyperbelzweige (71) und (76) ergeben sich, wenn man $\mathfrak{w} = \pm \infty$ setzt. In der Tat wird wegen (66) für eine sehr große positive Zahl $\mathfrak{g}$ um so genauer

$$\cosh(\pm \mathfrak{g}) = +\frac{e^{\mathfrak{g}}}{2}$$

$$\sinh(\pm \mathfrak{g}) = \pm\frac{e^{\mathfrak{g}}}{2},$$

je größer $\mathfrak{g}$ gewählt wird. Bezeichnet man daher die Werte, denen die Träger x und y der beiden Hyperbelzweige (71) und (76) für die

Parameterwerte $+\mathfrak{g}$ und $-\mathfrak{g}$ bei unendlich wachsendem $\mathfrak{g}$ zustreben, beziehlich mit x_1, x_2 und y_1, y_2, so wird

$$(77) \qquad \begin{cases} x_1 = \dfrac{e^{\mathfrak{g}}}{2}\,(a+b) \\[2mm] x_2 = \dfrac{e^{\mathfrak{g}}}{2}\,(a-b) \end{cases} \qquad \text{und}$$

$$(78) \qquad \begin{cases} y_1 = \dfrac{e^{\mathfrak{g}}}{2}\,(b+a) \\[2mm] y_2 = \dfrac{e^{\mathfrak{g}}}{2}\,(b-a), \end{cases}$$

worin $\mathfrak{g} = +\infty$ zu setzen ist. Diese Gleichungen zeigen (vgl. Figur 84):
Die Punkte x_1 und x_2, die bei dem Hyperbelzweige (71) den Parameter-

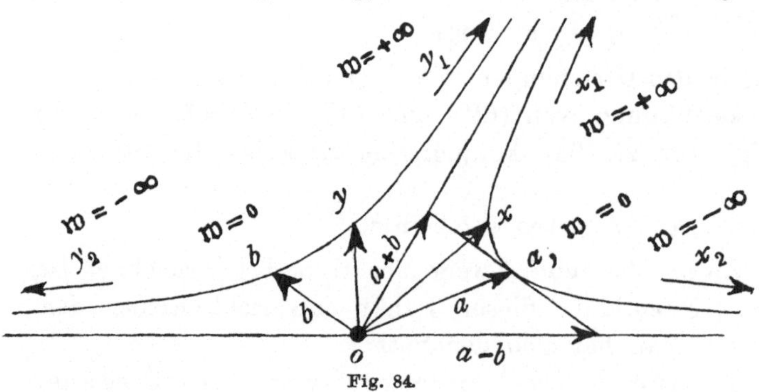

Fig. 84.

werten $\mathfrak{w} = +\infty$ und $\mathfrak{w} = -\infty$ entsprechen, liegen auf den durch die Strecken $a+b$ und $a-b$ bestimmten von o ausgehenden Strahlen in unendlicher Entfernung, und von den entsprechenden Punkten y_1 und y_2 des Hyperbelzweiges (76) fällt y_1 mit x_1 zusammen, während y_2 aus x_2 durch Spiegelung am Anfangspunkt o entsteht. Jene beiden von o aus gehenden Strahlen heißen die „Asymptoten" der beiden konjugierten Hyperbeln.

Einige weitere Folgerungen lassen sich noch an die Tatsache knüpfen, daß y aus x und ebenso x aus y durch Differentiation nach dem Parameter $\mathfrak{w}$ hervorgeht, daß also die Gleichungen bestehen:

$$(79) \qquad \frac{dx}{d\mathfrak{w}} = y \qquad \text{und} \qquad \frac{dy}{d\mathfrak{w}} = x.$$

Die geometrische Bedeutung dieser Gleichungen ergibt sich leicht. Da nämlich nach Seite 172f. die Differentialquotienten $\dfrac{dx}{d\mathfrak{w}}$ und $\dfrac{dy}{d\mathfrak{w}}$ die Tangentenstrecken der |beiden Hyperbelzweige in den Punkten x und y sind, so sagen die Gleichungen (79) aus, daß die Tangentenstrecken der Punkte x und y beziehlich mit den Trägern der Punkte y und x übereinstimmen. Darin liegt *zunächst:* Der zum Parameter $\mathfrak{w}$ gehörende Halbmesser y des zweiten Hyperbelzweiges ist parallel mit der Tangentenstrecke $\dfrac{dx}{d\mathfrak{w}}$ des zu demselben Parameterwerte $\mathfrak{w}$ gehörenden Punktes x des ersten Hyperbelzweiges, und umgekehrt ist der Halbmesser x parallel mit der entsprechenden Tangentenstrecke $\dfrac{dy}{d\mathfrak{w}}$. Und da man bei zwei konjugierten Hyperbelzweigen zwei Halbmesser, von denen der eine der Tangente im Endpunkt des anderen parallel ist, einander konjugiert nennt, so hat man den Satz:

Satz 123: Bei der durch die Gleichungen (71) und (76) gegebenen Parameterdarstellung zweier konjugierten Hyperbelzweige sind je zwei Halbmesser x und y, welche demselben Parameterwerte $\mathfrak{w}$ zugehören, konjugierte Halbmesser der beiden Hyperbelzweige.

Da insbesondere nach (77) und (78) die den Parameterwerten $\mathfrak{w} = \pm\,\infty$ zugehörenden Halbmesser x_1 und y_1, x_2 und y_2 in je eine gerade Linie, nämlich in eine Asymptote fallen, so folgt, wenn man zugleich abermals die Gleichungen (79) berücksichtigt, weiter der Satz:

Satz 124: Die Asymptoten einer Hyperbel sind „sich selbst konjugierte Durchmesser" der Kurve und können überdies als Tangenten der Hyperbel in ihren unendlich fernen Punkten aufgefaßt werden.

Stellt man *ferner* aus den Gleichungen (79), (71) und (76) das Gleichungssystem zusammen

$$(80) \qquad \begin{cases} x = \dfrac{dy}{d\mathfrak{w}} = a \cosh\mathfrak{w} + b \sinh\mathfrak{w} \\[2mm] \dfrac{dx}{d\mathfrak{w}} = y = b \cosh\mathfrak{w} + a \sinh\mathfrak{w} \end{cases}$$

und addiert und subtrahiert diese Gleichungen, indem man beachtet, daß wegen (66)

$$(81) \qquad \begin{cases} \cosh\mathfrak{w} + \sinh\mathfrak{w} = e^{\mathfrak{w}} \\ \cosh\mathfrak{w} - \sinh\mathfrak{w} = e^{-\mathfrak{w}} , \end{cases}$$

so erhält man die neuen Gleichungen

$$(82) \qquad \begin{cases} x + \dfrac{dx}{d\mathfrak{w}} = (a+b)e^{\mathfrak{w}} \\[2mm] x - \dfrac{dx}{d\mathfrak{w}} = (a-b)e^{-\mathfrak{w}} \end{cases} \qquad \text{und}$$

$$(83) \qquad \begin{cases} y + \dfrac{dy}{d\mathfrak{w}} = (b+a)e^{\mathfrak{w}} \\[2mm] y - \dfrac{dy}{d\mathfrak{w}} = (b-a)e^{-\mathfrak{w}}, \end{cases}$$

welche zeigen: Wenn man den Träger eines der beiden konjugierten Hyperbelzweige (71) und (76) um seine Tangentenstrecke vermehrt, so erhält man einen Punkt derjenigen Asymptote, deren Streckengleichung lautet:

$$(84) \qquad z_1 = \mathfrak{m}(a+b),$$

unter $\mathfrak{m}$ eine veränderliche Zahlgröße verstanden; wenn man ihn dagegen um seine Tangentenstrecke vermindert, so gelangt man zu einem Punkt der anderen Asymptote, welche die Parameterdarstellung gestattet:

$$(85) \qquad\qquad z_2 = \mathfrak{n}(a - b).$$

Darin liegen die Sätze:

Satz 125: Man kann den zu einem Hyperbelhalbmesser konjugierten Halbmesser auch dadurch finden, daß man in dem Endpunkt des ersten Halbmessers an die Hyperbel die Tangente legt und diese Tangente mit derjenigen Asymptote zum Schnitt bringt, deren Richtung durch die Strecke $a + b$ angegeben wird; dann wird der gesuchte konjugierte Halbmesser nach Länge, Richtung und Sinn durch das Stück der Tangente dargestellt vom Berührungspunkt bis zum Schnitt mit jener Asymptote. Und:

Satz 126: Der Berührungspunkt einer Hyperbeltangente halbiert das Stück dieser Tangente zwischen den beiden Asymptoten.

Multipliziert man andererseits die beiden Ausdrücke (80) äußerlich miteinander, so ergibt sich die Gleichung:

$$[xy] = \left[x\frac{dx}{d\mathfrak{w}}\right] = -\left[y\frac{dy}{d\mathfrak{w}}\right] = [ab](\cosh^2\mathfrak{w} - \sinh^2\mathfrak{w}),$$

das heißt wegen (67)

$$(86) \qquad [xy] = \left[x\frac{dx}{d\mathfrak{w}}\right] = -\left[y\frac{dy}{d\mathfrak{w}}\right] = [ab] = \text{Const.}$$

Hier ist aber die Größe der Felder $\left[x\dfrac{dx}{d\mathfrak{w}}\right]$ oder $-\left[y\dfrac{dy}{d\mathfrak{w}}\right]$ der Flächeninhalt der Dreiecke (vgl. Figur 85), die zwischen der Tangente des Punktes x oder y und den beiden Asymptoten gelegen sind. Man hat also den Satz:

Satz 127: Der Flächeninhalt der Dreiecke, die von einer beweglichen Tangente einer Hyperbel und ihren beiden

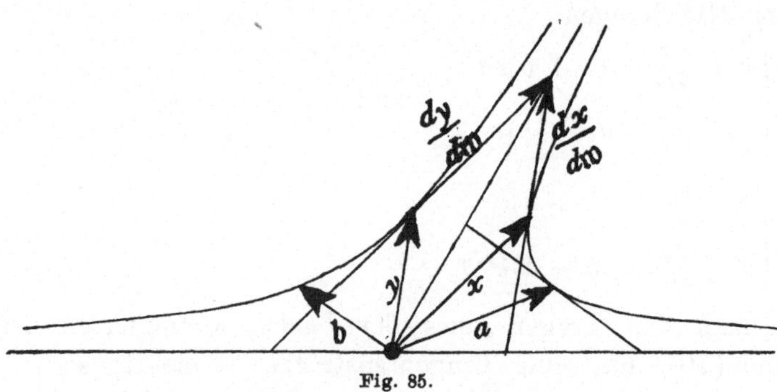

Fig. 85.

Asymptoten gebildet werden, ist konstant und besitzt denselben Wert für die konjugierte Hyperbel.

Dieses Ergebnis drückt man nur etwas anders aus, wenn man sagt:

Satz 128: Alle Parallelogramme, die zwei konjugierte Durchmesser zweier konjugierten Hyperbeln zu Mittellinien haben, besitzen denselben Flächeninhalt, und ihre Ecken liegen auf den beiden Asymptoten (vgl. Figur 86).

Mit Hülfe der Gleichung (86) kann man sich nun aber auch über die geometrische Bedeutung des Parameters $\mathfrak{w}$ Aufschluß verschaffen.

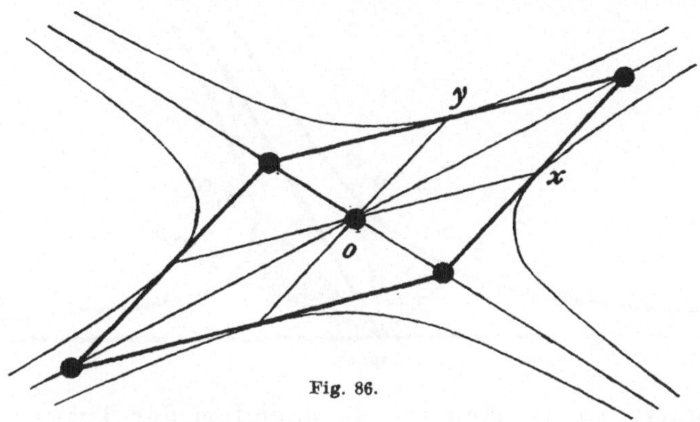

Fig. 86.

Schreibt man nämlich den Ausdruck für das als Strecke aufgefaßte Linienelement dx des Hyperbelzweiges (71) in der Form

$$dx = \frac{dx}{d\mathfrak{w}}\,d\mathfrak{w},$$

so wird dasjenige Flächenelement, das durch den Träger x dieses Hyperbelzweiges während des Anwachsens seines Parameters vom Werte $\mathfrak{w}$ auf den Wert $\mathfrak{w} + d\mathfrak{w}$ überstrichen wird:

$$\tfrac{1}{2}[x\,dx] = \tfrac{1}{2}\Big[x\frac{dx}{d\mathfrak{w}}\Big]d\mathfrak{w},$$

das heißt wegen (86)

$$\tfrac{1}{2}[x\,dx] = \tfrac{1}{2}[ab]d\mathfrak{w};$$

und integriert man über diese Gleichung von 0 bis $\mathfrak{w}$, so erhält man

$$\int_0^{\mathfrak{w}} \tfrac{1}{2}[x\,dx] = \frac{[ab]}{2}\,\mathfrak{w};$$

folglich wird

(87)
$$\mathfrak{w} = \frac{\displaystyle\int_0^{\mathfrak{w}} \frac{[x\,dx]}{2}}{\displaystyle\frac{[ab]}{2}},$$

wo der Zähler den Hyperbelsektor darstellt, der zwischen den Trägern $x = a$ und $x = a\cosh\mathfrak{w} + b\sinh\mathfrak{w}$ gelegen ist (vgl. Figur 87), während der Nenner das halbe Asymptoten-Tangenten-Dreieck der Hyperbel ist (vgl. Satz 127). Man hat also den Satz:

Satz 129: Der Parameter $\mathfrak{w}$ der Streckengleichung

(71) $$x = a \cosh \mathfrak{w} + b \sinh \mathfrak{w}$$

eines Hyperbelzweiges ist das Verhältnis des zwischen den

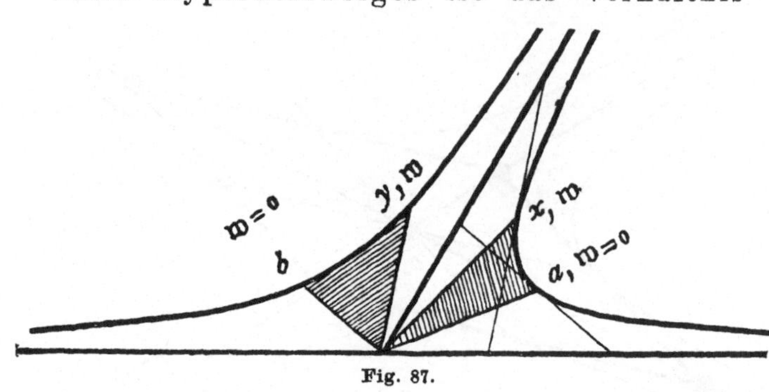

Fig. 87.

Trägern a und x gelegenen Hyperbelsektors zu dem halben Asymptoten-Tangenten-Dreieck $\dfrac{[ab]}{2}$ der Hyperbel, woraus noch folgt, daß der Parameter $\mathfrak{w}$ positiv oder negativ zu nehmen ist, je nachdem der Träger x von dem Träger a nach derselben Seite abweicht wie die Strecke b von der Strecke a oder nach der entgegengesetzten Seite.

Eine entsprechende Bedeutung kommt dem Parameter $\mathfrak{w}$ in der Gleichung

(76) $$y = b \cosh \mathfrak{w} + a \sinh \mathfrak{w}$$

zu. Derselbe ist das Verhältnis des zwischen den Trägern b und y gelegenen Hyperbelsektors zu dem halben Asymptoten-Tangenten-Dreieck $\dfrac{[ba]}{2}$. Hier besteht also nur ein gewisser Unterschied hinsichtlich des Sinnes; denn jetzt ist der Parameter $\mathfrak{w}$ positiv zu nehmen, wenn der Träger y von dem Träger b nach derselben Seite hin abweicht wie die Strecke a von der Strecke b, im entgegengesetzten Falle aber negativ (vgl. Figur 87, in welcher die Punkte x und y einem und demselben positiven Parameter $\mathfrak{w}$ zugehören).

Man kann nun aber auch hier wieder den Streckengleichungen der beiden konjugierten Hyperbelzweige noch eine *zweite Form* verleihen, wenn man die „hyperbolische Streckeninvolution"

(88) $$\mathfrak{h} = \frac{b,\ a}{a,\ b}$$

einführt, welche nach dem Begriff des extensiven Bruches den Gleichungen genügt:

(89) $$\begin{cases} a\,\mathfrak{h} = b \\ b\,\mathfrak{h} = a, \end{cases}$$

welche also den Halbmesser a der konjugierten Hyperbelzweige in den konjugierten Halbmesser b überführt und andererseits den Halbmesser b

in den Halbmesser a zurückverwandelt. Diese Streckeninvolution besitzt das Folgequadrat

$$(90) \qquad \mathfrak{h}^2 = +1 .$$

Aber man kann trotzdem mit ihr in ganz ähnlicher Weise rechnen wie mit der elliptischen Involution $\mathfrak{e}$ oder wie mit der imaginären Größe i, nur daß an die Stelle der Kreisfunktionen $\cos\mathfrak{w}$ und $\sin\mathfrak{w}$ hier die hyperbolischen Funktionen $\cosh\mathfrak{w}$ und $\sinh\mathfrak{w}$ treten. In der Tat folgen aus (71) und (76) wegen (89) die Gleichungen

$$(91) \quad x = a\cosh\mathfrak{w} + b\sinh\mathfrak{w} = a\cosh\mathfrak{w} + a\,\mathfrak{h}\sinh\mathfrak{w} = a\,(\cosh\mathfrak{w} + \mathfrak{h}\sinh\mathfrak{w})$$

$$(92) \quad y = b\cosh\mathfrak{w} + a\sinh\mathfrak{w} = b\cosh\mathfrak{w} + b\,\mathfrak{h}\sinh\mathfrak{w} = b\,(\cosh\mathfrak{w} + \mathfrak{h}\sinh\mathfrak{w}).$$

Nun ist aber wegen (90)

$$(93) \quad \begin{cases} \cosh\mathfrak{w} = 1 + \dfrac{\mathfrak{w}^2}{2!} + \dfrac{\mathfrak{w}^4}{4!} + \cdots \;\; = 1 + \dfrac{\mathfrak{h}^2\mathfrak{w}^2}{2!} + \dfrac{\mathfrak{h}^4\mathfrak{w}^4}{4!} + \cdots \\[2ex] \mathfrak{h}\sinh\mathfrak{w} = \mathfrak{h}\left(\dfrac{\mathfrak{w}}{1!} + \dfrac{\mathfrak{w}^3}{3!} + \dfrac{\mathfrak{w}^5}{5!} + \cdots\right) = \dfrac{\mathfrak{h}\,\mathfrak{w}}{1!} + \dfrac{\mathfrak{h}^3\mathfrak{w}^3}{3!} + \dfrac{\mathfrak{h}^5\mathfrak{w}^5}{5!} + \cdots . \end{cases}$$

Setzt man daher noch die Reihe

$$(94) \qquad 1 + \frac{\mathfrak{h}\,\mathfrak{w}}{1!} + \frac{\mathfrak{h}^2\mathfrak{w}^2}{2!} + \frac{\mathfrak{h}^3\mathfrak{w}^3}{3!} + \cdots = e^{\mathfrak{h}\mathfrak{w}} ,$$

so wird

$$(95) \qquad \cosh\mathfrak{w} + \mathfrak{h}\sinh\mathfrak{w} = e^{\mathfrak{h}\mathfrak{w}} ,$$

und man beweist wieder genau so wie auf Seite 171, daß die Exponentialgröße $e^{\mathfrak{h}\mathfrak{w}}$ der Grundformel der Potenzierung

$$(96) \qquad e^{\mathfrak{h}\,\mathfrak{w}_1}\, e^{\mathfrak{h}\,\mathfrak{w}_2} = e^{\mathfrak{h}\,(\mathfrak{w}_1 + \mathfrak{w}_2)}$$

Genüge leistet.

Ferner erhält man, wenn man den Wert (95) in die Gleichungen (91) und (92) substituiert, für die Streckengleichungen der beiden konjugierten Hyperbelzweige die neuen Formen

$$(97) \qquad x = a e^{\mathfrak{h}\mathfrak{w}} \quad\text{und}$$
$$(98) \qquad y = b e^{\mathfrak{h}\mathfrak{w}}, \qquad \mathfrak{h} = \frac{b,\; a}{a,\; b},$$

wobei a und b ebenso wie x und y zwei konjugierte Halbmesser der beiden konjugierten Hyperbelzweige sind.

Man kann noch folgendes hinzufügen: Wie die Gleichungen (71) und (76) zeigen, gehen die beiden einander konjugierten Halbmesser x und y der beiden konjugierten Hyperbelzweige durch Vertauschung von a und b auseinander hervor. Und da die Ausdrücke (71) und (76) überdies in a und b linear und homogen sind, und die Multiplikation mit dem Bruche $\mathfrak{h}$ bei einer in bezug auf a und b linearen homogenen Funktion diese Vertauschung bewirkt, so muß sich jeder von den beiden Ausdrücken (71) und (76) aus dem anderen durch Multiplikation mit dem extensiven

Bruche $\mathfrak{h}$ erzeugen lassen, das heißt, es müssen die Formeln bestehen:

$$(99) \qquad \begin{cases} x\mathfrak{h} = y \quad \text{und} \\ y\mathfrak{h} = x, \end{cases}$$

die man mit den Gleichungen (79) auch zu den Doppelgleichungen zusammenziehen kann:

$$(100) \qquad \begin{cases} x\mathfrak{h} = y = \dfrac{dx}{d\mathfrak{w}} \\[2mm] y\mathfrak{h} = x = \dfrac{dy}{d\mathfrak{w}}. \end{cases}$$

Man hat also den Satz:

Satz 130: Bei der durch die Gleichungen

$$(101) \qquad \begin{cases} x = a\cosh\mathfrak{w} + b\sinh\mathfrak{w} \quad \text{und} \\ y = b\cosh\mathfrak{w} + a\sinh\mathfrak{w} \end{cases}$$

oder durch die gleichwertigen Gleichungen

$$(102) \qquad \begin{cases} x = a\,e^{\mathfrak{h}\mathfrak{w}} \quad \text{und} \\ y = b\,e^{\mathfrak{h}\mathfrak{w}}, \end{cases} \qquad \mathfrak{h} = \frac{b,\ a}{a,\ b}$$

gegebenen Parameterdarstellung zweier konjugierten Hyperbelzweige führt die Multiplikation der laufenden Träger x und y mit der Streckeninvolution $\mathfrak{h}$ die Halbmesser x und y der beiden Hyperbelzweige beziehlich in die ihnen konjugierten Halbmesser y und x über. Dieselben sind zugleich die Tangentenstrecken jener Hyperbelzweige für die Punkte x und y.

Die in diesem Satze ausgesprochene Eigenschaft der Streckeninvolution $\mathfrak{h}$ bildet den Grund dafür, daß man diese Involution und ebenso die entsprechende Punkt- und Strahlinvolution (vgl. Seite 165 f.) als *hyperbolische Involution* bezeichnet.

Schließlich möge noch gezeigt werden, daß die hyperbolische Involution $\mathfrak{h}$ mit der durch die Exponentialgröße $e^{\mathfrak{h}\mathfrak{w}}$ vermittelten Abbildung „vertauschbar" ist. Aus den Gleichungen (99) folgt, wenn man für x und y ihre Werte aus (102) substituiert und noch die Gleichungen (89) berücksichtigt, daß

$$(103) \qquad \begin{cases} a\,e^{\mathfrak{h}\mathfrak{w}}\mathfrak{h} = b\,e^{\mathfrak{h}\mathfrak{w}} = a\mathfrak{h}\,e^{\mathfrak{h}\mathfrak{w}} \quad \text{und} \\ b\,e^{\mathfrak{h}\mathfrak{w}}\mathfrak{h} = a\,e^{\mathfrak{h}\mathfrak{w}} = b\mathfrak{h}\,e^{\mathfrak{h}\mathfrak{w}} \end{cases}$$

ist, und da die Abbildung

$$e^{\mathfrak{h}\mathfrak{w}} = \cosh\mathfrak{w} + \mathfrak{h}\sinh\mathfrak{w}$$

als Vielfachensumme zweier Projektivitäten auf der unendlich fernen Geraden (nämlich der Identität 1 und der Involution $\mathfrak{h}$) nach Seite 122 selbst eine Projektivität dieser Geraden darstellt, und dann dasselbe auch von den beiden Folgeprodukten $e^{\mathfrak{h}\mathfrak{w}}\mathfrak{h}$ und $\mathfrak{h}e^{\mathfrak{h}\mathfrak{w}}$ gilt, so läßt sich wegen (103) auf diese beiden Folgeprodukte der Satz 75 anwenden, das heißt, man darf diese beiden Folgeprodukte selbst einander gleich setzen. Man erhält also die Gleichung

$$(104) \qquad e^{\mathfrak{h}\mathfrak{w}}\mathfrak{h} = \mathfrak{h}e^{\mathfrak{h}\mathfrak{w}}$$

und damit den Satz:

Satz 131: Die hyperbolische Involution $\mathfrak{h}$ ist mit der Abbildungsfunktion $e^{\mathfrak{h}\mathfrak{w}}$ vertauschbar.

Dieser Satz bildet einen Sonderfall eines weiter unten zu entwickelnden zweiten Satzes von Stéphanos (vgl. Satz 244).

Neue Form des Merkmals einer Involution. Die parabolische Involution. Um den Übergang zu einer dritten Art der Involution, „der parabolischen Involution" zu machen, gehen wir auf das ursprüngliche Kriterium der Involution zurück, welches in der Gleichung

$$(3) \qquad [e_2 a_1] = [e_1 a_2]$$

enthalten war, und geben demselben eine neue Form, indem wir aus dieser Gleichung eine Beziehung zwischen den Ableitzahlen der Zähler a_1 und a_2 des Bruches $\mathfrak{p} = \dfrac{a_1, \; a_2}{e_1, \; e_2}$ herleiten, welcher die Involution darstellt. Dazu setzen wir wie gewöhnlich

$$(105) \qquad \begin{cases} a_1 = a_{11} e_1 + a_{12} e_2 \\ a_2 = a_{21} e_1 + a_{22} e_2; \end{cases}$$

dann wird

$$[e_2 a_1] = - a_{11}[e_1 e_2] \quad \text{und}$$
$$[e_1 a_2] = a_{22}[e_1 e_2].$$

Die Gleichung (3) verwandelt sich also in

$$(106) \qquad a_{22} = - a_{11},$$

und man hat somit den Satz:

Satz 132: Damit ein Projektivitätsbruch

$$(107) \qquad \mathfrak{p} = \frac{a_{11} e_1 + a_{12} e_2, \; a_{21} e_1 + a_{22} e_2}{e_1, \qquad e_2}$$

eine Involution darstelle, ist notwendig und hinreichend, daß

$$(106) \qquad a_{22} = - a_{11}$$

sei. Oder anders ausgedrückt:

Eine jede Punktinvolution läßt sich durch einen Bruch von der Form

$$(108) \qquad \mathfrak{F} = \frac{a_{11} e_1 + a_{12} e_2, \; a_{21} e_1 - a_{11} e_2}{e_1, \qquad e_2}$$

ausdrücken, in welchem e_1 und e_2 zwei beliebige nicht zusammenfallende Punkte ihres Trägers bedeuten; und umgekehrt stellt jeder Bruch von der Form (108) eine Punktinvolution dar, sobald seine Nenner e_1 und e_2 zwei nicht zusammenfallende Punkte sind.

Und entsprechend gilt für eine Strahlinvolution der Satz:

Satz 133: Eine jede Strahlinvolution läßt sich durch einen Bruch von der Form

$$(109) \qquad \mathfrak{S} = \frac{a_{11} E_1 + a_{12} E_2, \; a_{21} E_1 - a_{11} E_2}{E_1, \qquad\qquad E_2}$$

ausdrücken, in welchem E_1 und E_2 zwei beliebige Stäbe sind, die durch den Scheitel der Strahlinvolution hindurchgehen und nicht derselben Geraden angehören; und umgekehrt stellt jeder Bruch von der Form (109) eine Strahlinvolution dar, sobald seine Nenner E_1 und E_2 zwei nicht derselben Geraden angehörende Stäbe der Ebene sind.

Für die späteren Untersuchungen sind auch Involutionen von verschwindendem Potenzwerte, das heißt entartende Involutionen, von Interesse. Schon auf Seite 163 wurde gezeigt, daß die zweifach entartende oder uneigentliche Projektivität

$$(110) \qquad \mathfrak{p} = \frac{0, \; 0}{e_1, \; e_2}$$

den Charakter einer Involution hat. Wir werden sie daher besser mit dem Buchstaben $\mathfrak{s}$ bezeichnen, also schreiben:

$$(111) \qquad \mathfrak{s} = \frac{0, \; 0}{e_1, \; e_2}.$$

Sehen wir von dieser „uneigentlichen Involution" ab, so bleiben nur noch die einfach entartenden Involutionen zu betrachten. Dieselben werden als „parabolische Involutionen" bezeichnet, da sie den Übergang von den elliptischen zu den hyperbolischen Involutionen vermitteln.

Nach der Gleichung (36) des 13. Abschnitts besteht zwischen den Zählern a_1 und a_2 einer jeden entartenden Projektivität eine Gleichung von der Form

$$(112) \qquad a_2 = a\, a_1 ,$$

unter a eine Zahlgröße verstanden, und diese extensive Gleichung läßt sich, wenn man die Ableitzahlen von a_1 und a_2 in derselben Weise wie bisher bezeichnet, auch durch die beiden Zahlgleichungen ersetzen

$$(113) \qquad \begin{cases} a_{21} = a\, a_{11} \\ a_{22} = a\, a_{12} . \end{cases}$$

Für den besonderen Fall einer Involution besteht nun aber überdies zwischen den Ableitzahlen von a_1 und a_2 die Gleichung (106). Infolgedessen läßt sich die zweite Gleichung (113) auch in der Form schreiben

$$- a_{11} = a\, a_{12} .$$

Ist daher

(*) $a_{12} \neq 0,$

das heißt, ist a_1 von e_1 räumlich verschieden, der erste Nenner e_1 des Involutionsbruches $\mathfrak{H}$ also nicht gerade ein Doppelpunkt der Involution, so ergibt sich für $\mathfrak{a}$ der Wert

$$\mathfrak{a} = -\frac{a_{11}}{a_{12}},$$

und die Formel (112) geht über in

(114) $a_2 = -\frac{a_{11}}{a_{12}} a_1 .$

Für den extensiven Bruch einer parabolischen (das heißt einer einfach entartenden) Involution $\mathfrak{H}$ erhält man daher die Darstellung

$$\mathfrak{H} = \frac{a_1, \quad -\dfrac{a_{11}}{a_{12}} a_1}{e_1, \quad e_2},$$

oder wenn man die Bezeichnung etwas vereinfacht, indem man anstatt

$$a_1, \; a_{11}, \; a_{12} \quad \text{schreibt:}$$

$$\mathfrak{a}, \; \mathfrak{a}_1, \; \mathfrak{a}_2, \quad \text{so daß also}$$

(115) $\mathfrak{a} = \mathfrak{a}_1 e_1 + \mathfrak{a}_2 e_2$

wird, so erhält man für $\mathfrak{H}$ den Wert

(116) $$\mathfrak{H} = \frac{\mathfrak{a}, \; -\dfrac{\mathfrak{a}_1}{\mathfrak{a}_2} \mathfrak{a}}{e_1, \quad e_2}$$

und damit den Satz:

Satz 134: Jede parabolische Involution läßt sich in der Form darstellen

(116) $$\mathfrak{H} = \frac{\mathfrak{a}, \; -\dfrac{\mathfrak{a}_1}{\mathfrak{a}_2} \mathfrak{a}}{e_1, \quad e_2}, \quad \text{wo}$$

(115) $\mathfrak{a} = \mathfrak{a}_1 e_1 + \mathfrak{a}_2 e_2$

ist, und wo $\mathfrak{a}$ den Hauptpunkt der parabolischen Involution bildet (vgl. Seite 147).

Die besondere Form des Bruches (116) liefert nun aber noch eine wichtige Eigenschaft der parabolischen Involution. Bildet man nämlich den Ausdruck für den zu dem Hauptpunkt $\mathfrak{a}$ der parabolischen Involution $\mathfrak{H}$ zugeordneten Punkt $\mathfrak{a}\mathfrak{H}$, so erhält man

(117) $a\mathfrak{H} = (\mathfrak{a}_1 e_1 + \mathfrak{a}_2 e_2)\mathfrak{H} = \mathfrak{a}_1 \mathfrak{a} - \mathfrak{a}_2 \dfrac{\mathfrak{a}_1}{\mathfrak{a}_2} \mathfrak{a} = (\mathfrak{a}_1 - \mathfrak{a}_1) \mathfrak{a} = 0,$

das heißt, man findet, daß bei einer parabolischen Involution der Hauptpunkt zugleich der Nullpunkt der Abbildung ist (vgl. Seite 148). Man hat also den Satz:

Satz 135: Bei einer parabolischen Involution fallen die beiden Doppelpunkte, der Hauptpunkt und der Nullpunkt, in *einen* Punkt zusammen.

Führt man schließlich in den extensiven Bruch (116) neben e_1 den Nullpunkt a als Nenner ein, was wegen (*) zulässig ist, und schreibt zugleich anstatt e_1 einfach e, so bekommt man für die parabolische Involution $\mathfrak{F}$ die Darstellung

$$(118) \qquad\qquad \mathfrak{F} = \frac{a,\,0}{e,\,a}.$$

In ihr ist der erste Nenner e ein von dem Doppelpunkt a räumlich verschiedener Punkt der zu transformierenden Punktreihe.

Von dem Satze 135 gilt übrigens auch die Umkehrung:

Satz 136: Fällt bei einer einfach entartenden Projektivität der Nullpunkt mit dem Hauptpunkt zusammen, so ist sie eine parabolische Involution.

Zunächst nämlich läßt sich eine jede einfach entartende Projektivität $\mathfrak{F}$, deren Nullpunkt mit dem Hauptpunkt zusammenfällt, durch einen Bruch von der Form (118) darstellen. Man braucht daher nur noch zu zeigen, daß eine Projektivität der Form (118) der Bedingungsgleichung der Involution

$$[e \cdot a\mathfrak{F}] = [a \cdot e\mathfrak{F}]$$

Genüge leistet. Dies leuchtet sofort ein; denn die linke Seite dieser Gleichung verschwindet, weil nach (118)

$$a\mathfrak{F} = 0$$

ist, und die rechte Seite verschwindet, weil nach derselben Gleichung

$$e\mathfrak{F} = a$$

ist, also die beiden Faktoren des Produktes der rechten Seite einander gleich sind.

Die Sätze 135 und 136 *rechtfertigen zugleich den* von uns für eine einfach entartende Involution eingeführten *Namen „parabolische Involution"*, insofern nach diesen Sätzen eine parabolische Involution dadurch charakterisiert ist, daß bei ihr die beiden Doppelpunkte in einen Punkt zusammenfallen, so daß die Abbildung in der Tat eine Mittelstellung zwischen der hyperbolischen und elliptischen Involution einnimmt.

Schließlich möge noch die Beziehung zwischen zwei parabolischen Involutionen untersucht werden, die ihren Doppelpunkt miteinander gemein haben. Sind

$$(119) \qquad\qquad \begin{cases} \mathfrak{F} = \dfrac{a,\,0}{e,\,a} \quad \text{und} \\[2ex] \mathfrak{F}' = \dfrac{a,\,0}{e',\,a} \end{cases}$$

die Abbildungsbrüche zweier parabolischen Involutionen mit dem gemeinsamen Doppelpunkt a, so müssen nach dem obigen die beiden Punkte e und e' von dem Punkt a räumlich verschieden sein. Man kann daher den Punkt e als Vielfachensumme von e' und a darstellen. Es möge sein

$$(120) \qquad e = \mathfrak{g}\,e' + \mathfrak{h}\,a.$$

Ferner kann man dann nach Satz 76 in den Bruch $\mathfrak{S}'$ anstatt e' den Punkt e als Nenner einführen und erhält so

$$\mathfrak{S}' = \frac{\mathfrak{g}\,a,\quad 0}{\mathfrak{g}\,e' + \mathfrak{h}\,a,\ a} = \frac{\mathfrak{g}\,a,\ 0}{e,\ a} \quad \text{oder}$$

$$(121) \qquad \mathfrak{S}' = \mathfrak{g}\,\frac{a,\ 0}{e,\ a}.$$

Die beiden Brüche $\mathfrak{S}$ und $\mathfrak{S}'$ sind also nur um einen Zahlfaktor voneinander verschieden, und man hat somit den Satz:

Satz 137: Zwei parabolische Involutionen, die ihren Doppelpunkt miteinander gemein haben, können sich nur um einen Zahlfaktor voneinander unterscheiden.

Bestimmung einer Involution durch zwei Paare entsprechender Elemente. Es möge schließlich noch der Nachweis erbracht werden, daß zur Bestimmung einer Involution die Angabe der Lage zweier Paare entsprechender Elemente ausreichend und erforderlich ist, daß aber diese beiden Paare auch ganz beliebig gewählt werden dürfen. Wir beschränken uns dabei zunächst auf eine Punktinvolution und können überdies noch von dem Falle absehen, wo die Punkte eines jeden der beiden gegebenen Punktpaare in einen und denselben Punkt, nämlich in einen Doppelpunkt der Involution, zusammenfallen, da dieser Fall weiter unten ohnehin seine Erledigung finden wird (vgl. Satz 143). Ebenso kann der Fall von der Betrachtung ausgeschlossen bleiben, wo in jedem von den beiden Punktpaaren ein Punkt mit der Masse 0 enthalten ist; denn dieser Fall liefert die uneigentliche Involution (vgl. Seite 146, 163 und 184).

Bei Ausschließung dieser beiden Fälle sind sicher die Punkte *eines* der beiden gegebenen Paare getrennte und von Null verschiedene Punkte. Diese seien bezeichnet mit a und b, die Punkte des anderen Paares mit c und d, wo wiederum einer von den beiden Punkten c und d von jedem der beiden Punkte a und b räumlich verschieden sein wird, weil sonst das Paar c, d mit dem Paare a, b überhaupt identisch wäre. Dieser von a und b räumlich verschiedene Punkt sei c. Dann bestimme man zwei Zahlgrößen $\mathfrak{a}$ und $\mathfrak{b}$, die der Gleichung genügen:

$$(122) \qquad \mathfrak{a}\,a + \mathfrak{b}\,b = c;$$

dieselben werden mit Rücksicht auf die soeben für die Lage des Punktes c

gemachte Voraussetzung von Null verschieden sein. Setzt man daher noch

$$(123) \qquad \begin{cases} \mathfrak{a}a = a' \quad \text{und} \\ \mathfrak{b}b = b', \end{cases}$$

so daß die Gleichung (122) die Form annimmt:

$$(124) \qquad a' + b' = c,$$

so sind die Punkte a' und b' zwei mit a und b zusammenfallende, also ebenfalls getrennt liegende, und außerdem von Null verschiedene Punkte. Sie sind also ebenso wie die Punkte a und b selbst als Grundpunkte der Geraden ab verwendbar, und man kann zwei Zahlgrößen $\mathfrak{f}$ und $\mathfrak{g}$ finden, für welche die Gleichung besteht:

$$(125) \qquad \mathfrak{f}a' + \mathfrak{g}b' = d.$$

Der Bruch

$$(126) \qquad \mathfrak{S} = \frac{\mathfrak{g}b', \ \mathfrak{f}a'}{a', \ b'}$$

wird alsdann der Ausdruck für die gesuchte Involution. In der Tat hat die Involution $\mathfrak{S}$ nicht nur, wie aus der Form des Bruches $\mathfrak{S}$ hervorgeht, die Punkte a' und b' oder, was dasselbe ist, die Punkte a und b zu Punkten eines Paares, sondern auch die Punkte c und d. Denn wegen (126), (124) und (125) wird

$$(127) \qquad \begin{cases} c\mathfrak{S} = (a' + b')\mathfrak{S} = \mathfrak{g}b' + \mathfrak{f}a' = d \quad \text{und} \\ d\mathfrak{S} = (\mathfrak{f}a' + \mathfrak{g}b')\mathfrak{S} = \mathfrak{f}\mathfrak{g}(b' + a') = \mathfrak{f}\mathfrak{g}c; \end{cases}$$

es bilden also auch die Punkte c und d ein Paar der Involution $\mathfrak{S}$.

Nun mögen die Punkte c und d, ebenso wie die Punkte a und b, nur ihrer Lage, nicht auch ihrer Masse nach, gegeben sein. Alsdann bestimmt die Gleichung (122) die Zahlgrößen $\mathfrak{a}$ und $\mathfrak{b}$ und ebenso die Gleichung (125) die Zahlgrößen $\mathfrak{f}$ und $\mathfrak{g}$ bis auf einen Proportionalitätsfaktor eindeutig; und es wird daher auch durch die beiden ihrer Lage nach gegebenen Punktpaare a, b und c, d der Involutionsbruch (126) bis auf einen Zahlfaktor eindeutig festgelegt.

Genau so beweist man, daß eine Strahlinvolution durch zwei ihrer Lage, nicht auch ihrer Länge nach, gegebene Strahlpaare A, B und C, D bis auf einen Zahlfaktor bestimmt ist, und man hat den Satz:

Satz 138: Durch zwei Paare ihrer Lage, nicht auch ihrem Maßwert[1]) nach, gegebene entsprechende Elemente ist eine Involution, abgesehen von einem geometrisch bedeutungslosen Zahlfaktor, eindeutig bestimmt.

Die Deckung. In einer nahen Beziehung zur Involution steht diejenige besondere Art der Projektivität, bei welcher die Punkte der abzubildenden

---

1) Masse der Punkte, Länge der Stäbe.

Punktreihe, abgesehen von ihren Massen, sich selbst zugewiesen werden, das heißt, die Abbildung, die wir schon oben auf Seite 122 als „Deckung" bezeichnet haben (vgl. auch die Fußnote auf Seite 151). Dort ergab sich uns bereits, daß eine jede Zahlgröße $\mathfrak{k}$, als Projektivitätsbruch

$$(128) \qquad \mathfrak{k} = \frac{\mathfrak{k}d_1, \; \mathfrak{k}d_2}{d_1, \; d_2}$$

aufgefaßt, die Abbildung zweier punktweise sich deckenden Punktreihen vermittelt.

Es bleibt aber noch der Nachweis zu erbringen, daß auch umgekehrt jeder Projektivitätsbruch, der die Deckung zweier Punktreihen darstellt, die Form (128) haben muß. Um dies zu zeigen, bezeichnen wir zwei beliebige räumlich getrennte Punkte der abzubildenden Punktreihe mit d_1 und d_2; dann muß der Deckungsbruch $\mathfrak{k}$ die Form haben:

$$(129) \qquad \mathfrak{k} = \frac{\mathfrak{r}_1 d_1, \; \mathfrak{r}_2 d_2}{d_1, \; d_2} \, .$$

Nun darf aber der Deckungsbruch $\mathfrak{k}$ auch den Einheitspunkt $d_1 + d_2$ der abzubildenden Punktreihe höchstens um einen Zahlenfaktor ändern. Und da wegen (129)

$$(d_1 + d_2)\mathfrak{k} = \mathfrak{r}_1 d_1 + \mathfrak{r}_2 d_2$$

ist, und dieser Ausdruck von dem Einheitspunkt $d_1 + d_2$ der ersten Punktreihe nur um einen Zahlfaktor $\mathfrak{k}$ verschieden sein soll, so muß

$$\mathfrak{r}_1 = \mathfrak{r}_2 = \mathfrak{k}$$

sein, das heißt, der durch die Gleichung (129) dargestellte Deckungsbruch $\mathfrak{k}$ nimmt die Form an:

$$(130) \qquad \mathfrak{k} = \frac{\mathfrak{k}d_1, \; \mathfrak{k}d_2}{d_1, \; d_2} = \mathfrak{k} \, .$$

Damit haben wir den Satz bewiesen:

Satz 139: Der Abbildungsfaktor der Deckung ist eine bloße Zahl.

Aus diesem Satze folgt insbesondere: Ein Projektivitätsbruch, der eine Punktreihe punktweise in sich überführt, ändert sämtliche Punkte der Punktreihe um *denselben* Zahlfaktor.

Abschnitt 16.

Die Projektivitäten mit reellen Hauptzahlen.

Die beiden Hauptzahlen sind reell und voneinander verschieden.

Konstruktion einer Projektivität in der Geraden aus den beiden Doppelpunkten und einem Paare zugeordneter Punkte. Nach Satz 100 besitzt eine Projektivität mit zwei ungleichen reellen Hauptzahlen $\mathfrak{r}_1$ und $\mathfrak{r}_2$ auch zwei getrennt liegende reelle Doppelpunkte d_1 und d_2, und man kann sich mit

Hülfe der Normalform

$$(1) \qquad \mathfrak{p} = \frac{\mathfrak{r}_1 d_1, \ \mathfrak{r}_2 d_2}{d_1, \qquad d_2}$$

einer solchen Projektivität (vgl. Seite 152) leicht einen Überblick über die verschiedenen Charaktere verschaffen, die eine Projektivität mit zwei ungleichen reellen Hauptzahlen annehmen kann.

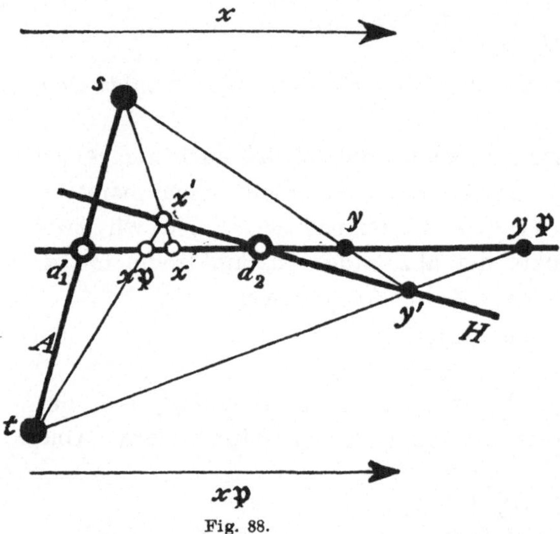

Fig. 88.

Ist x ein beliebiger reeller Punkt der ersten Punktreihe, und ist

$$(2) \qquad x = \mathfrak{x}_1 d_1 + \mathfrak{x}_2 d_2,$$

wo dann die Ableitzahlen $\mathfrak{x}_1$ und $\mathfrak{x}_2$ reell sind, so wird der zugeordnete Punkt $x\mathfrak{p}$ der zweiten Punktreihe

$$(3) \qquad x\mathfrak{p} = \mathfrak{x}_1 \mathfrak{r}_1 d_1 + \mathfrak{x}_2 \mathfrak{r}_2 d_2,$$

wo wieder die Ableitzahlen $\mathfrak{x}_1 \mathfrak{r}_1$ und $\mathfrak{x}_2 \mathfrak{r}_2$ reell sind.

Haben nun die beiden Hauptzahlen $\mathfrak{r}_1$ und $\mathfrak{r}_2$ dasselbe Vorzeichen, so entspricht einem jeden Punkte x, der innerhalb oder außerhalb des Linienstücks $d_1 d_2$ liegt, ein ebensolcher Punkt $x\mathfrak{p}$ (vgl. Figur 88). Haben dagegen die beiden Hauptzahlen entgegengesetztes Vorzeichen, so wird einem jeden Punkte x innerhalb des Linienstücks $d_1 d_2$ ein Punkt $x\mathfrak{p}$ außerhalb desselben zugeordnet und umgekehrt (vgl. Figur 89).

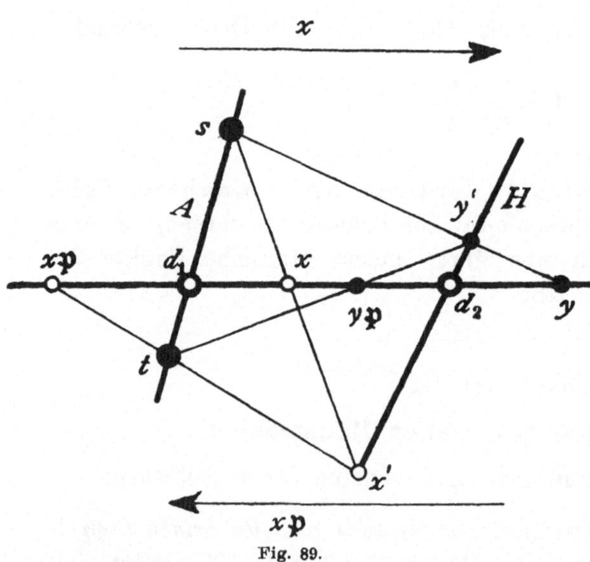

Fig. 89.

In beiden Fällen findet man aus den beiden Doppelpunkten d_1 und d_2 und einem Paare zugeordneter Punkte y und $y\mathfrak{p}$ zu einem beliebigen weiteren Punkt x der ersten Punktreihe den zugeordneten Punkt $x\mathfrak{p}$ der zweiten, indem man die allgemeine Konstruktion von Seite 66 anwendet mit geringen Änderungen, die dadurch bedingt werden, daß im vorliegenden Falle *erstens* die beiden projektiven Punktreihen auf dem nämlichen Träger liegen, und daß *zweitens* die Punkte d_1 und d_2 mit ihren zugeordneten Punkten $d_1\mathfrak{p}$ und $d_2\mathfrak{p}$ zusammenfallen. Unter Berücksichtigung dieser Besonderheiten erhält man die folgende Konstruktion (vgl. die Figuren 88 und 89):

Man lege durch einen von den beiden Doppelpunkten, etwa durch den Punkt d_1, eine *beliebige*, nur von $d_1 d_2$ verschiedene *Gerade A* und nehme auf ihr zwei beliebige Punkte s und t an. Diese Punkte verbinde man beziehlich mit y und $y\mathfrak{p}$; die Verbindungslinien sy und $t\,y\mathfrak{p}$ mögen sich in y' schneiden. Sodann *verbinde man y' mit dem anderen Doppelpunkt d_2 durch die Gerade H*, ziehe ferner die Gerade sx und bringe sie zum Schnitt mit der Geraden H in x'. Endlich verbinde man x' mit t, so schneidet die Verbindungslinie den Träger $d_1 d_2$ der beiden Punktreihen in dem gesuchten Punkt $x\mathfrak{p}$.

Läßt man die Punkte x die Gerade $d_1 d_2$ durchwandern, so durchläuft der zugeordnete Punkt $x\mathfrak{p}$ bei gleichem Vorzeichen der beiden Hauptzahlen $\mathfrak{r}_1$, $\mathfrak{r}_2$, das heißt in dem Falle eines positiven Wertes des Produktes $\mathfrak{r}_1\mathfrak{r}_2$, der durch die Figur 88 dargestellt wird, die Gerade in demselben Sinne; bei ungleichem Vorzeichen der beiden Hauptzahlen dagegen, das heißt in dem Falle eines negativen Wertes des Produktes $\mathfrak{r}_1\mathfrak{r}_2$, dem die Figur 89 entspricht, beschreibt er die Gerade in entgegengesetztem Sinne.

Das Produkt der Hauptzahlen: Der Potenzwert der Projektivität. Dieses Ergebnis steht in Einklang mit dem in Satz 96 für den Durchlaufungssinn zweier projektiven Punktreihen derselben Geraden angegebenen Kriterium, nach dem über diesen das Vorzeichen des Potenzwertes $[\mathfrak{p}^2]$ der Projektivität entscheidet. Aus der in Nr. (28) des 14. Abschnitts angegebenen Form der Hauptgleichung eines Projektivitätsbruches $\mathfrak{p}$ folgert man nämlich ohne weiteres, daß zwischen seinem Potenzwerte $[\mathfrak{p}^2]$ und seinen Hauptzahlen $\mathfrak{r}_1$ und $\mathfrak{r}_2$ die Beziehung herrscht:

$$(4) \qquad\qquad [\mathfrak{p}^2] = \mathfrak{r}_1\mathfrak{r}_2,$$

daß also der Satz besteht:

Satz 140: Der Potenzwert einer Projektivität auf einer Geraden ist gleich dem Produkte ihrer beiden Hauptzahlen,

der sich für den Fall getrennter reeller Doppelpunkte auch sofort aus der Normalform (1) des Projektivitätsbruches herleiten läßt.

Durch unsere obige Entwickelung wird also in der Tat der Satz 96 für den Fall reeller Doppelpunkte bestätigt.

Bei einer Punktinvolution $\mathfrak{s}$, für die nach Satz 105 die Hauptzahlen einander entgegengesetzt gleich sind, für welche also

$$(5) \qquad\qquad \mathfrak{r}_2 = - \mathfrak{r}_1$$

ist, wird der Potenzwert

$$(6) \qquad\qquad [\mathfrak{s}^2] = - \mathfrak{r}_1^2 = - \mathfrak{r}_2^2.$$

Sind also die Hauptzahlen des Involutionsbruches $\mathfrak{s}$ reell und von Null verschieden, so wird sein Potenzwert notwendig negativ, und die beiden aufeinander bezogenen Punktreihen werden also in entgegengesetztem Sinne durchlaufen. Da aber nach Satz 100 in dem Falle zweier reellen voneinander verschiedenen Hauptzahlen auch die Doppelpunkte einer Projektivität, also insbesondere auch die einer Involution, reell und räumlich verschieden sind, so ist eine Involution mit reellen Hauptzahlen stets hyperbolisch, und man hat somit eine Bestätigung der zweiten Hälfte des oben bewiesenen Satzes 110 gewonnen, nach welcher eine jede hyperbolische Involution gegenläufig ist.

Das Verhältnis der beiden Hauptzahlen: Die Charakteristik der Projektivität. Neben dem Potenzwerte der projektiven Beziehung ist für die Charakterisierung einer Projektivität auch das Verhältnis $\frac{\mathfrak{r}_1}{\mathfrak{r}_2}$ der beiden Hauptzahlen von Wichtigkeit und wird geradezu die „Charakteristik der Projektivität" genannt. So wird zum Beispiel eine involutorische Projektivität dadurch gekennzeichnet, daß ihre Charakteristik den besonderen Wert -1 hat, das heißt, man hat den Satz:

Satz 141: Zwei projektive Punktreihen auf demselben Träger sind dann und nur dann involutorisch, wenn die Charakteristik ihrer projektiven Beziehung den Wert -1 hat.

Auf eine weitere Eigenschaft der Charakteristik wird man geführt, wenn man nach dem Doppelverhältnis fragt, das in einer Projektivität mit zwei reellen Doppelpunkten d_1 und d_2 zwei entsprechende Punkte x und $x\mathfrak{p}$ mit diesen Doppelpunkten d_1 und d_2 bilden. Zunächst liefert die Normalform (1) des Projektivitätsbruches $\mathfrak{p}$ für je zwei entsprechende Punkte x und $x\mathfrak{p}$ die Darstellung

$$(7) \qquad\qquad x = \mathfrak{x}_1 d_1 + \mathfrak{x}_2 d_2 \qquad \text{und}$$

$$(8) \qquad\qquad x\mathfrak{p} = \mathfrak{x}_1 \mathfrak{r}_1 d_1 + \mathfrak{x}_2 \mathfrak{r}_2 d_2.$$

Jenes Doppelverhältnis besitzt also den Wert (vgl. Seite 49):

$$(9) \qquad (d_1 d_2\, x\, x\mathfrak{p}) = \frac{[d_1\, x]}{[x\, d_2]} : \frac{[d_1\, x\mathfrak{p}]}{[x\mathfrak{p}\, d_2]} = \frac{\mathfrak{x}_2 [d_1\, d_2]}{\mathfrak{x}_1 [d_1\, d_2]} : \frac{\mathfrak{x}_2 \mathfrak{r}_2 [d_1\, d_2]}{\mathfrak{x}_1 \mathfrak{r}_1 [d_1\, d_2]} = \frac{\mathfrak{r}_1}{\mathfrak{r}_2},$$

worin der Satz liegt:

Satz 142: Haben zwei projektive Punktreihen auf dem nämlichen Träger zwei getrennt liegende reelle Doppelpunkte, so ist das Doppelverhältnis aller Punktwürfe, die durch die Doppelpunkte d_1 und d_2 und irgendein Paar zugeordneter Punkte x und $x\mathfrak{p}$ der beiden Punktreihen gebildet werden, konstant, nämlich gleich der Charakteristik der projektiven Beziehung, das heißt gleich dem Verhältnis der beiden Hauptzahlen.

Insbesondere besitzt also nach Satz 141 jenes Doppelverhältnis für zwei involutorische Punktreihen mit reellen Doppelpunkten den Wert -1, jene Punktwürfe werden somit harmonisch; und eine entsprechende Beziehung gilt offenbar für eine Strahlinvolution mit reellen Doppelstrahlen. Man hat daher eine Bestätigung des obigen Satzes 117: Ein jedes Paar einer hyperbolischen Involution wird durch deren Doppelelemente harmonisch getrennt.

Aus dem allgemeinen Satze 142 von der Konstanz des Doppelverhältnisses der in diesem Satze beschriebenen Punktwürfe läßt sich ferner für den Fall reeller voneinander verschiedener Hauptzahlen $\mathfrak{r}_1$ und $\mathfrak{r}_2$, denen, wie wir wissen, stets zwei reelle getrennt liegende Doppelpunkte d_1 und d_2 entsprechen, ein neuer Beweis des bereits oben bewiesenen Satzes herleiten, daß zwei projektive Punktreihen auf dem nämlichen Träger notwendig zusammen eine Involution bilden, sobald auch nur *zwei* zugeordnete Punkte der beiden Punktreihen sich wechselseitig entsprechen.

Sind nämlich x und $x\mathfrak{p}$ die beiden Punkte, die sich wechselseitig zugeordnet sind, so ist sowohl das Doppelverhältnis

$$(10) \qquad (d_1 d_2 \, x \, x\mathfrak{p}) = \frac{\mathfrak{r}_1}{\mathfrak{r}_2}$$

wie auch das Doppelverhältnis

$$(11) \qquad (d_1 d_2 \, x\mathfrak{p} \, x) = \frac{\mathfrak{r}_1}{\mathfrak{r}_2}.$$

Da sich aber die beiden Punktwürfe, um deren Doppelverhältnis es sich handelt, nur durch die Stellung zweier zugeordneten Elemente unterscheiden, so sind nach dem Satze 28 ihre Doppelverhältnisse zueinander reziprok, das heißt, es ist

$$(12) \qquad (d_1 d_2 \, x\mathfrak{p} \, x) = \frac{1}{(d_1 d_2 \, x \, x\mathfrak{p})}$$

oder wegen (10) und (11)

$$\frac{\mathfrak{r}_1}{\mathfrak{r}_2} = \frac{\mathfrak{r}_2}{\mathfrak{r}_1} \qquad \text{oder endlich}$$

$$(13) \qquad \left(\frac{\mathfrak{r}_1}{\mathfrak{r}_2}\right)^2 = 1.$$

Aus dieser Gleichung aber folgt, da

$$\mathfrak{r}_1 \neq \mathfrak{r}_2 \qquad \text{vorausgesetzt war,}$$

$$(14) \qquad \frac{\mathfrak{r}_1}{\mathfrak{r}_2} = -1.$$

Und das war die Bedingung für zwei involutorische Punktreihen.

Die Normalform einer hyperbolischen Involution. Übrigens ergibt sich aus der Normalform einer Projektivität $\mathfrak{p}$ mit getrennt liegenden reellen Doppelpunkten d_1 und d_2, nämlich aus der Gleichung

$$(1) \qquad \mathfrak{p} = \frac{\mathfrak{r}_1 d_1, \; \mathfrak{r}_2 d_2}{d_1, \quad d_2},$$

für den besonderen Fall einer Involution mit getrennten reellen Doppelpunkten d_1 und d_2, das heißt für eine hyperbolische Punktinvolution $\mathfrak{h}'$, ein besonders einfacher Ausdruck. Da nämlich bei einer Punktinvolution nach Satz 105

$$(15) \qquad \mathfrak{r}_2 = - \mathfrak{r}_1 (= - \mathfrak{r})$$

ist, so erhält man für die hyperbolische Punktinvolution $\mathfrak{h}'$ die Darstellung

$$(16) \qquad \mathfrak{h}' = \frac{\mathfrak{r} d_1, \; - \mathfrak{r} d_2}{d_1, \quad d_2}$$

oder nach Formel (30) des 11. Abschnitts

$$\mathfrak{h}' = \mathfrak{r} \frac{d_1, \; - d_2}{d_1, \quad d_2}.$$

Da aber die Involution an geometrischer Allgemeinheit nichts einbüßt, wenn man den Zahlfaktor $\mathfrak{r}$ wegläßt, so erhält man für sie den einfacheren Ausdruck

$$(17) \qquad \mathfrak{h} = \frac{d_1, \; - d_2}{d_1, \quad d_2},$$

der die „Normalform einer hyperbolischen Punktinvolution" genannt werden kann, und man hat den Satz:

Satz 143: Eine hyperbolische Punktinvolution ist durch ihre Doppelpunkte, abgesehen von einem geometrisch bedeutungslosen Zahlfaktor, eindeutig bestimmt.

Zugleich ergibt der Ausdruck (17), das heißt die Normalform der hyperbolischen Punktinvolution mit den Doppelpunkten d_1 und d_2, eine weitere Bestätigung des Satzes 117. Denn ein jeder Punkt

$$(18) \qquad x = \mathfrak{x}_1 d_1 + \mathfrak{x}_2 d_2$$

der ersten Punktreihe wird durch den Involutionsbruch $\mathfrak{h}$ in den Punkt

$$(19) \qquad x\mathfrak{h} = \mathfrak{x}_1 d_1 - \mathfrak{x}_2 d_2$$

übergeführt, welcher in der Tat vom Punkte x durch die Doppelpunkte d_1 und d_2 harmonisch getrennt ist.

Man kann natürlich die Normalform (17) eines hyperbolischen Involutionsbruches auch leicht aus der oben auf Seite 165 für eine hyperbolische Punktinvolution $\mathfrak{h}$ gegebenen Darstellung

$$(20) \qquad \mathfrak{h} = \frac{b, \; a}{a, \; b}$$

herleiten, in welcher als Nenner die Punkte eines Paares der Involution benutzt wurden. Wie dort bereits gezeigt ist, sind die Punkte $a + b$ und $a - b$ die Doppelpunkte der Involution $\mathfrak{h}$. In der Tat kann man ja dem Bruche (20) auch die Form verleihen:

$$(21) \qquad \mathfrak{h} = \frac{b + a, \; b - a}{a + b, \; a - b}.$$

Setzt man daher noch

$$(22) \qquad a + b = d_1 \quad \text{und} \quad a - b = d_2,$$

so wird wirklich

$$(23) \qquad \mathfrak{h} = \frac{d_1, \; -d_2}{d_1, \; d_2}.$$

Ebenso erhält man für eine hyperbolische Strahlinvolution $\mathfrak{H}$ mit den Doppelstrahlen D_1 und D_2 die Darstellung

$$(24) \qquad \mathfrak{H} = \frac{D_1, \; -D_2}{D_1, \; D_2},$$

welche als „Normalform dieser hyperbolischen Strahlinvolution" bezeichnet werden kann.

Die Gruppe aller Projektivitäten einer Geraden, welche dieselben getrennten reellen Doppelpunkte haben. In ihrer Normalform (1) erscheint die Bruchdarstellung einer Projektivität $\mathfrak{p}$ mit ungleichen reellen Hauptzahlen als eine Funktion der Doppelpunkte d_1, d_2 und der zugehörigen Hauptzahlen $\mathfrak{r}_1$, $\mathfrak{r}_2$. Dies kann man symbolisch dadurch andeuten, daß man setzt:

$$(25) \qquad \mathfrak{p} = \mathfrak{p}(d_1, \; d_2, \; \mathfrak{r}_1, \; \mathfrak{r}_2),$$

indem man den Buchstaben $\mathfrak{p}$ zugleich als Funktionszeichen verwendet, so daß also

$$(26) \qquad \mathfrak{p}(d_1, \; d_2, \; \mathfrak{r}_1, \; \mathfrak{r}_2) = \frac{\mathfrak{r}_1 d_1, \; \mathfrak{r}_2 d_2}{d_1, \; d_2}$$

wird. Betrachtet man dann in der Funktion $\mathfrak{p}(d_1, \; d_2, \; \mathfrak{r}_1, \; \mathfrak{r}_2)$ die Doppelpunkte d_1 und d_2 als konstant, läßt aber die Hauptzahlen $\mathfrak{r}_1$ und $\mathfrak{r}_2$ variieren, so erhält man eine unendliche Mannigfaltigkeit von Abbildungen $\mathfrak{p}(d_1, d_2, \mathfrak{r}_1, \mathfrak{r}_2)$ in der Geraden $d_1 d_2$, die alle dieselben Doppelpunkte besitzen. *Diese Abbildungen bilden zusammen eine Gruppe.* Denn die charakteristische Eigenschaft einer Gruppe von Abbildungen (vgl. Seite 126), nach welcher die „Folge" je zweier Abbildungen der betrachteten Mannigfaltigkeit eine Abbildung darstellen muß, welche ebenfalls der Mannigfaltigkeit angehört, ist für die projektiven Abbildungen $\mathfrak{p}(d_1, \; d_2, \; \mathfrak{r}_1, \; \mathfrak{r}_2)$ bei festgehaltenen Doppelpunkten d_1 und d_2 erfüllt.

Bezeichnet man nämlich die Hauptzahlen der ersten von zwei solchen Abbildungen mit $\mathfrak{r}_1$ und $\mathfrak{r}_2$, die der zweiten mit $\mathfrak{r}_1'$ und $\mathfrak{r}_2'$, ist also die erste Abbildung wie oben

$$(26) \qquad \mathfrak{p}(d_1, d_2, \mathfrak{r}_1, \mathfrak{r}_2) = \frac{\mathfrak{r}_1 d_1, \quad \mathfrak{r}_2 d_2}{d_1, \quad d_2}$$

und entsprechend die zweite Abbildung

$$(27) \qquad \mathfrak{p}(d_1, d_2, \mathfrak{r}_1', \mathfrak{r}_2') = \frac{\mathfrak{r}_1' d_1, \quad \mathfrak{r}_2' d_2}{d_1, \quad d_2},$$

so wird nach Satz 80

$$\mathfrak{p}(d_1, d_2, \mathfrak{r}_1, \mathfrak{r}_2)\,\mathfrak{p}(d_1, d_2, \mathfrak{r}_1', \mathfrak{r}_2') = \frac{\mathfrak{r}_1 d_1\,\mathfrak{p}(d_1, d_2, \mathfrak{r}_1', \mathfrak{r}_2'),\quad \mathfrak{r}_2 d_2\,\mathfrak{p}(d_1, d_2, \mathfrak{r}_1', \mathfrak{r}_2')}{d_1, \qquad\qquad d_2}$$

oder nach (27)

$$= \frac{\mathfrak{r}_1 \mathfrak{r}_1' d_1, \quad \mathfrak{r}_2 \mathfrak{r}_2' d_2}{d_1, \quad d_2}$$

$$= \mathfrak{p}(d_1, d_2, \mathfrak{r}_1 \mathfrak{r}_1', \mathfrak{r}_2 \mathfrak{r}_2').$$

Man erhält also die Gleichung:

$$(28) \qquad \mathfrak{p}(d_1, d_2, \mathfrak{r}_1, \mathfrak{r}_2)\,\mathfrak{p}(d_1, d_2, \mathfrak{r}_1', \mathfrak{r}_2') = \mathfrak{p}(d_1, d_2, \mathfrak{r}_1 \mathfrak{r}_1', \mathfrak{r}_2 \mathfrak{r}_2'),$$

durch welche die Gruppeneigenschaft der Projektivitäten $\mathfrak{p}(d_1, d_2, \mathfrak{r}_1, \mathfrak{r}_2)$ mit den gemeinsamen Doppelpunkten d_1 und d_2 bewiesen und nebenbei gezeigt ist, daß die Charakteristik $\frac{\mathfrak{r}_1 \mathfrak{r}_1'}{\mathfrak{r}_2 \mathfrak{r}_2'}$ der resultierenden Abbildung das Produkt der Charakteristiken ihrer Komponenten ist. Man erhält also den Satz:

Satz 144: Die Folge (Resultante) zweier Projektivitäten, welche denselben Träger und dieselben getrennt liegenden reellen Doppelpunkte haben, ist wieder eine Projektivität dieses Trägers, die auch ihrerseits dieselben Doppelpunkte hat, und deren Charakteristik das Produkt der Charakteristiken der beiden Komponenten ist. Den ersten Teil dieses Satzes kann man auch so ausdrücken: In jeder Geraden bilden alle Projektivitäten mit denselben getrennten reellen Doppelpunkten zusammen eine Gruppe.

Die Projektivitäten mit gleichen reellen Hauptzahlen.

Die Doppelpunktsgleichung läßt die Doppelpunkte unbestimmt: Die Deckung und die uneigentliche Projektivität. Bisher haben wir stets an der Voraussetzung festgehalten, daß die beiden als reell angenommenen Hauptzahlen der betrachteten Projektivität voneinander verschieden seien. Wir wenden uns jetzt zu den Projektivitäten mit gleichen (reellen) Hauptzahlen. Von Projektivitäten dieser Art haben wir bisher nur gelegentlich die speziellen Fälle der Deckung zweier Punktreihen und der uneigentlichen Projektivität in den Kreis unserer Betrachtungen gezogen. Nunmehr gehen wir dazu über, den Fall gleicher Hauptzahlen systematisch zu behandeln, den Fall also, wo die Hauptgleichung der Projektivität (vgl. die Gleichung

(7) des 14. Abschnitts) zwei gleiche Wurzeln

$$(29) \qquad\qquad \mathfrak{r}_1 = \mathfrak{r}_2 = \mathfrak{r}$$

besitzt.

Wir scheiden zunächst die soeben genannten und der Hauptsache nach schon erledigten Unterfälle der Deckung zweier Punktreihen und der uneigentlichen Projektivität von der Betrachtung aus. Auf diese Fälle werden wir geführt, wenn die Doppelpunktsgleichung (vgl. die Gleichung (5) des 14. Abschnitts):

$$(30) \qquad\qquad \mathfrak{d}_1(e_1 \mathfrak{r} - a_1) + \mathfrak{d}_2(e_2 \mathfrak{r} - a_2) = 0$$

das Verhältnis der Ableitzahlen $\mathfrak{d}_1$ und $\mathfrak{d}_2$ des zu der Hauptzahl $\mathfrak{r}$ gehörenden Doppelpunktes

$$(31) \qquad\qquad d = \mathfrak{d}_1 e_1 + \mathfrak{d}_2 e_2$$

unbestimmt läßt. Dies tritt aber dann und nur dann ein, wenn sowohl

$$(32) \qquad\qquad e_1 \mathfrak{r} - a_1 = 0 \quad \text{wie auch}$$

$$(33) \qquad\qquad e_2 \mathfrak{r} - a_2 = 0, \quad \text{wenn also}$$

$$(34) \qquad\qquad \begin{cases} a_1 = \mathfrak{r} e_1 \\ a_2 = \mathfrak{r} e_2, \end{cases}$$

das heißt, wenn der Bruch $\mathfrak{p}$ (vgl. Gleichung (1)) die Form hat:

$$(35) \qquad\qquad \mathfrak{p} = \frac{\mathfrak{r} e_1,\ \mathfrak{r} e_2}{e_1,\ e_2} = \mathfrak{r}\frac{e_1,\ e_2}{e_1,\ e_2} = \mathfrak{r}.$$

In diesem Falle reduziert sich der Abbildungsbruch $\mathfrak{p}$ auf die Zahlgröße $\mathfrak{r}$, das heißt auf die Hauptzahl der Projektivität. Die Abbildung $\mathfrak{p}$ führt daher, falls $\mathfrak{r} \neq 0$ ist, wirklich überhaupt jeden Punkt der zu transformierenden Punktreihe in einen kongruenten Punkt über, und der betrachtete Unterfall ist somit alsdann in der Tat nichts anderes als der Fall der Deckung der beiden Punktreihen; ist dagegen in der Gleichung (35) die Zahlgröße $\mathfrak{r} = 0$, so erhält man den Unterfall der uneigentlichen Projektivität.

Die Doppelpunktsgleichung ergibt zwei zusammenfallende Doppelpunkte: Die zentrische Schiebung, die gewöhnliche Schiebung und die parabolische Involution. Allgemeiner und interessanter ist der zweite Unterfall, der dadurch charakterisiert ist, daß unter der Voraussetzung zweier gleichen (reellen) Hauptzahlen die Doppelpunktsgleichung (30) einen Doppelpunkt d, oder wenn man will, zwei zusammenfallende Doppelpunkte $d_1 = d_2 = d$ wirklich bestimmt. Ist dabei die Ableitzahl $\mathfrak{d}_1$ in (31) von Null verschieden, das heißt

$$(36) \qquad\qquad \mathfrak{d}_1 \neq 0,$$

so ist der Doppelpunkt d von dem Punkt e_2 räumlich verschieden, und der Projektivitätsbruch $\mathfrak{p}$ gestattet es daher, die Punkte d und e_2 als Nennerpunkte einzuführen, und nimmt dadurch die Form an:

$$(37) \qquad \mathfrak{p} = \frac{\mathfrak{r}d,\ a_2}{d,\ e_2}.$$

Stellt man aber auf Grund dieser neuen Form des Bruches $\mathfrak{p}$ die Hauptgleichung von neuem auf und benutzt dabei die Form (6) des 14. Abschnitts, so erhält man die Gleichung:

$$\text{oder} \qquad [(\mathfrak{r}_t d - \mathfrak{r}d)(\mathfrak{r}_t e_2 - a_2)] = 0$$

$$(38) \qquad (\mathfrak{r}_t - \mathfrak{r})[d(\mathfrak{r}_t e_2 - a_2)] = 0.$$

Soll nun diese Gleichung zwei gleiche Wurzeln $\mathfrak{r}_1 = \mathfrak{r}_2 = \mathfrak{r}$ darbieten, so muß sie auch nach der Division mit $\mathfrak{r}_t - \mathfrak{r}$ immer noch erfüllt werden, sobald man $\mathfrak{r}_t = \mathfrak{r}$ setzt, das heißt, es muß auch die Gleichung bestehen:

$$(39) \qquad [d(\mathfrak{r}e_2 - a_2)] = 0.$$

Aus dem Verschwinden dieses äußeren Produktes aber folgt, daß zwischen seinen beiden Faktoren eine Zahlbeziehung herrscht, das heißt, eine Gleichung von der Form

$$t_1 d + t_2(\mathfrak{r}e_2 - a_2) = 0$$

besteht. In dieser Zahlbeziehung ist ferner die Größe t_2 notwendig von Null verschieden; denn, da sicher *nicht die beiden* Größen t_1 und t_2 gleich Null sind, so würde aus dem Verschwinden von t_2 das gleichzeitige Verschwinden von d folgen, was selbstverständlich ausgeschlossen ist. Man darf daher die gewonnene Gleichung mit t_2 dividieren und erhält, wenn man zugleich das Verhältnis

$$(40) \qquad \frac{t_1}{t_2} = t$$

setzt, die Gleichung

$$t d + \mathfrak{r}e_2 - a_2 = 0,$$

aus der durch Auflösung nach a_2 folgt

$$(41) \qquad a_2 = \mathfrak{r}e_2 + t d.$$

Der Ausdruck (37) für den Bruch $\mathfrak{p}$ verwandelt sich daher in

$$(42) \qquad \mathfrak{p} = \frac{\mathfrak{r}d,\ \mathfrak{r}e_2 + t d}{d,\ e_2},$$

wobei man $t \neq 0$ annehmen darf, da sich für $t = 0$ die Projektivität (42) doch nur auf einen der bereits erledigten Unterfälle der Deckung oder der uneigentlichen Projektivität reduzieren würde. Die Gleichung (42) zeigt sodann:

Der Bruch $\mathfrak{p}$ führt den Punkt d in sein $\mathfrak{r}$-faches über; jeden anderen Punkt der Geraden $d e_2$ dagegen verwandelt er in sein $\mathfrak{r}$-faches, noch vermehrt um ein gewisses Vielfaches von d. In der Tat wird ein beliebiger von d räumlich verschiedener Punkt der Geraden de_2, das heißt ein jeder Punkt

(43) $$x = \mathfrak{x}d + \mathfrak{x}_2 e_2, \quad \mathfrak{x}_2 \neq 0,$$

übergeführt in den Punkt

(44) $$x\mathfrak{p} = (\mathfrak{x}d + \mathfrak{x}_2 e_2)\mathfrak{p} = \mathfrak{r}(\mathfrak{x}d + \mathfrak{x}_2 e_2) + \mathfrak{t}\mathfrak{x}_2 d = \mathfrak{r}x + \mathfrak{t}\mathfrak{x}_2 d.$$

Um von dieser Umwandlung der Punktreihe x eine genaue Anschauung zu gewinnen, unterscheide man noch die beiden Unterfälle, wo in dem Bruche (42) die Hauptzahl $\mathfrak{r}$ von Null verschieden, und wo sie gleich Null ist.

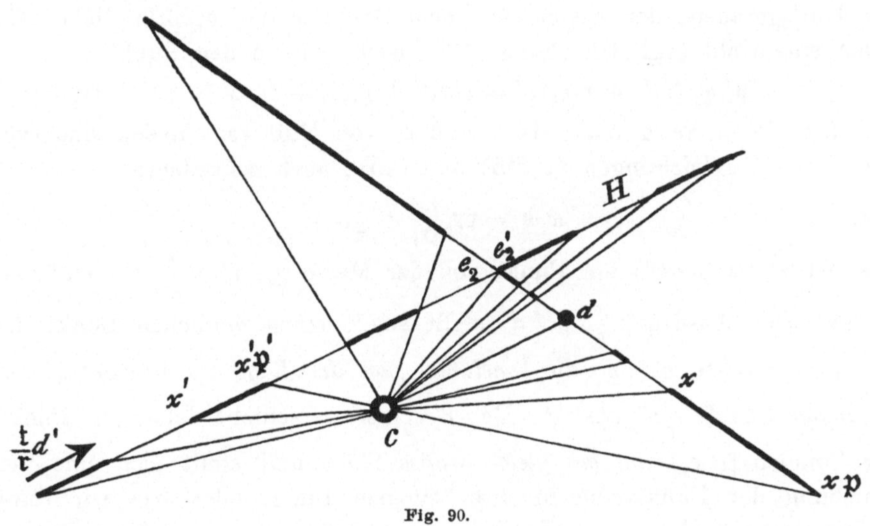

Fig. 90.

Ist *zunächst*

(45) $$\mathfrak{r} \neq 0,$$

so bilde man die beiden projektiven Punktreihen x und $x\mathfrak{p}$ in solcher Weise perspektiv auf einer durch den Punkt e_2 gehenden Hülfsgeraden H ab (vgl. Figur 90), daß dem Doppelpunkt d der unendlich ferne Punkt dieser Hülfsgeraden entspricht. Bezeichnet man dazu noch den mit e_2 zusammenfallenden einfachen Punkt mit e_2' und eine beliebige Strecke der Hülfsgeraden H mit d', so bewirkt der Bruch

(46) $$\mathfrak{q} = \frac{d', \, e_2'}{d, \, e_2},$$

dessen Zähler und Nenner im Gegensatz zu den bisher betrachteten Projektivitätsbrüchen *verschiedenen Geraden angehören*, die gewünschte perspektive Abbildung. Denn aus dem Begriff des extensiven Bruches $\mathfrak{q}$

folgt zunächst, daß die Abbildung projektiv ist; sie ist aber auch perspektiv, weil die beiden durch den Bruch aufeinander bezogenen projektiven Punktreihen den Schnittpunkt ihrer Träger entsprechend gemein haben (vgl. Satz 47). Und diese perspektive Abbildung $\mathfrak{q}$ führt zugleich die durch die Gleichung (42) dargestellte Projektität $\mathfrak{p}$ der Geraden $d e_2$ in die projektive Abbildung

$$(47) \qquad \mathfrak{p}' = \frac{\mathfrak{r} d',\; \mathfrak{r} e_2' + \mathfrak{t} d'}{d',\; e_2'}$$

der Hülfsgeraden $d' e_2'$ über. Die Projektivität $\mathfrak{p}'$ aber besitzt eine sehr einfache geometrische Bedeutung, sie verwandelt nämlich denjenigen Punkt

$$(48) \qquad x' = \mathfrak{x} d' + \mathfrak{x}_2 e_2'$$

der Hülfsgeraden, der wegen (46) dem Punkt x der ursprünglichen Geraden entspricht (vgl. Gleichung (43)), nach (47) in den Punkt

$$x' \mathfrak{p}' = (\mathfrak{x} d' + \mathfrak{x}_2 e_2') \mathfrak{p}' = \mathfrak{r}(\mathfrak{x} d' + \mathfrak{x}_2 e_2') + \mathfrak{t} \mathfrak{x}_2 d' = \mathfrak{r} x' + \mathfrak{t} \mathfrak{x}_2 d';$$

und für diesen kann man, da $\mathfrak{r}$ und $\mathfrak{x}_2$ von Null verschieden sind (vgl. die beiden Ungleichungen in (43) und (45)), auch schreiben:

$$(49) \qquad x' \mathfrak{p}' = \mathfrak{r} \mathfrak{x}_2 \left(\frac{x'}{\mathfrak{x}_2} + \frac{\mathfrak{t}}{\mathfrak{r}} d' \right).$$

Hier ist x' nach (48) ein Punkt von der Masse $\mathfrak{x}_2$, also $\dfrac{x'}{\mathfrak{x}_2}$ ein einfacher Punkt. Der Ausdruck $\dfrac{x'}{\mathfrak{x}_2} + \dfrac{\mathfrak{t}}{\mathfrak{r}} d'$ stellt somit einen einfachen Punkt dar, der vom Punkte x' *um die konstante, von der Lage des Punktes x' unabhängige Strecke* $\dfrac{\mathfrak{t}}{\mathfrak{r}} d'$ *absteht.* Der Bruch $\mathfrak{p}'$ verschiebt daher alle Punkte der Geraden $[d' e_2']$ *um ein gleich großes Stück* und stellt also eine Verschiebung der Punktreihe in ihrer eigenen Linie, oder wie wir etwas kürzer sagen wollen, eine „Schiebung der Punktreihe" dar.

Nun war aber die Projektivität $\mathfrak{p}$ das perspektive Abbild der Schiebung $\mathfrak{p}'$ in dem Sinne, daß sich der unendlich ferne Punkt (die Strecke) d' der Hülfsgeraden H, in der sich die Schiebung vollzieht, in den Doppelpunkt d der Projektivität $\mathfrak{p}$ projiziert, während zugleich der Punkt

$$e_2' \mathfrak{p}' = \mathfrak{r} e_2' + \mathfrak{t} d' = \mathfrak{r} \left(e_2' + \frac{\mathfrak{t}}{\mathfrak{r}} d' \right)$$

in den Punkt

$$e_2 \mathfrak{p} = \mathfrak{r} e_2 + \mathfrak{t} d$$

überging, woraus noch nebenbei folgt, daß das Zentrum c der Perspektivität gewonnen werden kann, wenn man die durch den Doppelpunkt d zu der Hülfsgeraden H gezogene Parallele mit der Geraden schneidet, welche die Punkte $e_2' \mathfrak{p}'$ und $e_2 \mathfrak{p}$ miteinander verbindet. Aus der so charakterisierten Beziehung der beiden Projektivitäten $\mathfrak{p}$ und $\mathfrak{p}'$ geht aber hervor, daß die durch den Bruch $\mathfrak{p}$ bewirkte Abbildung der Punktreihe x als eine projektive Verallgemeinerung der Schiebung einer Punktreihe aufgefaßt

werden kann, bei der an die Stelle des unendlich fernen Punktes der im
Endlichen liegende Punkt d getreten ist, den wir als „das Zentrum"
oder „den Zielpunkt" der Abbildung bezeichnen wollen. Auf der einen
Seite des Zielpunktes d verschieben sich alle Punkte der Geraden $e_2 d$
nach dem Zielpunkte hin, auf der anderen von ihm fort. Ferner ist die
Verschiebung, die ein Punkt der zu transformierenden Punktreihe durch
die Abbildung $\mathfrak{p}$ erfährt, um so kleiner, je näher jener Punkt dem Zielpunkte d gelegen ist. Wir können daher die Abbildung $\mathfrak{p}$ der Punktreihe x „eine zentrische Schiebung mit dem Zielpunkt d" nennen[1]).
Dieselbe ist vollständig charakterisiert, wenn außer dem Zielpunkt noch
ein Paar zugeordneter Punkte gegeben ist.

Zugleich erkennt man, daß eine gewöhnliche Schiebung, wie sie durch
den Bruch $\mathfrak{p}'$ dargestellt wurde, als Grenzfall einer zentrischen Schiebung
angesehen werden kann. Die zentrische Schiebung (42) geht nämlich in
eine gewöhnliche Schiebung über, das heißt in eine Projektivität, welche
die zu transformierende Punktreihe in eine gleichsinnig kongruente Punktreihe überführt, wenn der Zielpunkt der Abbildung unendlich fern liegt,
oder was auf dasselbe hinauskommt, wenn an die Stelle des im Endlichen
liegenden Zielpunktes d eine Strecke g derjenigen Geraden tritt, welcher
die zu transformierende Punktreihe angehört. Bezeichnen wir sodann noch
einen einfachen Punkt dieser Punktreihe mit f, so erhalten wir für eine
„Schiebung" $\mathfrak{f}'$ ihres Trägers, die wir auch als eine „gleichsinnige
Kongruenz" auffassen können, den Ausdruck

$$(50) \qquad \mathfrak{f}' = \frac{\mathfrak{r}g,\ \mathfrak{r}f + tg}{g,\ f}.$$

Dieser Bruch aber büßt an geometrischer Allgemeinheit nichts ein, wenn
man ihn mit $\mathfrak{r}$ dividiert; setzt man daher noch

$$\frac{\mathfrak{f}'}{\mathfrak{r}} = \mathfrak{f} \quad \text{und} \quad \frac{t}{\mathfrak{r}} = \mathfrak{h},$$

so erhält man für die Schiebung $\mathfrak{f}$ die Darstellung

$$(51) \qquad \mathfrak{f} = \frac{g,\ f + \mathfrak{h}g}{g,\ f},$$

in der $\mathfrak{h}g$ die Strecke der Verschiebung bedeutet.

Ist jetzt *andererseits* in dem Bruche (42) die Hauptzahl $\mathfrak{r} = 0$, so
reduziert er sich auf die Form

$$\mathfrak{p} = \frac{0,\ td}{d,\ e_2} = t\,\frac{0,\ d}{d,\ e_2},$$

---

1) Vgl. hierzu meine Darstellung desselben Gegenstandes in den Anmerkungen
zur neuen Ausgabe der Ausdehnungslehre meines Vaters vom Jahre 1862 (H. Graßmanns gesammelte mathematische und physikalische Werke, Bd. 1, Teil 2 (1896),
S. 444 ff.).

das heißt, man erhält abgesehen von einem nicht verschwindenden Zahlfaktor t den Ausdruck für eine **parabolische Involution**

$$\mathfrak{F} = \frac{0, \; d}{d, \; e_2}$$

(vgl. Seite 184 ff.).

Die unendlich fernen Punkte der beiden projektiven Punktreihen.

Sie sind einander zugeordnet: Ähnlichkeit.. Zu einer anderen speziellen Projektivität, die mit der soeben behandelten Schiebung $\mathfrak{f}$ in einem engen Zusammenhang steht, wird man geführt, wenn man die Frage nach demjenigen Punkt aufwirft, der durch eine Projektivität dem unendlich fernen Punkt der zu transformierenden Punktreihe zugewiesen wird.

Wie auf Seite 4 ff. gezeigt ist, läßt sich eine jede Strecke als Differenz zweier Punkte von gleicher Masse darstellen. Leitet man zum Beispiel aus den Grundpunkten e_i der zu transformierenden Punktreihe durch Division mit deren Massen $\mathfrak{m}_i$ die entsprechenden *einfachen* Punkte ab und bildet aus diesen die Differenz

$$(52) \qquad g = \frac{e_2}{\mathfrak{m}_2} - \frac{e_1}{\mathfrak{m}_1},$$

so erhält man den Ausdruck für diejenige Strecke g der Geraden $e_1 e_2$, die vom Punkt e_1 zum Punkt e_2 hinläuft, und die zugleich das greifbar gewordene Abbild des unendlich fernen Punktes der Geraden $e_1 e_2$ darstellt. Von dieser Strecke g unterscheiden sich die übrigen Strecken der Geraden $e_1 e_2$ nur um einen Zahlfaktor. Bezeichnet man ferner diejenige Größe, welche die Projektivität

$$\mathfrak{p} = \frac{a_1, \; a_2}{e_1, \; e_2}$$

der Strecke g zuweist, mit q, setzt also

$$(53) \qquad q = g\mathfrak{p}, \quad \text{so wird}$$

$$(54) \qquad q = \frac{a_2}{\mathfrak{m}_2} - \frac{a_1}{\mathfrak{m}_1};$$

und es bieten sich dann der Betrachtung zwei verschiedene Fälle dar:

Erstens nämlich *der Fall*, wo die Größe q selbst wieder eine Strecke das heißt, wo

$$(55) \qquad q = \mathfrak{r}_1 g$$

ist, unter $\mathfrak{r}_1$ eine Zahlgröße verstanden. Dann ist der unendlich ferne Punkt g der Geraden $e_1 e_2$ ein Doppelpunkt der Projektivität und $\mathfrak{r}_1$ seine Hauptzahl; denn nach (53) und (55) ist

$$(56) \qquad g\mathfrak{p} = \mathfrak{r}_1 g.$$

Dieser Fall, in dem auch die Differenz auf der rechten Seite von (54) eine Strecke darstellt, ist dadurch charakterisiert, daß auch die Glieder dieser Differenz gleiche Masse haben. Er wird offenbar vorliegen, wenn sich die Massen $\mathfrak{n}_i$ der Grundpunkte a_i der zweiten Punktreihe ebenso verhalten wie die Nenner $\mathfrak{m}_i$ der Brüche $\dfrac{a_i}{\mathfrak{m}_i}$, wenn also die Proportion besteht:

$$(57) \qquad \mathfrak{n}_1 : \mathfrak{n}_2 = \mathfrak{m}_1 : \mathfrak{m}_2,$$

das heißt, sobald die Massen der Grundpunkte der zweiten Punktreihe mit denen der Grundpunkte der ersten Punktreihe proportional sind.

Sind dann überdies die beiden als reell vorausgesetzten Hauptzahlen der Projektivität voneinander verschieden, so besitzt nach Satz 100 die Projektivität $\mathfrak{p}$ außer dem unendlich fernen Doppelpunkt g noch einen im Endlichen liegenden Doppelpunkt. Der mit ihm zusammenfallende einfache Punkt heiße f, seine Hauptzahl $\mathfrak{r}_2$; dann wird

$$(58) \qquad f\mathfrak{p} = \mathfrak{r}_2 f \quad \text{und}$$

$$(59) \qquad \mathfrak{p} = \frac{\mathfrak{r}_1\, g, \ \mathfrak{r}_2 f}{g, \quad f}.$$

Ist also noch $\mathfrak{r}_2 \neq 0$, so kann man auch setzen

$$\mathfrak{p} = \mathfrak{r}_2 \frac{\dfrac{\mathfrak{r}_1}{\mathfrak{r}_2}\, g, \ f}{g, \quad f},$$

oder wenn man den geometrisch bedeutungslosen Zahlfaktor $\mathfrak{r}_2$ vor dem letzten Bruche wegläßt, das Verhältnis $\dfrac{\mathfrak{r}_1}{\mathfrak{r}_2} = \mathfrak{h}$ setzt und den so aus $\mathfrak{p}$ hervorgehenden Projektivitätsbruch mit $\ddot{\mathfrak{a}}$ bezeichnet,

$$(60) \qquad \ddot{\mathfrak{a}} = \frac{f, \ \mathfrak{h} g}{f, \quad g}.$$

Die geometrische Bedeutung dieses Bruches leuchtet sofort ein; denn ein beliebiger einfacher Punkt

$$(61) \qquad x = f + \mathfrak{x} g$$

der zu transformierenden Punktreihe, der von dem Punkt f um die Strecke $\mathfrak{x} g$ absteht, wird durch den Bruch $\ddot{\mathfrak{a}}$ in den einfachen Punkt

$$(62) \qquad x\ddot{\mathfrak{a}} = f + \mathfrak{h}\mathfrak{x} g$$

übergeführt, der von f um die Strecke $\mathfrak{h}\mathfrak{x} g$ entfernt ist. Daraus aber folgt: Sämtliche Strecken, die man von dem im Endlichen liegenden Doppelpunkt f nach den Punkten der ersten Punktreihe ziehen kann, werden bei der Multiplikation mit $\ddot{\mathfrak{a}}$ in demselben Verhältnis $1 : \mathfrak{h}$ geändert, woraus hervorgeht, daß $\ddot{\mathfrak{a}}$ eine *Ähnlichkeitstransformation in der Geraden* ist, und daß der im Endlichen liegende Doppelpunkt f den *Ähnlichkeitspunkt* der beiden Punktreihen bildet, daß ferner der absolute Wert des Bruches $\frac{1}{\mathfrak{h}}$ das *Ähnlichkeitsverhältnis* darstellt, und daß endlich die beiden Punktreihen *gleichsinnig* oder *ungleichsinnig ähnlich* sind, je nachdem $\mathfrak{h}$ positiv oder negativ ist.

Bei der Ableitung des *Ähnlichkeitsbruches* ä gingen wir von der Voraussetzung aus, daß die Hauptzahlen r_1 und r_2 der Projektivität $\mathfrak{p}$ voneinander verschieden seien. Durch diese Voraussetzung wird dann der der in dem Ähnlichkeitsbruche ä auftretende Zahlfaktor $\mathfrak{h}$ an die Bedingung

$$(63) \qquad\qquad \mathfrak{h} \neq 1$$

geknüpft. Läßt man aber diese Beschränkung des Parameters $\mathfrak{h}$ fallen, so umfaßt der Bruch (60) auch noch den Fall der Identität; denn für $\mathfrak{h} = 1$ nimmt der Bruch (60) die Form an:

$$(64) \qquad\qquad 1 = \frac{f,\, g}{f,\, g}.$$

Der *Identitätsbruch* 1 erscheint demnach als Grenzfall des Ähnlichkeitsbruches ä.

Von den übrigen kongruenten Abbildungen ergibt sich der Fall der „ungleichsinnigen Kongruenz" oder „Symmetrie", oder wie man auch sagt, der Fall der „Umwendung einer Punktreihe" aus dem allgemeinen Ähnlichkeitsbruche ä, wenn man dessen Parameter $\mathfrak{h}$ den Wert -1 erteilt, wodurch man die involutorische Abbildung

$$(65) \qquad\qquad \mathfrak{u} = \frac{f,\, -g}{f,\quad g}$$

erhält. Dagegen ist es nicht möglich, die von der Deckung verschiedene „gleichsinnige Kongruenz", oder was dasselbe ist, die „Schiebung" ſ einer Punktreihe

$$\mathfrak{f} = \frac{g,\, f + \mathfrak{h}g}{g,\quad f}$$

als Spezialfall des Ähnlichkeitsbruches ä darzustellen. Sonst aber umfaßt der Bruch ä wirklich die sämtlichen Ähnlichkeitstransformationen der Geraden, und die Ausnahmestellung der „gleichsinnigen Kongruenz" oder „Schiebung" ist darin begründet, daß sie allein keinen im Endlichen liegenden Doppelpunkt aufweist.

Die unendlich fernen Punkte der beiden projektiven Punktreihen entsprechen einander nicht. Die Fluchtpunkte. Der Mittelpunkt einer Involution[1]). Damit ist der durch die Proportion (57) charakterisierte Fall

---

1) Dieser Unterabschnitt ist hier als Anhang zu betrachten, denn es bleibt in ihm die Untersuchung nicht auf Projektivitäten mit reellen Hauptzahlen beschränkt.

erschöpft, in welchem dem unendlich fernen Punkt g wieder ein unendlich ferner Punkt zugeordnet ist. In dem *zweiten, allgemeineren* Falle, wo die Bedingung (57) nicht erfüllt ist, entspricht dem unendlich fernen Punkt g der ersten Punktreihe in der zweiten Punktreihe ein im Endlichen gelegener Punkt

$$(66) \qquad i' = g\mathfrak{p},$$

welcher „der Fluchtpunkt der zweiten Punktreihe" oder auch „der Fluchtpunkt der Projektivität" heißt. Diesem Punkt i' steht noch ein anderer Punkt j als gleichberechtigt gegenüber, welcher „der Fluchtpunkt der ersten Punktreihe" oder „der Verschwindungspunkt der Projektivität" genannt wird. Man wird auf ihn geführt, wenn man die zur Projektivität $\mathfrak{p}$ inverse Projektivität $\frac{1}{\mathfrak{p}}$ betrachtet, welche die Punkte der zweiten Punktreihe in die der ersten zurückverwandelt, und nach demjenigen Punkte

$$(67) \qquad j = g\,\frac{1}{\mathfrak{p}}$$

fragt, der dem unendlich fernen Punkt g, aufgefaßt als Punkt der zweiten Punktreihe, in der ersten Punktreihe entspricht.

Von besonderem Interesse ist der Fall, wo die beiden Fluchtpunkte i' und j in *einen* Punkt zusammenfallen, wo also die Gleichung besteht:

$$(68) \qquad i' = \mathfrak{h}j,$$

für die man wegen (66) und (67) auch schreiben kann:

$$g\mathfrak{p} = \mathfrak{h}g\,\frac{1}{\mathfrak{p}}\,.$$

Multipliziert man aber diese Gleichung hinten mit $\mathfrak{p}$, so erhält man die Gleichung

$$(69) \qquad g\mathfrak{p}\mathfrak{p} = \mathfrak{h}g,$$

welche nach Seite 161 in dem vorliegenden Falle, wo $g\mathfrak{p}$ von g räumlich verschieden ist, die Bedingungsgleichung einer Involution darstellt. Bezeichnet man diese Involution mit $\mathfrak{s}$, so verwandelt sich die Gleichung (69) in

$$(70) \qquad g\mathfrak{s}\mathfrak{s} = \mathfrak{h}g,$$

und setzt man noch

$$(71) \qquad g\mathfrak{s} = m,$$

so wird wegen (70)

$$(72) \qquad m\mathfrak{s} = \mathfrak{h}g.$$

Aus den letzten beiden Gleichungen aber folgt eine wichtige Eigenschaft des Punktes m. Sind nämlich y und z zwei Punkte der zu transformierenden Punktreihe, welche von m gleich weit entfernt sind, so ist

$$(73) \qquad \begin{cases} y = m + \mathfrak{n}g \\ z = m - \mathfrak{n}g, \end{cases}$$

unter $\mathfrak{n}$ eine von Null verschiedene Zahlgröße verstanden, und man findet wegen (71) und (72) für die beiden entsprechenden Punkte $y\mathfrak{F}$ und $z\mathfrak{F}$ die Werte

$$(74) \qquad \begin{cases} y\mathfrak{F} = \mathfrak{h}g + \mathfrak{n}m = \mathfrak{n}\left(m + \dfrac{\mathfrak{h}}{\mathfrak{n}}g\right) \\ z\mathfrak{F} = \mathfrak{h}g - \mathfrak{n}m = -\mathfrak{n}\left(m - \dfrac{\mathfrak{h}}{\mathfrak{n}}g\right), \end{cases}$$

welche zeigen, daß die entsprechenden Punkte der zweiten Punktreihe ebenfalls um gleiche Stücke vom Punkte m abstehen. Aus diesem Grunde heißt der Punkt m *der Mittelpunkt der Involution* $\mathfrak{F}$. Derselbe besitzt die Eigenschaft, daß sich jedes Paar y, $y\mathfrak{F}$ der Involution $\mathfrak{F}$ an ihm gespiegelt wieder in ein Paar z, $z\mathfrak{F}$ dieser Involution verwandelt, oder was auf dasselbe hinauskommt, daß die ganze Involution $\mathfrak{F}$ an ihm gespiegelt in sich übergeht.

Berücksichtigt man ferner, daß die Projektivität $\mathfrak{p}$, von der wir oben ausgingen, nur an die Bedingung geknüpft war, daß dem unendlich fernen Punkt der ersten Punktreihe ein im Endlichen gelegener Punkt der zweiten entspricht, und daß sich diese Bedingung auf die Involution $\mathfrak{F}$ überträgt, so hat man den Satz:

Satz 145: Jede Punktinvolution, die dem unendlich fernen Punkt ihres Trägers einen im Endlichen gelegenen Punkt zuweist, geht an diesem Punkt gespiegelt in sich über; dieser Punkt heißt daher der Mittelpunkt der Involution.

Besitzt insbesondere die Involution $\mathfrak{F}$ zwei getrennte reelle Doppelpunkte, ist sie also hyperbolisch (vgl. Figur 91), so liegt der Mittelpunkt m der Involution zugleich in der Mitte zwischen diesen beiden Doppelpunkten d_1 und d_2; denn das Paar zusammenfallender Punkte d_1 und $d_1\mathfrak{F}$ geht durch Spiegelung an m wieder in ein Paar zusammenfallender Punkte, das heißt in das Paar d_2 und $d_2\mathfrak{F}$, über.

Aber auch in dem Falle, wo die Doppelpunkte der Involution $\mathfrak{F}$ konjugiert komplex sind, die Involution also elliptisch ist, läßt sich der Mittelpunkt m der Involution leicht konstruieren, wenn man ein im nächsten Abschnitt zu entwickelndes Ergebnis vorwegnimmt; denn nach Seite 216 ff. ist der Mittelpunkt einer elliptischen Involution nichts anderes als der Fußpunkt des Lotes, das man von einem Drehpunkt s der Involution auf ihren Träger fällen kann (vgl. Figur 92). Dabei wird ein Drehpunkt s der Involution dadurch gewonnen, daß man über den Abständen der Punkte a und $a\mathfrak{F}$, b und $b\mathfrak{F}$ zweier Paare der elliptischen Involution $\mathfrak{F}$ nach derselben Seite die Halbkreise schlägt.

Fig. 91.

Man kann das in den Formeln (73) und (74)
enthaltene Ergebnis noch etwas vollständiger ausdrücken, als es in dem Satze 145 geschehen ist, falls
man auch die Massenbeziehung der Punkte y und z,
$y\mathfrak{s}$ und $z\mathfrak{s}$ berücksichtigt. Denn den Gleichungen (73)
zufolge haben die beiden Punkte y und z gleiche
Masse, nämlich die Masse des Punktes m, und nach
den Gleichungen (74) besitzen die Punkte $y\mathfrak{s}$ und $z\mathfrak{s}$
entgegengesetzte Massen. Man hat also den Satz:

Satz 146: Entspricht in einer Punktinvolution dem unendlich fernen Punkte ihres Trägers
ein im Endlichen liegender Punkt, der dann der
Mittelpunkt der Involution heißt, so werden
durch sie je zwei vom Mittelpunkt der Abbildung gleichweit abstehende Punkte von gleicher Masse in zwei Punkte übergeführt, die
ebenfalls von dem Mittelpunkt der Abbildung
gleichweit entfernt sind, aber entgegengesetzte Masse besitzen.

Man beweist aber auch leicht die folgende Umkehrung des Satzes 145:

Satz 147: Halbiert in einer Involution $\mathfrak{s}$
ein Punkt m den Abstand zweier Punkte y und

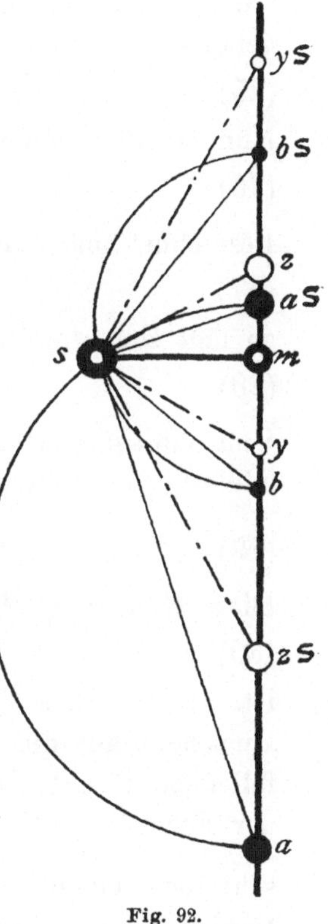

Fig. 92.

z, die nicht gerade ein Paar der Involution $\mathfrak{s}$ bilden, und zugleich
den Abstand ihrer Bilder $y\mathfrak{s}$ und $z\mathfrak{s}$, so ist er der Mittelpunkt
der Involution.

Zum Beweise setze man voraus, daß die Punkte y und z einfache
Punkte sind, und bezeichne mit y' und z' diejenigen einfachen Punkte,
die mit den Bildpunkten $y\mathfrak{s}$ und $z\mathfrak{s}$ zusammenfallen, und mit n den
zu dem gemeinsamen Mittelpunkt m der Linienstücke yz und $y'z'$
gehörenden einfachen Punkt (vgl. Figur 93). Dann bestehen die
Streckengleichungen

$$y - n = -(z - n)$$
$$y' - n = -(z' - n),$$

aus denen durch Subtraktion folgt:

$$y' - y = -(z' - z);$$

und addiert man zu dieser Gleichung die Identität

$$z' - y' = -(y' - z'),$$

so erhält man die auch geometrisch sofort einleuchtende Streckengleichung

$$z' - y = -(y' - z).$$

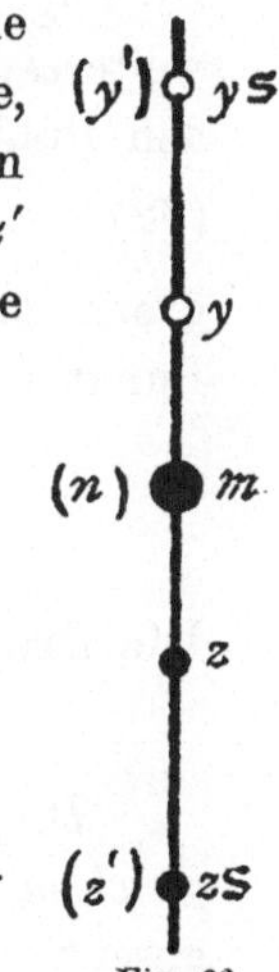

Fig. 93.

Und da die beiden in ihr vorkommenden Strecken derselben Geraden angehören, so gilt auch die entsprechende Stabgleichung

$$(75) \qquad [y z'] = - [z y'].$$

Nun ist aber andererseits nach der Grundgleichung der Involution

$$(76) \qquad [y \cdot z \mathfrak{J}] = [z \cdot y \mathfrak{J}].$$

Bezeichnet man daher die Masse des Punktes $y \mathfrak{J}$ mit $\mathfrak{g}$, setzt also

$$(77) \qquad y \mathfrak{J} = \mathfrak{g} y',$$

so läßt sich die Gleichung (76) auch in der Form schreiben:

$$(78) \qquad [y \cdot z \mathfrak{J}] = \mathfrak{g} [z y'].$$

Und multipliziert man die Gleichungen (75) und (78) mit $\mathfrak{g}$ und 1 und addiert, so erhält man

$$\mathfrak{g} [y z'] + [y \cdot z \mathfrak{J}] = 0 \quad \text{oder}$$

$$(79) \qquad [y (\mathfrak{g} z' + z \mathfrak{J})] = 0.$$

Diese Gleichung aber kann nicht anders bestehen, als wenn

$$(80) \qquad \mathfrak{g} z' + z \mathfrak{J} = 0$$

ist. Denn wäre diese Summe von Null verschieden, so würde sie mit Rücksicht auf die Bedeutung von z' einen mit dem Punkt $z \mathfrak{J}$ zusammenfallenden Punkt darstellen; die Gleichung (79) würde sich also auch in der Form

$$[y \cdot z \mathfrak{J}] = 0$$

schreiben lassen, die der Voraussetzung widersprechen würde, daß die Punkte y und z nicht gerade Punkte eines Paares der Involution $\mathfrak{J}$ sein sollen. Schreibt man aber die Gleichung (80) in der Form

$$(81) \qquad z \mathfrak{J} = - \mathfrak{g} z',$$

so folgt durch die Subtraktion der Gleichungen (77) und (81) ohne weiteres, daß dem unendlich fernen Punkte $y - z$ der zu transformierenden Punktreihe durch die Involution $\mathfrak{J}$ der Punkt

$$(82) \qquad (y - z) \mathfrak{J} = y \mathfrak{J} - z \mathfrak{J} = \mathfrak{g} (y' + z'),$$

das heißt der Mittelpunkt m des Punktpaares y', z' zugewiesen wird. Dieser Punkt m ist also nach Seite 205 ff. der Mittelpunkt der Involution $\mathfrak{J}$.

Abschnitt 17.

Die Projektivitäten mit konjugiert komplexen oder entgegengesetzt rein imaginären Hauptzahlen.

Die projektive Beziehung zweier konzentrischen kongruenten Strahlbüschel von gleichem Sinne. Um auch für den Fall konjugiert komplexer oder entgegengesetzt rein imaginärer Hauptzahlen, denen nach Satz 101 stets konjugiert komplexe Doppelpunkte entsprechen werden, ein greifbares geometrisches Äquivalent dieser konjugiert komplexen Doppelpunkte zu finden, behandeln wir zunächst anstatt der Projektivität zweier Punktreihen mit konjugiert komplexen Doppelpunkten den geometrisch leicht übersehbaren Fall zweier konzentrischen kongruenten Strahlbüschel von gleichem Sinne, das heißt zweier Strahlbüschel, von denen das eine in das andere durch eine bloße Drehung um seinen Scheitel übergeführt werden kann[1]).

Zur analytischen Darstellung dieser kongruenten Abbildung eines Strahlbüschels benutze man als Grundstrahlen des ersten Strahlbüschels zwei zueinander senkrechte Stäbe A und B von gleicher Länge. Dann stellt der Ausdruck

(1) $$X = \mathfrak{x} A + \mathfrak{y} B$$

einen beliebigen Stab des ersten Strahlbüschels dar. Ferner bezeichne man mit A' und B' zwei Stäbe des zweiten, mit dem ersten konzentrischen Strahlbüschels, die aus den Stäben A und B des ersten Strahlbüschels bei einer Drehung des Büschels um seinen Scheitel hervorgehen, zwei Stäbe also, die mit den Stäben A und B gleiche Länge haben, die ferner wie diese aufeinander senkrecht stehen, und von denen überdies der Stab B' von A' nach derselben Seite um einen rechten Winkel abweicht wie B von A. Leitet man dann wieder aus diesen Grundstäben A' und B' des zweiten Strahlbüschels durch die alten Ableitzahlen $\mathfrak{x}$ und $\mathfrak{y}$ einen Stab

(2) $$X' = \mathfrak{x} A' + \mathfrak{y} B'$$

ab, so wird dessen Summierungsrechteck mit dem des Stabes

(1) $$X = \mathfrak{x} A + \mathfrak{y} B$$

gleichsinnig kongruent (vgl. Figur 94).

Bei veränderlichem $\mathfrak{x}$ und $\mathfrak{y}$ wird also das ganze Strahlbüschel der Stäbe X' gleichsinnig kongruent mit dem Strahlbüschel der entsprechenden Stäbe X.

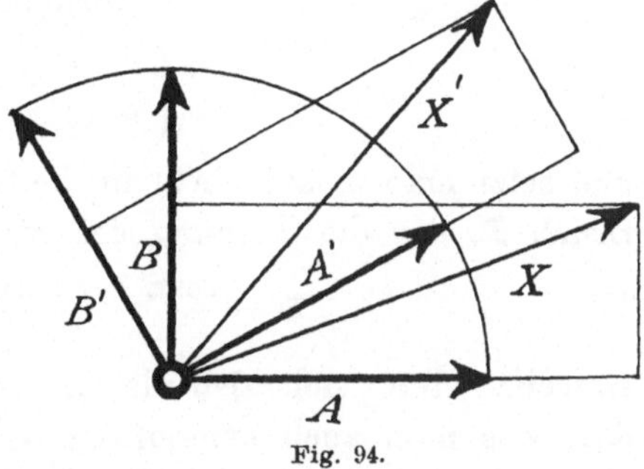

Fig. 94.

Mit Rücksicht auf die Form der Ausdrücke (1) und (2) für je zwei entsprechende Strahlen der beiden gleichsinnig kongruenten Strahlbüschel läßt sich nun aber die Beziehung dieser beiden Strahlbüschel durch den extensiven Bruch darstellen:

(3) $$\mathfrak{D} = \frac{A',\ B'}{A,\ B},$$

---

1) Zu dem Folgenden vergleiche man meine schon oben auf Seite 201 zitierte Anmerkung zur neuen Ausgabe der Ausdehnungslehre meines Vaters vom Jahre 1862 (H. Graßmanns gesammelte mathematische und physikalische Werke, Bd. 1, Teil 2 (1896), Fußnote Seite 443f.).

welcher zeigt, daß die entsprechenden Strahlen der beiden gleichsinnig kongruenten Strahlbüschel zugleich projektiv aufeinander bezogen sind. Man hat also den Satz:

Satz 148: Durch die Drehung eines Strahlbüschels um seinen Scheitel geht aus ihm ein projektives Strahlbüschel hervor.

Dieser Satz ist übrigens nur ein spezieller Fall des allgemeineren Satzes:

Satz 149: Kongruente Strahlbüschel sind projektiv, der sich auch in dem Falle, wo die Scheitel der beiden Strahlbüschel nicht zusammenfallen, in genau derselben Weise wie der spezielle Satz beweisen läßt.

Man kann nun aber leicht dem Projektivitätsbruche (3) der Drehung eines Strahlbüschels noch eine andere Form verleihen, wenn man die Grundstäbe A' und B' des zweiten Strahlbüschels durch die Grundstäbe des ersten ausdrückt. Dazu bezeichne man die Größe des Winkels, um den man das erste Strahlbüschel drehen muß, um es in das zweite überzuführen, mit $\mathfrak{w}$ und nehme dabei die Zahlgröße $\mathfrak{w}$ positiv oder negativ, je nachdem der Sinn des Drehwinkels mit dem des rechten Winkels $\angle (AB)$ übereinstimmt oder nicht. Dann wird (vgl. Figur 95)

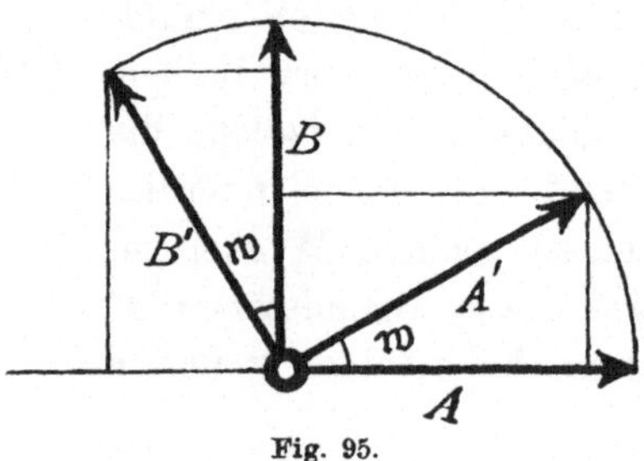

Fig. 95.

$$(4) \qquad \begin{cases} A' = \cos\mathfrak{w}\, A + \sin\mathfrak{w}\, B \\ B' = -\sin\mathfrak{w}\, A + \cos\mathfrak{w}\, B, \end{cases}$$

und setzt man diese Werte in die Gleichung (3) ein, so erhält man für den Bruch $\mathfrak{D}$, der die Drehung des Strahlbüschels vermittelt, den Ausdruck

$$(5) \qquad \mathfrak{D} = \frac{\cos\mathfrak{w}\, A + \sin\mathfrak{w}\, B, \ -\sin\mathfrak{w}\, A + \cos\mathfrak{w}\, B}{A, \qquad\qquad\qquad B}.$$

Derselbe stellt sich also als eine Funktion der drei Größen A, B und $\mathfrak{w}$ dar, was man auch symbolisch dadurch andeuten kann, daß man anstatt $\mathfrak{D}$ ausführlicher schreibt: $\mathfrak{D}_{(A,\,B,\,\mathfrak{w})}$, indem man den Buchstaben $\mathfrak{D}$ zugleich als Funktionszeichen verwendet.

Endlich kann man den Bruch (5) für die Drehung $\mathfrak{D}$ auch leicht durch eine Exponentialgröße ersetzen, wenn man die elliptische Strahlinvolution

$$(6) \qquad \mathfrak{R} = \frac{B, \ -A}{A, \ B}$$

einführt. Zunächst nämlich kann man bei Benutzung dieser Strahlinvolution die Gleichungen (4) auch in der Form schreiben:

$$(7) \qquad \begin{cases} A' = A\,(\cos\mathfrak{w} + \mathfrak{R}\sin\mathfrak{w}) \\ B' = B\,(\cos\mathfrak{w} + \mathfrak{R}\sin\mathfrak{w}). \end{cases}$$

Setzt man aber die Reihe

$$(8) \qquad 1 + \frac{\mathfrak{K}\mathfrak{w}}{1!} + \frac{\mathfrak{K}^2\mathfrak{w}^2}{2!} + \frac{\mathfrak{K}^3\mathfrak{w}^3}{3!} + \cdots = e^{\mathfrak{K}\mathfrak{w}},$$

so wird wie auf Seite 171

$$(9) \qquad \cos\mathfrak{w} + \mathfrak{K}\sin\mathfrak{w} = e^{\mathfrak{K}\mathfrak{w}},$$

und die Gleichungen (7) nehmen die Form an:

$$(10) \qquad \begin{cases} A' = A\,e^{\mathfrak{K}\mathfrak{w}} \\ B' = B\,e^{\mathfrak{K}\mathfrak{w}}. \end{cases}$$

Man erhält daher für den in (3) und (5) angegebenen extensiven Bruch die folgenden neuen Formen der Darstellung

$$(11) \qquad \mathfrak{D} = \mathfrak{D}_{(A,\,B,\,\mathfrak{w})} = e^{\mathfrak{K}\mathfrak{w}} = \cos\mathfrak{w} + \mathfrak{K}\sin\mathfrak{w}, \quad \mathfrak{K} = \frac{B,\;-A}{A,\quad B}.$$

Die entsprechende Projektivität in der Geraden: Die positiv zirkuläre Abbildung einer Punktreihe. Will man jetzt den Übergang vom Strahlbüschel zur Punktreihe machen, so ersetze man in der obigen Entwickelung die beiden zueinander senkrechten und gleich langen Nennerstäbe A und B durch zwei beliebige nicht zusammenfallende Punkte a und b und die Zählerstäbe A' und B' durch diejenigen Punkte a' und b', die aus a und b durch dieselben Ableitzahlen abgeleitet werden, durch welche die Stäbe A' und B' aus den Stäben A und B entwickelt wurden. Dadurch erhält man den Bruch

$$(12) \qquad \mathfrak{e}_{(a,\,b,\,\mathfrak{w})} = \frac{a',\;b'}{a,\;b},$$

dessen Zähler a' und b' mit den Nennern a und b durch die Gleichungen zusammenhängen

$$(13) \qquad \begin{cases} a' = \quad\;\; \cos\mathfrak{w}\,a + \sin\mathfrak{w}\,b \\ b' = -\sin\mathfrak{w}\,a + \cos\mathfrak{w}\,b, \end{cases}$$

der sich also auch in der Form schreiben läßt:

$$(14) \qquad \mathfrak{e}_{(a,\,b,\,\mathfrak{w})} = \frac{\cos\mathfrak{w}\,a + \sin\mathfrak{w}\,b,\;-\sin\mathfrak{w}\,a + \cos\mathfrak{w}\,b}{a,\qquad\qquad\qquad b}.$$

Dieser Bruch hat ganz die Form eines Projektivitätsbruches der Geraden ab, indem nur die Ableitzahlen der Zählerpunkte besondere Werte haben. Er stellt also eine spezielle Projektivität in der Geraden ab dar, die ich in Anlehnung an ein Kunstwort meines Vaters[1]) als „positiv zirkuläre Abbildung der Punktreihe $\mathfrak{x}a + \mathfrak{y}b$" bezeichnen will.

---

1) In seiner Abhandlung „Sur les différents genres de multiplication", Journal für die reine und angewandte Mathematik Bd. 49, (1854), Seite 134 (Gesammelte Werke Bd. 2, Teil 1, Seite 210) und in seiner Ausdehnungslehre vom Jahre 1862 (Gesammelte Werke Bd. 1, Teil 2) Nr. 154 nennt mein Vater die mit der oben beschriebenen Abbildung der Punktreihe $\mathfrak{x}a + \mathfrak{y}b$ verbundene Transformation des Punktpaares a, b, welche durch die Gleichungen (13) dargestellt wird, „eine positive zirkuläre

Man kann dieselbe genau so wie die soeben betrachtete Drehung eines Strahlbüschels *als Funktion eines Parameters* $\mathfrak{w}$ *und einer gewissen elliptischen Punktinvolution* darstellen. In der Tat, setzt man noch

$$(15) \qquad \mathfrak{e} = \frac{b, \; -a}{a, \;\; b},$$

so wird wieder

$$(16) \qquad \begin{cases} a' = a(\cos \mathfrak{w} + \mathfrak{e} \sin \mathfrak{w}) \\ b' = b(\cos \mathfrak{w} + \mathfrak{e} \sin \mathfrak{w}), \end{cases}$$

oder da (vgl. Seite 171)

$$(17) \qquad \cos \mathfrak{w} + \mathfrak{e} \sin \mathfrak{w} = e^{\mathfrak{e}\,\mathfrak{w}}$$

ist, so kann man auch schreiben

$$(18) \qquad \begin{cases} a' = a\,e^{\mathfrak{e}\,\mathfrak{w}} \\ b' = b\,e^{\mathfrak{e}\,\mathfrak{w}}. \end{cases}$$

Für die oben in (12) und (14) angegebene positiv zirkuläre Abbildung $\mathfrak{e}_{(a,b,\mathfrak{w})}$ erhält man daher die folgenden beiden neuen Darstellungen

$$(19) \qquad \mathfrak{e}_{(a,b,\mathfrak{w})} = e^{\mathfrak{e}\,\mathfrak{w}} = \cos \mathfrak{w} + \mathfrak{e} \sin \mathfrak{w}, \qquad \mathfrak{e} = \frac{b, \; -a}{a, \;\; b}.$$

Von der *geometrischen Bedeutung der positiv zirkulären Abbildung einer Punktreihe* kann man sich vermöge ihres analytischen Zusammenhangs mit der soeben betrachteten Drehung eines Strahlbüschels leicht eine Vorstellung verschaffen. Man suche dazu einen Punkt s auf, von dem aus die beiden Grundpunkte a und b der ersten Punktreihe durch zwei Stäbe

$$(20) \qquad A = [sa] \quad \text{und} \quad B = [sb]$$

projiziert werden, die wie die Stäbe A und B der obigen Entwickelung

erstens aufeinander senkrecht stehen und

zweitens gleich lang sind.

Ein Punkt s aber, der diesen beiden Bedingungen entspricht, läßt sich leicht konstruieren. Der *ersten* Bedingung nämlich, daß die beiden von ihm ausgehenden Strahlen $[sa]$ und $[sb]$ aufeinander senkrecht stehen sollen, genügt jeder Punkt des Kreises, der das Linienstück ab zum Durchmesser hat. Um auch die *zweite* Bedingung zu befriedigen, nach der die Stäbe $[sa]$ und $[sb]$ gleich lang sein sollen, berücksichtige man, daß, wenn man unter s einen einfachen Punkt versteht, die Längen der beiden Stäbe $[sa]$ und $[sb]$ die Produkte aus den absolut genommenen Abständen des Punktes s von den Punkten a und b und den absoluten Werten der

---

Änderung des Punktpaares a, b". Im Gegensatz dazu nennt er diejenige Abbildung des Punktpaares a, b, bei der diese Punkte in die Punkte a' und $-b'$ übergeführt werden, „eine negative zirkuläre Änderung des Punktpaars a, b". Ihr entspricht dann eine weiter unten zu behandelnde „negativ zirkuläre Abbildung der Punktreihe $\mathfrak{x}\,a + \mathfrak{y}\,b$".

Massen dieser Punkte sind. Sollen daher die Längen der beiden Stäbe $[sa]$ und $[sb]$ miteinander übereinstimmen, so muß man jetzt noch weiter über die Lage des Punktes s in der Weise verfügen, daß sich seine absolut genommenen Abstände von den Punkten a und b umgekehrt verhalten wie die absoluten Werte der Massen dieser Punkte, oder, was auf dasselbe hinauskommt, daß sie sich direkt wie die absolut genommenen Abstände des Schwerpunktes $a + b$ der Punkte a und b von diesen Punkten verhalten. Von den Punkten der Geraden ab selbst genügt dieser Bedingung außer dem Schwerpunkt $a + b$ der beiden Punkte a und b auch der zu ihm hinsichtlich der Punkte a und b harmonisch zugeordnete Punkt $a - b$. Und nach dem Satze des Apollonius ist der geometrische Ort *aller* Punkte der Ebene, die jener Bedingung entsprechen, der Kreis, der die Punkte $a + b$ und $a - b$ zu Endpunkten eines Durchmessers hat (vgl. Figur 96). Dieser Kreis aber schneidet den Kreis über dem Durchmesser ab in zwei zur Geraden ab symmetrisch liegenden Punkten s und t, von denen jeder die Eigenschaft hat, daß für ihn die Stäbe $[sa]$, $[sb]$ und $[ta]$, $[tb]$ aufeinander senkrecht stehen und gleich lang sind.

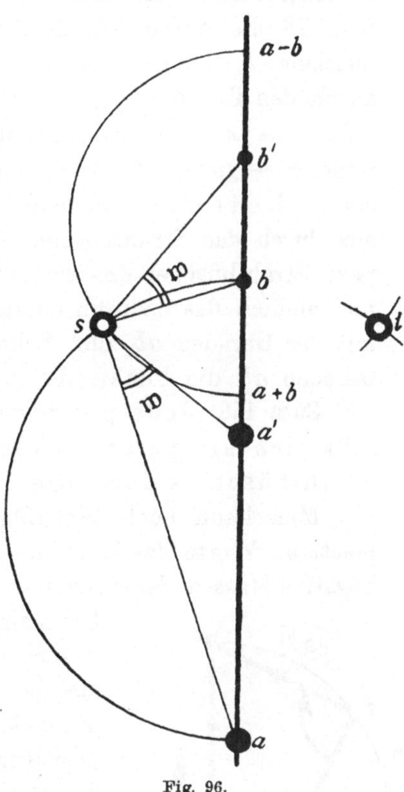

Fig. 96.

Bezeichnet man jetzt noch die Stäbe, die aus den Punkten a' und b' durch Multiplikation mit dem einfachen Punkt s hervorgehen, mit A' und B', setzt also

$$(21) \qquad A' = [sa'], \qquad B' = [sb'],$$

so wird wegen (13)

$$(22) \qquad \begin{cases} A' = \cos w\,[sa] + \sin w\,[sb] \\ B' = -\sin w\,[sa] + \cos w\,[sb] \end{cases}$$

oder wegen (20)

$$(23) \qquad \begin{cases} A' = \cos w\,A + \sin w\,B \\ B' = -\sin w\,A + \cos w\,B. \end{cases}$$

Die durch die Gleichungen (21) definierten Stäbe A' und B', welche die Punkte a' und b' von s aus projizieren, entsprechen also genau den Gleichungen (4) und sind daher mit den Stäben A und B gleich lang, stehen aufeinander senkrecht und gehen aus ihnen durch eine Drehung um den Winkel w hervor, das soll heißen um einen Winkel, dessen Größe dem absoluten Werte $|w|$ der Zahlgröße w gleich ist, und dessen Sinn mit dem des rechten Winkels $\llcorner (AB)$ übereinstimmt oder nicht, je nachdem $\mathfrak{w}$ positiv oder negativ ist.

Nun bewirkte aber nach Seite 209 f. der Projektivitätsbruch

$$(24) \qquad \mathfrak{D}_{(A,B,\mathfrak{w})} = \frac{A',\ B'}{A,\ B},$$

der das Strahlbüschel $\mathfrak{x}A + \mathfrak{y}B$ in das Strahlbüschel $\mathfrak{x}A' + \mathfrak{y}B'$ überführt, eine Drehung des ersteren Strahlbüschels um den Winkel $\mathfrak{w}$. Und da ferner der Bruch $\mathfrak{D}_{(A,B,\mathfrak{w})}$ aus dem Bruche $\mathfrak{c}_{(a,b,\mathfrak{w})}$ in (12) wegen (20) und (21) durch kombinatorische Erweiterung mit dem Punkt s entsteht, so ist nach Satz 78 die durch den Bruch $\mathfrak{D}_{(A,B,\mathfrak{w})}$ dargestellte Drehung des Strahlbüschels $X = \mathfrak{x}A + \mathfrak{y}B$ der vom Punkt s aus genommene Schein der durch den Bruch $\mathfrak{c}_{(a,b,\mathfrak{w})}$ bewirkten positiv zirkulären Abbildung der Punktreihe $x = \mathfrak{x}a + \mathfrak{y}b$. Die aus ihr durch diese Abbildung entstehende Punktreihe $x' = \mathfrak{x}a' + \mathfrak{y}b'$ kann also dadurch gewonnen werden, daß man die erstere Punktreihe, das heißt die Punktreihe $x = \mathfrak{x}a + \mathfrak{y}b$, vom Punkt s aus durch das Strahlbüschel $X = \mathfrak{x}A + \mathfrak{y}B$ projiziert, das so gewonnene neue Strahlbüschel um den Winkel $|\mathfrak{w}|$ in dem angegebenen Sinne dreht und endlich das dadurch entstehende Strahlbüschel $X' = \mathfrak{x}A' + \mathfrak{y}B'$ wieder mit der Geraden ab zum Schnitt bringt; dann schneidet dasselbe aus der Geraden ab die Punktreihe $x' = \mathfrak{x}a' + \mathfrak{y}b'$ aus. Man hat also den Satz:

Satz 150: Jede positiv zirkuläre Abbildung einer Punktreihe läßt sich als perspektives Abbild der Drehung eines gewissen Strahlbüschels darstellen.

Man kann noch hinzufügen, daß der Sinn der Drehung, der einem positiven Werte des Drehwinkels $\mathfrak{w}$ zugehört, sowohl für positive wie für negative Massen der Punkte a und b dem Sinne des Stabes $[ab]$ entspricht.

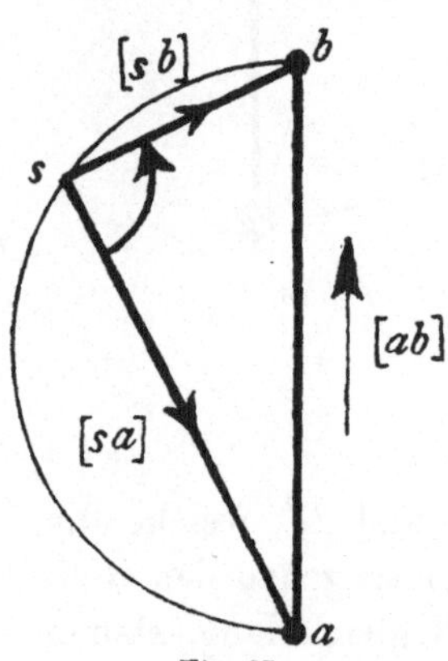

Fig. 97.

Denn sind *erstens* die Massen der Punkte a und b beide positiv, so laufen die Stäbe $[sa]$ und $[sb]$ vom Punkt s aus nach der Geraden ab hin. Der Sinn des rechten Winkels $\llcorner ([sa], [sb])$, der den Drehungssinn für den positiven Winkel $\mathfrak{w}$ angibt, entspricht also dem Sinn der Geraden ab, genommen von a nach b hin, das heißt, da die Massen von a und b beide positiv sind, dem Sinne des Stabes $[ab]$ (vgl. Figur 97).

Sind *zweitens* die Massen der Punkte a und b beide negativ, so laufen die Stäbe $[sa]$ und $[sb]$ beide nach der von der Geraden $[ab]$ abgekehrten Seite. Aber der Sinn des rechten Winkels $\llcorner ([sa], [sb])$ entspricht noch immer dem Sinne, der Geraden ab genommen von a nach b hin, und da die Massen der beiden Punkte a und b negativ sind, so stimmt dieser wiederum mit dem Sinne des Stabes $[ab]$ überein (vgl. Figur 98).

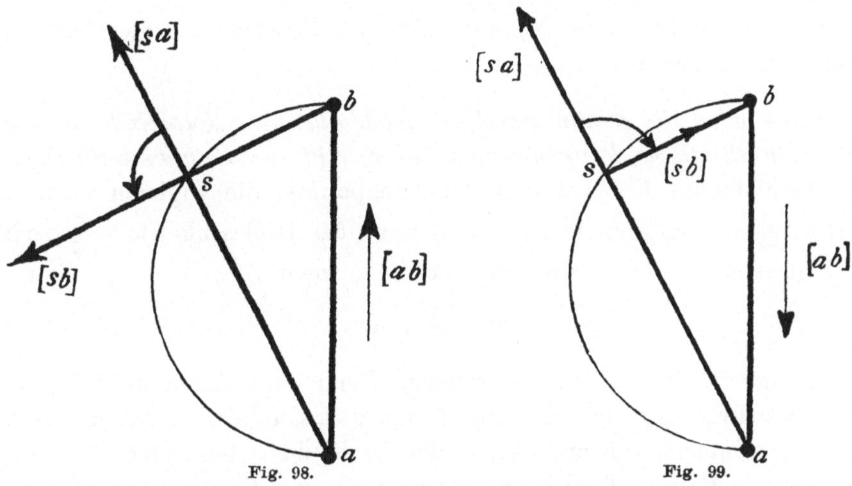

Ist endlich *drittens* eine von den beiden Massen der Punkte a und b positiv, die andere negativ, so geht der eine von den beiden Stäben [sa] und [sb] nach der Geraden ab hin, der andere von ihr fort, und der Sinn des rechten Winkels $\angle$ ([sa], [sb]) wird entgegengesetzt mit dem Sinne der Geraden ab, genommen von a nach b hin. Er stimmt aber mit Rücksicht auf die ungleichen Vorzeichen der Massen von a und b doch wieder mit dem Sinne des Stabes [ab] überein (vgl. Figur 99).

Da die Lage des Punktes s (oder t) und die Größe des Winkels $\mathfrak{w}$ zusammen mit einer Angabe über den positiven Sinn der Geraden ab die von uns betrachtete positiv zirkuläre Abbildung vollständig charakterisieren, so mögen die Punkte s und t die „Drehpunkte" und der Winkel $\mathfrak{w}$ der „Drehwinkel der positiv zirkulären Abbildung $\mathfrak{c}$" genannt werden.

Man kann übrigens die Drehpunkte s und t, nachdem einmal ihre Existenz nachgewiesen, noch einfacher konstruieren, als es oben geschehen ist. Denn da Winkel $\angle$ ($a'sb'$) durch eine bloße Drehung aus dem Winkel $\angle$ (asb) hervorgeht (vgl. Figur 96), so ist er ebenfalls ein rechter Winkel. Die Drehpunkte s und t der Abbildung liegen also auch auf dem Kreise, der die Punkte a' und b' zu Endpunkten eines Durchmessers hat. Diese Drehpunkte lassen sich daher auch dadurch finden, daß man über den

Abständen der Zähler- und Nennerpunkte des Bruches (12) die Halbkreise schlägt (vgl. Figur 100).

Wann wird die positiv zirkuläre Abbildung einer Punktreihe involutorisch? Die elliptische Punktinvolution als Schnitt der Rechtwinkelinvolution. Diese vereinfachte Konstruktion der Drehpunkte, die zugleich auch den Drehwinkel ergibt, versagt nur dann, wenn der Drehwinkel $\mathfrak{w} = \dfrac{\pi}{2}$, oder, was geometrisch auf dasselbe hinauskommt, wenn

$$\mathfrak{w} = \frac{\pi}{2} + \mathfrak{n}\pi$$

ist, unter $\mathfrak{n}$ eine ganze Zahl verstanden. Denn dann fallen die Punkte a' und b' beziehlich mit den Punkten b und a zusammen, so daß die beiden bei der vereinfachten Konstruktion der Drehpunkte benutzten Halbkreise sich decken. Man muß also in diesem Falle auf die ursprüngliche Konstruktion der Drehpunkte zurückgreifen.

Die geometrische Bedeutung dieses Ausnahmefalles ist evident. Da sich nämlich alsdann die Punkte a und b wechselseitig entsprechen, so ist in diesem Falle die positiv zirkuläre Abbildung involutorisch. Und in der Tat zeigt auch die Figur 96, daß die Wiederholung der Abbildung $e^{\mathfrak{e}\frac{\pi}{2}}$ überhaupt jeden Punkt der Punktreihe $\mathfrak{x}a + \mathfrak{y}b$ in sich überführt. Der involutorische Charakter der fraglichen Abbildung ergibt sich aber auch sogleich analytisch; denn es ist nach (17) (vgl. auch Seite 171)

$$(25) \qquad\qquad e^{\mathfrak{e}\frac{\pi}{2}} = \mathfrak{e},$$

womit zugleich gezeigt ist, daß die fragliche Involution nichts anderes ist als die bereits zur analytischen Darstellung der positiv zirkulären Abbildung $e^{\mathfrak{e}\mathfrak{w}}$ benutzte elliptische Involution $\mathfrak{e} = \dfrac{b, -a}{a, \ \ b}$.

Zugleich entnimmt man aus der Figur 96, daß die Abbildung $e^{\mathfrak{e}\frac{\pi}{2}} = \mathfrak{e}$ die einzige Involution ist, die unter den positiv zirkulären Abbildungen $e^{\mathfrak{e}\mathfrak{w}}$ enthalten ist; denn die oben erwähnten Abbildungen $e^{\mathfrak{e}\left(\frac{\pi}{2} + \mathfrak{n}\pi\right)}$, in denen $\mathfrak{n}$ eine ganze Zahl ist, sind ja sämtlich entweder mit der Involution $\mathfrak{e}$ identisch (nämlich für jedes gerade $\mathfrak{n}$) oder nur dem Vorzeichen nach von ihr verschieden (für jedes ungerade $\mathfrak{n}$). Man hat also den Satz:

Satz 151: Eine positiv zirkuläre Abbildung

$$e^{\mathfrak{e}\mathfrak{w}}, \ \mathfrak{e} = \frac{b, -a}{a, \ \ b}$$

einer Punktreihe wird dann und nur dann involutorisch, wenn

man dem Drehwinkel der positiv zirkulären Abbildung einen der Werte

$$\frac{\pi}{2} + \mathfrak{n}\pi, \quad \mathfrak{n} = \begin{cases} 0, \ \ 1, \ \ \ 2, .. \\ -1, -2, .. \end{cases}$$

erteilt. Je nachdem nämlich $\mathfrak{n}$ $\begin{cases} \text{gerade oder} \\ \text{ungerade} \end{cases}$ ist, wird

$$e^{\mathfrak{e}\left(\frac{\pi}{2}+\mathfrak{n}\pi\right)} = \pm \, \mathfrak{e}.$$

Von besonderem Interesse ist aber auch die schon oben (Seite 210 f.) zur analytischen Darstellung der Drehung $\mathfrak{D}$ des Strahlbüschels benutzte Strahlinvolution $\mathfrak{K}$, durch welche die elliptische Involution $\mathfrak{e}$ von ihren Drehpunkten aus projiziert wird (vgl. Figur 101). Dieselbe ist dadurch ausgezeichnet, daß die Strahlen eines jeden Paares der Involution aufeinander senkrecht stehen, und kann dadurch erzeugt werden, daß man ein Strahlbüschel um seinen Scheitel herum um einen rechten Winkel dreht. Diese Strahlinvolution heißt deshalb die „Rechtwinkelinvolution".

Einen zweiten Namen verdankt diese Involution ihrer Beziehung zum Kreise. Da nämlich beim Kreise je zwei zueinander senkrechte Durchmesser zugleich einander in bezug auf den Kreis konjugiert sind, so weist die Rechtwinkelinvolution einem jeden Durchmesser eines um ihren Scheitel geschlagenen Kreises seinen konjugierten Durchmesser zu. Aus diesem Grunde nennt man die Rechtwinkelinvolution auch wohl die „Kreisinvolution", und wir verwendeten deshalb schon oben fürdieselbe den Buchstaben $\mathfrak{K}$.

Für die Rechtwinkelinvolution (Kreisinvolution) entspringt aus dem Satze 138 ein wichtiger Spezialsatz. Da nämlich nach Satz 138 eine Strahlinvolution durch zwei Paare entsprechender Strahlen bis auf einen Zahlfaktor eindeutig bestimmt wird, so ergibt sich durch Anwendung auf den Fall der Rechtwinkelinvolution der Satz:

Satz 152: Eine Strahlinvolution, die zwei Paare aufeinander senkrechter Strahlen enthält, weist überhaupt einem jeden

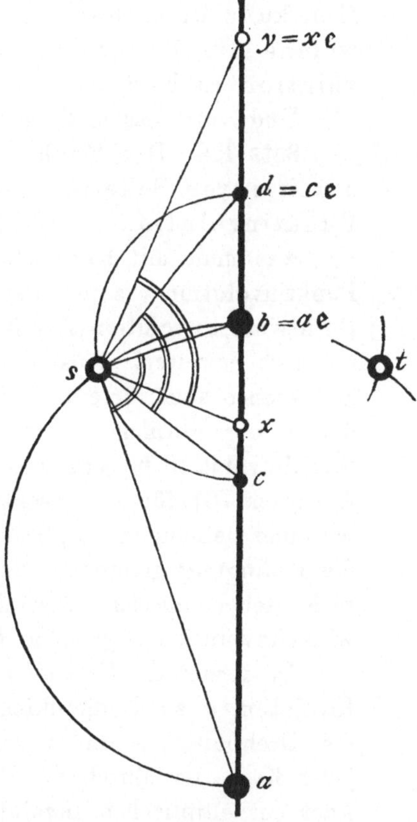

Fig. 101.

Strahle einen zu ihm senkrechten Strahl zu, das heißt, sie ist die Rechtwinkelinvolution.

Man kann ferner die zwischen einer beliebigen elliptischen Punktinvolution c und der Rechtwinkelinvolution bestehende Beziehung in dem Satze darstellen:

Satz 153: Für eine jede elliptische Punktinvolution c gibt es zwei zu ihrem Träger symmetrisch liegende Punkte s und t, von denen aus die elliptische Punktinvolution durch eine Rechtwinkelinvolution (Kreisinvolution) projiziert wird; jene beiden Punkte heißen die Drehpunkte der elliptischen Punktinvolution, Man kann dieselben finden, indem man zwei Kreise konstuiert. welche die Punkte je eines Paares der elliptischen Punktinvolution zu Endpunkten eines Durchmessers haben.

Und von diesem Satze gilt auch die Umkehrung, nämlich der Satz:

Satz 154: Die Rechtwinkelinvolution wird von jeder nicht durch ihren Scheitel gehenden Geraden in einer elliptischen Punktinvolution geschnitten,

was man mit Rücksicht auf den Ausdruck (15) für eine elliptische Punktinvolution c sofort beweisen kann, indem man den Bruch (6) für die Rechtwinkelinvolution $\Re$ mit einem Stabe der schneidenden Geraden planimetrisch erweitert. Aus diesem Beweise geht noch hervor, daß der Satz 154 ebenso auch für eine beliebige elliptische Strahlinvolution $\mathfrak{E}$ gilt. Denn der in der Formel (40) des 15. Abschnitts für eine beliebige elliptische Strahlinvolution $\mathfrak{E}$ gegebene Ausdruck stimmt seiner Form nach mit dem Ausdruck (6) für die Rechtwinkelinvolution $\Re$ genau überein. Nur sind bei einer beliebigen elliptischen Strahlinvolution die Nennerstäbe nicht an die Bedingung gebunden, daß sie gleich lang sein und aufeinander senkrecht stehen müssen. Diese Bedingung aber kommt bei dem für die Rechtwinkelinvolution gegebenen Beweis nicht in Betracht.

Da ferner die Kreise, welche die Punkte eines Paares der elliptischen Involution c zu Endpunkten eines Durchmessers haben, sämtlich durch die Drehpunkte s und t der Involution hindurchgehen, und umgekehrt jeder Kreis, der durch die Punkte s und t geht, aus der Geraden ab ein Paar der elliptischen Involution c ausschneidet, so ergibt sich der freilich noch der Verallgemeinerung fähige Satz:

Satz 155: Jedes Büschel von Kreisen, die durch zwei feste Punkte gehen, schneidet aus dem Mittellot der Verbindungslinie dieser Punkte eine elliptische Punktinvolution aus (vgl. Figur 102).

Aus dem Satze 153 kann man noch eine weitere Folgerung ziehen, wenn man den Begriff *zweier sich trennenden Elementenpaare* einer Punktreihe und eines Strahlbüschels einführt. Am leichtesten läßt sich derselbe an einem *Strahlbüschel* entwickeln.

Man sagt nämlich von zwei Strahlpaaren A, B und C, D eines Strahlbüschels, deren vier Strahlen von einander verschieden sind: „sie trennen sich", wenn man den Strahl A durch Drehung um den Scheitel s des Strahlbüschels nicht in den Strahl B überführen kann, ohne entweder den Strahl C oder den Strahl D zu überschreiten (vgl. Figur 103). Diese Beziehung zwischen den beiden Strahlpaaren A, B und C, D ist gegenseitig; denn man kann dann auch nicht den Strahl C durch Drehung um s in den Strahl D überführen, ohne entweder den Strahl A oder den Strahl B zu überschreiten.

Entsprechend sagt man von zwei Punktpaaren a, b und c, d einer Geraden, deren vier Punkte voneinander verschieden sind: „sie trennen sich", wenn man auf der Geraden der beiden Punktpaare vom Punkt a zum Punkt b nicht gelangen kann (auch nicht auf dem Umwege durchs Unendliche), ohne entweder den Punkt a oder den Punkt b zu überschreiten (vgl. Figur 104). Auch kann man dann umgekehrt nicht vom Punkt c zum Punkt d gelangen, ohne entweder den Punkt a oder den Punkt b zu überschreiten.

Aus diesen Erklärungen folgt noch: Zwei Strahlpaare A, B und C, D eines Strahlbüschels, deren vier Strahlen voneinander verschieden sind, „trennen sich nicht", wenn man den Strahl A durch Drehung um den Scheitel s des Strahlbüschels in den Strahl B überführen kann, ohne einen von den beiden Strahlen C und D zu überschreiten (vgl. Figur 105).

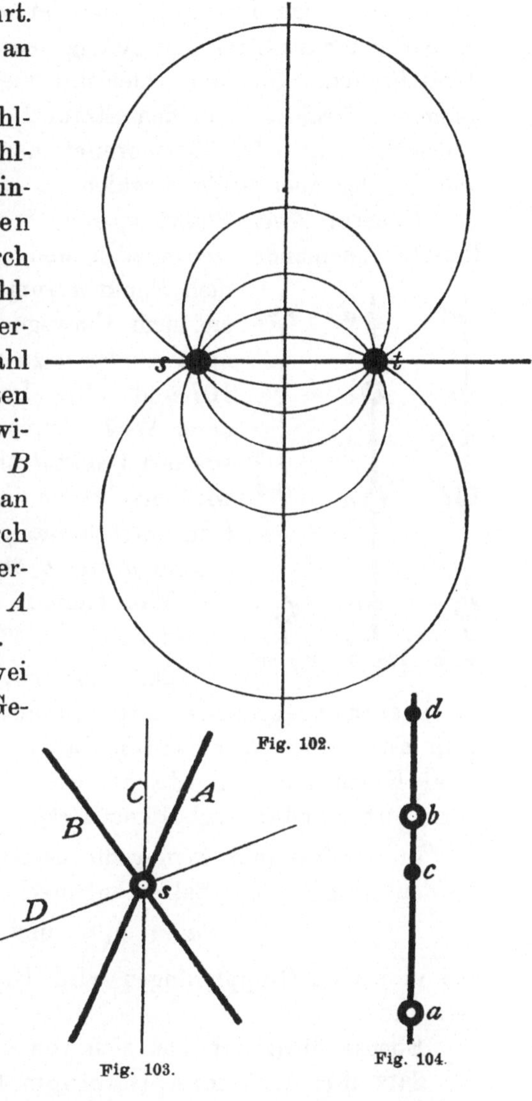

Fig. 102.

Fig. 103.

Fig. 104.

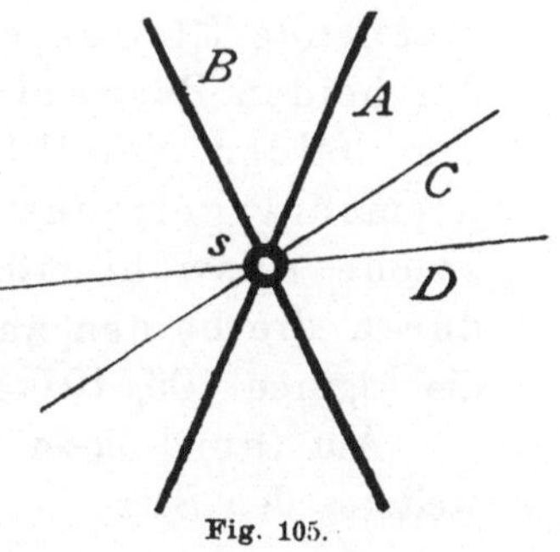

Fig. 105.

Dann wird man notwendig bei der umgekehrten Drehung des Strahles A, bis man zum Strahle B gelangt, sowohl den Strahl C wie den Strahl D überschreiten. Und auch hier gilt wieder Entsprechendes von dem Übergang des Strahles C in den Strahl D: Man kann ihn auf doppelte Weise vollziehen; entweder überschreitet man keinen von den beiden Strahlen A und B oder aber beide Strahlen.

Ebenso: Zwei Punktpaare a, b und c, d einer Geraden, deren vier Punkte voneinander verschieden sind, „trennen sich nicht", wenn man von dem Punkt a zum Punkt b auf endlichem Wege oder auf dem Umwege durchs Unendliche gelangen kann, ohne c oder d zu überschreiten (vgl. die Figuren 106, 107 und 108). Dann wird man jedesmal auf dem anderen Wege, der von a nach b führt, sowohl den Punkt c wie den Punkt d überschreiten müssen; und umgekehrt wird man von c nach d gelangen können, ohne a oder b zu überschreiten, und andererseits auch, indem man sowohl a wie b überschreitet.

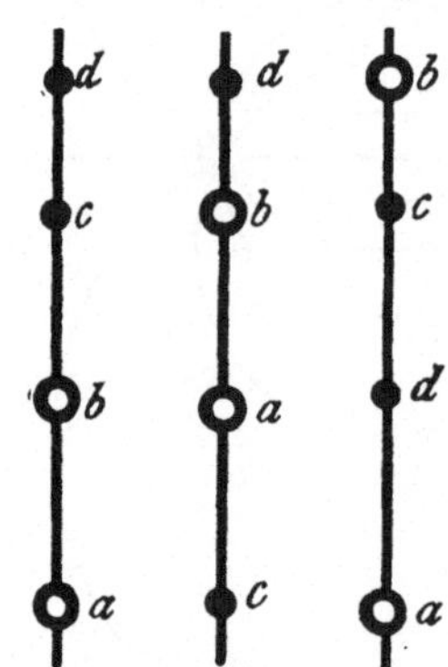

Fig. 106.   Fig. 107.   Fig. 108.

Man kann zu diesen Erklärungen noch den Satz hinzufügen:

Satz 156: Hat man in einem Grundgebilde zwei sich trennende Elementenpaare a, b und c, d, und wählt man aus jedem der beiden Paare ein Element aus, so erhält man zwei Elemente, die durch die beiden anderen Elemente nicht getrennt werden (vgl. Figur 104).

In der Tat gibt es nur die beiden folgenden Elementgruppierungen, die den Angaben des Satzes entsprechen:

$$a, c; \quad b, d \quad \text{und} \quad a, d; \quad b, c,$$

und in beiden Gruppierungen wird das eine Paar durch das andere nicht getrennt.

Ebenso überzeugt man sich von der Richtigkeit des Satzes:

Satz 157: Hat man in einem Grundgebilde zwei sich nicht trennende Elementenpaare a, b und c, d, so kann man aus jedem der beiden Paare ein Element in solcher Weise auswählen, daß die beiden gewählten Elemente durch die beiden anderen Elemente getrennt werden. Es ist aber zweitens auch eine solche Auswahl möglich, daß die beiden gewählten Elemente durch die beiden anderen Elemente nicht getrennt werden (vgl. die Figuren 106, 107 oder 108).

Auf Grund dieser neuen Begriffe folgert man aus dem Satze 153 ohne weiteres den Satz:

Satz 158: In einer elliptischen Involution trennen sich je zwei Paare entsprechender Elemente (vgl. Figur 101).

Es gilt aber auch die Umkehrung dieses Satzes, nämlich der Satz:

Satz 159: Trennen sich in einer Involution zwei Paare entsprechender Elemente, so ist die Involution elliptisch.

Es genügt, den Satz für eine Punktinvolution zu beweisen. Sind a, b und c, d die beiden Paare sich trennender Punkte, so schlage man über ab und cd nach derselben Seite hin die Halbkreise. Dieselben müssen sich, da die Punktpaare a, b und c, d nach der Voraussetzung sich trennen sollen, in einem Punkt s schneiden. Von diesem Punkt s aus aber erscheinen die beiden Punktpaare a, b und c, d unter rechten Winkeln. Nach Satz 152 ist somit die durch die Strahlpaare $[sa]$, $[sb]$; $[sc]$, $[sd]$ bestimmte Involution die Rechtwinkelinvolution. Andererseits folgt aus dem Satze 44, wenn man ihn auf zwei *involutorische* Punktreihen und ihre Scheine anwendet, mit Rücksicht auf den Begriff der Involution der Spezialsatz:

Der Schein einer Punktinvolution von einem außerhalb ihres Trägers liegenden Punkte aus genommen ist eine Strahlinvolution.

Insbesondere wird daher auch die oben betrachtete Punktinvolution vom Punkte s aus durch eine Strahlinvolution projiziert. Diese Strahlinvolution aber hat mit der Rechtwinkelinvolution vom Scheitel s die beiden Strahlpaare $[sa]$, $[sb]$; $[sc]$, $[sd]$ gemein und ist also mit ihr identisch. Folglich ist umgekehrt die gegebene Punktinvolution der Schnitt einer Rechtwinkelinvolution und daher nach Satz 154 eine *elliptische* Punktinvolution.

Die konjugiert komplexen Doppelpunkte der positiv zirkulären Abbildung einer Punktreihe, die Doppelpunktsinvolution dieser Abbildung. Wir wenden uns nunmehr zu der Frage nach den Doppelpunkten der positiv zirkulären Abbildung. Sieht man von dem Ausnahmefalle ab, wo der Drehwinkel $\mathfrak{w}$ der Abbildung ein ganzes Vielfaches von π ist, wo also die beiden zur Erzeugung der positiv zirkulären Abbildung benutzten Hülfsstrahlbüschel strahlweise zusammenfallen, und somit auch die beiden durch die Abbildung einander zugeordneten Punktreihen sich punktweise decken, so bleiben unter den positiv zirkulären Abbildungen nur solche Projektivitäten übrig, die sicher keine reellen Doppelpunkte haben. Aber es ist für die geometrische Deutung der bei der analytischen Behandlung des Problems der Doppelpunkte auftretenden konjugiert komplexen Hauptzahlen und Doppelpunkte von Interesse, den Kalkul für die Aufsuchung der Doppelpunkte (vgl. Seite 149 ff.) gerade auch auf den vorliegenden geometrisch evidenten Fall anzuwenden.

Die Hauptzahlen $\mathfrak{r}_t$ und die Doppelpunkte d_t einer Projektivität $\mathfrak{c}$ auf einer Geraden wurden definiert durch die Gleichungen

$$\text{(26)} \qquad d_t\mathfrak{c} = \mathfrak{r}_t d_t, \quad t = 1, 2,$$

die man auch in der Form schreiben kann:

$$\text{(27)} \qquad 0 = d_t(\mathfrak{r}_t - \mathfrak{c}), \quad t = 1, 2.$$

Setzt man hierin entsprechend der Entwickelung auf Seite 150

$$\text{(28)} \qquad d_t = \mathfrak{x}_t a + \mathfrak{y}_t b, \quad t = 1, 2,$$

so verwandelt sich die Gleichung (27) in

$$0 = \mathfrak{x}_t a(\mathfrak{r}_t - \mathfrak{c}) + \mathfrak{y}_t b(\mathfrak{r}_t - \mathfrak{c})$$

oder wegen (12) in die Doppelpunktsgleichung

$$\text{(29)} \qquad 0 = \mathfrak{x}_t(\mathfrak{r}_t a - a') + \mathfrak{y}_t(\mathfrak{r}_t b - b'),$$

aus der für $\mathfrak{r}_t$ die quadratische Gleichung folgt:

$$\text{(30)} \qquad [(\mathfrak{r}_t a - a')(\mathfrak{r}_t b - b')] = 0 \quad \text{oder}$$

$$\text{(31)} \qquad [ab]\mathfrak{r}_t^2 - \{[a'b] + [ab']\}\,\mathfrak{r}_t + [a'b'] = 0.$$

Diese Gleichung aber vereinfacht sich, da wegen (13)

$$\text{(32)} \qquad \begin{cases} [a'b] \ \ = \cos\mathfrak{w}[ab] \\ [ab'] \ \ = \cos\mathfrak{w}[ab] \\ [a'b'] = [ab] \end{cases}$$

ist, zu

$$\text{(33)} \qquad \mathfrak{r}_t^2 - 2\cos\mathfrak{w}\,\mathfrak{r}_t + 1 = 0$$

und liefert für $\mathfrak{r}_t$ die Werte

$$\mathfrak{r}_t = \cos\mathfrak{w} \pm \sqrt{\cos^2\mathfrak{w} - 1} \quad \text{oder}$$

$$\text{(34)} \qquad \mathfrak{r}_t = \cos\mathfrak{w} \pm i\sin\mathfrak{w} = e^{\pm i\mathfrak{w}}.$$

Die beiden Hauptzahlen sind also für die betrachtete spezielle Projektivität auf der Geraden, der wir den Namen der positiv zirkulären Abbildung beigelegt haben, zwei konjugiert komplexe Einheiten, deren Amplituden abgesehen vom Vorzeichen mit dem Drehwinkel der positiv zirkulären Abbildung übereinstimmen.

Um die zugehörigen Doppelpunkte zu ermitteln, hat man die gefundenen Werte von $\mathfrak{r}_t$ in die Doppelpunktsgleichung (29) einzutragen und erhält

$$0 = \mathfrak{x}_t\{(\cos\mathfrak{w} \pm i\sin\mathfrak{w})a - a'\} + \mathfrak{y}_t\{(\cos\mathfrak{w} \pm i\sin\mathfrak{w})b - b'\}$$

oder wegen (13)

$$0 = \mathfrak{x}_t\{(\cos\mathfrak{w} \pm i\sin\mathfrak{w})a - (\ \cos\mathfrak{w}\,a + \sin\mathfrak{w}\,b)\}$$
$$+ \mathfrak{y}_t\{(\cos\mathfrak{w} \pm i\sin\mathfrak{w})b - (-\sin\mathfrak{w}\,a + \cos\mathfrak{w}\,b)\}.$$

Hier heben sich die Glieder mit $\cos\mathfrak{w}$ fort, und die Gleichung vereinfacht sich zu

$$(35) \qquad 0 = \sin \mathfrak{w} \left\{ \pm\, i a - b) + \mathfrak{y}_t(\pm\, i b + a) \right\} \cdot$$

Schließt man daher den schon oben erwähnten Fall aus, wo $\mathfrak{w}$ ein ganzes Vielfaches von π ist, setzt also voraus, daß

$$(36) \qquad \mathfrak{w} \neq \mathfrak{n}\pi$$

sei, unter $\mathfrak{n}$ eine ganze Zahl verstanden, die Null mit eingeschlossen, so wird

$$(37) \qquad \sin \mathfrak{w} \neq 0,$$

und die Gleichung (35) reduziert sich auf

$$(38) \qquad 0 = \mathfrak{x}_t(\pm\, i a - b) + \mathfrak{y}_t(\pm\, i b + a),$$

wofür man auch schreiben kann, wenn man aus der ersten Klammer $\pm\, i$ herauszieht,

$$0 = \pm\, i\mathfrak{x}_t(a \pm i b) + \mathfrak{y}_t(a \pm i b)$$

oder

$$(39) \qquad 0 = (\pm\, i\mathfrak{x}_t + \mathfrak{y}_t)(a \pm i b).$$

Da aber die Punkte a und b reell und von Null verschieden sind, so ist auch

$$a \pm i b \neq 0.$$

Die Gleichung (39) kann daher nicht anders befriedigt werden, als wenn

$$(40) \qquad \pm\, i\mathfrak{x}_t + \mathfrak{y}_t = 0$$

ist, und man erhält also zwischen den Ableitzahlen $\mathfrak{x}_t$ und $\mathfrak{y}_t$ der Doppelpunkte d_t die Beziehung

$$(41) \qquad \mathfrak{y}_t = \mp\, i\mathfrak{x}_t,$$

während eine von diesen beiden Ableitzahlen, zum Beispiel $\mathfrak{x}_t$, ganz willkürlich angenommen werden kann.

Wählen wir *zuerst* diese Größe reell, etwa $= 1$, und bezeichnen sie für diesen Fall durch das Symbol $\overline{\mathfrak{x}}_t$, die entsprechenden Werte von $\mathfrak{y}_t$ und d_t mit $\overline{\mathfrak{y}}_t$ und $\overline{d}_t$, so erhalten wir das System von Gleichungen:

$$(42) \qquad \overline{\mathfrak{x}}_t = 1, \qquad\qquad (43) \qquad \overline{\mathfrak{y}}_t = \mp\, i,$$

also nach (28)

$$(44) \qquad \overline{d}_t = a \mp i b.$$

Es ergeben sich also bei der getroffenen Wahl der Größe $\mathfrak{x}_t$ für die Doppelpunkte $\overline{d}_1$ und $\overline{d}_2$ die konjugiert komplexen Werte

$$(45) \qquad \overline{d}_1 = a - i b \quad \text{und} \quad \overline{d}_2 = a + i b,$$

denen der obigen Entwickelung zufolge als Hauptzahlen beziehlich die Größen

$$(46) \quad \mathfrak{r}_1 = \cos \mathfrak{w} + i \sin \mathfrak{w} = e^{i\mathfrak{w}} \quad \text{und} \quad \mathfrak{r}_2 = \cos \mathfrak{w} - i \sin \mathfrak{w} = e^{-i\mathfrak{w}}$$

zugeordnet sind.

Man erhält daher für die positiv zirkuläre Abbildung

$$\mathfrak{c}_{(a,\,b,\,\mathfrak{w})} = e^{\mathfrak{c}\,\mathfrak{w}}, \quad \mathfrak{c} = \frac{b,\ -a}{a,\ \ b}$$

(vgl. Gleichung (19)) die Bruchdarstellung

$$(47) \qquad \mathfrak{c}_{(a,\,b,\,\mathfrak{w})} = e^{\mathfrak{c}\,\mathfrak{w}} = \frac{(\cos\mathfrak{w} + i\sin\mathfrak{w})(a - ib),\ (\cos\mathfrak{w} - i\sin\mathfrak{w})(a + ib)}{a - ib,\qquad\qquad a + ib}$$

$$= \frac{e^{i\mathfrak{w}}(a - ib),\ e^{-i\mathfrak{w}}(a + ib)}{a - ib,\qquad a + ib}.$$

Hieraus folgt: Die „Komponenten" a und b der beiden konjugiert komplexen Doppelpunkte sind von der Größe $\mathfrak{w}$ des Drehwinkels der positiv zirkulären Abbildung $e^{\mathfrak{c}\,\mathfrak{w}}$ vollständig unabhängig, und man hat nicht nur die Doppelelemente dieser einen speziellen positiv zirkulären Abbildung $e^{\mathfrak{c}\,\mathfrak{w}}$ gefunden, sondern zugleich die Doppelelemente *aller* positiv zirkulären Abbildungen, die aus der Abbildung $e^{\mathfrak{c}\,\mathfrak{w}}$ durch Veränderung des Drehwinkels $\mathfrak{w}$ hervorgehen. Alle diese Abbildungen bilden nach der Formel (56) des 15. Abschnitts, die man mit Rücksicht auf (47) auch in der Form schreiben kann:

$$(48) \qquad\qquad \mathfrak{c}_{(a,\,b,\,\mathfrak{w}_1)}\,\mathfrak{c}_{(a,\,b,\,\mathfrak{w}_2)} = \mathfrak{c}_{(a,\,b,\,\mathfrak{w}_1 + \mathfrak{w}_2)}$$

zusammen eine „kontinuierliche eingliedrige Gruppe von Abbildungen"[1]).

Übrigens überzeugt man sich leicht, daß auf dem Träger der positiv zirkulären Abbildung neben den Punkten a und b, die in der Gleichung (47) als Komponenten der konjugiert komplexen Doppelpunkte erscheinen, noch unendlich viele gleichwertige Punktpaare vorhanden sind, die ein brauchbares Komponentenpaar für die konjugiert komplexen Doppelpunkte abgeben. Um dies zu zeigen, lege man

zweitens den willkürlich gebliebenen Zahlgrößen $\mathfrak{x}_t$ $(t = 1, 2)$ komplexe Zahlwerte bei und berücksichtige, daß diese Zahlwerte dabei jedenfalls konjugiert komplex sein müssen, weil sonst die Ausdrücke für die Doppelpunkte selbst nicht konjugiert komplex ausfallen könnten, was doch nach Satz 101 erforderlich ist. Man setze also etwa die Größen $\mathfrak{x}_1$ und $\mathfrak{x}_2$ zwei konjugiert komplexen Einheiten gleich, das heißt

$$(49) \qquad\qquad \mathfrak{x}_1 = \cos\mathfrak{k} + i\sin\mathfrak{k} \quad \text{und} \quad \mathfrak{x}_2 = \cos\mathfrak{k} - i\sin\mathfrak{k},$$

---

1) „Eingliedrig" heißt eine Gruppe von Abbildungen, wenn dieselben auseinander durch Veränderung einer einzigen Zahlgröße hervorgehen; diese Zahlgröße heißt der „Parameter der Gruppe". Eine eingliedrige Gruppe von Abbildungen heißt „kontinuierlich", wenn man durch stetige Änderung des Parameters von einer jeden Abbildung der Gruppe zu einer jeden anderen gelangen kann, und überdies einer unendlich kleinen Änderung des Parameters stets auch nur eine unendlich kleine Änderung der Abbildung selbst entspricht.

wo $\mathfrak{k}$ eine beliebige reelle Zahl bedeutet. Nun war nach (41) $\mathfrak{y}_t$ von $\mathfrak{x}_t$ nur um den Faktor $\mp i$ verschieden. Bei der Ersetzung der Größe $\overline{\mathfrak{x}_t} = 1$ durch die Größen $\mathfrak{x}_t = \cos \mathfrak{k} \pm i \sin \mathfrak{k}$ multipliziert sich daher auch der Wert von $\overline{\mathfrak{y}_t}$ mit dem Faktor $\cos \mathfrak{k} \pm i \sin \mathfrak{k}$, und dasselbe gilt dann auch von den dem Werte $\overline{\mathfrak{x}_t} = 1$ zugehörigen Werten

$$\overline{d_t} = \overline{\mathfrak{x}_t} a + \overline{\mathfrak{y}_t} b$$

der Doppelelemente, das heißt, es wird

$$d_1 = (\cos \mathfrak{k} + i \sin \mathfrak{k})\overline{d_1} \qquad \text{und} \qquad d_2 = (\cos \mathfrak{k} - i \sin \mathfrak{k})\overline{d_2}$$

oder mit Rücksicht auf (45)

(50) $\quad d_1 = (\cos \mathfrak{k} + i \sin \mathfrak{k})(a - ib) \quad$ und $\quad d_2 = (\cos \mathfrak{k} - i \sin \mathfrak{k})(a + ib)$

oder endlich

(51) $\quad \begin{cases} d_1 = (\cos \mathfrak{k}\, a + \sin \mathfrak{k}\, b) - i(-\sin \mathfrak{k}\, a + \cos \mathfrak{k}\, b) \\ d_2 = (\cos \mathfrak{k}\, a + \sin \mathfrak{k}\, b) + i(-\sin \mathfrak{k}\, a + \cos \mathfrak{k}\, b). \end{cases}$

Man erhält also wirklich für die Doppelemente d_t wieder ein konjugiert komplexes Punktpaar, und setzt man etwa zur Abkürzung

(52) $\quad \begin{cases} d_1 = p - iq \quad \text{und} \\ d_2 = p + iq, \end{cases}$

so ergeben sich für seine Komponenten p und q die Werte

(53) $\quad \begin{cases} p = \quad\cos \mathfrak{k}\, a + \sin \mathfrak{k}\, b \\ q = -\sin \mathfrak{k}\, a + \cos \mathfrak{k}\, b, \end{cases}$

für die man mit Rücksicht auf (13) und (18) auch schreiben kann:

(54) $\quad \begin{cases} p = a e^{\mathfrak{e}\mathfrak{k}} \\ q = b e^{\mathfrak{e}\mathfrak{k}}, \end{cases} \qquad \mathfrak{e} = \dfrac{b,\; -a}{a,\; b}.$

Diesen Gleichungen zufolge gehen die neuen Komponenten p, q der konjugiert komplexen Doppelpunkte aus dem zuerst gefundenen Komponentenpaare a, b durch eine zur Gruppe $e^{\mathfrak{e}\mathfrak{w}}$ gehörige positiv zirkuläre Abbildung $e^{\mathfrak{e}\mathfrak{k}}$ hervor. Und da die Punkte a und b ein Paar der Involution $e^{\mathfrak{e}\frac{\pi}{2}} = \mathfrak{e}$ bilden, woraus folgt, daß die von einem Drehpunkte s der positiv zirkulären Abbildungen $\mathfrak{e}$ und $\mathfrak{e}$ ausgehenden Strahlen $[sa]$ und $[sb]$ aufeinander senkrecht stehen, da ferner die Strahlen $[sp]$ und $[sq]$ aus $[sa]$ und $[sb]$ durch eine Drehung um den Winkel $\mathfrak{k}$ hervorgehen, so stehen auch die Strahlen $[sp]$ und $[sq]$ aufeinander senkrecht, und die Punkte p und q bilden daher nach Satz 153 ebenfalls ein Paar der Involution $\mathfrak{e}$. Wegen der Willkürlichkeit des Winkels $\mathfrak{k}$ kann man aber endlich auch umgekehrt *die Punkte eines jeden Paares* dieser Involution als Komponenten der konjugiert komplexen Doppelpunkte der Abbildung $e^{\mathfrak{e}\mathfrak{w}}$ verwenden.

Da ferner dieses Ergebnis wieder von der Größe des Drehwinkels $\mathfrak{w}$ vollkommen unabhängig ist, die Doppelpunkte (52) also allen Abbildungen der kontinuierlichen eingliedrigen Gruppe $e^{\mathfrak{e}\mathfrak{w}}$ zugehören, so hat man den Satz:

Satz 160: Eine jede Abbildung, die in der kontinuierlichen eingliedrigen Gruppe der positiv zirkulären Abbildungen

$$e^{\mathfrak{e}\mathfrak{w}} = e^{\frac{b,\,-a}{a,\,\ b}\,\mathfrak{w}}$$

enthalten ist, und deren Drehwinkel $\mathfrak{w}$ nicht gerade ein ganzes Vielfaches von π ist, besitzt zwei konjugiert komplexe Doppelelemente, deren Komponenten aber ihrer Lage nach nur in so weit bestimmt sind, als sie ein Punktpaar derjenigen Involution

$$\mathfrak{e} = \frac{b,\,-a}{a,\,\ b}$$

bilden müssen, die selbst der Gruppe angehört.

Da nach dem Satze 160 ein beliebiges Paar p, q der Involution $\mathfrak{e}$, welche in der Gruppe $e^{\mathfrak{e}\mathfrak{w}}$ enthalten ist, mit den beiden zur Definition der Gruppe benutzten Punkten a, b ganz gleichberechtigt erscheint, so drängt sich die Frage auf, ob jene Punkte auch zur analytischen Darstellung der Abbildungen $e^{\mathfrak{e}\mathfrak{w}}$ benutzt werden können.

Um diese Frage zu erledigen, stelle man für den Augenblick die elliptische Involution $\mathfrak{e}$ etwas ausführlicher durch das Symbol $\mathfrak{e}_{(a,\,b)}$ dar, setze also

$$(55) \qquad \mathfrak{e}_{(a,\,b)} = \frac{b,\,-a}{a,\,\ b}.$$

Dann entnimmt man aus den Gleichungen (53), daß

$$(56) \qquad \begin{cases} p\,\mathfrak{e}_{(a\,b)} = \ \ \ q \\ q\,\mathfrak{e}_{(a,\,b)} = -\,p \end{cases}$$

ist. Folglich erhält man für diejenige elliptische Involution $\mathfrak{e}_{(p,\,q)}$, die aus den Argumenten p und q auf dieselbe Weise abgeleitet ist, wie die Involution $\mathfrak{e}_{(a,\,b)}$ aus den Argumenten a und b, das heißt für die Involution

$$(57) \qquad \mathfrak{e}_{(p,\,q)} = \frac{q,\,-p}{p,\,\ q},$$

die Darstellung

$$(58) \qquad \mathfrak{e}_{(p,\,q)} = \frac{q,\,-p}{p,\,\ q} = \frac{p\,\mathfrak{e}_{(a,\,b)},\ q\,\mathfrak{e}_{(a,\,b)}}{p,\,\qquad q} = \mathfrak{e}(a,\,b).$$

Die beiden Involutionen $\mathfrak{e}_{(p,\,q)}$ und $\mathfrak{e}_{(a,\,b)}$ sind also überhaupt miteinander identisch, und es wird somit auch

$$(59) \qquad e^{\mathfrak{e}(p,\,q)\,\mathfrak{w}} = e^{\mathfrak{e}(a,\,b)\,\mathfrak{w}};$$

und man sieht daher, daß das zur analytischen Darstellung der positiv zirkulären Abbildung $e^{\mathfrak{e}(a,b)w}$ benutzte Punktpaar a, b auch durch ein beliebiges anderes Paar p, q derjenigen Involution ersetzt werden kann, die in der Gruppe der positiv zirkulären Abbildungen $e^{\mathfrak{e}(a,b)w}$ enthalten ist. Dabei müssen aber die Massen der Punkte p, q dieses Paares entsprechend den Gleichungen (53) bestimmt werden.

Damit erledigt sich denn zugleich auch die Frage, ob die Punkte a, b in der Punktreihe, deren projektive Beziehung durch die Gruppe $e^{\mathfrak{e}w}$ von positiv zirkulären Abbildungen vermittelt wird, eine besondere Lage einnehmen oder nicht. Bei der ursprünglichen Einführung der positiv zirkulären Abbildung $e^{\mathfrak{e}w}$ wurden die Punkte a und b als zwei ganz beliebige Punkte des Trägers der Abbildung bezeichnet. Andererseits sind aber die durch das Symbol $e^{\mathfrak{e}w}$ dargestellten positiv zirkulären Abbildungen nicht auch zugleich ganz beliebige positiv zirkuläre Abbildungen ihres Trägers, sondern eben solche Abbildungen, in denen die ursprünglich ganz beliebig gewählten Punkte a, b eine ausgezeichnete Stellung einnehmen. Denn die Punkte a und b müssen nach dem obigen ein Paar der Involution bilden, die in der Gruppe $e^{\mathfrak{e}w}$ enthalten ist, und ihre Massen müssen überdies, wie die Entwickelung auf Seite 212 ff. zeigt, so gewählt werden, daß auch die Punkte $b + a$ und $b - a$ dieser Involution als Paar angehören.

Wegen der engen Beziehung, in der die Komponenten p, q der konjugiert komplexen Doppelpunkte aller Projektivitäten der Gruppe $e^{\mathfrak{e}w}$ zu der in ihr enthaltenen elliptischen Involution $\mathfrak{e}$ stehen, betrachtet man diese Involution $\mathfrak{e}$ geradezu als das greifbare Abbild der konjugiert komplexen Doppelpunkte jener Projektivitäten und nennt sie die „Doppelpunktsinvolution" der positiv zirkulären Abbildungen $e^{\mathfrak{e}w}$.

Die positiv zirkuläre Abbildung eines Strahlbüschels. Es ist klar, daß die oben betrachtete Drehung eines Strahlbüschels

$$\mathfrak{D}_{(A, B, w)} = e^{\mathfrak{R}w}, \qquad \mathfrak{R} = \frac{B, \; -A}{A, \quad B},$$

von der wir zu der positiv zirkulären Abbildung einer Punktreihe gelangt sind, noch nicht das allgemeinste dualistische Gegenstück dieser positiv zirkulären Abbildung ist. Denn während in dem Ausdrucke

$$(60) \qquad \mathfrak{e}_{(a, b, w)} = e^{\mathfrak{e}w} = \frac{\cos w \, a + \sin w \, b, \quad -\sin w \, a + \cos w \, b}{a, \qquad b}, \quad \mathfrak{e} = \frac{b, \; -a}{a, \quad b},$$

durch den die positiv zirkuläre Abbildung einer Punktreihe dargestellt wurde, die Nenner a und b zwei ganz beliebige nicht zusammenfallende Punkte sein dürfen, mußten in dem Ausdrucke

$$(61) \qquad \mathfrak{D}_{(A, B, w)} = e^{\mathfrak{R}w} = \frac{\cos w \, A + \sin w \, B, \quad -\sin w \, A + \cos w \, B}{A, \qquad B}, \quad \mathfrak{R} = \frac{B, \; -A}{A, \quad B},$$

für die Drehung eines Strahlbüschels die Nenner A und B zwei zu einander senkrechte und gleich lange Stäbe sein.

Aber man braucht nur diese beiden Beschränkungen in der Wahl der Nenner aufzuheben und unter A und B zwei ganz beliebige Stäbe zu verstehen, die nicht einer und derselben Geraden angehören, die sich also nicht nur um einen Zahlfaktor unterscheiden, um das genaue dualistische Gegenstück zu der positiv zirkulären Abbildung einer Punktreihe zu erhalten. Wir bezeichnen die so entstehende Abbildung durch das Symbol $\mathfrak{C}_{(A,\,B,\,\mathfrak{w})}$, setzen also

$$(62) \quad \mathfrak{C}_{(A,\,B,\,\mathfrak{w})} = e^{\mathfrak{C}\mathfrak{w}} = \frac{\cos \mathfrak{w}\, A + \sin \mathfrak{w}\, B,\ -\sin \mathfrak{w}\, A + \cos \mathfrak{w}\, B}{A, \qquad\qquad B}, \quad \mathfrak{C} = \frac{B,\ -A}{A,\ \ B},$$

vorausgesetzt, daß unter A und B zwei beliebige, aber nicht nur um einen Zahlfaktor verschiedene Stäbe verstanden werden, und nennen die Abbildung $\mathfrak{C}_{(A,\,B,\,\mathfrak{w})}$ eine „positiv zirkuläre Abbildung eines Strahlbüschels“. Eine solche Abbildung hat die Eigenschaft, daß die beiden durch sie aufeinander bezogenen konzentrischen Strahlbüschel von jeder Geraden in zwei positiv zirkulär verwandten Punktreihen geschnitten werden. Führt man nämlich für die beiden Zähler des Bruches in (62) wieder die Bezeichnungen A' und B' ein, setzt also

$$(63) \quad \begin{cases} A' = \ \ \ \cos \mathfrak{w}\, A + \sin \mathfrak{w}\, B \\ B' = -\sin \mathfrak{w}\, A + \cos \mathfrak{w}\, B, \end{cases}$$

so lassen sich die beiden durch die Abbildung (62) aufeinander bezogenen Strahlbüschel durch die Vielfachensummen

$$(64) \quad \begin{cases} X \ = \mathfrak{x} A \ + \mathfrak{y} B \quad \text{und} \\ X' = \mathfrak{x} A' + \mathfrak{y} B' \end{cases}$$

ausdrücken. Versteht man ferner unter G einen beliebigen Stab in der die beiden Strahlbüschel schneidenden Geraden, so erhält man für die von dieser Geraden aus den beiden Strahlbüscheln ausgeschnittenen Punktreihen die Darstellung

$$(65) \quad \begin{cases} x \ = [GX] \ = \mathfrak{x}[GA] \ + \mathfrak{y}[GB] \\ x' = [GX'] = \mathfrak{x}[GA'] + \mathfrak{y}[GB']. \end{cases}$$

Setzt man daher endlich noch

$$(66) \quad \begin{cases} [GA] = a, \ \ [GA'] = a' \\ [GB] = b, \ \ [GB'] = b', \end{cases}$$

so nehmen die Ausdrücke (65) für die beiden ausgeschnittenen projektiven Punktreihen x und x' die Gestalt an:

$$(67) \quad \begin{cases} x \ = \mathfrak{x} a \ + \mathfrak{y} b \\ x' = \mathfrak{x} a' + \mathfrak{y} b'. \end{cases}$$

Die beiden Punktreihen x und x' werden also durch den Bruch

$$(68) \qquad \mathfrak{k}_{(a,\,b,\,\mathfrak{w})} = \frac{a',\ b'}{a,\ b}$$

aufeinander bezogen, in welchem wegen (66) und (63)

$$(69) \qquad \begin{cases} a' = \cos\mathfrak{w}\,a + \sin\mathfrak{w}\,b \\ b' = -\sin\mathfrak{w}\,a + \cos\mathfrak{w}\,b \end{cases}$$

ist. Diese Gleichungen (69) aber bilden nach Seite 211 gerade die Bedingung dafür, daß die beiden Punktreihen x und x' miteinander positiv zirkulär verwandt sind.

Andererseits sieht man, daß man stets zwei positiv zirkulär verwandte Strahlbüschel erhält, wenn man zwei positiv zirkulär verwandte Punktreihen von einem beliebigen Scheitel aus projiziert; und die so erzeugte positiv zirkuläre Abbildung eines Strahlbüschels geht nur dann in eine bloße Drehung eines Strahlbüschels über, wenn das Projektionszentrum mit einem der beiden Punkte s und t zusammenfällt, die oben als die Drehpunkte der positiv zirkulären Verwandtschaft beider Punktreihen bezeichnet wurden. Dabei ist wenigstens für die letzte Behauptung noch die Einschränkung zu machen, daß der Träger der beiden Punktreihen nicht ganz im Unendlichen liegen darf.

Das Nachmultiplizieren eines Stabes mit der Feldeinheit. Die Drehung der Strecken. Eine ausgezeichnete Stellung unter den positiv zirkulären Abbildungen einer Geraden nimmt die Abbildung ein, die durch den Schnitt der Drehung eines Strahlbüschels mit der unendlich fernen Geraden erzeugt wird.

Um zu der analytischen Darstellung dieser Abbildung zu gelangen, entwickeln wir zunächst ein allgemeines Verfahren, vermöge dessen man zu jedem Stabe „seine" Strecke, das heißt diejenige Strecke, ableiten kann, die mit dem Stabe nach Länge, Richtung und Sinn übereinstimmt.

Es sei also A ein Stab, dessen Gerade durch den einfachen Punkt s geht, und g seine Strecke; dann erhält man nach Satz 9 aus der Strecke g den Stab A, indem man die Strecke g mit dem Punkt s vormultipliziert, also mittelst der Formel

$$(70) \qquad A = [sg].$$

Es soll nun gezeigt werden, daß man umgekehrt aus dem Stabe A seine Strecke g ableiten kann, indem man ihn mit der Feldeinheit J nachmultipliziert (vgl. Seite 27). In der Tat wird nach (70)

$$[AJ] = [sg \cdot J]$$

oder nach der Formel (18) des dritten und der Formel (8) des zweiten

Abschnitts
$$[AJ] = [J \cdot gs].$$

Da aber die Stufensumme von J und s gleich 3 und die Strecke g mit der Feldeinheit J inzident ist, so läßt sich diese Gleichung nach Formel (9) des 4. Abschnitts auch schreiben:

$$[AJ] = [Js]\,g$$

oder nach (48) des 2. Abschnitts in der Form

$$[AJ] = [sJ]\,g$$

oder endlich, da nach Formel (5) des 3. Abschnitts

$$[sJ] = 1$$

ist, in der Form

(71)
$$[AJ] = g.$$

Damit ist aber wirklich der Satz bewiesen:

Satz 161: Aus einem Stab erhält man seine Strecke, indem man ihn mit der Feldeinheit J nachmultipliziert.

Bezeichnet man jetzt in dem Ausdrucke für die Drehung des Strahlbüschels (vgl. Gleichung (61)):

(72)
$$\mathfrak{D}_{(A,\,B,\,\mathfrak{w})} = \frac{\cos\mathfrak{w}\,A + \sin\mathfrak{w}\,B,\; -\sin\mathfrak{w}\,A + \cos\mathfrak{w}\,B}{A,\qquad\qquad B} = e^{\mathfrak{K}\mathfrak{w}}, \quad \mathfrak{K} = \frac{B,\;-A}{A,\;\;B},$$

die Strecken der beiden Stäbe A und B mit g und h, so daß also g und h zwei zueinander senkrechte Strecken von gleicher Länge sind, so wird

(73)
$$[AJ] = g \quad \text{und} \quad [BJ] = h.$$

Durch planimetrische Erweiterung mit J entsteht also aus dem Bruche in (72) der Bruch

(74)
$$\mathfrak{d}_{(g,\,h,\,\mathfrak{w})} = \frac{\cos\mathfrak{w}\,g + \sin\mathfrak{w}\,h,\; \sin\mathfrak{w}\,g + \cos\mathfrak{w}\,h}{g,\qquad\qquad h} = e^{\mathfrak{c}\mathfrak{w}}, \quad \mathfrak{c} = \frac{h,\;-g}{g,\;\;h}.$$

Derselbe stellt aber nach Satz 79 den Schnitt der Drehung $\mathfrak{D}_{(A,\,B,\,\mathfrak{w})}$ mit der unendlich fernen Geraden J oder, was auf dasselbe hinauskommt, diejenige Abbildung dar, die aus der Drehung (72) des Strahlbüschels hervorgeht, wenn man die bei ihr in Betracht kommenden Stäbe durch deren Strecken ersetzt. Der Ausdruck $\mathfrak{d}_{(g,\,h,\,\mathfrak{w})}$ bewirkt also eine Drehung aller Strecken der Ebene um den Winkel $\mathfrak{w}$. Ferner folgt noch, daß die zur Drehung $\mathfrak{d}_{(g,\,h,\,\mathfrak{w})}$ gehörende Involution, das heißt die Drehung aller Strecken der Ebene um den Winkel $\frac{\pi}{2}$, den Wert besitzt:

(75)
$$\mathfrak{d}\left(g,\,h,\,\frac{\pi}{2}\right) = \frac{h,\;-g}{g,\;\;h} = \mathfrak{c},$$

was auch geometrisch sofort einleuchtet.

Die Drehung $\mathfrak{d}_{(g,\,h,\,\mathfrak{w})}$ der Strecken der Ebene besitzt nun aber vor allen übrigen positiv zirkulären Abbildungen einer Punktreihe den Vorzug, daß sie von jedem Punkte s der Ebene aus projiziert die Drehung $\mathfrak{D}_{(A,\,B,\,\mathfrak{w})}$ eines Strahlbüschels um einen gleich großen Winkel $\mathfrak{w}$ ergibt, während dies bei einer beliebigen positiv zirkulären Abbildung einer Punktreihe nur für die Projektion von den beiden Drehpunkten aus zutrifft. In der Tat, ist s ein ganz beliebiger Punkt, so stellt der durch planimetrische Erweiterung mit s aus (74) hervorgehende Bruch

$$(76) \qquad \mathfrak{D}_{([sg],\,[sh],\,\mathfrak{w})} = \frac{\cos \mathfrak{w}[sg] + \sin \mathfrak{w}[sh],\ -\sin \mathfrak{w}[sg] + \cos \mathfrak{w}[sh]}{[sg],\qquad\qquad\qquad [sh]}$$

die Drehung des Strahlbüschels mit dem Scheitel s um den Winkel $\mathfrak{w}$ dar; denn die Stäbe $[sg]$ und $[sh]$ stehen aufeinander senkrecht und sind gleich lang.

Eine beliebige Projektivität mit konjugiert komplexen Doppelelementen und ihre Beziehung zur positiv zirkulären Abbildung. Unsere Betrachtungen über Projektivitäten mit konjugiert komplexen Doppelelementen weisen nun aber noch eine Lücke auf. Sie beschränkten sich nämlich durchaus auf die positiv zirkulären Abbildungen einer Punktreihe und eines Strahlbüschels. Es bleibt aber noch die Frage offen, ob es neben den positiv zirkulären Abbildungen nicht vielleicht noch andere Projektivitäten mit konjugiert komplexen Doppelelementen gibt. Wir kehren daher nunmehr zu der auf Seite 208 begonnenen Hauptuntersuchung über Projektivitäten in der Geraden mit konjugiert komplexen Doppelpunkten zurück.

Es seien also wieder die Hauptzahlen $\mathfrak{r}_1$ und $\mathfrak{r}_2$ einer Projektivität $\mathfrak{p}$ in der Geraden konjugiert komplex oder entgegengesetzt rein imaginär. Es sei etwa

$$(77) \qquad \mathfrak{r}_1 = \mathfrak{a} + i\mathfrak{b} \quad \text{und} \quad \mathfrak{r}_2 = \mathfrak{a} - i\mathfrak{b},$$

wo $\mathfrak{a}$ und $\mathfrak{b}$ reell sind, und

$$(78) \qquad \mathfrak{b} \neq 0$$

ist, und es seien die zugehörigen Doppelpunkte, die in diesem Falle nach Satz 101 stets konjugiert komplex sind, nach dem Vorbilde von Seite 152 ff. bestimmt. Es möge sich ergeben

$$(79) \qquad d_1 = a - ib \quad \text{und} \quad d_2 = a + ib^1);$$

dann wird

$$(80) \qquad \mathfrak{p} = \frac{(\mathfrak{a} + i\mathfrak{b})(a - ib),\ (\mathfrak{a} - i\mathfrak{b})(a + ib)}{a - ib,\qquad\qquad a + ib}.$$

Dieser Bruch aber unterscheidet sich von dem Bruche (47) für die positiv zirkuläre Abbildung

$$\mathfrak{k}_{(a,\,b,\,\mathfrak{w})} = e^{\mathfrak{k}\mathfrak{w}}, \quad \mathfrak{k} = \frac{b,\ -a}{a,\ \ b}$$

---

1) Hinsichtlich der Bezeichnung vergleiche man die Fußnote auf Seite 153.

nur um einen reellen Zahlfaktor. In der Tat, setzt man

$$(81) \qquad \begin{cases} \mathfrak{a} = \mathfrak{v}\cos\mathfrak{w} \\ \mathfrak{b} = \mathfrak{v}\sin\mathfrak{w}, \end{cases}$$

wo $\mathfrak{v}$ positiv ist, so verwandelt sich der Ausdruck (80) in

$$(82) \qquad \mathfrak{p} = \mathfrak{v}\,\frac{(\cos\mathfrak{w} + i\sin\mathfrak{w})(a - ib),\ (\cos\mathfrak{w} - i\sin\mathfrak{w})(a + ib)}{a - ib,\qquad\qquad a + ib},$$

das heißt, es wird wegen (47) und (19)

$$(83) \qquad \mathfrak{p} = \mathfrak{v}\,\mathfrak{e}_{(a,\,b,\,\mathfrak{w})} = \mathfrak{v}e^{\mathfrak{e}\mathfrak{w}} = \mathfrak{v}(\cos\mathfrak{w} + \mathfrak{e}\sin\mathfrak{w}),\ \mathfrak{e} = \frac{b,\ -a}{a,\ \ \ b}.$$

Behufs Formulierung dieses Ergebnisses bemerke man noch, daß, falls man den trivialen Fall der Deckung ausschließt, von dem oben benutzten Satze 101 auch die Umkehrung gilt, nämlich der Satz:

Satz 162: Jede von der Deckung verschiedene Projektivität in der Geraden mit konjugiert komplexen Doppelpunkten besitzt auch zwei konjugiert komplexe oder entgegengesetzt rein imaginäre Hauptzahlen.

Die Richtigkeit dieses Satzes leuchtet sofort ein, wenn man den Satz 100 mit der Entwicklung von Seite 196 f. zusammenhält.

Nunmehr kann man den Inhalt der Gleichung (83) in dem Satze darstellen:

Satz 163: Besitzt eine Projektivität in der Geraden zwei konjugiert komplexe Doppelpunkte, so kann sie sich von einer positiv zirkulären Abbildung einer Punktreihe nur um einen konstanten reellen Zahlfaktor unterscheiden und ist also rein geometrisch betrachtet mit einer solchen Abbildung identisch[1]).

Aus dieser geometrischen Deutung der Projektivität in der Geraden im Falle konjugiert komplexer Doppelpunkte folgt insbesondere für den Durchlaufungssinn der durch sie auf einander bezogenen Punktreihen der Satz:

Satz 164: Die beiden Punktreihen einer Projektivität mit konjugiert komplexen Doppelpunkten werden stets in demselben Sinne durchlaufen.

Damit ist auch für den Fall konjugiert komplexer Doppelpunkte eine Bestätigung des allgemeinen in Satz 96 gegebenen Kriteriums für den Durchlaufungssinn zweier projektiven Punktreihen derselben Geraden gefunden. Denn da in diesem Falle auch die Hauptzahlen $\mathfrak{r}_1$ und $\mathfrak{r}_2$ konjugiert komplex oder doch wenigstens entgegengesetzt rein imaginär sind,

---

1) Der Ausnahmefall der Deckung, mit dem der Satz 162 belastet war, spielt hier keine Rolle, da unter den positiv zirkulären Abbildungen ja auch die Deckung mit enthalten ist.

nämlich die Werte (77) besitzen, in denen $\mathfrak{a}$ auch gleich Null sein kann, während nach (78)

$$\mathfrak{b} \neq 0$$

ist, so wird das Produkt $\mathfrak{r}_1 \mathfrak{r}_2$, welches nach Satz 140 dem Potenzwert der Projektivität gleich ist, sicher positiv. Es wird nämlich

$$(84) \qquad \mathfrak{r}_1 \mathfrak{r}_2 = (\mathfrak{a} + i\mathfrak{b})(\mathfrak{a} - i\mathfrak{b}) = \mathfrak{a}^2 + \mathfrak{b}^2;$$

diese Summe aber ist positiv, da nach der Voraussetzung $\mathfrak{a}$ und $\mathfrak{b}$ reell sind und $\mathfrak{b}$ der Ungleichung (78) genügt. Und bei positivem Potenzwert werden nach Satz 96 die beiden Punktreihen in demselben Sinne durchlaufen.

Nebenbei hat sich bei dieser Begründung der Satz ergeben:

Satz 165: Eine jede Projektivität mit konjugiert komplexen Doppelpunkten besitzt einen positiven Potenzwert; derselbe wird $= 1$ für die positiv zirkuläre Abbildung, und nur für diese.

Für die letztere ist nämlich

$$\mathfrak{a} = \cos \mathfrak{w} \quad \text{und} \quad \mathfrak{b} = \sin \mathfrak{w},$$

also wird $\mathfrak{a}^2 + \mathfrak{b}^2 = 1$; und ist umgekehrt diese Gleichung erfüllt, so wird wegen der Gleichungen (81) $\mathfrak{v} = 1$, die Gleichung (83) reduziert sich somit auf $\mathfrak{p} = \mathfrak{c}_{(a,\,b,\,\mathfrak{w})}$.

Wendet man den Satz 163 speziell auf eine *Involution* mit konjugiert komplexen Doppelpunkten, das heißt auf eine elliptische Involution, an, so erhält man den Satz:

Satz 166: Eine elliptische Punktinvolution kann sich stets nur um einen konstanten reellen Zahlfaktor von einer gewissen involutorischen positiv zirkulären Abbildung

$$\mathfrak{c}\left(a,\,b,\,\frac{\pi}{2}\right) = e^{\mathfrak{c}\frac{\pi}{2}} = \mathfrak{c} = \frac{b,\ -a}{a,\ \ b}$$

unterscheiden.

Mit Rücksicht auf diesen Satz kann man die oben in (54) gefundene Parameterdarstellung des laufenden Paares p, q einer involutorischen positiv zirkulären Abbildung einer Punktreihe, das heißt die Gleichungen

$$(85) \qquad \begin{cases} p = a\,e^{\mathfrak{c}\mathfrak{t}} \\ q = b\,e^{\mathfrak{c}\mathfrak{t}}, \end{cases} \quad \mathfrak{c} = \frac{b,\ -a}{a,\ \ b},$$

als die *simultanen Gleichungen einer elliptischen Punktinvolution* bezeichnen.

Diese Darstellung einer elliptischen Punktinvolution liefert einen neuen Beweis für den bereits oben bewiesenen Satz 118, nach welchem es in jeder elliptischen Involution zu jedem Paare der Involution ein und nur ein zweites Paar gibt, das zu dem ersten Paar harmonisch liegt.

Wegen der Willkürlichkeit des Anfangspaares a, b genügt es dabei, zu zeigen, daß *diesem Anfangspaar* stets ein von ihm harmonisch getrenntes Paar der Involution zugehört. Bezeichnet man die Punkte eines solchen Paares mit x und y, seinen Parameter mit $\mathfrak{w}$, setzt also

$$(86) \qquad \begin{cases} x = a\,e^{\mathfrak{e}\,\mathfrak{w}} \\ y = b\,e^{\mathfrak{e}\,\mathfrak{w}}, \end{cases}$$

so hat man zu untersuchen, ob es einen Winkel $\mathfrak{w}$ gibt, für den das Doppelverhältnis

$$(87) \qquad (abxy) = -1$$

ist, für den also wegen (86) die Gleichung besteht

$$(88) \qquad (ab\ a\,e^{\mathfrak{e}\,\mathfrak{w}}\ b\,e^{\mathfrak{e}\,\mathfrak{w}}) = -1$$

oder nach dem Begriff des Doppelverhältnisses eines Punktwurfes (vgl. die Formel (1) des 5. Abschnitts) die Gleichung

$$(89) \qquad \frac{[a \cdot a\,e^{\mathfrak{e}\,\mathfrak{w}}]}{[a\,e^{\mathfrak{e}\,\mathfrak{w}} \cdot b]} : \frac{[a \cdot b\,e^{\mathfrak{e}\,\mathfrak{w}}]}{[b\,e^{\mathfrak{e}\,\mathfrak{w}} \cdot b]} = -1 .$$

Nun ist nach (19) (vgl. auch (14))

$$(90) \qquad \begin{cases} a\,e^{\mathfrak{e}\,\mathfrak{w}} = \cos\mathfrak{w}\ a + \sin\mathfrak{w}\ b \\ b\,e^{\mathfrak{e}\,\mathfrak{w}} = -\sin\mathfrak{w}\ a + \cos\mathfrak{w}\ b; \end{cases}$$

also wird

$$[a \cdot a\,e^{\mathfrak{e}\,\mathfrak{w}}] = \sin\mathfrak{w}\,[a\,b], \quad [a \cdot b\,e^{\mathfrak{e}\,\mathfrak{w}}] = \cos\mathfrak{w}\,[a\,b]$$

$$[a\,e^{\mathfrak{e}\,\mathfrak{w}} \cdot b] = \cos\mathfrak{w}\,[a\,b], \quad [b\,e^{\mathfrak{e}\,\mathfrak{w}} \cdot b] = -\sin\mathfrak{w}\,[a\,b].$$

Setzt man diese Werte in die Gleichung (89) ein, so verwandelt sie sich in

$$\frac{\sin\mathfrak{w}}{\cos\mathfrak{w}} : -\frac{\cos\mathfrak{w}}{\sin\mathfrak{w}} = -1,$$

oder in

$$\operatorname{tg}^2\mathfrak{w} = 1,$$

woraus folgt

$$\operatorname{tg}\mathfrak{w} = \pm 1, \quad \text{also}$$

$$(91) \qquad \mathfrak{w} = \pm\frac{\pi}{4}.$$

Diese beiden Werte des Parameters $\mathfrak{w}$ liefern aber dasselbe Paar der Involution nur mit vertauschten Punkten, und man erhält also den folgenden Satz, dessen erster Teil sich mit Satz 118 deckt, soweit sich dieser auf eine Punktinvolution bezieht:

Satz 167: In einer elliptischen Punktinvolution gibt es zu einem jeden Paar ein und nur ein zweites Paar, das zu ihm harmonisch liegt; dasselbe geht aus dem ersteren Paar hervor, indem man die Strahlen, die dieses Paar von einem Drehpunkte aus projizieren, um den Winkel $\frac{\pi}{4}$ dreht.

Eine Bestätigung dieses Ergebnisses bietet die Figur 96 (auf Seite 213), welche die Involution veranschaulicht, die durch die Gleichungen

$$\begin{cases} a' = a\,e^{\mathfrak{e}\mathfrak{w}} \\ b' = b\,e^{\mathfrak{e}\mathfrak{w}} \end{cases}$$

dargestellt wird. In dieser Figur wird das Paar a, b der in Frage stehenden Involution durch das Paar $a + b$ und $a - b$ harmonisch getrennt, und man sieht sogleich, daß dieses Paar auch das einzige Paar jener Involution ist, das zu dem Paar a, b harmonisch liegt, und daß der Winkel

$$\angle\,([sa],\; [s(a + b)]) = \angle\,([sb],\; [s(a - b)]) = \frac{\pi}{4}$$

ist.

Es bietet nicht die geringste Schwierigkeit, unsere für Punktreihen derselben Geraden entwickelten Sätze auf konzentrische Strahlbüschel zu übertragen. So überzeugt man sich zum Beispiel leicht von der Richtigkeit des dem Satze 163 entsprechenden Satzes:

Satz 168: Besitzt eine Projektivität im Strahlbüschel zwei konjugiert komplexe Doppelstrahlen, so kann sie sich von einer positiv zirkulären Abbildung eines Strahlbüschels nur um einen konstanten reellen Zahlfaktor unterscheiden und ist also rein geometrisch betrachtet mit einer solchen Abbildung identisch.

Die Rechtwinkelinvolution oder die Kreisinvolution. Die Achsen einer Involution. Aus dem Satze 168 folgt insbesondere, daß eine elliptische Strahlinvolution

$$(92) \qquad \mathfrak{C} = \frac{B,\; - A}{A,\;\;\; B}$$

identisch ist mit einer involutorischen positiv zirkulären Abbildung eines Strahlbüschels. Dieselbe geht aus der allgemeinen positiv zirkulären Abbildung (62) eines Strahlbüschels dadurch hervor, daß man $\mathfrak{w} = \dfrac{\pi}{2}$ setzt, wodurch man in der Tat erhält

$$(93) \qquad \mathfrak{C}\left(A,\, B,\, \frac{\pi}{2}\right) = e^{\mathfrak{C}\,\frac{\pi}{2}} = \mathfrak{C} = \frac{B,\; - A}{A,\;\;\; B}.$$

Von früher her ist uns schon als *Rechtwinkelinvolution* oder *Kreisinvolution* diejenige Strahlinvolution dieser Art bekannt, die für das besondere Argument $\mathfrak{w} = \dfrac{\pi}{2}$ aus der auf Seite 209 ff. betrachteten Drehung $\mathfrak{D}_{(A,\, B,\, \mathfrak{w})}$ eines Strahlbüschels entsteht. Für dieses Argument aber nimmt die Gleichung (11) die Form an

$$(94) \qquad \mathfrak{D}\left(A,\, B,\, \frac{\pi}{2}\right) = e^{\mathfrak{R}\,\frac{\pi}{2}} = \mathfrak{R} = \frac{B,\; - A}{A,\;\;\; B}.$$

Man erhält also für die Rechtwinkelinvolution genau denselben Ausdruck wie oben in (93) bei der allgemeinen involutorischen positiv zirkulären Abbildung eines Strahlbüschels; nur bedeuten jetzt die Größen A und B

zwei zueinander senkrechte und gleich lange Stäbe. Um diesem Unterschiede auch einen formalen Ausdruck zu verleihen, bezeichnen wir für den Augenblick zwei solche zueinander senkrechte und gleich lange Stäbe anstatt mit A und B mit E_1 und E_2, ersetzen also die Gleichung (94) durch die Gleichung

$$(95) \qquad \mathfrak{D}\left(E_1,\, E_2,\, \tfrac{\pi}{2}\right) = e^{\mathfrak{R}\frac{\pi}{2}} = \mathfrak{R} = \frac{E_2,\ -E_1}{E_1,\ \ E_2}.$$

Die Rechtwinkelinvolution

$$(96) \qquad \mathfrak{R} = \frac{E_2,\ -E_1}{E_1,\ \ E_2}$$

erweist sich bei vielen Untersuchungen über senkrechte Gebilde als nützlich. Will man zum Beispiel die Frage beantworten, ob unter den Paaren einer beliebigen Strahlinvolution $\mathfrak{S}$ stets ein Paar senkrechter Strahlen enthalten ist, so benutze man als Nenner des Involutionsbruches $\mathfrak{S}$ irgend zwei zueinander senkrechte und gleich lange Stäbe E_1 und E_2. Dann erhält man nach Satz 133 für den Bruch $\mathfrak{S}$ die Darstellung

$$(97) \qquad \mathfrak{S} = \frac{a_{11}E_1 + a_{12}E_2,\ a_{21}E_1 - a_{11}E_2}{E_1,\ \ E_2}.$$

Ist jetzt

$$(98) \qquad X = \mathfrak{x}_1 E_1 + \mathfrak{x}_2 E_2$$

ein Strahl des betrachteten Strahlbüschels, der auf seinem konjugierten Strahle $X\mathfrak{S}$ senkrecht steht, und dessen Ableitzahlen $\mathfrak{x}_1$ und $\mathfrak{x}_2$ selbstverständlich nicht beide gleich Null sind, so kann sich der Strahl $X\mathfrak{S}$ von dem Strahle $X\mathfrak{R}$ höchstens um einen Zahlfaktor unterscheiden, das heißt, es muß

$$(99) \qquad X\mathfrak{S} = \mathfrak{n}\, X\mathfrak{R}$$

sein, unter $\mathfrak{n}$ ein Zahlfaktor verstanden, oder

$$(100) \qquad X(\mathfrak{S} - \mathfrak{n}\,\mathfrak{R}) = 0.$$

Setzt man aber in diese Gleichung für X seinen Wert aus (98) ein, so erhält man die Gleichung

$$(101) \qquad \mathfrak{x}_1 E_1(\mathfrak{S} - \mathfrak{n}\,\mathfrak{R}) + \mathfrak{x}_2 E_2(\mathfrak{S} - \mathfrak{n}\,\mathfrak{R}) = 0$$

oder wegen (97) und (96)

$$(102) \qquad \mathfrak{x}_1\{a_{11}E_1 + (a_{12} - \mathfrak{n})E_2\} + \mathfrak{x}_2\{(a_{21} + \mathfrak{n})E_1 - a_{11}E_2\} = 0.$$

Aus ihr aber folgt, da $\mathfrak{x}_1$ und $\mathfrak{x}_2$ nicht gleichzeitig verschwinden sollen, für $\mathfrak{n}$ die quadratische Gleichung

$$(103) \qquad [\{a_{11}E_1 + (a_{12} - \mathfrak{n})E_2\}\{(a_{21} + \mathfrak{n})E_1 - a_{11}E_2\}] = 0;$$

und diese verwandelt sich, wenn man ausmultipliziert und mit $[E_1E_2]$ dividiert, in

$$(104) \qquad \mathfrak{n}^2 - (a_{12} - a_{21})\mathfrak{n} - a_{12}a_{21} - a_{11}^2 = 0$$

und ergibt für $\mathfrak{n}$ die beiden Werte

$$(105) \qquad \mathfrak{n} = \frac{a_{12} - a_{21} \pm \sqrt{(a_{12} + a_{21})^2 + 4 a_{11}{}^2}}{2},$$

die, wie man sieht, stets reell sind. Für die beiden in (102) und (103) auftretenden Größen $a_{12} - \mathfrak{n}$ und $a_{21} + \mathfrak{n}$ ferner findet man auf Grund von (105) die Werte

$$(106) \qquad \begin{cases} a_{12} - \mathfrak{n} = \dfrac{a_{12} + a_{21} \mp \sqrt{(a_{12} + a_{21})^2 + 4 a_{11}{}^2}}{2} & \text{und} \\[2ex] a_{21} + \mathfrak{n} = \dfrac{a_{12} + a_{21} \pm \sqrt{(a_{12} + a_{21})^2 + 4 a_{11}{}^2}}{2}. \end{cases}$$

Nun nimmt aber die Gleichung (102), wenn man nach E_1 und E_2 ordnet, die Form an

$$(107) \qquad (a_{11}\mathfrak{x}_1 + (a_{21} + \mathfrak{n})\mathfrak{x}_2)E_1 + ((a_{12} - \mathfrak{n})\mathfrak{x}_1 - a_{11}\mathfrak{x}_2)E_2 = 0.$$

Diese Gleichung aber zerfällt, da

$$[E_1 E_2] \neq 0$$

ist, in die beiden in $\mathfrak{x}_1$ und $\mathfrak{x}_2$ linearen und homogenen Zahlgleichungen:

$$(108) \qquad \begin{cases} a_{11}\mathfrak{x}_1 + (a_{21} + \mathfrak{n})\mathfrak{x}_2 = 0 \\ (a_{12} - \mathfrak{n})\mathfrak{x}_1 - a_{11}\,\mathfrak{x}_2 = 0, \end{cases}$$

deren Determinante nach (103) verschwindet, woraus folgt, daß die Gleichungen (108) nicht nur die von uns oben ausgeschlossene Lösung $\mathfrak{x}_1 = \mathfrak{x}_2 = 0$ zulassen, sondern daß sie auch befriedigt werden durch je zwei Größen $\mathfrak{x}_1$ und $\mathfrak{x}_2$, deren Verhältnis durch jede von den beiden gleichwertigen Gleichungen (108) bestimmt wird. Man erhält so die beiden gleichbedeutenden Proportionen:

$$(109) \qquad \begin{cases} \mathfrak{x}_1 : \mathfrak{x}_2 = a_{21} + \mathfrak{n} : - a_{11} \\ \qquad\;\; = a_{11} \qquad\;\; : a_{12} - \mathfrak{n} \end{cases}{}^1),$$

für die man wegen (106) auch schreiben kann:

$$(110) \qquad \begin{cases} \mathfrak{x}_1 : \mathfrak{x}_2 = \dfrac{a_{12} + a_{21} \pm \sqrt{(a_{12} + a_{21})^2 + 4 a_{11}{}^2}}{2} : - a_{11} \\[2ex] \qquad\;\; = a_{11} : \dfrac{a_{12} + a_{21} \mp \sqrt{(a_{12} + a_{21})^2 + 4 a_{11}{}^2}}{2}, \end{cases}$$

oder wenn man die dem oberen Vorzeichen entsprechenden Werte von $\mathfrak{x}_1$ und $\mathfrak{x}_2$ mit $\mathfrak{x}_{11}$ und $\mathfrak{x}_{12}$, die dem unteren Vorzeichen entsprechenden Werte mit $\mathfrak{x}_{21}$ und $\mathfrak{x}_{22}$ bezeichnet und von den beiden Darstellungen des Ver-

---

1) Nur wenn gleichzeitig

$$a_{11} = 0 \quad \text{und} \quad a_{21} + \mathfrak{n} = 0 \quad \text{also auch} \quad a_{12} - \mathfrak{n} = 0$$

ist, lassen diese Proportionen das Verhältnis $\mathfrak{x}_1 : \mathfrak{x}_2$ unbestimmt. Dann aber ist die Strahlinvolution $\mathfrak{S}$ von der Rechtwinkelinvolution $\mathfrak{R}$ nur um einen konstanten Zahlfaktor $\mathfrak{n}$ verschieden (vgl. Gleichung (97) und (96)), was wir ausschließen wollen.

hältnisses bei dem Verhältnis $\mathfrak{x}_{11} : \mathfrak{x}_{12}$ die erste, bei dem Verhältnis $\mathfrak{x}_{21} : \mathfrak{x}_{22}$ die zweite Darstellung wählt,

$$(111) \quad \begin{cases} \mathfrak{x}_{11} : \mathfrak{x}_{12} = \dfrac{a_{12} + a_{21} + \sqrt{(a_{12} + a_{21})^2 + 4a_{11}{}^2}}{2} : - a_{11} \\[3mm] \mathfrak{x}_{21} : \mathfrak{x}_{22} = a_{11} : \dfrac{a_{12} + a_{21} + \sqrt{(a_{12} + a_{21})^2 + 4a_{11}{}^2}}{2}. \end{cases}$$

Für die zugehörigen beiden Stäbe X_1 und X_2 erhält man also die Ausdrücke

$$(112) \quad \begin{cases} X_1 = \dfrac{a_{12} + a_{21} + \sqrt{(a_{12} + a_{21})^2 + 4a_{11}{}^2}}{2} E_1 - a_{11} E_2 \\[3mm] X_2 = a_{11} E_1 + \dfrac{a_{12} + a_{21} + \sqrt{(a_{12} + a_{21})^2 + 4a_{11}{}^2}}{2} E_2. \end{cases}$$

Diese Werte zeigen mit Rücksicht auf die Gleichung (96), daß zwischen den beiden Stäben X_1 und X_2 die Beziehung herrscht

$$(113) \qquad X_2 = X_1 \, \mathfrak{K},$$

das heißt, die beiden Strahlen X_2 und X_1 der Strahlinvolution $\mathfrak{S}$, denen durch diese Involution zwei zu ihnen senkrechte Strahlen zugewiesen werden, stehen selbst aufeinander senkrecht; und es gibt also in der Involution $\mathfrak{S}$ *nur ein Paar zugeordneter zueinander senkrechter Strahlen.* Dieselben heißen die „Achsen der Strahlinvolution $\mathfrak{S}$“. Man hat daher den Satz:

Satz 169: In jeder Strahlinvolution, die sich von der Rechtwinkelinvolution ihres Scheitels nicht nur um einen konstanten Zahlfaktor unterscheidet, gibt es ein, aber auch nur ein Paar zugeordneter zueinander senkrechter Strahlen; dieselben heißen die Achsen der Strahlinvolution.

Bei einer hyperbolischen Strahlinvolution steht das ihr angehörende Paar senkrechter Strahlen zu den Doppelstrahlen der Involution in einer engen Beziehung. Sind nämlich D_1 und D_2 die Doppelstrahlen einer hyperbolischen Strahlinvolution $\mathfrak{H}$, so gestattet dieselbe nach der Gleichung (24) des 16. Abschnitts die Bruchdarstellung

$$(114) \qquad \mathfrak{H} = \frac{D_1, \ -D_2}{D_1, \ \ D_2}.$$

Bezeichnet man alsdann einen Stab, der mit D_1 gleiche Länge hat und der Geraden des Stabes D_2 angehört, mit $\mathfrak{g}D_2$, so stehen die Geraden der Stäbe

$$D_1 + \mathfrak{g}D_2 \quad \text{und} \quad D_1 - \mathfrak{g}D_2,$$

die mit Rücksicht auf die Form des Bruches $\mathfrak{H}$ sicher ein Paar der Involution $\mathfrak{H}$ bilden, aufeinander senkrecht; denn sie halbieren als Diagonalen von Rhomben diejenigen Winkel, die deren Seiten miteinander einschließen (vgl. Figur 109). Diese Rhombusseiten aber fallen in die Linien der Doppelstrahlen D_1 und D_2 der Involution $\mathfrak{H}$. Man hat also den Satz:

Satz 170: In jeder hyperbolischen Strahlinvolution bilden die beiden Strahlen, welche die Winkel zwischen den beiden Doppelstrahlen halbieren, das der Involution zugehörende Paar aufeinander senkrechten Strahlen, das heißt die Achsen der Involution.

Übrigens ist der Satz 169 noch einer Verallgemeinerung fähig. Wie schon oben auf Seite 235 f. erwähnt wurde, stimmt der Ausdruck (92) für eine elliptische Strahlinvolution seiner Form nach genau mit dem Ausdrucke (96) für eine Rechtwinkelinvolution überein und unterscheidet sich nur insofern von ihm, als die Nennerstäbe von (92) nicht der Bedingung unterworfen sind, daß sie aufeinander senkrecht stehen und gleiche Länge haben sollen. Da aber in dem Beweise des Satzes 169 von dieser besonderen Eigenschaft der Rechtwinkelinvolution kein Gebrauch gemacht ist, so gilt derselbe ohne weiteres auch für den Fall, wo an die Stelle

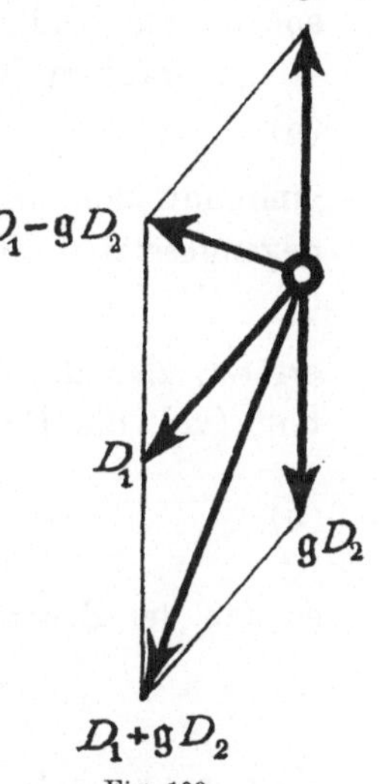

Fig. 109.

der Rechtwinkelinvolution eine beliebige elliptische Strahlinvolution tritt; und ebenso bleibt der Satz auch noch bestehen, wenn man die elliptische Strahlinvolution durch eine elliptische Punktinvolution ersetzt. Man hat daher den Satz:

Satz 171: Zwei Involutionen, von denen die eine elliptisch ist, und die sich voneinander nicht nur um einen konstanten Zahlfaktor unterscheiden, haben stets ein aber auch nur ein reelles Paar konjugierter Elemente gemein.

Abschnitt 18.

Die negativ zirkuläre Abbildung.

Die Gleichwinkelinvolution oder die Umwendung eines Strahlbüschels. Es bleibt nunmehr noch zu untersuchen, welche geometrische Bedeutung einer negativ zirkulären Abbildung einer Punktreihe und eines Strahlbüschels zukommt.

Um diese Frage zu beantworten, gehe man auch hier wieder von einer gewissen geometrisch leicht übersehbaren projektiven Abbildung eines Strahlbüschels aus, und zwar von derjenigen Abbildung

$$(1) \qquad \mathfrak{u} = \frac{A'', \; B''}{A, \; B}$$

eines Strahlbüschels, die aus der oben (Seite 208 ff.) behandelten Drehung

$$(2) \qquad \mathfrak{D} = \frac{A',\ B'}{A,\ B}$$

eines Strahlbüschels hervorgeht, wenn man in ihrem Abbildungsbruche (2) sowohl die beiden Nennerstäbe A und B wie auch den ersten Zählerstab A' unverändert läßt, also

$$(3) \qquad A'' = A'$$

annimmt, den zweiten Zählerstab B' des Bruches (2) aber durch den entgegengesetzten Stab

$$(4) \qquad B'' = - B'$$

ersetzt, also den Zählerstäben A'' und B'' des Bruches (1) die Werte erteilt (vgl. die Formeln (4) des vorigen Abschnitts):

$$(5) \qquad \begin{cases} A'' = \cos \mathfrak{w}\, A + \sin \mathfrak{w}\, B \\ B'' = \sin \mathfrak{w}\, A - \cos \mathfrak{w}\, B, \end{cases}$$

so daß der Bruch $\mathfrak{U}$ die Form annimmt

$$(6) \qquad \mathfrak{U} = \frac{\cos \mathfrak{w}\, A + \sin \mathfrak{w}\, B,\ \sin \mathfrak{w}\, A - \cos \mathfrak{w}\, B}{A, \qquad\qquad\qquad B}.$$

Hier sind nach Seite 209 die Stäbe A und B gleich lang und stehen aufeinander senkrecht; und da dieselben Eigenschaften dort auch den Stäben A' und B' zukamen, so müssen sie mit Rücksicht auf die Gleichungen (3) und (4) auch von den Stäben A'' und B'' gelten. Da ferner nach der Gleichung (4) der Sinn des Stabes B'' mit dem von B' entgegengesetzt ist, und der Stab B' von dem Stabe A' nach derselben Seite um einen rechten Winkel abwich wie der Stab B von A, so weicht der Stab B'' von dem Stabe A'' nach der entgegengesetzten Seite um einen rechten Winkel ab wie der Stab B von A (vgl. Figur 110), was übrigens auch direkt aus den Gleichungen (5) hervorgeht.

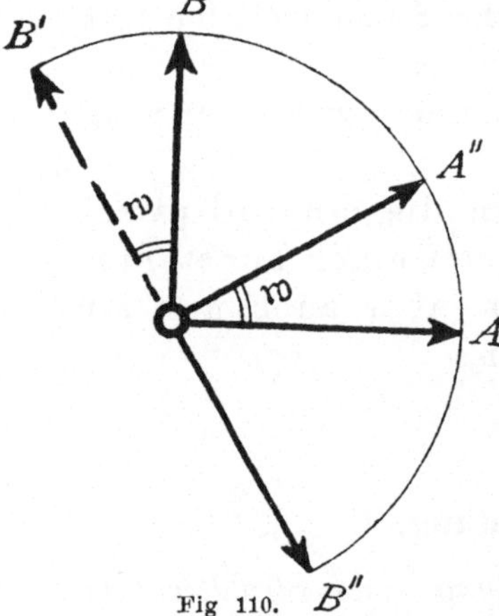

Fig 110.

Die beiden projektiven Strahlbüschel

$$\mathfrak{x} A + \mathfrak{y} B \quad \text{und} \quad \mathfrak{x} A'' + \mathfrak{y} B'',$$

die durch den Bruch $\mathfrak{U}$ einander zugewiesen werden, sind dann ebenso wie früher die beiden Strahlbüschel

$$\mathfrak{x} A + \mathfrak{y} B \quad \text{und} \quad \mathfrak{x} A' + \mathfrak{y} B'$$

einander kongruent. Aber diesmal haben die beiden Strahlbüschel *ent-*

gegengesetzten Sinn. Dadurch wird es bedingt, daß die beiden kongruenten Strahlbüschel zwei Doppelstrahlen besitzen, deren Lage man sogleich errät. Denn der eine von ihnen wird den Winkel $\angle\,(A A'')$, der andere dessen Nebenwinkel halbieren, und sie werden also aufeinander senkrecht stehen müssen (vgl. Figur 111).

Doch kann man dies Ergebnis selbstverständlich auch aus der Doppelstrahlen- und Hauptgleichung der Abbildung $\mathfrak{U}$ entnehmen, welche lauten (vgl. die Gleichungen (5) und (7) des 14. Abschnitts):

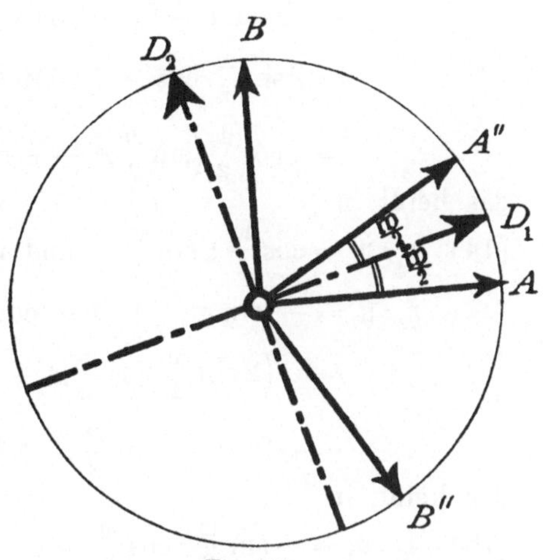

Fig. 111.

(7)
$$0 = \mathfrak{x}_t(A\mathfrak{r}_t - A'') + \mathfrak{y}_t(B\mathfrak{r}_t - B'') \quad \text{und}$$

(8)
$$[AB]\mathfrak{r}_t^2 - \{[A''B] + [AB'']\}\mathfrak{r}_t + [A''B''] = 0.$$

Nun ist nach (5)
$$[A''B] = \cos\mathfrak{w}[AB],$$
$$[AB''] = -\cos\mathfrak{w}[AB],$$
$$[A''B''] = -[AB].$$

Die Hauptgleichung (8) nimmt also die Gestalt an

(9)
$$\mathfrak{r}_t^2 = 1$$

und liefert für die Hauptzahlen $\mathfrak{r}_t$ die Werte

(10)
$$\begin{cases} \mathfrak{r}_1 = +1, \\ \mathfrak{r}_2 = -1. \end{cases}$$

Die Gleichung (7) für die Doppelstrahlen spaltet sich daher in die beiden Gleichungen

(11)
$$\begin{cases} 0 = \mathfrak{x}_1(A - A'') + \mathfrak{y}_1(B - B'') \quad \text{und} \\ 0 = \mathfrak{x}_2(-A - A'') + \mathfrak{y}_2(-B - B''), \end{cases}$$

aus denen für die Verhältnisse $\mathfrak{x}_1 : \mathfrak{y}_1$ und $\mathfrak{x}_2 : \mathfrak{y}_2$ der Ableitzahlen der Doppelstrahlen

(12)
$$\begin{cases} D_1 = \mathfrak{x}_1 A + \mathfrak{y}_1 B \quad \text{und} \\ D_2 = \mathfrak{x}_2 A + \mathfrak{y}_2 B \end{cases}$$

die Werte folgen

(13)
$$\begin{cases} \mathfrak{x}_1 : \mathfrak{y}_1 = B'' - B : A - A'' \\ \mathfrak{x}_2 : \mathfrak{y}_2 = -(B + B'') : A + A''. \end{cases}$$

Diese Proportionen aber verwandeln sich wegen (5) in

$$\mathfrak{x}_1 : \mathfrak{y}_1 = \sin \mathfrak{w}\, A - (1 + \cos \mathfrak{w})B : (1 - \cos \mathfrak{w})A - \sin \mathfrak{w}\, B$$

$$= 2\sin \frac{\mathfrak{w}}{2}\cos \frac{\mathfrak{w}}{2}A - 2\cos^2\frac{\mathfrak{w}}{2}B : 2\sin^2\frac{\mathfrak{w}}{2}A - 2\sin \frac{\mathfrak{w}}{2}\cos \frac{\mathfrak{w}}{2}B$$

$$= 2\cos \frac{\mathfrak{w}}{2}\left(\sin \frac{\mathfrak{w}}{2}A - \cos \frac{\mathfrak{w}}{2}B\right) : 2\sin \frac{\mathfrak{w}}{2}\left(\sin \frac{\mathfrak{w}}{2}A - \cos \frac{\mathfrak{w}}{2}B\right),$$

das heißt in

$$(14) \quad \mathfrak{x}_1 : \mathfrak{y}_1 = \cos \frac{\mathfrak{w}}{2} : \sin \frac{\mathfrak{w}}{2}; \quad \text{und in}$$

$$\mathfrak{x}_2 : \mathfrak{y}_2 = -(\sin \mathfrak{w}\, A + (1 - \cos \mathfrak{w})B) : (1 + \cos \mathfrak{w})A + \sin \mathfrak{w}\, B$$

$$= -\left(2\sin \frac{\mathfrak{w}}{2}\cos \frac{\mathfrak{w}}{2}A + 2\sin^2\frac{\mathfrak{w}}{2}B\right) : 2\cos^2\frac{\mathfrak{w}}{2}A + 2\sin \frac{\mathfrak{w}}{2}\cos \frac{\mathfrak{w}}{2}B$$

$$= -2\sin \frac{\mathfrak{w}}{2}\left(\cos \frac{\mathfrak{w}}{2}A + \sin \frac{\mathfrak{w}}{2}B\right) : 2\cos \frac{\mathfrak{w}}{2}\left(\cos \frac{\mathfrak{w}}{2}A + \sin \frac{\mathfrak{w}}{2}B\right),$$

das heißt, in

$$(15) \quad \mathfrak{x}_2 : \mathfrak{y}_2 = -\sin \frac{\mathfrak{w}}{2} : \cos \frac{\mathfrak{w}}{2} = \cos \left(\frac{\pi}{2} + \frac{\mathfrak{w}}{2}\right) : \sin \left(\frac{\pi}{2} + \frac{\mathfrak{w}}{2}\right).$$

Nach (12) kann man also setzen, indem man etwa den unbestimmt bleibenden Proportionalitätsfaktor der beiden Proportionen gleich 1 annimmt,

$$(16) \quad \begin{cases} D_1 = \quad\;\; \cos \dfrac{\mathfrak{w}}{2}A + \sin \dfrac{\mathfrak{w}}{2}B \\[2mm] D_2 = -\sin \dfrac{\mathfrak{w}}{2}A + \cos \dfrac{\mathfrak{w}}{2}B \end{cases}$$

oder nach der Gleichung (5) des vorigen Abschnittes

$$(17) \quad \begin{cases} D_1 = A\,\mathfrak{D}\left(A,\, B,\, \dfrac{\mathfrak{w}}{2}\right) \\[2mm] D_2 = B\,\mathfrak{D}\left(A,\, B,\, \dfrac{\mathfrak{w}}{2}\right). \end{cases}$$

Diese Gleichungen besagen aber, daß die beiden Doppelstrahlen D_1 und D_2 aus den Strahlen A und B durch eine Drehung um den Winkel $\frac{\mathfrak{w}}{2}$ in dem Sinne von A nach B hin hervorgehen, womit in der Tat bewiesen ist, daß die Doppelstrahlen D_1 und D_2 aufeinander senkrecht stehen und den Winkel $\angle\,(A\,A'')$ und seine Nebenwinkel halbieren (vgl. die Figur 111).

Führt man die so gewonnenen Doppelstrahlen D_1 und D_2 der Abbildung als Nenner in den Abbildungsbruch $\mathfrak{u}$ ein, so erhält man mit Rücksicht auf (10) für $\mathfrak{u}$ die Darstellung:

$$(18) \quad \mathfrak{u} = \frac{D_1,\; -D_2}{D_1,\;\;\; D_2}$$

oder wegen (16)

$$(19) \quad \mathfrak{u} = \frac{\cos \dfrac{\mathfrak{w}}{2}A + \sin \dfrac{\mathfrak{w}}{2}B,\; -\left(-\sin \dfrac{\mathfrak{w}}{2}A + \cos \dfrac{\mathfrak{w}}{2}B\right)}{\cos \dfrac{\mathfrak{w}}{2}A + \sin \dfrac{\mathfrak{w}}{2}B,\;\;\;\; -\sin \dfrac{\mathfrak{w}}{2}A + \cos \dfrac{\mathfrak{w}}{2}B}.$$

Aus jeder von diesen beiden Formen des Bruches $\mathfrak{u}$ folgt (vgl. die Gleichung (24) des 16. Abschnitts), daß die durch ihn vermittelte Abbildung ein besonderer Fall einer hyperbolischen Strahlinvolution ist, nämlich eine symmetrische Abbildung (Spiegelung) des zu transformierenden Strahlbüschels, welche die Halbierungslinie D_1 des Winkels $\angle\,(A\,A'')$ zur Symmetrieachse hat; denn jeder Strahl

$$(20) \qquad X = \mathfrak{x}_1 D_1 + \mathfrak{x}_2 D_2$$

des betrachteten Strahlbüschels wird durch den Bruch $\mathfrak{U}$ in den Strahl

$$(21) \qquad X' = X\mathfrak{U} = \mathfrak{x}_1 D_1 - \mathfrak{x}_2 D_2$$

übergeführt, der, da D_2 auf D_1 senkrecht steht, das Spiegelbild von X in bezug auf D_1 ist (vgl. Figur 112); dann ist übrigens die Gerade des Stabes X' zugleich auch das Spiegelbild der Geraden des Stabes X in bezug auf D_2, was auch analytisch sofort einleuchtet, denn der Ausdruck (21) für den Bildstab X' des Stabes X läßt sich auch in der Form schreiben:

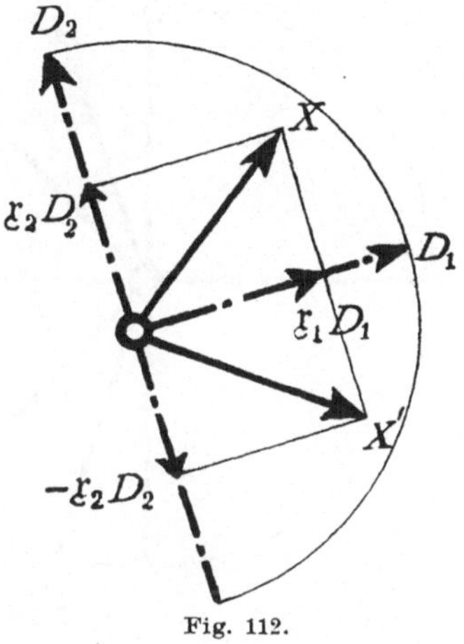

$$(22) \qquad X' = X\mathfrak{U} = -\,(\mathfrak{x}_2 D_2 - \mathfrak{x}_1 D_1).$$

Fig. 112.

Je zwei entsprechende Strahlen der Abbildung $\mathfrak{U}$ stehen also von jedem der beiden Doppelstrahlen D_1 und D_2 um gleiche Winkel ab. Aus diesem Grunde heißt die Abbildung $\mathfrak{U}$ eine „Gleichwinkelinvolution".

Die Abbildung der Gleichwinkelinvolution kann aber, wenn man den Durchgang durch den Raum zuläßt, anstatt durch Spiegelung auch durch eine Bewegung bewirkt werden, indem man nämlich das abzubildende Strahlbüschel um die Linie des Stabes D_1 (oder auch um die des Stabes D_2) eine Drehung vom Winkel π oder, wie wir auch sagen wollen, eine „Umwendung"[1]) um die Umwendachse D_1 (oder D_2) ausführen läßt. Wir wollen deshalb die Ausdrücke „Gleichwinkelinvolution" und „Umwendung eines Strahlbüschels" geradezu als gleichbedeutend nebeneinander gebrauchen und haben daher auch bereits bisher für die Gleichwinkelinvolution den Buchstaben $\mathfrak{U}$ verwendet.

Sind X und Y zwei beliebige Strahlen eines Strahlbüschels, das einer Gleichwinkelinvolution (Umwendung) unterworfen ist (vgl. Figur 113), und sind

$$X' = X\mathfrak{U} \quad \text{und} \quad Y' = Y\mathfrak{U}$$

die jenen beiden Strahlen zugeordneten Strahlen, so sind wegen der Grundeigenschaft der Gleichwinkelinvolution die beiden einander entsprechenden

---

1) Vgl. H. Wiener, Die Zusammensetzung zweier endlichen Schraubungen zu einer einzigen, Berichte der math.-phys. Klasse der Sächs. Gesellschaft der Wissenschaften. Januar 1890. S. 13. H. Wiener entnimmt den Ausdruck „Umwendung" dem Lehrbuch der Elementargeometrie von Henrici und Treutlein.

Winkel $\angle (X'Y')$ und $\angle (XY)$ entgegengesetzt gleich, das heißt, es ist

$$\angle (X'Y') = - \angle (XY);$$

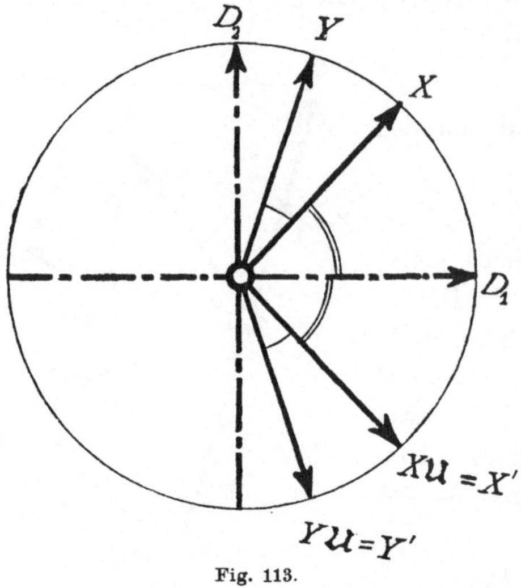

Fig. 113.

und umgekehrt: Wenn in einer Strahlinvolution ein Winkel zwischen zwei Strahlen X und Y entgegengesetzt gleich ist dem Winkel zwischen den entsprechenden Strahlen X' und Y', so ist die Strahlinvolution eine Gleichwinkelinvolution. Denn sie hat mit derjenigen Gleichwinkelinvolution, welche die Halbierungslinie des Winkels $\angle (XX')$ und die seiner Nebenwinkel zu Doppelstrahlen hat, die beiden Strahlpaare X, X' und Y, Y' entsprechend gemein und ist daher nach Satz 138 mit dieser Gleichwinkelinvolution identisch. Man hat also den Satz:

Satz 172: Ist in einer Strahlinvolution ein Winkel zwischen zwei Strahlen X und Y entgegengesetzt gleich dem Winkel zwischen den entsprechenden Strahlen X' und Y', so ist diese Strahlinvolution eine Gleichwinkelinvolution, und die Halbierungslinien der beiden Scheitelwinkelpaare zwischen den Strahlen des Paares X und X' (oder Y und Y') sind die Doppelstrahlen dieser Gleichwinkelinvolution[1]).

Natürlich kann man diesem Satze auch die Fassung geben:

Satz 173: Sind in einer Strahlinvolution zwei Strahlen X und Y die Spiegelbilder ihrer zugeordneten Strahlen X' und Y' in bezug auf eine durch den Scheitel der Strahlinvolution gehende Gerade D_1, so ist diese Strahlinvolution eine Gleichwinkelinvolution, und jene Spiegelachse D_1 und die zu ihr im Scheitel senkrechte Gerade D_2 sind die Doppelstrahlen dieser Gleichwinkelinvolution.

Die Eigenschaft einer Gleichwinkelinvolution (einer Umwendung), zwei aufeinander senkrechte Doppelstrahlen zu besitzen, ist übrigens für eine Gleichwinkelinvolution charakteristisch. Da nämlich nach Satz 117 bei einer hyperbolischen Strahlinvolution die Strahlen eines jeden Paares

---

1) Sind beide Winkel auch dem Vorzeichen nach gleich, so ist die Strahlinvolution die „Rechtwinkelinvolution", was man auf ganz entsprechende Art beweisen kann.

durch die Doppelstrahlen harmonisch getrennt werden, so sind im Falle zweier zueinander senkrechten Doppelstrahlen je zwei Strahlen eines Paares die Spiegelbilder voneinander in bezug auf jeden der beiden Doppelstrahlen, wovon man sich sofort überzeugt, wenn man durch die Strahlinvolution eine Parallele zu einem der beiden Doppelstrahlen hindurchlegt (vgl. etwa Figur 112). Eine hyperbolische Strahlinvolution, deren Doppelstrahlen aufeinander senkrecht stehen, ist also wirklich stets eine Gleichwinkelinvolution. Und faßt man dies Ergebnis mit seiner oben (vgl. Seite 241 ff.) entwickelten Umkehrung zusammen, so erhält man den Satz:

Satz 174: Eine hyperbolische Strahlinvolution ist dann und nur dann eine Gleichwinkelinvolution (eine Umwendung), wenn ihre Doppelstrahlen aufeinander senkrecht stehen.

Hieraus folgt zum Beispiel, daß die Durchmesserinvolution (vgl. Seite 182 und die Fußnote auf Seite 160) einer gleichseitigen Hyperbel eine Gleichwinkelinvolution ist[1]).

Beachtet man endlich noch, daß (nach Seite 239 ff.) die Gleichwinkelinvolution

$$\mathfrak{U} = \frac{A'',\ B''}{A,\ B}$$

aus der Drehung

$$\mathfrak{D} = \frac{A',\ B'}{A,\ B}$$

eines Strahlbüschels dadurch erzeugt werden kann, daß man das aus dem ursprünglichen Strahlbüschel durch die Drehung $\mathfrak{D}$ gewonnene Strahlbüschel der Abbildung

$$(23) \qquad \mathfrak{S} = \frac{A',\ -B'}{A',\ -B'}$$

unterwirft, welche eine Umwendung um die Achse A' (Spiegelung an dieser Achse) darstellt, so sieht man, daß die Umwendung $\mathfrak{U}$ die Folge der Drehung $\mathfrak{D}$ und der Umwendung $\mathfrak{S}$ ist, daß also

$$(24) \qquad \mathfrak{U} = \mathfrak{D}\,\mathfrak{S}$$

gesetzt werden kann. Vereinfacht man schließlich noch die Bezeichnung, indem man die zu den Umwendungen $\mathfrak{S}$ und $\mathfrak{U}$ gehörenden Umwendachsen anstatt mit $A'(=A'')$ und D_1 mit S und U bezeichnet (vgl. Figur 114), so hat man den Satz:

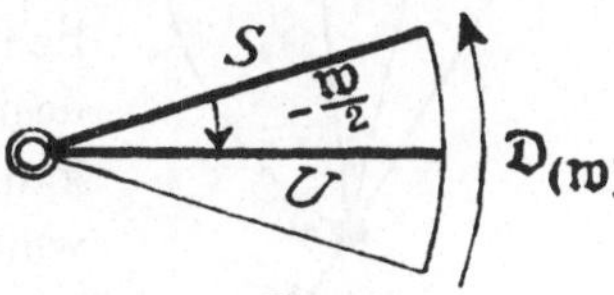

Satz 175: Die Resultante (Folge) aus einer

Fig. 114.

---

1) Aus diesem Grunde bezeichnet R. Sturm die Gleichwinkelinvolution (*die Umwendung eines Strahlbüschels*) als die „gleichseitig-hyperbolische Strahleninvolution" und gibt ferner der entsprechenden Punktinvolution, das heißt derjenigen hyperbolischen Involution in der Geraden, die wir bereits oben auf Seite 204 als *Umwendung einer Punktreihe* bezeichnet haben (vgl. auch Seite 252), den Namen „gleichseitig-

Drehung $\mathfrak{D}$ eines Strahlbüschels um seinen Scheitel und einer Umwendung $\mathfrak{S}$ um eine durch diesen Scheitel gehende Achse S ist wieder eine Umwendung, und zwar um eine zweite durch den Scheitel gehende Achse U; bezeichnet man also die resultierende Umwendung mit $\mathfrak{U}$, so besteht die Gleichung

$$\mathfrak{D}\mathfrak{S} = \mathfrak{U}.$$

Besitzt dabei die Drehung $\mathfrak{D}$ den Winkel $\mathfrak{w}$, so geht die zweite Umwendachse U aus der ersten Umwendachse S durch eine Drehung um den Winkel $-\dfrac{\mathfrak{w}}{2}$ hervor.

Aus der Gleichung (24) folgt noch, indem man sie beiderseits hinten mit $\mathfrak{S}$ multipliziert und berücksichtigt, daß

(25) $$\mathfrak{S}^2 = 1$$

ist, die weitere Gleichung:

(26) $$\mathfrak{U}\mathfrak{S} = \mathfrak{D}.$$

Dabei ist der zur Drehung $\mathfrak{D}$ gehörige Drehwinkel $\mathfrak{w}$ doppelt so groß und von gleichem Sinn wie der Winkel zwischen den zu den Umwendungen $\mathfrak{U}$ und $\mathfrak{S}$ gehörenden Umwendachsen U und S. Man hat also den Satz:

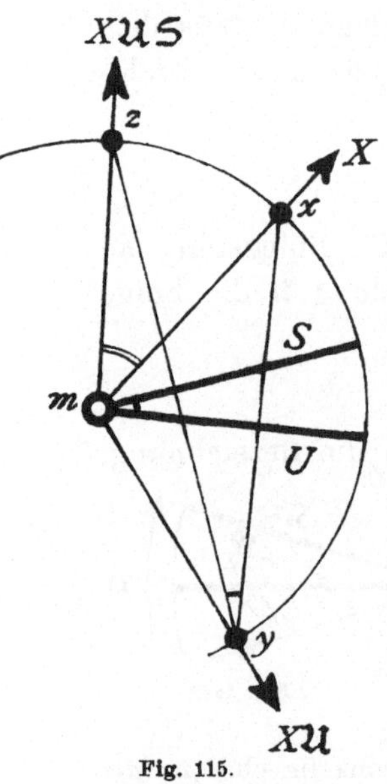

Fig. 115.

Satz 176: Die Folge der Umwendungen $\mathfrak{U}$ und $\mathfrak{S}$ eines Strahlbüschels um zwei durch seinen Scheitel gehende Achsen U und S ist gleich einer Drehung des Strahlbüschels um seinen Scheitel; und zwar ist der Drehwinkel doppelt so groß wie der Winkel $\angle\,(US)$ von der ersten Umwendachse bis zur zweiten.

Dieses Ergebnis läßt sich leicht geometrisch erhärten (vgl. Figur 115). Bei der Umwendung eines beliebigen Strahles X eines Strahlbüschels mit dem Scheitel m um eine durch m gehende Achse U verwandelt sich nämlich jeder Punkt x des Strahles X in einen Punkt y desjenigen Kreises, den man mit mx um m schlagen kann. Und bei einer weiteren Umwendung des so gewonnenen Strahles $X\mathfrak{U}$ um eine zweite durch m gehende Achse S geht der Punkt y des Strahles $X\mathfrak{U}$ in einen Punkt z über, der abermals jenem Kreise angehört und zusammen mit dem Mittelpunkte m des Kreises

hyperbolische Punktinvolution". Vgl. R. Sturm, Die Lehre von den geometrischen Verwandtschaften. Erster Band: Die Verwandtschaften zwischen Gebilden erster Stufe. Leipzig und Berlin, 1908, Seite 26 und 16.

denjenigen Strahl $X\mathfrak{U}\mathfrak{S}$ bestimmt, der durch die letztere Umwendung aus dem Strahle $X\mathfrak{U}$ entsteht. Nun ist aber

$$L\,xyz = L\,(US),$$

also wird

$$L\,(X \cdot X\mathfrak{U}\mathfrak{S}) = L\,xmz = 2L\,xyz = 2L\,(US).$$

Hält man an dem Bruche $\mathfrak{U}$, der nach (19) oder nach (6) als Funktion der drei Argumente A, B und $\mathfrak{w}$ erscheint, die beiden Stäbe A und B fest, läßt aber den Winkel $\mathfrak{w}$ variieren, so verschiebt sich mit ihm auch die Umwendachse D_1, da ihre Lage gegen das Stabpaar A, B ja von der Größe des Winkels $\mathfrak{w}$ abhängt. Bei veränderlichem $\mathfrak{w}$ stellt also der Bruch $\mathfrak{U}$ die sämtlichen Umwendungen (Gleichwinkelinvolutionen) des Strahlbüschels $\mathfrak{x}A + \mathfrak{y}B$ dar, die hervorgehen, wenn man die Umwendachse D_1 das ganze Strahlbüschel durchlaufen läßt.

Die entsprechende Projektivität in der Geraden: Die negativ zirkuläre Abbildung einer Punktreihe. Genau so wie der *Drehung* eines Strahlbüschels steht nun auch der *Umwendung* eines solchen eine entsprechende Abbildung einer Punktreihe gegenüber. Man wird auf diese Abbildung geführt, wenn man in dem extensiven Bruche $\mathfrak{U}$ die beiden zueinander senkrechten und gleich langen Stäbe A und B durch zwei nicht zusammenfallende Punkte a und b ersetzt. So gelangt man zu dem Bruche

$$(27) \qquad \mathfrak{n}_{(a,\,b,\,\mathfrak{w})} = \frac{\cos\mathfrak{w}\,a + \sin\mathfrak{w}\,b,\ \ \sin\mathfrak{w}\,a - \cos\mathfrak{w}\,b}{a,\qquad\qquad b}\,;$$

derselbe stellt wieder eine spezielle projektive Abbildung in der Geraden ab dar, die wir dem obigen entsprechend als eine „negativ zirkuläre Abbildung der Punktreihe $\mathfrak{x}a + \mathfrak{y}b$" bezeichnen wollen, während die zu ihrer Darstellung benutzten Punkte a und b „ihre Grundpunkte" und der Winkel $\mathfrak{w}$ „der zu diesen Grundpunkten gehörende Winkel der negativ zirkulären Abbildung" heißen mag.

Wir bezeichnen dann wieder dem obigen entsprechend diejenigen beiden Punkte, in welche die Grundpunkte der negativ zirkulären Abbildung $\mathfrak{n}_{(a,\,b,\,\mathfrak{w})}$ durch diese Abbildung übergeführt werden, das heißt die Zähler des Bruches (27), mit a'' und b'', setzen also

$$(28) \qquad \begin{cases} a'' = \cos\mathfrak{w}\,a + \sin\mathfrak{w}\,b \\ b'' = \sin\mathfrak{w}\,a - \cos\mathfrak{w}\,b, \end{cases}$$

so sind diese Punkte, wie die Vergleichung der Gleichungen (28) mit den Gleichungen (13) des vorigen Abschnitts zeigt, bis auf das Vorzeichen von b'' identisch mit den beiden Punkten, die aus den Grundpunkten a und b der negativ zirkulären Abbildung $\mathfrak{n}_{(a,\,b,\,\mathfrak{w})}$ durch die entsprechende *positiv* zirkuläre Abbildung $\mathfrak{r}_{(a,\,b,\,\mathfrak{w})}$ entstehen.

Behufs *geometrischer Deutung der negativ zirkulären Abbildung einer Punktreihe* kann man wörtlich die Untersuchung wiederholen, die wir bei der Deutung der positiv zirkulären Abbildung einer Punktreihe auf Seite 211 ff. gegeben haben, und findet dadurch, daß die negativ zirkuläre Abbildung einer Punktreihe als Schnitt der Umwendung eines Strahlbüschels aufgefaßt werden kann. Insbesondere kann die negativ zirkuläre Abbildung $\mathfrak{n}_{(a,\,b,\,\mathfrak{w})}$ in folgender Weise erzeugt werden (vgl. Figur 116): Man suche die beiden Punkte s und t auf, in denen sich die Kreise mit den Durchmessern ab und $(a+b)(a-b)$ schneiden, verbinde einen von diesen beiden Punkten, sagen wir den Punkt s, mit a und drehe ferner den Strahl sa um den Punkt s herum um einen Winkel, der dem ab-

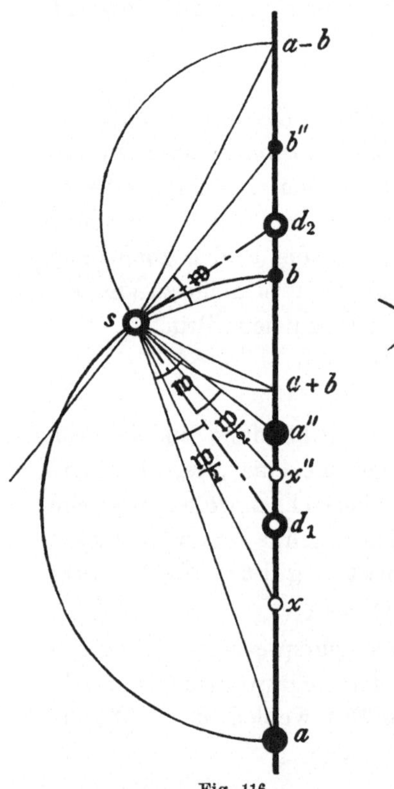

Fig. 116.

soluten Werte des Winkels $\dfrac{\mathfrak{w}}{2}$ gleich-kommt, und dessen Sinn mit dem des rechten Winkels $\angle([sa],[sb])$ übereinstimmt oder nicht, je nachdem der Winkel $\mathfrak{w}$ positiv oder negativ ist; die Endlage des Strahls heiße D_1, der dazu in s senkrechte Strahl sei mit D_2 bezeichnet. Projiziert man dann die Punktreihe $\mathfrak{x}a + \mathfrak{y}b$ von s aus durch das Strahlbüschel $\mathfrak{x}[sa] + \mathfrak{y}[sb]$, unterwirft dieses Strahlbüschel der Umwendung um die Achse D_1 und schneidet endlich das neu entstehende Strahlbüschel wieder mit der Geraden ab, so erhält man diejenige Punktreihe $\mathfrak{x}a'' + \mathfrak{y}b''$, in welche die Punktreihe $\mathfrak{x}a + \mathfrak{y}b$ durch die negativ zirkuläre Abbildung $\mathfrak{n}_{(a,\,b,\,\mathfrak{w})}$ übergeführt wird. Die Schnittpunkte d_1 und d_2 der Strahlen D_1 und D_2 mit der Geraden ab sind dabei die Doppelpunkte der Abbildung $\mathfrak{n}_{(a,\,b,\,\mathfrak{w})}$.

Aus dieser geometrischen Erzeugung der negativ zirkulären Abbildung einer Punktreihe geht sogleich hervor, daß diese Abbildung stets involutorisch ist; denn die Zuordnung zwischen je zwei entsprechenden Punkten der Abbildung ist wechselseitig. Und dies findet man auch analytisch, wenn man den Bruch $\mathfrak{n}$ in seiner Normalform schreibt, nämlich in der Form (vgl. die Formeln (16) bis (19))

$$(29) \qquad \mathfrak{n}_{(a,\,b,\,\mathfrak{w})} = \frac{d_1,\ -d_2}{d_1,\ \ -d_2}, \ \text{wo}$$

$$(30) \quad \begin{cases} d_1 = \cos\dfrac{\mathfrak{w}}{2}\, a + \sin\dfrac{\mathfrak{w}}{2}\, b = a\,\mathfrak{c}\left(a, b, \dfrac{\mathfrak{w}}{2}\right) \\[2ex] d_2 = -\sin\dfrac{\mathfrak{w}}{2}\, a + \cos\dfrac{\mathfrak{w}}{2}\, b = b\,\mathfrak{c}\left(a, b, \dfrac{\mathfrak{w}}{2}\right) \end{cases}$$

ist, so daß also zugleich

$$(31) \qquad \mathfrak{n}_{(a,\,b,\,\mathfrak{w})} = \frac{\cos\dfrac{\mathfrak{w}}{2}\, a + \sin\dfrac{\mathfrak{w}}{2}\, b,\ -\left(-\sin\dfrac{\mathfrak{w}}{2}\, a + \cos\dfrac{\mathfrak{w}}{2}\, b\right)}{\cos\dfrac{\mathfrak{w}}{2}\, a + \sin\dfrac{\mathfrak{w}}{2}\, b,\ -\sin\dfrac{\mathfrak{w}}{2}\, a + \cos\dfrac{\mathfrak{w}}{2}\, b}$$

wird. In der Tat zeigt die Gleichung (29) im Vergleich mit der Gleichung (17) des 16. Abschnitts, daß jede negativ zirkuläre Abbildung einer Punktreihe mit einer hyperbolischen Punktinvolution identisch ist; und man entnimmt überdies aus den Gleichungen (30), daß die Doppelpunkte d_1 und d_2 dieser Punktinvolution aus den Grundpunkten a und b der negativ zirkulären Abbildung durch die positiv zirkuläre Abbildung $\mathfrak{c}\left(a, b, \dfrac{\mathfrak{w}}{2}\right)$ hervorgehen. Diese Punkte aber bilden für jeden Wert von $\mathfrak{w}$ ein Paar der in der eingliedrigen Gruppe der positiv zirkulären Abbildungen $\mathfrak{c}\left(a, b, \dfrac{\mathfrak{w}}{2}\right)$ enthaltenen elliptischen Involution $\mathfrak{c}\left(a, b, \dfrac{\pi}{2}\right)$; und umgekehrt ist jede hyperbolische Involution, die ein Paar der elliptischen Involution $\mathfrak{c}\left(a, b, \dfrac{\pi}{2}\right)$ zu Doppelstrahlen hat, unter den negativ zirkulären Abbildungen $\mathfrak{n}_{(a,\,b,\,\mathfrak{w})}$ enthalten. Man hat also den Satz:

Satz 177: Die Gesamtheit aller derjenigen negativ zirkulären Abbildungen einer Punktreihe, die aus der Abbildung $\mathfrak{n}_{(a,\,b,\,\mathfrak{w})}$ bei Festhaltung ihrer Grundpunkte a und b und Veränderung ihres Winkels $\mathfrak{w}$ hervorgehen, ist identisch mit der Gesamtheit aller derjenigen hyperbolischen Involutionen der Geraden ab, die irgendein Paar der elliptischen Involution $\mathfrak{c}\left(a, b, \dfrac{\pi}{2}\right)$ zu Doppelpunkten haben.

Andererseits umfassen die *sämtlichen* negativ zirkulären Abbildungen einer Geraden auch *alle* hyperbolischen Involutionen dieser Geraden. Ja, man erhält diese Involutionen sogar schon, wenn man nur die Grundpunkte a und b der Abbilduug variieren läßt, aber dem Winkel $\mathfrak{w}$ den konstanten Wert 0 beilegt; denn es wird wegen (31)

$$\mathfrak{n}_{(a,\,b,\,0)} = \frac{a,\ -b}{a,\ b}.$$

Dieser Bruch aber war nach der Gleichung (17) des 16. Abschnitts gerade der Ausdruck für die hyperbolische Involution mit den Doppelpunkten a und b.

Während also die positiv zirkulären Abbildungen einer Punktreihe alle diejenigen projektiven Abbildungen dieser Punktreihe in sich umfassen, die konjugiert komplexe Doppelpunkte haben, bestehen die negativ zirkulären Abbildungen einer Punktreihe aus den sämtlichen hyperbolischen Involutionen ihrer Geraden. Dagegen sind unter ihnen keine projektiven Abbildungen enthalten, die nicht involutorisch sind.

Konstruktion der Doppelpunkte einer hyperbolischen Punktinvolution. Die Tatsache, daß eine jede hyperbolische Punktinvolution als negativ zirkuläre Abbildung einer Punktreihe aufgefaßt werden kann, ermöglicht es, die in der Figur 116 enthaltenen geometrischen Beziehungen zur Konstruktion der Doppelpunkte einer hyperbolischen Punktinvolution zu verwerten.

Da nämlich in dieser Figur nicht nur der Winkel asb, sondern auch der Winkel $a''sb'' = \frac{\pi}{2}$ ist, so kann man den Punkt s (und den Punkt t) auch dadurch finden, daß man die Kreise schlägt, welche die Punkte a, b und a'', b'' zu Endpunkten eines Durchmessers haben. Man erhält also für die Doppelpunkte einer hyperbolischen Punktinvolution, die durch zwei Paare entsprechender Punkte gegeben ist, die folgende Konstruktion:

Sind a, a'' und b, b'' die beiden gegebenen Paare einer hyperbolischen Punktinvolution $\mathfrak{h}$, also

$$a'' = a\,\mathfrak{h} \quad \text{und} \quad b'' = b\,\mathfrak{h}$$

(vgl. Figur 117), so schlage man über dem Abstande der Punkte a, b der ersten Punktreihe und über dem Abstande der entsprechenden Punkte a'' und b'' der zweiten Punktreihe nach derselben Seite hin die Halbkreise, die sich im Punkte s schneiden mögen. Verbindet man dann noch den Punkt s mit den Punkten eines der beiden Paare der Involution, etwa mit den Punkten a und a'' und halbiert den Winkel asa'', so schneidet die Halbierungslinie aus der Geraden aa'' den einen Doppelpunkt d_1 aus. Den anderen Doppelpunkt d_2 findet man, indem man in s auf sd_1 das Lot errichtet und mit der Geraden aa'' zum Schnitt bringt.

Will man die angegebene Konstruktion unabhängig von der obigen Entwickelung begründen, so ziehe man noch die Strahlen sb und sb''; dann wird wegen der drei rechten Winkel bei s auch der

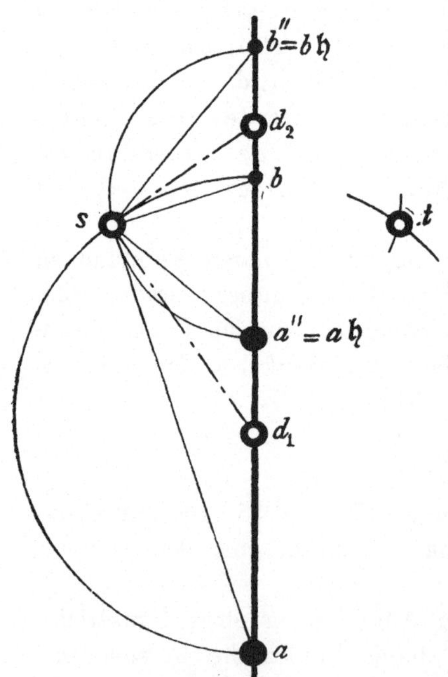

Fig. 117.

Winkel bsb'' durch den Strahl sd_2 halbiert. Die Strahlen sb und sb'' sind daher die Spiegelbilder voneinander in bezug auf sd_2 und also auch in bezug auf sd_1. Nach Satz 173 ist somit die durch die Strahlpaare sa, sa'' und sb, sb'' bestimmte Strahlinvolution die Gleichwinkelinvolution, und die Strahlen sd_1 und sd_2 sind ihre Doppelstrahlen. Daraus aber folgt: Die Punkte d_1 und d_2 sind die Doppelpunkte in der zu dieser Gleichwinkelinvolution perspektiven hyperbolischen Punktinvolution $\mathfrak{h}$.

Diese Konstruktion ist freilich direkt nur dann brauchbar, wenn die beiden Punkte a und b der ersten Punktreihe durch die zugeordneten Punkte a'' und b'' der zweiten Punktreihe getrennt werden. Indes bedarf sie auch in dem Falle, wo dies nicht zutrifft, wie bei den Punkten a und x, a'' und x'' der Figur 116, nur einer geringen Modifikation: Wegen der Wechselseitigkeit der involutorischen Zuordnung kann man nämlich ja auch den Punkt x'' als Punkt der ersten Punktreihe und den Punkt x als zugeordneten Punkt der zweiten Punktreihe auffassen und kann also die beiden Halbkreise anstatt über ax und $a''x''$ auch über ax'' und $a''x$ schlagen (vgl. Figur 118). Treffen sich dieselben im Punkte u, so schneiden die Halbierungslinien des Winkels $\angle\, xux''$ und seiner Nebenwinkel aus der Geraden aa'' die Doppelpunkte d_1 und d_2 der hyperbolischen Punktinvolution aus.

Man kann aus den beiden so gewonnenen Konstruktionen die folgende allgemeine Konstruktionsvorschrift ableiten:

Vorschrift für die Konstruktion der Doppelpunkte einer hyperbolischen Punktinvolution: Ist eine hyperbolische Punktinvolution durch zwei Paare zugeordneter Punkte gegeben, deren vier Punkte voneinander verschieden sind, so entnehme man aus jedem von diesen beiden Paaren der Involution einen Punkt in der Weise, daß die beiden gewählten Punkte durch die beiden anderen Punkte beider Paare getrennt werden. Eine solche Auswahl ist nach Satz 157 immer möglich, da nach Satz 159 bei einer hyperbolischen Involution die Punkte zweier Paare der Involution, falls sie nur voneinander verschieden sind, im Sinne von Seite 220 „sich nicht trennen". Sodann schlage man die beiden Kreise, welche die beiden ausgewählten Punkte und die beiden anderen Punkte zu Endpunkten eines Durchmessers haben, verbinde einen von den beiden Schnittpunkten dieser Kreise mit den Punkten eines Paares der Involution und halbiere den so entstehenden Winkel und seine Nebenwinkel, so schneiden die Halbierungslinien aus dem Träger der Involution ihre beiden Doppelpunkte aus (vgl. die Figuren 117 und 118).

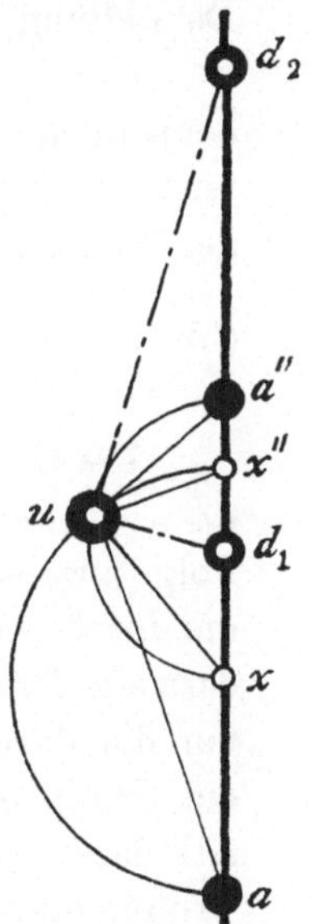

Fig. 118.

Die Umwendung einer Punktreihe. Eine besondere Erwähnung verdient noch die unter den negativ zirkulären Abbildungen einer Punktreihe vorkommende Umwendung $\mathfrak{u}$ einer Punktreihe, die wir auch als Spiegelung einer Punktreihe an einem ihrer Punkte bezeichnen können. Man kann zu dieser Abbildung in folgender Weise gelangen: Man nehme von einer negativ zirkulären Abbildung $\mathfrak{n}_{(a,\,b,\,\mathfrak{w})}$ die Grundpunkte a, b einschließlich ihrer Massen beliebig an, wodurch dann auch bereits die zur Konstruktion des Punktes s benutzten Hülfspunkte $a + b$ und $a - b$ mit bestimmt sind (vgl. Figur 116), verfüge aber über den Winkel $\mathfrak{w}$ der Abbildung in der Weise, daß ein Doppelpunkt dieser Abbildung, etwa der Punkt d_1, senkrecht unter den Punkt s zu liegen kommt, das heißt mit dem Fußpunkt des Lotes zusammenfällt, das man vom Punkte s auf die Gerade ab fällen kann. Dieser Doppelpunkt d_1 bildet dann die Mitte zwischen je zwei entsprechenden Punkten der beiden Punktreihen und heißt das „Zentrum der Umwendung", während der Doppelpunkt d_2 ins Unendliche gerückt ist, so daß er in der analytischen Darstellung durch eine Strecke vertreten wird (vgl. auch Seite 204).

Um den zugehörigen Projektivitätsbruch zu erhalten, bezeichne man mit f denjenigen einfachen Punkt, der mit dem Zentrum der Umwendung zusammenfällt, und mit g eine Strecke, die der zu transformierenden Geraden angehört. Dann lautet der Ausdruck für die Umwendung $\mathfrak{u}$ um den Punkt f

$$(32) \qquad\qquad \mathfrak{u} = \frac{f,\ -g}{f,\ \ g}.$$

Die Gruppe aller positiv und negativ zirkulären Abbildungen $\mathfrak{c}_{(a,\,b,\,\mathfrak{w})}$ *und* $\mathfrak{n}_{(a,\,b,\,\mathfrak{w})}$, *die demselben Punktpaar* a, b *zugehören.* Nach Satz 176 ist die Folge zweier Umwendungen eines Strahlbüschels um zwei Umwendachsen, die durch dessen Scheitel hindurchgehen, nicht wieder eine Umwendung, sondern eine Drehung des Strahlbüschels. Die Umwendungen eines Strahlbüschels um die durch seinen Scheitel gehenden Umwendachsen besitzen also nicht die Gruppeneigenschaft; und dasselbe wird daher auch von den negativ zirkulären Abbildungen $\mathfrak{n}_{(a,\,b,\,\mathfrak{w})}$ einer Punktreihe gelten, welche dieselben Grundpunkte a, b haben. Trotzdem ist es von Interesse, das Folgeprodukt zweier negativ zirkulären Abbildungen $\mathfrak{n}_{(a,\,b,\,\mathfrak{w}_1)}$ und $\mathfrak{n}_{(a,\,b,\,\mathfrak{w}_2)}$ zu untersuchen. Dazu unterwirft man am besten die Grundpunkte a, b selbst nacheinander den Abbildungen $\mathfrak{n}_{(a,\,b,\,\mathfrak{w}_1)}$ und $\mathfrak{n}_{(a,\,b,\,\mathfrak{w}_2)}$. Dann wird nach (27)

$$\begin{aligned}
a\,\mathfrak{n}_{(a,\,b,\,\mathfrak{w}_1)}\,\mathfrak{n}_{(a,\,b,\,\mathfrak{w}_2)} &= (a\cos\mathfrak{w}_1 + b\sin\mathfrak{w}_1)\,\mathfrak{n}_{(a,\,b,\,\mathfrak{w}_2)} \\
&= a\,\mathfrak{n}_{(a,\,b,\,\mathfrak{w}_2)}\cos\mathfrak{w}_1 + b\,\mathfrak{n}_{(a,\,b,\,\mathfrak{w}_2)}\sin\mathfrak{w}_1 \\
&= \ \ (a\cos\mathfrak{w}_2 + b\sin\mathfrak{w}_2)\cos\mathfrak{w}_1 \\
&\quad + (a\sin\mathfrak{w}_2 - b\cos\mathfrak{w}_2)\sin\mathfrak{w}_1 \\
&= a\cos(\mathfrak{w}_2 - \mathfrak{w}_1) + b\sin(\mathfrak{w}_2 - \mathfrak{w}_1)
\end{aligned}$$

oder nach (27)

(33) $\qquad a\,\mathfrak{n}_{(a,\,b,\,\mathfrak{w}_1)}\,\mathfrak{n}_{(a,\,b,\,\mathfrak{w}_2)} = a\,\mathfrak{n}_{(a,\,b,\,\mathfrak{w}_2-\mathfrak{w}_1)}$

oder auch wegen Gleichung (14) des vorigen Abschnitts

(34) $\qquad a\,\mathfrak{n}_{(a,\,b,\,\mathfrak{w}_1)}\,\mathfrak{n}_{(a,\,b,\,\mathfrak{w}_2)} = a\,\mathfrak{c}_{(a,\,b,\,\mathfrak{w}_2-\mathfrak{w}_1)}.$

Ferner wird wieder nach (27)

$$\begin{aligned}
b\,\mathfrak{n}_{(a,\,b,\,\mathfrak{w}_1)}\,\mathfrak{n}_{(a,\,b,\,\mathfrak{w}_2)} &= (a\,\sin\mathfrak{w}_1 - b\,\cos\mathfrak{w}_1)\,\mathfrak{n}_{(a,\,b,\,\mathfrak{w}_2)} \\
&= a\,\mathfrak{n}_{(a,\,b,\,\mathfrak{w}_2)}\,\sin\mathfrak{w}_1 - b\,\mathfrak{n}_{(a,\,b,\,\mathfrak{w}_2)}\,\cos\mathfrak{w}_1 \\
&= (a\quad \cos\mathfrak{w}_2 + b\,\sin\mathfrak{w}_2)\,\sin\mathfrak{w}_1 \\
&\quad - (a\,\sin\mathfrak{w}_2 - b\,\cos\mathfrak{w}_2)\,\cos\mathfrak{w}_1 \\
&= \quad a\,\sin(\mathfrak{w}_1 - \mathfrak{w}_2) + b\,\cos(\mathfrak{w}_1 - \mathfrak{w}_2) \\
&= -\,a\,\sin(\mathfrak{w}_2 - \mathfrak{w}_1) + b\,\cos(\mathfrak{w}_2 - \mathfrak{w}_1) \\
&= -\,\{a\,\sin(\mathfrak{w}_2 - \mathfrak{w}_1) - b\,\cos(\mathfrak{w}_2 - \mathfrak{w}_1)\}
\end{aligned}$$

oder nach (27)

(35) $\qquad b\,\mathfrak{n}_{(a,\,b,\,\mathfrak{w}_1)}\,\mathfrak{n}_{(a,\,b,\,\mathfrak{w}_2)} = -\,b\,\mathfrak{n}_{(a,\,b,\,\mathfrak{w}_2-\mathfrak{w}_1)}$

oder wegen Gleichung (14) des vorigen Abschnitts

(36) $\qquad b\,\mathfrak{n}_{(a,\,b,\,\mathfrak{w}_1)}\,\mathfrak{n}_{(a,\,b,\,\mathfrak{w}_2)} = b\,\mathfrak{c}_{(a,\,b,\,\mathfrak{w}_2-\mathfrak{w}_1)}.$

Von den so gewonnenen vier Gleichungen (33) bis (36) kann man die Gleichungen (34) und (36) nach Satz 75 auch zu der Gleichung zusammenfassen:

(37) $\qquad \mathfrak{n}_{(a,\,b,\,\mathfrak{w}_1)}\,\mathfrak{n}_{(a,\,b,\,\mathfrak{w}_2)} = \mathfrak{c}_{(a,\,b,\,\mathfrak{w}_2-\mathfrak{w}_1)},$

während die Gleichungen (33) und (35) zeigen, daß den negativ zirkulären Abbildungen $\mathfrak{n}_{(a,\,b,\,\mathfrak{w})}$, $a,\,b = \mathrm{const.}$, nicht die Gruppeneigenschaft zukommt. Stellt man aber zu der Gleichung (37) noch ihr Gegenstück, die Gleichung (48) des vorigen Abschnitts, das heißt die Gleichung

(38) $\qquad \mathfrak{c}_{(a,\,b,\,\mathfrak{w}_1)}\,\mathfrak{c}_{(a,\,b,\,\mathfrak{w}_2)} = \mathfrak{c}_{(a,\,b,\,\mathfrak{w}_1+\mathfrak{w}_2)},$

so drängt sich zugleich die Vermutung auf, daß die *positiv und negativ zirkulären Abbildungen* $\mathfrak{c}_{(a,\,b,\,\mathfrak{w})}$ *und* $\mathfrak{n}_{(a,\,b,\,\mathfrak{w})}$ *zusammengenommen* bei festgehaltenem a und b und veränderlichem $\mathfrak{w}$ eine Gruppe bilden.

Um die Richtigkeit dieser Vermutung zu beweisen, hat man nur noch zu zeigen, daß auch die Folge einer positiv und einer negativ zirkulären Abbildung und ebenso die umgekehrte Folge eine positiv oder eine negativ zirkuläre Abbildung ist. Dazu berücksichtige man, daß sich aus der Vergleichung der beiden Brüche für die Abbildungen $\mathfrak{c}_{(a,\,b,\,\mathfrak{w})}$ und $\mathfrak{n}_{(a,\,b,\,\mathfrak{w})}$ (vgl. die Gleichung (14) des vorigen Abschnitts und die Gleichung (27)) die Formeln ergeben:

(39) $\qquad \begin{cases} a\,\mathfrak{n}_{(a,\,b,\,\mathfrak{w})} = \quad a\,\mathfrak{c}_{(a,\,b,\,\mathfrak{w})} \\ b\,\mathfrak{n}_{(a,\,b,\,\mathfrak{w})} = -\,b\,\mathfrak{c}_{(a,\,b,\,\mathfrak{w})}. \end{cases}$

Es wird daher

$$\begin{aligned}
a\,\mathfrak{n}_{(a,\,b,\,\mathfrak{w}_1)}\,\mathfrak{c}_{(a,\,b,\,\mathfrak{w}_2)} &= a\,\mathfrak{c}_{(a,\,b,\,\mathfrak{w}_1)}\,\mathfrak{c}_{(a,\,b,\,\mathfrak{w}_2)} \\
&= a\,\mathfrak{c}_{(a,\,b,\,\mathfrak{w}_1+\mathfrak{w}_2)} \quad \text{oder wegen (39)}
\end{aligned}$$

oder nach (38)

(40) $\qquad a\,\mathfrak{n}_{(a,\,b,\,\mathfrak{w}_1)}\,\mathfrak{c}_{(a,\,b,\,\mathfrak{w}_2)} = a\,\mathfrak{n}_{(a,\,b,\,\mathfrak{w}_1+\mathfrak{w}_2)}.$

Und ebenso wird wegen (39)

$$b\,\mathfrak{n}_{(a,\,b,\,\mathfrak{w}_1)}\,\mathfrak{c}_{(a,\,b,\,\mathfrak{w}_2)} = -\,b\,\mathfrak{c}_{(a,\,b,\,\mathfrak{w}_1)}\,\mathfrak{c}_{(a,\,b,\,\mathfrak{w}_2)}$$

oder nach (38) $\qquad\qquad = -\,b\,\mathfrak{c}_{(a,\,b,\,\mathfrak{w}_1+\mathfrak{w}_2)}\qquad$ oder wegen (39)

$$(41)\qquad b\,\mathfrak{n}_{(a,\,b,\,\mathfrak{w}_1)}\,\mathfrak{c}_{(a,\,b,\,\mathfrak{w}_2)} = b\,\mathfrak{n}_{(a,\,b,\,\mathfrak{w}_1+\mathfrak{w}_2)}.$$

Die beiden Gleichungen (40) und (41) kann man aber nach Satz 75 wieder in der Gleichung zusammenfassen:

$$(42)\qquad \mathfrak{n}_{(a,\,b,\,\mathfrak{w}_1)}\,\mathfrak{c}_{(a,\,b,\,\mathfrak{w}_2)} = \mathfrak{n}_{(a,\,b,\,\mathfrak{w}_1+\mathfrak{w}_2)}.$$

In entsprechender Weise findet man die Gleichung

$$(43)\qquad \mathfrak{c}_{(a,\,b,\,\mathfrak{w}_1)}\,\mathfrak{n}_{(a,\,b,\,\mathfrak{w}_2)} = \mathfrak{n}_{(a,\,b,\,\mathfrak{w}_2-\mathfrak{w}_1)}.$$

Man erhält also im ganzen das folgende System von Gleichungen:

$$(44)\qquad \begin{cases} \mathfrak{c}_{(a,\,b,\,\mathfrak{w}_1)}\,\mathfrak{c}_{(a,\,b,\,\mathfrak{w}_2)} = \mathfrak{c}_{(a,\,b,\,\mathfrak{w}_1+\mathfrak{w}_2)} \\[4pt] \mathfrak{n}_{(a,\,b,\,\mathfrak{w}_1)}\,\mathfrak{n}_{(a,\,b,\,\mathfrak{w}_2)} = \mathfrak{c}_{(a,\,b,\,\mathfrak{w}_2-\mathfrak{w}_1)} \\[4pt] \mathfrak{n}_{(a,\,b,\,\mathfrak{w}_1)}\,\mathfrak{c}_{(a,\,b,\,\mathfrak{w}_2)} = \mathfrak{n}_{(a,\,b,\,\mathfrak{w}_1+\mathfrak{w}_2)} \\[4pt] \mathfrak{c}_{(a,\,b,\,\mathfrak{w}_1)}\,\mathfrak{n}_{(a,\,b,\,\mathfrak{w}_2)} = \mathfrak{n}_{(a,\,b,\,\mathfrak{w}_2-\mathfrak{w}_1)}. \end{cases}$$

Damit ist nunmehr wirklich bewiesen, daß die positiv und negativ zirkulären Abbildungen, die demselben Punktpaar a, b zugehören, zusammengenommen eine Gruppe bilden. Diese Gruppe aber ist als „diskontinuierlich" zu bezeichnen[1]), da man von einer positiv zirkulären Abbildung nicht durch stetige Änderung eines Parameters zu einer negativ zirkulären Abbildung der Gruppe gelangen kann. In ihr bildet die kontinuierliche eingliedrige Gruppe aller positiv zirkulären Abbildungen $\mathfrak{c}_{(a,\,b,\,\mathfrak{w})}$, a, $b =$ const., eine „Teilgruppe" Man hat also den Satz:

Satz 178: Alle positiv und negativ zirkulären Abbildungen $\mathfrak{c}_{(a,\,b,\,\mathfrak{w})}$ und $\mathfrak{n}_{(a,\,b,\,\mathfrak{w})}$, die demselben Punktpaar a, b, aber beliebigen Winkeln $\mathfrak{w}$ zugehören, bilden zusammengenommen eine diskontinuierliche Gruppe, welche die kontinuierliche eingliedrige Gruppe der positiv zirkulären Abbildungen $\mathfrak{c}_{(a,\,b,\,\mathfrak{w})}$ allein als Teilgruppe in sich enthält. Dagegen bilden die negativ zirkulären Abbildungen $\mathfrak{n}_{(a,\,b,\,\mathfrak{w})}$ für sich keine Gruppe.

Es besteht also zwischen den betrachteten positiv und negativ zirkulären Abbildungen einer Punktreihe eine ähnliche Beziehung wie zwischen den Kollineationen und Reziprozitäten der Ebene (oder des Raumes)[2]).

---

1) Vgl. S. 224.

2) Vgl. hierzu die Anmerkung von F. Engel zu Nr. 154 der Ausdehnungslehre meines Vaters vom Jahre 1862 (H. Graßmanns gesammelte mathematische und physikalische Werke, Bd. 1, Teil 2 (1896), Seite 428 f.).

Die negativ zirkuläre Abbildung eines Strahlbüschels. Man kann endlich der negativ zirkulären Abbildung einer Punktreihe auch wieder eine entsprechende Abbildung im Strahlbüschel gegenüberstellen. Sie geht in derselben Weise aus der Umwendung eines Strahlbüschels hervor wie die positiv zirkuläre Abbildung eines Strahlbüschels aus der Drehung des Strahlbüschels. In der Tat waren waren ja in dem Bruche (6) für die Umwendung eines Strahlbüschels, nämlich in dem Bruche

$$(6) \qquad \mathfrak{U}_{(A,\,B,\,\mathfrak{w})} = \frac{\cos \mathfrak{w}\,A + \sin \mathfrak{w}\,B, \quad \sin \mathfrak{w}\,A - \cos \mathfrak{w}\,B}{A, \qquad\qquad B},$$

die Nenner A und B gleich lange und zueinander senkrechte Stäbe. Hebt man diese beiden Bedingungen auf, bildet also den Bruch

$$(45) \qquad \mathfrak{R}_{(A,\,B,\,\mathfrak{w})} = \frac{\cos \mathfrak{w}\,A + \sin \mathfrak{w}\,B, \quad \sin \mathfrak{w}\,A - \cos \mathfrak{w}\,B}{A, \qquad\qquad B},$$

der mit dem Umwendungsbruch (6) ganz gleich gebaut ist, in dem aber die Nenner A und B zwei ganz beliebige, (aber selbstverständlich nicht in *einer* Geraden liegende) Stäbe bedeuten, so erhält man das genaue Gegenstück der negativ zirkulären Abbildung einer Punktreihe; wir wollen es als die „negativ zirkuläre Abbildung eines Strahlbüschels" bezeichnen.

Dieselbe hat die Eigenschaft, daß die beiden aufeinander bezogenen konzentrischen Strahlbüschel von jeder nicht durch deren Scheitel gehenden Geraden G in zwei negativ zirkulär verwandten Punktreihen geschnitten werden, oder was dasselbe ist, in einer hyperbolischen Punktinvolution. Die Begründung dieser Behauptung kann in ganz derselben Weise gegeben werden wie bei der entsprechenden Eigenschaft der positiv zirkulären Abbildung eines Strahlbüschels (vgl. Seite 228 f.).

Andererseits erhält man zwei negativ zirkulär verwandte Strahlbüschel, indem man zwei negativ zirkulär verwandte Punktreihen, das heißt also eine beliebige hyperbolische Punktinvolution, von einem außerhalb ihrer Geraden gelegenen Punkte m aus projiziert. Die so erzeugte negativ zirkuläre Abbildung eines Strahlbüschels ist daher ebenfalls eine hyperbolische Involution, und diese hyperbolische Strahlinvolution geht nach Satz 174 dann und nur dann in eine bloße Umwendung eines Strahlbüschels über, wenn das Projektions-

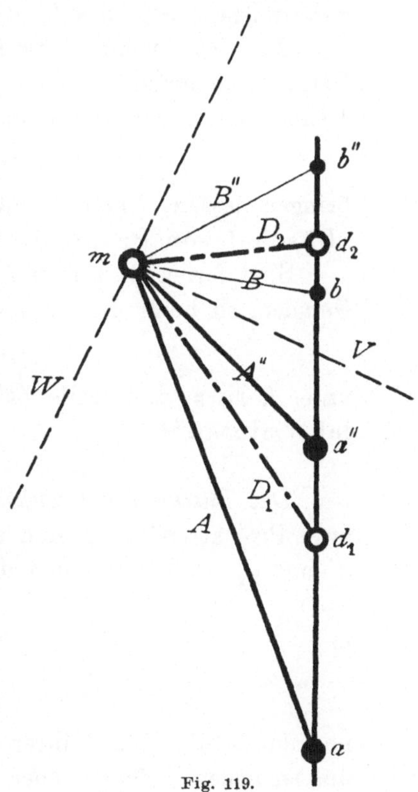

Fig. 119.

zentrum. m auf dem Kreise gelegen ist, der die Doppelpunkte d_1 und d_2 der hyperbolischen Punktinvolution zu Endpunkten eines Durchmessers hat. Im allgemeinen dagegen *stehen die Doppelstrahlen D_1 und D_2 einer negativ zirkulären Abbildung* $\mathfrak{R}_{(A,\,B,\,\mathfrak{w})}$ *eines Strahlbüschels nicht aufeinander senkrecht;* in jedem Falle aber sind nach Satz 170 die Halbierungslinien V, W der Winkel zwischen diesen beiden Doppelstrahlen „die Achsen der negativ zirkulären Abbildung" (vgl. Figur 119).

Abschnitt 19.
Über Büschel von Projektivitäten.

Begriff eines Büschels und eines Bündels von Projektivitäten. Man sagt von n Projektivitäten $\mathfrak{p}$, $\mathfrak{q}$, $\mathfrak{r}$, $\cdots$ derselben Geraden, sie seien „linear unabhängig voneinander", wenn sich keine n reellen Zahlgrößen $\mathfrak{x}$, $\mathfrak{y}$, $\mathfrak{z}$, $\cdots$ finden lassen, für die eine Gleichung von der Form

$$\mathfrak{x}\,\mathfrak{p} + \mathfrak{y}\,\mathfrak{q} + \mathfrak{z}\,\mathfrak{r} + \cdots = 0$$

besteht (natürlich abgesehen von den diese Gleichung identisch erfüllenden Zahlgrößen $\mathfrak{x} = 0$, $\mathfrak{y} = 0$, $\mathfrak{z} = 0$, $\cdots$).

Sind jetzt $\mathfrak{p}$ und $\mathfrak{q}$ *zwei* linear unabhängige Projektivitäten derselben Geraden, so nennt man die Gesamtheit aller Projektivitäten, die sich als Vielfachensummen von $\mathfrak{p}$ und $\mathfrak{q}$ darstellen, also auf die Form

$$\mathfrak{l}\,\mathfrak{p} + \mathfrak{m}\,\mathfrak{q}$$

bringen lassen, unter $\mathfrak{l}$ und $\mathfrak{m}$ zwei reelle Zahlgrößen verstanden, ein „Büschel von Projektivitäten".

Sind ferner $\mathfrak{p}$, $\mathfrak{q}$, $\mathfrak{r}$ *drei* linear unabhängige Projektivitäten derselben Geraden, so heißt die Gesamtheit aller Projektivitäten von der Form

$$\mathfrak{l}\,\mathfrak{p} + \mathfrak{m}\,\mathfrak{q} + \mathfrak{n}\,\mathfrak{r},$$

unter $\mathfrak{l}$, $\mathfrak{m}$, $\mathfrak{n}$, drei reelle Zahlgrößen verstanden, ein „Bündel von Projektivitäten".

Das Büschel von Projektivitäten mit gemeinsamen Doppelpunkten. Haben zwei Projektivitäten $\mathfrak{p}$ und $\mathfrak{q}$ dieselben getrennten reellen Doppelpunkte d_1 und d_2, so können sich die Normalformen ihrer Abbildungsbrüche

$$(1) \qquad \begin{cases} \mathfrak{p} = \dfrac{\mathfrak{r}_1\,d_1\,,\ \ \mathfrak{r}_2\,d_2}{d_1\,,\qquad d_2} \quad \text{und} \\[2ex] \mathfrak{q} = \dfrac{\mathfrak{s}_1\,d_1\,,\ \ \mathfrak{s}_2\,d_2}{d_1\,,\qquad d_2} \end{cases}$$

nur durch die Werte ihrer vier reellen Hauptzahlen $\mathfrak{r}_i$ und $\mathfrak{s}_i$, $i = 1$, 2, unterscheiden. Sollen aber außerdem die beiden Projektivitäten linear

unabhängig voneinander sein, das heißt nach dem obigen, nicht nur um
einen reellen Zahlfaktor voneinander abweichen, so muß außerdem zwischen
ihren vier Hauptzahlen die Ungleichung herrschen

$$\mathfrak{r}_1 : \mathfrak{r}_2 \gtrless \mathfrak{s}_1 : \mathfrak{s}_2,$$

die man auch in der Form schreiben kann:

$$(2) \qquad \mathfrak{r}_1\mathfrak{s}_2 - \mathfrak{r}_2\mathfrak{s}_1 \gtrless 0.$$

Man sieht dann sofort, daß dem ganzen Büschel von Projektivitäten, das
durch die Abbildungen $\mathfrak{p}$ und $\mathfrak{q}$ bestimmt wird, das heißt dem Büschel
$\mathfrak{l}\mathfrak{p} + \mathfrak{m}\mathfrak{q}$, dieselben Doppelpunkte d_1 und d_2 zugehören. In der Tat wird

$$(3) \qquad \mathfrak{l}\mathfrak{p} + \mathfrak{m}\mathfrak{q} = \frac{(\mathfrak{l}\mathfrak{r}_1 + \mathfrak{m}\mathfrak{s}_1)d_1,\ (\mathfrak{l}\mathfrak{r}_2 + \mathfrak{m}\mathfrak{s}_2)d_2}{d_1,\qquad d_2};$$

die Projektivität $\mathfrak{l}\mathfrak{p} + \mathfrak{m}\mathfrak{q}$ hat also ebenfalls die Punkte d_1 und d_2 zu
Doppelpunkten. Umgekehrt gehört jede Projektivität $\mathfrak{r}$, die mit den Ab-
bildungen $\mathfrak{p}$ und $\mathfrak{q}$ die Doppelpunkte gemein hat, die sich also durch
einen Bruch von der Form

$$(4) \qquad \mathfrak{r} = \frac{t_1 d_1,\ t_2 d_2}{d_1,\quad d_2}$$

darstellen läßt, dem Büschel $\mathfrak{l}\mathfrak{p} + \mathfrak{m}\mathfrak{q}$ an, denn die Gleichungen

$$(5) \qquad \begin{cases} t_1 = \mathfrak{l}\mathfrak{r}_1 + \mathfrak{m}\mathfrak{s}_1 \\ t_2 = \mathfrak{l}\mathfrak{r}_2 + \mathfrak{m}\mathfrak{s}_2 \end{cases}$$

bestimmen mit Rücksicht auf die Ungleichung (2) die Größen $\mathfrak{l}$ und $\mathfrak{m}$
eindeutig und liefern für sie reelle Werte.

Genau dasselbe Beweisverfahren läßt sich nun aber auch anwenden,
wenn an die Stelle der beiden Projektivitäten mit zwei gemeinschaftlichen
getrennten reellen Doppelpunkten zwei Projektivitäten mit zwei gemeinschaftlichen konjugiert komplexen Doppelpunkten treten. Zwei solche
Projektivitäten besitzen nach Seite 154 (vgl. auch Seite 231) die Normalform

$$(6) \qquad \begin{cases} \mathfrak{p} = \dfrac{(\mathfrak{r} + i\mathfrak{s})(a - ib),\ (\mathfrak{r} - i\mathfrak{s})(a + ib)}{a - ib \qquad\qquad a + ib} \\[2ex] \mathfrak{q} = \dfrac{(\mathfrak{u} + i\mathfrak{v})(a - ib),\ (\mathfrak{u} - i\mathfrak{v})(a + ib)}{a - ib \qquad\qquad a + ib}. \end{cases}$$

Sollen dieselben linear unabhängig voneinander sein, so muß

$$\mathfrak{r} : \mathfrak{s} \gtrless \mathfrak{u} : \mathfrak{v},$$

oder was dasselbe ist,

$$(7) \qquad \mathfrak{r}\mathfrak{v} - \mathfrak{s}\mathfrak{u} \gtrless 0 \quad \text{sein.}$$

Man sieht dann zunächst wieder, daß dem ganzen Büschel $\mathfrak{l}\mathfrak{p} + \mathfrak{m}\mathfrak{q}$
dieselben konjugiert komplexen Doppelpunkte $a - ib$ und $a + ib$ zu-
gehören; denn es ist

$$(8) \quad \mathfrak{l}\mathfrak{p} + \mathfrak{m}\mathfrak{q} = \frac{\{(\mathfrak{l}\mathfrak{r} + \mathfrak{m}\mathfrak{u}) + i(\mathfrak{l}\mathfrak{s} + \mathfrak{m}\mathfrak{v})\}(a - ib),\ \{(\mathfrak{l}\mathfrak{r} + \mathfrak{m}\mathfrak{u}) - i(\mathfrak{l}\mathfrak{s} + \mathfrak{m}\mathfrak{v})\}(a + ib)}{a - ib,\qquad\qquad\qquad a + ib}.$$

Umgekehrt aber ist jede Projektivität $\mathfrak{r}$, die mit $\mathfrak{p}$ und $\mathfrak{q}$ die konjugiert komplexen Doppelpunkte $a - ib$ und $a + ib$ gemein hat, das heißt jede Projektivität

$$(9) \qquad \mathfrak{r} = \frac{(\mathfrak{x} + i\mathfrak{y})(a - ib),\ (\mathfrak{x} - i\mathfrak{y})(a + ib)}{a - ib, \qquad\qquad a + ib},$$

in dem Büschel $\mathfrak{l}\mathfrak{p} + \mathfrak{m}\mathfrak{q}$ enthalten. In der Tat werden die beiden Brüche (8) und (9) identisch, wenn man setzt:

das heißt: $\qquad \mathfrak{x} \pm i\mathfrak{y} = (\mathfrak{l}\mathfrak{r} + \mathfrak{m}\mathfrak{u}) \pm i(\mathfrak{l}\mathfrak{f} + \mathfrak{m}\mathfrak{v}),$

$$(10) \qquad \begin{cases} \mathfrak{x} = \mathfrak{l}\mathfrak{r} + \mathfrak{m}\mathfrak{u} \\ \mathfrak{y} = \mathfrak{l}\mathfrak{f} + \mathfrak{m}\mathfrak{v}. \end{cases}$$

Diese beiden Gleichungen aber bestimmen wegen (7) eindeutig die Ableitzahlen $\mathfrak{l}$ und $\mathfrak{m}$, vermöge deren sich die Projektivität $\mathfrak{r}$ als Vielfachensumme von $\mathfrak{p}$ und $\mathfrak{q}$ darstellen läßt, und liefern für sie reelle Werte.

Es bliebe schließlich noch zu untersuchen, ob dieselben Beziehungen auch für ein Büschel von Projektivitäten gelten, das durch zwei Projektivitäten $\mathfrak{p}$ und $\mathfrak{q}$ mit denselben *zusammenfallenden reellen* Doppelpunkten bestimmt wird. Zwei solche Projektivitäten lassen sich nach Gleichung (43) des 16. Abschnitts in der Form darstellen:

$$(11) \qquad \begin{cases} \mathfrak{p} = \dfrac{\mathfrak{r}d,\ \mathfrak{r}e_2 + \mathfrak{u}d}{d, \qquad e_2} \\[2ex] \mathfrak{q} = \dfrac{\mathfrak{f}d,\ \mathfrak{f}e_2 + \mathfrak{v}d}{d, \qquad e_2}. \end{cases}$$

Dieselben werden linear unabhängig voneinander sein, wenn

$$\mathfrak{r} : \mathfrak{u} \neq \mathfrak{f} : \mathfrak{v},$$

oder was dasselbe ist, wenn

$$(12) \qquad \mathfrak{r}\mathfrak{v} - \mathfrak{f}\mathfrak{u} \neq 0$$

ist. Eine beliebige Vielfachensumme der beiden Projektivitäten $\mathfrak{p}$ und $\mathfrak{q}$ besitzt dann wieder denselben Typus. In der Tat wird die Vielfachensumme

$$(13) \qquad \mathfrak{l}\mathfrak{p} + \mathfrak{m}\mathfrak{q} = \frac{(\mathfrak{l}\mathfrak{r} + \mathfrak{m}\mathfrak{f})d,\ (\mathfrak{l}\mathfrak{r} + \mathfrak{m}\mathfrak{f})e_2 + (\mathfrak{l}\mathfrak{u} + \mathfrak{m}\mathfrak{v})d}{d, \qquad\qquad e_2}.$$

Jede Projektivität des Büschels $\mathfrak{l}\mathfrak{p} + \mathfrak{m}\mathfrak{q}$ hat also dieselben zusammenfallenden reellen Doppelpunkte wie die Grundprojektivitäten $\mathfrak{p}$ und $\mathfrak{q}$. Aber auch umgekehrt ist jede Projektivität $\mathfrak{r}$, die mit $\mathfrak{p}$ und $\mathfrak{q}$ die beiden zusammenfallenden Doppelpunkte gemein hat, das heißt jede Projektivität

$$(14) \qquad \mathfrak{r} = \frac{\mathfrak{t}d,\ \mathfrak{t}e_2 + \mathfrak{w}d}{d, \qquad e_2},$$

in dem Büschel $\mathfrak{l}\mathfrak{p} + \mathfrak{m}\mathfrak{q}$ enthalten; denn die beiden Brüche (13) und (14) werden identisch, wenn man setzt:

$$(15) \qquad \begin{cases} \mathfrak{t} = \mathfrak{l}\mathfrak{r} + \mathfrak{m}\mathfrak{f} \\ \mathfrak{w} = \mathfrak{l}\mathfrak{u} + \mathfrak{m}\mathfrak{v}. \end{cases}$$

Diese beiden Gleichungen aber bestimmen wegen (12) die Ableitzahlen $\mathfrak{l}$ und $\mathfrak{m}$ eindeutig und liefern wieder für sie reelle Werte.

Damit ist ganz allgemein der Satz bewiesen:

Satz 179: Haben zwei projektive Abbildungen der nämlichen Geraden dieselben getrennten reellen, zusammenfallenden reellen oder konjugiert komplexen Doppelpunkte, so gilt dasselbe von den sämtlichen Abbildungen des Büschels von Projektivitäten, das durch jene beiden projektiven Abbildungen bestimmt wird, und umgekehrt gehört jede Projektivität, welche die gemeinsamen Doppelpunkte des Büschels zu Doppelpunkten hat, selbst dem Büschel an.

Die entartenden Abbildungen eines Büschels von Projektivitäten mit gemeinsamen Doppelpunkten. Die Frage nach etwaigen entartenden Abbildungen, die in einem Büschel von Projektivitäten mit gemeinsamen Doppelpunkten enthalten sind, behandeln wir wieder gesondert für die drei Fälle, wo diese Doppelpunkte getrennt reell, zusammenfallend reell und konjugiert komplex sind.

Sind zuerst die gemeinsamen Doppelpunkte der Projektivitäten des Büschels *reell und räumlich voneinander verschieden*, so kann man zeigen, daß in ihm immer *zwei eigentliche entartende Projektivitäten* vorkommen, von denen die eine den ersten von jenen gemeinsamen Doppelpunkten zum Hauptpunkt, den zweiten zum Nullpunkt hat, während es bei der anderen umgekehrt ist.

In der Tat gelten für diesen Fall die Vergleichungen (1) und (2). Aus den Projektivitäten (1) bildet man aber ohne weiteres durch passende lineare Verknüpfung für die gesuchten entartenden Projektivitäten des zugehörigen Büschels $\mathfrak{l}\mathfrak{p} + \mathfrak{m}\mathfrak{q}$ die Ausdrücke

$$(16) \qquad \begin{cases} \mathfrak{f}_2\mathfrak{p} - \mathfrak{r}_2\mathfrak{q} = \dfrac{(\mathfrak{r}_1\mathfrak{f}_2 - \mathfrak{r}_2\mathfrak{f}_1)\,d_1\,,\; 0}{d_1\,,\, d_2} \\[2ex] -\mathfrak{f}_1\mathfrak{p} + \mathfrak{r}_1\mathfrak{q} = \dfrac{0\,,\,(\mathfrak{r}_1\mathfrak{f}_2 - \mathfrak{r}_2\mathfrak{f}_1)\,d_2}{d_1\,,\qquad d_2}, \end{cases}$$

in denen nach der Ungleichung (2) der Koeffizient $\mathfrak{r}_1\mathfrak{f}_2 - \mathfrak{r}_2\mathfrak{f}_1$ von Null verschieden ist, so daß wir es auch mit zwei *eigentlichen*, das heißt mit zwei *einfach entartenden* Projektivitäten zu tun haben (vgl. Seite 146 ff.). Und dies sind außerdem die einzigen einfach entartenden Projektivitäten des Büschels; denn die allgemeine Bedingungsgleichung des Entartens einer Projektivität $\mathfrak{l}\mathfrak{p} + \mathfrak{m}\mathfrak{q}$ lautet nach Satz 99:

$$(17) \qquad [(\mathfrak{l}\mathfrak{p} + \mathfrak{m}\mathfrak{q})^2] = 0.$$

Sie ist somit in bezug auf das Verhältnis $\dfrac{\mathfrak{l}}{\mathfrak{m}}$ vom zweiten Grade und kann also nicht mehr als zwei Werte für dieses Verhältnis liefern. Damit ist aber wirklich der Satz bewiesen:

Satz 180: In jedem Büschel von Projektivitäten, die zwei getrennte reelle Doppelpunkte miteinander gemein haben, sind zwei und nur zwei einfach entartende Projektivitäten enthalten; und zwar besitzt die eine den einen von den gemeinsamen Doppelpunkten des Büschels zum Hauptpunkt, den andern zum Nullpunkt, bei der anderen ist es umgekehrt.

Auf ganz entsprechende Art kann man beweisen, daß in einem Büschel von Projektivitäten, die *zwei zusammenfallende reelle Doppelpunkte* miteinander gemein haben, das heißt nach Seite 197ff., in einem Büschel von zentrischen Schiebungen mit demselben Zielpunkte, nur *eine einfach entartende Projektivität, und zwar eine parabolische Involution*, enthalten ist. Für die Grundabbildungen $\mathfrak{p}$ und $\mathfrak{q}$ eines solchen Büschels gelten die obigen Vergleichungen (11) und (12). Bildet man aber aus den Projektivitäten (11) durch lineare Verknüpfung die in dem Büschel enthaltene Projektivität

$$(18)\qquad\qquad \mathfrak{f}\mathfrak{p} - \mathfrak{r}\mathfrak{q} = \frac{0,\ (\mathfrak{f}\mathfrak{u} - \mathfrak{r}\mathfrak{v})d}{d,\qquad e_2},$$

so erhält man eine wegen (12) *einfach* entartende Projektivität, und zwar fällt deren Nullpunkt d mit dem Hauptpunkt zusammen. Dieselbe ist also nach Satz 136 eine parabolische Involution mit dem Doppelpunkt d. Und diese Involution ist auch die einzige einfach entartende Projektivität, die in dem Büschel $\mathfrak{l}\mathfrak{p} + \mathfrak{m}\mathfrak{q}$ enthalten ist. Denn die Bedingungsgleichung des Entartens

$$(19)\qquad\qquad [(\mathfrak{l}\mathfrak{p} + \mathfrak{m}\mathfrak{q})^2] = 0$$

liefert in dem vorliegenden Falle für das Verhältnis $\dfrac{\mathfrak{l}}{\mathfrak{m}}$ zwei gleiche Werte. In der Tat läßt sich diese Gleichung auch in der Form schreiben:

$$(20)\qquad\qquad \mathfrak{l}^2[\mathfrak{p}^2] + 2\mathfrak{l}\mathfrak{m}[\mathfrak{p}\mathfrak{q}] + \mathfrak{m}^2[\mathfrak{q}^2] = 0.$$

In ihr aber ist wegen (11)

$$[\mathfrak{p}^2] = \frac{[\mathfrak{r}d(\mathfrak{r}e_2 + \mathfrak{u}d)]}{[de_2]} = \frac{\mathfrak{r}^2[de_2]}{[de_2]} = \mathfrak{r}^2$$

und entsprechend

$$[\mathfrak{q}^2] = \mathfrak{f}^2;$$

andererseits ist

$$[\mathfrak{p}\mathfrak{q}] = \frac{[de_2\cdot \mathfrak{p}\mathfrak{q}]}{[de_2]} = \frac{[d\mathfrak{p}\cdot e_2\mathfrak{q}] - [e_2\mathfrak{p}\cdot d\mathfrak{q}]}{2[de_2]}$$

$$= \frac{[\mathfrak{r}d(\mathfrak{f}e_2 + \mathfrak{v}d)] - [(\mathfrak{r}e_2 + \mathfrak{u}d)\mathfrak{f}d]}{2[de_2]} = \frac{2\mathfrak{r}\mathfrak{f}[de_2]}{2[de_2]}$$

$$= \mathfrak{r}\mathfrak{f}.$$

Die Gleichung (20) verwandelt sich daher in

$$(21) \qquad \mathfrak{l}^2 \mathfrak{r}^2 + 2\mathfrak{l}\mathfrak{m}\mathfrak{r}\mathfrak{f} + \mathfrak{m}^2 \mathfrak{f}^2 = 0 \quad \text{oder in}$$

$$(\mathfrak{l}\mathfrak{r} + \mathfrak{m}\mathfrak{f})^2 = 0 \quad \text{oder in}$$

$$\left(\frac{\mathfrak{l}}{\mathfrak{m}} + \frac{\mathfrak{f}}{\mathfrak{r}}\right)^2 = 0,$$

und diese Gleichung ergibt für das Verhältnis $\dfrac{\mathfrak{l}}{\mathfrak{m}}$ die Doppelwurzel

$$(22) \qquad \frac{\mathfrak{l}}{\mathfrak{m}} = \frac{\mathfrak{f}}{-\mathfrak{r}},$$

die der bereits oben gefundenen parabolischen Involution (18) entspricht. Man hat also den Satz:

Satz 181: In einem Büschel von Projektivitäten, die zwei zusammenfallende reelle Doppelpunkte miteinander gemein haben, das heißt in einem Büschel von zentrischen Schiebungen mit demselben Zielpunkte, ist eine und nur eine einfach entartende Projektivität enthalten, und zwar diejenige parabolische Involution, deren (zusammenfallende) Doppelpunkte eben jene gemeinsamen Doppelpunkte des Büschels sind.

Man kann noch hinzufügen, daß in einem Büschel von Projektivitäten *mit gemeinsamen konjugiert komplexen Doppelpunkten* überhaupt *keine eigentlichen entartenden Projektivitäten* enthalten sein können. Da nämlich eine eigentliche entartende Projektivität stets zwei getrennte oder zusammenfallende *reelle* Doppelpunkte hat, und neben zwei konjugiert komplexen Doppelpunkten in einer Projektivität nicht noch reelle Doppelpunkte auftreten können, so sind für ein Büschel von Projektivitäten mit gemeinsamen konjugiert komplexen Doppelpunkten eigentliche entartende Projektivitäten ausgeschlossen. Es gilt daher der Satz:

Satz 182: In einem Büschel von Projektivitäten, die zwei konjugiert komplexe Doppelpunkte gemeinsam haben, sind keine eigentlichen entartenden Projektivitäten enthalten.

Jedes Büschel von Projektivitäten mit gemeinsamen Doppelpunkten enthält die Identität. Man kann jetzt aber ferner auch den Satz beweisen:

Satz 183: Einem jeden Büschel von Projektivitäten, welche dieselben getrennten reellen, zusammenfallenden reellen oder konjugiert komplexen Doppelpunkte haben, gehört auch die Identität 1 an.

Für ein Büschel mit zwei gemeinsamen *getrennten reellen Doppelpunkten* leuchtet die Richtigkeit dieses Satzes von vorne herein ein; aber auch für die beiden anderen Fälle ergibt sich leicht der Beweis unseres Satzes.

Aus der Normalform (9) für eine Projektivität eines Büschels mit gemeinsamen *konjugiert komplexen Doppelpunkten* resultiert nämlich die Identität 1, wenn man setzt:

(23) $$\mathfrak{x} = 1 \quad \text{und} \quad \mathfrak{y} = 0;$$

denn durch diese Substitution geht die Formel (9) über in:

(24) $$\mathfrak{r} = \frac{a - ib,\ a + ib}{a - ib,\ a + ib} = \frac{a,\ b}{a,\ b} = 1.$$

Die Gleichungen (10) aber, durch welche die Ableitzahlen $\mathfrak{l}$ und $\mathfrak{m}$ der Projektivität $\mathfrak{r}$ ausgedrückt in $\mathfrak{p}$ und $\mathfrak{q}$ bestimmt werden, bleiben für die in (23) angegebenen besonderen Werte von $\mathfrak{x}$ und $\mathfrak{y}$ nach $\mathfrak{l}$ und $\mathfrak{m}$ auflösbar.

Andererseits verwandelt sich der Ausdruck (14) für eine Projektivität eines Büschels mit zwei gemeinsamen *zusammenfallenden reellen Doppelpunkten* in die Identität 1, wenn man setzt

(25) $$\mathfrak{t} = 1, \quad \mathfrak{w} = 0.$$

Dadurch aber wird die Auflösbarkeit der Gleichungen (15) nach $\mathfrak{l}$ und $\mathfrak{m}$ nicht berührt.

Somit ist der Satz für alle drei in Betracht kommenden Fälle bewiesen.

Aus ihm aber kann man eine wichtige Folgerung ziehen. Da nämlich, wie man sofort sieht, sich die Projektivitäten eines Büschels $\mathfrak{l}\mathfrak{p} + \mathfrak{m}\mathfrak{q}$ ebenso gut wie aus den beiden Grundprojektivitäten $\mathfrak{p}$ und $\mathfrak{q}$ auch aus irgend zwei linear unabhängigen Projektivitäten des Büschels numerisch ableiten lassen, so kann man insbesondere in einem Büschel mit gemeinsamen Doppelpunkten jede Projektivität des Büschels *als Vielfachensumme der Identität und einer von der Deckung verschiedenen Projektivität des Büschels* darstellen, das heißt, man hat den Satz:

Satz 184: Jede Projektivität läßt sich aus einer von der Deckung verschiedenen Projektivität mit denselben Doppelpunkten und der Identität numerisch ableiten.

Die in einem Büschel von Projektivitäten enthaltene Involution. Die Doppelpunktsinvolution einer Projektivität. Es seien $\mathfrak{p}$ und $\mathfrak{q}$ die beiden Grundabbildungen eines Büschels von Projektivitäten, von dem wir noch voraussetzen wollen, daß es nicht aus lauter Involutionen besteht. Alsdann lautet die Bedingung dafür, daß eine bestimmte Projektivität

(26) $$\mathfrak{s} = \mathfrak{l}\mathfrak{p} + \mathfrak{m}\mathfrak{q}$$

des Büschels involutorisch sei, nach Satz 106

(27) $$[1\,\mathfrak{s}] = 0$$

oder mit Rücksicht auf (26)

(28) $$\mathfrak{l}[1\,\mathfrak{p}] + \mathfrak{m}[1\,\mathfrak{q}] = 0,$$

woraus für das Verhältnis $\mathfrak{l} : \mathfrak{m}$ der Wert folgt:

(29) $$\mathfrak{l} : \mathfrak{m} = [1\,\mathfrak{q}] : -[1\,\mathfrak{p}].$$

Dieses Verhältnis wird also durch die Forderung (27) eindeutig bestimmt, so fern nicht die beiden Produkte $[1\mathfrak{p}]$ und $[1\mathfrak{q}]$ gleichzeitig verschwinden. Das ist aber unmöglich, weil sonst die Gleichung (28) für jedes Wertsystem $\mathfrak{l}$, $\mathfrak{m}$ befriedigt werden würde, also nicht nur die beiden Grundabbildungen $\mathfrak{p}$ und $\mathfrak{q}$, sondern überhaupt sämtliche Projektivitäten des durch sie bestimmten Büschels involutorisch sein würden, was durch die oben gemachte Voraussetzung ausgeschlossen ist.

Durch Substitution aus (29) in (26) erhält man schließlich für die involutorische Projektivität $\mathfrak{s}$ des Büschels die Gleichung

$$(30) \qquad \mathfrak{g}\mathfrak{s} = [1\mathfrak{q}]\mathfrak{p} - [1\mathfrak{p}]\mathfrak{q},$$

in der $\mathfrak{g}$ einen Zahlfaktor bedeutet, und man hat den Satz:

Satz 185: Einem jeden Büschel von Projektivitäten, das nicht aus lauter Involutionen besteht, gehört eine und nur eine Involution an, vorausgesetzt, daß man zwei Involutionen, die sich nur um einen Zahlfaktor unterscheiden, nicht als verschieden rechnet.

Läßt man insbesondere eine von den beiden Grundabbildungen $\mathfrak{p}$ und $\mathfrak{q}$ des Büschels, etwa die Projektivität $\mathfrak{q}$, in die Identität 1 übergehen, so erhält man für die Involution $\mathfrak{g}\mathfrak{s}$ des Büschels mit den Grundabbildungen $\mathfrak{p}$ und 1 die Darstellung

$$(31) \qquad \mathfrak{g}\mathfrak{s} = \mathfrak{p} - [1\mathfrak{p}].$$

Diese Involution $\mathfrak{g}\mathfrak{s}$ hat nun aber nach Satz 179 mit der Projektivität $\mathfrak{p}$ die Doppelpunkte gemein, mögen dieselben getrennt reell, zusammenfallend reell oder konjugiert komplex sein. Und dieselbe Eigenschaft kommt einer jeden Involution zu, die sich von der Involution $\mathfrak{g}\mathfrak{s}$ nur um einen Zahlfaktor unterscheidet; eine jede solche Involution möge daher die „Doppelpunktsinvolution der Projektivität $\mathfrak{p}$" genannt werden.

Bei dieser Erklärung bleiben wir in Einklang mit der oben auf Seite 227 gegebenen Begriffsbestimmung für die Doppelpunktsinvolution einer positiv zirkulären Abildung $e^{\mathfrak{e}\,\mathfrak{w}}$. Denn die konjugiert komplexen Doppelpunkte der dort als Doppelpunktsinvolution der Projektivität $e^{\mathfrak{e}\,\mathfrak{w}}$ bezeichneten Involution $e^{\mathfrak{e}\,\frac{\pi}{2}} = \mathfrak{e}$ stimmen nach Seite 224 mit den Doppelpunkten der positiv zirkulären Abbildung $e^{\mathfrak{e}\,\mathfrak{w}}$ überein.

Und wir können daher die Formel (31) durch den folgenden Satz ausdrücken:

Satz 186: Man erhält aus einer Projektivität $\mathfrak{p}$ ihre Doppelpunktsinvolution $\mathfrak{g}\mathfrak{s}$, indem man die Projektivität $\mathfrak{p}$ um das kombinatorische Produkt $[1\mathfrak{p}]$ vermindert[1]), das heißt mittelst der

---

1) Vgl. hierzu: C. Burali-Forti, Lezioni di geometria metrico-projettiva Torino. 1904. Seite 147.

Formel

$$(31) \qquad \mathfrak{g}\,\mathfrak{s} = \mathfrak{p} - [1\,\mathfrak{p}].$$

Löst man die Gleichung (31) nach dem Minuendus der rechten Seite auf, so nimmt sie die Form an

$$(32) \qquad \mathfrak{p} = [1\,\mathfrak{p}] + \mathfrak{g}\,\mathfrak{s}.$$

In ihr ist das Produkt $[1\mathfrak{p}]$ eine reelle Zahlgröße. Bezeichnet man dieselbe mit $\mathfrak{a}$, setzt also

$$(33) \qquad [1\,\mathfrak{p}] = \mathfrak{a},$$

so verwandelt sich die Gleichung (32) in:

$$(34) \qquad \mathfrak{p} = \mathfrak{a} + \mathfrak{g}\,\mathfrak{s},$$

womit der Satz bewiesen ist:

Satz 187: Jede Projektivität läßt sich als Summe aus ihrer Doppelpunktsinvolution und einer reellen Zahlgröße darstellen.

Da aber ferner wegen (27) die Formel (34) auch rückwärts die Formel (33) nach sich zieht, so gilt mit Rücksicht auf Satz 186 auch die Umkehrung von Satz 187, nämlich der Satz:

Satz 188: Umkehrung von Satz 187: Läßt sich eine Projektivität $\mathfrak{p}$ als Summe einer reellen Zahlgröße und einer Involution $\mathfrak{g}\,\mathfrak{s}$ ausdrücken, so ist diese Involution die Doppelpunktsinvolution von $\mathfrak{p}$.

Abschnitt 20.

Darstellung einer Projektivität mit zwei getrennten reellen Doppelpunkten durch ihre Doppelpunktsinvolution.

Der Darstellung einer Projektivität $\mathfrak{p}$ durch eine Summe von der Form

$$(1) \qquad \mathfrak{p} = \mathfrak{a} + \mathfrak{g}\,\mathfrak{s}$$

sind wir bereits oben bei der Behandlung der positiv zirkulären Abbildung begegnet. In der Tat ist der in der Gleichung (19) des 17. Abschnitts für diese Abbildung gegebene Ausdruck

$$(2) \qquad \mathfrak{c}_{(a,\,b,\,\mathfrak{w})} = e^{\mathfrak{c}\mathfrak{w}} = \cos\mathfrak{w} + \mathfrak{c}\sin\mathfrak{w}, \quad \mathfrak{c} = \frac{b,\,-a}{a,\,\ \ b}$$

eine Darstellung dieser Art; und nach Satz 163 und 165 umfaßt dieser Ausdruck bei veränderlichem $\mathfrak{c}$ und $\mathfrak{w}$ alle Projektivitäten der Geraden ab mit konjugiert komplexen Doppelpunkten und vom Potenzwert $+1$, und von diesen Abbildungen sind die Projektivitäten der Geraden ab mit konjugiert komplexen Doppelpunkten aber beliebigem Potenzwert, der jedoch nach Satz 165 notwendig positiv sein muß, höchstens um einen Zahlfaktor verschieden.

Wollen wir jetzt auch für die Projektivitäten mit getrennten reellen Doppelpunkten eine entsprechende Darstellung geben, so beschränken wir die Untersuchung wieder sogleich auf Projektivitäten vom Potenzwert ± 1. Dabei entspricht nach Satz 96 das $+$ Zeichen einer gleichläufigen, das $-$ Zeichen einer gegenläufigen Projektivität.

Die Projektivität ist gleichläufig.

Der analytische Ausdruck einer gleichläufigen Projektivität mit zwei getrennten reellen Doppelpunkten. Ist daher $\mathfrak{p}$ eine gleichläufige Projektivität mit zwei getrennten reellen Doppelpunkten, so hat man der soeben getroffenen Verabredung zufolge ihren Potenzwert (ihr kombinatorisches Quadrat)

$$(3) \qquad [\mathfrak{p}^2] = + 1$$

zu setzen. Ist ferner $\mathfrak{h}$ die hyperbolische Involution mit denselben reellen Doppelpunkten (die Doppelpunktsinvolution von $\mathfrak{p}$), und zwar genommen mit dem Potenzwert $- 1$, so kann man dieselbe durch den Bruch darstellen

$$(4) \qquad \mathfrak{h} = \frac{b,\, a}{a,\, b},$$

für den in der Tat das kombinatorische Quadrat

$$(5) \qquad [\mathfrak{h}^2] = - 1$$

und somit das Folgequadrat

$$(6) \qquad \mathfrak{h}^2 = + 1$$

wird. Es lautet also die der Gleichung (1) entsprechende Summendarstellung der Projektivität $\mathfrak{p}$

$$(7) \qquad \mathfrak{p} = \mathfrak{a} + \mathfrak{g}\mathfrak{h}, \qquad \mathfrak{h} = \frac{b,\, a}{a,\, b},$$

wo $\mathfrak{a}$ und $\mathfrak{g}$ zwei reelle Zahlgrößen sind. Aus dieser Gleichung folgt durch kombinatorisches Quadrieren unter Berücksichtigung der Gleichung

$$(8) \qquad [1\mathfrak{h}] = 0$$

(vgl. Satz 106) für das kombinatorische Quadrat von $\mathfrak{p}$ der Wert

$$[\mathfrak{p}^2] = \mathfrak{a}^2 + \mathfrak{g}^2[\mathfrak{h}^2].$$

Mit Rücksicht auf (3) und (5) aber verwandelt sich diese Gleichung in:

$$(9) \qquad 1 = \mathfrak{a}^2 - \mathfrak{g}^2.$$

Man kann daher auch setzen:

$$(10) \qquad \begin{cases} \mathfrak{a} = \cosh \mathfrak{w} \\ \mathfrak{g} = \sinh \mathfrak{w}, \end{cases}$$

wo $\mathfrak{w}$ eine reelle Zahlgröße bedeutet. Damit ist dann freilich $\mathfrak{a}$ als positiv vorausgesetzt, was aber keine störende Beschränkung der Allgemeinheit bedingt. Setzt man diese Werte (10) in die Gleichung (7) ein, so verwandelt sich diese (vgl. auch Gleichung (95) des 15. Abschnitts) in:

$$(11) \qquad \mathfrak{p} = \cosh \mathfrak{w} + \mathfrak{h} \sinh \mathfrak{w} = e^{\mathfrak{h}\mathfrak{w}}, \quad \mathfrak{h} = \frac{b,\,a}{a,\,b};$$

und man hat den Satz:

Satz 189: Besitzt eine gleichläufige Projektivität $\mathfrak{p}$ in der Geraden zwei getrennte reelle Doppelpunkte oder, was auf dasselbe hinauskommt, eine hyperbolische Doppelpunktsinvolution

$$\mathfrak{h} = \frac{b,\,a}{a,\,b},$$

so läßt sie sich als Funktion dieser Doppelpunktsinvolution $\mathfrak{h}$ und eines reellen Parameters $\mathfrak{w}$ darstellen mittelst der Formel

$$(11) \qquad \mathfrak{p} = \cosh \mathfrak{w} + \mathfrak{h} \sinh \mathfrak{w} = e^{\mathfrak{h}\mathfrak{w}}, \quad \mathfrak{h} = \frac{b,\,a}{a,\,b}\,{}^{1)}.$$

Geometrische Deutung der entsprechenden Abbildung im Strahlbüschel und auf der unendlich fernen Geraden. Um die geometrische Bedeutung des Parameters $\mathfrak{w}$ der Gleichung (11) zu finden, gehen wir auf die entsprechende Abbildung im Strahlbüschel zurück. Es seien also A und B zwei Stäbe, deren Geraden sich schneiden; dann stellt der Bruch

$$(12) \qquad \mathfrak{H} = \frac{B,\,A}{A,\,B}$$

eine hyperbolische Strahlinvolution mit den Doppelstrahlen $A + B$ und $A - B$ und dem Potenzwert -1 dar, und es wird entsprechend der Gleichung (11) der Ausdruck

$$(13) \qquad \mathfrak{P} = \cosh \mathfrak{w} + \mathfrak{H} \sinh \mathfrak{w} = e^{\mathfrak{H}\mathfrak{w}}, \quad \mathfrak{H} = \frac{B,\,A}{A,\,B},$$

die Darstellung einer gleichläufigen Projektivität im Strahlbüschel mit dem Scheitel $[AB]$, und zwar besitzt dieselbe den Potenzwert

$$(14) \qquad [\mathfrak{P}^2] = + 1.$$

Denn wegen (13) und (12) erhält man für die Projektivität $\mathfrak{P}$ die Darstellung

$$(15) \qquad \mathfrak{P} = \frac{A\mathfrak{P},\,B\mathfrak{P}}{A,\,B} = \frac{A \cosh \mathfrak{w} + B \sinh \mathfrak{w},\; B \cosh \mathfrak{w} + A \sinh \mathfrak{w}}{A,\qquad\qquad\qquad B};$$

also wird der Potenzwert $[\mathfrak{P}^2]$

$$[\mathfrak{P}^2] = \frac{[(A \cosh \mathfrak{w} + B \sinh \mathfrak{w})(B \cosh \mathfrak{w} + A \sinh \mathfrak{w})]}{[AB]}$$

$$= \frac{[AB](\cosh^2 \mathfrak{w} - \sinh^2 \mathfrak{w})}{[AB]} = 1.$$

---

1) Vgl. hierzu Peano, Calcolo geometrico secondo l'Ausdehnungslehre di H. Graßmann. Torino. 1888. Seite 158. Nr. 12.

Ist jetzt s der mit dem Punkte $[AB]$ zusammenfallende einfache Punkt, und sind $\bar{a}$ und $\bar{b}$ die Strecken, die mit den Stäben A und B nach Länge, Richtung und Sinn übereinstimmen, so wird

$$(16) \qquad A = [s\bar{a}] \quad \text{und} \quad B = [s\bar{b}],$$

und es geht die Projektivität $\mathfrak{P}$ aus der Projektivität

$$(17) \qquad \bar{\mathfrak{p}} = \cosh \mathfrak{w} + \bar{\mathfrak{h}} \sinh \mathfrak{w} = e^{\bar{\mathfrak{h}}\,\mathfrak{w}}; \quad \bar{\mathfrak{h}} = \frac{\bar{b},\ \bar{a}}{\bar{a},\ \bar{b}},$$

auf der unendlich fernen Geraden durch perspektive Abbildung vom Punkte s aus hervor.

Nun sind nach Seite 181 f. die Gleichungen

$$(18) \qquad \bar{x} = \bar{a}\,e^{\bar{\mathfrak{h}}\mathfrak{t}} \quad \text{und}$$
$$(19) \qquad \bar{y} = \bar{b}\,e^{\bar{\mathfrak{h}}\mathfrak{t}}, \qquad\qquad \bar{\mathfrak{h}} = \frac{\bar{b},\ \bar{a}}{\bar{a},\ \bar{b}},$$

die Streckengleichungen zweier konjugierten Hyperbelzweige mit den konjugierten Halbmessern $\bar{a}$ und $\bar{b}$[1]), und $\mathfrak{t}$ ist nach Satz 129 das Verhältnis des zwischen den Trägern $\bar{a}$ und $\bar{x}$ oder $\bar{b}$ und $\bar{y}$ gelegenen Hyperbelsektors beziehlich zu dem zugehörigen halben Asymptotendreieck $\dfrac{[\bar{a}\bar{b}]}{2}$ oder $\dfrac{[\bar{b}\bar{a}]}{2}$.

Aber eine ganz entsprechende Umwandlung, wie sie den Gleichungen (18) und (19) zufolge die Träger $\bar{a}$ und $\bar{b}$ bei der Multiplikation mit $e^{\bar{\mathfrak{h}}\mathfrak{t}}$ erleiden, erfährt auch jeder andere Träger $\bar{x}$ einer der beiden konjugierten Hyperbelzweige bei der Multiplikation mit $e^{\bar{\mathfrak{h}}\mathfrak{w}}$. In der Tat bewirkt diese Multiplikation für einen jeden solchen Träger $\bar{x}$ eine Schwenkung um den Sektor

$$(20) \qquad S = \pm\, \mathfrak{w}\,\frac{[\bar{a}\bar{b}]}{2},$$

wo das $+$ oder $-$ Zeichen zu wählen ist, je nachdem der Träger $\bar{x}$ dem Hyperbelzweige (18) oder (19) zugehört. Bei positivem $\mathfrak{w}$ erfolgt also die Schwenkung in dem Hyperbelzweige (18) von $\bar{a}$ nach $\bar{b}$ hin; in dem Hyperbelzweige (19) in umgekehrtem Sinne.

Denkt man sich daher, die Strecke $\bar{x}$ durchlaufe das erste von den beiden durch die Exponentialgröße $e^{\bar{\mathfrak{h}}\mathfrak{w}}$ aufeinander bezogenen „Streckenbüscheln", wir wollen es bezeichnen als das Streckenbüschel $\bar{x}, \bar{x}_1, \bar{x}_2, \ldots$, so bleibt die Größe des Hyperbelsektors zwischen der Strecke $\bar{x}$ und der zugeordneten Strecke $\bar{x}' = \bar{x}\,e^{\bar{\mathfrak{h}}\mathfrak{w}}$ oder, wie wir sagen wollen, der Sektor-

---

1) Wir bezeichnen hier die Träger $\bar{a}$ und $\bar{b}$, $\bar{x}$ und ebenso die Abbildungsfunktionen $\bar{\mathfrak{h}}$ und $\bar{\mathfrak{p}}$ mit überstrichenen Buchstaben, da wir die entsprechenden nicht überstrichenen Buchstaben bereits oben für die zugehörigen Größen bei einer eigentlichen, das heißt nicht ganz im Unendlichen liegenden, Punktreihe vergeben haben

abstand beider Strecken stets derselbe und ändert nur beim Durchgange der Strecke $\bar{x}$ durch die beiden Asymptoten sein Zeichen.

Erfolgt die Durchlaufung des Streckenbüschels $\bar{x}, \bar{x}_1, \bar{x}_2; \ldots$ in dem Sinne von $\bar{a}$ nach $\bar{b}$ hin, oder was auf dasselbe hinauskommt (vgl. die obige Figur 84), von $\bar{a} - \bar{b}$ nach $\bar{a} + \bar{b}$ hin, so eilt bei positivem $\mathfrak{w}$ die Strecke $\bar{x}' = \bar{x}\,e^{\bar{b}\mathfrak{w}}$ in dem Winkelraum $(\bar{a} - \bar{b},\ \bar{a} + \bar{b})$ der zugehörigen Strecke $\bar{x}$ um jenen Sektorabstand voraus, wird auf der Asymptote $\bar{a} + \bar{b}$, wo beide

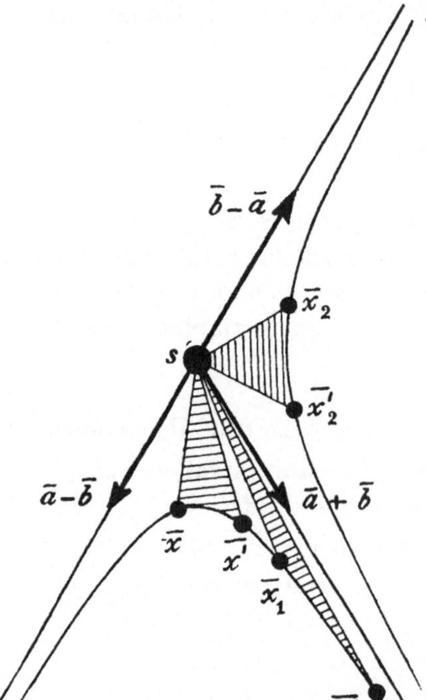

Fig. 120.

Strecken unendlich lang sind, von der Strecke $\bar{x}$ eingeholt, bleibt in dem Winkelraum $(\bar{b} + \bar{a},\ \bar{b} - \bar{a})$ um jenen Sektorabstand hinter der Strecke $\bar{x}$ zurück und holt sie auf der zweiten Asymptote $\bar{b} - \bar{a}$, auf der abermals beide Strecken unendlich lang werden, wieder ein (vgl. Figur 120).

Die Projektivität $\mathfrak{p}$ ist also eine gleichläufige Projektivität mit zwei getrennten reellen Doppelstrecken. Sie möge als die „Sektorschwenkung“ vom Parameter $\mathfrak{w}$ in bezug auf die beiden konjugierten Hyperbelzweige (18) und (19) bezeichnet werden.

Von dieser Projektivität im Streckenbüschel ist die durch die Gleichung (13) dargestellte Projektivität $\mathfrak{P}$ im Stabbüschel mit dem Scheitel s nur unwesentlich verschieden. Denkt man sich nämlich die Projektivität $\bar{\mathfrak{p}}$ in der alten Weise durch einen extensiven Bruch ausgedrückt, so geht aus diesem die Projektivität $\mathfrak{P}$ durch planimetrische Erweiterung mit dem Punkte s hervor.

Man erhält einen besonderen Fall der Projektivität $\bar{\mathfrak{p}}$, wenn man die beiden Strecken $\bar{a}$ und $\bar{b}$ gleich lang und zueinander senkrecht annimmt. Alsdann stehen auch die beiden Asymptotenstrecken $\bar{a} + \bar{b}$ und $\bar{a} - \bar{b}$ der beiden konjugierten Hyperbelzweige, das heißt die Doppelstrecken der Projektivität $\bar{\mathfrak{p}}$, aufeinander senkrecht, und die beiden Hyperbelzweige gehören daher gleichseitigen Hyperbeln an.

Veranschaulichung der ursprünglich behandelten Abbildung in der Geraden. Solche gleichseitigen Hyperbelzweige benutzt man am besten, wenn man den Übergang zu den Projektivitäten in der Geraden machen will. In der Tat, handelt es sich darum, die Bedeutung der Größe $\mathfrak{w}$ für die durch die obige Gleichung

$$(11) \qquad \mathfrak{p} = \cosh \mathfrak{w} + \mathfrak{h} \sinh \mathfrak{w} = e^{\mathfrak{h}\mathfrak{w}}, \qquad \mathfrak{h} = \frac{b,\,a}{a,\,b}$$

vermittelte Projektivität in der Geraden zu bestimmen, und will man diese Projektivität als Schnitt einer Sektorschwenkung in bezug auf zwei an-stoßende Zweige zweier konjugierten *gleich-seitigen* Hyperbeln darstellen, wie sie durch die Gleichung (13) ausgedrückt wird, wenn A und B gleich lang und aufeinander senk-recht angenommen werden, so muß man als Mittelpunkt s dieser Hyperbeln einen der beiden Punkte wählen, in denen sich die beiden Kreise schneiden, die den Ab-stand der beiden Punkte a und b und den Abstand der beiden Punkte $a + b$ und $b - a$ zu Durchmessern haben; denn die Punkte a und b müssen ja den Achsen A und B der beiden Hyperbeln und die Doppelpunkte $a + b$ und $b - a$ der Pro-jektivität ihren Asymptoten $A + B$ und $B - A$ angehören.

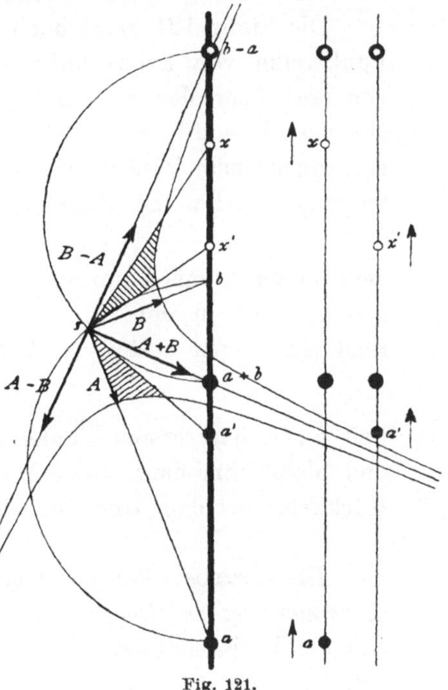

Schließlich kann man noch über die Länge der beiden gleichen Halbachsen A und B der konjugierten Hyperbeln will-kürlich verfügen. Man trage also auf den Geraden sa und sb von s aus zwei gleich lange Stäbe A und B ab und zeichne die beiden konjugierten Hyperbelzweige, die diese Stäbe A und B zu Halbachsen haben (vgl. Figur 121). Dann ist die Projektivität

$$(21) \qquad \mathfrak{P} = \cosh \mathfrak{w} + \mathfrak{H} \sinh \mathfrak{w} = e^{\mathfrak{H}\mathfrak{w}}, \qquad \mathfrak{H} = \frac{B,\,A}{A,\,B}$$

eine gleichläufige Projektivität im Strahlbüschel mit dem Scheitel s, welche die zueinander senkrechten Stäbe $A + B$ und $A - B$ zu Doppel-strahlen hat, und die überdies nach dem Obigen als eine Sektorschwen-kung vom Parameter $\mathfrak{w}$ in bezug auf die beiden konjugierten gleich-seitigen Hyperbelzweige aufgefaßt werden kann, deren Gleichungen lauten:

$$(22) \qquad \begin{cases} \bar{x} = \bar{a}\, e^{\bar{\mathfrak{h}}t} \\ \bar{y} = \bar{b}\, e^{\bar{\mathfrak{h}}t}, \end{cases} \qquad \bar{\mathfrak{h}} = \frac{\bar{b},\,\bar{a}}{\bar{a},\,\bar{b}}$$

unter $\bar{a}$ und $\bar{b}$ die Strecken der gleich langen und zueinander senkrechten Stäbe A und B verstanden.

Aus dieser Sektorschwenkung des Strahlbüschels mit dem Scheitel s wird aber die Projektivität $\mathfrak{p}$ der Geraden ab durch diese Gerade aus-geschnitten (vgl. auch Seite 212 f.). Man hat also den Satz:

Satz 190: In der Geometrie der Punktreihe läßt sich jede gleichläufige Projektvität mit zwei getrennten reellen Doppelpunkten als perspektives Bild einer Sektorschwenkung in bezug auf zwei konjugierte gleichseitige Hyperbelzweige darstellen.

Die Figur 121 zeigt noch: Während der bewegliche Punkt der ersten Punktreihe von a aus über den ersten Doppelpunkt $a + b$ nach x geht, von dort über den zweiten Doppelpunkt $b - a$ ins Unendliche läuft und aus dem Unendlichen von der andern Seite her nach a zurückkehrt, geht der zugeordnete Punkt der zweiten Punktreihe, der im Beginn seiner Bewegung, nämlich im Punkte

$$a' = a e^{\mathfrak{h}\mathfrak{w}},$$

dem ersten Punkte voraus war, ebenfalls bis zum ersten Doppelpunkt $a + b$, wird in ihm von dem ersten Punkte überholt und gelangt, während jener nach x läuft, bloß bis zu dem Punkte

$$x' = x e^{\mathfrak{h}\mathfrak{w}},$$

holt aber den ersten Punkt im zweiten Doppelpunkte $b - a$ wieder ein und bleibt ihm dann sowohl auf dem Wege ins Unendliche wie bei der Rückkehr aus dem Unendlichen zu seiner Ausgangslage a' dauernd voraus.

Die Gruppe aller gleichläufigen Projektivitäten mit zwei gemeinsamen getrennten reellen Doppelpunkten. Der Satz 190 weist schon darauf hin, daß die Projektivitäten

$$(23) \qquad \mathfrak{p}_{(\mathfrak{w})} = e^{\mathfrak{h}\mathfrak{w}}, \quad \mathfrak{h} = \frac{b,\,a}{a,\,b},$$

die aus der Projektivität $\mathfrak{p}$ in (11) bei Festhaltung der Punkte a und b und damit auch der Doppelpunkte $a + b$ und $a - b$ durch alleinige Veränderung des Parameters $\mathfrak{w}$ hervorgehen, eine kontinuierliche eingliedrige Gruppe bilden, deren Parameter eben jene Größe $\mathfrak{w}$ ist; und dies wird direkt bestätigt durch die Formel (96) des 15. Abschnitts, welche lautete

$$(24) \qquad e^{\mathfrak{h}\mathfrak{w}_1}\, e^{\mathfrak{h}\mathfrak{w}_2} = e^{\mathfrak{h}(\mathfrak{w}_1 + \mathfrak{w}_2)}, \quad \mathfrak{h} = \frac{b,\,a}{a,\,b},$$

und die man wegen (23) auch in der Form schreiben kann:

$$(25) \qquad \mathfrak{p}_{(\mathfrak{w}_1)}\, \mathfrak{p}_{(\mathfrak{w}_2)} = \mathfrak{p}_{(\mathfrak{w}_1 + \mathfrak{w}_2)}.$$

Man hat also den Satz:

Satz 191: Alle diejenigen gleichläufigen Projektivitäten

$$(23) \qquad \mathfrak{p}_{(\mathfrak{w})} = e^{\mathfrak{h}\mathfrak{w}}, \quad \mathfrak{h} = \frac{b,\,a}{a,\,b},$$

welche dieselben getrennten reellen Doppelpunkte $a + b$ und $a - b$ haben, die also einer und derselben hyperbolischen Doppelpunktsinvolution $\mathfrak{h} = \dfrac{b,\,a}{a,\,b}$, aber beliebigen Werten der Zahlgröße $\mathfrak{w}$ zugehören, bilden eine kontinuierliche eingliedrige Gruppe, deren Parameter eben jene Zahlgröße $\mathfrak{w}$ ist.

Erteilt man in der Gleichung (11) dem Parameter $\mathfrak{w}$ der Projektivität $\mathfrak{p} = \mathfrak{p}_{(\mathfrak{w})}$ die besonderen Werte $\mathfrak{w} = \pm\,\mathfrak{g}$, wo $\mathfrak{g}$ eine sehr große positive Zahlgröße ist, die man schließlich unendlich groß werden läßt, so wird *um so genauer*

$$\mathfrak{p}_{(\pm\,\mathfrak{g})} = \frac{e^{\mathfrak{g}}}{2}\,(1 \pm \mathfrak{h}) = \frac{e^{\mathfrak{g}}}{2}\left(\frac{a,\,b}{a,\,b} \pm \frac{b,\,a}{a,\,b}\right)$$

je größer man $\mathfrak{g}$ wählt; also, *immer in diesem Sinne*, für $\mathfrak{w} = +\,\mathfrak{g}$

$$\mathfrak{p}_{(+\,\mathfrak{g})} = \frac{e^{\mathfrak{g}}}{2}\,\frac{a+b,\quad a+b}{a,\qquad b} = \frac{e^{\mathfrak{g}}}{2}\,\frac{2(a+b),\qquad 0}{a+b,\qquad a-b} \quad \text{oder}$$

$$(26) \qquad \mathfrak{p}_{(+\,\mathfrak{g})} = e^{\mathfrak{g}}\,\frac{a+b,\qquad 0}{a+b,\quad a-b}\,,$$

andererseits für $\mathfrak{w} = -\,\mathfrak{g}$

$$\mathfrak{p}_{(-\,\mathfrak{g})} = \frac{e^{\mathfrak{g}}}{2}\,\frac{a-b,\quad -(a-b)}{a,\qquad b} = \frac{e^{\mathfrak{g}}}{2}\,\frac{0,\qquad 2(a-b)}{a+b,\qquad a-b} \quad \text{oder}$$

$$(27) \qquad \mathfrak{p}_{(-\,\mathfrak{g})} = e^{\mathfrak{g}}\,\frac{0,\qquad a-b}{a+b,\quad a-b}\,.$$

Hieraus geht hervor, daß die beiden Projektivitäten $\mathfrak{p}_{(+\infty)}$ und $\mathfrak{p}_{(-\infty)}$ zwei einfach entartende Projektivitäten darstellen, die wie alle Projektivitäten der Gruppe (11) die Punkte $a+b$ und $a-b$ zu Doppelpunkten haben, und zwar ist bei der Projektivität $\mathfrak{p}_{(+\infty)}$ der Punkt $a+b$ der Hauptpunkt und der Punkt $a-b$ der Nullpunkt, bei der Projektivität $\mathfrak{p}_{(-\infty)}$ ist es umgekehrt. Man hat also den Satz:

Satz 192: Die beiden in der kontinuierlichen eingliedrigen Gruppe gleichläufiger Projektivitäten mit den gemeinsamen reellen Doppelpunkten $a+b$ und $a-b$, nämlich in der Gruppe

$$\mathfrak{p}_{(\mathfrak{w})} = e^{\mathfrak{h}\mathfrak{w}}, \qquad \mathfrak{h} = \frac{b,\,a}{a,\,b}\,,$$

enthaltenen einfach entartenden Projektivitäten gehören den Parameterwerten $+\infty$ und $-\infty$ zu und haben beziehlich den Punkt $a+b$ zum Hauptpunkt, den Punkt $a-b$ zum Nullpunkt und umgekehrt.

Die Projektivität ist gegenläufig.

Der analytische Ausdruck einer gegenläufigen Projektivität in der Geraden. Es werde jetzt andererseits eine Projektivität $\mathfrak{q}$ in der Geraden von dem Potenzwert (dem kombinatorischen Quadrat) -1 betrachtet, das heißt eine Projektivität, die der Gleichung Genüge leistet

$$(28) \qquad\qquad [\mathfrak{q}^2] = -\,1\,.$$

Eine solche Projektivität ist nach Satz 96 gegenläufig und besitzt nach Satz 102 zwei getrennte reelle Doppelpunkte. Ist wieder $\mathfrak{h}$ die zu ihr gehörende hyperbolische Doppelpunktsinvolution, und zwar genommen mit dem Potenzwert -1, und ist ferner wie in (4)

$$(29) \qquad \mathfrak{h} = \frac{b,\,a}{a,\,b},$$

so wird auch wie in (5) und (6)

$$(30) \qquad [\mathfrak{h}^2] = -1 \quad \text{und}$$

$$(31) \qquad \mathfrak{h}^2 = 1;$$

und auch die der Gleichung (1) entsprechende Summendarstellung der Projektivität $\mathfrak{q}$ lautet dann wieder

$$(32) \qquad \mathfrak{q} = \mathfrak{a} + \mathfrak{g}\,\mathfrak{h}, \quad \mathfrak{h} = \frac{b,\,a}{a,\,b}$$

wo $\mathfrak{a}$ und $\mathfrak{g}$ zwei reelle Zahlgrößen sind. Aus dieser Gleichung aber folgt auch wieder wie auf Seite 265 für das kombinatorische Quadrat von $\mathfrak{q}$ der Wert

$$[\mathfrak{q}^2] = \mathfrak{a}^2 + \mathfrak{g}^2[\mathfrak{h}^2];$$

mit Rücksicht auf (28) und (30) wird daher

$$-1 = \mathfrak{a}^2 - \mathfrak{g}^2, \quad \text{das heißt}$$

$$(33) \qquad 1 = \mathfrak{g}^2 - \mathfrak{a}^2.$$

Man kann also setzen

$$(34) \qquad \begin{cases} \mathfrak{g} = \cosh \mathfrak{w} \\ \mathfrak{a} = \sinh \mathfrak{w}, \end{cases}$$

wo $\mathfrak{w}$ eine reelle Zahlgröße bedeutet, und es verwandelt sich somit die Gleichung (32) in

$$(35) \qquad \mathfrak{q} = \sinh \mathfrak{w} + \mathfrak{h} \cosh \mathfrak{w}, \quad \mathfrak{h} = \frac{b,\,a}{a,\,b}$$

oder wegen (31) in

$$\mathfrak{q} = \mathfrak{h}^2 \sinh \mathfrak{w} + \mathfrak{h} \cosh \mathfrak{w}, \quad \text{das heißt in}$$

$$(36) \qquad \mathfrak{q} = \mathfrak{h}(\cosh \mathfrak{w} + \mathfrak{h} \sinh \mathfrak{w}), \quad \mathfrak{h} = \frac{b,\,a}{a,\,b}.$$

oder endlich wegen (11) in

$$(37) \qquad \mathfrak{q} = \mathfrak{h}\,e^{\mathfrak{h}\mathfrak{w}}, \quad \mathfrak{h} = \frac{b,\,a}{a,\,b}.$$

Man hat daher den Satz:

Satz 193: Ist

$$\mathfrak{h} = \frac{b,\,a}{a,\,b}$$

die Doppelpunktsinvolution einer gegenläufigen Projektivität $\mathfrak{q}$ in der Geraden, so läßt sich diese Projektivität als Funktion dieser Doppelpunktsinvolution $\mathfrak{h}$ und eines reellen Parameters $\mathfrak{w}$ darstellen mittelst der Formel

$$(38) \quad \mathfrak{q} = \sinh \mathfrak{w} + \mathfrak{h} \cosh \mathfrak{w} = \mathfrak{h}\,(\cosh \mathfrak{w} + \mathfrak{h} \sinh \mathfrak{w}) = \mathfrak{h}\,e^{\mathfrak{h}\mathfrak{w}}, \quad \mathfrak{h} = \frac{b,\,a}{a,\,b}.$$

Veranschaulichung einer gegenläufigen Projektivität in der Geraden.
Zur Veranschaulichung der betrachteten Projektivität kann man sich
wieder wie auf Seite 268 ff. der Projektion von einem der beiden Punkte
s und t bedienen, in denen sich die Kreise
mit den Durchmessern ab und $(a+b)(b-a)$
schneiden (vgl. Figur 122).

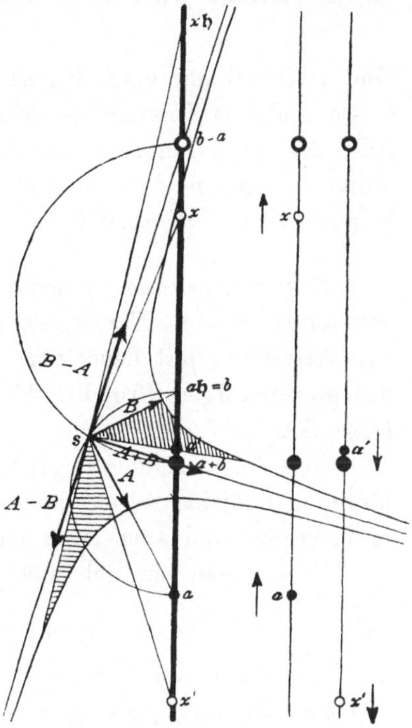

Man nehme dann diejenigen beiden
konjugierten gleichseitigen Hyperbelzweige
zu Hülfe, welche einen von diesen beiden
Punkten, etwa den Punkt s, zum Mittelpunkte und die gleich langen und zueinander
senkrechten Stäbe (vgl. Seite 212 f.)

$$(39) \qquad A = [sa], \quad B = [sb]$$

zu Halbachsen haben, so gehören die Stäbe
$A + B$ und $B - A$ den Asymptoten dieser
beiden gleichseitigen Hyperbelzweige an.

Diese beiden Hyperbelzweige liefern
dann unmittelbar ein anschauliches Bild der
zu $\mathfrak{q}$ perspektiven Projektivität $\mathfrak{Q}$ im Strahlbüschel mit dem Scheitel s, nämlich von
der Projektivität

$$(40) \qquad \mathfrak{Q} = \mathfrak{H} e^{\mathfrak{H}w}, \quad \mathfrak{H} = \frac{B,\, A}{A,\, B},$$

indem durch die Projektivität $\mathfrak{Q}$ jedem Strahle

Fig. 122.

X derjenige Strahl $X\mathfrak{H}e^{\mathfrak{H}w}$ zugewiesen wird, der aus X hervorgeht, wenn
man zu dem Strahle X den konjugierten Strahl $X\mathfrak{H}$ in der Strahlinvolution
$\mathfrak{H}$ aufsucht, (das heißt, den Strahl X an dem Asymptotenpaar der beiden
konjugierten Hyperbelzweige spiegelt), und den so gewonnenen Strahl $X\mathfrak{H}$
einer Sektorschwenkung vom Parameter w in bezug auf die beiden konjugierten Hyperbelzweige unterwirft.

Aus dieser Projektivität im Strahlbüschel mit dem Scheitel s wird
nun aber die Projektivität $\mathfrak{q}$ durch die Gerade ab ausgeschnitten, und
man hat somit den Satz:

Satz 194: Jede gegenläufige Projektivität in der Geraden
läßt sich als perspektives Abbild einer mit einer Spiegelung an
dem Asymptotenpaar verknüpften Sektorschwenkung in bezug
auf zwei konjugierte gleichseitige Hyperbelzweige darstellen.

Die Figur 122 zeigt ferner noch: Während der bewegliche Punkt der
ersten Punktreihe von a aus über den ersten Doppelpunkt $a + b$ nach x
geht, kommt ihm der zugeordnete Punkt der zweiten Punktreihe von

seiner Anfangslage
$$a' = a\,\mathfrak{h}\,e^{\mathfrak{h}\,\mathfrak{w}}$$
aus entgegen, begegnet ihm in dem ersten Doppelpunkt $a + b$ und erreicht, während jener in x anlangt, die Lage
$$x' = x\,\mathfrak{h}\,e^{\mathfrak{h}\,\mathfrak{w}}.$$
Und während der erste Punkt von x aus über den zweiten Doppelpunkt $b - a$ und das Unendliche wieder zu seiner Ausgangslage a zurückkehrt, geht der zugeordnete Punkt durchs Unendliche und den zweiten Doppelpunkt $b - a$, in dem er sich mit dem ersten Punkte zum zweiten Male begegnet, nach a' zurück.

Das System aller gegenläufigen Projektivitäten mit zwei gemeinsamen getrennten reellen Doppelpunkten. Im Gegensatz zu den gleichläufigen Projektivitäten mit denselben reellen Doppelpunkten bildet die Gesamtheit der gegenläufigen Projektivitäten mit gemeinsamen reellen Doppelpunkten *keine Gruppe.*

Dies folgt schon begrifflich daraus, daß ja die Folge zweier gegenläufigen Projektivitäten notwendig eine gleichläufige Projektivität sein muß, ergibt sich aber auch leicht durch Rechnung.

Bildet man nämlich aus zweien von den Projektivitäten
$$(41) \qquad \mathfrak{q}_{(\mathfrak{w})} = \mathfrak{h}\,e^{\mathfrak{h}\,\mathfrak{w}}, \qquad \mathfrak{h} = \frac{b,\,a}{a,\,b},$$
in denen man die Punkte a und b und damit die Involution $\mathfrak{h}$ als fest gegeben, die Zahlgröße $\mathfrak{w}$ aber als veränderlich ansieht, das heißt aus den Projektivitäten
$$(42) \qquad \begin{cases} \mathfrak{q}_{(\mathfrak{w}_1)} = \mathfrak{h}\,e^{\mathfrak{h}\,\mathfrak{w}_1} \\ \mathfrak{q}_{(\mathfrak{w}_2)} = \mathfrak{h}\,e^{\mathfrak{h}\,\mathfrak{w}_2} \end{cases}$$
das Folgeprodukt, so erhält man
$$(43) \qquad \mathfrak{q}_{(\mathfrak{w}_1)}\,\mathfrak{q}_{(\mathfrak{w}_2)} = \mathfrak{h}\,e^{\mathfrak{h}\,\mathfrak{w}_1}\,\mathfrak{h}\,e^{\mathfrak{h}\,\mathfrak{w}_2}$$
oder, wenn man berücksichtigt, daß nach Satz 131
$$\mathfrak{h}\,e^{\mathfrak{h}\,\mathfrak{w}_1} = e^{\mathfrak{h}\,\mathfrak{w}_1}\,\mathfrak{h}$$
und nach Formel (31)
$$\mathfrak{h}^2 = 1 \quad \text{ist}$$
$$\mathfrak{q}_{(\mathfrak{w}_1)}\,\mathfrak{q}_{(\mathfrak{w}_2)} = e^{\mathfrak{h}\,\mathfrak{w}_1}\,e^{\mathfrak{h}\,\mathfrak{w}_2}$$
oder endlich nach Formel (24)
$$(44) \qquad \mathfrak{q}_{(\mathfrak{w}_1)}\,\mathfrak{q}_{(\mathfrak{w}_2)} = e^{\mathfrak{h}\,(\mathfrak{w}_1 + \mathfrak{w}_2)}.$$
Diese Formel zeigt in der Tat, daß die gegenläufigen Abbildungen $\mathfrak{q}_{(\mathfrak{w})}$ für sich die Gruppeneigenschaft nicht besitzen. Dagegen bilden sie zusammen mit den gleichläufigen Projektivitäten
$$\mathfrak{p}_{(\mathfrak{w})} = e^{\mathfrak{h}\,\mathfrak{w}},$$

welche mit den Abbildungen $\mathfrak{q}_{(\mathfrak{w})}$ ihre Doppelpunktsinvolution $\mathfrak{h} = \dfrac{b,\,a}{a,\,b}$ gemein haben, eine allerdings diskontinuierliche Gruppe (vgl. Satz 178). Man hat also den Satz:

Satz 195: Alle gleichläufigen und gegenläufigen Projektivitäten

$$\begin{cases} \mathfrak{p}_{(\mathfrak{w})} = e^{\mathfrak{h}\mathfrak{w}} \quad \text{und} \\ \mathfrak{q}_{(\mathfrak{w})} = \mathfrak{h}e^{\mathfrak{h}\mathfrak{w}}, \end{cases} \qquad \mathfrak{h} = \frac{b,\,a}{a,\,b},$$

welche dieselben getrennten reellen Doppelpunkte $a + b$ und $a - b$ haben, die also einer und derselben hyperbolischen Doppelpunktsinvolution $\mathfrak{h} = \dfrac{b,\,a}{a,\,b}$, aber beliebigen Werten des Parameters $\mathfrak{w}$ zugehören, bilden zusammen eine diskontinuierliche Gruppe, welche die kontinuierliche eingliedrige Gruppe der gleichläufigen Projektivitäten

$$\mathfrak{p}_{(\mathfrak{w})} = e^{\mathfrak{h}\mathfrak{w}}, \quad \mathfrak{h} = \frac{b,\,a}{a,\,b}$$

allein als Teilgruppe in sich enthält. Dagegen bilden die gegenläufigen Projektivitäten

$$\mathfrak{q}_{(\mathfrak{w})} = \mathfrak{h}e^{\mathfrak{h}\mathfrak{w}}, \quad \mathfrak{h} = \frac{b,\,a}{a,\,b}$$

für sich keine Gruppe.

Erteilt man in der obigen Gleichung

$$(35) \qquad \mathfrak{q}_{(\mathfrak{w})} = \sinh \mathfrak{w} + \mathfrak{h} \cosh \mathfrak{w}, \quad \mathfrak{h} = \frac{b,\,a}{a,\,b}$$

dem Parameter $\mathfrak{w}$ die Werte $\pm\,\mathfrak{g}$, wo $\mathfrak{g}$ eine sehr große positive Zahlgröße ist, so wird *um so genauer*

$$\mathfrak{q}_{(\pm\,\mathfrak{g})} = \frac{e^{\mathfrak{g}}}{2}(\pm 1 + \mathfrak{h}) = \frac{e^{\mathfrak{g}}}{2}\Big(\pm \frac{a,\,b}{a,\,b} + \frac{b,\,a}{a,\,b}\Big)$$

je größer man $\mathfrak{g}$ wählt; also, *immer in diesem Sinne,* für $\mathfrak{w} = +\,\mathfrak{g}$

$$\mathfrak{q}_{(+\,\mathfrak{g})} = \frac{e^{\mathfrak{g}}}{2}\,\frac{a + b,\ a + b}{a,\qquad b}$$

$$= \frac{e^{\mathfrak{g}}}{2}\,\frac{2(a + b),\ 0}{a + b,\ a - b} \qquad \text{oder}$$

$$(45) \qquad \mathfrak{q}_{(+\,\mathfrak{g})} = e^{\mathfrak{g}}\,\frac{a + b,\quad 0}{a + b,\ a - b};$$

ferner für $\mathfrak{w} = -\,\mathfrak{g}$

$$\mathfrak{q}_{(-\,\mathfrak{g})} = \frac{e^{\mathfrak{g}}}{2}\,\frac{b - a,\ a - b}{a,\qquad b}$$

$$= \frac{e^{\mathfrak{g}}}{2}\,\frac{0,\qquad -\,2(a - b)}{a + b,\qquad a - b} \qquad \text{oder}$$

$$(46) \qquad \mathfrak{q}_{(-\,\mathfrak{g})} = e^{\mathfrak{g}}\,\frac{0,\quad -(a - b)}{a + b,\quad a - b}.$$

Für die Argumente $\mathfrak{w} = \pm\infty$ ergeben sich also auch aus der Projektivität $\mathfrak{q}_{(\mathfrak{w})}$ zwei entartende Projektivitäten, von denen übrigens die Projektivität $\mathfrak{q}_{(+\infty)}$ mit der oben betrachteten Projektivität $\mathfrak{p}_{(+\infty)}$ (vgl. Gleichung (26)) genau übereinstimmt, während die Projektivität $\mathfrak{q}_{(-\infty)}$ sich von der Projektivität $\mathfrak{p}_{(-\infty)}$ (vgl. Gleichung (27)) nur dem Vorzeichen nach unterscheidet. Man hat also den Satz:

Satz 196: In dem System gegenläufiger Projektivitäten mit den reellen Doppelpunkten $a + b$ und $a - b$, deren Abbildungsbrüche nach Satz 193 die Darstellung gestatten

$$\mathfrak{q}_{(\mathfrak{w})} = \mathfrak{h}e^{\mathfrak{h}\mathfrak{w}}, \quad \mathfrak{h} = \frac{b,\ a}{a,\ b},$$

entsprechen den Parameterwerten $\mathfrak{w} = +\infty$ und $\mathfrak{w} = -\infty$ zwei einfach entartende Projektivitäten; dieselben sind von den einfach entartenden Projektivitäten der Gruppe

$$\mathfrak{p}_{(\mathfrak{w})} = e^{\mathfrak{h}\mathfrak{w}}, \quad \mathfrak{h} = \frac{b,\ a}{a,\ b}$$

nicht wesentlich verschieden (vgl. Satz 192).

Das letztere erklärt sich dadurch, daß das System der Abbildungen $\mathfrak{q}_{(\mathfrak{w})}$ und die Gruppe der Abbildungen $\mathfrak{p}_{(\mathfrak{w})}$, wie die Gleichungen (7) und (32) zeigen, *zusammen ein Büschel von Projektivitäten mit gemeinsamen getrennten reellen Doppelpunkten* bilden. Ein solches aber enthält nach Satz 180 zwei einfach entartende Projektivitäten von der im Satz 192 beschriebenen Art.

Abschnitt 21.

Harmonische Projektivitäten.

Das Verschwinden des kombinatorischen Produktes zweier Projektivitäten derselben Geraden: Begriff harmonischer Projektivitäten. Wir gehen nunmehr zur Betrachtung zweier Projektivitäten

$$(1) \qquad \mathfrak{p} = \frac{a_1,\ a_2}{e_1,\ e_2} \quad \text{und} \quad \mathfrak{q} = \frac{b_1,\ b_2}{e_1,\ e_2}$$

derselben Geraden über, deren kombinatorisches Produkt verschwindet, zwischen denen also die Gleichung besteht

$$(2) \qquad\qquad [\mathfrak{p}\mathfrak{q}] = 0.$$

Wir nennen zwei Abbildungen dieser Art in Anlehnung an eine Bezeichnung von Segre „harmonisch"[1]) und stellen uns die Aufgabe, die geometrischen Beziehungen zwischen zwei solchen Abbildungen zu ermitteln.

---

1) Harmonische Projektivitäten einer Geraden wurden unter der Bezeichnung „*konjugierte Projektivitäten*" zuerst von Stéphanos in seiner schon auf Seite 131 und 145 zitierten Arbeit, Math. Ann., Bd. 22 (1883), Seite 304 ff. genauer untersucht (vgl.

Nach Gleichung (20) des 13. Abschnitts ist das kombinatorische Produkt $[\mathfrak{p}\mathfrak{q}]$ durch die Gleichung definiert:

$$(3) \qquad [\mathfrak{p}\mathfrak{q}] = \frac{[e_1 e_2 \cdot \mathfrak{p}\mathfrak{q}]}{[e_1 e_2]} = \frac{[e_1 \mathfrak{p} \cdot e_2 \mathfrak{q}] - [e_2 \mathfrak{p} \cdot e_1 \mathfrak{q}]}{2[e_1 e_2]} = \frac{[a_1 b_2] - [a_2 b_1]}{2[e_1 e_2]}.$$

Die Gleichung (2) läßt sich daher auch in der Form schreiben:

$$(4) \qquad [a_2 b_1] = [a_1 b_2].$$

In dieser erinnert sie an die in der Gleichung (3) des 15. Abschnitts gefundene Bedingung

$$(5) \qquad [e_2 a_1] = [e_1 a_2]$$

für den involutorischen Charakter der Projektivität $\dfrac{a_1,\ a_2}{e_1,\ e_2}$. In der Tat unterscheidet sich die Gleichung (4) von der Gleichung (5) nur dadurch, daß die Buchstaben e_1, e_2; a_1, a_2 durch die Buchstaben a_1, a_2; b_1, b_2 ersetzt sind. Die Gleichung (4) kann daher als die Bedingung dafür aufgefaßt werden, daß der Bruch

$$(6) \qquad \mathfrak{s} = \frac{b_1,\ b_2}{a_1,\ a_2}$$

eine Involution darstellt. Die Nenner und Zähler dieses Bruches stimmen aber beziehlich mit den Zählern der Brüche $\mathfrak{p}$ und $\mathfrak{q}$ überein. Und berücksichtigt man noch, daß nach Satz 81

$$(7) \qquad \frac{b_1,\ b_2}{e_1,\ e_2} = \frac{a_1,\ a_2}{e_1,\ e_2}\frac{b_1,\ b_2}{a_1,\ a_2}$$

ist, so erhält man zwischen den Projektivitäten $\mathfrak{p}$ und $\mathfrak{q}$, deren kombinatorisches Produkt verschwindet, die Beziehung

$$(8) \qquad \mathfrak{q} = \mathfrak{p}\mathfrak{s}.$$

Dabei ist freilich noch eine Bemerkung hinzuzufügen. Damit nämlich der Bruch $\dfrac{b_1,\ b_2}{a_1,\ a_2}$ überhaupt einen Sinn habe, ist erforderlich, daß das äußere Produkt seiner Nenner von Null verschieden sei; oder da diese Nenner zugleich die Zähler der Projektivität $\mathfrak{p}$ bilden, daß der Potenzwert von $\mathfrak{p}$

$$(9) \qquad [\mathfrak{p}^2] \neq 0,$$

insbesondere S. 320). Etwas später führte Segre für sie den heute gebräuchlicheren Namen „harmonische Projektivitäten" ein. Vgl. Segre, Note sur les homographies binaires et leurs faisceaux, Journal für die reine und angewandte Mathematik, Bd. 100 (1887), S. 318. Inzwischen hatte H. Wiener in seiner Habilitationsschrift (Rein geometrische Theorie der Darstellung binärer Formen durch Punktgruppen auf der Geraden, Darmstadt, 1885, S. 27 ff.) die Beziehungen zweier *harmonischen Involutionen* auf geometrischem Wege entwickelt, und zwar, was diese Arbeit besonders wertvoll macht, unter grundsätzlicher Vermeidung eines Zurückgreifens auf die Doppelpunkte.

die Projektivität $\mathfrak{p}$ also umkehrbar sei. Ist diese Bedingung erfüllt, so zieht die Gleichung (4) oder (2) die Gleichung (8) nach sich.

Man kann noch hinzufügen, daß die Involution $\mathfrak{s}$ umkehrbar ist oder nicht, je nachdem das Entsprechende bei der Projektivität $\mathfrak{q}$ der Fall ist oder nicht. Denn die Umkehrbarkeit einer jeden Projektivität, also auch die einer Involution in der Geraden, hängt davon ab, ob das kombinatorische (äußere) Produkt ihrer Zähler $= 0$ oder $\neq 0$ ist. Dieses Produkt aber besitzt nach (1) und (6) bei der Projektivität $\mathfrak{q}$ und der Involution $\mathfrak{s}$ denselben Wert $[b_1 b_2]$. Man hat daher den Satz:

Satz 197: Ist von zwei harmonischen Projektivitäten wenigstens eine umkehrbar, so läßt sich die andere als Folge der ersteren und einer Involution darstellen; dabei ist diese Involution umkehrbar oder nicht, je nachdem das entsprechende für die zweite Projektivität zutrifft oder nicht.

Es ist aber wichtig, daß die Umkehrung dieses Satzes auch dann gilt, wenn *beide* Projektivitäten entarten, daß also allgemein der Satz besteht:

Satz 198: Wenn von zwei Projektivitäten die eine eine Folge aus der anderen und einer Involution ist, so sind die beiden Projektivitäten harmonisch.

In der Tat, ist die Projektivität $\mathfrak{q}$ die Folge der Projektivität $\mathfrak{p}$ und einer Involution $\mathfrak{s}$, also wieder wie oben

$$(8) \qquad\qquad \mathfrak{q} = \mathfrak{p}\,\mathfrak{s},$$

so wird das kombinatorische Produkt $[\mathfrak{p}\,\mathfrak{q}]$, dessen Verschwinden die harmonische Beziehung der beiden Projektivitäten $\mathfrak{p}$ und $\mathfrak{q}$ charakterisierte,

$$[\mathfrak{p}\,\mathfrak{q}] = [\mathfrak{p}\,(\mathfrak{p}\,\mathfrak{s})] = \frac{[e_1 e_2 \cdot \mathfrak{p}\,(\mathfrak{p}\,\mathfrak{s})]}{[e_1 e_2]} = \frac{[e_1\mathfrak{p} \cdot e_2\,\mathfrak{p}\,\mathfrak{s}] - [e_2\mathfrak{p} \cdot e_1\,\mathfrak{p}\,\mathfrak{s}]}{2\,[e_1 e_2]}$$

oder, wenn wie gewöhnlich

$$\mathfrak{p} = \frac{a_1,\; a_2}{e_1,\; e_2}$$

gesetzt wird,

$$[\mathfrak{p}\,\mathfrak{q}] = \frac{[a_1 \cdot a_2\,\mathfrak{s}] - [a_2 \cdot a_1\,\mathfrak{s}]}{2\,[e_1 e_2]}\,.$$

Die rechte Seite dieser Gleichung aber verschwindet wegen der Grundeigenschaft der Involution (vgl. Gleichung (8) des 15. Abschnitts), das heißt, es ist wirklich

$$(2) \qquad\qquad [\mathfrak{p}\,\mathfrak{q}] = 0,$$

und es ist somit gezeigt, daß die Gleichung (8) die Gleichung (2) nach sich zieht, mögen nun die Projektivitäten $\mathfrak{p}$ und $\mathfrak{q}$ umkehrbar sein oder nicht.

Motivierung des Ausdrucks „harmonische Projektivitäten". Um nunmehr die Bezeichnung „harmonische Projektivitäten" zu rechtfertigen, betrachten wir den besonderen Fall, wo *die erste* von den beiden harmonischen Abbildungen *eine von der Deckung verschiedene Projektivität* $\mathfrak{p}$ *mit zwei getrennten reellen Doppelpunkten, die zweite aber eine Involution* $\mathfrak{t}$ ist.

Bezeichnet man die Doppelpunkte der Projektivität $\mathfrak{p}$ mit d_1 und d_2, ihre Hauptzahlen mit $\mathfrak{r}_1$ und $\mathfrak{r}_2$, so wird

$$(10) \qquad \mathfrak{p} = \frac{\mathfrak{r}_1 d_1, \ \mathfrak{r}_2 d_2}{d_1, \ d_2},$$

wo $\mathfrak{r}_1$ und $\mathfrak{r}_2$ zwei reelle Zahlgrößen sind, die der Ungleichung

$$(11) \qquad \mathfrak{r}_1 \neq \mathfrak{r}_2$$

genügen müssen, wenn, wie wir vorausgesetzt haben, die Projektivität $\mathfrak{p}$ von der Deckung verschieden sein soll.

Nun lautete die Bedingungsgleichung dafür, daß die Abbildungen $\mathfrak{p}$ und $\mathfrak{t}$ harmonisch seien, nach (2)

$$(12) \qquad 0 = [\mathfrak{p}\,\mathfrak{t}].$$

Wendet man aber auf das Produkt $[\mathfrak{p}\,\mathfrak{t}]$ die Formeln (18) und (8) des 13. Abschnitts an und wählt statt der in der letzteren Formel auftretenden willkürlichen Punkte y und z die Doppelpunkte d_1 und d_2 von $\mathfrak{p}$, so nimmt die Bedingungsgleichung (12) die Form an

$$0 = [d_1 d_2 \cdot \mathfrak{p}\,\mathfrak{t}] = [d_1\mathfrak{p} \cdot d_2\mathfrak{t}] - [d_2\mathfrak{p} \cdot d_1\mathfrak{t}]$$

oder wegen (10)

$$(13) \qquad 0 = \mathfrak{r}_1[d_1 \cdot d_2\mathfrak{t}] - \mathfrak{r}_2[d_2 \cdot d_1\mathfrak{t}].$$

Da ferner $\mathfrak{t}$ nach der Voraussetzung eine Involution ist, so ist nach Formel (8) des 15. Abschnitts

$$(14) \qquad [d_1 \cdot d_2\mathfrak{t}] = [d_2 \cdot d_1\mathfrak{t}].$$

Die Gleichung (13) läßt sich daher auch in der Form schreiben:

$$(\mathfrak{r}_1 - \mathfrak{r}_2)[d_2 \cdot d_1\mathfrak{t}] = 0,$$

oder wegen (11) in der Form

$$(15) \qquad [d_2 \cdot d_1\mathfrak{t}] = 0.$$

Diese Gleichung aber sagt aus, daß die beiden Doppelpunkte d_1 und d_2 der Projektivität $\mathfrak{p}$ ein Paar der Involution $\mathfrak{t}$ bilden. Man hat also den Satz:

Satz 199: Die Doppelpunkte einer von der bloßen Deckung verschiedenen Projektivität in der Geraden bilden in jeder zu ihr harmonischen Involution ein Paar.

Und da auch rückwärts aus der Gleichung (15) die Gleichung (12) gefolgert werden kann, und zwar, was zu beachten ist, ganz unabhängig davon, ob die Ungleichung (11) befriedigt wird oder nicht, so gilt auch die Umkehrung:

Satz 200: Jede Involution, in der die Doppelpunkte einer Projektivität ein Paar bilden, ist zu ihr harmonisch.

Daß es bei diesem Satze nicht wie bei dem Satze 199 nötig ist, den Fall der Deckung auszunehmen, versteht sich nach Satz 106 von selbst; denn mit Rücksicht auf·den Begriff harmonischer Projektivitäten kann man diesen Satz auch in der Form aussprechen:

Satz 201: Eine jede Involution ist zu der Identität (also auch zu der Deckung) harmonisch, und umgekehrt ist jede Projektivität, die zu der Identität (oder der Deckung) harmonisch ist, eine Involution. Oder auch: Eine projektive Abbildung ist dann und nur dann involutorisch, wenn sie zu der Deckung harmonisch ist.

Übrigens kann man jetzt den Inhalt der beiden Sätze 199 und 200 unter Ausscheidung des Falles der Deckung in dem folgenden einen Satze zusammenfassen:

Satz 202: Eine von der Deckung verschiedene Projektivität $\mathfrak{p}$ mit zwei getrennten reellen Doppelpunkten ist dann und nur dann zu einer Involution $\mathfrak{t}$ harmonisch, wenn die Doppelpunkte von $\mathfrak{p}$ ein Paar von $\mathfrak{t}$ bilden.

Ein spezielles Interesse bietet noch der Fall, wo nicht nur die Projektivität $\mathfrak{p}$, sondern auch die zu ihr harmonische Involution zwei getrennte reelle Doppelpunkte hat, wo also diese Involution hyperbolisch ist. Eine solche Involution hat nach Satz 117 die Eigenschaft, daß ein jedes Paar derselben durch ihre Doppelpunkte harmonisch getrennt wird; und umgekehrt bildet ein jedes Punktpaar, das zu den Doppelpunkten der Involution harmonisch liegt, ein Paar der Involution. Für den besonderen Fall einer hyperbolischen Involution gestattet daher der Satz 202 die Fassung:

Satz 203: Eine Projektivität, die von der Deckung verschieden ist und zwei getrennte reelle Doppelpunkte hat, ist zu einer hyperbolischen Involution dann und nur dann harmonisch, wenn die Doppelpunkte der einen Abbildung durch die der anderen harmonisch getrennt werden.

Und hieraus ergibt sich noch der spezielle Satz:

Satz 204: In zwei zueinander harmonischen hyperbolischen Involutionen trennen sich die beiden Paare von Doppelelementen harmonisch.

Durch diese Sätze ist die Bezeichnung „harmonische Projektivitäten" hinlänglich motiviert.

Beziehung zwischen den Ableitzahlen der Zähler zweier gleichnamigen harmonischen Projektivitäten. Stellt man zwei harmonische Projektivitäten

$\mathfrak{p}$ und $\mathfrak{q}$ wie in den Gleichungen (1) durch zwei Brüche mit gleichen Nennern dar, setzt also wieder

$$(1) \qquad \mathfrak{p} = \frac{a_1,\ a_2}{e_1,\ e_2}, \quad \mathfrak{q} = \frac{b_1,\ b_2}{e_1,\ e_2},$$

so kann man die Definitionsgleichung der harmonischen Beziehung beider Abbildungen, das heißt die Gleichung

$$(2) \qquad [\mathfrak{p}\,\mathfrak{q}] = 0,$$

für die wir schon oben in (4) die folgende zweite Form entwickelt haben:

$$(4) \qquad [a_2\,b_1] = [a_1\,b_2],$$

auch leicht durch eine Gleichung zwischen den Ableitzahlen ersetzen, mittelst deren sich die Zähler der einen Projektivität durch die der anderen ausdrücken lassen. Es sei etwa

$$(16) \qquad \begin{cases} b_1 = c_{11} a_1 + c_{12} a_2 \\ b_2 = c_{21} a_1 + c_{22} a_2; \end{cases}$$

eine solche Darstellung wird stets möglich sein, wenn, wie wir voraussetzen wollen,

$$(17) \qquad [a_1\,a_2] \neq 0,$$

die Projektivität $\mathfrak{p}$ also umkehrbar ist. Alsdann wird

$$[a_2\,b_1] = -\,c_{11}[a_1\,a_2] \quad \text{und}$$
$$[a_1\,b_2] = c_{22}[a_1\,a_2];$$

die Gleichung (4) verwandelt sich also mit Rücksicht auf (17) in

$$(18) \qquad c_{22} = -\,c_{11}.$$

Und da auch rückwärts aus der Gleichung (18) die Gleichung (4) und die gleichwertige Gleichung (2) folgt, so hat man den Satz:

Satz 205: Zwei projektive Abbildungen derselben Geraden, von denen *die eine* umkehrbar ist, sind dann und nur dann harmonisch, wenn nach Gleichnamigmachung ihrer Abbildungsbrüche zwischen den Ableitzahlen c_{ik}, mittelst deren sich die Zähler *der anderen* aus denen der ersteren ableiten lassen, die Beziehung herrscht

$$c_{22} = -\,c_{11}.$$

Oder anders ausgedrückt:

Macht man die Brüche für zwei harmonische Projektivitäten $\mathfrak{p}$ und $\mathfrak{q}$, von denen die erstere umkehrbar ist, gleichnamig und drückt überdies die Zähler der zweiten durch die der ersteren aus, so nehmen die Projektivitäten die Form an:

$$(19) \qquad \mathfrak{p} = \frac{a_1,\ a_2}{e_1,\ e_2} \quad \text{und} \quad \mathfrak{q} = \frac{c_{11} a_1 + c_{12} a_2,\ \ c_{21} a_1 - c_{11} a_2}{e_1, \qquad\qquad\qquad e_2}.$$

Dabei wird übrigens, wie ausdrücklich bemerkt werden mag, im allgemeinen

$$c_{21} \neq c_{12} \quad \text{sein.}$$

Umgekehrt: Besitzen die Abbildungsbrüche zweier Projektivitäten derselben Geraden die Form (19), so sind die Projektivitäten harmonisch.

Durch *besondere Wahl der gemeinsamen Nennerpunkte* e_1 und e_2 kann man es noch stets erreichen, daß der Koeffizient c_{11} verschwindet, daß also die Brüche $\mathfrak{p}$ und $\mathfrak{q}$ die Form annehmen:

$$(20) \qquad \mathfrak{p} = \frac{a_1,\ a_2}{e_1,\ e_2} \quad \text{und} \quad \mathfrak{q} = \frac{c_{12}a_2,\ c_{21}a_1}{e_1,\quad e_2};$$

ja man kann dabei sogar noch einen von den beiden Nennern e_1 und e_2, etwa den ersten Nenner e_1, ganz beliebig wählen. In der Tat braucht man, um dem Bruch $\mathfrak{q}$ die Form (20) zu verleihen, nur über den Nenner e, der beiden Brüche in der Weise zu verfügen, daß

$$(21) \qquad\qquad e_2\,\mathfrak{q} \equiv a_1{}^1),$$

das heißt wegen (20),

$$(22) \qquad\qquad e_2\,\mathfrak{q} \equiv e_1\,\mathfrak{p}$$

wird, woraus, falls auch der Bruch $\mathfrak{q}$ umkehrbar ist, durch Auflösung nach e_2 folgt, daß

$$(23) \qquad\qquad e_2 \equiv e_1\,\mathfrak{p}\,\frac{1}{\mathfrak{q}}$$

gemacht werden muß. Hat man in dieser Weise den Punkt e_2 bestimmt, so wird, wie der Vergleich der Gleichungen (19) und (21) zeigt,

$$(24) \qquad\qquad c_{11} = 0,$$

und der Ausdruck für $\mathfrak{q}$ aus (19) reduziert sich also wirklich auf die Form (20). Dabei ist nach (23) der zweite Nenner e_2 derjenige Punkt, den man erhält, wenn man den ersten Nenner e_1 zuerst der Abbildung $\mathfrak{p}$ unterwirft und dann den transformierten Punkt $e_1\mathfrak{p}$ der zu $\mathfrak{q}$ inversen Abbildung $\frac{1}{\mathfrak{q}}$. Man hat also den Satz:

Satz 206: Zwei umkehrbare harmonische Projektivitäten $\mathfrak{p}$ und $\mathfrak{q}$ lassen sich stets durch zwei Brüche von der Form

$$\mathfrak{p} = \frac{a_1,\ a_2}{e_1,\ e_2}, \quad \mathfrak{q} = \frac{c_{12}a_2,\ c_{21}a_1}{e_1,\quad e_2}$$

darstellen[2]).

Andererseits läßt sich die Forderung, der Koeffizient c_{11} solle in der

---

1) Dabei gebrauchen wir das Zeichen $\equiv$ nach dem Vorbilde von Möbius (Der baryzentrische Calcul, Leipzig 1827, § 15, 6. Gesammelte Werke, Bd. I, Leipzig 1885, Seite 38 f.) für zwei extensive Größen, die „bis auf einen Zahlfaktor einander gleich sind" und lesen es „zusammenfallend mit".

2) Vgl. Segre, Journal für die r. u. a. Mathematik, Bd. 100 (1887), S. 317 f.

Darstellung (19) des Bruches $\mathfrak{q}$ verschwinden, im allgemeinen nicht mehr erfüllen, wenn nicht wenigstens einer von den beiden Nennern der beiden harmonischen Abbildungen frei verfügbar ist. Sollten dagegen beide Nenner schon anderweitig festgelegt sein, so schließt die Forderung des Verschwindens von c_{11} bereits eine weitere Spezialisierung der zu $\mathfrak{p}$ harmonischen Abbildung $\mathfrak{q}$ ein.

Ist zum Beispiel $\mathfrak{p}$ eine von der Deckung verschiedene umkehrbare Projektivität mit zwei getrennt liegenden reellen Doppelpunkten d_1 und d_2, und ist dieselbe in ihrer Normalform, das heißt in der Form

$$(25) \qquad \mathfrak{p} = \frac{r_1 d_1, \; r_2 d_2}{d_1, \quad d_2}$$

gegeben, wo die beiden Hauptzahlen r_1 und r_2 von Null verschieden und außerdem

$$(26) \qquad r_1 \neq r_2$$

ist, und will man die Nenner d_1 und d_2 auch für die zu $\mathfrak{p}$ harmonische Projektivität $\mathfrak{q}$ festhalten, so wird nach (19)

$$(27) \qquad \mathfrak{q} = \frac{c_{11} r_1 d_1 + c_{12} r_2 d_2, \; c_{21} r_1 d_1 - c_{11} r_2 d_2}{d_1, \qquad d_2}.$$

Verlangt man jetzt noch das Verschwinden von c_{11}, so reduziert sich der Bruch $\mathfrak{q}$ auf die Form

$$(28) \qquad \mathfrak{q} = \frac{c_{12} r_2 d_2, \; c_{21} r_1 d_1}{d_1, \quad d_2}.$$

Dieser Bruch aber ist der Ausdruck für eine Involution; denn durch denselben werden die Punkte d_1 und d_2 einander wechselseitig zugewiesen. Die Forderung (24) bedingt also in dem Falle, wo die Doppelpunkte der einen von den beiden harmonischen Projektivitäten zu gemeinsamen Nennern der beiden Abbildungen gewählt sind, involutorischen Charakter der anderen.

Entartende harmonische Projektivitäten. Man könnte geneigt sein, die bei dem Satze 197 eingeführte Beschränkung auf Projektivitäten, von denen wenigstens eine umkehrbar ist, für entbehrlich zu halten. Um jeden Zweifel an der Notwendigkeit dieser Beschränkung auszuschließen, behandeln wir gesondert die Beziehungen, die sich ergeben, wenn von den beiden harmonischen Projektivitäten die eine oder auch beide *entartende Projektivitäten* sind.

Ist *zuerst* die Abbildung $\mathfrak{p}$ eine (einfach) entartende Projektivität, $\mathfrak{q}$ dagegen umkehrbar, das heißt eine nicht entartende Projektivität, so stelle man die Abbildung $\mathfrak{p}$ nach Gleichung (40) des 13. Abschnitts in der Form

$$(29) \qquad \mathfrak{p} = \frac{a_1, \; 0}{e_1, \; a}, \qquad\qquad a_1 \neq 0,$$

dar, in der a_1 den Hauptpunkt und a den Nullpunkt der Projektivität $\mathfrak{p}$ bedeutet; dann wird das kombinatorische Produkt:

$$[\mathfrak{p}\,\mathfrak{q}] = \frac{[e_1 a \cdot \mathfrak{p}\,\mathfrak{q}]}{[e_1 a]} = \frac{[e_1 \mathfrak{p} \cdot a\,\mathfrak{q}] - [e_1\,\mathfrak{q} \cdot a\,\mathfrak{p}]}{2\,[e_1 a]},$$

oder da wegen (29)

$$a\,\mathfrak{p} = 0 \quad \text{und} \quad e_1\,\mathfrak{p} = a_1 \quad \text{ist,}$$

$$(30) \qquad\qquad [\mathfrak{p}\,\mathfrak{q}] = \frac{[a_1 \cdot a\,\mathfrak{q}]}{2\,[e_1 a]}.$$

Die Bedingungsgleichung für die harmonische Lage beider Projektivitäten, das heißt die Gleichung

$$(31) \qquad\qquad [\mathfrak{p}\,\mathfrak{q}] = 0,$$

nimmt daher die Form an:

$$(32) \qquad\qquad [a_1 \cdot a\,\mathfrak{q}] = 0.$$

Da aber nach der Voraussetzung die Projektivität $\mathfrak{q}$ umkehrbar sein soll, so gibt es in der zu transformierenden Punktreihe keinen Punkt, dessen Bild hinsichtlich der Projektivität $\mathfrak{q}$ verschwindet; insbesondere ist daher auch

$$(33) \qquad\qquad a\,\mathfrak{q} \neq 0.$$

Die Gleichung (32) kann also nicht anders bestehen, als wenn

$$(34) \qquad a\,\mathfrak{q} = \mathfrak{g}\,a_1 \quad \text{ist, wo} \quad \mathfrak{g} \neq 0 \quad \text{ist,}$$

und andererseits wird sie in diesem Falle auch stets erfüllt.

Die Gleichung (34) aber zeigt, daß die Projektivität $\mathfrak{q}$ den Nullpunkt a der Projektivität $\mathfrak{p}$ in deren Hauptpunkt a_1 überführt. Man hat daher den Satz:

Satz 207: Eine entartende Projektivität $\mathfrak{p}$ ist zu einer umkehrbaren Projektivität $\mathfrak{q}$ dann und nur dann harmonisch, wenn diese deren Nullpunkt in deren Hauptpunkt überführt[1]).

Sind *andererseits die beiden* harmonischen Projektivitäten $\mathfrak{p}$ und $\mathfrak{q}$ (einfach) entartende Projektivitäten, und bezeichnet man ihre Hauptpunkte mit a_1 und b_1, ihre Nullpunkte mit a und b, so lassen sich die beiden Projektivitäten durch die Brüche darstellen

$$(35) \qquad \mathfrak{p} = \frac{a_1,\ 0}{e_1,\ a}, \quad \mathfrak{q} = \frac{b_1,\ 0}{e_1,\ b}, \quad a_1 \neq 0,\ b_1 \neq 0,$$

wo e_1 ein ganz beliebiger Punkt der zu transformierenden Punktreihe ist, der nur von den beiden Nullpunkten a und b der Projektivitäten $\mathfrak{p}$ und $\mathfrak{q}$ räumlich verschieden sein muß.

Das kombinatorische Produkt der beiden Projektivitäten wird dann genau wie oben dargestellt durch die Gleichung (30), und die Bedingung

---

1) In der auf S. 277 und 282 zitierten Arbeit von Segre, Journal für die reine und angewandte Mathematik, Bd. 100 (1887), S. 318, ist der obige Satz ohne Beweis und nicht ganz exakt ausgesprochen.

für die harmonische Lage der Projektivitäten $\mathfrak{p}$ und $\mathfrak{q}$ lautet daher wieder

$$(32) \qquad\qquad [a_1 \cdot a\,\mathfrak{q}] = 0 .$$

Diese Gleichung aber läßt sich dieses Mal auf doppelte Weise befriedigen:

Erstens kann sie dadurch erfüllt werden, daß das Produkt

$$(36) \qquad\qquad a\,\mathfrak{q} = 0$$

ist; dann ist der Nullpunkt a von $\mathfrak{p}$ zugleich der Nullpunkt von $\mathfrak{q}$, das heißt, *die Nullpunkte beider Projektivitäten fallen zusammen.*

Zweitens aber kann der Gleichung (32) auch dadurch genügt werden, daß wie oben auf Seite 284 die Gleichung besteht

$$(37) \qquad\qquad a\,\mathfrak{q} = g\,a_1 , \quad g \,{+}\, 0 .$$

Dann wird durch die entartende Projektivität $\mathfrak{q}$ dem Punkte a der Hauptpunkt a_1 von $\mathfrak{p}$ zugewiesen. Da nun aber wegen (37) und (35)

$$a\,\mathfrak{q} \,{+}\, 0 ,$$

und b der Nullpunkt von $\mathfrak{q}$ ist, so ist a von b räumlich verschieden. Die entartende Projektivität $\mathfrak{q}$ führt aber jeden von dem Nullpunkte b räumlich verschiedenen Punkt in ihren Hauptpunkt b_1 über. Insbesondere wird daher auch

$$(38) \qquad\qquad a\,\mathfrak{q} \equiv b_1 ;$$

folglich fällt der Hauptpunkt a_1 von $\mathfrak{p}$ mit dem Hauptpunkt b_1 von $\mathfrak{q}$ zusammen. Der zweite Fall der harmonischen Lage zweier entartenden Projektivitäten ist also dadurch charakterisiert, daß *die Hauptpunkte beider Projektivitäten zusammenfallen.*

Natürlich wird die Gleichung (32) auch dann befriedigt, wenn *sowohl die Nullpunkte wie die Hauptpunkte der beiden entartenden Projektivitäten $\mathfrak{p}$ und $\mathfrak{q}$ vereint liegen.* In diesem Falle gestatten die beiden Projektivitäten $\mathfrak{p}$ und $\mathfrak{q}$ die Darstellung

$$(39) \qquad\qquad \mathfrak{p} = \frac{a_1,\;0}{e_1,\;a} , \qquad \mathfrak{q} = \frac{g\,a_1,\;0}{e_1,\;a} ,$$

unter g eine Zahlgröße verstanden. Zwischen den beiden Projektivitäten $\mathfrak{p}$ und $\mathfrak{q}$ besteht daher die Beziehung

$$(40) \qquad\qquad \mathfrak{q} = g\,\mathfrak{p} ,$$

das heißt, sie unterscheiden sich voneinander nur um einen Zahlfaktor. Ferner wird jetzt wie im Fall 1

$$a\,\mathfrak{q} = 0 ,$$

die Gleichung (32) somit wirklich erfüllt. Übrigens kann man in diesem Falle auch direkt die ursprüngliche Bedingungsgleichung

$$(31) \qquad\qquad [\mathfrak{p}\,\mathfrak{q}] = 0$$

für die harmonische Lage zweier Projektivitäten $\mathfrak{p}$ und $\mathfrak{q}$ aus der Bedingung

$$(41) \qquad\qquad [\mathfrak{p}^2] = 0$$

für das Entarten der Projektivität $\mathfrak{p}$ herleiten. Denn es wird wegen (40)

$$(42) \qquad [\mathfrak{p}\,\mathfrak{q}] = [\mathfrak{p} \cdot \mathfrak{g}\,\mathfrak{p}] = \mathfrak{g}[\mathfrak{p}^2] = 0\,.$$

Faßt man die gewonnenen Ergebnisse zusammen, so erhält man den Satz:

Satz 208: Satz von Aschieri. Zwei einfach entartende Projektivitäten einer Geraden sind dann und nur dann zueinander harmonisch, wenn entweder ihre Nullpunkte oder ihre Hauptpunkte zusammenfallen, oder wenn beides gleichzeitig stattfindet[1]).

Nun gingen wir auf Seite 283 von der Frage aus, ob die in dem Satze 197 eingeführte Einschränkung auf Projektivitäten, von denen wenigstens eine umkehrbar ist, nicht vielleicht entbehrlich sei. Dies würde zutreffen, wenn in dem Falle harmonischer Lage zweier entartenden Projektivitäten $\mathfrak{p}$ und $\mathfrak{q}$ stets eine Gleichung von der Form

$$(43) \qquad\qquad \mathfrak{q} = \mathfrak{p}\,\mathfrak{s}$$

gelten sollte, wo $\mathfrak{s}$ eine Involution ist. *Dies ist aber nicht der Fall.*

In dem Falle freilich, wo die Nullpunkte der beiden Projektivitäten zusammenfallen, besteht eine Gleichung von der Form (43). Sind *zunächst* in diesem Falle *die beiden Hauptpunkte räumlich voneinander verschieden*, so lassen die beiden entartenden Projektivitäten die Darstellung zu

$$(44) \qquad \mathfrak{p} = \frac{a_1,\ 0}{e_1,\ a}, \qquad \mathfrak{q} = \frac{b_1,\ 0}{e_1,\ a},$$

wo a_1 von b_1 räumlich verschieden ist. Man nehme alsdann eine Involution $\mathfrak{s}$ zu Hülfe, in der die beiden Hauptpunkte a_1 und b_1 der beiden entartenden Projektivitäten $\mathfrak{p}$ und $\mathfrak{q}$ ein Paar bilden, setze also etwa

$$(45) \qquad\qquad \mathfrak{s} = \frac{b_1,\ a_1}{a_1,\ b_1}\,;$$

dann wird

$$(46) \qquad \mathfrak{p}\,\mathfrak{s} = \frac{a_1,\ 0}{e_1,\ a}\,\frac{b_1,\ a_1}{a_1,\ b_1} = \frac{b_1,\ 0}{e_1,\ a} = \mathfrak{q}\,,$$

womit das Bestehen einer Gleichung von der Form (43) bewiesen ist.

Aber *auch in dem Falle, wo gleichzeitig die Nullpunkte und Hauptpunkte beider Projektivitäten zusammenfallen*, läßt sich eine Involution $\mathfrak{s}$ angeben, durch welche die Gleichung (43) befriedigt wird. In der Tat, ist wieder wie in (39)

---

1) Vgl. die oben auf Seite 146 zitierte Arbeit von Aschieri, Rendiconti del R. Istituto Lombardo, Serie II, Vol. XXII (1889). § 5. Nr. 7.

$$(47) \qquad \mathfrak{p} = \frac{a_1,\; 0}{e_1,\; a}, \qquad \mathfrak{q} = \frac{\mathfrak{g}a_1,\; 0}{e_1,\; a} = \mathfrak{g}\mathfrak{p},$$

so wird

$$(48) \qquad \mathfrak{q} = \mathfrak{g}\mathfrak{p} = \mathfrak{g}\,\frac{a_1,\; 0}{e_1,\; a} = \mathfrak{g}\,\frac{a_1,\; 0}{e_1,\; a}\,\frac{a_1,\; -b}{a_1,\;\;\; b} = \frac{a_1,\; 0}{e_1,\; a}\,\frac{\mathfrak{g}a_1,\; -\mathfrak{g}b}{a_1,\;\;\;\; b},$$

wo b ein von a_1 räumlich verschiedener, sonst aber ganz beliebiger Punkt ist. Hier stellt der Bruch

$$\frac{\mathfrak{g}a_1,\; -\mathfrak{g}b}{a_1,\;\;\;\; b}$$

nach Satz 103 eine Involution dar. Setzt man also

$$(49) \qquad \frac{\mathfrak{g}a_1,\; -\mathfrak{g}b}{a_1,\;\;\;\; b} = \mathfrak{s},$$

so wird wirklich, wie gefordert,

$$(43) \qquad \mathfrak{q} = \mathfrak{p}\mathfrak{s}.$$

Dagegen besteht, wie man sogleich sieht, eine Gleichung von der Form (43) nicht mehr für zwei einfach entartende Projektivitäten, *deren Hauptpunkte zusammenfallen*, während ihre Nullpunkte räumlich voneinander verschieden sind. In der Tat, sind

$$(50) \qquad \mathfrak{p} = \frac{a_1,\; 0}{e_1,\; a} \quad\text{und}\quad \mathfrak{q} = \frac{\mathfrak{g}a_1,\; 0}{e_1,\; b},\quad a_1 \neq 0,\; \mathfrak{g} \neq 0$$

die beiden zueinander harmonischen einfach entartenden Projektivitäten mit räumlich verschiedenen Nullpunkten a und b und den voneinander nur um einen Zahlfaktor $\mathfrak{g}$ abweichenden Hauptpunkten a_1 und $\mathfrak{g}a_1$, so kann man zwar leicht eine Involution $\mathfrak{s}$ angeben, für welche die Gleichung

$$(51) \qquad \mathfrak{q} = \mathfrak{s}\mathfrak{p}$$

besteht, aber es gibt keine Involution $\mathfrak{s}$, die der Gleichung (43) entspricht.

Um eine Involution $\mathfrak{s}$ zu finden, welche die Gleichung (51) befriedigt, verfüge man über die Massen der beiden Nullpunkte a und b in der Weise, daß

$$(52) \qquad e_1 = a + b$$

wird. Alsdann ist die Involution

$$(53) \qquad \mathfrak{s} = \frac{\mathfrak{g}b,\; \mathfrak{g}a}{a,\;\; b} = \frac{\mathfrak{g}(a+b),\; \mathfrak{g}a}{a+b,\;\; b} = \frac{\mathfrak{g}e_1,\; \mathfrak{g}a}{e_1,\;\; b}$$

die gewünschte Involution; denn es wird das Produkt

$$(54) \qquad \mathfrak{s}\mathfrak{p} = \frac{\mathfrak{g}e_1,\; \mathfrak{g}a}{e_1,\;\; b}\,\frac{a_1,\; 0}{e_1,\; a} = \frac{\mathfrak{g}a_1,\; 0}{e_1,\;\; b} = \mathfrak{q}.$$

Die Gleichung (51) wird also in der Tat durch die Involution (53) befriedigt.

Indes ist es offenbar unmöglich, eine Involution $\mathfrak{s}$ zu finden, für die zwischen den Projektivitäten (50) eine Gleichung von der Form (43) besteht, für die also

$$(55) \qquad \frac{a_1,\ 0}{e_1,\ a}\ \mathfrak{F} = \frac{\mathfrak{g}\,a_1,\ 0}{e_1,\ b}$$

wäre, weil durch Multiplikation der Projektivität $\dfrac{a_1,\ 0}{e_1,\ a}$ mit einer ganz beliebigen Involution doch immer nur wieder eine Projektivität entstehen kann, die dem Punkte a die Zahlgröße 0 zuweist. Nun soll aber der Gleichung (55) zufolge die durch die Multiplikation mit $\mathfrak{F}$ hervorgehende Projektivität zugleich dem von a räumlich verschiedenen Punkte b die Zahlgröße 0 zuordnen. Dann würde dieselbe aber überhaupt jedem Punkte die Zahlgröße 0 zuweisen und könnte daher nicht den Punkt e_1 in den von Null verschiedenen Punkt $\mathfrak{g}\,a_1$ überführen.

Damit ist bewiesen, daß die in dem Satze 197 enthaltene Einschränkung auf Projektivitäten, von denen wenigstens eine umkehrbar ist, wirklich erforderlich war. Zugleich aber geht aus unseren Betrachtungen hervor, daß man dem Satze 197 den folgenden, speziell für entartende Projektivitäten geltenden Satz an die Seite stellen kann:

Satz 209: Zwei einfach entartende Projektivitäten $\mathfrak{p}$ und $\mathfrak{q}$ sind dann und nur dann harmonisch, wenn sich eine Involution $\mathfrak{F}$ finden läßt für die

$$\textit{entweder} \qquad \mathfrak{p}\,\mathfrak{F} = \mathfrak{q}$$
$$\textit{oder} \qquad \mathfrak{F}\,\mathfrak{p} = \mathfrak{q}\ \text{ist.}$$

Abschnitt 22.
Das Gebiet aller Projektivitäten in einer Geraden.

Die vier Brucheinheiten, aus denen alle Projektivitäten einer Geraden ableitbar sind. Um einen Überblick über alle in einer Geraden vorkommenden Projektivitäten zu gewinnen, gehen wir aus von den folgenden vier einfach entartenden Projektivitäten:

$$(1) \qquad \mathfrak{c}_{11} = \frac{e_1,\ 0}{e_1,\ e_2}, \quad \mathfrak{c}_{12} = \frac{e_2,\ 0}{e_1,\ e_2}, \quad \mathfrak{c}_{21} = \frac{0,\ e_1}{e_1,\ e_2}, \quad \mathfrak{c}_{22} = \frac{0,\ e_2}{e_1,\ e_2},$$

die wir als die vier „Brucheinheiten für die Projektivitäten der Geraden $e_1 e_2$" bezeichnen wollen[1]), und von denen speziell die Projektivitäten $\mathfrak{c}_{12}$ und $\mathfrak{c}_{21}$ nach Satz 136 zwei parabolische Involutionen darstellen.

Nach dem Begriff des extensiven Bruches genügen die vier Bruch-

---

1) Vgl. H. Graßmann, Die Ausdehnungslehre. Berlin, 1862. Nr. 381. (Gesammelte mathematische und physikalische Werke, Bd. 1, Teil 2. Leipzig, 1896.)

einheiten den Gleichungen

$$(2) \qquad \begin{cases} e_1 \mathfrak{c}_{11} = e_1, & e_1 \mathfrak{c}_{12} = e_2, & e_1 \mathfrak{c}_{21} = 0, & e_1 \mathfrak{c}_{22} = 0, \\ e_2 \mathfrak{c}_{11} = 0, & e_2 \mathfrak{c}_{12} = 0, & e_2 \mathfrak{c}_{21} = e_1, & e_2 \mathfrak{c}_{22} = e_2, \end{cases}$$

die man auch in den Gleichungen zusammenfassen kann

$$(3) \qquad \begin{cases} e_r \mathfrak{c}_{rs} = e_s \\ e_t \mathfrak{c}_{rs} = 0, \quad t \neq r. \end{cases}$$

Ferner lauten die Gleichungen, welche die Brucheinheiten als entartende Projektivitäten charakterisieren,

$$(4) \qquad 0 = [\mathfrak{c}_{11}^2] = [\mathfrak{c}_{12}^2] = [\mathfrak{c}_{21}^2] = [\mathfrak{c}_{22}^2].$$

Die analytische Bedeutung der Brucheinheiten und damit zugleich den Grund für die Wahl ihres Namens findet man, wenn man den Satz beweist:

Satz 210: Jede Projektivität in einer Geraden läßt sich als Vielfachensumme von vier Brucheinheiten dieser Geraden darstellen, und zwar nur auf eine Weise und mittelst reeller Ableitzahlen.

Es sei

$$(5) \qquad \mathfrak{p} = \frac{a_1,\ a_2}{e_1,\ e_2}$$

eine beliebige Projektivität in der Geraden $e_1 e_2$ und wie gewöhnlich

$$(6) \qquad \begin{cases} a_1 = \mathfrak{a}_{11} e_1 + \mathfrak{a}_{12} e_2 \\ a_2 = \mathfrak{a}_{21} e_1 + \mathfrak{a}_{22} e_2, \end{cases}$$

so läßt sich die Projektivität $\mathfrak{p}$ durch die folgende Vielfachensumme der Brucheinheiten $\mathfrak{c}_{rs}$ ausdrücken:

$$(7) \qquad \mathfrak{p} = \mathfrak{a}_{11} \mathfrak{c}_{11} + \mathfrak{a}_{12} \mathfrak{c}_{12} + \mathfrak{a}_{21} \mathfrak{c}_{21} + \mathfrak{a}_{22} \mathfrak{c}_{22}.$$

Multipliziert man nämlich mit dieser Vielfachensumme die Nennerpunkte e_1 und e_2 des Bruches $\mathfrak{p}$, so erhält man gerade seine Zähler a_1 und a_2. In der Tat wird wegen (3)

$$(8) \qquad \begin{cases} e_1(\mathfrak{a}_{11} \mathfrak{c}_{11} + \mathfrak{a}_{12} \mathfrak{c}_{12} + \mathfrak{a}_{21} \mathfrak{c}_{21} + \mathfrak{a}_{22} \mathfrak{c}_{22}) = \mathfrak{a}_{11} e_1 + \mathfrak{a}_{12} e_2 = a_1 \\ e_2(\mathfrak{a}_{11} \mathfrak{c}_{11} + \mathfrak{a}_{12} \mathfrak{c}_{12} + \mathfrak{a}_{21} \mathfrak{c}_{21} + \mathfrak{a}_{22} \mathfrak{c}_{22}) = \mathfrak{a}_{21} e_1 + \mathfrak{a}_{22} e_2 = a_2. \end{cases}$$

Damit aber ist die Richtigkeit der Gleichung (7) bewiesen.

Daß die Ableitzahlen der Vielfachensumme (7) auch *reell* sind, folgt daraus, daß sie mit den Ableitzahlen der Zähler des Bruches $\mathfrak{p}$ übereinstimmen, die wir auf Seite 113f. als reell vorausgesetzt haben.

Um endlich auch die in dem Satze 210 behauptete Eindeutigkeit der Darstellung einer Projektivität als lineare homogene Funktion der vier Brucheinheiten zu beweisen, zeige man zunächst, daß das Verschwinden einer linearen homogenen Funktion der vier Brucheinheiten das Verschwinden ihrer sämtlichen Zahlkoeffizienten nach sich zieht.

Angenommen nämlich, es bestände zwischen den vier Brucheinheiten eine lineare homogene Gleichung von der Form

$$(*) \qquad 0 = c_{11}\mathfrak{e}_{11} + c_{12}\mathfrak{e}_{12} + c_{21}\mathfrak{e}_{21} + c_{22}\mathfrak{e}_{22},$$

in der die c_{ik} reelle Zahlgrößen sind, so multipliziere man mit dieser Gleichung die beiden Punkte e_1 und e_2 und erhält so mit Rücksicht auf (3) die Gleichungen

$$\begin{cases} 0 = c_{11}e_1 + c_{12}e_2 \\ 0 = c_{21}e_1 + c_{22}e_2, \end{cases}$$

aus denen wegen der räumlichen Verschiedenheit der Punkte e_1 und e_2 folgt, daß

$$c_{11} = c_{12} = c_{21} = c_{22} = 0$$

ist, daß also eine Gleichung von der Form (*) das Verschwinden ihrer sämtlichen Zahlkoeffizienten nach sich zieht; die vier Brucheinheiten sind somit nach Seite 256 linear unabhängig voneinander, und man hat den Satz:

Satz 211: Das Verschwinden einer linearen homogenen Funktion der vier Brucheinheiten zieht das Verschwinden ihrer sämtlichen Zahlkoeffizienten nach sich. Oder anders ausgedrückt: **Die vier Brucheinheiten für die Projektivitäten einer Geraden sind linear unabhängig voneinander.**

Gäbe es jetzt für eine Projektivität $\mathfrak{p}$ zwei Darstellungen als Vielfachensummen der Brucheinheiten:

$$(**) \qquad \begin{cases} \mathfrak{p} = a_{11}\mathfrak{e}_{11} + a_{12}\mathfrak{e}_{12} + a_{21}\mathfrak{e}_{21} + a_{22}\mathfrak{e}_{23} \quad \text{und} \\ \mathfrak{p} = b_{11}\mathfrak{e}_{11} + b_{12}\mathfrak{e}_{12} + b_{21}\mathfrak{e}_{21} + b_{22}\mathfrak{e}_{22}, \end{cases}$$

so würde durch Subtraktion dieser beiden Gleichungen die lineare homogene Gleichung zwischen den vier Brucheinheiten folgen

$$0 = (a_{11} - b_{11})\mathfrak{e}_{11} + (a_{12} - b_{12})\mathfrak{e}_{12} + (a_{21} - b_{21})\mathfrak{e}_{21} + (a_{22} - b_{22})\mathfrak{e}_{22}.$$

Diese aber zieht nach Satz 211 das Verschwinden ihrer sämtlichen Zahlkoeffizienten nach sich, das heißt, wir erhalten die Gleichungen

$$a_{11} = b_{11}, \quad a_{12} = b_{12}, \quad a_{21} = b_{21}, \quad a_{22} = b_{22},$$

welche zeigen, daß die beiden Darstellungen (**) der Projektivität $\mathfrak{p}$ miteinander identisch sind. Damit ist der Satz 210 vollständig bewiesen.

Die Möglichkeit, alle Projektivitäten einer Geraden aus vier linear unabhängigen Projektivitäten dieser Geraden, nämlich aus vier Brucheinheiten derselben numerisch abzuleiten, berechtigt uns dazu, die Gesamtheit aller Projektivitäten einer Geraden als ein „Gebiet vierter Stufe" zu betrachten, in demselben Sinn, wie man die Gesamtheit der Punkte des Raumes als ein Gebiet vierter Stufe ansehen kann, insofern sich ein jeder Punkt als Vielfachensumme von vier nicht in einer Ebene liegenden

Punkten darstellen läßt (vgl. Seite 38). Wie es aber nur ∞^3 wesentlich, (das heißt nicht nur ihrer Masse nach,) verschiedene Punkte des Raumes gibt, so gibt es auch in einer Geraden nur ∞^3 wesentlich verschiedene, (das heißt, nicht nur um einen Zahlfaktor voneinander abweichende,) Projektivitäten.

Da ferner die Bedingungen dafür, daß eine Projektivität $\mathfrak{p}$ zu einer andern Projektivität $\mathfrak{q}$ ihrer Geraden harmonisch ist, nämlich die Gleichung

$$[\mathfrak{p}\mathfrak{q}] = 0$$

in bezug auf $\mathfrak{p}$ homogen und vom ersten Grade ist, so kann man eine Projektivität $\mathfrak{p}$ der Bedingung unterwerfen, sie solle zu drei linear unabhängigen Projektivitäten $\mathfrak{q}_1$, $\mathfrak{q}_2$, $\mathfrak{q}_3$ harmonisch sein. Denn diese Forderung liefert wegen (7) für die vier Ableitzahlen a_{11}, a_{12}, a_{21}, a_{22} von $\mathfrak{p}$ die drei linearen homogenen Zahlgleichungen

$$(9) \quad \begin{cases} a_{11}[\mathfrak{c}_{11}\mathfrak{q}_1] + a_{12}[\mathfrak{c}_{12}\mathfrak{q}_1] + a_{21}[\mathfrak{c}_{21}\mathfrak{q}_1] + a_{22}[\mathfrak{c}_{22}\mathfrak{q}_1] = 0 \\ a_{11}[\mathfrak{c}_{11}\mathfrak{q}_2] + a_{12}[\mathfrak{c}_{12}\mathfrak{q}_2] + a_{21}[\mathfrak{c}_{21}\mathfrak{q}_2] + a_{22}[\mathfrak{c}_{22}\mathfrak{q}_2] = 0 \\ a_{11}[\mathfrak{c}_{11}\mathfrak{q}_3] + a_{12}[\mathfrak{c}_{12}\mathfrak{q}_3] + a_{21}[\mathfrak{c}_{21}\mathfrak{q}_3] + a_{22}[\mathfrak{c}_{22}\mathfrak{q}_3] = 0, \end{cases}$$

in denen die zwölf Koeffizienten $[\mathfrak{c}_{11}\mathfrak{q}_1]$, $\cdots$ als bekannte Zahlgrößen anzusehen sind. Und da, wie man sich leicht überzeugt, wegen der linearen Unabhängigkeit der Projektivitäten $\mathfrak{q}_1$, $\mathfrak{q}_2$, $\mathfrak{q}_3$ nicht alle vier Determinanten des Matrix jener zwölf Koeffizienten gleichzeitig verschwinden können, so bestimmen die drei Gleichungen (9) die vier Ableitzahlen von $\mathfrak{p}$ bis auf einen Proportionalitätsfaktor eindeutig. Man hat also den Satz:

Satz 212: Betrachtet man zwei Projektivitäten einer Geraden, die sich voneinander nur um einen Zahlfaktor unterscheiden, als nicht wesentlich voneinander verschieden, so gibt es in einer Geraden nur eine aber auch stets eine Projektivität, die zu drei voneinander linear unabhängigen Projektivitäten dieser Geraden harmonisch ist.

Da ferner nach Satz 201 jede Projektivität, die zur Identität harmonisch ist, eine Involution darstellt, so erhält man für die Involutionen den Sondersatz:

Satz 213: Betrachtet man zwei Involutionen einer Geraden, die sich voneinander nur um einen Zahlfaktor unterscheiden, als nicht wesentlich voneinander verschieden, so gibt es in einer Geraden nur eine aber auch stets eine Involution, die zu zwei voneinander linear unabhängigen Involutionen dieser Geraden harmonisch ist.

Ersetzung der vier Brucheinheiten durch vier zueinander harmonische Grundabbildungen. Anstatt der vier Brucheinheiten $\mathfrak{c}_{11}$, $\mathfrak{c}_{12}$, $\mathfrak{c}_{21}$, $\mathfrak{c}_{22}$ kann man übrigens als Grundabbildungen noch vorteilhafter vier solche Projektivitäten einführen, die sämtlich zueinander harmonisch sind. Dies trifft für die vier Brucheinheiten nicht zu; denn es ist zum Beispiel

$$[\mathfrak{c}_{11}\,\mathfrak{c}_{22}] = \frac{[e_1\,e_2 \cdot \mathfrak{c}_{11}\,\mathfrak{c}_{22}]}{[e_1\,e_2]} = \frac{[e_1\,\mathfrak{c}_{11} \cdot e_2\,\mathfrak{c}_{22}] - [e_2\,\mathfrak{c}_{11} \cdot e_1\,\mathfrak{c}_{22}]}{2\,[e_1\,e_2]}$$

oder wegen (3)

$$= \frac{[e_1\,e_2]}{2\,[e_1\,e_2]} = \frac{1}{2}\,,$$

also von Null verschieden.

Um aber ein System von vier zueinander harmonischen Projektivitäten aufzufinden, empfiehlt es sich zunächst, als erste Grundabbildung die Identität

$$(10) \qquad 1 = \frac{e_1,\ e_2}{e_1,\ e_2} = \frac{e_1,\ 0}{e_1,\ e_2} + \frac{0,\ e_2}{e_1,\ e_2} = \mathfrak{c}_{11} + \mathfrak{c}_{22}$$

zu verwenden, weil man aus Satz 201 weiß, daß zu ihr die sämtlichen Involutionen der Geraden $e_1\,e_2$ harmonisch sind.

Man hat dann nur noch drei zueinander harmonische Involutionen auszuwählen, unter denen man dann übrigens eine noch ganz willkürlich annehmen kann. Wir benutzen etwa diejenige hyperbolische Involution $\mathfrak{h}_1$, welche die Punkte e_1 und e_2 zu Doppelpunkten hat, und die nach Gleichung (23) des 16. Abschnitts die Darstellung gestattet:

$$(11) \qquad \mathfrak{h}_1 = \frac{e_1,\ -e_2}{e_1,\ \ e_2} = \frac{e_1,\ 0}{e_1,\ e_2} - \frac{0,\ e_2}{e_1,\ e_2} = \mathfrak{c}_{11} - \mathfrak{c}_{22}\,.$$

Als zweite Involution muß jetzt eine zu dieser Involution harmonische Involution gewählt werden. Diese Eigenschaft besitzt nach Satz 202 eine jede Involution, welche die Doppelpunkte e_1 und e_2 von $\mathfrak{h}_1$ zu Punkten eines Paares hat, also insbesondere auch die hyperbolische Involution (vgl. Gleichung (37) des 15. Abschnitts):

$$(12) \qquad \mathfrak{h}_2 = \frac{e_2,\ e_1}{e_1,\ e_2} = \frac{e_2,\ 0}{e_1,\ e_2} - \frac{0,\ e_1}{e_1,\ e_2} = \mathfrak{c}_{12} + \mathfrak{c}_{21}\,.$$

Diese besitzt die Doppelpunkte $e_1 + e_2$ und $e_1 - e_2$.

Die dritte Involution endlich, die nunmehr sowohl zu $\mathfrak{h}_1$ wie zu $\mathfrak{h}_2$ harmonisch sein muß, ist jetzt durch diese Forderung nach Satz 213 bis auf einen Zahlfaktor eindeutig bestimmt und ist, wie man sofort sieht (vgl. Gleichung (38) des 15. Abschnitts), die elliptische Involution

$$(13) \qquad \mathfrak{c} = \frac{e_2,\ -e_1}{e_1,\ \ e_2} = \frac{e_2,\ 0}{e_1,\ e_2} - \frac{0,\ e_1}{e_1,\ e_2} = \mathfrak{c}_{12} - \mathfrak{c}_{21}\,.$$

Denn sie ist ebenso wie die Involution $\mathfrak{h}_2$ zu $\mathfrak{h}_1$ harmonisch, da auch bei ihr wieder die Doppelpunkte von $\mathfrak{h}_1$ ein Paar bilden; sie ist aber auch zu $\mathfrak{h}_2$ harmonisch, da das kombinatorische Produkt

$$[\mathfrak{h}_2\,\mathfrak{c}] = [(\mathfrak{c}_{12} + \mathfrak{c}_{21})(\mathfrak{c}_{12} - \mathfrak{c}_{21})]$$

oder nach Gleichung (21) des 13. Abschnitts

$$= [\mathfrak{c}_{12}^2] - [\mathfrak{c}_{21}^2] \quad \text{oder wegen (4)}$$
$$= 0 \text{ ist.}$$

Es sind somit die vier Projektivitäten $1, \mathfrak{h}_1, \mathfrak{h}_2, \mathfrak{c}$ sämtlich untereinander harmonisch, das heißt, sie genügen den sechs Gleichungen:

$$(14) \qquad \begin{cases} [1\,\mathfrak{h}_1] = [1\,\mathfrak{h}_2] = [1\,\mathfrak{c}] \ \ = 0 \\ [\mathfrak{h}_2\,\mathfrak{c}] = [\mathfrak{c}\,\mathfrak{h}_1] = [\mathfrak{h}_1\,\mathfrak{h}_2] = 0. \end{cases}$$

Andererseits erhält man für die Potenzwerte der vier Abbildungen, das heißt für die vier Brüche, die sich ergeben, wenn man immer das kombinatorische Produkt der Zähler durch das kombinatorische Produkt der Nenner der zugehörigen vier Abbildungsbrüche dividiert, die Werte

$$(15) \qquad [1^2] = 1, \quad [\mathfrak{h}_1^2] = -1, \quad [\mathfrak{h}_2^2] = -1, \quad [\mathfrak{c}^2] = 1.$$

Endlich überzeugt man sich leicht, daß die vier neuen Abbildungen ebenso wie die vier Brucheinheiten linear unabhängig voneinander sind. Denn angenommen, es bestände zwischen ihnen eine lineare homogene Gleichung

$$0 = \mathfrak{c} + c_1\,\mathfrak{h}_1 + c_2\,\mathfrak{h}_2 + c_3\,\mathfrak{c},$$

so multipliziere man dieselbe der Reihe nach kombinatorisch mit den Abbildungen $1, \mathfrak{h}_1, \mathfrak{h}_2, \mathfrak{c}$ und erhält so wegen (14) und (15) die Gleichungen

$$\mathfrak{c} = 0, \quad c_1 = 0, \quad c_2 = 0, \quad c_3 = 0,$$

womit die lineare Unabhängigkeit der vier zueinander harmonischen Abbildungen $1, \mathfrak{h}_1, \mathfrak{h}_2, \mathfrak{c}$ bewiesen ist.

Dadurch wird es bedingt, daß auch diese vier Abbildungen, ebenso wie die vier Brucheinheiten als Grundabbildungen dienen können. In der Tat sieht man sofort, daß sich jede Projektivität $\mathfrak{p}$ der Geraden $e_1 e_2$ als Vielfachensumme der vier Abbildungen $1, \mathfrak{h}_1, \mathfrak{h}_2, \mathfrak{c}$ ausdrücken läßt. Man erhält diese Darstellung aus der Gleichung (7), indem man für die vier Brucheinheiten $\mathfrak{c}_{11}, \mathfrak{c}_{12}, \mathfrak{c}_{21}, \mathfrak{c}_{22}$ die durch Auflösung der Gleichungen (10) bis (13) für diese Abbildungen resultierenden Ausdrücke

$$(16) \qquad \begin{cases} \mathfrak{c}_{11} = \dfrac{1 + \mathfrak{h}_1}{2}, \quad \mathfrak{c}_{12} = \dfrac{\mathfrak{h}_2 + \mathfrak{c}}{2} \\[2ex] \mathfrak{c}_{22} = \dfrac{1 - \mathfrak{h}_1}{2}, \quad \mathfrak{c}_{21} = \dfrac{\mathfrak{h}_2 - \mathfrak{c}}{2} \end{cases}$$

substituiert und nach den Größen $1, \mathfrak{h}_1, \mathfrak{h}_2, \mathfrak{c}$ ordnet, wodurch sich für $\mathfrak{p}$ eine Darstellung von der Form

$$(17) \qquad \mathfrak{p} = \mathfrak{a} + \mathfrak{a}_1\,\mathfrak{h}_1 + \mathfrak{a}_2\,\mathfrak{h}_2 + \mathfrak{a}_3\,\mathfrak{c}$$

ergeben wird, in der die Ableitzahlen $\mathfrak{a}, \mathfrak{a}_1, \mathfrak{a}_2, \mathfrak{a}_3$ ebenso wie oben die $\mathfrak{a}_{ik}$ reelle Zahlgrößen sind.

Man kann die gewonnenen Ergebnisse in dem Satze zusammenfassen:

Satz 214: Jede Projektivität in einer Geraden $e_1 e_2$ ist aus der

Identität dieser Geraden

$$1 = \frac{e_1,\ e_2}{e_1,\ e_2}$$

und den drei Involutionen

$$\mathfrak{h}_1 = \frac{e_1,\ -e_2}{e_1,\ e_2}, \quad \mathfrak{h}_2 = \frac{e_2,\ e_1}{e_1,\ e_2}, \quad \mathfrak{c} = \frac{e_2,\ -e_1}{e_1,\ e_2}$$

mittelst reeller Zahlgrößen linear ableitbar, läßt sich also unter der Form darstellen:

$$(17) \qquad\qquad \mathfrak{p} = \mathfrak{a} + a_1 \mathfrak{h}_1 + a_2 \mathfrak{h}_2 + a_3 \mathfrak{c}$$

wo die Ableitzahlen $\mathfrak{a}, a_1, a_2, a_3$ reell sind. Die vier bei dieser Summendarstellung der Projektivität $\mathfrak{p}$ benutzten „Grundabbildungen" $1, \mathfrak{h}_1, \mathfrak{h}_2, \mathfrak{c}$ sind sämtlich untereinander harmonisch und linear unabhängig voneinander.

Andererseits beweist man leicht den Satz:

Satz 215: Eine jede Vielfachensumme der drei „Grundinvolutionen"

$$\mathfrak{h}_1 = \frac{e_1,\ -e_2}{e_1,\ e_2}, \quad \mathfrak{h}_2 = \frac{e_2,\ e_1}{e_1,\ e_2}, \quad \mathfrak{c} = \frac{e_2,\ -e_1}{e_1,\ e_2}$$

einer Geraden $e_1 e_2$, das heißt jede Summe von der Form

$$a_1 \mathfrak{h}_1 + a_2 \mathfrak{h}_2 + a_3 \mathfrak{c},$$

ist selbst eine Involution, und umgekehrt läßt sich jede Involution jener Geraden als lineare homogene Funktion dieser drei Grundinvolutionen darstellen.

In der Tat folgt aus den drei ersten Gleichungen (14) ohne weiteres, daß jede Vielfachensumme der drei Grundinvolutionen $\mathfrak{h}_1, \mathfrak{h}_2, \mathfrak{c}$, das heißt jede Abbildung

$$(18) \qquad\qquad \mathfrak{v} = a_1 \mathfrak{h}_1 + a_2 \mathfrak{h}_2 + a_3 \mathfrak{c},$$

der Gleichung

$$(19) \qquad\qquad\qquad [1\,\mathfrak{v}] = 0$$

Genüge leistet. Diese Gleichung aber ist nach Satz 201 eine notwendige und hinreichende Bedingung dafür, daß die Abbildung $\mathfrak{v}$ eine Involution ist.

Andererseits aber ist jede Projektivität $\mathfrak{v}$, die der Gleichung (19) genügt, das heißt also nach Satz 201 jede Involution der Geraden $e_1 e_2$, unter der Form (18) darstellbar. Denn zunächst läßt sich nach Satz 214 die Involution $\mathfrak{v}$ sicher, wie überhaupt jede Projektivität der Geraden $e_1 e_2$, durch eine Summe von der Form

$$\mathfrak{v} = \mathfrak{a} + a_1 \mathfrak{h}_1 + a_2 \mathfrak{h}_2 + a_3 \mathfrak{c}$$

ausdrücken. Aus dieser Gleichung aber folgt durch kombinatorische

Multiplikation mit der identischen Abbildung 1 dieser Geraden unter Berücksichtigung der drei ersten Gleichungen (14) die Gleichung

$$[1\mathfrak{v}] = \mathfrak{a}[1^2]$$

oder wegen (19) und (15)

$$0 = \mathfrak{a}.$$

Folglich besitzt der Ableitausdruck für die Involution $\mathfrak{v}$ wirklich die Form (18).

Nachträglich wird man in der Gleichung (18) den Buchstaben $\mathfrak{v}$ besser durch den für eine Involution bisher meist gebrauchten Buchstaben $\mathfrak{s}$ ersetzen, die Gleichung (18) also in der Form schreiben:

(20) $$\mathfrak{s} = \mathfrak{a}_1\,\mathfrak{h}_1 + \mathfrak{a}_2\,\mathfrak{h}_2 + \mathfrak{a}_3\,\mathfrak{c},$$

wo $\mathfrak{s}$ eine beliebige Involution auf dem Träger der drei Grundinvolutionen bedeutet.

Aus dem Satze 215 ergibt sich übrigens noch der Zusatz:

Satz 216: Zusatz zu Satz 215: Jede Vielfachensumme von Involutionen einer Geraden ist wieder eine Involution dieser Geraden.

Da sich nämlich nach Satz 215, Teil 2, jede Involution der betrachteten Geraden als lineare homogene Funktion der drei Grundinvolutionen dieser Geraden darstellen läßt, so gilt dasselbe auch für jede Vielfachensumme von Involutionen dieser Geraden.

Nach Satz 215, Teil 1, ist also jene Vielfachensumme von Involutionen selbst eine Involution.

Man kann noch hinzufügen (vgl. Seite 290 f.): Nach den Sätzen 215 und 216 bildet die Gesamtheit aller Involutionen einer Geraden ein „Gebiet dritter Stufe"; aber es gibt in einer Geraden nur ∞^2 wesentlich verschiedene, (das heißt nicht nur um einen Zahlfaktor voneinander abweichende,) Involutionen.

Die Stéphanossche Abbildung der Projektivitäten einer Geraden auf die Punkte des Raumes. Auf Grund der Darstellung (17) für eine beliebige Projektivität der Geraden $e_1 e_2$ läßt sich die Bedingung für die harmonische Beziehung zweier Projektivitäten $\mathfrak{p}$ und $\mathfrak{q}$, das heißt die Gleichung

(21) $$[\mathfrak{p}\,\mathfrak{q}] = 0,$$

durch eine Gleichung zwischen den Ableitzahlen der beiden Abbildungen ersetzen. In der Tat, lauten die Ableitausdrücke der beiden harmonischen Projektivitäten $\mathfrak{p}$ und $\mathfrak{q}$

(22) $$\begin{cases} \mathfrak{p} = \mathfrak{a} + \mathfrak{a}_1\,\mathfrak{h}_1 + \mathfrak{a}_2\,\mathfrak{h}_2 + \mathfrak{a}_3\,\mathfrak{c} \\ \mathfrak{q} = \mathfrak{b} + \mathfrak{b}_1\,\mathfrak{h}_1 + \mathfrak{b}_2\,\mathfrak{h}_2 + \mathfrak{b}_3\,\mathfrak{c}, \end{cases}$$

so wird wegen (14) und (15) ihr kombinatorisches Produkt

$$(23) \qquad [\mathfrak{p}\,\mathfrak{q}] = \mathfrak{a}\,\mathfrak{b} - \mathfrak{a}_1\,\mathfrak{b}_1 - \mathfrak{a}_2\,\mathfrak{b}_2 + \mathfrak{a}_3\,\mathfrak{b}_3;$$

die Bedingung (21) für ihre harmonische Beziehung nimmt also die Form an

$$(24) \qquad \mathfrak{a}\,\mathfrak{b} - \mathfrak{a}_1\,\mathfrak{b}_1 - \mathfrak{a}_2\,\mathfrak{b}_2 + \mathfrak{a}_3\,\mathfrak{b}_3 = 0.$$

Andererseits wird der Potenzwert $[\mathfrak{p}^2]$ der Projektivität $\mathfrak{p}$

$$(25) \qquad [\mathfrak{p}^2] = \mathfrak{a}^2 - \mathfrak{a}_1^2 - \mathfrak{a}_2^2 + \mathfrak{a}_3^2;$$

und die Bedingungsgleichung

$$(26) \qquad [\mathfrak{p}^2] = 0$$

für das Entarten der Projektivität $\mathfrak{p}$ ergibt daher zwischen den Ableitzahlen von $\mathfrak{p}$ die Relation

$$(27) \qquad \mathfrak{a}^2 - \mathfrak{a}_1^2 - \mathfrak{a}_2^2 + \mathfrak{a}_3^2 = 0.$$

Die Gleichung (17) und die aus ihr gezogenen Folgerungen führen sodann zu einer übersichtlichen von Stéphanos herrührenden Veranschaulichung sämtlicher Projektivitäten einer Geraden[1]).

Bildet man nämlich die Projektivitäten $\mathfrak{p}$ einer gegebenen Geraden als Punkte im Raum ab, indem man als Bilder der vier Grundverwandtschaften $1, \mathfrak{h}_1, \mathfrak{h}_2, \mathfrak{c}$ die vier Ecken eines beliebigen Tetraeders verwendet und die durch die Gleichung (17) ausgedrückte Projektivität $\mathfrak{p}$ durch denjenigen Punkt des Raumes darstellt, der die vier Ableitzahlen $\mathfrak{a}, \mathfrak{a}_1, \mathfrak{a}_2, \mathfrak{a}_3$ der Projektivität $\mathfrak{p}$ in bezug auf jenes Tetraeder als Fundamentaltetraeder und einen beliebigen Punkt als Einheitspunkt zu Tetraederkoordinaten hat, so wird die Gesamtheit aller Projektivitäten der betrachteten Geraden durch die sämtlichen Punkte des Raumes veranschaulicht. Nun ist aber in dem angegebenen Koordinatensystem die Gleichung (27) die Gleichung einer geradlinigen Fläche zweiter Ordnung, von der das Fundamentaltetraeder ein Polartetraeder bildet.

Den entartenden Projektivitäten entsprechen also die Punkte dieser geradlinigen Fläche zweiter Ordnung. Andererseits werden je zwei harmonische Projektivitäten $\mathfrak{p}$ und $\mathfrak{q}$ zufolge der Gleichung (24) durch zwei Punkte des Raumes abgebildet, die einander hinsichtlich der Fläche zweiter Ordnung (27) konjugiert sind.

Die ∞^2 Involutionen unter den ∞^3 Projektivitäten einer Geraden (vgl. Seite 295 und 291) werden nach der Gleichung (20) durch die Punkte derjenigen Ebene dargestellt, die durch die Bilder der drei Grundinvolutionen $\mathfrak{h}_1, \mathfrak{h}_2, \mathfrak{c}$ bestimmt wird, speziell die harmonischen Involutionen durch diejenigen Punktpaare dieser Ebene, die hinsichtlich der gerad-

---

1) Vgl. Stéphanos, Math. Ann. Bd. 22. (1883). S. 299 ff.

linigen Fläche zweiter Ordnung, oder was auf dasselbe hinauskommt, hinsichtlich des Kegelschnitts konjugiert sind, den jene Ebene aus dieser Fläche zweiter Ordnung ausschneidet.

Bei dieser Veranschaulichung der Projektivitäten einer Geraden werden ferner allgemein die Bilder eines Büschels $\mathfrak{l}\mathfrak{p} + \mathfrak{m}\mathfrak{q}$ und eines Bündels $\mathfrak{l}\mathfrak{p} + \mathfrak{m}\mathfrak{q} + \mathfrak{n}\mathfrak{r}$ von Projektivitäten beziehlich durch die Punkte einer Geraden und einer Ebene dargestellt. Denn setzt man wie oben

$$\mathfrak{p} = \mathfrak{a} + \mathfrak{a}_1\mathfrak{h}_1 + \mathfrak{a}_2\mathfrak{h}_2 + \mathfrak{a}_3\mathfrak{c}$$
$$\mathfrak{q} = \mathfrak{b} + \mathfrak{b}_1\mathfrak{h}_1 + \mathfrak{b}_2\mathfrak{h}_2 + \mathfrak{b}_3\mathfrak{c} \quad \text{und}$$
$$\mathfrak{r} = \mathfrak{c} + \mathfrak{c}_1\mathfrak{h}_1 + \mathfrak{c}_2\mathfrak{h}_2 + \mathfrak{c}_3\mathfrak{c},$$

so wird

$$\mathfrak{l}\mathfrak{p} + \mathfrak{m}\mathfrak{q} = (\mathfrak{l}\mathfrak{a} + \mathfrak{m}\mathfrak{b}) + (\mathfrak{l}\mathfrak{a}_1 + \mathfrak{m}\mathfrak{b}_1)\mathfrak{h}_1 + \cdots$$
$$\mathfrak{l}\mathfrak{p} + \mathfrak{m}\mathfrak{q} + \mathfrak{n}\mathfrak{r} = (\mathfrak{l}\mathfrak{a} + \mathfrak{m}\mathfrak{b} + \mathfrak{n}\mathfrak{c}) + (\mathfrak{l}\mathfrak{a}_1 + \mathfrak{m}\mathfrak{b}_1 + \mathfrak{n}\mathfrak{c}_1)\mathfrak{h}_1 + \cdots$$

Die Punkte, welche die Projektivitäten des Büschels $\mathfrak{l}\mathfrak{p} + \mathfrak{m}\mathfrak{q}$ repräsentieren, besitzen also die Koordinaten $\mathfrak{l}\mathfrak{a} + \mathfrak{m}\mathfrak{b}$, $\mathfrak{l}\mathfrak{a}_1 + \mathfrak{m}\mathfrak{b}_1$, .. und liegen somit auf der Verbindungsgeraden der Punkte $\mathfrak{a}, \mathfrak{a}_1, \mathfrak{a}_2, \mathfrak{a}_3$ und $\mathfrak{b}, \mathfrak{b}_1, \mathfrak{b}_2, \mathfrak{b}_3$. Diese Punkte sind räumlich voneinander verschieden, weil sonst die Projektivitäten $\mathfrak{p}$ und $\mathfrak{q}$ nicht linear unabhängig voneinander sein könnten (vgl. Seite 256).

Ebenso besitzen die Punkte, welche die Projektivitäten des Bündels $\mathfrak{l}\mathfrak{p} + \mathfrak{m}\mathfrak{q} + \mathfrak{n}\mathfrak{r}$ darstellen, die Koordinaten $\mathfrak{l}\mathfrak{a} + \mathfrak{m}\mathfrak{b} + \mathfrak{n}\mathfrak{c}$, $\mathfrak{l}\mathfrak{a}_1 + \mathfrak{m}\mathfrak{b}_1 + \mathfrak{n}\mathfrak{c}_1$, .. und gehören also der Ebene an, die durch die drei Punkte $\mathfrak{a}, \mathfrak{a}_1, \mathfrak{a}_2, \mathfrak{a}_3$, $\mathfrak{b}, \mathfrak{b}_1, \mathfrak{b}_2, \mathfrak{b}_3$, $\mathfrak{c}, \mathfrak{c}_1, \mathfrak{c}_2, \mathfrak{c}_3$ hindurchgeht. Diese drei Punkte aber bestimmen wirklich eindeutig eine Ebene, fallen also nicht in eine gerade Linie oder gar in einen und denselben Punkt, weil sonst zwischen den drei Projektivitäten $\mathfrak{p}, \mathfrak{q}, \mathfrak{r}$ eine oder sogar zwei Zahlbeziehungen herrschen würden. Man hat daher den Satz:

Satz 217: Bei der Stéphanosschen Abbildung der Projektivitäten einer Geraden auf die Punkte des Raumes werden die Verwandtschaften eines Büschels von Projektivitäten durch die Punkte einer Geraden, diejenigen eines Bündels durch die Punkte einer Ebene dargestellt.

Besondere Wahl der Stéphanosschen Bilder der drei Grundinvolutionen. Wünscht man, daß bei dieser räumlichen Abbildung der Projektivitäten einer Geraden die Ebene der Involutionen eine ausgezeichnete Stellung einnehme, so kann man die drei Grundinvolutionen $\mathfrak{h}_1, \mathfrak{h}_2, \mathfrak{c}$ durch drei unendlich ferne Punkte oder, was dasselbe ist, durch drei Strecken wiedergeben, wodurch dann die Ebene der Involutionen zur unendlich fernen Ebene und der Punkt 1, als Pol dieser Ebene, zum Mittelpunkt der geradlinigen Fläche zweiter Ordnung wird.

Bildet man insbesondere die Identität 1 durch einen einfachen Punkt und die drei Grundinvolutionen $\mathfrak{h}_1$, $\mathfrak{h}_2$, $\mathfrak{e}$ durch drei zueinander senkrechte Strecken von der Länge 1 ab, so werden die vier Ableitzahlen a, a_1, a_2, a_3 der Projektivität $\mathfrak{p}$ die Hesseschen homogenen Koordinaten des Bildpunktes von $\mathfrak{p}$ in bezug auf das durch jenen einfachen Punkt als Anfangspunkt und diese drei Strecken bestimmte rechtwinklige Achsenkreuz[1]), und die drei Verhältnisse $\frac{a_1}{a}$, $\frac{a_2}{a}$, $\frac{a_3}{a}$ werden die jenen vier homogenen Koordinaten zugehörigen rechtwinkligen Koordinaten $\mathfrak{x}$, $\mathfrak{y}$, $\mathfrak{z}$, das heißt, es wird

$$(28) \qquad \frac{a_1}{a} = \mathfrak{x}, \quad \frac{a_2}{a} = \mathfrak{y}, \quad \frac{a_3}{a} = \mathfrak{z};$$

ferner nimmt die Gleichung (27) die Form an

$$(29) \qquad 1 = \mathfrak{x}^2 + \mathfrak{y}^2 - \mathfrak{z}^2.$$

Diese Gleichung aber stellt ein einschaliges gleichseitiges Umdrehungshyperboloid dar, das den Koordinatenanfangspunkt zum Mittelpunkt, die Koordinatenachse mit der Richtung $\mathfrak{e}$ zur Drehachse und die Längeneinheit zum Radius des Kehlkreises hat. Man hat also den Satz:

Satz 218: Bildet man von den Projektivitäten einer Geraden die Identität 1 durch einen im Endlichen gelegenen einfachen Punkt und die drei Grundinvolutionen $\mathfrak{h}_1$, $\mathfrak{h}_2$, $\mathfrak{e}$ durch drei zueinander senkrechte Strecken von der Länge 1 ab, eine beliebige Projektivität

$$\mathfrak{p} = a + a_1 \mathfrak{h}_1 + a_2 \mathfrak{h}_2 + a_3 \mathfrak{e}$$

aber durch denjenigen Punkt, dessen rechtwinklige Koordinaten die Verhältnisse $\frac{a_1}{a}$, $\frac{a_2}{a}$, $\frac{a_3}{a}$ der vier Ableitzahlen von $\mathfrak{p}$ sind, wobei das Achsenkreuz durch jenen einfachen Punkt als Anfangspunkt und diese drei Strecken bestimmt wird, so erfüllen die Bildpunkte aller entartenden Projektivitäten der betrachteten Geraden ein einschaliges gleichseitiges Umdrehungshyperboloid, welches das Bild der Identität 1 zum Mittelpunkte hat, während die Bildstrecke der elliptischen Involution $\mathfrak{e}$ die Richtung der Drehachse angibt und die Längeneinheit den Radius des Kehlkreises bildet. Ferner werden je zwei zueinander

---

1) Vgl. Hesse, Vorlesungen über analytische Geometrie des Raumes, insbesondere über Oberflächen zweiter Ordnung. Erste Auflage, Leipzig, 1861; dritte Auflage herausgegeben von Gundelfinger, 1876, S. 67. Ferner: Heffter und Köhler, Lehrbuch der analytischen Geometrie, Bd. 1, Leipzig und Berlin, 1905, S. 201.

harmonische Projektivitäten durch zwei Punkte wiedergegeben, die einander hinsichtlich jenes Hyperboloids konjugiert sind.

Da andererseits eine stetige Lagenänderung des Bildpunktes der Projektivität $\mathfrak{p}$ eine stetige Änderung des kombinatorischen Quadrates $[\mathfrak{p}^2]$ nach sich zieht, und dieses kombinatorische Quadrat für den Mittelpunkt des Hyperboloids positiv ist, nämlich den Wert 1 hat, und für die Punkte des Hyperboloids und nur für diese verschwindet, so muß das kombinatorische Quadrat $[\mathfrak{p}^2]$ für alle Punkte des Raumes, die durch das Hyperboloid von seinem Mittelpunkte getrennt sind, oder wie wir sagen wollen, für alle Punkte außerhalb des Hyperboloids negativ, für alle Punkte innerhalb desselben positiv sein.

Und da ferner einem positiven kombinatorischen Quadrat eine gleichläufige, einem negativen eine gegenläufige Projektivität entspricht, so hat man den Satz:

Satz 219: Allen Punkten innerhalb des Stéphanosschen Hyperboloids entsprechen gleichläufige, allen Punkten außerhalb gegenläufige Projektivitäten.

Aus den Sätzen 183 und 217 folgt dann weiter mit Rücksicht auf Satz 218 der neue Satz:

Satz 220: Die Bilder zweier Projektivitäten, die ihre Doppelpunkte miteinander gemein haben, liegen mit dem Mittelpunkte des Stéphanosschen Hyperboloids in einer Geraden, mögen nun jene Doppelpunkte getrennt reell, zusammenfallend reell oder konjugiert komplex sein.

Und umgekehrt gilt der Satz:

Satz 221: Zwei Projektivitäten, deren Bilder auf einem Durchmesser des Stéphanosschen Hyperboloids liegen, haben ihre Doppelpunkte miteinander gemein.

Nunmehr findet man auch leicht die Bedeutung der geradlinigen Erzeugenden des Stéphanosschen Hyperboloids. Gibt man nämlich der Gleichung (27), die man als die homogen geschriebene Gleichung dieses Hyperboloids auffassen kann, die Form

$$(30) \qquad (\mathfrak{a}_2 + \mathfrak{a}_3)(\mathfrak{a}_2 - \mathfrak{a}_3) = (\mathfrak{a} + \mathfrak{a}_1)(\mathfrak{a} - \mathfrak{a}_1),$$

in der dann wieder die homogenen Koordinaten $\mathfrak{a}, \mathfrak{a}_1, \mathfrak{a}_2, \mathfrak{a}_3$ zu den rechtwinkligen Koordinaten $\mathfrak{x}, \mathfrak{y}, \mathfrak{z}$ in den Beziehungen (28) stehen, und ersetzt die Gleichungen (30) durch die beiden simultanen linearen Gleichungen

$$(31) \qquad \begin{cases} \mathfrak{a}_2 + \mathfrak{a}_3 = \mathfrak{g}(\mathfrak{a} + \mathfrak{a}_1) \\ \mathfrak{a}_2 - \mathfrak{a}_3 = \dfrac{1}{\mathfrak{g}}(\mathfrak{a} - \mathfrak{a}_1), \end{cases}$$

so stellen diese beiden Gleichungen zusammengenommen bei veränderlichem $\mathfrak{g}$ die eine Schar geradliniger Erzeugender des Hyperboloids (30) dar, bei festgehaltenem $\mathfrak{g}$ aber eine bestimmte Erzeugende dieser Schar, wir wollen sie als die Erzeugende mit dem Parameter $\mathfrak{g}$ bezeichnen.

Löst man die beiden Gleichungen (31) nach $\mathfrak{a}_2$ und $\mathfrak{a}_3$ auf und setzt die Werte dieser Größen in den allgemeinen Ausdruck (17) für eine beliebige Projektivität $\mathfrak{p}$ ein, so erhält man eine Darstellung derjenigen entartenden Projektivitäten $\mathfrak{p}'$, die den Punkten der Erzeugenden mit dem Parameter $\mathfrak{g}$ entsprechen. Man findet so für diese entartenden Projektivitäten $\mathfrak{p}'$ den Ausdruck

$$(32) \qquad \mathfrak{p}' = \mathfrak{a}\left\{ 1 + \frac{1}{2}\left(\mathfrak{g} + \frac{1}{\mathfrak{g}}\right)\mathfrak{h}_2 + \frac{1}{2}\left(\mathfrak{g} - \frac{1}{\mathfrak{g}}\right)\mathfrak{e} \right\}$$

$$+ \mathfrak{a}_1\left\{ \mathfrak{h}_1 + \frac{1}{2}\left(\mathfrak{g} - \frac{1}{\mathfrak{g}}\right)\mathfrak{h}_2 + \frac{1}{2}\left(\mathfrak{g} + \frac{1}{\mathfrak{g}}\right)\mathfrak{e} \right\}$$

oder

$$(33) \qquad\qquad \mathfrak{p}' = \mathfrak{a}\,\mathfrak{q}' + \mathfrak{a}_1\mathfrak{r}',$$

wo zur Abkürzung

$$(34) \qquad \begin{cases} \mathfrak{q}' = 1 + \frac{1}{2}\left(\mathfrak{g} + \frac{1}{\mathfrak{g}}\right)\mathfrak{h}_2 + \frac{1}{2}\left(\mathfrak{g} - \frac{1}{\mathfrak{g}}\right)\mathfrak{e} \\[2mm] \mathfrak{r}' = \mathfrak{h}_1 + \frac{1}{2}\left(\mathfrak{g} - \frac{1}{\mathfrak{g}}\right)\mathfrak{h}_2 + \frac{1}{2}\left(\mathfrak{g} + \frac{1}{\mathfrak{g}}\right)\mathfrak{e} \end{cases}$$

gesetzt ist. Nach Satz 215 ist dann von den beiden Hülfsprojektivitäten $\mathfrak{q}'$ und $\mathfrak{r}'$ die Abbildung $\mathfrak{r}'$ eine Involution. Nun stellte seiner Entstehung zufolge der Ausdruck (32) oder (33) für jeden Wert der Ableitzahlen $\mathfrak{a}$ und $\mathfrak{a}_1$ eine entartende Projektivität $\mathfrak{p}'$ dar, deren Bild in der Stéphanosschen Veranschaulichung auf der Erzeugenden mit dem Parameter $\mathfrak{g}$ gelegen ist. Insbesondere gehören dieser Erzeugenden also auch die Bilder der beiden Hülfsprojektivitäten $\mathfrak{q}'$ und $\mathfrak{r}'$ an, da sie ja aus $\mathfrak{p}'$ durch Spezialisierung der Ableitzahlen $\mathfrak{a}$ und $\mathfrak{a}_1$ hervorgehen.

Um die Bruchdarstellungen dieser Projektivitäten $\mathfrak{q}'$ und $\mathfrak{r}'$ und damit auch die von $\mathfrak{p}'$ zu ermitteln, setzen wir in den Gleichungen (34) für die Grundprojektivitäten $1, \mathfrak{h}_1, \mathfrak{h}_2, \mathfrak{e}$ ihre Werte aus den Gleichungen (10) bis (13) ein und erhalten

$$\mathfrak{q}' = \cfrac{e_1 + \frac{1}{2}\left(\mathfrak{g} + \frac{1}{\mathfrak{g}}\right)e_2 + \frac{1}{2}\left(\mathfrak{g} - \frac{1}{\mathfrak{g}}\right)e_2,}{e_1,} \qquad \cfrac{e_2 + \frac{1}{2}\left(\mathfrak{g} + \frac{1}{\mathfrak{g}}\right)e_1 - \frac{1}{2}\left(\mathfrak{g} - \frac{1}{\mathfrak{g}}\right)e_1}{e_2,}$$

$$\mathfrak{r}' = \cfrac{e_1 + \frac{1}{2}\left(\mathfrak{g} - \frac{1}{\mathfrak{g}}\right)e_2 + \frac{1}{2}\left(\mathfrak{g} + \frac{1}{\mathfrak{g}}\right)e_2,}{e_1,} \qquad \cfrac{-e_2 + \frac{1}{2}\left(\mathfrak{g} - \frac{1}{\mathfrak{g}}\right)e_1 - \frac{1}{2}\left(\mathfrak{g} + \frac{1}{\mathfrak{g}}\right)e_1}{e_2} \;,$$

woraus durch Reduktion folgt:

$$(35) \quad \begin{cases} \mathfrak{q}' = \dfrac{e_1 + \mathfrak{g}\,e_2, \quad \dfrac{1}{\mathfrak{g}}(e_1 + \mathfrak{g}\,e_2)}{e_1, \quad e_2}, \\[3ex] \mathfrak{r}' = \dfrac{e_1 + \mathfrak{g}\,e_2, \; -\dfrac{1}{\mathfrak{g}}(e_1 + \mathfrak{g}\,e_2)}{e_1, \quad e_2}. \end{cases}$$

Diese Form der beiden Projektivitätsbrüche gibt zunächst eine Bestätigung dafür, daß die beiden Projektivitäten $\mathfrak{q}'$ und $\mathfrak{r}'$ zwei *entartende* Projektivitäten sind, aber sie zeigt zugleich, daß diese Projektivitäten *denselben Hauptpunkt* $e_1 + \mathfrak{g}\,e_2$ besitzen.

Man kann ferner auch leicht die *Nullpunkte* der beiden entartenden Projektivitäten angeben; denn die Brüche (35) gestatten auch die Darstellung

$$(36) \quad \begin{cases} \mathfrak{q}' = \dfrac{e_1 + \mathfrak{g}\,e_2, \quad 0}{e_1, \quad e_1 - \mathfrak{g}\,e_2} \\[3ex] \mathfrak{r}' = \dfrac{e_1 + \mathfrak{g}\,e_2, \quad 0}{e_1, \quad e_1 + \mathfrak{g}\,e_2} \end{cases}$$

Bei der entartenden Projektivität $\mathfrak{r}'$ *fällt also der Nullpunkt mit dem Hauptpunkt zusammen*, woraus sich nach Satz 136 von neuem folgern läßt, daß $\mathfrak{r}'$ eine (parabolische) Involution ist.

Aus den Gleichungen (36) ergibt sich dann endlich auch der Nullpunkt der entartenden Projektivität $\mathfrak{p}'$, die einem beliebigen Punkte der Geraden mit dem Parameter $\mathfrak{g}$ zugehört. Man erhält

$$(37) \quad \mathfrak{p}' = \mathfrak{a}\,\mathfrak{q}' + \mathfrak{a}_1\,\mathfrak{r}' = \dfrac{(\mathfrak{a} + \mathfrak{a}_1)(e_1 + \mathfrak{g}\,e_2), \quad 0}{e_1, \quad (\mathfrak{a} - \mathfrak{a}_1)\,e_1 - \mathfrak{g}(\mathfrak{a} + \mathfrak{a}_1)\,e_2},$$

woraus man entnimmt, daß die sämtlichen entartenden Projektivitäten $\mathfrak{p}'$, die den Punkten einer und derselben Erzeugenden der ersten Geradenschar (31) des Stéphanosschen Hyperboloids entsprechen, *ihren Hauptpunkt miteinander gemein haben*, sich also nur durch ihre Nullpunkte voneinander unterscheiden.

Umgekehrt zeigt man leicht, daß den Punkten einer jeden Erzeugenden der zweiten Geradenschar des Hyperboloids Projektivitäten $\mathfrak{p}''$ zugehören, die *ihren Nullpunkt miteinander gemein haben*, sich also nur durch ihre Hauptpunkte voneinander unterscheiden.

Um die Gleichungen dieser zweiten Schar von Erzeugenden des Stéphanosschen Hyperboloids zu erhalten, ersetze man die Gleichung (30) des Hyperboloids durch die beiden simultanen Gleichungen

$$(38) \quad \begin{cases} \mathfrak{a}_2 + \mathfrak{a}_3 = \mathfrak{k}(\mathfrak{a} - \mathfrak{a}_1) \\[1.5ex] \mathfrak{a}_2 - \mathfrak{a}_3 = \dfrac{1}{\mathfrak{k}}(\mathfrak{a} + \mathfrak{a}_1); \end{cases}$$

dann sind diese Gleichungen zusammengenommen bei veränderlichem $\mathfrak{k}$ die Gleichungen der zweiten Geradenschar des Hyperboloids, bei festgehaltenem

$\mathfrak{f}$ aber die Gleichungen einer bestimmten Erzeugenden dieser Schar, die wir als die Erzeugende mit dem Parameter $\mathfrak{f}$ bezeichnen wollen.

Löst man jetzt wieder die Gleichungen (38) nach $\mathfrak{a}_2$ und $\mathfrak{a}_3$ auf und setzt die Werte dieser Größen in den allgemeinen Ausdruck (17) für eine beliebige Projektivität ein, so erhält man für eine entartende Projektivität $\mathfrak{p}''$, die einem Punkte der Erzeugenden mit dem Parameter $\mathfrak{f}$ entspricht, die Darstellung

$$(39) \qquad \mathfrak{p}'' = \mathfrak{a}\left\{1 + \tfrac{1}{2}\left(\mathfrak{f}+\tfrac{1}{\mathfrak{f}}\right)\mathfrak{h}_2 + \tfrac{1}{2}\left(\mathfrak{f}-\tfrac{1}{\mathfrak{f}}\right)\mathfrak{e}\right\}$$
$$+ \mathfrak{a}_1\left\{\mathfrak{h}_1 - \tfrac{1}{2}\left(\mathfrak{f}-\tfrac{1}{\mathfrak{f}}\right)\mathfrak{h}_2 - \tfrac{1}{2}\left(\mathfrak{f}+\tfrac{1}{\mathfrak{f}}\right)\mathfrak{e}\right\}$$

oder

$$(40) \qquad \mathfrak{p}'' = \mathfrak{a}\,\mathfrak{q}'' + \mathfrak{a}_1\,\mathfrak{r}'',$$

wo zur Abkürzung

$$(41) \qquad \begin{cases} \mathfrak{q}'' = 1 + \tfrac{1}{2}\left(\mathfrak{f}+\tfrac{1}{\mathfrak{f}}\right)\mathfrak{h}_2 + \tfrac{1}{2}\left(\mathfrak{f}-\tfrac{1}{\mathfrak{f}}\right)\mathfrak{e} \\[2mm] \mathfrak{r}'' = \mathfrak{h}_1 - \tfrac{1}{2}\left(\mathfrak{f}-\tfrac{1}{\mathfrak{f}}\right)\mathfrak{h}_2 - \tfrac{1}{2}\left(\mathfrak{f}+\tfrac{1}{\mathfrak{f}}\right)\mathfrak{e} \end{cases}$$

gesetzt ist. Nach Satz 215 ist dann auch hier wieder von den beiden Hülfsprojektivitäten $\mathfrak{q}''$ und $\mathfrak{r}''$ die zweite Abbildung $\mathfrak{r}''$ eine Involution.

Für die drei entartenden Projektivitäten $\mathfrak{q}''$, $\mathfrak{r}''$ und $\mathfrak{p}''$ findet man dann durch eine dem Obigen ganz entsprechende Rechnung die Bruchdarstellungen

$$(42) \qquad \begin{cases} \mathfrak{q}'' = \dfrac{e_1 + \mathfrak{f}e_2, \qquad 0}{e_1, \qquad e_1 - \mathfrak{f}e_2}, \\[4mm] \mathfrak{r}'' = \dfrac{e_1 - \mathfrak{f}e_2, \qquad 0}{e_1, \qquad e_1 - \mathfrak{f}e_2} \end{cases} \qquad \text{und}$$

$$(43) \qquad \mathfrak{p}'' = \dfrac{(\mathfrak{a}+\mathfrak{a}_1)e_1 + \mathfrak{f}(\mathfrak{a}-\mathfrak{a}_1)e_2, \qquad 0}{e_1 \qquad\qquad e_1 - \mathfrak{f}e_2}.$$

Dieselben zeigen in der Tat, daß die sämtlichen entartenden Projektivitäten $\mathfrak{p}''$, die den Punkten einer Erzeugenden der zweiten Schar (38) des Stéphanosschen Hyperboloids entsprechen, ihren Nullpunkt miteinander gemein haben und sich also nur durch ihre Hauptpunkte voneinander unterscheiden. Man hat daher den Satz:

Satz 222: Die entartenden Projektivitäten, die den Punkten einer geradlinigen Erzeugenden des Stéphanosschen Hyperboloids entsprechen, haben bei der einen Schar von Erzeugenden alle denselben Hauptpunkt, aber verschiedene Nullpunkte, bei der anderen Schar alle denselben Nullpunkt, aber verschiedene Hauptpunkte.

Will man die beiden durch die Gleichungen (31) und (38) ausgedrückten Geradenscharen gemeinschaftlicher Hauptpunkte und gemeinschaftlicher Nullpunkte kurz geometrisch charakterisieren, so genügt es, die Gleichungen (34) und (41), die je einen Punkt und eine Strecke einer beliebigen Geraden der ersten und der zweiten Schar darstellen, für einen speziellen Wert der Parameter $\mathfrak{g}$ und $\mathfrak{k}$ zu deuten, etwa für $\mathfrak{g} = \mathfrak{k} = 1$. Für diesen besonderen Wert des Parameters verwandeln sich aber die Gleichungen (34) in

$$(44) \qquad \begin{cases} \mathfrak{q}' = 1 + \mathfrak{h}_2 \\ \mathfrak{r}' = \mathfrak{h}_1 + \mathfrak{e} \end{cases}$$

und die Gleichungen (41) in

$$(45) \qquad \begin{cases} \mathfrak{q}'' = 1 + \mathfrak{h}_2 \\ \mathfrak{r}'' = \mathfrak{h}_1 - \mathfrak{e}. \end{cases}$$

Diese beiden Gleichungspaare (44) und (45) gehören dann denjenigen beiden Erzeugenden des Hyperboloids zu, die durch den Punkt $\mathfrak{q}' = \mathfrak{q}'' = 1 + \mathfrak{h}_2$ hindurchgehen. Dieselben besitzen die Richtungen der Strecken $\mathfrak{r}' = \mathfrak{h}_1 + \mathfrak{e}$ und $\mathfrak{r}'' = \mathfrak{h}_1 - \mathfrak{e}$; und zwar ist die Gerade mit der Richtung $\mathfrak{r}' = \mathfrak{h}_1 + \mathfrak{e}$ den Gleichungen (44) zufolge eine Gerade der Schar gemeinschaftlicher Hauptpunkte und die Gerade mit der Richtung $\mathfrak{r}'' = \mathfrak{h}_1 - \mathfrak{e}$ nach den Gleichungen (45) eine Gerade der Schar gemeinschaftlicher Nullpunkte (vgl. die Figur 123; bei ihr ist behufs Entlastung der Hauptfigur die Konstruktion der beiden Strecken $\mathfrak{r}'$ und $\mathfrak{r}''$, welche die Richtungen der beiden oben genannten Erzeugenden angeben, in einer Nebenfigur ausgeführt).

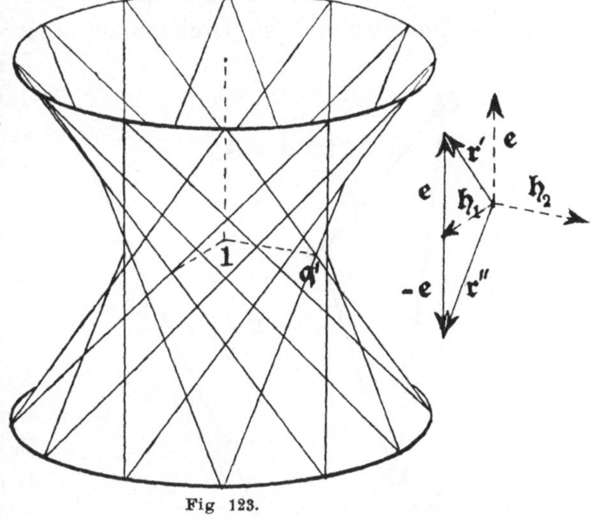

Fig 123.

Die Stéphanossche Abbildung der Involutionen einer Geraden auf die Punkte einer Ebene. Will man sich auf die geometrische Veranschaulichung der *Involutionen allein* beschränken, so setze man in den Gleichungen (22) bis (25) $\mathfrak{a} = \mathfrak{b} = 0$ und bezeichne die dadurch aus den Projektivitäten $\mathfrak{p}$ und $\mathfrak{q}$ hervorgehenden Involutionen mit $\mathfrak{s}$ und $\mathfrak{t}$. Dann verwandeln sich diese Gleichungen in

$$(46) \qquad \mathfrak{s} = \mathfrak{a}_1 \mathfrak{h}_1 + \mathfrak{a}_2 \mathfrak{h}_2 + \mathfrak{a}_3 \mathfrak{e}$$

$$(47) \qquad \mathfrak{t} = \mathfrak{b}_1 \mathfrak{h}_1 + \mathfrak{b}_2 \mathfrak{h}_2 + \mathfrak{b}_3 \mathfrak{e}$$

$$(48) \qquad [\mathfrak{s}\,\mathfrak{t}] = -\,\mathfrak{a}_1\,\mathfrak{b}_1 - \mathfrak{a}_2\,\mathfrak{b}_2 + \mathfrak{a}_3\,\mathfrak{b}_3$$

$$(49) \qquad [\mathfrak{s}^2] = -\,\mathfrak{a}_1^2 - \mathfrak{a}_2^2 + \mathfrak{a}_3^2.$$

Die Bedingung für die harmonische Lage der beiden Involutionen $\mathfrak{s}$ und $\mathfrak{t}$ lautet also

$$(50) \qquad \mathfrak{a}_1\,\mathfrak{b}_1 + \mathfrak{a}_2\,\mathfrak{b}_2 - \mathfrak{a}_3\,\mathfrak{b}_3 = 0.$$

Andererseits genügen die Ableitzahlen $\mathfrak{a}_1$, $\mathfrak{a}_2$, $\mathfrak{a}_3$ einer jeden parabolischen Involution $\mathfrak{s}$ der Gleichung

$$(51) \qquad \mathfrak{a}_1^2 + \mathfrak{a}_2^2 - \mathfrak{a}_3^2 = 0.$$

Bildet man daher die Involutionen $\mathfrak{s}$ einer Geraden als Punkte einer Ebene ab, indem man als Bilder der drei Grundinvolutionen $\mathfrak{h}_1$, $\mathfrak{h}_2$, $\mathfrak{e}$ die drei Ecken eines beliebigen Dreiecks verwendet und die durch die Gleichung (46) ausgedrückte Involution $\mathfrak{s}$ durch denjenigen Punkt der Ebene dieses Dreiecks darstellt, der die Ableitzahlen $\mathfrak{a}_1$, $\mathfrak{a}_2$, $\mathfrak{a}_3$ der Involution $\mathfrak{s}$ in bezug auf jenes Dreieck als Fundamentaldreieck und einen beliebigen Punkt als Einheitspunkt zu Dreieckskoordinaten hat, so wird die Gesamtheit aller Involutionen der betrachteten Geraden durch die sämtlichen Punkte dieser Ebene veranschaulicht. Nun ist aber in dem angegebenen Koordinatensystem die Gleichung (51) die Gleichung einer reellen nicht zerfallenden Kurve zweiter Ordnung, von der jenes Dreieck ein Polardreieck bildet, (vgl. Figur 124); und zwar liegen die beiden ersten Ecken dieses Dreiecks, das heißt die Bilder der hyperbolischen Involutionen $\mathfrak{h}_1$ und $\mathfrak{h}_2$, außerhalb der Kurve, der Bildpunkt der elliptischen Involution $\mathfrak{e}$ innerhalb derselben [1]).

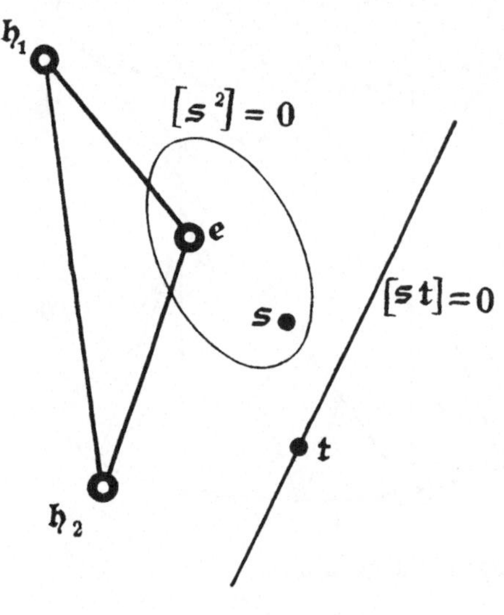

Fig. 124.

Den parabolischen Involutionen entsprechen dann die Punkte dieser Kurve zweiter Ordnung. Andererseits werden je zwei harmonische Involutionen $\mathfrak{s}$ und $\mathfrak{t}$ zufolge der Gleichung (50) durch zwei Punkte abgebildet, die einander hinsichtlich der Kurve zweiter Ordnung (51) konjugiert sind. Man hat daher den Satz:

Satz 223: Bildet man die drei Grundinvolutionen $\mathfrak{h}_1$, $\mathfrak{h}_2$, $\mathfrak{e}$ einer Geraden durch drei ein Dreieck bildende Punkte von be-

---

1) Der hier benutzte Satz wird im zweiten Band bewiesen werden.

liebiger Masse ab, eine beliebige Involution

$$\mathfrak{F} = a_1\,\mathfrak{h}_1 + a_2\,\mathfrak{h}_2 + a_3\,\mathfrak{e}$$

jener Geraden aber durch denjenigen Punkt der Ebene dieses Dreiecks, dessen Dreieckskoordinaten in bezug auf jenes Dreieck als Fundamentaldreieck und einen beliebigen Punkt als Einheitspunkt die drei Ableitzahlen a_1, a_2, a_3 von $\mathfrak{F}$ sind, so erfüllen die Bildpunkte aller parabolischen Involutionen der betrachteten Geraden eine nicht zerfallende reelle Kurve zweiter Ordnung, welche die Bildpunkte der drei Grundinvolutionen zu Ecken eines Polardreiecks hat, und zwar liegen die Bildpunkte der hyperbolischen Involutionen $\mathfrak{h}_1$ und $\mathfrak{h}_2$ außerhalb der Kurve, der Bildpunkt der elliptischen Involution $\mathfrak{e}$ innerhalb derselben. Ferner sind die Punkte, welche die Bilder zweier harmonischen Involutionen darstellen, einander hinsichtlich der Kurve zweiter Ordnung konjugiert; die Bilder aller zu einer gegebenen Involution $\mathfrak{F}$ harmonischen Involutionen $\mathfrak{t}$ erfüllen also die Polare des Bildpunktes von $\mathfrak{F}$ in bezug auf die Kurve zweiter Ordnung.

Man kann ferner noch hinzufügen: Die quadratische Form $[\mathfrak{F}^2]$ hat innerhalb der Kurve zweiter Ordnung

$$[\mathfrak{F}^2] = 0$$

überall dasselbe Vorzeichen wie das kombinatorische Quadrat $[\mathfrak{e}^2]$ und außerhalb das entgegengesetzte Vorzeichen, ist also innerhalb der Kurve positiv und außerhalb derselben negativ, oder, was auf dasselbe hinauskommt: Das Folgequadrat $\mathfrak{F}^2$ von $\mathfrak{F}$ ist innerhalb der Kurve zweiter Ordnung negativ, außerhalb derselben positiv. Die Punkte innerhalb der Kurve zweiter Ordnung sind also die Bilder elliptischer, die Punkte außerhalb die Bilder hyperbolischer Involutionen.

Da ferner die Polare eines Punktes innerhalb einer nicht zerfallenden Kurve zweiter Ordnung ganz außerhalb der Kurve liegt, so hat man den Satz:

Satz 224: Eine jede Involution, die zu einer elliptischen Involution harmonisch liegt, ist hyperbolisch.

Will man für diesen Satz noch einen Beweis geben, der von den Eigenschaften der Kurven zweiter Ordnung unabhängig ist, so kann man das folgende Verfahren einschlagen:

Nach der Gleichung (38) des 15. Abschnitts läßt sich eine beliebige elliptische Involution $\mathfrak{F}$ durch einen Bruch von der Form

$$(52) \qquad\qquad \mathfrak{F} = \frac{b,\ -a}{a,\ \ b}$$

ausdrücken. Eine jede zu $\mathfrak{F}$ harmonische Involution $\mathfrak{t}$ genügt aber der

Gleichung

$$(53) \qquad [\mathfrak{s}\,\mathfrak{t}] = 0,$$

die man auch in der Form schreiben kann:

$$0 = [ab \cdot \mathfrak{s}\,\mathfrak{t}] = [a\mathfrak{s} \cdot b\mathfrak{t}] - [b\mathfrak{s} \cdot a\mathfrak{t}]$$

oder wegen (52) in der Form:

$$(54) \qquad 0 = [b \cdot b\mathfrak{t}] + [a \cdot a\mathfrak{t}].$$

Und diese Gleichung wird sicher befriedigt durch die Involution:

$$(55) \qquad \mathfrak{t}_1 = \frac{b,\ a}{a,\ b};$$

denn für diese nimmt die Gleichung (54) die Form an:

$$0 = [ba] + [ab].$$

Die Gleichung (54) wird aber auch erfüllt durch die Involution:

$$(56) \qquad \mathfrak{t}_2 = \frac{a,\ -b}{a,\ b};$$

denn für diese Involution erhält jene Gleichung die Form:

$$0 = [b \cdot (-b)] + [aa].$$

Die Gesamtheit aller Involutionen endlich, die zu einer elliptischen Involution $\mathfrak{s}$ harmonisch sind, läßt sich als Vielfachensumme von $\mathfrak{t}_1$ und $\mathfrak{t}_2$, das heißt unter der Form darstellen:

$$(57) \qquad \mathfrak{t} = \mathfrak{g}_1\,\mathfrak{t}_1 + \mathfrak{g}_2\,\mathfrak{t}_2,$$

in der $\mathfrak{g}_1$ und $\mathfrak{g}_2$ zwei reelle Zahlgrößen sind, oder wegen (55) und (56) unter der Form:

$$(58) \qquad \mathfrak{t} = \frac{\mathfrak{g}_1\,b + \mathfrak{g}_2\,a,\quad \mathfrak{g}_1\,a - \mathfrak{g}_2\,b}{a,\qquad b}.$$

Der Potenzwert dieser Involution aber wird

$$[\mathfrak{t}^2]\,\frac{[(\mathfrak{g}_1\,b + \mathfrak{g}_2\,a)\,(\mathfrak{g}_1\,a - \mathfrak{g}_2\,b)]}{[ab]} = \frac{\mathfrak{g}_1^2\,[ba] - \mathfrak{g}_2^2\,[ab]}{[ab]}, \quad \text{das heißt:}$$

$$(59) \qquad [\mathfrak{t}^2] = -\,(\mathfrak{g}_1^2 + \mathfrak{g}_2^2).$$

Und da nach der Voraussetzung die Zahlgrößen $\mathfrak{g}_1$ und $\mathfrak{g}_2$ reell sind, so ist er negativ und die Involution $\mathfrak{t}$ daher wirklich hyperbolisch. Damit aber ist der Satz 224 von neuem bewiesen.

Natürlich kann man wieder durch passende Wahl der Bilder für die drei Grundinvolutionen die Kurve zweiter Ordnung der parabolischen Involutionen spezialisieren. Insbesondere kann man an ihre Stelle einen Kreis treten lassen. Man braucht dazu nur die elliptische Grundinvolution $\mathfrak{e}$ durch einen einfachen Punkt, die hyperbolischen Grundinvolutionen $\mathfrak{h}_1$ und $\mathfrak{h}_2$ durch zwei zueinander senkrechte Strecken von der Länge 1 abzubilden, so werden die drei Ableitzahlen $\mathfrak{a}_1,\ \mathfrak{a}_2,\ \mathfrak{a}_3$ der

Involution $\mathfrak{s}$ in (46) die Hesseschen homogenen Koordinaten des Bildpunktes von $\mathfrak{s}$ in bezug auf das durch jenen einfachen Punkt als Anfangspunkt und diese beiden Strecken bestimmte rechtwinklige Achsenkreuz, und die beiden Verhältnisse $\frac{\mathfrak{a}_1}{\mathfrak{a}_3}$ und $\frac{\mathfrak{a}_2}{\mathfrak{a}_3}$ werden die jenen drei homogenen Koordinaten $\mathfrak{a}_1, \mathfrak{a}_2, \mathfrak{a}_3$ zugehörigen rechtwinkligen Koordinaten $\mathfrak{x}$, $\mathfrak{y}$; ferner nimmt die Gleichung (51) der Kurve der parabolischen Involutionen die Form an:

$$(60) \qquad \mathfrak{x}^2 + \mathfrak{y}^2 = 1,$$

das heißt, sie verwandelt sich in die Gleichung eines Kreises mit dem Radius 1 und dem Koordinatenanfangspunkt als Mittelpunkt.

Inverse Projektivitäten und ihre Stéphanosschen Bilder. Einige weitere wichtige Folgerungen knüpfen wir an den Satz 187, nach welchem sich jede Projektivität $\mathfrak{p}$ als Summe aus einer reellen Zahlgröße $\mathfrak{a}$ und ihrer Doppelpunktsinvolution $\mathfrak{s}$, das heißt als eine Summe von der Form:

$$(61) \qquad \mathfrak{p} = \mathfrak{a} + \mathfrak{s},$$

darstellen läßt, wobei wir der Einfachheit halber die bei Ableitung des Satzes 187 mit $\mathfrak{g}\mathfrak{s}$ bezeichnete Doppelpunktsinvolution kurz durch den Buchstaben $\mathfrak{s}$ ausdrücken.

Erhebt man zunächst die Gleichung (61) ins kombinatorische Quadrat, so erhält man für den Potenzwert der Projektivität $\mathfrak{p}$ die Darstellung:

$$[\mathfrak{p}^2] = [(\mathfrak{a} + \mathfrak{s})^2] = \mathfrak{a}^2[1^2] + [\mathfrak{s}^2] + 2\,\mathfrak{a}\,[1\,\mathfrak{s}],$$

und aus dieser ergibt sich nach Satz 97 und 106 die Gleichung

$$[(\mathfrak{a} + \mathfrak{s})^2] = \mathfrak{a}^2 + [\mathfrak{s}^2]$$

oder wenn man für das kombinatorische Quadrat $[\mathfrak{s}^2]$ der Involution $\mathfrak{s}$ das ihm nach Satz 115 entgegengesetzt gleiche Folgequadrat $\mathfrak{s}^2$ einführt:

$$[(\mathfrak{a} + \mathfrak{s})^2] = \mathfrak{a}^2 - \mathfrak{s}^2;$$

und genau denselben Ausdruck bekommt man für den Potenzwert der Projektivität

$$(62) \qquad \mathfrak{q} = \mathfrak{a} - \mathfrak{s},$$

das heißt, man erhält die Formel:

$$(63) \qquad [(\mathfrak{a} + \mathfrak{s})^2] = [(\mathfrak{a} - \mathfrak{s})^2] = \mathfrak{a}^2 - \mathfrak{s}^2$$

und damit den Satz:

Satz 225: Bedeutet $\mathfrak{a}$ eine reelle Zahlgröße und $\mathfrak{s}$ eine Involution, so lautet der Ausdruck für den Potenzwert der Projektivitäten

$$\mathfrak{p} = \mathfrak{a} + \mathfrak{s} \quad \text{und} \quad \mathfrak{q} = \mathfrak{a} - \mathfrak{s}:$$

$$[(\mathfrak{a} + \mathfrak{s})^2] = [(\mathfrak{a} - \mathfrak{s})^2] = \mathfrak{a}^2 - \mathfrak{s}^2,$$

unter $\mathfrak{s}^2$ das Folgequadrat der Involution $\mathfrak{s}$ verstanden.

Diese Form des Potenzwertes wird zum Beispiel von Wichtigkeit, wenn es sich darum handelt, zu einer Projektivität

$$(61) \qquad \mathfrak{p} = \mathfrak{a} + \mathfrak{s}$$

die inverse Projektivität $\dfrac{1}{\mathfrak{p}}$ zu bestimmen. Dazu bemerken wir zunächst: Wie im 12. und 13. Abschnitt gezeigt ist, kann bei einer entartenden Projektivität von einer inversen Abbildung nicht die Rede sein. Bei der Bildung der inversen Projektivität $\dfrac{1}{\mathfrak{p}}$ müssen wir also ausdrücklich voraussetzen, daß der Potenzwert der Projektivität $\mathfrak{p}$, das heißt nach Satz 225 die Differenz $\mathfrak{a}^2 - \mathfrak{s}^2$,

$$(64) \qquad \mathfrak{a}^2 - \mathfrak{s}^2 \neq 0 \quad \text{sei.}$$

Setzen wir also noch

$$(65) \qquad \mathfrak{a}^2 - \mathfrak{s}^2 = g,$$

wo g eine von Null verschiedene reelle Zahlgröße bedeutet, und ferner wie oben

$$(62) \qquad \mathfrak{q} = \mathfrak{a} - \mathfrak{s},$$

so wird das Folgeprodukt $\mathfrak{p}\mathfrak{q}$:

$$\mathfrak{p}\mathfrak{q} = (\mathfrak{a} + \mathfrak{s})(\mathfrak{a} - \mathfrak{s}) = \mathfrak{a}^2 + \mathfrak{s}\mathfrak{a} - \mathfrak{a}\mathfrak{s} - \mathfrak{s}^2,$$

das heißt wegen $\mathfrak{s}\mathfrak{a} = \mathfrak{a}\mathfrak{s}$ und (65)

$$\mathfrak{p}\mathfrak{q} = \mathfrak{a}^2 - \mathfrak{s}^2 = g, \quad \text{also}$$

$$\mathfrak{q} = \frac{g}{\mathfrak{p}} \quad \text{oder wegen (62)}$$

$$(66) \qquad \frac{g}{\mathfrak{p}} = \mathfrak{a} - \mathfrak{s} \quad \text{oder}$$

$$(67) \qquad \frac{1}{\mathfrak{p}} = \frac{1}{g}(\mathfrak{a} - \mathfrak{s}),$$

wofür man endlich bei Anwendung des Möbiusschen Zeichens $\equiv$ (vgl. Seite 282) unter Berücksichtigung von (61) auch schreiben kann:

$$(68) \qquad \frac{1}{\mathfrak{a} + \mathfrak{s}} \equiv \mathfrak{a} - \mathfrak{s}.$$

Man hat also den Satz:

Satz 226: Stellt man eine umkehrbare Projektivität $\mathfrak{p}$ als Summe einer reellen Zahlgröße $\mathfrak{a}$ und ihrer Doppelpunktsinvolution $\mathfrak{s}$, das heißt in der Form:

$$\mathfrak{p} = \mathfrak{a} + \mathfrak{s},$$

dar, so wird die zu $\mathfrak{p}$ inverse Abbildung $\dfrac{1}{\mathfrak{p}}$ von einem reellen Zahlfaktor abgesehen durch die entsprechende Differenz:

$$\mathfrak{q} = \mathfrak{a} - \mathfrak{s}$$

ausgedrückt. Es wird nämlich

$$\frac{1}{\mathfrak{p}} = \frac{1}{\mathfrak{g}}(\mathfrak{a} - \mathfrak{s}),$$

unter $\mathfrak{g}$ der Potenzwert der Projektivität $\mathfrak{p}$ verstanden.

Aus diesem Satze folgt ohne weiteres, daß man in der Stéphanosschen Veranschaulichung der Projektivitäten einer Geraden aus dem Bildpunkte einer beliebigen umkehrbaren Projektivität das Bild der inversen Projektivität erhält, indem man jenen Bildpunkt *an dem Mittelpunkte des Hyperboloids spiegelt.*

Denn die Projektivitäten

$$\mathfrak{p} = \quad \mathfrak{a} + \mathfrak{s} = \mathfrak{a}\left(1 + \frac{\mathfrak{s}}{\mathfrak{a}}\right) \quad \text{und}$$

$$\frac{1}{\mathfrak{p}} = \frac{1}{\mathfrak{g}}(\mathfrak{a} - \mathfrak{s}) = \frac{\mathfrak{a}}{\mathfrak{g}}\left(1 - \frac{\mathfrak{s}}{\mathfrak{a}}\right)$$

werden durch die Punkte dargestellt, die sich ergeben, wenn man vom Mittelpunkte 1 des Hyperboloids aus die nur dem Sinne nach voneinander verschiedenen Strecken $\frac{\mathfrak{s}}{\mathfrak{a}}$ und $-\frac{\mathfrak{s}}{\mathfrak{a}}$ abträgt.

Die Schrötersche Konstruktion der Doppelpunktsinvolution einer Projektivität. Die beiden Darstellungen

$$\mathfrak{p} = \mathfrak{a} + \mathfrak{s} \quad \text{und} \quad \frac{1}{\mathfrak{p}} = \frac{1}{\mathfrak{g}}(\mathfrak{a} - \mathfrak{s})$$

für zwei zueinander inverse Projektivitäten $\mathfrak{p}$ und $\frac{1}{\mathfrak{p}}$ zeigen ferner, daß je zwei solche Projektivitäten *dieselbe Doppelpunktsinvolution* $\mathfrak{s}$ besitzen, und liefern zugleich eine wichtige Beziehung zweier zueinander inversen Projektivitäten zu ihrer gemeinsamen Doppelpunktsinvolution.

Bestimmt man nämlich zu einem beliebigen Punkt x der zu transformierenden Punktreihe in den beiden inversen Projektivitäten $\mathfrak{p}$ und $\frac{1}{\mathfrak{p}}$ die entsprechenden Punkte $x\mathfrak{p}$ und $x\frac{1}{\mathfrak{p}}$, so erhält man für dieselben die Darstellungen

$$x\mathfrak{p} = \mathfrak{a}x + x\mathfrak{s}$$

$$x\frac{1}{\mathfrak{p}} = \frac{1}{\mathfrak{g}}(\mathfrak{a}x - x\mathfrak{s}),$$

welche zeigen, daß die Punkte $x\mathfrak{p}$ und $x\frac{1}{\mathfrak{p}}$, die einem beliebigen Punkt x durch die beiden inversen Projektivitäten $\mathfrak{p}$ und $\frac{1}{\mathfrak{p}}$ zugewiesen werden, harmonisch liegen zu dem Ausgangspunkte x und seinem Bilde $x\mathfrak{s}$ in der gemeinsamen Doppelpunktsinvolution $\mathfrak{s}$ von $\mathfrak{p}$ und $\frac{1}{\mathfrak{p}}$. Darin liegt der Satz:

Satz 227: Je zwei zueinander inverse Projektivitäten $\mathfrak{p}$ und $\frac{1}{\mathfrak{p}}$ besitzen dieselbe Doppelpunktsinvolution $\mathfrak{F}$ und weisen einem jeden Punkte x der zu transformierenden Punktreihe zwei Punkte $x\mathfrak{p}$ und $x\frac{1}{\mathfrak{p}}$ zu, die durch den Punkt x selbst und den ihm in jener gemeinsamen Doppelpunktsinvolution $\mathfrak{F}$ zugeordneten Punkt $x\mathfrak{F}$ harmonisch getrennt werden.

Man kann diesen Satz benutzen, um von einer gegebenen Projektivität $\mathfrak{p}$ ihre Doppelpunktsinvolution $\mathfrak{F}$ zu konstruieren. Dazu braucht man nur zu einem beliebigen Punkt x der zu transformierenden Punktreihe die in den Projektivitäten $\mathfrak{p}$ und $\frac{1}{\mathfrak{p}}$ entsprechenden Punkte $x\mathfrak{p}$ und $x\frac{1}{\mathfrak{p}}$ zu bestimmen und den zu x harmonisch zugeordneten Punkt x' in bezug auf die beiden Punkte $x\mathfrak{p}$ und $x\frac{1}{\mathfrak{p}}$ zu ermitteln; und sodann entsprechend zu einem beliebigen zweiten Punkt y der betrachteten Punktreihe die Punkte $y\mathfrak{p}$, $y\frac{1}{\mathfrak{p}}$ und den in bezug auf sie zu y harmonisch zugeordneten Punkt y' zu konstruieren. Alsdann bilden die beiden Punktpaare x, x' und y, y' zwei Paare der gesuchten Doppelpunktsinvolution $\mathfrak{F}$ von $\mathfrak{p}$, wodurch diese nach Satz 138 eindeutig bestimmt ist.

Diese Konstruktion der Doppelpunktsinvolution einer Projektivität rührt von Schröter her[1]).

Der Asymptotenkegel des Stéphanosschen Hyperboloids. Von Interesse sind dann weiter die Büschel derjenigen Projektivitäten, die durch irgend zwei zueinander inverse Projektivitäten bestimmt werden. Die Bilder dieser Büschel von Projektivitäten sind nach Satz 217 und Seite 309 geradlinige Punktreihen, deren Träger die Durchmesser des Hyperboloids

---

1) Vgl. H. Schröter, Untersuchung zusammenfallender reciproker Gebilde in der Ebene und im Raume, Journal für die reine und angewandte Mathematik, Bd. 77 (1874), S. 120 f. Siehe auch Steiner-Schröter, Die Theorie der Kegelschnitte gestützt auf projective Eigenschaften Dritte Auflage, herausgegeben von R. Sturm, Leipzig, 1898, S. 63 f. Ferner M. Pasch, Beweis eines Satzes über projective Punktreihen, Journal für die r. u. a. Mathematik, Bd. 91 (1881), S. 349 ff. und H. Wiener, Rein geometrische Theorie der Darstellung binärer Formen durch Punktgruppen auf der Geraden. Habilitationsschrift, Darmstadt, 1885, Nr. 30 und 37, sowie die Arbeit desselben Verfassers: Über die aus zwei Spiegelungen zusammengesetzten Verwandtschaften, Berichte der math.-phys. Klasse der Sächs. Gesellschaft der Wissenschaften December 1891, Nr. 89 (S. 647). Weiter die bereits oben zitierte Abhandlung von Segre, Journal für die r. u. a. Mathematik, Bd. 100 (1887), S. 321. Endlich F. London, Über einen Satz aus der Theorie der ebenen Kollineationen, Math. Ann., Bd. 57 (1903), S. 222.

sind. Da aber je zwei inverse Projektivitäten dieselbe Doppelpunktsinvolution haben, so gehören einem jeden Büschel, das durch zwei inverse Projektivitäten bestimmt wird, sämtliche Projektivitäten an, deren
Doppelpunktsinvolution mit derjenigen jener beiden inversen Projektivitäten identisch ist (vgl. auch Satz 220).

Da ferner nach Satz 180 insbesondere einem Büschel mit gemeinsamer hyperbolischer Doppelpunktsinvolution, das heißt einem Büschel
mit gemeinsamen getrennten reellen Doppelpunkten, stets zwei und nur
zwei entartende Projektivitäten angehören, nämlich die beiden Projektivitäten, welche je einen von den beiden gemeinsamen Doppelpunkten des
Büschels zum Hauptpunkt, den anderen zum Nullpunkt haben, und diese
entartenden Projektivitäten bei der Stéphanosschen Veranschaulichung
durch die Punkte dargestellt werden, in denen die Bildgerade des Büschels
das gleichseitige Hyperboloid schneidet, so kann man nach Herstellung
der Stéphanosschen Abbildung aller Projektivitäten in der Geraden für
jede Projektivität $\mathfrak{p}$ die Doppelpunkte finden, indem man den Bildpunkt
von $\mathfrak{p}$ in jener Abbildung mit dem Mittelpunkt des Hyperboloids verbindet.
Alsdann schneidet die Verbindungslinie das Hyperboloid in den Bildpunkten
derjenigen beiden entartenden Projektivitäten, welche den einen Doppelpunkt der Projektivität $\mathfrak{p}$ zum Hauptpunkt, den anderen zum Nullpunkt
haben und umgekehrt.

Ebenso wird einem Büschel von Projektivitäten mit einer gemeinsamen parabolischen Doppelpunktsinvolution, das heißt nach Seite 197 ff.
und Seite 260 f. einem Büschel von zentrischen Schiebungen, die den
Doppelpunkt jener parabolischen Doppelpunktsinvolution zum gemeinsamen
Zielpunkt haben, in der Stéphanosschen Abbildung eine Erzeugende des
Asymptotenkegels des Hyperboloids zugeordnet, und endlich entspricht
einem Büschel von Projektivitäten mit einer gemeinsamen elliptischen
Doppelpunktsinvolution ein Durchmesser des Hyperboloids, der innerhalb
des Asymptotenkegels liegt.

Nimmt man zu diesen Ergebnissen noch den Inhalt des Satzes 219
hinzu, so erhält man den folgenden Satz:

Satz 228: Bei der Stéphanosschen Veranschaulichung der
Projektivitäten einer Geraden gehören den Abbildungen eines
jeden Büschels von Projektivitäten mit einer gemeinsamen
Doppelpunktsinvolution die Punkte eines Durchmessers des
Stéphanosschen Hyperboloids zu, und zwar liegt dieser Durchmesser außerhalb des Asymptotenkegels dieses Hyperboloids,
auf ihm oder innerhalb desselben, je nachdem jene Doppelpunktsinvolution hyperbolisch, parabolisch oder elliptisch ist.
Bei einem Büschel von Projektivitäten mit gemeinsamer hyper-

bolischer Involution entsprechen dabei den Punkten des zugehörigen Durchmessers, die innerhalb des Hyperboloids liegen, die gleichläufigen Projektivitäten des Büschels, den Punkten außerhalb des Hyperboloids dessen gegenläufige Projektivitäten.

Die Projektivitäten $\mathfrak{a} + \mathfrak{h}$ *und* $\mathfrak{a} - \mathfrak{h}$, $\mathfrak{h}^2 = \mathfrak{a}^2$. Unsere Entwickelung enthält nun aber insofern noch eine Lücke, als die Beziehung zweier Projektivitäten von der Form $\mathfrak{a} + \mathfrak{s}$ und $\mathfrak{a} - \mathfrak{s}$ nur für den Fall angegeben ist, wo die Projektivität $\mathfrak{a} + \mathfrak{s}$ und damit dann auch die Projektivität $\mathfrak{a} - \mathfrak{s}$ umkehrbar ist. Ist diese Bedingung nicht erfüllt, ist vielmehr die Projektivität $\mathfrak{a} + \mathfrak{s}$ eine einfach entartende Projektivität, genügt sie also den Vergleichungen

$$(69) \qquad\qquad [(\mathfrak{a} + \mathfrak{s})^2] = 0 \quad \text{und}$$

$$(70) \qquad\qquad \mathfrak{a} + \mathfrak{s} \ \ \neq 0,$$

so bestehen die entsprechenden Vergleichungen auch für die Projektivität $\mathfrak{a} - \mathfrak{s}$. Der Gleichung (63) zufolge zieht nämlich die Gleichung (69) die entsprechende Gleichung:

$$(71) \qquad\qquad [(\mathfrak{a} - \mathfrak{s})^2] = 0$$

für diese Projektivität nach sich. Es gilt aber für sie auch die der Ungleichung (70) entsprechende Ungleichung

$$(72) \qquad\qquad \mathfrak{a} - \mathfrak{s} \neq 0;$$

denn das Verschwinden der Abbildung $\mathfrak{a} - \mathfrak{s}$ würde nach Seite 293 das Verschwinden von $\mathfrak{a}$ und $\mathfrak{s}$ und damit auch das von $\mathfrak{a} + \mathfrak{s}$ zur Folge haben, was der Ungleichung (70) widerspricht. Die Vergleichungen (71) und (72) zeigen nun aber, daß auch die Projektivität $\mathfrak{a} - \mathfrak{s}$ eine einfach entartende Projektivität ist. Zugleich wird wegen (69) und (63) das Folgequadrat von $\mathfrak{s}$:

$$(73) \qquad\qquad \mathfrak{s}^2 = \mathfrak{a}^2.$$

Und da nach Satz 214 in dieser Gleichung $\mathfrak{a}$ eine reelle Zahl ist, von der wir noch voraussetzen wollen, daß sie nicht verschwindet, so zeigt die Gleichung mit Rücksicht auf Satz 116, daß die Involution $\mathfrak{s}$ hyperbolisch ist; sie möge deshalb bestimmter mit $\mathfrak{h}$ bezeichnet werden. Die Gleichungen (69), (71) und (73) nehmen dann die Form an:

$$(74) \qquad\qquad [(\mathfrak{a} + \mathfrak{h})^2] = 0$$

$$(75) \qquad\qquad [(\mathfrak{a} - \mathfrak{h})^2] = 0$$

$$(76) \qquad\qquad \mathfrak{h}^2 = \mathfrak{a}^2,$$

und in ihnen ist nach unserer letzten Voraussetzung

$$(77) \qquad\qquad \mathfrak{a} \neq 0.$$

Nun gibt es nach Satz 180 in einem Büschel von Projektivitäten mit zwei gemeinsamen getrennten reellen Doppelpunkten zwei und nur zwei einfach entartende Projektivitäten, und von diesen weist jede den sämtlichen Punkten der zu transformierenden Punktreihe einen von den gemeinsamen Doppelpunkten des Büschels zu. Da aber in der Identität 1 überhaupt jeder Punkt als Doppelpunkt aufgefaßt werden kann, so sind die Identität 1 und die hyperbolische Involution $\mathfrak{h}$ zwei Projektivitäten mit zwei gemeinsamen getrennten reellen Doppelpunkten, und da die beiden einfach entartenden Projektivitäten $\mathfrak{a}+\mathfrak{h}$ und $\mathfrak{a}-\mathfrak{h}$ dem durch diese beiden Projektivitäten bestimmten Büschel angehören, so weisen sie jedem Punkte der zu transformierenden Punktreihe den einen oder den anderen Doppelpunkt der Involution $\mathfrak{h}$ zu. Man hat also den Satz:

Satz 229: Ist $\mathfrak{a}^2$ das Folgequadrat einer hyperbolischen Involution $\mathfrak{h}$ in einer Geraden, so werden die beiden einfach entartenden Projektivitäten, die je einen Doppelpunkt der Involution $\mathfrak{h}$ zum Hauptpunkt, den anderen zum Nullpunkt haben, dargestellt durch die Ausdrücke $\mathfrak{a}+\mathfrak{h}$ und $\mathfrak{a}-\mathfrak{h}$.

Abschnitt 23.

Die Folgeprodukte von Involutionen und Projektivitäten. Vertauschbarkeit.

Beziehung zwischen den beiden Folgeprodukten zweier harmonischen Involutionen. Um zu weiteren Beziehungen zu gelangen, bemerken wir, daß nach Satz 216 durch die Summe $\mathfrak{s}+\mathfrak{t}$ zweier Involutionen $\mathfrak{s}$ und $\mathfrak{t}$ derselben Geraden wieder eine Involution dieser Geraden dargestellt wird. Nach Satz 115 besteht daher die Gleichung

$$(1) \qquad (\mathfrak{s}+\mathfrak{t})^2 = -\,[(\mathfrak{s}+\mathfrak{t})^2].$$

Rechnet man in ihr die Quadrate aus und berücksichtigt dabei, daß nach Satz 94 die Faktoren des kombinatorischen Punktes $[\mathfrak{s}\mathfrak{t}]$ ohne Zeichenwechsel vertauschbar sind, so nimmt die Gleichung die Form an

$$\mathfrak{s}^2 + \mathfrak{s}\mathfrak{t} + \mathfrak{t}\mathfrak{s} + \mathfrak{t}^2 = -\,[\mathfrak{s}^2] - 2[\mathfrak{s}\mathfrak{t}] - [\mathfrak{t}^2],$$

oder da wieder nach Satz 115

$$\mathfrak{s}^2 = -\,[\mathfrak{s}^2] \quad \text{und} \quad \mathfrak{t}^2 = -\,[\mathfrak{t}^2]$$

ist, die Form

$$(2) \qquad \mathfrak{s}\mathfrak{t} + \mathfrak{t}\mathfrak{s} = -\,2[\mathfrak{s}\mathfrak{t}].$$

Diese Formel enthält den Satz:

Satz 230: Bei zwei beliebigen Involutionen $\mathfrak{s}$ und $\mathfrak{t}$ derselben Geraden ist die Summe ihrer beiden Folgeprodukte $\mathfrak{s}\mathfrak{t}$ und $\mathfrak{t}\mathfrak{s}$

eine reelle Zahl, nämlich gleich dem negativ genommenen doppelten kombinatorischen Produkte der beiden Involutionen.

Sind insbesondere die beiden Involutionen $\mathfrak{s}$ und $\mathfrak{t}$ harmonisch, ist also

$$(3) \qquad\qquad [\mathfrak{s}\mathfrak{t}] = 0,$$

so verwandelt sich die Gleichung (2) in

$$(4) \qquad\qquad \mathfrak{s}\mathfrak{t} = -\mathfrak{t}\mathfrak{s}.$$

Und umgekehrt: Besteht zwischen zwei Involutionen $\mathfrak{s}$ und $\mathfrak{t}$ die Gleichung (4), so genügen dieselben wegen (2) auch der Gleichung (3) und sind somit zueinander harmonisch. Man hat also den Satz:

Satz 231: Satz von Peano[1]). Zwei Involutionen derselben Geraden sind dann und nur dann zueinander harmonisch, wenn ihre Folgeprodukte entgegengesetzt gleich sind.

Schreibt man die Gleichung (4) in der Form

$$(5) \qquad\qquad \mathfrak{s}\mathfrak{t} = \mathfrak{t}(-\mathfrak{s})$$

und vergleicht sie mit der Gleichung (53) in Satz 90, so liest man aus ihr den Satz ab:

Satz 232: Von zwei harmonischen Involutionen wird jede durch die andere mit verändertem Vorzeichen in sich übergeführt.

Übergang zu zwei vertauschbaren Involutionen. Der Satz 232 legt es nahe, allgemein nach Involutionen derselben Geraden zu fragen, von denen die eine durch die andere *abgesehen von einem Zahlfaktor in sich übergeführt wird*, welche also nach Satz 90 der Gleichung genügen

$$\mathfrak{s}\mathfrak{t} = \mathfrak{t} \cdot m\mathfrak{s},$$

unter m eine Zahlgröße verstanden, oder was dasselbe ist, der Gleichung

$$(6) \qquad\qquad \mathfrak{s}\mathfrak{t} = m\mathfrak{t}\mathfrak{s}.$$

Führt man den Wert (6) von $\mathfrak{s}\mathfrak{t}$ in die Gleichung (2) ein, so nimmt sie die Form an

$$m\mathfrak{t}\mathfrak{s} + \mathfrak{t}\mathfrak{s} = -2[\mathfrak{s}\mathfrak{t}] \quad \text{oder}$$

$$(7) \qquad\qquad (m+1)\mathfrak{t}\mathfrak{s} = -2[\mathfrak{s}\mathfrak{t}].$$

Diese Gleichung aber läßt sich *in dem soeben behandelten Falle, wo die beiden Involutionen $\mathfrak{s}$ und $\mathfrak{t}$ zueinander harmonisch sind*, wo also

$$(3) \qquad\qquad [\mathfrak{s}\mathfrak{t}] = 0$$

---

1) Peano benutzt die im Satz 231 angegebene Eigenschaft harmonischer Involutionen zur Definition solcher Abbildungen. Vgl. Peano, Calcolo geometrico secondo l'Ausdehnungslehre di H. Graßmann. Torino, 1888. Seite 159.

ist, *nicht nur* dadurch befriedigen, daß man

$$(8) \qquad \mathfrak{m} = -1$$

setzt, wodurch man wegen (6) auf die Gleichung

$$(4) \qquad \mathfrak{s}\mathfrak{t} = -\mathfrak{t}\mathfrak{s}$$

zurückkommt, sondern die Gleichung (7) wird

zweitens auch erfüllt, und zwar für beliebiges $\mathfrak{m}$, sobald

$$(9) \qquad \mathfrak{t}\mathfrak{s} = 0$$

ist; dann wird aber wegen (6) zugleich auch

$$(10) \qquad \mathfrak{s}\mathfrak{t} = 0;$$

das heißt, es verschwinden die beiden Folgeprodukte $\mathfrak{s}\mathfrak{t}$ und $\mathfrak{t}\mathfrak{s}$ gleichzeitig. Daraus aber folgert man leicht, daß die beiden Involutionen $\mathfrak{s}$ und $\mathfrak{t}$ parabolisch sind, wenigstens falls man den trivialen Fall der uneigentlichen Involution von der Betrachtung ausschließt.

In der Tat, multipliziert man die Gleichung (10) zuerst vorn mit $\mathfrak{s}$ und dann hinten mit $\mathfrak{t}$, so entstehen aus ihr die Gleichungen

$$\mathfrak{s}^2\mathfrak{t} = 0 \quad \text{und}$$
$$\mathfrak{s}\mathfrak{t}^2 = 0.$$

Und da die Größen $\mathfrak{s}^2$ und $\mathfrak{t}^2$ als Folgequadrate von Involutionen nach Satz 112 bloße Zahlen und die Involutionen $\mathfrak{s}$ und $\mathfrak{t}$ als eigentliche Involutionen von Null verschieden sind, so lassen sich die beiden Gleichungen auch in der Form schreiben

$$(11) \qquad \begin{cases} \mathfrak{s}^2 = 0 \quad \text{und} \\ \mathfrak{t}^2 = 0, \end{cases}$$

aus denen wiederum nach Satz 115 die Gleichungen folgen

$$(12) \qquad \begin{cases} [\mathfrak{s}^2] = 0 \quad \text{und} \\ [\mathfrak{t}^2] = 0, \end{cases}$$

die nach Seite 184 die beiden eigentlichen Involutionen $\mathfrak{s}$ und $\mathfrak{t}$ als parabolische Involutionen charakterisieren.

Um dieses Ergebnis in Worte zu fassen, bemerke man noch, daß die Gleichungen (9) und (10) die Gleichung

$$(13) \qquad \mathfrak{s}\mathfrak{t} = \mathfrak{t}\mathfrak{s}$$

nach sich ziehen, welche zeigt, daß die beiden Involutionen $\mathfrak{s}$ und $\mathfrak{t}$ „vertauschbar" sind.

Wir nennen nämlich zwei Projektivitäten derselben Geraden „vertausch-bar", wenn ihr Folgeprodukt bei der Vertauschung seiner Faktoren auch dem Vorzeichen nach seinen Wert nicht ändert.

Harmonische und vertauschbare Involutionen. Beachtet man ferner noch, daß auch umgekehrt aus der Gleichung (13) und der nach dem Satz von Peano (Satz 231) für je zwei harmonische Involutionen $\mathfrak{s}$ und $\mathfrak{t}$ geltenden Gleichung

$$(14) \qquad\qquad \mathfrak{s}\mathfrak{t} = -\,\mathfrak{t}\mathfrak{s}$$

die Gleichungen

$$(10) \qquad\qquad \mathfrak{s}\mathfrak{t} = 0 \quad \text{und}$$

$$(9) \qquad\qquad \mathfrak{t}\mathfrak{s} = 0$$

folgen, aus denen die Gleichungen (12) abgeleitet wurden, so hat man den Satz:

Satz 233: Zwei eigentliche Involutionen, die zugleich harmonisch und vertauschbar sind, sind parabolisch[1]).

Setzen wir jetzt zweitens voraus, es sei in der Gleichung (7)

$$(15) \qquad\qquad [\mathfrak{s}\mathfrak{t}] \neq 0$$

das heißt, die beiden Involutionen seien *nicht harmonisch,* so ist in der Formel (7) sicher auch

$$(16) \qquad\qquad \mathfrak{m} + 1 \neq 0$$

(vgl. auch den Satz von Peano (Satz 231)), und da überdies das kombinatorische Produkt $[\mathfrak{s}\mathfrak{t}]$ zweier Involutionen $\mathfrak{s}$ und $\mathfrak{t}$ eine bloße Zahl ist, die nach der Ungleichung (15) nicht verschwindet, so nimmt die Gleichung (7) bei der Division mit $\mathfrak{m} + 1$ die Form an:

$$\mathfrak{t}\mathfrak{s} = \mathfrak{g},$$

wo $\mathfrak{g}$ eine von Null verschiedene Zahlgröße ist. Multipliziert man diese Gleichung vorn mit $\mathfrak{t}$, so vorwandelt sie sich in

$$\mathfrak{t}^2\mathfrak{s} = \mathfrak{t}\mathfrak{g}.$$

Und dividiert man noch mit $\mathfrak{g}$ und beachtet, daß nach Satz 112 auch das Folgequadrat $\mathfrak{t}^2$ der Involution $\mathfrak{t}$ eine Zahlgröße ist, so ergibt sich die neue Gleichung

$$(17) \qquad\qquad \mathfrak{t} = \mathfrak{f}\mathfrak{s},$$

in der $\mathfrak{f}$ wieder eine Zahlgröße bedeutet. Aus der Gleichung (17) aber folgen durch Vormultiplizieren und Nachmultiplizieren mit $\mathfrak{s}$ die Gleichungen

$$\mathfrak{s}\mathfrak{t} = \mathfrak{f}\mathfrak{s}^2 \quad \text{und}$$

$$\mathfrak{t}\mathfrak{s} = \mathfrak{f}\mathfrak{s}^2$$

und demnach die weitere Gleichung

$$(18) \qquad\qquad \mathfrak{t}\mathfrak{s} = \mathfrak{s}\mathfrak{t}.$$

---

1) Die Beziehung zwischen beiden Involutionen wird noch vollständiger angegeben in Satz 238.

Damit aber ist bewiesen: Wenn zwischen zwei nicht harmonischen Involutionen $\mathfrak{s}$ und $\mathfrak{t}$ eine Gleichung von der Form

$$\mathfrak{s}\mathfrak{t} = \mathfrak{t} \cdot m\,\mathfrak{s}$$

besteht, in der m einen Zahlfaktor bedeutet, so ist dieser Zahlfaktor notwendig $= +1$, und man hat also den Satz:

Satz 234: Wenn von zwei nicht harmonischen Involutionen die eine durch die andere abgesehen von einem Zahlfaktor in sich übergeführt wird, so ist dieser Zahlfaktor notwendig $=+1$, das heißt, die beiden Involutionen sind miteinander vertauschbar.

Mit Rücksicht auf die Sätze 232 und 233 kann man daher auch den Satz aussprechen:

Satz 235: Wenn von zwei eigentlichen Involutionen die eine durch die andere abgesehen von einem Zahlfaktor in sich übergeführt wird, und nicht beide Involutionen parabolisch sind, so kann jener Zahlfaktor nur entweder $= +1$ oder $= -1$ sein.

Will man den Fall zweier parabolischer Involutionen nicht ausschließen, so kann man dem Satze 235 auch die Fassung geben:

Satz 236: Wenn von zwei eigentlichen Involutionen die eine durch die andere abgesehen von einem Zahlfaktor in sich übergeführt wird, so sind dieselben entweder vertauschbar oder harmonisch oder beides zugleich; in letzterem Falle sind die beiden Involutionen parabolisch.

In dem Beweise des Satzes 234 ergab sich uns nebenbei für zwei *nicht harmonische* vertauschbare Involutionen $\mathfrak{s}$ und $\mathfrak{t}$ die Beziehung

$$(17) \qquad\qquad\qquad \mathfrak{t} = \mathfrak{f}\mathfrak{s},$$

welche zeigt, daß zwei solche Involutionen sich nur um einen Zahlfaktor unterscheiden können.

Dieses Ergebnis ist aber noch einer Verallgemeinerung fähig. Dasselbe gilt nämlich, wie man sich leicht überzeugt, auch für zwei *harmonische* vertauschbare Involutionen.

Nach Satz 233 sind zwei eigentliche Involutionen, die zugleich harmonisch und vertauschbar sind, parabolische Involutionen. Zwei parabolische Involutionen $\mathfrak{s}$ und $\mathfrak{t}$ lassen sich aber nach Satz 134 durch Brüche von der Form darstellen:

$$(19) \qquad
\begin{cases}
\mathfrak{s} = \dfrac{a, \;-\; \dfrac{\mathfrak{a}_1}{\mathfrak{a}_2}\, a}{e_1, \qquad e_2} \\[3ex]
\mathfrak{t} = \dfrac{b, \;-\; \dfrac{\mathfrak{b}_1}{\mathfrak{b}_2}\, b}{e_1 . \qquad e_2}\;,
\end{cases}$$

wo

$$(20) \qquad \begin{cases} a = \mathfrak{a}_1 e_1 + \mathfrak{a}_2 e_2 \\ b = \mathfrak{b}_1 e_1 + \mathfrak{b}_2 e_2 \end{cases}$$

ist. Andererseits läßt sich nach der Gleichung (20) des 13. Abschnitts die Gleichung (3), welche aussagt, daß die beiden Involutionen $\mathfrak{s}$ und $\mathfrak{t}$ zueinander harmonisch sind, in der Form schreiben:

$$(21) \qquad [a_1 b_2] - [a_2 b_1] = 0,$$

unter a_1 und a_2, b_1 und b_2 die Zähler der gleichnamig gedachten Brüche $\mathfrak{s}$ und $\mathfrak{t}$ verstanden. In dem vorliegenden Falle, wo

$$a_1 = a, \quad a_2 = -\frac{\mathfrak{a}_1}{\mathfrak{a}_2}\, a\,,$$

$$b_1 = b, \quad b_2 = -\frac{\mathfrak{b}_1}{\mathfrak{b}_2}\, b$$

ist, nimmt also die Bedingung der harmonischen Beziehung der beiden Involutionen die Form an

$$(22) \qquad -\left(\frac{\mathfrak{b}_1}{\mathfrak{b}_2} - \frac{\mathfrak{a}_1}{\mathfrak{a}_2}\right)[ab] = 0\,;$$

und diese Gleichung wird sowohl befriedigt, wenn

$$(23) \qquad \frac{\mathfrak{b}_1}{\mathfrak{b}_2} = \frac{\mathfrak{a}_1}{\mathfrak{a}_2}\,,$$

wie wenn

$$(24) \qquad [ab] = 0$$

ist. Diese beiden Gleichungen aber sind durchaus gleichbedeutend; denn jede von ihnen sagt aus, daß die beiden Punkte a und b sich voneinander nur um einen Zahlfaktor unterscheiden, daß also

$$b = \mathfrak{k}a$$

ist, unter $\mathfrak{k}$ ein Zahlfaktor verstanden. Und hieraus folgt dann wegen (19) mit Rücksicht auf (23) die entsprechende Zahlbeziehung:

$$(17) \qquad \mathfrak{t} = \mathfrak{k}\mathfrak{s}$$

zwischen den beiden harmonischen und zugleich vertauschbaren Involutionen $\mathfrak{s}$ und $\mathfrak{t}$.

Damit ist aber ganz allgemein bewiesen, daß zwischen zwei vertauschbaren Involutionen eine Gleichung von der Form (17) besteht, mögen nun die beiden Involutionen zugleich harmonisch sein oder nicht; und da andererseits, wie auf Seite 316 bewiesen ist, die Gleichung (17) die Vertauschbarkeit der beiden Involutionen $\mathfrak{s}$ und $\mathfrak{t}$ zur Folge hat, so gilt der Satz:

Satz 237: Zwei Involutionen $\mathfrak{s}$ und $\mathfrak{t}$ sind dann und nur dann (ohne Zeichenwechsel) vertauschbar, wenn sie sich von-

einander nur um einen **Zahlfaktor** unterscheiden[1]). Oder anders ausgedrückt:

Eine Involution t führt eine Involution $\mathfrak{s}$ dann und nur dann auch dem Vorzeichen nach in sich über, wenn sie sich von ihr nur um einen Zahlfaktor unterscheidet.

Dem Satze 233 kann man alsdann die vollständigere Fassung geben:

Satz 238: Zwei eigentliche Involutionen, die zugleich harmonisch und vertauschbar sind, sind parabolisch und können sich überdies nur um einen Zahlfaktor voneinander unterscheiden.

Um ferner zu einer Umkehrung dieses Satzes zu gelangen, frage man nach der Beziehung zwischen zwei parabolischen Involutionen $\mathfrak{s}$ und t, die zueinander harmonisch sind. Man bezeichne wieder wie auf Seite 303 die Ableitzahlen, mittelst deren die beiden Involutionen $\mathfrak{s}$ und t aus den drei Grundinvolutionen $\mathfrak{h}_1$, $\mathfrak{h}_2$ und $\mathfrak{c}$ abgeleitet sind, mit a_1, a_2, a_3 und b_1, b_2, b_3; dann lauten die Bedingungsgleichungen dafür, daß die Involutionen $\mathfrak{s}$ und t parabolisch sind, nach der Gleichung (51) des vorigen Abschnitts

$$(25) \qquad\qquad a_1^2 + a_2^2 = a_3^2 \quad \text{und}$$

$$(26) \qquad\qquad b_1^2 + b_2^2 = b_3^2,$$

und die Bedingung der harmonischen Lage nach Gleichung (50) desselben Abschnitts

$$(27) \qquad\qquad a_1 b_1 + a_2 b_2 = a_3 b_3.$$

Von diesen drei Gleichungen sagen die beiden ersten Gleichungen aus, daß die Bildpunkte der beiden Involutionen $\mathfrak{s}$ und t auf dem Kegelschnitt der parabolischen Involutionen liegen, und die dritte Gleichung zeigt zusammen mit der ersten, daß der Bildpunkt der Involution t auf der Tangente gelegen ist, die man im Bildpunkte der Involution $\mathfrak{s}$ an diesen Kegelschnitt legen kann. Dies ist aber nicht anders möglich, als wenn die beiden Bildpunkte der Involutionen $\mathfrak{s}$ und t in einen Punkt zusammenfallen, das heißt, wenn sich die beiden Involutionen $\mathfrak{s}$ und t voneinander nur um einen Zahlfaktor unterscheiden. Daraus aber folgt nach Satz 237, daß sie auch miteinander vertauschbar sind. Man hat also den Satz:

Satz 239: Umkehrung I von Satz 238. Zwei parabolische Involutionen, die zugleich zueinander harmonisch sind, können

---

1) Der Satz gilt offenbar auch für den Fall, daß eine von den beiden Involutionen oder auch beide uneigentliche Involutionen sind, was bei der Fassung des Satzes bereits berücksichtigt ist.

nur um einen Zahlfaktor voneinander verschieden sein und sind also auch miteinander vertauschbar.

Daß andererseits zwei parabolische Involutionen, die sich von einander nur um einen Zahlfaktor unterscheiden, auch stets zueinander harmonisch sind, leuchtet sofort ein. Denn sind $\mathfrak{s}$ und $\mathfrak{t}$ zwei solche parabolische Involutionen, so bestehen die drei Gleichungen

$$(28) \qquad\qquad [\mathfrak{s}^2] = 0 \, ,$$

$$(29) \qquad\qquad [\mathfrak{t}^2] = 0 \quad \text{und}$$

$$(30) \qquad\qquad \mathfrak{t} = \mathfrak{k}\mathfrak{s} \, ,$$

wo wieder $\mathfrak{k}$ einen Zahlfaktor bedeutet. Es wird also das kombinatorische Produkt $[\mathfrak{s}\mathfrak{t}]$, dessen Verschwinden für zwei harmonische Involutionen charakteristisch ist,

$$(31) \qquad\qquad [\mathfrak{s}\mathfrak{t}] = [\mathfrak{s} \cdot \mathfrak{k}\,\mathfrak{s}] = \mathfrak{k}[\mathfrak{s}^2] = 0$$

und man hat den Satz:

Satz 240: Umkehrung II von Satz 238: Zwei parabolische Involutionen, die sich voneinander nur um einen Zahlfaktor unterscheiden, sind zueinander harmonisch.

Da ferner nach Satz 239 für zwei parabolische und zugleich harmonische Involutionen $\mathfrak{s}$ und $\mathfrak{t}$ neben der Gleichung (4) (vgl. den Satz von Peano (Satz 231)) zugleich die Gleichung (13) der Vertauschbarkeit besteht, so folgen für sie wie auf Seite 316 die Gleichungen:

$$(32) \qquad\qquad \begin{cases} \mathfrak{s}\mathfrak{t} = 0 \quad \text{und} \\ \mathfrak{t}\mathfrak{s} = 0, \end{cases}$$

das heißt, man erhält den Satz:

Satz 241: Die Folgeprodukte zweier harmonischen parabolischen Involutionen verschwinden.

Und von diesem Satz gilt auch die Umkehrung:

Satz 242: Umkehrung von Satz 241: Verschwindet ein Folgeprodukt zweier eigentlichen Involutionen, so sind dieselben *erstens* parabolisch und *zweitens* zueinander harmonisch, können sich also (nach Satz 239) überdies voneinander nur um einen Zahlfaktor unterscheiden.

Der erste Teil dieses Satzes ist schon oben im Beweise des Satzes 233 (vgl. Seite 315) gelegentlich bewiesen, indem dort bereits aus der Gleichung

$$(10) \qquad\qquad \mathfrak{s}\mathfrak{t} = 0 \quad \text{die Gleichungen}$$

$$(11) \qquad \begin{cases} \mathfrak{s}^2 = 0 \\ \mathfrak{t}^2 = 0 \end{cases} \qquad \text{und} \qquad (12) \qquad \begin{cases} [\mathfrak{s}^2] = 0 \\ [\mathfrak{t}^2] = 0 \end{cases}$$

gefolgert wurden. Da aber nach der Voraussetzung die Involutionen $\mathfrak{s}$ und $\mathfrak{t}$ *eigentliche* Abbildungen sind, so sind sie notwendig *parabolische Involutionen.*

Den zweiten Teil des Satzes kann man leicht aus der Gleichung

$$(2) \qquad -2[\mathfrak{s}\mathfrak{t}] = \mathfrak{s}\mathfrak{t} + \mathfrak{t}\mathfrak{s}$$

ableiten, die sich wegen (10) reduziert auf

$$(33) \qquad -2[\mathfrak{s}\mathfrak{t}] = \mathfrak{t}\mathfrak{s}.$$

Multipliziert man aber diese Gleichung folgemäßig mit $\mathfrak{s}$, so verwandelt sie sich in

$$-2[\mathfrak{s}\mathfrak{t}]\mathfrak{s} = \mathfrak{t}\mathfrak{s}^2$$

oder wegen (11) in

$$-2[\mathfrak{s}\mathfrak{t}]\mathfrak{s} = 0.$$

Aus dieser aber folgt, da $\mathfrak{s}$ eine eigentliche Involution sein soll, daß

$$(34) \qquad [\mathfrak{s}\mathfrak{t}] = 0$$

sein muß, daß also die Involutionen $\mathfrak{s}$ und $\mathfrak{t}$ auch zueinander harmonisch sind.

Man kann schließlich noch die beiden Sätze 241 und 242 mit Rücksicht auf Satz 240 zu dem einen Satze zusammenfassen:

Satz 243: Ein Folgeprodukt zweier eigentlichen Involutionen verschwindet dann und nur dann, wenn dieselben parabolisch sind und sich überdies voneinander nur um einen Zahlfaktor unterscheiden.

Vertauschbare Projektivitäten. Es möge jetzt weiter die Bedingung für die Vertauschbarkeit zweier beliebigen Projektivitäten $\mathfrak{p}$ und $\mathfrak{q}$ aufgesucht werden, also die Bedingung dafür, daß die beiden Projektivitäten $\mathfrak{p}$ und $\mathfrak{q}$ der Gleichung

$$(35) \qquad \mathfrak{p}\mathfrak{q} = \mathfrak{q}\mathfrak{p}$$

Genüge leisten.

Wir stellen dazu die beiden Projektivitäten als Summe einer reellen Zahlgröße und einer Involution dar, setzen somit

$$(36) \qquad \begin{cases} \mathfrak{p} = a + \mathfrak{s} \\ \mathfrak{q} = b + \mathfrak{t}, \end{cases}$$

wo a und b zwei reelle Zahlgrößen, $\mathfrak{s}$ und $\mathfrak{t}$ zwei Involutionen sind. Dann verwandelt sich die Bedingungsgleichung (35) der Vertauschbarkeit in

$$(a + \mathfrak{s})(b + \mathfrak{t}) = (b + \mathfrak{t})(a + \mathfrak{s})$$

oder, wenn man ausmultipliziert, in

$$\mathfrak{a}\mathfrak{b} + \mathfrak{b}\mathfrak{s} + \mathfrak{a}\mathfrak{t} + \mathfrak{s}\mathfrak{t} = \mathfrak{a}\mathfrak{b} + \mathfrak{a}\mathfrak{t} + \mathfrak{b}\mathfrak{s} + \mathfrak{t}\mathfrak{s}$$

oder in

$$(37) \qquad\qquad \mathfrak{s}\mathfrak{t} = \mathfrak{t}\mathfrak{s}.$$

Aus dieser Gleichung aber folgt nach Satz 237, daß zwischen den beiden Involutionen $\mathfrak{s}$ und $\mathfrak{t}$ die Beziehung herrscht:

$$(38) \qquad\qquad \mathfrak{t} = m\mathfrak{s},$$

und es wird daher

$$(39) \qquad\qquad \begin{cases} \mathfrak{p} = \mathfrak{a} + \mathfrak{s} \\ \mathfrak{q} = \mathfrak{b} + m\mathfrak{s}, \end{cases}$$

das heißt nach Satz 188, die Doppelpunktsinvolutionen der beiden Projektivitäten $\mathfrak{p}$ und $\mathfrak{q}$ stimmen miteinander bis auf einen Zahlfaktor überein. Da aber die Doppelpunktsinvolution einer Projektivität ihrer Erklärung zufolge (vgl. Seite 263) überhaupt nur bis auf einen Zahlfaktor bestimmt ist, so kann man auch sagen: die Doppelpunktsinvolutionen der beiden Projektivitäten $\mathfrak{p}$ und $\mathfrak{q}$ sind miteinander identisch. Man hat also den Satz:

Satz 244: Zweiter Satz von Stéphanos: Zwei Projektivitäten in einer Geraden sind dann und nur dann vertauschbar, wenn ihre Doppelpunktsinvolutionen miteinander übereinstimmen[1]).

Mit Rücksicht auf die Sätze 220 und 221 kann man noch hinzufügen:

Bei der Stéphanosschen Veranschaulichung der Projektivitäten einer Geraden liegen die Bilder zweier vertauschbaren Projektivitäten auf einem Durchmesser des Stéphanosschen Hyperboloids, und umgekehrt sind je zwei Projektivitäten in der Geraden vertauschbar, sobald ihre Stéphanosschen Bilder auf einem Durchmesser des Hyperboloids liegen.

Die Resultante zweier harmonischen Involutionen. Wendet man den Satz 197 über zwei harmonische Projektivitäten speziell auf zwei harmonische Involutionen $\mathfrak{s}$ und $\mathfrak{t}$ an, von denen wenigstens eine, etwa die Involution $\mathfrak{s}$, umkehrbar ist, so daß also die Ungleichung besteht

$$(40) \qquad\qquad [\mathfrak{s}^2] \neq 0,$$

aus der mit Rücksicht auf Satz 115 noch folgt, daß auch

$$(41) \qquad\qquad \mathfrak{s}^2 \neq 0$$

ist, so erhält man zwischen den beiden Abbildungen $\mathfrak{s}$ und $\mathfrak{t}$ die Be-

---

1) Vgl. Stéphanos, Math. Ann. Bd. 22. (1883) Nr. 33 (S. 330).

ziehung
$$(42) \qquad \mathfrak{t} = \mathfrak{s}\mathfrak{v},$$

in der auch $\mathfrak{v}$ eine Involution bedeutet. Aus dieser Gleichung aber folgt, wenn man sie vorn mit $\mathfrak{s}$ multipliziert,
$$\mathfrak{s}\mathfrak{t} = \mathfrak{s}^2\mathfrak{v},$$
oder wenn man
$$(43) \qquad \mathfrak{s}^2 = \mathfrak{f}$$
setzt, wo wegen (41) $\mathfrak{f}$ von Null verschieden ist,
$$(44) \qquad \mathfrak{s}\mathfrak{t} = \mathfrak{f}\mathfrak{v}.$$

Bezeichnet man endlich noch das $\mathfrak{f}$fache der Involution $\mathfrak{v}$, welches ebenso wie $\mathfrak{v}$ selbst eine Involution darstellt, mit $\mathfrak{u}$, setzt also
$$(45) \qquad \mathfrak{f}\mathfrak{v} = \mathfrak{u},$$
wo dann eben $\mathfrak{u}$ wieder eine Involution ist, so verwandelt sich die Gleichung (44) in
$$(46) \qquad \mathfrak{s}\mathfrak{t} = \mathfrak{u}.$$

Da aber nach der Voraussetzung die Involutionen $\mathfrak{s}$ und $\mathfrak{t}$ harmonisch sind, so kann man nach dem Satz von Peano (Satz 231) die Gleichung (46) auch durch die Gleichung ersetzen
$$(47) \qquad \mathfrak{t}\mathfrak{s} = -\mathfrak{u},$$
in der die rechte Seite $-\mathfrak{u}$ wieder als Involution aufgefaßt werden kann.

Damit haben wir vorläufig das Ergebnis gefunden: Die Folge zweier harmonischen Involutionen, von denen wenigstens eine umkehrbar ist, ist selbst eine Involution.

Es läßt sich aber noch die Beschränkung dieses Satzes beseitigen. Nach Satz 241 ist nämlich die Folge zweier harmonischen parabolischen Involutionen die Zahlgröße 0 oder, was dasselbe ist, die uneigentliche Involution; und dasselbe gilt von der Folge zweier uneigentlichen Involutionen, oder einer parabolischen und der uneigentlichen Involution, die ja sicher auch zueinander harmonisch sind. Schließt man daher die uneigentliche Involution mit ein, so hat man ganz allgemein den Satz:

Satz 245: Die Resultante (Folge) zweier harmonischen Involutionen ist selbst eine Involution.

Setzt man schließlich noch
$$(48) \qquad \mathfrak{s}^2 = \mathfrak{f} \quad \text{und} \quad \mathfrak{t}^2 = \mathfrak{l},$$
so ergeben sich aus den beiden Gleichungen (46) und (47) durch Vormultiplizieren und Nachmultiplizieren mit $\mathfrak{s}$ und $\mathfrak{t}$ die Gleichungen
$$\mathfrak{f}\mathfrak{t} = \mathfrak{s}\mathfrak{u}, \qquad \mathfrak{l}\mathfrak{s} = \mathfrak{u}\mathfrak{t} \quad \text{und}$$
$$\mathfrak{f}\mathfrak{t} = -\mathfrak{u}\mathfrak{s}, \qquad \mathfrak{l}\mathfrak{s} = -\mathfrak{t}\mathfrak{u},$$

aus denen folgt, daß drittens

$$(49) \qquad \mathfrak{s}\mathfrak{u} = -\mathfrak{u}\mathfrak{s} \quad \text{und} \quad \mathfrak{u}\mathfrak{t} = -\mathfrak{t}\mathfrak{u}$$

ist. Nach dem Satze von Peano (Satz 231) sind also die beiden harmonischen Involutionen $\mathfrak{s}$ und $\mathfrak{t}$ auch zu ihrer Resultante $\mathfrak{u}$ harmonisch.

Damit ist zunächst wieder für den Fall, daß von den beiden harmonischen Involutionen wenigstens eine umkehrbar ist, bewiesen, daß ihre Folge eine zu den beiden Involutionen harmonische Involution ist. Dasselbe gilt aber offenbar auch für den Fall, wo jene Bedingung nicht erfüllt ist; denn sind die beiden harmonischen Involutionen parabolisch, so verschwindet ihr Folgeprodukt nach Satz 241, und ebenso verschwindet auch die Folge zweier uneigentlichen Involutionen oder die Folge einer parabolischen und der uneigentlichen Involution. Es ist also überhaupt die Folge je zweier entartenden harmonischen Involutionen die Zahlgröße 0 oder, was auf dasselbe hinauskommt, die uneigentliche Involution; und diese ist überhaupt zu jeder Projektivität, also auch zu den beiden komponierenden Involutionen harmonisch. Man hat daher den Satz:

Satz 246: Die Resultante (Folge) zweier harmonischen Involutionen ist selbst zu ihren Komponenten harmonisch.

Nunmehr kann man auch die Umkehrung des Satzes 245 beweisen, welche lautet:

Satz 247: Umkehrung zu Satz 245: Ist die Folge zweier Involutionen wieder eine Involution, so sind die beiden Involutionen zueinander harmonisch.

Beweis: Es seien also $\mathfrak{s}, \mathfrak{t}, \mathfrak{u}$ drei Involutionen, zwischen denen eine Gleichung von der Form

$$(46) \qquad \mathfrak{s}\mathfrak{t} = \mathfrak{u}$$

besteht. Alsdann folgt durch Vormultiplizieren mit $\mathfrak{s}$ die Gleichung

$$\mathfrak{s}^2 \mathfrak{t} = \mathfrak{s}\mathfrak{u}.$$

Ist also $\mathfrak{s}^2$ von Null verschieden, etwa wieder

$$(50) \qquad \mathfrak{s}^2 = \mathfrak{k} \neq 0,$$

wo $\mathfrak{k}$ eine Zahlgröße ist, so verwandelt sich die soeben gefundene Beziehung zwischen $\mathfrak{s}, \mathfrak{t}$ und $\mathfrak{u}$ in

$$\mathfrak{k}\mathfrak{t} = \mathfrak{s}\mathfrak{u} \quad \text{oder in}$$

$$(51) \qquad \mathfrak{t} = \mathfrak{s}\,\frac{\mathfrak{u}}{\mathfrak{k}}.$$

Setzt man daher noch

$$(52) \qquad \frac{\mathfrak{u}}{\mathfrak{k}} = \mathfrak{v},$$

wo $\mathfrak{v}$ wieder eine Involution ist, so erhält man zwischen $\mathfrak{s}$ und $\mathfrak{t}$ die

Gleichung:

$$(53) \qquad \mathfrak{t} = \mathfrak{s}\mathfrak{v},$$

welche nach Satz 198 zeigt, daß die Involutionen $\mathfrak{s}$ und $\mathfrak{t}$ zueinander harmonisch sind.

Damit ist unser Satz für den Fall bewiesen, daß die erste von den beiden Involutionen, um deren Folgeprodukt es sich handelt, umkehrbar ist. Aber der Satz gilt offenbar auch in dem Falle, wo dies nicht zutrifft. Sind nämlich die *beiden* Involutionen $\mathfrak{s}$ und $\mathfrak{t}$ parabolisch, und soll zugleich ihr Folgeprodukt involutorisch sein, so müssen die beiden Involutionen, wie wir sogleich zeigen werden, ihren Doppelpunkt miteinander gemein haben, sie können sich also nach Satz 137 nur um einen Zahlfaktor voneinander unterscheiden.

In der Tat ist das Folgeprodukt zweier parabolischen Involutionen, deren Doppelpunkte räumlich voneinander verschieden sind, notwendig *eine nicht involutorische Projektivität.* Denn sind

$$(54) \qquad \mathfrak{s} = \frac{a,\ 0}{e,\ a}$$

$$(55) \qquad \mathfrak{t} = \frac{b,\ 0}{e,\ b}$$

zwei parabolische Involutionen mit räumlich verschiedenen Doppelpunkten a und b, so forme man den Bruch für die Involution $\mathfrak{t}$ in der Weise um, daß seine Nenner diese Doppelpunkte a und b werden. Es sei

$$(56) \qquad a = \mathfrak{g}e + \mathfrak{h}b,$$

wo

$$(57) \qquad \mathfrak{g} \neq 0$$

sein muß, weil sonst gegen die Voraussetzung a nicht räumlich verschieden von b wäre. Durch diese Umformung erhält man für $\mathfrak{t}$ die Darstellung

$$\mathfrak{t} = \frac{\mathfrak{g}b,\qquad 0}{\mathfrak{g}e + \mathfrak{h}b,\ b} \quad \text{oder}$$

$$(58) \qquad \mathfrak{t} = \frac{\mathfrak{g}b,\ 0}{a,\ b}.$$

Für das Folgeprodukt $\mathfrak{s}\mathfrak{t}$ findet man daher den Wert

$$(59) \qquad \mathfrak{s}\mathfrak{t} = \frac{a,\ 0}{e,\ a}\frac{\mathfrak{g}b,\ 0}{a,\ b} = \frac{\mathfrak{g}b,\ 0}{e,\ a}.$$

Dieser Bruch aber ist, da $\mathfrak{g} \neq 0$ ist, der Ausdruck einer einfach entartenden nicht involutorischen Projektivität.

Sobald also das Folgeprodukt zweier parabolischen Involutionen wieder eine Involution ist, können sich diese beiden parabolischen Involutionen nur um einen Zahlfaktor unterscheiden und sind somit nach Satz 240 zueinander harmonisch. (Überdies ist dann nach Satz 241 jedes von ihren beiden Folgeprodukten gleich Null, das heißt die uneigentliche Involution.)

Endlich gilt der Satz 247 offenbar auch für den Fall, wo eine von den beiden komponierenden Involutionen oder auch beide uneigentliche Involutionen sind. Er gilt also überhaupt allgemein.

Man kann schließlich die beiden Sätze 245 und 247 in dem einen Satze zusammenfassen:

Satz 248: Zweiter Satz von H. Wiener[1]**): Die Folge zweier Involutionen ist dann und nur dann selbst eine Involution, wenn jene beiden Involutionen zueinander harmonisch sind.**

Die Systeme dreier umkehrbaren zueinander harmonischen Involutionen. Sind zwei Involutionen $\mathfrak{s}$ und $\mathfrak{t}$ zueinander harmonisch und zugleich beide umkehrbar, so ist nach Satz 245 ihre Folge

$$(60) \qquad\qquad \mathfrak{s}\,\mathfrak{t} = \mathfrak{u},$$

wo $\mathfrak{u}$ ebenfalls eine Involution bedeutet, und außerdem ist nach Satz 197 auch diese Involution umkehrbar[2]). Bezeichnet man daher die drei Folgequadrate der drei Involutionen $\mathfrak{s}, \mathfrak{t}, \mathfrak{u}$ mit $\mathfrak{f}, \mathfrak{l}, \mathfrak{m}$, setzt also

$$(61) \qquad\qquad \mathfrak{s}^2 = \mathfrak{f}, \quad \mathfrak{t}^2 = \mathfrak{l}, \quad \mathfrak{u}^2 = \mathfrak{m},$$

so sind $\mathfrak{f}, \mathfrak{l}, \mathfrak{m}$ drei von Null verschiedene Zahlgrößen. Ferner ist nach Satz 246 die Involution $\mathfrak{u}$ sowohl zu $\mathfrak{s}$ wie zu $\mathfrak{t}$ harmonisch, das heißt, es sind alle drei Involutionen zueinander harmonisch.

Multipliziert man jetzt die Gleichung (60) hinten mit $\mathfrak{u}$ unter Berücksichtigung der dritten Gleichung (61), so erhält man die Gleichung

$$\mathfrak{s}\,\mathfrak{t}\,\mathfrak{u} = \mathfrak{m},$$

aus der nach dem ersten Satze von H. Wiener (Satz 89) durch zyklische Vertauschung noch zwei weitere Gleichungen folgen, so daß sich das Gleichungssystem ergibt:

$$(62) \qquad \begin{cases} \mathfrak{s}\,\mathfrak{t}\,\mathfrak{u} = \mathfrak{m}, \\ \mathfrak{t}\,\mathfrak{u}\,\mathfrak{s} = \mathfrak{m}, \\ \mathfrak{u}\,\mathfrak{s}\,\mathfrak{t} = \mathfrak{m}. \end{cases}$$

Bildet man ferner von den beiden Seiten der Gleichungen (62) die reziproken Werte und wendet linker Hand den ersten Satz von Stéphanos

---

1) H. Wiener verwendet in seiner bereits oben auf S. 277 zitierten Habilitationsschrift vom Jahre 1885, Seite 29, Nr. 55, die in dem Satze 248 angegebene Bedingung für die harmonische Beziehung zweier Involutionen zur *Definition* harmonischer Involutionen.

2) Vgl. zum folgenden H. Wiener, Über geometrische Analysen, Berichte der math.-phys. Klasse der Sächs. Gesellschaft der Wissenschaften. Juli 1890. Nr. 48.

(Satz 88) an, so verwandeln sich die Gleichungen (62) in

$$(63) \qquad \begin{cases} \dfrac{1}{\mathfrak{u}}\,\dfrac{1}{\mathfrak{t}}\,\dfrac{1}{\mathfrak{s}} = \dfrac{1}{\mathfrak{m}}, \\[2ex] \dfrac{1}{\mathfrak{s}}\,\dfrac{1}{\mathfrak{u}}\,\dfrac{1}{\mathfrak{t}} = \dfrac{1}{\mathfrak{m}}, \\[2ex] \dfrac{1}{\mathfrak{t}}\,\dfrac{1}{\mathfrak{s}}\,\dfrac{1}{\mathfrak{u}} = \dfrac{1}{\mathfrak{m}}; \end{cases}$$

oder wenn man beachtet, daß wegen (61)

$$(64) \qquad \frac{1}{\mathfrak{s}} = \frac{\mathfrak{s}}{\mathfrak{f}}, \quad \frac{1}{\mathfrak{t}} = \frac{\mathfrak{t}}{\mathfrak{l}}, \quad \frac{1}{\mathfrak{u}} = \frac{\mathfrak{u}}{\mathfrak{m}}$$

ist, in

$$(65) \qquad \begin{cases} \mathfrak{u\,t\,s} = \mathfrak{f\,l} \\[1ex] \mathfrak{s\,u\,t} = \mathfrak{f\,l} \\[1ex] \mathfrak{t\,u\,s} = \mathfrak{f\,l} . \end{cases}$$

Multipliziert man andererseits die Gleichungen (62) der Reihe nach vorn mit $\mathfrak{s}, \mathfrak{t}, \mathfrak{u}$, so erhält man wegen (61):

$$\begin{cases} \mathfrak{f\,t\,u} = \mathfrak{m\,s} \\[1ex] \mathfrak{l\,u\,s} = \mathfrak{m\,t} \\[1ex] \mathfrak{m\,s\,t} = \mathfrak{m\,u}, \end{cases}$$

oder wenn man mit den Zahlfaktoren der linken Seite dividiert,

$$(66) \qquad \begin{cases} \mathfrak{t\,u} = \dfrac{\mathfrak{m}}{\mathfrak{f}}\,\mathfrak{s} \\[2ex] \mathfrak{u\,s} = \dfrac{\mathfrak{m}}{\mathfrak{l}}\,\mathfrak{t} \\[2ex] \mathfrak{s\,t} = \mathfrak{u}. \end{cases}$$

Ebenso erhält man aus den Gleichungen (65), wenn man sie der Reihe nach hinten mit $\mathfrak{s}, \mathfrak{t}, \mathfrak{u}$ multipliziert,

$$\begin{cases} \mathfrak{u\,t\,f} = \mathfrak{f\,l\,s} \\[1ex] \mathfrak{s\,u\,l} = \mathfrak{f\,l\,t} \\[1ex] \mathfrak{t\,s\,m} = \mathfrak{f\,l\,u} \end{cases} \quad \text{oder}$$

$$(67) \qquad \begin{cases} \mathfrak{u\,t} = \mathfrak{l\,s} \\[1ex] \mathfrak{s\,u} = \mathfrak{f\,t} \\[1ex] \mathfrak{t\,s} = \dfrac{\mathfrak{f\,l}}{\mathfrak{m}}\,\mathfrak{u}. \end{cases}$$

Durch Vergleichung irgend zweier entsprechenden von den Gleichungen (66) und (67) aber findet man bei Berücksichtigung des Satzes von P e a n o (Satz 231), nach welchem zum Beispiel

$$\mathfrak{s\,t} = -\,\mathfrak{t\,s}$$

ist, zwischen den drei Zahlgrößen $\mathfrak{f}, \mathfrak{l}, \mathfrak{m}$ die Beziehung

$$(68) \qquad \mathfrak{f\,l} = -\,\mathfrak{m}.$$

Nun führt man keine wesentliche Beschränkung der Allgemeinheit ein, wenn man den absoluten Wert der beiden von Null verschiedenen Zahlgrößen $\mathfrak{k}$ und $\mathfrak{l}$ gleich 1 annimmt, woraus dann wegen (68) folgt, daß auch der absolute Wert von $\mathfrak{m}$ gleich 1 wird, so daß also

$$(69) \qquad\qquad |\mathfrak{k}| = |\mathfrak{l}| = |\mathfrak{m}| = 1$$

ist. Setzt man daher etwa voraus, es sei

$$(70) \qquad\qquad \mathfrak{k} = +1, \quad \mathfrak{l} = +1,$$

so wird wegen (68)

$$(71) \qquad\qquad \mathfrak{m} = -1.$$

Und nicht wesentlich verschieden von diesem Falle sind die beiden Fälle, wo

$$\mathfrak{k} = +1, \quad \mathfrak{l} = -1, \quad \text{also} \quad \mathfrak{m} = +1,$$

und wo

$$\mathfrak{k} = -1, \quad \mathfrak{l} = +1, \quad \text{also} \quad \mathfrak{m} = +1$$

ist. Denn in allen drei Fällen sind von den drei zueinander harmonischen Involutionen $\mathfrak{s}, \mathfrak{t}, \mathfrak{u}$ zwei Involutionen hyperbolisch (entsprechend dem Folgequadrat $+1$) und die dritte elliptisch (entsprechend dem Folgequadrat -1).

Der an sich mit der Gleichung (68) noch verträgliche vierte Fall dagegen, wo

$$\mathfrak{k} = -1, \quad \mathfrak{l} = -1 \quad \text{und somit auch} \quad \mathfrak{m} = -1$$

ist, wo also alle drei Involutionen elliptisch sind, ist durch den Satz 224 ausgeschlossen, nach welchem von zwei zueinander harmonischen Involutionen höchstens eine elliptisch sein kann.

Man hat also den Satz:

Satz 249: Von drei umkehrbaren und zueinander harmonischen Involutionen sind stets zwei Involutionen hyperbolisch, während die dritte elliptisch ist.

Legt man speziell den drei Zahlgrößen $\mathfrak{k}, \mathfrak{l}, \mathfrak{m}$ die Werte (70) und (71) bei, setzt also die Involutionen $\mathfrak{s}$ und $\mathfrak{t}$ als hyperbolisch und $\mathfrak{u}$ als elliptisch voraus, so verwandeln sich die Gleichungen (61), (66) und (67) in

$$(72) \quad
\begin{cases}
\mathfrak{s}^2 = 1 \\
\mathfrak{t}^2 = 1 \\
\mathfrak{u}^2 = -1
\end{cases}
\qquad (73) \quad
\begin{cases}
\mathfrak{t}\mathfrak{u} = -\mathfrak{s} \\
\mathfrak{u}\mathfrak{s} = -\mathfrak{t} \\
\mathfrak{s}\mathfrak{t} = \mathfrak{u}
\end{cases}
\quad \text{und} \ (74) \quad
\begin{cases}
\mathfrak{u}\mathfrak{t} = \mathfrak{s} \\
\mathfrak{s}\mathfrak{u} = \mathfrak{t} \\
\mathfrak{t}\mathfrak{s} = -\mathfrak{u}.
\end{cases}$$

Um die Übersicht über diese neun Formeln zu erleichtern, kann man die Werte der neun Folgeprodukte in einer **Multiplikationstafel** zusammenstellen, nämlich in der Tafel:

$$(75)\qquad \left\{\begin{array}{c|c|c|c} & \mathfrak{s} & \mathfrak{t} & \mathfrak{u} \\ \hline \mathfrak{s} & 1 & \mathfrak{u} & \mathfrak{t} \\ \hline \mathfrak{t} & -\mathfrak{u} & 1 & -\mathfrak{s} \\ \hline \mathfrak{u} & -\mathfrak{t} & \mathfrak{s} & -1 \end{array}\right.$$

In ihr ist das Symbol derjenigen Involution, die den *ersten Faktor* des in Frage stehenden Folgeproduktes bildet, *in der durch den starken Vertikalstrich abgetrennten Spalte* angegeben, und es soll einem jeden hier verzeichneten Buchstaben die ganze durch ihn bestimmte Zeile entsprechen. Dagegen findet sich das Symbol der Involution, die den *zweiten Faktor* jenes Folgeproduktes darstellt, *in der durch den starken Horizontalstrich abgetrennten Zeile*, wobei wieder jedem hier verzeichneten Buchstaben die ganze durch ihn bestimmte Spalte zugehören soll. Der Wert eines jeden der neun Folgeprodukte endlich, die sich aus je zweien der drei harmonischen Involutionen $\mathfrak{s}, \mathfrak{t}, \mathfrak{u}$ bilden lassen, ist immer an der Stelle eingetragen, an der sich die *Zeile*, die dem *ersten* Faktor des Produktes zugehört, mit der *Spalte* kreuzt, die dem *zweiten* Faktor entspricht.

Bei dem Wortausdruck dieses Ergebnisses kann man noch berücksichtigen, daß die Voraussetzung, der absolute Wert der drei Folgequadrate von $\mathfrak{s}, \mathfrak{t}, \mathfrak{u}$ solle gleich 1 sein, bereits die Umkehrbarkeit der drei Involutionen zur Folge hat; denn das *Folgequadrat* einer nicht umkehrbaren, das heißt parabolischen oder uneigentlichen, Involution verschwindet nach Satz 115 ebenso wie ihr *kombinatorisches Quadrat*.

Man kann daher die gewonnenen Ergebnisse in dem Satze darstellen:

Satz 250: Besitzen die Folgequadrate der drei zueinander harmonischen Involutionen $\mathfrak{s}, \mathfrak{t}, \mathfrak{u}$ den absoluten Wert 1, und sind überdies die beiden ersten von diesen drei Involutionen hyperbolisch, woraus folgt, daß dann die dritte elliptisch ist, so gelten für die neun zweifaktorigen Folgeprodukte dieser drei Involutionen die neun Formeln (72), (73) und (74), die man auch in der Multiplikationstafel (75) zusammenfassen kann.

Dieser Satz läßt sich insbesondere auch auf die drei oben auf Seite 292 ff. benutzten Grundinvolutionen $\mathfrak{h}_1, \mathfrak{h}_2, \mathfrak{c}$ anwenden; denn diese erfüllen die beiden in dem Satze an die Involutionen $\mathfrak{s}, \mathfrak{t}, \mathfrak{u}$ gestellten Bedingungen. *Erstens* nämlich sind sie nach Satz 214 alle drei zueinander harmonisch, und *zweitens* besitzen ihre Folgequadrate, die ja nach Satz 115 ihren kombinatorischen Quadraten entgegengesetzt gleich sind, den absoluten Wert 1. In der Tat wird wegen der Gleichungen (15) des vorigen Abschnitts

$$(76) \qquad \begin{cases} \mathfrak{h}_1^2 = 1 \\ \mathfrak{h}_2^2 = 1 \\ \mathfrak{e}^2 = -1. \end{cases}$$

Folglich gelten nach Satz 250 auch die Formeln (73) und (74) für diese drei Grundinvolutionen $\mathfrak{h}_1$, $\mathfrak{h}_2$, $\mathfrak{e}$, das heißt, es wird

$$(77) \quad \begin{cases} \mathfrak{h}_2\,\mathfrak{e} = -\,\mathfrak{h}_1 \\ \mathfrak{e}\,\mathfrak{h}_1 = -\,\mathfrak{h}_2 \\ \mathfrak{h}_1\,\mathfrak{h}_2 = \mathfrak{e} \end{cases} \qquad \text{und} \qquad (78) \quad \begin{cases} \mathfrak{e}\,\mathfrak{h}_2 = \mathfrak{h}_1 \\ \mathfrak{h}_1\,\mathfrak{e} = \mathfrak{h}_2 \\ \mathfrak{h}_2\,\mathfrak{h}_1 = -\,\mathfrak{e}, \end{cases}$$

was man übrigens durch direkte Multiplikation der Bruchdarstellungen in den Gleichungen (11) bis (13) des vorigen Abschnitts leicht bestätigen kann. Man erhält also für die neun Folgeprodukte der drei Grundinvolutionen $\mathfrak{h}_1$, $\mathfrak{h}_2$, $\mathfrak{e}$ genau entsprechend der Tafel (75) die Multiplikationstafel[1]):

(79)

	$\mathfrak{h}_1$	$\mathfrak{h}_2$	$\mathfrak{e}$
$\mathfrak{h}_1$	1	$\mathfrak{e}$	$\mathfrak{h}_2$
$\mathfrak{h}_2$	$-\,\mathfrak{e}$	1	$-\,\mathfrak{h}_1$
$\mathfrak{e}$	$-\,\mathfrak{h}_2$	$\mathfrak{h}_1$	$-\,1$

Einreihung der Projektivitäten einer Geraden unter die Systeme höherer komplexer Größen. Das Multiplikationsschema der drei Grundinvolutionen läßt sich nun aber ohne Schwierigkeit zu einer Tafel für die 16 zweifaktorigen Folgeprodukte der vier Grundabbildungen 1, $\mathfrak{h}_1$, $\mathfrak{h}_2$, $\mathfrak{e}$ aller Projektivitäten in der Geraden (vgl. Satz 214) erweitern. Da nämlich

$$(80) \quad \begin{cases} 1\,\mathfrak{h}_1 = \mathfrak{h}_1\,1 = \mathfrak{h}_1 \\ 1\,\mathfrak{h}_2 = \mathfrak{h}_2\,1 = \mathfrak{h}_2 \\ 1\,\mathfrak{e} = \mathfrak{e}\,1 = \mathfrak{e}, \end{cases}$$

so gilt für die vier Grundabbildungen 1, $\mathfrak{h}_1$, $\mathfrak{h}_2$, $\mathfrak{e}$ die Multiplikationstafel

(81)

	1	$\mathfrak{h}_1$	$\mathfrak{h}_2$	$\mathfrak{e}$
1	1	$\mathfrak{h}_1$	$\mathfrak{h}_2$	$\mathfrak{e}$
$\mathfrak{h}_1$	$\mathfrak{h}_1$	1	$\mathfrak{e}$	$\mathfrak{h}_2$
$\mathfrak{h}_2$	$\mathfrak{h}_2$	$-\,\mathfrak{e}$	1	$-\,\mathfrak{h}_1$
$\mathfrak{e}$	$\mathfrak{e}$	$-\,\mathfrak{h}_2$	$\mathfrak{h}_1$	$-\,1$

Diese Multiplikationstafel gestattet es, die Projektivitäten einer Geraden unter die Systeme von höheren komplexen Größen einzuordnen. Man sagt nämlich von einem System von Abbildungen, es bilde ein

---

1) Vgl. hierzu P e a n o, Calcolo geometrico secondo l' Ausdehnungslehre di H. G r a ß - m a n n. Torino 1888. Seite 158. Nr. 14.

System von höheren komplexen Größen, wenn es den folgenden vier Bedingungen Genüge leistet[1]):

Erstens müssen alle Abbildungen des Systems aus einer endlichen Anzahl Abbildungen des Systems, die man als „*Einheiten*" bezeichnet, mittelst reeller oder komplexer Zahlen linear ableitbar sein, während zwischen diesen Einheiten keine lineare Beziehung herrscht.

Zweitens müssen sie eine Gruppe bilden.

Drittens müssen ihre Folgeprodukte distributiv und assoziativ sein.

Viertens muß unter ihnen die Zahleinheit enthalten sein.

Diese vier Bedingungen sind aber für die Projektivitäten einer Geraden erfüllt, vorausgesetzt, daß man die vier Grundprojektivitäten als Einheiten in obigem Sinne auffaßt.

In der Tat lassen sich ja nach Satz 214 alle Projektivitäten in der Geraden· aus den vier Grundprojektivitäten linear ableiten, und zwar sogar mittelst reeller Zahlgrößen; außerdem sind nach demselben Satze diese vier Grundprojektivitäten linear unabhängig voneinander.

Zweitens bilden sie nach Satz 83 eine Gruppe.

Drittens sind nach Satz 84 die Folgeprodukte der betrachteten Projektivitäten distributiv und nach Satz 85 auch assoziativ, und

viertens ist unter ihnen, (ja sogar schon unter den „Einheiten",) die Zahleinheit enthalten.

Die Projektivitäten in einer Geraden können daher wirklich als ein System von höheren komplexen Größen bezeichnet werden.

Zur vollständigen Bestimmung eines Systems von höheren komplexen Größen mit einer gegebenen Anzahl (n) von Einheiten ist es dann noch erforderlich, im Einklang mit den obigen vier Forderungen die Werte vorzuschreiben, welche die n^2 zweifaktorigen Folgeprodukte der n Einheiten besitzen sollen.

E. Study hat für den Fall von zwei, drei, vier Einheiten sämtliche

---

1) Vgl. die Arbeiten von E. Study: 1. Über Systeme von complexen Zahlen. Göttinger Nachrichten. März 1889. Seite 238 ff. 2. Complexe Zahlen und Transformationsgruppen. Berichte der math.-phys. Klasse der Sächs. Gesellschaft der Wissenschaften. Mai 1889. Seite 186 ff. 3. Theorie der gemeinen und höheren complexen Größen. Encyklopädie der mathematischen Wissenschaften I, 1 (1899). Seite 160 ff. Ferner die Arbeiten von G. Scheffers: 1. Über die Berechnung von Zahlensystemen. Berichte der math.-phys. Klasse der Sächs. Gesellschaft der Wissenschaften. December 1889. Seite 400 ff. 2) Zurückführung complexer Zahlensysteme auf typische Formen. Math. Ann. Bd. 39. (1891). Seite 295 ff. Endlich die Arbeit von F. Hausdorff: Zur Theorie der Systeme complexer Zahlen. Berichte der math.-phys. Klasse der Sächs. Gesellschaft der Wissenschaften. Mai 1900. Seite 43 ff.

jenen vier Forderungen entsprechende Systeme komplexer Größen ermittelt und für sie die Multiplikationstafeln zusammengestellt. Unter seinen Systemen mit vier Einheiten muß daher auch das System aller Projektivitäten einer Geraden enthalten sein; und in der Tat stimmt die Multiplikationstafel (81) genau mit der Tafel überein, die er in der Encyklopädie der mathematischen Wissenschaften I, 1, Seite 167 unter der Nummer VIb aufführt[1]).

Natürlich wird die Multiplikationstafel eines Systems höherer komplexer Größen ein sehr verschiedenes Aussehen erhalten je nach der Wahl der Einheiten. Führt man zum Beispiel für die Projektivitäten in der Geraden als Einheiten statt der vier zueinander harmonischen Grundprojektivitäten 1, $\mathfrak{h}_1$, $\mathfrak{h}_2$, $\mathfrak{e}$ die vier auf Seite 288 f. definierten Brucheinheiten $\mathfrak{e}_{11}$, $\mathfrak{e}_{12}$, $\mathfrak{e}_{21}$, $\mathfrak{e}_{22}$ ein, so lautet die zugehörige Multiplikationstafel:

$$(82) \qquad \begin{array}{c|c|c|c|c} & \mathfrak{e}_{11} & \mathfrak{e}_{12} & \mathfrak{e}_{21} & \mathfrak{e}_{22} \\ \hline \mathfrak{e}_{11} & \mathfrak{e}_{11} & \mathfrak{e}_{12} & 0 & 0 \\ \hline \mathfrak{e}_{12} & 0 & 0 & \mathfrak{e}_{11} & \mathfrak{e}_{12} \\ \hline \mathfrak{e}_{21} & \mathfrak{e}_{21} & \mathfrak{e}_{22} & 0 & 0 \\ \hline \mathfrak{e}_{22} & 0 & 0 & \mathfrak{e}_{21} & \mathfrak{e}_{22} \end{array} \,,$$

von deren Richtigkeit man sich leicht durch Ausrechnung der betreffenden Produkte unter Benutzung der Formeln (16) des vorigen Abschnitts und der Multiplikationstafel (81) überzeugen kann.

Die beiden Multiplikationstafeln (81) und (82) haben nun die besondere Eigenschaft, daß die Folgeprodukte von je zweien der Einheiten stets abgesehen von einem *reellen* Zahlfaktor wieder mit einer Einheit des Systems übereinstimmen, während aus den obigen Bedingungen 1 und 2 für die Systeme von höheren komplexen Größen nur folgen würde, daß diese Produkte wieder lineare Funktionen der Einheiten sein müssen, wobei als Ableitzahlen auch *gewöhnliche komplexe Größen* zuzulassen wären. Sind dagegen diese Ableitzahlen wie in den Tafeln (81) und (82) reell, so sagt man[2]), das zugehörige System höherer komplexer Größen habe eine reelle Gestalt, und es wird in diesem Falle ein besonderes Interesse haben, aus jenem System dasjenige System höherer komplexer Größen auszuscheiden, *bei dem auch sämtliche Größen des Systems aus den Einheiten mittelst reeller Ableitzahlen gewonnen werden*. Ein solches System ist zum Beispiel die oben betrachtete Gruppe aller Projektivitäten in der Geraden, da nach Satz 214 alle Abbildungen dieser Gruppe aus den

---

1) Vgl. auch Study s oben genannte Abhandlung aus den Göttinger Nachrichten (1889) Seite 261. Multiplikationstafel XIIb.

2) Vgl. die auf der vorigen Seite zitierten Arbeiten von Study.

vier Grundprojektivitäten durch Anwendung reeller Ableitzahlen hervorgehen.

Von den sonstigen Systemen höherer komplexer Größen mit 4 Einheiten ist das bekannteste das System der Hamiltonschen Quaternionen. Bezeichnet man die Einheiten dieses Systems wie üblich mit 1, i, j, t, so lautet seine Multiplikationstafel[1]):

$$(83) \qquad \begin{array}{c|cccc} & 1 & i & j & t \\ \hline 1 & 1 & i & j & t \\ i & i & -1 & t & -j \\ j & j & -t & -1 & i \\ t & t & j & -i & -1 \end{array}.$$

Dieselbe zeigt zunächst, daß das System der Quaternionen ebenfalls eine reelle Gestalt hat. Außerdem aber haben die Tafeln (83) und (81) miteinander noch die Eigenschaft gemein, daß die Faktoren der Folgeprodukte aus je zweien von ihren *drei letzten* Einheiten nur mit Zeichenwechsel vertauschbar sind. Und in der Tat steht die Gruppe der Projektivitäten in der Geraden mit dem System der Quaternionen in einem engen Zusammenhang. Ja, jene Projektivitäten lassen sich sogar, *allerdings mit Hülfe imaginärer Ableitzahlen*, direkt als Vielfachensummen der Quaternioneneinheiten darstellen. Man überzeugt sich nämlich leicht, daß zwischen den vier Grundprojektivitäten 1, $\mathfrak{h}_1$, $\mathfrak{h}_2$, $\mathfrak{c}$ und den vier Quaternioneneinheiten 1, i, j, t die Beziehungen herrschen:

$$(84) \qquad 1 = 1, \quad \mathfrak{h}_1 = \sqrt{-1}\, i, \quad \mathfrak{h}_2 = \sqrt{-1}\, j, \quad \mathfrak{c} = -t;$$

denn vermöge der Substitutionen (84) verwandelt sich die Multiplikationstafel (81) direkt in die Tafel (83). Man kann daher die Projektivitäten $\mathfrak{p}$ in der Geraden, die sich nach Satz 214 als Vielfachensummen von der Form

$$(85) \qquad \mathfrak{p} = a + a_1\,\mathfrak{h}_1 + a_2\,\mathfrak{h}_2 + a_3\,\mathfrak{c}$$

ausdrücken lassen, wenn auch unter Benutzung imaginärer Ableitzahlen, wirklich auch als Vielfachensummen der Quaternioneneinheiten, also gewissermaßen als komplexe Quaternionen, darstellen, nämlich unter der Form:

$$(86) \qquad \mathfrak{p} = a + a_1\,\sqrt{-1}\, i + a_2\,\sqrt{-1}\, j - a_3\, t.$$

Aus diesem Grunde sagt Study, die Gruppe der Projektivitäten in der

---

1) Vgl. zum Beispiel J. B. Shaw, Synopsis of linear associative algebra. Washington 1907. Seite 80. Ferner S. Lie, Vorlesungen über continuierliche Gruppen, bearbeitet und herausgegeben von G. Scheffers. Leipzig 1893. Seite 656, und E. Study, Die Hauptsätze der Quaternionentheorie. Mittheilungen des naturwissenschaftlichen Vereins für Neuvorpommern und Rügen. 31. Jahrg. 1899. Seite 19. In dem erstgenannten Werke findet man auch weitere Litteratur über die Systeme höherer komplexer Größen.

Geraden aufgefaßt als System von höheren komplexen Größen besitze den Quaternionentypus.

Insofern nun aber die Einheiten der Multiplikationstafel (81) mit denen der Tafel (83) durch die Gleichungen (84) *mit zum Teil imaginären Koeffizienten* zusammenhängen, fügt Study noch hinzu, die Gruppe aller Projektivitäten in der Geraden besitze eine *andere reelle Gestalt* wie das System der gewöhnlichen „reellen" Quaternionen. Ferner bezeichnet er die reelle Gestalt der Projektivitäten in der Geraden, welche durch die Multiplikationstafel (81) charakterisiert wird, als die *zweite reelle Gestalt des Quaternionentypus*, diejenige der gewöhnlichen Quaternionen dagegen, die der Tafel (83) entspricht, als die *erste reelle Gestalt jenes Typus*, und endlich zeigt er noch, daß dem Quaternionentypus auch *nur diese beiden* reellen Gestalten zukommen.

Man kann dann den Hauptinhalt unserer Ergebnisse in dem folgenden Satze zusammenstellen:

Satz 251: Satz von Study. Die Gruppe aller Projektivitäten in der Geraden bildet ein System höherer komplexer Größen vom Quaternionentypus, doch besitzt sie eine andere reelle Gestalt wie das System der gewöhnlichen Quaternionen; und diese beiden reellen Gestalten sind die einzigen, die bei den Systemen höherer komplexer Größen vom Quaternionentypns auftreten können[1]).

Die Resultante zweier beliebigen Involutionen. Sind $\mathfrak{J}$ und $\mathfrak{J}'$ zwei ganz beliebige Involutionen derselben Geraden, so stellt das Produkt $\mathfrak{J}\mathfrak{J}'$, wie überhaupt jedes Folgeprodukt zweier Projektivitäten derselben Geraden (vgl. Seite 123 f.), eine Projektivität dieser Geraden dar; wir wollen sie mit $\mathfrak{p}$ bezeichnen. Dann wird also:

$$(87) \qquad\qquad \mathfrak{J}\mathfrak{J}' = \mathfrak{p};$$

und diese Projektivität $\mathfrak{p}$ wird nach dem zweiten Satze von H. Wiener (Satz 248) dann und nur dann selbst eine Involution, wenn die beiden komponierenden Involutionen $\mathfrak{J}$ und $\mathfrak{J}'$ zueinander harmonisch sind.

Es ist aber besonders wichtig, daß auch umgekehrt eine jede Projektivität in der Geraden sich als Folge zweier Involutionen jener Geraden darstellen läßt.

Bei einer *uneigentlichen Projektivität (Involution)* ist dies von vorne herein klar; denn sie läßt sich zum Beispiel (nach Satz 243) als Folge zweier parabolischen Involutionen ausdrücken, die sich voneinander nur um einen Zahlfaktor unterscheiden, aber sonst ganz beliebig sind.

---

1) Vgl. Study, Encyklopädie I, 1 (1899), Seite 170.

Ist dagegen $\mathfrak{p}$ eine *eigentliche Projektivität, und zwar zunächst eine umkehrbare Projektivität*, das heißt eine Projektivität, die der Ungleichung genügt:

$$(88) \qquad [\mathfrak{p}^2] \neq 0,$$

so nehme man in der zu transformierenden Punktreihe einen Punkt a an, der nicht ein Doppelpunkt von $\mathfrak{p}$ ist[1]), und bezeichne den ihm durch die Projektivität $\mathfrak{p}$ zugeordneten Punkt mit a_1, so ist

$$a_1 = a\,\mathfrak{p}.$$

Das Bild dieses Punktes a_1 wiederum bezeichne man mit a_2, so daß also

$$a_2 = a_1\,\mathfrak{p}$$

wird. Alsdann gestattet die Projektivität $\mathfrak{p}$ die Darstellung

$$(89) \qquad \mathfrak{p} = \frac{a_1,\ a_2}{a,\ a_1}.$$

Ist dabei noch

$$(90) \qquad a_2 \neq a,$$

also $\mathfrak{p}$ von der hyperbolischen Involution

$$(91) \qquad \mathfrak{h} = \frac{a_1,\ a}{a,\ a_1}$$

verschieden, so kann man leicht zwei Involutionen angeben, als deren Folge sich die Projektivität $\mathfrak{p}$ ausdrückt. In der Tat, sind die Abbildungen

$$(92) \qquad \mathfrak{s} = \frac{a_1 + a_2,\ \dfrac{[a_1\,a_2]}{[a\,a_1]}\,(a + a_1)}{a_1 \qquad\qquad a_1} \quad \text{und}$$

$$(93) \qquad \mathfrak{s}' = \frac{a_1,\qquad\qquad a_2}{a_1 + a_2,\ \dfrac{[a_1\,a_2]}{[a\,a_1]}\,(a + a_1)}$$

zwei Involutionen der verlangten Art.

Denn *erstens* ist auch der zweite Bruch der Ausdruck einer Projektivität, da wegen (90) die Summen $a_1 + a_2$ und $a + a_1$ zwei räumlich verschiedene Punkte darstellen, und wegen (88) und (89) der Bruch

$$\frac{[a_1\,a_2]}{[a\,a_1]} \neq 0$$

ist. Die beiden Nenner von $\mathfrak{s}'$ sind also linear unabhängig voneinander.

Zweitens sind die Brüche $\mathfrak{s}$ und $\mathfrak{s}'$ wirklich die Ausdrücke für zwei Involutionen, da für jeden von ihnen das äußere Produkt aus dem ersten Nenner und zweiten Zähler gleich dem äußeren Produkt aus dem

---

1) Die Deckung, bei der eine solche Auswahl eines Punktes a nicht möglich ist, kann hier außer Acht bleiben, da sie sich stets als Folgequadrat einer umkehrbaren Involution darstellen läßt.

zweiten Nenner und ersten Zähler ist (vgl. die Gleichung (3) des 15. Abschnitts).

Drittens aber zeigt der Bau der beiden Brüche sofort, daß ihr Folgeprodukt $= \dfrac{a_1,\ a_2}{a,\ a_1}$, das heißt $= \mathfrak{p}$ ist, daß also wirklich

$$(94) \qquad\qquad \mathfrak{F}\mathfrak{F}' = \mathfrak{p} \quad \text{ist.}$$

Nunmehr bleiben noch die *beiden* im Beweise *ausgeschlossenen Fälle* zu behandeln.

Zunächst ist klar, daß sich die hyperbolische Involution

$$\frac{a_1,\ a}{a,\ a_1}$$

als Folge der elliptischen Involution

$$\frac{a_1,\ -a}{a,\ \ \ a_1}$$

und der hyperbolischen Involution

$$\frac{a_1,\ \ \ a}{a_1,\ -a}$$

darstellen läßt, daß also

$$(95) \qquad \frac{a_1, a}{a, a_1} = \frac{a_1, -a}{a,\ \ \ a_1} \frac{a_1,\ \ \ a}{a_1, -a}$$

ist, (vgl. auch die zweite Formel (77) und die Formeln (11) bis (13) des vorigen Abschnitts).

Man hat also *nur noch* den Fall einer einfach entartenden Projektivität zu untersuchen. Wir denken uns dazu wie gewöhnlich den Nullpunkt der einfach entartenden Projektivität als zweiten Nenner ihrer Bruchdarstellung verwendet, dieselbe somit durch einen Bruch von der Form ausgedrückt:

$$\mathfrak{p} = \frac{a_1,\ 0}{e_1,\ a}$$

und setzen voraus, daß a_1 räumlich verschieden von a, also $\mathfrak{p}$ *nicht involutorisch* sei. Dann wird

$$(96) \qquad \frac{a_1,\ 0}{e_1,\ a} = \frac{a,\ 0}{e_1,\ a} \frac{a_1, 0}{a,\ a_1};$$

damit ist aber die einfach entartende Projektivität $\mathfrak{p}$ mit dem Hauptpunkte a_1 und dem Nullpunkte a als Folge zweier parabolischen Involutionen ausgedrückt, von denen die erste den Nullpunkt von $\mathfrak{p}$ und die zweite den Hauptpunkt von $\mathfrak{p}$ zum Doppelpunkt hat.

Für eine *involutorische* einfach entartende Projektivität endlich, das heißt für eine parabolische Involution

$$\mathfrak{p} = \frac{a,\ 0}{e_1,\ a},$$

findet man die Folgedarstellung:

$$(97) \qquad \frac{a,\ 0}{e_1,\ a} = \frac{-e_1,\ a}{e_1,\ a} \frac{a,\ 0}{-e_1,\ a}.$$

Dieselbe ist somit als Folge einer hyperbolischen und einer parabolischen Involution ausdrückbar. Und man hat daher ganz allgemein den Satz:

Satz 252: **Das Folgeprodukt zweier Involutionen derselben Geraden ist eine Projektivität dieser Geraden, und umgekehrt läßt sich eine jede Projektivität in der Geraden als Folge zweier Involutionen dieser Geraden ausdrücken.**

Man kann nun aber weiter einen Satz beweisen, der eine Verallgemeinerung des obigen Satzes 246 bildet, nämlich den Satz:

Satz 253: **Eine Projektivität, die als Resultante (Folge) zweier Involutionen dargestellt ist, ist zu ihren beiden Komponenten harmonisch.**

In der Tat, besteht zwischen der Projektivität $\mathfrak{p}$ und den beiden Involutionen $\mathfrak{J}$ und $\mathfrak{J}'$, wie in dem Satze vorausgesetzt ist, die Beziehung

$$(98) \qquad \mathfrak{p} = \mathfrak{J}\,\mathfrak{J}',$$

so ist nach Satz 198 sicher die erste von den beiden Involutionen $\mathfrak{J}$ und $\mathfrak{J}'$, das heißt die Involution $\mathfrak{J}$, zu $\mathfrak{p}$ harmonisch, und es besteht also die Gleichung

$$(99) \qquad [\mathfrak{J}\,\mathfrak{p}] = 0.$$

Aber man überzeugt sich leicht, daß auch die zweite Involution $\mathfrak{J}'$ zu $\mathfrak{p}$ harmonisch ist. Dazu bilde man das kombinatorische Produkt $[\mathfrak{J}'\mathfrak{p}]$, dessen Verschwinden für die harmonische Beziehung der beiden Abbildungen $\mathfrak{J}'$ und $\mathfrak{p}$ charakteristisch ist. Es wird

$$[\mathfrak{J}'\mathfrak{p}] = [\mathfrak{J}'(\mathfrak{J}\,\mathfrak{J}')] = \frac{[e_1\,e_2 \cdot \mathfrak{J}'\,(\mathfrak{J}\,\mathfrak{J}')]}{[e_1\,e_2]} \qquad \text{oder}$$

$$(100) \qquad [\mathfrak{J}'\mathfrak{p}] = \frac{[e_1\,\mathfrak{J}' \cdot e_2\,\mathfrak{J}\,\mathfrak{J}'] - [e_2\,\mathfrak{J}' \cdot e_1\,\mathfrak{J}\,\mathfrak{J}']}{2\,[e_1\,e_2]},$$

wo e_1 und e_2 zwei ganz beliebige Punkte der zu transformierenden Punktreihe sind. Wählt man nun diese Punkte insbesondere in der Weise, daß sie ein Paar der Involution $\mathfrak{J}$ bilden, so daß also

$$(101) \qquad \mathfrak{J} = \frac{e_2,\ \mathfrak{k}\,e_1}{e_1,\ e_2}$$

wird, unter $\mathfrak{k}$ eine Zahlgröße verstanden (vgl. Seite 160 ff.), so verwandelt sich die Gleichung (100) in

$$(102) \qquad [\mathfrak{J}'\mathfrak{p}] = \frac{[e_1\,\mathfrak{J}' \cdot \mathfrak{k}\,e_1\,\mathfrak{J}'] - [e_2\,\mathfrak{J}' \cdot e_2\,\mathfrak{J}']}{2\,[e_1\,e_2]}.$$

In diesem Bruche aber verschwinden die Glieder des Zählers einzeln, und es ist also wirklich auch die zweite Komponente $\mathfrak{J}'$ von $\mathfrak{p}$ zu $\mathfrak{p}$ harmonisch, denn sie genügt der Gleichung:

$$(103) \qquad [\mathfrak{s}'\mathfrak{p}] = 0 \,.$$

Nun gilt ferner der allgemeine Satz:

Satz 254: Erster Satz von Segre[1]): **Wenn eine Involution $\mathfrak{s}$ zu einer anderen Involution $\mathfrak{u}$ harmonisch ist, so ist sie auch harmonisch zu einer jeden Projektivität $\mathfrak{p}$, welche die Involution $\mathfrak{u}$ .zur Doppelpunktsinvolution hat. Und umgekehrt: Wenn eine Projektivität $\mathfrak{p}$ zu einer Involution $\mathfrak{s}$ harmonisch ist, so gilt dasselbe auch von der Doppelpunktsinvolution der Projektivität $\mathfrak{p}$.**

Beweis: Im ersten Teile des Satzes ist vorausgesetzt, daß das kombinatorische Produkt der Involutionen $\mathfrak{u}$ und $\mathfrak{s}$ verschwindet, daß also die Gleichung besteht

$$(104) \qquad [\mathfrak{u}\mathfrak{s}] = 0 \,.$$

Andererseits genügt die Involution $\mathfrak{s}$ wie jede Involution der Gleichung

$$(105) \qquad [1\,\mathfrak{s}] = 0 \,.$$

Aus diesen beiden Gleichungen aber folgt, wenn $\mathfrak{a}$ eine Zahlgröße bedeutet, durch lineare Verknüpfung die Gleichung

$$(106) \qquad [(\mathfrak{a} + \mathfrak{u})\mathfrak{s}] = 0 \,.$$

Nun läßt sich aber unter der Form

$$(107) \qquad \mathfrak{p} = \mathfrak{a} + \mathfrak{u}$$

eine jede Projektivität darstellen, welche die Involution $\mathfrak{u}$ zur Doppelpunktsinvolution hat. Es besteht also für eine jede solche Projektivität die Gleichung

$$(108) \qquad [\mathfrak{p}\mathfrak{s}] = 0 \,.$$

Umgekehrt folgt aus dieser Gleichung oder aus der mit Rücksicht auf (107) gleichwertigen Gleichung (106) rückwärts wieder die Gleichung (104), womit auch die Umkehrung bewiesen ist.

Aus den beiden Sätzen 253 und 254 läßt sich leicht eine wichtige Folgerung ziehen. Ist nämlich $\mathfrak{p}$ eine von der Deckung verschiedene eigentliche Projektivität, und ist sie dargestellt als Folge zweier Involutionen $\mathfrak{s}$ und $\mathfrak{s}'$, so sind dieselben auch *linear unabhängig voneinander*. Denn wären sie nur um einen Zahlfaktor voneinander verschieden, so würde ihr Folgeprodukt eine bloße Zahl sein, die Projektivität also die Deckung darstellen, falls diese Zahl von Null verschieden wäre, oder sie würde die uneigentliche Projektivität sein, falls jene Zahlgröße gleich Null wäre. Beides aber ist durch unsere Voraussetzung ausgeschlossen.

---

1) Vgl. Segre, Journal für die reine und angewandte Mathematik, Bd. 100, (1887), Seite 322, Nr. 6.

Nun ist nach Satz 253 die Projektivität $\mathfrak{p}$ zu ihren beiden Komponenten harmonisch, und nach Satz 254 ist dann auch die Doppelpunktsinvolution $\mathfrak{u}$ von $\mathfrak{p}$ zu den beiden Komponenten $\mathfrak{s}$ und $\mathfrak{s}'$ der Projektivität $\mathfrak{p}$ harmonisch. Nach Satz 213 aber gibt es in einer Geraden nur eine Involution, die zu zwei voneinander linear unabhängigen Involutionen dieser Geraden harmonisch wäre. Man kann daher den Satz aussprechen:

Satz 255: Wenn eine von der Deckung verschiedene eigentliche Projektivität in der Geraden die Folge zweier Involutionen $\mathfrak{s}$ und $\mathfrak{s}'$ dieser Geraden ist, so ist die Doppelpunktsinvolution $\mathfrak{u}$ von $\mathfrak{p}$ die harmonische Involution zu $\mathfrak{s}$ und $\mathfrak{s}'$[1].

Ist andererseits $\mathfrak{p}$ wieder eine von der Deckung verschiedene eigentliche Projektivität und $\mathfrak{u}$ ihre Doppelpunktsinvolution, so kann man zeigen, daß sich zu jeder mit $\mathfrak{u}$ harmonischen umkehrbaren Involution $\mathfrak{s}$, das heißt zu jeder Involution $\mathfrak{s}$, die den beiden Vergleichungen

$$(109) \qquad [\mathfrak{u}\mathfrak{s}] = 0 \quad \text{und}$$

$$(110) \qquad [\mathfrak{s}^2] \neq 0$$

Genüge leistet, eine zweite Involution $\mathfrak{s}'$ finden läßt, für die

$$(111) \qquad \mathfrak{p} = \mathfrak{s}\mathfrak{s}'$$

wird, die somit als die zur Involution $\mathfrak{s}$ gehörende zweite involutorische Komponente von $\mathfrak{p}$ bezeichnet werden kann.

Wegen (110) läßt sich nämlich die Gleichung (111) nach $\mathfrak{s}'$ auflösen. In der Tat erhält man durch Vormultiplizieren mit $\dfrac{1}{\mathfrak{s}}$

$$(112) \qquad \mathfrak{s}' = \frac{1}{\mathfrak{s}}\,\mathfrak{p}\,.$$

Und die so bestimmte Abbildung $\mathfrak{s}'$ ist auch sicher eine Involution; denn setzt man wie bisher

$$(113) \qquad \mathfrak{p} = \mathfrak{a} + \mathfrak{u}$$

und substituiert diesen Wert von $\mathfrak{p}$ in die Gleichung (112), so ergibt sich für $\mathfrak{s}'$ die Darstellung

$$(114) \qquad \mathfrak{s}' = \mathfrak{a}\,\frac{1}{\mathfrak{s}} + \frac{1}{\mathfrak{s}}\,\mathfrak{u}\,.$$

Nun sei wie oben

$$(115) \qquad \mathfrak{s}^2 = \mathfrak{k}$$

gesetzt, wo wegen (110) $\mathfrak{k} \neq 0$ ist, so wird

$$(116) \qquad \frac{1}{\mathfrak{s}} = \frac{\mathfrak{s}}{\mathfrak{k}}\,;$$

---

1) Vgl. H. Wiener, Habilitationsschrift (1885) Nr. 64. Ferner die Arbeit desselben Verfassers: Über die aus zwei Spiegelungen zusammengesetzten Verwandtschaften, Berichte der math.-phys. Klasse der Sächs. Gesellschaft der Wissenschaften December 1891. Nr. 89f.

die Gleichung (114) verwandelt sich also in

$$(117) \qquad \mathfrak{s}' = \frac{a}{\mathfrak{t}}\,\mathfrak{s} + \frac{1}{\mathfrak{t}}\,\mathfrak{s}\mathfrak{u}.$$

Hier stellt wegen (109) das Produkt $\mathfrak{s}\mathfrak{u}$ nach Satz 245 eine Involution dar, und zwar nach Satz 246 die zu $\mathfrak{s}$ und $\mathfrak{u}$ harmonische Involution, die wir mit $\mathfrak{t}$ bezeichnen wollen. Es wird daher

$$(118) \qquad \mathfrak{s}\mathfrak{u} = \mathfrak{t},$$

und die Gleichung (117) nimmt die Gestalt an

$$(119) \qquad \mathfrak{s}' = \frac{a}{\mathfrak{t}}\,\mathfrak{s} + \frac{1}{\mathfrak{t}}\,\mathfrak{t}.$$

Damit ist die gesuchte zweite Komponente $\mathfrak{s}'$ von $\mathfrak{p}$ als Vielfachensumme zweier Involutionen dargestellt, sie ist also selbst eine Involution, und da sie insbesondere dem Büschel von Involutionen angehört, das durch die beiden zur Doppelpunktsinvolution $\mathfrak{u}$ harmonischen Involutionen $\mathfrak{s}$ und $\mathfrak{t}$ bestimmt wird, so ist sie überdies selbst, wie es ja auch nach Satz 253 und 254 sein muß, zur Doppelpunktsinvolution $\mathfrak{u}$ von $\mathfrak{p}$ harmonisch.

Ferner ist sie, wie die Formeln (119), (118) und (113) zeigen, durch die Resultante $\mathfrak{p}$ und ihre erste Komponente $\mathfrak{s}$ eindeutig bestimmt. Man hat somit den Satz:

Satz 256: Ist $\mathfrak{p}$ eine von der Deckung verschiedene eigentliche Projektivität mit der Doppelpunktsinvolution $\mathfrak{u}$, so gibt es zu jeder zu $\mathfrak{u}$ harmonischen umkehrbaren Involution $\mathfrak{s}$ stets eine und nur eine Involution $\mathfrak{s}'$, für welche die Gleichung besteht

$$\mathfrak{p} = \mathfrak{s}\mathfrak{s}';$$

dieselbe ist ebenfalls zu $\mathfrak{u}$ harmonisch[1]).

Setzt man noch voraus, daß in der obigen Entwickelung außer der Involution $\mathfrak{s}$ auch die Projektivität $\mathfrak{p}$ umkehrbar sei, und beachtet ferner, daß nach dem Satze 253 die Abbildungen $\mathfrak{p}$ und $\mathfrak{s}$ zueinander harmonisch sind, so kann man aus der Gleichung (111) mit Hülfe des Satzes 197 folgern, daß auch die Involution $\mathfrak{s}'$ umkehrbar ist, und es sind dann also alle drei durch die Gleichung

$$(111) \qquad \mathfrak{p} = \mathfrak{s}\mathfrak{s}'$$

verbundenen Abbildungen $\mathfrak{p}$, $\mathfrak{s}$ und $\mathfrak{s}'$ umkehrbar.

Multipliziert man unter dieser Voraussetzung die Gleichung (111) hinten mit $\mathfrak{s}$ und faßt rechter Hand die beiden letzten Faktoren zu einem

---

1) Vgl. H. Wiener, Über die aus zwei Spiegelungen zusammengesetzten Verwandtschaften, Berichte der math.-phys. Klasse der Sächs. Gesellschaft der Wissenschaften. December 1891. Nr. 89g.

Sonderprodukt zusammen, so erhält man die Gleichung:

$$(120) \qquad \mathfrak{p}\,\mathfrak{s} = \mathfrak{s}(\mathfrak{s}'\mathfrak{s}).$$

Das hier auftretende Produkt $\mathfrak{s}'\mathfrak{s}$ steht nun aber zu der zu $\mathfrak{p}$ inversen Projektivität $\frac{1}{\mathfrak{p}}$ in einer engen Beziehung. Nach dem ersten Satze von Stéphanos (Satz 87) ist nämlich mit Rücksicht auf die Gleichung (111)

$$(121) \qquad \frac{1}{\mathfrak{p}} = \frac{1}{\mathfrak{s}'}\,\frac{1}{\mathfrak{s}}.$$

Setzt man daher noch

$$(122) \qquad \begin{cases} \mathfrak{s}^2 = \mathfrak{k}, \\ \mathfrak{s}'^2 = \mathfrak{k}', \end{cases}$$

wo $\mathfrak{k}$ und $\mathfrak{k}'$ von Null verschiedene Zahlgrößen sind, so wird

$$(123) \qquad \begin{cases} \dfrac{\mathfrak{s}}{\mathfrak{k}} = \dfrac{1}{\mathfrak{s}} \\[2mm] \dfrac{\mathfrak{s}'}{\mathfrak{k}'} = \dfrac{1}{\mathfrak{s}'}\,; \end{cases}$$

die Gleichung (121) verwandelt sich also in

$$\frac{1}{\mathfrak{p}} = \frac{\mathfrak{s}'}{\mathfrak{k}'}\,\frac{\mathfrak{s}}{\mathfrak{k}} \quad \text{oder in}$$

$$(124) \qquad \mathfrak{s}'\mathfrak{s} = \frac{\mathfrak{k}\mathfrak{k}'}{\mathfrak{p}}.$$

Man kann daher die Gleichung (120) auch in der Form schreiben:

$$(125) \qquad \mathfrak{p}\,\mathfrak{s} = \mathfrak{s}\,\frac{\mathfrak{k}\mathfrak{k}'}{\mathfrak{p}},$$

in der sie nach Satz 90 aussagt, daß die Projektivität $\mathfrak{p}$ durch die Involution $\mathfrak{s}$, abgesehen von einem Zahlfaktor, in ihre Umkehrung $\frac{1}{\mathfrak{p}}$ übergeführt wird. Und da nun $\mathfrak{s}$ eine beliebige umkehrbare, zu $\mathfrak{p}$ harmonische Involution war, so hat man den Satz:

Satz 257: Zweiter Satz von Segre[1]): **Jede zu einer umkehrbaren Projektivität $\mathfrak{p}$ harmonische, umkehrbare Involution führt diese Projektivität, abgesehen von einem Zahlfaktor, in ihre Umkehrung über.**

<h2 style="text-align:center">Abschnitt 24.</h2>

<h3 style="text-align:center">Die projektive Abbildung von Projektivitäten.</h3>

Schließlich möge noch die Frage untersucht werden, ob der involutorische Charakter und die Umkehrbarkeit und endlich die Beziehung

---

1) Vgl. Segre, Journal für die reine und angewandte Mathematik, Bd. 100 (1887), Seite 319. Nr. 3. Ferner die bereits auf Seite 339 und 340 zitierte Arbeit von H. Wiener vom December 1891. Nr. 89h. Endlich Th. Reye, Geometrie der Lage. Zweite Abteilung. Dritte Auflage. Leipzig (1892). Seite 107.

zweier harmonischen oder auch zweier inversen Projektivitäten bei projektiver Umwandlung dieser Abbildungen erhalten bleibt oder nicht.

Die projektive Abbildung einer Involution. Wir stützen uns dabei auf den allgemeinen Satz 91, dem wir noch für unsere Zwecke den folgenden Sondersatz entnehmen:

Satz 258: Eine jede Vergleichung, welche aussagt, daß ein Folgeprodukt von Projektivitäten einer Zahlgröße gleich oder ungleich ist, bleibt invariant, wenn man die in ihr vorkommenden Projektivitäten einer und derselben umkehrbaren projektiven Abbildung unterwirft.

Will man auf Grund dieses Satzes den Beweis erbringen, daß eine Involution durch eine umkehrbare projektive Abbildung wieder in eine Involution übergeführt wird, so berücksichtige man, daß nach Satz 114 eine eigentliche Involution als eine Projektivität charakterisiert werden kann, deren Folgequadrat eine reelle Zahl ist, während sie selbst von den beiden Werten der Quadratwurzel aus jener Zahl verschieden ist, welche also den Vergleichungen Genüge leistet:

$$(1) \qquad \mathfrak{s}^2 = \mathfrak{k}, \quad \mathfrak{s} \neq \pm\sqrt{\mathfrak{k}},$$

unter $\mathfrak{k}$ eine reelle Zahlgröße verstanden. Diese beiden Vergleichungen bleiben nun aber nach unserem Satze invariant, wenn man die Involution $\mathfrak{s}$ durch diejenige Abbildung $\mathfrak{s}'$ ersetzt, in die sie durch irgendeine umkehrbare Projektivität $\mathfrak{r}$ übergeführt wird, das heißt, es gelten auch die Vergleichungen:

$$(2) \qquad \mathfrak{s}'^2 = \mathfrak{k}, \quad \mathfrak{s}' \neq \pm\sqrt{\mathfrak{k}},$$

durch welche die Abbildung $\mathfrak{s}'$ in der Tat als eine eigentliche Involution gekennzeichnet wird. Und diese Involution besitzt überdies, wie die Gleichung in (2) zeigt, dasselbe Folgequadrat wie die ursprüngliche Involution $\mathfrak{s}$.

Nun ist aber eine eigentliche Involution elliptisch, parabolisch oder hyperbolisch, je nachdem ihr Folgequadrat negativ, null oder positiv ist. Man kann daher noch weiter folgern, daß eine elliptische, parabolische oder hyperbolische Involution durch eine umkehrbare Projektivität stets wieder in eine Involution *derselben Art* übergeführt wird.

Berücksichtigt man endlich noch, daß selbstverständlich auch eine uneigentliche Involution wieder in eine uneigentliche Involution verwandelt wird, so hat man den Satz:

Satz 259: Eine jede Involution wird durch eine umkehrbare Projektivität wieder in eine Involution übergeführt, und zwar in eine Involution von gleichem Folgequadrat; ferner eine eigentliche Involution in eine eigentliche, eine uneigentliche in eine uneigentliche Involution. Insbesondere wird also auch eine elliptische, parabolische oder hyperbolische Involution in eine Involution derselben Art verwandelt[1]).

Übrigens kann man diesem Satze mit Rücksicht auf die in Satz 115 enthaltene Beziehung zwischen dem Folgequadrat und dem kombinatorischen Quadrat (Potenzwert) einer Involution auch die Fassung geben:

Satz 260: Eine jede Involution wird durch eine umkehrbare Projektivität in eine Involution von gleichem Potenzwert übergeführt.

Die Invarianz des Potenzwertes einer Projektivität bei projektiver Abbildung. Um einen entsprechenden Satz für eine beliebige Projektivität $\mathfrak{p}$ zu entwickeln, stelle man dieselbe wie auf Seite 307 (vgl. auch Satz 187) als Summe aus einer reellen Zahlgröße $\mathfrak{a}$ und ihrer Doppelpunktsinvolution $\mathfrak{s}$, also in der Form:

$$(3) \qquad\qquad \mathfrak{p} = \mathfrak{a} + \mathfrak{s},$$

dar; dann wird diese Projektivität nach Satz 90 durch eine umkehrbare Projektivität $\mathfrak{q}$ übergeführt in die Projektivität:

$$\mathfrak{p}' = \frac{1}{\mathfrak{q}}(\mathfrak{a} + \mathfrak{s})\mathfrak{q} = \mathfrak{a} + \frac{1}{\mathfrak{q}}\mathfrak{s}\mathfrak{q} = \mathfrak{a} + \mathfrak{s}',$$

das heißt, es wird

$$(4) \qquad\qquad \mathfrak{p}' = \mathfrak{a} + \mathfrak{s}',$$

wo $\mathfrak{s}'$ nach Satz 90 und 259 diejenige Involution ist, in welche die Involution $\mathfrak{s}$ durch die umkehrbare Projektivität $\mathfrak{q}$ verwandelt wird.

Nun gestatten nach Satz 225 die Potenzwerte der Projektivitäten $\mathfrak{p}$ und $\mathfrak{p}'$ die Darstellungen:

$$(5) \qquad\qquad \begin{cases} [\mathfrak{p}^2] = \mathfrak{a}^2 - \mathfrak{s}^2, \\ [\mathfrak{p}'^2] = \mathfrak{a}^2 - \mathfrak{s}'^2. \end{cases}$$

Die rechten Seiten dieser beiden Gleichungen sind aber einander gleich, da nach Satz 259

$$(6) \qquad\qquad \mathfrak{s}'^2 = \mathfrak{s}^2$$

ist, folglich wird auch

$$(7) \qquad\qquad [\mathfrak{p}'^2] = [\mathfrak{p}^2],$$

und man sieht: Der Potenzwert einer beliebigen Projektivität verhält sich einer umkehrbaren projektiven Abbildung gegenüber invariant. Insbesondere wird also eine Projektivität mit verschwindendem Potenzwert,

----

[1]) Vgl. H. Wiener, Über geometrische Analysen, Berichte der math.-phys. Klasse der Sächs. Gesellschaft der Wissenschaften. Juli 1890, Nr. 46.

das heißt eine entartende Projektivität, wieder in eine entartende Projektivität übergeführt, eine umkehrbare dagegen wieder in eine umkehrbare. Man hat somit den Satz:

Satz 261: Eine jede Projektivität wird durch eine umkehrbare Projektivität in eine Projektivität von gleichem Potenzwert übergeführt; insbesondere also eine umkehrbare Projektivität wieder in eine umkehrbare, eine entartende wieder in eine entartende Projektivität.

Man kann diesem Satze noch eine etwas andere Form verleihen. Da nämlich nach Satz 140 der Potenzwert einer Projektivität gleich dem Produkte ihrer beiden Hauptzahlen ist, so gestattet der Satz 261 auch die Fassung:

Satz 262: Das Produkt der beiden Hauptzahlen einer Projektivität verhält sich invariant gegenüber einer umkehrbaren projektiven Abbildung dieser Projektivität.

Ein Gegenstück zu den Sätzen 261 und 262 ergibt sich, wenn man die beiden Gleichungen (3) und (4) kombinatorisch mit der Identität 1 multipliziert und den Satz 201 (oder 106) berücksichtigt. Auf diese Weise erhält man die neuen Gleichungen:

$$[1\mathfrak{p}] = \mathfrak{a} \quad \text{und}$$
$$[1\mathfrak{p}'] = \mathfrak{a},$$

aus denen noch folgt, daß

$$(8) \qquad [1\mathfrak{p}] = [1\mathfrak{p}']$$

ist. Man hat also den Satz:

Satz 263: Das kombinatorische Produkt $[1\mathfrak{p}]$ aus der Identität 1 und einer beliebigen Projektivtät $\mathfrak{p}$ bleibt invariant, wenn man die Projektivität $\mathfrak{p}$ einer umkehrbaren projektiven Abbildung unterwirft.

Man kann dies auch so ausdrücken:

Satz 264: Stellt man eine Projektivität $\mathfrak{p}$ als Summe aus einer Zahlgröße $\mathfrak{a}$ und ihrer Doppelpunktsinvolution $\mathfrak{s}$, das heißt unter der Form

$$\mathfrak{p} = \mathfrak{a} + \mathfrak{s},$$

dar und unterwirft die Projektivität $\mathfrak{p}$ einer umkehrbaren projektiven Abbildung, so bleibt die in jener Summendarstellung auftretende Zahlgröße $\mathfrak{a}$ invariant.

Da ferner das Produkt $[1\mathfrak{p}]$ in der Hauptgleichung der Projektivität $\mathfrak{p}$, das heißt in der Gleichung (vgl. Gleichung (28) des 14. Abschnitts):

$$(9) \qquad \mathfrak{r}_t^2 - 2\mathfrak{r}_t[1\mathfrak{p}] + [\mathfrak{p}^2] = 0,$$

den negativ genommenen halben Koeffizienten der ersten Potenz der Unbekannten r_t bildet, so stellt dieses Produkt die halbe Summe der Hauptzahlen des Bruches $\mathfrak{p}$ dar, und man hat noch den weiteren Satz:

Satz 265: Die Summe der beiden Hauptzahlen einer Projektivität verhält sich invariant gegenüber einer umkehrbaren projektiven Abbildung dieser Projektivität.

Hält man diesen Satz mit dem Satze 262 zusammen, nach welchem bei projektiver Abbildung einer Projektivität *auch das Produkt* der beiden Hauptzahlen invariant bleibt, so kann man noch folgern, daß *auch die Hauptzahlen selbst* invariant sein werden. Dies läßt sich aber auch leicht durch direkte Ausrechnung der transformierten Projektivität bestätigen.

Sind zunächst die beiden Hauptzahlen r_1 und r_2 und also auch die beiden Doppelpunkte d_1 und d_2 der zu transformierenden Projektivität $\mathfrak{p}$ voneinander verschieden, so gestattet dieselbe die Darstellung:

$$(10) \qquad \mathfrak{p} = \frac{r_1 d_1,\ r_2 d_2}{d_1,\ d_2}.$$

Ist andererseits $\mathfrak{q}$ eine beliebige umkehrbare Projektivität, so erhält man (nach Satz 90) als Ausdruck derjenigen Projektivität $\mathfrak{p}'$, in welche $\mathfrak{p}$ durch $\mathfrak{q}$ übergeführt wird, das Produkt:

$$(11) \qquad \mathfrak{p}' = \frac{1}{\mathfrak{q}} \cdot \mathfrak{p} \mathfrak{q}.$$

Nun ist nach Satz 80

$$(12) \qquad \mathfrak{p} \mathfrak{q} = \frac{r_1 d_1 \mathfrak{q},\ r_2 d_2 \mathfrak{q}}{d_1,\ d_2}.$$

Bezeichnet man daher diejenigen Punkte, in welche die Doppelpunkte d_1 und d_2 von $\mathfrak{p}$ durch die Projektivität $\mathfrak{q}$ übergeführt werden, mit a_1 und a_2, so wird

$$(13) \qquad \mathfrak{q} = \frac{a_1,\ a_2}{d_1,\ d_2}$$

und somit

$$(14) \qquad \mathfrak{p} \mathfrak{q} = \frac{r_1 a_1,\ r_2 a_2}{d_1,\ d_2}.$$

Ferner wird die zu $\mathfrak{q}$ inverse Projektivität $\frac{1}{\mathfrak{q}}$:

$$(15) \qquad \frac{1}{\mathfrak{q}} = \frac{d_1,\ d_2}{a_1,\ a_2}.$$

Für die durch die Gleichung (11) dargestellte Projektivität $\mathfrak{p}'$ ergibt sich deshalb der Ausdruck:

$$(16) \qquad \mathfrak{p}' = \frac{1}{\mathfrak{q}} \mathfrak{p} \mathfrak{q} = \frac{d_1,\ d_2}{a_1,\ a_2} \cdot \frac{r_1 a_1,\ r_2 a_2}{d_1,\ d_2} = \frac{r_1 a_1,\ r_2 a_2}{a_1,\ a_2}.$$

Die transformierte Projektivität $\mathfrak{p}'$ besitzt also in der Tat dieselben Hauptzahlen wie die ursprüngliche Projektivität $\mathfrak{p}$.

Und dasselbe Beweisverfahren läßt sich auch auf eine Projektivität

$$(17) \qquad \mathfrak{p} = \frac{\mathfrak{r}d,\ \mathfrak{r}e_2 + \mathfrak{t}d}{d,\ \ e_2}$$

mit gleichen Hauptzahlen (vgl. die Gleichung (42) des 16. Abschnitts) übertragen.

Man hat also den Satz:

Satz 266: Eine umkehrbare projektive Abbildung einer Projektivität läßt deren Hauptzahlen invariant.

Die Invarianz des kombinatorischen Produktes zweier Projektivitäten bei projektiver Abbildung. Man kann nun aber die drei Sätze 260, 261 und 263 sogleich noch verallgemeinern, indem man zeigt, daß sich auch das kombinatorische *Produkt* zweier Involutionen oder zweier beliebigen Projektivitäten gegenüber einer umkehrbaren projektiven Abbildung invariant verhält.

Für zwei *Involutionen* folgert man die Invarianz ihres kombinatorischen Produktes mit Hülfe des allgemeinen Satzes 91 leicht aus der Formel (2) des vorigen Abschnitts, das heißt aus der Formel

$$(18) \qquad \mathfrak{s}\mathfrak{t} + \mathfrak{t}\mathfrak{s} = -2[\mathfrak{s}\mathfrak{t}].$$

Denn, da das kombinatorische Produkt zweier Projektivitäten, also auch das kombinatorische Produkt $[\mathfrak{s}\mathfrak{t}]$ zweier Involutionen eine Zahlgröße ist, so kann man die Gleichung (19) auch in der Form schreiben:

$$(19) \qquad \mathfrak{s}\mathfrak{t} + \mathfrak{t}\mathfrak{s} = -2\mathfrak{k},$$

wo $\mathfrak{k}$ diejenige Zahlgröße bedeutet, die durch die Gleichung:

$$(20) \qquad [\mathfrak{s}\mathfrak{t}] = \mathfrak{k}$$

definiert wird.

Bezeichnet man jetzt noch diejenigen Involutionen, in welche die Involutionen $\mathfrak{s}$ und $\mathfrak{t}$ durch eine umkehrbare Projektivität $\mathfrak{p}$ übergeführt werden, mit $\mathfrak{s}'$ und $\mathfrak{t}'$, so folgt aus der Gleichung (19) nach Satz 91 die Gleichung:

$$(21) \qquad \mathfrak{s}'\mathfrak{t}' + \mathfrak{t}'\mathfrak{s}' = -2\mathfrak{k}.$$

Da aber andererseits auch die Involutionen $\mathfrak{s}'$ und $\mathfrak{t}'$ der Formel (18) Genüge leisten, also die Gleichung:

$$(22) \qquad \mathfrak{s}'\mathfrak{t}' + \mathfrak{t}'\mathfrak{s}' = -2[\mathfrak{s}'\mathfrak{t}']$$

befriedigen, so wird auch

$$(23) \qquad [\mathfrak{s}'\mathfrak{t}'] = \mathfrak{k}$$

und daher wegen (20)

$$(24) \qquad [\mathfrak{s}'\mathfrak{t}'] = [\mathfrak{s}\mathfrak{t}],$$

womit in der Tat bewiesen ist, daß sich das kombinatorische Produkt $[\mathfrak{s}\mathfrak{t}]$

zweier Involutionen gegenüber einer umkehrbaren Projektivität $\mathfrak{p}$ invariant verhält.

Und jetzt folgt das Entsprechende auch sofort für zwei beliebige *Projektivitäten* $\mathfrak{p}$ und $\mathfrak{q}$. Man braucht dazu nur wie im Beweise des Satzes 261 diese Projektivitäten $\mathfrak{p}$ und $\mathfrak{q}$ als Summe aus einer Zahlgröße und ihrer Doppelpunktsinvolution darzustellen. Es sei etwa

$$(25) \qquad \begin{cases} \mathfrak{p} = \mathfrak{a} + \mathfrak{s} \\ \mathfrak{q} = \mathfrak{b} + \mathfrak{t}, \end{cases}$$

wo $\mathfrak{a}$ und $\mathfrak{b}$ zwei Zahlgrößen und $\mathfrak{s}$ und $\mathfrak{t}$ die Doppelpunktsinvolutionen von $\mathfrak{p}$ und $\mathfrak{q}$ sind. Bezeichnet man dann mit $\mathfrak{p}'$, $\mathfrak{q}'$, $\mathfrak{s}'$, $\mathfrak{t}'$ diejenigen Abbildungen, in welche die Abbildungen $\mathfrak{p}$, $\mathfrak{q}$, $\mathfrak{s}$, $\mathfrak{t}$ durch eine umkehrbare Projektivität $\mathfrak{r}$ übergeführt werden, so wird wie in Gleichung (4)

$$(26) \qquad \begin{cases} \mathfrak{p}' = \mathfrak{a} + \mathfrak{s}' \\ \mathfrak{q}' = \mathfrak{b} + \mathfrak{t}'. \end{cases}$$

Nun ist aber

$$\begin{aligned} [\mathfrak{p}\mathfrak{q}] &= [(\mathfrak{a} + \mathfrak{s})(\mathfrak{b} + \mathfrak{t})] \\ &= \mathfrak{a}\mathfrak{b} + [\mathfrak{b}\mathfrak{s}] + [\mathfrak{a}\mathfrak{t}] + [\mathfrak{s}\mathfrak{t}], \end{aligned}$$

oder da nach Satz 201 (oder 106) die kombinatorischen Produkte $[\mathfrak{b}\mathfrak{s}]$ und $[\mathfrak{a}\mathfrak{t}]$ verschwinden, so wird

$$(27) \qquad [\mathfrak{p}\mathfrak{q}] = \mathfrak{a}\mathfrak{b} + [\mathfrak{s}\mathfrak{t}] \quad \text{und ebenso}$$

$$(28) \qquad [\mathfrak{p}'\mathfrak{q}'] = \mathfrak{a}\mathfrak{b} + [\mathfrak{s}'\mathfrak{t}'].$$

Hier sind aber wegen (24) die zweiten Glieder der rechten Seiten gleich, folglich sind auch die linken Seiten gleich, das heißt, man hat wirklich die Gleichung bewiesen:

$$(29) \qquad [\mathfrak{p}'\mathfrak{q}'] = [\mathfrak{p}\mathfrak{q}]$$

und damit den Satz:

Satz 267: **Das kombinatorische Produkt zweier beliebigen Projektivitäten verhält sich invariant gegenüber einer umkehrbaren Projektivität.**

Da ferner das *Verschwinden des kombinatorischen Produktes* zweier Projektivitäten für zwei *harmonische Projektivitäten* charakteristisch ist, so folgt aus Satz 267 noch der Sondersatz:

Satz 268: **Zwei harmonische Projektivitäten werden durch eine umkehrbare Projektivität wieder in zwei harmonische Projektivitäten übergeführt.**

Die projektiven Bilder inverser Projektivitäten. Endlich überzeugt man sich noch leicht, daß auch zwei inverse Projektivitäten $\mathfrak{p}$ und $\dfrac{1}{\mathfrak{p}}$ durch eine umkehrbare Projektivität wieder in zwei inverse Projektivitäten übergeführt werden. In der Tat, bezeichnet man diejenige Projektivität, in welche eine beliebige Projektivität $\mathfrak{p}$ durch eine umkehrbare Projektivität $\mathfrak{q}$ übergeführt wird, mit $\mathfrak{p}'$, so wird nach Satz 90

$$(30) \qquad \mathfrak{p}' = \frac{1}{\mathfrak{q}}\,\mathfrak{p}\,\mathfrak{q}.$$

Aus dieser Formel aber folgt nach dem ersten Satze von Stéphanos (Satz 88) für die zu $\mathfrak{p}'$ inverse Projektivität $\frac{1}{\mathfrak{p}'}$, der Wert:

$$(31) \qquad \frac{1}{\mathfrak{p}'} = \frac{1}{\mathfrak{q}}\,\frac{1}{\mathfrak{p}}\,\mathfrak{q},$$

das heißt gerade der Ausdruck für diejenige Projektivität, in welche die zu $\mathfrak{p}$ inverse Projektivität $\frac{1}{\mathfrak{p}}$ durch die Projektivität $\mathfrak{q}$ verwandelt wird. Es ist also wirklich gezeigt, daß die beiden zueinander inversen Projektivitäten $\mathfrak{p}$ und $\frac{1}{\mathfrak{p}}$ durch eine jede umkehrbare Projektivität wieder in zwei zueinander inverse Projektivitäten $\mathfrak{p}'$ und $\frac{1}{\mathfrak{p}'}$ übergeführt werden, und man den Satz:

Satz 269: Durch eine beliebige umkehrbare Projektivität werden zwei zueinander inverse Projektivitäten wieder in zwei zueinander inverse Projektivitäten verwandelt.

Die involutorische Abbildung einer Involution. Fragt man endlich noch, in welcher Weise sich eine beliebige Involution $\mathfrak{v}$ einer Geraden ändert, wenn man sie einer umkehrbaren, sonst aber ganz beliebigen involutorischen Abbildung $\mathfrak{s}$ dieser Geraden unterwirft, so denke man sich die Involutionen jener Geraden nach der Stéphanosschen Vorschrift (vgl. Seite 303 ff.) durch die Punkte einer Ebene abgebildet und insbesondere die Kurve zweiter Ordnung gezeichnet, welche die Bilder der parabolischen Involutionen enthält (vgl. Figur 125).

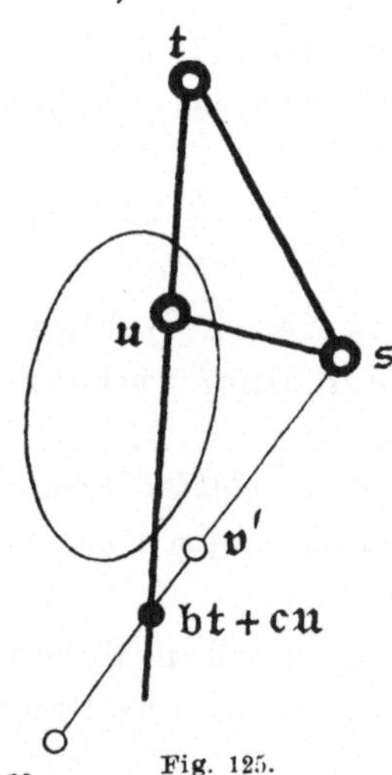

Fig. 125.

Bestimmt man dann noch zwei umkehrbare Involutionen $\mathfrak{t}$ und $\mathfrak{u}$, die sowohl zur Involution $\mathfrak{s}$ wie auch untereinander harmonisch sind, so werden die drei umkehrbaren Involutionen $\mathfrak{s}, \mathfrak{t}, \mathfrak{u}$ durch die Ecken eines Polardreiecks jener Kurve dargestellt, und überdies ist eine jede Involution der betrachteten Geraden, insbesondere also auch die zu transformierende Involution $\mathfrak{v}$ als Vielfachensumme dieser drei harmonischen Involutionen ausdrückbar; es sei etwa

$$(32) \qquad \mathfrak{v} = a\mathfrak{s} + b\mathfrak{t} + c\mathfrak{u}.$$

Wird alsdann nach derjenigen Involution $\mathfrak{v}'$ gefragt, in welche die Involution $\mathfrak{v}$ durch die umkehrbare Involution $\mathfrak{s}$ übergeführt wird, so ermittle man zunächst die Veränderungen, welche die jetzt als Grundinvolutionen verwendeten Involutionen $\mathfrak{s}$, $\mathfrak{t}$, $\mathfrak{u}$ erfahren, wenn man sie der Abbildung $\mathfrak{s}$ unterwirft. Diese Veränderungen lassen sich leicht aus den folgenden drei Gleichungen ablesen:

$$(33) \qquad \begin{cases} \mathfrak{s}\,\mathfrak{s} = \mathfrak{s}\,\mathfrak{s} \\ \mathfrak{t}\,\mathfrak{s} = -\,\mathfrak{s}\,\mathfrak{t} \\ \mathfrak{u}\,\mathfrak{s} = -\,\mathfrak{s}\,\mathfrak{u}, \end{cases}$$

von denen die beiden letzten Gleichungen nach dem Satze von Peano (Satz 231) aus unserer Voraussetzung folgen, daß die Involutionen $\mathfrak{t}$ und $\mathfrak{u}$ zur Involution $\mathfrak{s}$ harmonisch sind.

Die Gleichungen (33) zeigen nun aber nach Satz 90, daß durch die Involution $\mathfrak{s}$ diese Involution $\mathfrak{s}$ selbst ohne Zeichenwechsel in sich übergeführt wird, daß aber die Involutionen $\mathfrak{t}$ und $\mathfrak{u}$ beziehlich in $-\mathfrak{t}$ und $-\mathfrak{u}$ verwandelt werden, also bei der Abbildung durch die Involution $\mathfrak{s}$ nur ihr Zeichen wechseln. Auch gestatten diese Gleichungen die Beantwortung der oben aufgeworfenen Frage, in welcher Weise die Involution $\mathfrak{v}$ durch die Involution $\mathfrak{s}$ umgewandelt wird; denn aus ihnen folgt durch lineare Verknüpfung die Gleichung:

$$(34) \qquad (a\,\mathfrak{s} + b\,\mathfrak{t} + c\,\mathfrak{u})\,\mathfrak{s} = \mathfrak{s}\,(a\,\mathfrak{s} - (b\,\mathfrak{t} + c\,\mathfrak{u})),$$

welche zeigt, daß die Involution

$$(35) \qquad \mathfrak{v} = a\,\mathfrak{s} + (b\,\mathfrak{t} + c\,\mathfrak{u})$$

durch die Involution $\mathfrak{s}$ in die Involution

$$(36) \qquad \mathfrak{v}' = a\,\mathfrak{s} - (b\,\mathfrak{t} + c\,\mathfrak{u})$$

transformiert wird, das heißt in diejenige Involution $\mathfrak{v}'$, deren Bild in der Stéphanosschen Darstellung der Involutionen von dem Bilde der Originalinvolution $\mathfrak{v}$ durch das Bild der transformierenden Involution $\mathfrak{s}$ und seine Polare hinsichtlich der Kurve der parabolischen Involutionen harmonisch getrennt ist. Man hat also den Satz:

Satz 270: Jede Involution $\mathfrak{v}$ in einer Geraden wird durch eine umkehrbare Involution $\mathfrak{s}$ derselben Geraden wieder in eine Involution dieser Geraden übergeführt, und zwar findet man in der Stéphanosschen Veranschaulichung der Involutionen dieser Geraden das Bild der transformierten Involution $\mathfrak{v}'$, indem man das Bild der Originalinvolution $\mathfrak{v}$ an dem Bilde der transformierenden Involution $\mathfrak{s}$ und seiner Polare hinsichtlich der Kurve der parabolischen Involutionen „harmonisch spiegelt".

Dieser Satz gibt uns zugleich eine Bestätigung für die bereits aus dem Satze 259 folgende Tatsache, daß eine jede parabolische Involution durch eine umkehrbare Involution ihrer Geraden wieder in eine parabolische Involution dieser Geraden übergeführt wird. Denn nimmt man das Stéphanossche Bild der parabolischen Originalinvolution $\mathfrak{v}$ auf der Kurve der parabolischen Involutionen ganz beliebig an, so erhält man durch harmonische Spiegelung an dem Bilde der transformierenden Involution $\mathfrak{s}$ und ihrer Polare hinsichtlich jener Kurve wieder einen Punkt dieser Kurve, nämlich denjenigen Punkt, in welchem die Verbindungslinie der Bilder von $\mathfrak{s}$ und $\mathfrak{v}$ die Kurve zum zweiten Male schneidet (vgl. Figur 126). Man hat also den Satz:

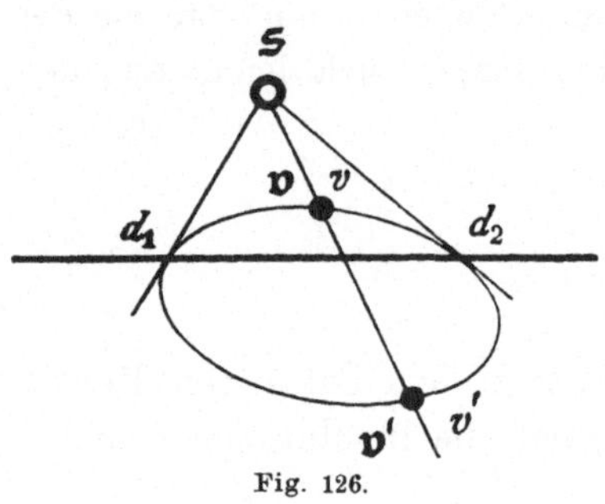

Fig. 126.

Satz 271: Jede umkehrbare Involution $\mathfrak{s}$ in der Geraden führt die Bildkurve der parabolischen Involutionen dieser Geraden in der Weise in sich über, daß jedem Punkte der Kurve derjenige Punkt zugewiesen wird, in welchem seine Verbindungslinie mit dem Bilde der transformierenden Involution $\mathfrak{s}$ die Kurve zum zweiten Male schneidet.

Übrigens kann man aus diesem Ergebnisse noch eine weitere Folgerung ziehen. Bezeichnet man nämlich den Doppelpunkt der parabolischen Involution $\mathfrak{v}$ mit v und denjenigen der parabolischen Involution $\mathfrak{v}'$ mit v' und mit e einen beliebigen von v und v' verschiedenen Punkt der zu transformierenden Punktreihe, so gestatten die parabolischen Involutionen $\mathfrak{v}$ und $\mathfrak{v}'$ nach Seite 186 die Darstellung:

$$(37) \qquad \mathfrak{v} = \frac{v,\ 0}{e,\ v} \quad \text{und}$$

$$(38) \qquad \mathfrak{v}' = \frac{v',\ 0}{e,\ v'}.$$

Nun ist aber nach (34) (vgl. auch (35) und (36)):

$$(39) \qquad \mathfrak{v}\mathfrak{s} = \mathfrak{s}\mathfrak{v}';$$

es wird daher insbesondere das Produkt

$$(40) \qquad e\mathfrak{v}\mathfrak{s} = e\mathfrak{s}\mathfrak{v}'.$$

Hierin ist wegen (37):

$$(I) \qquad e\mathfrak{v} = v.$$

Andererseits wird, falls man noch denjenigen Punkt der zu transformierenden Punktreihe, in den der Punkt e durch die Involution $\mathfrak{s}$ übergeführt wird, mit e' bezeichnet:

$$(II) \qquad e\mathfrak{s} = e';$$

die Gleichung (40) verwandelt sich also in:

$$(41) \qquad v\mathfrak{s} = e'\mathfrak{v}'.$$

Da ferner nach der Voraussetzung die Punkte e und v' voneinander räumlich verschieden sind, so ist wiederum e' als Vielfachensumme von e und v' darstellbar; es sei etwa:

$$e' = \mathfrak{g}e + \mathfrak{h}v'.$$

Dann wird wegen (38):

$$(\text{III}) \qquad e'\mathfrak{v}' = \mathfrak{g}v',$$

so daß die Gleichung (41) die Form annimmt:

$$(42) \qquad v\mathfrak{s} = \mathfrak{g}v'.$$

Diese aber zeigt, daß die Doppelpunkte v und v' der parabolischen Involutionen $\mathfrak{v}$ und $\mathfrak{v}'$ ein Paar der Involution $\mathfrak{s}$ bilden, und man hat den Satz:

Satz 272: Eine jede parabolische Involution $\mathfrak{v}$ in der Geraden wird durch eine umkehrbare Involution $\mathfrak{s}$ derselben Geraden in diejenige parabolische Involution $\mathfrak{v}'$ jener Geraden übergeführt, deren Doppelpunkt das Bild des Doppelpunktes von $\mathfrak{v}$ in der Involution $\mathfrak{s}$ ist.

Betrachtet man weiter einen jeden Punkt der Kurve der parabolischen Involutionen zugleich als Bild des Doppelpunktes der zugehörigen parabolischen Involution, so schneidet jede Sekante der Kurve, die durch den Bildpunkt einer beliebigen umkehrbaren Involution $\mathfrak{s}$ gelegt ist, aus der Kurve der parabolischen Involutionen die Bilder der Punkte eines Paares dieser Involution $\mathfrak{s}$ aus. Man kann daher den Satz aussprechen:

Satz 273: Faßt man bei der Stéphanosschen Abbildung der Involutionen einer Geraden auf die Punkte einer Ebene jeden Punkt der Kurve der parabolischen Involutionen *zugleich als Bild desjenigen Punktes der transformierten Punktreihe* auf, der den Doppelpunkt der zugehörigen parabolischen Involution bildet, und legt durch den Bildpunkt irgendeiner umkehrbaren Involution $\mathfrak{s}$ eine beliebige Sekante der Kurve, so schneidet diese aus der Kurve ein Paar der Involution $\mathfrak{s}$ aus. Insbesondere werden bei einer hyperbolischen Involution $\mathfrak{s}$ die Berührungspunkte der beiden von ihrem Bildpunkte an jene Kurve gelegten Tangenten die Doppelpunkte d_1 und d_2 der Involution $\mathfrak{s}$ (vgl. Figur 126).

Sachregister.

(Die Zahlen beziehen sich auf die Seiten).

Namenregister.